"十二五"普通高等教育本科国家级规划教材

北京市高等教育精品教材

# 高分子化学

## 第二版

张兴英　程　钰　赵京波　鲁健民　编

化学工业出版社

·北京·

本教材为国家精品课程教材。全书共分为 9 章，分别是绪论、自由基聚合、自由基共聚合、离子聚合、配位聚合、开环聚合、逐步聚合、聚合方法和聚合物的化学反应，并在各章后附有习题和参考文献。本书在第一版的基础上，再次进行了合理的编排和修改，对全书的整体安排和内容进行了适当调整。

本书适合作为各类高分子专业学生的专业必修课或选修课教材，也可作为高分子材料科学与工程专业研究生教学及从事高分子科学研究工作的人员参考。

**图书在版编目（CIP）数据**

高分子化学/张兴英等编 . —2 版 . —北京：化学工业出版社，2012.8（2024.9重印）
"十二五"普通高等教育本科国家级规划教材　北京市高等教育精品教材
ISBN 978-7-122-14802-5

Ⅰ.①高…　Ⅱ.①张…　Ⅲ.①高分子化学-高等学校-教材　Ⅳ.①O63

中国版本图书馆 CIP 数据核字（2012）第 152441 号

责任编辑：杨　菁　　　　　　　　　文字编辑：李　玥
责任校对：周梦华　　　　　　　　　装帧设计：史利平

出版发行：化学工业出版社（北京市东城区青年湖南街 13 号　邮政编码 100011）
印　　装：河北延风印务有限公司
787mm×1092mm　1/16　印张 21¾　字数 579 千字　　2024 年 9 月北京第 2 版第 9 次印刷

购书咨询：010-64518888　　　　　　售后服务：010-64518899
网　　址：http://www.cip.com.cn
凡购买本书，如有缺损质量问题，本社销售中心负责调换。

定　　价：69.00 元

# 第二版前言

作为一本与国家精品课程配套的教材,本书第一版已不能满足实际需要。一是高分子化学十余年发展出的一些新理论已逐步成熟并得到较为广泛的应用,有必要写入教材;二是现在的人才培养更强调知识的自主掌握和应用,教材作为人才培养的重要工具更要适应这一需要;三是原有教材在总体编排上与教学已有些衔接不畅。

第二版撰写主体思路是使学生通过学习能打下一个较全面的高分子化学基础知识平台;初步掌握知识的应用能力,这种能力主要体现在依靠现有知识平台进行知识更新扩充能力和将学到的知识应用于工作中的能力。为此第二版在全书总体安排和内容上均做了较大改动:

1. 在总体安排上,依然以聚合反应机理为主线,同时考虑更利于教学和知识体系的掌握。按先连锁聚合再逐步聚合的顺序,将逐步聚合放到第 7 章。共聚合按聚合机理划分,将自由基共聚独立为第 3 章,其它的则放入相应的各章。考虑到聚合方法是工科的特色,虽与聚合机理密切相关但仍可自成体系,所以保留未动。

2. 在各章的编写内容上保持第一版的原有特色。第 1 章绪论,主要介绍高分子化学的一些基本概念;研究较早、理论成熟的自由基聚合、逐步聚合是本书的重点,在单体和引发剂、聚合机理、聚合动力学、热力学、聚合反应速率和聚合物相对分子质量等方面给予了较为全面的介绍;自由基共聚的重点是单体参与共聚能力及对共聚组成和序列结构的控制;离子聚合、配位聚合则重于引发体系、活性中心、聚合机理等内容。

3. 适当压缩传统理论的篇幅,将近年新的理论编入正文。在理论论述时适当涉及理论的建立(包括实验支撑和建立过程)和与其它学科(尤其是四大基础化学)的关联。在主要章节后加入了概括性小结。

4. 每一章增加或强化了工业应用部分。重点是结合实际工业化品种,介绍各章所学基本理论的实际应用:自由基聚合,强调对聚合反应速率和聚合度的控制;共聚合,强调对共聚物组成和序列结构的控制;离子聚合,强调阴离子活性聚合的应用和阳离子聚合对聚合度的控制;配位聚合,强调对立构的控制;聚合方法,强调对聚合方法的选择。

5. 对每一章的习题进行了整合,增加了部分内容,以达到掌握基本理论、强化知识应用的目的。

本书第 1、2、3、5、8 章由张兴英教授编写;第 4 章和第 7 章由程珏教授编写;第 6 章和第 9 章由赵京波教授编写;各章习题由鲁建民副教授编写。本书也是北京化工大学高分子化学教学组各位教师多年教学工作的成果与结晶,各位同仁在本书的编写过程中也提出多方面的宝贵意见,在此一并表示感谢。

由于编者水平有限,书中难免有疏漏之处,衷心地希望广大读者及教育界同仁给予指正。

编　者
2012 年 3 月

# 前　言

　　本书为配合高分子化学国家精品课程建设需要，补充了近一二十年高分子化学的新进展，是为高等学校本科生学习高分子化学而编写的教科书，对于在相关领域学习和研究的硕士、博士研究生、科学工作者、工程技术人员，也不失为一本学习高分子化学基本原理及高分子制备的参考书。

　　作为一本工科专业教科书，在编写中主要把握了以下几点：一是注重理论知识的掌握。高分子化学是建立在有机化学和物理化学基础上的，全书按不同的聚合机理进行划分，在各章中对涉及的活性中心性质、反应机理、反应动力学和热力学给予了较多篇幅。对于一些新的聚合反应，如可控/"活性"自由基聚合、控制/活性阳离子聚合、基团转移聚合、易位聚合、活性化缩聚等，也按反应机理在相应的章节中给予一定篇幅，以使学生对高分子化学知识的了解达到较高水平。二是注意发挥工科教材的特色。增加了单体来源、新的聚合方法、典型聚合物的工业合成路线等内容。三是注重学习能力和兴趣的培养。除习题外，各章还附有许多自学内容，目的是减少课堂学习的压力、培养学生的自学能力；对于一些高分子科学发展过程中的大事件、杰出的代表人物及今后的一些主要发展方向的介绍则可激发起学生学习和探索高分子科学的兴趣。

　　高分子化学的发展虽然只有几十年的历史，但其丰富的内容已远不是一本教科书所能涵盖的，我们只能围绕各部分的重点内容进行编写。绪论一章，主要介绍高分子化学的一些主要概念，其中高分子命名主要参照2005年国家发布的《高分子化学命名原则》；研究较早、理论成熟的逐步聚合、自由基聚合是本书的重点，在聚合机理、聚合动力学、热力学、聚合反应和聚合物相对分子质量的控制等方面，给予了较为全面的介绍；共聚合一章的重点是单体参与共聚能力及对共聚组成的控制；对于离子聚合、配位聚合则重于聚合机理、引发体系、活性中心等内容；其他内容只是给予一般性的介绍。由于篇幅所限，一些内容不得不忍痛割爱，如近年来发展很快的功能高分子、生物高分子只能在最后一章中有所涉及。

　　本书是高分子化学教师多年教学工作的结晶，第1、3、5、7、8章由张兴英教授编写；第2章和第4章由程珏副教授编写；第6章和第9章由赵京波副教授编写；全书由张兴英教授负责统稿、总审。

　　由于编者水平有限，加之时间紧，书中有不妥之处，衷心地希望广大读者及教育界同行给予指正。

编　者

2006 年 5 月

# 目　　录

# 第3章　自由基共聚合 ········· 80

# 第4章　离子聚合 ········· 117

# 第9章 聚合物的化学反应 ·············· 282

# 第1章 绪 论

## 1.1 高分子的基本概念

材料、信息、能源是现代文明的三大支柱，其中材料是人类活动的物质基础。通常材料分为金属材料、无机材料、有机高分子材料和复合材料。高分子化学（polymer chemistry）是研究高分子化合物合成和反应的一门科学。前者涉及高分子的合成机理、动力学、合成反应与高分子的分子结构、相对分子质量和相对分子质量分布之间关系等领域；后者涉及高分子的化学反应、改性、防老化、回收再利用等领域。

高分子化合物是一种由多种原子通过共价键连接而成的相对分子质量很大的化合物。与小分子化合物相比，高分子化合物有如下特点。

① 价键连接。1920 年，德国的 Staudinger 提出：无论天然高分子还是合成高分子，其形态和特性都可以由具有共价键连接的链式高分子结构来解释。这种共价键连接的长链型的分子结构一直沿用至今。

② 相对分子质量大，一般在 $10^4 \sim 10^6$。例如尼龙，相对分子质量为 $1.2 \times 10^4 \sim 1.8 \times 10^4$；聚氯乙烯，相对分子质量为 $5 \times 10^4 \sim 15 \times 10^4$；顺丁橡胶，相对分子质量为 $25 \times 10^4 \sim 30 \times 10^4$。相对分子质量超过 $10^6$ 的习惯上称为超高相对分子质量化合物。而相对分子质量在 $10^3 \sim 10^4$ 的一般称为低聚物或齐聚物（oligomer）。

③ 多种原子。常见高分子化合物多以 C、H、O、N 四种元素组成，少数高分子化合物还含有 S、Cl、P、Si、F 等元素。

对于众多常见的由人工合成的高分子化合物而言，高分子化合物就是一长链状的化合物，是由许多结构相同的、简单的化学结构通过共价键重复连接而成的相对分子质量很大的化合物。例如聚氯乙烯，其分子结构可以写为：

$$A\text{\sim\sim}CH_2-CH-CH_2-CH-CH_2-CH-CH_2-CH\text{\sim\sim}B \qquad (\text{I})$$
$$\qquad\qquad | \qquad\quad | \qquad\quad | \qquad\quad |$$
$$\qquad\qquad Cl \qquad\; Cl \qquad\; Cl \qquad\; Cl$$

它是由许多相同的 $-CH_2-CH-$ 化学结构由共价键重复连接而成。其中贯穿于整个分子的
$\qquad\qquad\qquad\qquad\qquad\quad |$
$\qquad\qquad\qquad\qquad\qquad\; Cl$

链称为主链（main chain），式中以"$\sim\sim$"代表延伸的主链。主链边上如有短的链，称为侧链（side chain）。主链边上带的基团称为侧基（side group），如—Cl。主链两端的基团则称为端基（end group），如 A、B。

从历史发展看，高分子化合物一般可称为高分子、大分子、聚合物、高聚物等。这些名词在含义上区别不大，经常混用。现在的一个倾向是将化学结构组成多样、排列顺序严格的生物高分子化合物称为高分子或大分子（macromolecule）；而将具有由相同的化学结构多次重复连接而成的特点的高分子化合物（如聚氯乙烯）称为聚合物（polymer）或高聚物（high polymer）。

为方便起见，聚氯乙烯的化学结构式（分子式）通常写为：

$$A\!\!-\!\!\!\left[CH_2-CH\right]_{\!n}\!\!\!-\!\!B \qquad\qquad (\text{II})$$
$$\qquad\qquad\quad |$$
$$\qquad\qquad\; Cl$$

在结构式中，两端的端基（A 和 B）由于相对分子质量小，对高分子性能影响不大，且结构往往不确定，一般可略去不写。但对一些聚合物，如某些逐步聚合产物（如环氧树脂大分子链两端的环氧基团）、遥爪聚合物（如双端羟基聚丁二烯大分子链两端的羟基）、大分子单体等，其端基是为一定的用途而特定合成的，因此必须写出端基结构。

类似聚氯乙烯这样的聚合物，化学结构式（Ⅱ）中括号内的化学结构称为结构单元（structure unit），由于聚氯乙烯分子链可以看成为结构单元的多次重复构成，因此括号内的化学结构也可称为重复单元（repeating unit）或链节（chain element）。"$n$"代表重复单元的数目，称之为聚合度（degree of polymerization，$\overline{DP}$）。

能够形成聚合物中结构单元的小分子化合物称之为单体（monomer）。例如，聚氯乙烯是由氯乙烯合成的，因此氯乙烯是聚氯乙烯的单体。对比聚氯乙烯结构单元与单体氯乙烯，两者的原子种类、个数相同，仅电子结构改变，因此这类聚合物的结构单元也可称为单体单元（monomer unit）。近年来，越来越多的聚合物是先通过单体聚合形成某种聚合物，再通过该聚合物进一步的化学反应得到的，如聚乙烯醇是由单体醋酸乙烯聚合后再经多步反应合成出的，其结构单元与单体结构相差很大，因而对这类聚合物不宜由结构单元直接推断单体结构，习惯上把其看为由假想单体"乙烯醇"衍生而来。

$$
\begin{array}{cc}
CH_2{=}CH & {+}CH_2{-}CH{+}_n \\
| & | \\
OCOCH_3 & OH \\
\text{醋酸乙烯} & \text{聚乙烯醇}
\end{array}
$$

对由己二酸和己二胺反应（失去小分子水）生成的尼龙 66，其化学结构式有着另一特征：

$$
{+}NH(CH_2)_6NH{-}CO(CH_2)_4CO{+}_n \qquad\qquad （Ⅲ）
$$

|←—结构单元—→|←—结构单元—→|
|←———重复单元———→|

式（Ⅲ）中的结构单元—NH(CH_2)_6NH—和—CO(CH_2)_4CO—比其单体己二酸和己二胺要少一些原子，因此这种结构单元不宜再称为单体单元。另外，结构单元和重复单元（链节）的含义也不再相同。

聚合物的相对分子质量 $M$ 可由式(1-1)求出：

$$
M = nM_0 = \overline{DP} \cdot M_0 \qquad\qquad (1\text{-}1)
$$

式中，$M_0$ 代表重复单元的相对分子质量。例如聚苯乙烯的聚合度 $\overline{DP}$ 为 960～3850，$M_0 = 104$，则聚苯乙烯的相对分子质量约为 10 万～40 万。尼龙 66 的 $M_0 = 114 + 112 = 226$，聚合度 $\overline{DP}$ 为 89，则尼龙 66 的相对分子质量约为 2 万。

有些书中将类似尼龙 66 这样的聚合物中的两种结构单元总数称为聚合度，记为 $\overline{X}_n$。这样对尼龙 66 来说，$\overline{X}_n = 2n = 2\overline{DP}$，相对分子质量为：

$$
M = \overline{X}_n \cdot \overline{M}_0 = 2n \cdot \overline{M}_0 = 2 \cdot \overline{OP} \cdot \overline{M}_0 \qquad\qquad (1\text{-}2)
$$

式中，$\overline{M}_0$ 是重复单元内结构单元的平均相对分子质量。如尼龙 66 的 $\overline{M}_0 = (114 + 112)/2 = 113$，已知其相对分子质量为 2 万，则 $\overline{X}_n \approx 177$。当然，对聚苯乙烯这样的聚合物来说，其结构单元数与重复单元数相等，因此 $\overline{X}_n = n = \overline{DP}$，$\overline{M}_0 = M_0 = 104$。

# 1.2　聚合物的命名

高分子化学是一门新兴科学，面对日益增多的聚合物品种，至今仍存在着多种命名方法。在此以 2005 年国家公布的"高分子化学命名原则"为准，对几种常用的高分子化合物命名方法进行介绍。

### 1.2.1 高分子化学命名原则

高分子化学的主要命名原则如下。

① 在对聚合物命名时，采用以聚合物产生的过程，即以参与聚合的单体为基础的来源命名法，或以聚合物主链的组成重复结构单元为基础的结构基础命名法，两者可并行使用。对结构复杂但能系统表述的聚合物建议采用结构基础命名法。

② 有机单元、无机单元的命名参照相应化合物命名原则。

③ 采用写读分开的前缀、后缀、中介连接词的汉字或英文符号来命名各种结构不同的聚合物及共聚物。见表 1-1～表 1-4。

表 1-1 前缀词

| 前缀词 | 对应英文 | 前缀词 | 对应英文 |
|---|---|---|---|
| 聚 | poly | 无规(用于共聚物) | random |
| 顺(式) | *cis* | 赤型 | *erythro* |
| 反(式) | *trans* | 苏型 | *threo* |
| 全同立构(或等规) | isotactic | 梯型 | ladder |
| 间同立构(或间规) | syndiotactic | 交联 | crosslinked |
| 无规立构(或无规) | atactic | 螺旋 | spiro |
| 杂同立构(或异规) | heterotactic | 体型(或三维) | three-dimensional |

表 1-2 后缀词

| 后缀词 | 对应英文 | 后缀词 | 对应英文 |
|---|---|---|---|
| 共聚物 | copolymer | 共混物 | blend |
| 嵌段共聚物 | block copolymer | 互穿(聚合物)网络 | interpenetrating polymer network,IPN |
| 接枝共聚物 | graft copolymer | 离子聚合物(离聚物) | ionomer |

表 1-3 前缀符号

| 前缀符号 | 含义 | 前缀符号 | 含义 |
|---|---|---|---|
| *cis* | 顺(式) | *m*(或 *meso*) | 内消旋 |
| *trans* | 反(式) | *r*(或 *racemo*) | 外消旋 |

表 1-4 中介连接字符

| 中介连接字符 | 含义 | 中介连接字符 | 含义 |
|---|---|---|---|
| -*co*- | 共聚 | -*stat*- | 统计共聚 |
| -*b*-(或-*black*-) | 嵌段共聚 | -*ran*- | 无规共聚 |
| -*g*-(或-*graft*-) | 接枝共聚 | -*per*- | 周期性共聚 |
| -*alt*- | 交替共聚 | | |

对常用聚合物的命名一般涉及均聚物、共聚物、立体构型聚合物等几类，这里重点对均聚物的命名进行介绍，其它的将在相应章节给予介绍。

#### 1.2.1.1 来源基础命名法

对加聚产物，在所用单体名称前冠以"聚"字。

如聚乙烯（Ⅰ）、聚丙烯（Ⅱ）、聚苯乙烯（Ⅲ）、聚甲基丙烯酸甲酯（Ⅳ）。聚乙烯醇（Ⅴ）虽然是由单体醋酸乙烯经过一系列反应得到的，但仍参照聚合物重复单元结构，以假想单体"乙烯醇"的名称进行命名。

$$\{CH_2-CH_2\}_n \qquad \{CH_2-CH\}_n \qquad \{CH_2-CH\}_n \qquad \{CH_2-C\}_n \qquad \{CH_2-CH\}_n$$

（Ⅰ）　　　　　　　（Ⅱ）　　　　　　（Ⅲ）　　　　　　　（Ⅳ）　　　　　　（Ⅴ）

同一种单体，当反应方法和条件不同时可得到多种结构（如结构异构、立体异构、光学异构等）的聚合物时，需加适当前辍给予进一步说明。如丁二烯单体，在不同的反应方法和条件下，可得到聚 1,4-丁二烯（Ⅵ）和聚 1,2-丁二烯（Ⅶ）：

$$\{CH_2-CH=CH-CH_2\}_n \qquad \{CH_2-CH\}_n$$

（Ⅵ）　　　　　　　　　　　（Ⅶ）

对缩聚产物，在其对应的有机化合物结构类别前冠以"聚"字。如由己二酸和己二胺反应生成的聚合物，根据其化学结构式称为聚己二酰己二胺（Ⅷ），由对苯二甲酸和乙二醇反应生成的聚合物称为聚对苯二甲酸乙二（醇）酯（Ⅸ），由二异氰酸己二酯与丁二醇反应生成的聚合物称为聚己二氨基甲酸丁二（醇）酯（Ⅹ）。

$$\{CO(CH_2)_4CO-NH(CH_2)_6NH\}_n \qquad\qquad （Ⅷ）$$

$$\{OC-\!\!\bigcirc\!\!-COOCH_2CH_2O\}_n \qquad\qquad （Ⅸ）$$

$$\{OCHN(CH_2)_6NHCO-O(CH_2)_4O\}_n \qquad\qquad （Ⅹ）$$

### 1.2.1.2　结构基础命名法

先对重复单元按有机化合物命名（如结构复杂可加括号），再在前面冠以"聚"字。关于重复单元的选定要遵照以下原则。

① 找出组成重复单元的一切可能结构式。

② 按优先顺序的规定确定其结构式。

③ 各基团的优先顺序是：杂环＞杂链＞碳环。

④ 各种杂环的优先顺序是：氮环＞环数最多的环＞有最大单环的环＞杂原子数多的环＞杂原子种类多的环＞杂原子优先顺序高的环＞其余。

⑤ 杂链中杂原子的优先顺序为：O＞S＞Se＞Te＞N＞P＞As＞Sb＞Bi＞Si＞Ge＞Sn＞Pb＞B＞Hg。

⑥ 对于碳环的优先顺序是：环数最多的环＞有大单环的环＞在同类环中原子数最多的环＞氢化度最小的环＞其余。

⑦ 在其它条件相同的情况下，取代基的位标数值小的优于大的，简单的优于复杂的。

如下述聚合物：

$$-CHCH_2OCHCH_2OCHCH_2OCHCH_2O-$$
$$\;\;\;|\qquad\qquad|\qquad\qquad|\qquad\qquad|$$
$$\;\;\;F\qquad\qquad F\qquad\qquad F\qquad\qquad F$$

该聚合物组成的重复单元可以有以下 6 种：

$$-OCHCH_2- \quad -CH_2OCH- \quad -OCH_2CH- \quad -CH_2CHO- \quad -CHOCH_2- \quad -CHCH_2O-$$
$$\;\;\;\;|\qquad\qquad\qquad|\qquad\qquad\qquad|\qquad\qquad\qquad\;\;|\qquad\qquad\;\;|\qquad\qquad\;\;|$$
$$\;\;\;\;F\qquad\qquad\qquad F\qquad\qquad\qquad F\qquad\qquad\qquad\;\;F\qquad\qquad\;\;F\qquad\qquad\;\;F$$

按上述优先顺序只能选出第一种，命名为"聚（氧-1-氟亚乙烯）"。

典型的加聚物的命名列于表 1-5，缩聚物列于表 1-6。

**表 1-5　典型加聚物的命名**

| 单　体 | 单体结构 | 聚合物结构 | 来源基础命名法名称 | 结构基础命名法名称 |
|---|---|---|---|---|
| 乙烯 | $CH_2=CH_2$ | $\text{--}CH_2\text{--}CH_2\text{--}_n$ | 聚乙烯 | 聚亚甲基① |
| 丙烯 | $\begin{array}{c}CH=CH_2\\|\\CH_3\end{array}$ | $\begin{array}{c}\text{--}CH\text{--}CH_2\text{--}_n\\|\\CH_3\end{array}$ | 聚丙烯 | 聚亚丙基 |
| 苯乙烯 | $\begin{array}{c}CH=CH_2\\|\\C_6H_5\end{array}$ | $\begin{array}{c}\text{--}CH\text{--}CH_2\text{--}_n\\|\\C_6H_5\end{array}$ | 聚苯乙烯 | 聚(1-苯基亚乙基) |
| 氯乙烯 | $\begin{array}{c}CH=CH_2\\|\\Cl\end{array}$ | $\begin{array}{c}\text{--}CH\text{--}CH_2\text{--}_n\\|\\Cl\end{array}$ | 聚氯乙烯 | 聚(1-氯亚乙基) |
| 偏二氯乙烯 | $CH_2=CCl_2$ | $\text{--}CH_2\text{--}CCl_2\text{--}_n$ | 聚偏二氯乙烯 | 聚(1,1-二氯亚乙基) |
| 氟乙烯 | $\begin{array}{c}CH=CH_2\\|\\F\end{array}$ | $\begin{array}{c}\text{--}CH\text{--}CH_2\text{--}_n\\|\\F\end{array}$ | 聚氟乙烯 | 聚(1-氟亚乙基) |
| 四氟乙烯 | $CF_2=CF_2$ | $\text{--}CF_2\text{--}CF_2\text{--}_n$ | 聚四氟乙烯 | 聚二氟亚甲基① |
| 丙烯腈 | $\begin{array}{c}CH=CH_2\\|\\CN\end{array}$ | $\begin{array}{c}\text{--}CH\text{--}CH_2\text{--}_n\\|\\CN\end{array}$ | 聚丙烯腈 | 聚(1-氰基亚乙基) |
| 丙烯酸 | $\begin{array}{c}CH=CH_2\\|\\COOH\end{array}$ | $\begin{array}{c}\text{--}CH\text{--}CH_2\text{--}_n\\|\\COOH\end{array}$ | 聚丙烯酸 | 聚(1-羧基亚乙基) |
| 丙烯酸甲酯 | $\begin{array}{c}CH=CH_2\\|\\COOCH_3\end{array}$ | $\begin{array}{c}\text{--}CH\text{--}CH_2\text{--}_n\\|\\COOCH_3\end{array}$ | 聚丙烯酸甲酯 | 聚[1-(甲氧羰基)亚乙基] |
| 甲基丙烯酸甲酯 | $\begin{array}{c}CH_3\\|\\C=CH_2\\|\\COOCH_3\end{array}$ | $\begin{array}{c}CH_3\\|\\\text{--}C\text{--}CH_2\text{--}_n\\|\\COOCH_3\end{array}$ | 聚甲基丙烯酸甲酯 | 聚[1-(甲氧羰基)-1-甲基亚乙基] |
| 丙烯酰胺 | $\begin{array}{c}CH=CH_2\\|\\CONH_2\end{array}$ | $\begin{array}{c}\text{--}CH\text{--}CH_2\text{--}_n\\|\\CONH_2\end{array}$ | 聚丙烯酰胺 | 聚[1-(氨羰基)亚乙基] |
| 醋酸乙烯酯 | $\begin{array}{c}CH=CH_2\\|\\OCOCH_3\end{array}$ | $\begin{array}{c}\text{--}CH\text{--}CH_2\text{--}_n\\|\\OCOCH_3\end{array}$ | 聚醋酸乙烯酯 | 聚(1-乙酰氧基亚乙基) |
| 乙烯醇② | $\begin{array}{c}CH=CH_2\\|\\OH\end{array}$ | $\begin{array}{c}\text{--}CH\text{--}CH_2\text{--}_n\\|\\OH\end{array}$ | 聚乙烯醇② | 聚(1-羟基亚乙基) |
| 乙烯基烷基醚 | $\begin{array}{c}CH=CH_2\\|\\OR\end{array}$ | $\begin{array}{c}\text{--}CH\text{--}CH_2\text{--}_n\\|\\OR\end{array}$ | 聚乙烯基烷基醚 | 聚(1-烷氧基亚乙基) |
| 异丁烯 | $\begin{array}{c}CH_3\\|\\C=CH_2\\|\\CH_3\end{array}$ | $\begin{array}{c}CH_3\\|\\\text{--}C\text{--}CH_2\text{--}_n\\|\\CH_3\end{array}$ | 聚异丁烯 | 聚(1,1-二甲基亚乙基) |
| 丁二烯③ | $CH_2=CH\text{--}CH=CH_2$ | $\text{--}CH=CH\text{--}CH_2\text{--}CH_2\text{--}_n$ | 聚丁二烯③ | 聚(1-亚丁烯基) |
| 氯丁二烯 | $\begin{array}{c}CH_2=C\text{--}CH=CH_2\\|\\Cl\end{array}$ | $\begin{array}{c}\text{--}C=CH\text{--}CH_2\text{--}CH_2\text{--}_n\\|\\Cl\end{array}$ | 聚氯丁二烯 | 聚(1-氯-1-亚丁烯基) |
| 异戊二烯 | $\begin{array}{c}CH_2=C\text{--}CH=CH_2\\|\\CH_3\end{array}$ | $\begin{array}{c}\text{--}CH=CH\text{--}CH_2\text{--}CH_2\text{--}_n\\|\\CH_3\end{array}$ | 聚异戊二烯 | 聚(1-甲基-1-亚丁烯基) |

①　根据国际纯粹与应用化学联合会（IUPAC）规定，组成重复单元分别为"亚甲基"、"二氟亚甲基"。

②　乙烯醇为假设单体，因不稳定而转变为乙醛，因此聚乙烯醇是通过聚醋酸乙烯酯醇解得到的。

③　二烯烃按 1,4-聚合，得到相应的 1,4-聚合物。

**表 1-6 典型缩聚物的命名**

| 聚合物结构 | 来源基础命名法名称 | 结构基础命名法名称 |
|---|---|---|
| 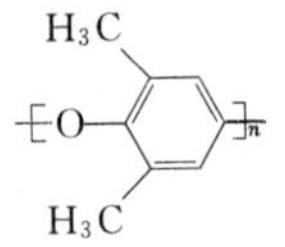 | 聚(2,6-二甲基对苯醚) | 聚(氧-2,6-二甲基-1,4-亚苯基) |
| 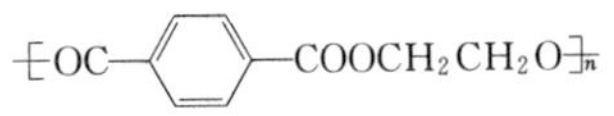 $\fbox{OC—◯—COOCH_2CH_2O}_n$ | 聚对苯二甲酸乙二酯 | 聚(氧亚乙基氧对苯二甲酰) |
| 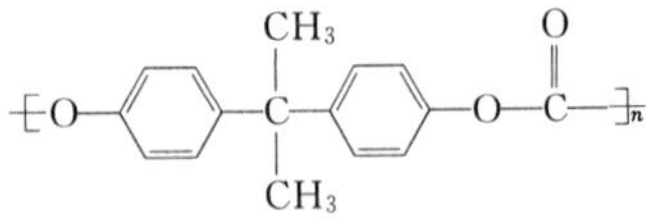 | 双酚 A 型聚碳酸酯 | 聚(羰二氧-1,4-亚苯基亚异丙基-1,4-亚苯基) |
| $\fbox{HN(CH_2)_6NH—OC(CH_2)_4CO}_n$ | 聚己二酰己二胺 | 聚(亚氨丁二酰亚氨六亚甲基) |
| $\fbox{HN(CH_2)_5CO}_n$ | 聚(ε-己内酰胺) | 聚[亚氨基-(1-氧代六亚甲基)] |

从实际使用情况看，来源基础命名法由于简单、使用时间长而广为人们采用，结构基础命名法同下面介绍的系统命名法一样，准确但复杂。

### 1.2.2 系统命名法

为避免因聚合物命名中的一物多名或不确切而带来的混乱，国际纯粹与应用化学联合会于 1972 年提出一个以结构为基础的系统命名法。命名的基本规则是：

① 确定最小的结构重复单元（CRU）；
② 排好结构重复单元中次级单元的顺序；
③ 根据 IUPAC 有机化合物的命名规则命名最小结构重复单元；
④ 在该名称前面加上"聚"字。

次级单元的排列规则为：

① 杂环＞杂原子或是包含杂原子的无环次级单元＞碳环＞碳链；
② 尽量使取代基位置最小；
③ 最大次级单元到第二级单元距离最小。

以聚氯乙烯为例，按 IUPAC 的系统命名法其次级单元应写为：

$$—CHCH_2—$$
$$\ \ \ |$$
$$\ \ \ Cl$$

故应称为聚（1-氯代乙烯）。聚丁二烯的次级单元为：

$$—CH=CHCH_2CH_2—$$

则应称为聚（1-亚丁烯基）。

IUPAC 的系统命名法虽然严谨，但十分复杂，IUPAC 并不反对继续使用比较流行的以单体为基础的较清楚的命名法，但希望在学术交流中尽量使用系统名称。

### 1.2.3 以聚合物的结构特征命名

针对某些聚合物大分子链上含有相同的特征结构的特点，以特征结构命名。如将主链中含有—O—结构的一类聚合物称为聚醚。类似的有聚酯、聚酰胺、聚氨酯、聚脲、聚砜等。表 1-7 列出了一些典型的聚合物名称。

以这种方法命名的聚合物往往是指一大类聚合物，而不在乎具体分子结构和单体来源，因而具有简单、综合性强的特点。

表 1-7 以聚合物的典型结构特征命名

| 类型 | 聚合物 | 重复单元 | 原料 |
|---|---|---|---|
| 聚醚 —O— | 聚甲醛<br>聚环氧乙烷 | $-O-CH_2-$<br>$-O-CH_2-CH_2-$ | $HCHO$ 或 $(CH_2O)_3$<br>$H_2C\overset{O}{\diagdown\diagup}CH_2$ |
| | 聚双(氯甲基)<br>环丁烷 | $-O-CH_2-\overset{CH_2Cl}{\underset{CH_2Cl}{\overset{|}{\underset{|}{C}}}}-CH_2-$ | $-O-CH_2-\overset{CH_2Cl}{\underset{CH_2}{\overset{|}{\underset{\diagdown O}{C}}}}\overset{}{\diagup}$ |
| | 聚二甲基亚<br>苯基氧 | (二甲基苯氧基重复单元结构) | (2,6-二甲基苯酚结构) |
| | 环氧树脂 | $-O-C_6H_4-\overset{CH_3}{\underset{CH_3}{C}}-C_6H_4-O-CH_2-\overset{}{\underset{OH}{CH}}-CH_2-$ | $HO-C_6H_4-\overset{CH_3}{\underset{CH_3}{C}}-C_6H_4-OH$<br>$+\ CH_2\overset{O}{\diagdown\diagup}CHCH_2Cl$ |
| 聚酯 —OCO— | 涤纶 | $-OC-C_6H_4-COOCH_2CH_2O-$ | $HOOC-C_6H_4-COOH +$<br>$HOCH_2CH_2OH$ |
| | 聚碳酸酯 | $-O-C_6H_4-\overset{CH_3}{\underset{CH_3}{C}}-C_6H_4-O-CO-$ | $HO-C_6H_4-\overset{CH_3}{\underset{CH_3}{C}}-C_6H_4-OH +$<br>$COCl_2$ |
| | 不饱和树脂 | $-OCH_2CH_2OCOCH=CHCO-$ | $HOCH_2CH_2OH + CH=CH$ 顺酐<br>(马来酸酐结构) |
| | 醇酸树脂 | $-OCH_2\underset{O|}{CH}CH_2O-CO-C_6H_4-CO-$ | $CH_2OHCHOHCH_2OH +$<br>$C_6H_4(CO)_2O$ |
| 聚酰胺 —NHCO— | 尼龙 66<br>尼龙 6 | $-HN(CH_2)_6NH-OC(CH_2)_4CO-$<br>$-HN(CH_2)_5CO-$ | $NH_2(CH_2)_6NH_2 +$<br>$HOOC(CH_2)_4COOH$<br>$NH(CH_2)_5CO$ |
| 聚氨酯 —NHCOO— | | $-O(CH_2)_2O-CONH(CH_2)_6NHCO-$ | $HO(CH_2)_2OH +$<br>$OCN(CH_2)_6NCO$ |
| 聚脲 —HNCONH— | | $-HN(CH_2)_6NH-CONH(CH_2)_6NHCO-$ | $H_2N(CH_2)_6NH_2 +$<br>$OCN(CH_2)_6NCO$ |
| 聚砜 —SO_2— | | $-O-C_6H_4-\overset{CH_3}{\underset{CH_3}{C}}-C_6H_4-O-C_6H_4-\overset{O}{\underset{O}{S}}-C_6H_4-$ | $HO-C_6H_4-\overset{CH_3}{\underset{CH_3}{C}}-C_6H_4-OH$<br>$+Cl-C_6H_4-\overset{O}{\underset{O}{S}}-C_6H_4-Cl$ |

| 类型 | 聚合物 | 重复单元 | 原料 |
|---|---|---|---|
| 酚醛 | | 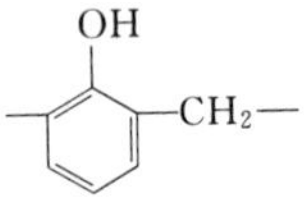 (见结构式，邻羟基苯-CH₂-) | $(C_6H_5)OH+HCHO$ |
| 脲醛 | | $-NHCONH-CH_2-$ | $CO(NH_2)_2+HCHO$ |
| 聚硫 | | $-CH_2CH_2-S-S-$ (含S S) | $ClCH_2CH_2Cl+Na_2S_4$ |
| 有机硅 | 硅橡胶 | $-O-Si(CH_3)_2-$ | $Cl-Si(CH_3)_2-Cl$ |

#### 1.2.4 根据商品名或俗名命名

目前生产和流通中各个厂家给自己产品起的商品名或俗名亦十分流行。

在我国，多用"纶"字作为合成纤维的商品名后缀。如涤纶（聚对苯二甲酸乙二醇酯）、锦纶（尼龙6）、维纶（聚乙烯醇缩甲醛）、腈纶（聚丙烯腈）、丙纶（聚丙烯）等。聚酰胺类则采用了国外的叫法，称为尼龙（nylon）。尼龙后面的数字代表其单体来源，第一个数字代表二元胺中碳的数目，第二个数字代表二元酸中碳的数目。例如尼龙610即是用己二胺、癸二酸为单体合成的。

许多合成橡胶是由两种以上的单体合成的共聚物。其命名习惯上是从共聚单体中各取一个字，后面加"橡胶"两字。如丁二烯和苯乙烯共聚所得橡胶称为丁苯橡胶，乙烯和丙烯共聚所得橡胶称为乙丙橡胶。对于均聚物，可以采用相同的方法，如顺丁橡胶、氯丁橡胶等。

在某些塑料的命名中，也采用了类似的加后缀"树脂"的方法。如苯酚-甲醛的聚合物称为酚醛树脂，甘油、邻苯二甲酸酐反应得到的聚合物称为醇酸树脂等。

此种命名法尽管不科学，但许多著名品牌已为大家熟知，成为通用的俗名。另一方面，由于使用要求的提高，现在聚合物合成日益复杂，加上知识产权保护问题，对新聚合物人为命名的做法已十分普遍。

#### 1.2.5 用英文缩写命名

聚合物的正式名称往往很长，为简便起见，在文章和文献中经常采用英文缩写符号表示。如聚苯乙烯（polystyrene）简称为PS，顺丁橡胶（butadiene rubber）简称为BR，聚醋酸乙烯酯（polyvinylacetate）简称为PVAc等。在文章中采用缩写符号表示聚合物名称时，第一次出现要注明全名，以免误解。另外在以英文缩写命名一种聚合物时要注意避免与人们已经约定俗成的已有聚合物英文缩写重复。表1-8列出一些常用聚合物的英文缩写。

#### 1.2.6 小结

与众多的无机化合物和有机化合物相比，种类少得多的聚合物的命名却显得有些混乱。2005年国家公布的"高分子化学命名原则"既与国际接轨又有中国特色，其来源命名法基本上为人们常用的习惯命名法，而结构基础命名法则与IUPAC的系统命名法相同。在聚合物品种日益丰富的今天，不同的命名法依然显示出各自旺盛的生命力。因此我们需要在学习和工作中不断熟悉各种有关聚合物的命名。

表 1-8　聚合物的英文缩写

| 英文缩写 | 中文名称(商品名) | 英文缩写 | 中文名称(商品名) |
|---|---|---|---|
| ABS | 丙烯腈-丁二烯-苯乙烯共聚物 | PE | 聚乙烯 |
| AS | 丙烯腈-苯乙烯树脂 | PEEK | 聚醚醚酮 |
| BR | 丁二烯橡胶(顺丁橡胶) | PEK | 聚醚酮 |
| CR | 氯丁橡胶 | PET | 聚对苯二甲酸乙二醇酯 |
| EAA | 乙烯-丙烯酸共聚物 | PEU | 聚醚氨酯 |
| EPDM(EPT) | 乙烯-丙烯-二烯三元共聚物/三元乙丙橡胶 | PF | 酚醛树脂 |
| EPM(EPR) | 乙烯-丙烯共聚物/二元乙丙橡胶 | PI | 聚酰亚胺 |
| EPS | 发泡聚苯乙烯 | PIB | 聚异丁烯 |
| EVA | 乙烯-醋酸乙烯酯共聚物 | PMMA | 聚甲基丙烯酸甲酯 |
| GPS | 通用聚苯乙烯 | POM | 聚甲醛 |
| HDPE | 高密度聚乙烯 | PP | 聚丙烯 |
| HIPS | 高抗冲聚苯乙烯 | PPO | 聚苯醚 |
| IIR | 丁基橡胶 | PPS | 聚苯硫醚 |
| IR | 异戊二烯橡胶 | PPSF | 聚苯砜 |
| LDPE | 低密度聚乙烯 | PS | 聚苯乙烯 |
| LLDPE | 线形低密度聚乙烯 | PSF | 聚砜 |
| MF | 三聚氰胺-甲醛树脂 | PTFE | 聚四氟乙烯 |
| mPE | 茂(金属)系聚乙烯 | PU | 聚氨酯 |
| NBR(ABR) | 丁腈橡胶 | PVA | 聚乙烯醇 |
| NR | 天然橡胶 | PVAc | 聚醋酸乙烯酯 |
| PA(nylon) | 聚酰胺(尼龙) | PVB | 聚乙烯醇缩丁醛 |
| PAA | 聚丙烯酸 | PVC | 聚氯乙烯 |
| PAM | 聚丙烯酰胺 | PVDC | 聚偏二氯乙烯 |
| PAI | 聚酰胺-酰亚胺 | PVDF | 聚偏二氟乙烯 |
| PAN | 聚丙烯腈 | PVFM | 聚乙烯醇缩甲醛 |
| PB | 聚丁烯 | SBR | 丁苯橡胶 |
| PBd | 聚丁二烯 | SBS | 苯乙烯-丁二烯-苯乙烯嵌段共聚物 |
| PBI | 聚苯并咪唑 | TPE | 热塑性弹性体 |
| PBT | 聚对苯二甲酸丁二醇酯 | UF | 脲醛树脂 |
| PC | 聚碳酸酯 | | |

# 1.3　聚合反应

## 1.3.1　聚合反应

由小分子单体合成聚合物的反应称聚合反应（polymerization）。

虽然高分子化合物的形成是多步反应的结果，但如不强调基元反应，一般情况下写聚合反应式时只写一个总的反应式，如由 $n$ 个苯乙烯合成聚合度为 $n$ 的聚苯乙烯的聚合反应式可写为：

$$n\text{CH}_2=\text{CH} \longrightarrow \big[\text{CH}_2-\text{CH}\big]_n$$
$$| \qquad\qquad |$$
$$\text{C}_6\text{H}_5 \qquad\qquad \text{C}_6\text{H}_5$$

而对由 $n$ 个己二胺和 $n$ 个己二酸合成聚合度为 $n$ 的聚己二酰己二胺（尼龙 66）的聚合反应式可写为：

$$n\text{NH}_2(\text{CH}_2)_6\text{NH}_2 + n\text{HOOC}(\text{CH}_2)_4\text{COOH} \longrightarrow$$
$$\text{H}\big[\text{HN}(\text{CH}_2)_6\text{NH}-\text{OC}(\text{CH}_2)_4\text{CO}\big]_n\text{OH} + (2n-1)\text{H}_2\text{O}$$

写聚合反应式时应注意结构单元或重复单元的写法要符合有机化学中关于有机化合物的

写法规则。由于同一种聚合物可通过多种方法合成，且很多情况下端基结构对聚合物主要性能影响不大，因此很多情况下聚合物括号外的端基可以不写。对一些结构复杂的聚合物，如接枝共聚物、体型聚合物等则只写出局部代表性结构即可。

对于多种多样的聚合反应，可以从不同角度进行分类。目前用得多的有两种：一种是按单体和聚合物在反应前后组成和结构上的变化分类；另一种是按聚合反应的反应机理和动力学分类。

### 1.3.2 按单体和聚合物在反应前后组成和结构上的变化分类

1929 年，Carothers 借用有机化学中加成反应和缩合反应的概念，根据单体和聚合物之间的组成差异，将聚合反应分为加聚反应（addition polymerization）和缩聚反应（condensation polymerization），与之对应得到的聚合物称之为加聚物（addition polymer）和缩聚物（condensation polymer）。

单体通过相互加成而形成聚合物的反应称为加聚反应。例如聚丙烯的合成。加聚物具有重复单元和单体分子式结构（原子种类、数目）相同、仅是电子结构（化学键方向、类型）有变化、聚合物相对分子质量是单体相对分子质量整数倍的特点。大部分的加聚物是由带有碳-碳双键的单体聚合生成的，因而这类聚合物主链由碳链组成，一般不含其它官能基团：

$$n\text{CH}_2\!\!=\!\!\text{CH} \longrightarrow \text{+CH}_2\!-\!\text{CH+}_n$$
$$\qquad\ \ |\qquad\qquad\qquad\ \ |$$
$$\qquad\ \ \text{CH}_3\qquad\qquad\qquad\text{CH}_3$$

带有多个可相互反应官能团的单体通过有机化学中各种缩合反应消去某些小分子而形成聚合物的反应称为缩聚反应。例如对苯二甲酸和乙二醇两种单体的缩聚反应，由于反应过程中失去小分子水，生成的缩聚物聚对苯二甲酸乙二醇酯的结构与单体不再相同，聚合物的相对分子质量亦不再是单体相对分子质量的整数倍，且主链上含有碳以外的杂原子：

$$n\text{HOOC}\!-\!\!\!\!\bigcirc\!\!\!\!-\!\text{COOH} + n\text{HOCH}_2\text{CH}_2\text{OH} \longrightarrow$$

$$\text{HO+OC}\!-\!\!\!\!\bigcirc\!\!\!\!-\!\text{COOCH}_2\text{CH}_2\text{O+}_n\text{H} + (2n-1)\text{H}_2\text{O}$$

按单体和聚合物之间的组成差异进行分类的方法具有简单易懂、便于使用的特点，一直沿用至今。但随着高分子科学的发展，这种分类方法的局限性日益明显，主要不足是没有涉及相应聚合反应的机理。例如二元醇与二异氰酸酯反应形成聚氨酯：

$$n\text{HO}\!-\!\text{R}\!-\!\text{OH} + n\text{OCN}\!-\!\text{R}'\!-\!\text{NCO} \longrightarrow$$

$$\text{HO+R}\!-\!\text{O}\!-\!\text{OCNH}\!-\!\text{R}'\!-\!\text{NHCO}\!-\!\text{O+}_{n-1}\text{R}\!-\!\text{O}\!-\!\text{OCNH}\!-\!\text{R}'\!-\!\text{NCO}$$

由于聚合物最终组成与单体相同，似应划归为加聚物，但从结构看，划归为缩聚物更为合理。再例如反应：

$$n\text{Br}(\text{CH}_2)_{10}\text{Br} + 2n\text{Na} \longrightarrow \text{+CH}_2\!-\!\text{CH}_2\text{+}_{5n} + 2n\text{NaBr}$$

反应过程中有小分子产生，似应划归为缩聚物，但从结构看，划归为加聚物更为合理。

### 1.3.3 按聚合反应的反应机理和动力学分类

1951 年，Flory 从聚合反应的机理和动力学角度出发，将聚合反应分为链式聚合（chain polymerization）和逐步聚合（step polymerization）。这两类反应实质差别在于反应机理不同，表现为形成每个聚合物分子所需的时间不同。

链式聚合（也称连锁聚合）需先形成活性中心 R*，活性中心可以是自由基、阴（负）离子、阳（正）离子等。聚合反应中存在诸如链引发、链增长、链转移、链终止等基元反应，各基元反应的反应速率和活化能差别很大。链引发是形成活性中心的反应；链增长是大量单体通过与活性中心的连续加成反应，最终形成聚合物的过程，单体彼此间不能发生反应；活性中心失去活性称为链终止。从活性中心生成到失去活性的整个过程，即形成一个高分子的反应，实际上是在大约一秒钟而且往往是更短的时间内完成的。反应过程中，反应体系始终由单体、高相对分子质量聚合物、少量引发剂和微量活性大分子链组成，基本没有相对分子质量递增的中间产物。

逐步聚合没有活性中心，它是通过一系列单体上所带的能相互反应的官能团间的反应逐步实现的。反应中，单体先生成二聚体，再继续反应逐步形成三聚体、四聚体、五聚体等，直到最后逐步形成聚合物。反应中每一步的反应速率和活化能大致相同，任何聚合体间均可发生反应。形成一个高分子的反应往往需要数小时。反应过程中，体系主要由相对分子质量递增的一系列中间产物所组成。

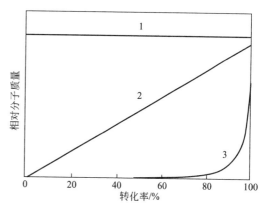

图 1-1　相对分子质量-转化率关系
1—链式聚合；2—活性聚合；3—逐步聚合

这两类聚合反应产物的相对分子质量和单体转化率的典型关系特征如图 1-1 所示。可以看出，对链式聚合，由于高分子链是瞬间形成的，因此在不同转化率下分离所得聚合物的相对分子质量相差不大，延长反应时间只是为了提高转化率。对逐步聚合，由于大部分单体很快聚合成二聚体、三聚体等低聚物，短期内可达到很高转化率，延长反应时间只是为了提高相对分子质量。

链式聚合与加聚反应、逐步聚合与缩聚反应虽然是从不同的角度进行分类，但两者在许多情况下经常混用。烯类单体的加聚反应，绝大多数属于链式聚合。对于活性聚合来说（如阴离子活性聚合），其相对分子质量和转化率关系示于图 1-1 中曲线 2。从聚合机理看，阴离子活性聚合属于链式聚合，但其全部活性中心同步反应，并有快引发、慢增长、无终止（活性中心在聚合过程中不失去活性）的特点，因此相对分子质量随转化率的提高而增大。

绝大多数缩聚反应属于逐步聚合。对于聚氨酯这样单体分子通过反复加成，使分子间形成共价键，逐步生成高分子聚合物的过程，其反应机理是逐步增长聚合，因此多称为聚加成反应（polyaddition reaction）或逐步加聚反应，但从更广的意义上讲，它与生成酚醛树脂的加成缩合反应、生成聚对二甲苯的氧化偶合反应等都属于逐步聚合。

环状单体在聚合反应中环被打开，生成线形聚合物，这一过程称为开环聚合（ring-opening polymerization）。多数环状单体的开环聚合属于链式聚合。对某些反应，尽管单体和所得聚合物均相同，但由于反应历程不同，其聚合类型亦不相同。如用己内酰胺合成尼龙 6 的反应，用碱为催化剂时属于链式聚合，用酸催化则属于逐步聚合。因此对聚合反应进行分类时通常需要兼顾结构和机理。如果进一步划分，链式聚合又可按活性中心的不同分为自由基聚合、阳离子聚合、阴离子聚合等；而逐步聚合则可按动力学特点分为平衡缩聚和不平衡缩聚，而按大分子链的结构特点又可分为线形缩聚和体型缩聚等。

### 1.3.4　小结

聚合反应是小分子单体合成聚合物的反应。相比于 Carothers 的分类方法，Flory 的分类方法由于涉及聚合反应本质，得到了人们的青睐。尽管按照聚合反应机理进行分类有时也有不够明确的地方，但时至今日，对于新的聚合反应，科学家们仍然习惯于从聚合反应历程进行分类，如活性聚合、开环聚合、异构化聚合、基团转移聚合、易位聚合等。当然，现在许多新的聚合反应虽然仍可归为某类传统的聚合类型，但其特征已有了明显变化。

# 1.4 聚合物的基本特征

### 1.4.1 相对分子质量和相对分子质量分布

#### 1.4.1.1 相对分子质量与聚合物的物理性能

聚合物之所以能作为材料使用，主要的一点在于它有一定的机械强度。聚合物的这种性能一方面是由于以共价键相连的大分子链有比小分子高得多的相对分子质量，另一方面是由于链状大分子间有比小分子间强得多的分子间作用力。

从表 1-9 可以看出，随着相对分子质量的逐渐增大，分子的物理性质发生了明显的变化。聚合物机械强度随相对分子质量的变化如图 1-2 所示。图中 $A$ 点初具机械强度的最低相对分子质量，约以千数计。$A$ 点以上机械强度随相对分子质量加大而迅速增大。到达临界点 $B$ 点以后强度的增加逐步减慢，到达 $C$ 点后强度不再明显增加。图中 $A$、$B$、$C$ 三点的位置随聚合物的种类而变化。对于分子链间作用力强的极性聚合物，三点的位置向左移。如聚酰胺，$B$ 点对应的聚合度约为 150。对于分子链间作用力弱的非极性聚合物，三点的位置向右移。如聚乙烯，$B$ 点对应的聚合度约在 400 以上。

**表 1-9 含碳数不同的直链分子的物理状态**

| 含碳数 | 物理状态和性质 | 用途 | 含碳数 | 物理状态和性质 | 用途 |
| --- | --- | --- | --- | --- | --- |
| 1～4 | 气体 | 天然气 | 20～24 | 蜡状固体 | 石蜡 |
| 5～11 | 液体 | 汽油 | 200 | 脆性固体 | 低聚物 |
| 10～16 | 液体 | 煤油 | 2000 | 硬性固体 | 低聚物 |
| 16～18 | 液体 | 柴油 | 20000 | 韧性固体 | 聚乙烯 |
| 18～22 | 晶态固体 | 制药 | 1000000 | 极为坚韧固体 | 超高相对分子质量聚乙烯 |

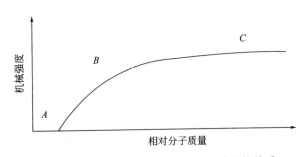

图 1-2 聚合物机械强度与相对分子质量的关系

不同用途的聚合物所要求的聚合度不同，表 1-10 列出了常用塑料、纤维、橡胶的相对分子质量。虽然高的相对分子质量赋予了聚合物以优良的机械性能，但并不是相对分子质量越大越好。从合成的角度讲，相对分子质量越高合成越困难，工艺要求越苛刻。从加工的角度看，相对分子质量过大，聚合物熔体黏度过高，将难以加工。而且相对分子质量超过一定值后，机械强度不会有明显的增加。因此一般的聚合物在达到足够的强度以后，并不追求过高的相对分子质量。

#### 1.4.1.2 相对分子质量的表示方法

与有确定相对分子质量的小分子不同，在聚合反应中要想得到每根大分子链相对分子质量都一样的聚合物几乎是不可能的。实际上聚合物是一系列相对分子质量不等的同系物的混

表 1-10　常用聚合物相对分子质量示例

| 塑料 | 相对分子质量/万 | 纤维 | 相对分子质量/万 | 橡胶 | 相对分子质量/万 |
|---|---|---|---|---|---|
| 低压聚乙烯 | 6～30 | 涤纶 | 1.8～2.3 | 天然橡胶 | 20～40 |
| 聚氯乙烯 | 5～15 | 尼龙 66 | 1.2～1.8 | 丁苯橡胶 | 15～20 |
| 聚苯乙烯 | 10～30 | 维尼纶 | 6～7.5 | 顺丁橡胶 | 25～30 |
| 聚碳酸酯 | 2～6 | 纤维素 | 50～100 | 氯丁橡胶 | 10～12 |

合物，具有多分散性和不均一性，因此我们所说的聚合物相对分子质量实际上是指它的平均相对分子质量。聚合物的平均相对分子质量和不同相对分子质量的确切分布对聚合物的加工性能和使用性能有极大影响，是聚合反应要控制的主要指标。

根据统计方法的不同，有多种不同的平均相对分子质量，使用较多的有如下几种。

数均相对分子质量可通过冰点降低法、沸点升高法、渗透压和蒸气压降低等方法测出：

$$\overline{M}_n = \frac{W}{\sum N_i} = \frac{\sum N_i M_i}{\sum N_i} \tag{1-3}$$

重均相对分子质量可由光散射测定：

$$\overline{M}_w = \frac{\sum W_i M_i}{\sum W_i} = \frac{\sum N_i M_i^2}{\sum N_i M_i} \tag{1-4}$$

黏均相对分子质量可通过黏度法测定：

$$\overline{M}_\eta = \left(\frac{\sum W_i M_i^\alpha}{\sum W_i}\right)^{\frac{1}{\alpha}} = \left(\frac{\sum N_i M_i^{\alpha+1}}{\sum N_i M_i}\right)^{\frac{1}{\alpha}} \tag{1-5}$$

式中，$N_i$，$M_i$，$W_i$ 分别为体系中 $i$-聚体的分子数、相对分子质量和质量；$\alpha$ 为高分子稀溶液特性黏度相对分子质量关系式中的指数，通常在 0.5～0.9 之间，所以有 $\overline{M}_w > \overline{M}_\eta > \overline{M}_n$。

### 1.4.1.3　相对分子质量分布

聚合物相对分子质量多分散性又称聚合物的相对分子质量分布，主要有以下两种。

① 以 $\overline{M}_w/\overline{M}_n$ 的比值表示聚合物相对分子质量分布宽度，称为分布指数。对于相对分子质量分布均一的体系，$\overline{M}_w = \overline{M}_n$ 比值为 1，相对分子质量分布最窄。比值越大，分布越宽。相对分子质量分布宽度受聚合反应历程和聚合方法的影响很大，对许多活性聚合的产物，比值可接近 1，而自由基聚合的产物，分布指数要大得多。

② 相对分子质量分布曲线，典型的聚合物样品的相对分子质量分布曲线如图 1-3 所示。在分布曲线上标出了不同平均相对分子质量的大体位置。

相对分子质量和相对分子质量分布是决定聚合物性能的重要因素之一，高分子化学的一个重要研究就是如何合成出具有预定相对分子质量和适当相对分子质量分布的聚合物。

### 1.4.2　聚合物的分类

与聚合反应相似，聚合物也可从不同的角度进行分类，目前尚无统一的方法。

#### 1.4.2.1　按聚合物的来源分类

以来源计，高分子化合物可划分为合成高分子（synthetic polymer）和天然高分子（natural polymer）两大类。

合成高分子是指用结构和相对分子质量已

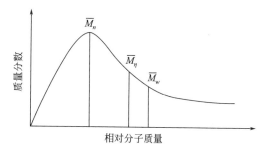

图 1-3　典型聚合物样品的相对分子质量分布曲线

知的单体为原料，经过一定的聚合反应得到的聚合物。这一类聚合物是高分子化学研究的重点，前面已有了较多介绍。

天然高分子可分为无机高分子和有机高分子。天然无机高分子如我们熟悉的石棉、石墨、金刚石、云母等。天然有机高分子均由生物体内生成，与人类有着密切的联系。如用作织物材料的棉、麻、丝、毛、革等；用作建筑及日用品材料的木、竹、漆等；用作食物的蛋白质、淀粉等。天然有机高分子，特别是生物高分子如蛋白质（酶、血红蛋白等）、核酸（DNA、RNA 等）等具有相对分子质量巨大、化学结构精确、带有大量功能性基团的特点。长期以来，科学家们一直为自然界能在如此温和的条件下（在生物体的温度和压力下）合成出如此精美的物质赞叹不已。模拟自然条件下合成高分子化合物是当前高分子科学的一个重要发展方向。

### 1.4.2.2　按聚合物的性能分类

聚合物主要作为材料使用。依材料性能大致可分为结构材料（structural material）和功能材料（functional material）两大类。

我们常提到的塑料、橡胶、纤维三大合成材料多用作结构材料。主要的塑料品种有聚乙烯、聚丙烯、聚氯乙烯、聚苯乙烯等。主要的橡胶品种有丁苯橡胶、顺丁橡胶、异戊橡胶、乙丙橡胶等。主要的纤维品种有涤纶、尼龙、腈纶、丙纶等。

作为功能材料用的聚合物一般称为功能高分子（functional polymer）。依其功能可分为反应型高分子，如高分子试剂、高分子催化剂；光敏型高分子，如光刻胶、感光材料、光致变色材料；电活性高分子，如导电高分子；膜型高分子，如分离膜、缓释膜；吸附型高分子，如离子交换树脂、吸水树脂等。各种功能高分子的合成已成为当前高分子科学的一个重要发展方向。

### 1.4.2.3　按主链元素组成分类

根据主链元素组成，可将聚合物分为碳链聚合物（carbon chain polymer）、杂链聚合物（hetero chain polymer）、元素有机聚合物（elementary organic polymer）和无机高分子（inorganic polymer）四大类。

聚合物主链完全由碳原子构成的称为碳链聚合物。绝大部分烯类和二烯类单体的聚合产物属于这一类聚合物。

聚合物主链除碳原子外，还含有氧、氮、硫等杂原子的称为杂链聚合物。如聚醚、聚酯、聚酰胺、聚氨酯、聚硫橡胶等。

聚合物主链不含碳原子，主要由硅、硼、铝、氧、氮、硫和磷等原子组成，但侧基由有机基团组成的称为元素有机聚合物。典型的例子是有机硅橡胶，其主链是硅氧链，侧基为甲基、乙基等。

主链和侧基均无碳原子的称为无机高分子。

### 1.4.2.4　按反应和参加反应的单体分类

最常见的是按反应历程划分，经加聚反应得到的产物称为加聚物，经缩聚反应得到的产物称为缩聚物。

从参加反应的单体种类看，如果只用一种单体进行聚合，所得聚合物称为均聚物（homopolymer）。如果用两种或两种以上单体共同进行聚合，所得聚合物称为共聚物（copolymer）。进一步按不同单体在大分子链上排布的方式，共聚物还可分为无规共聚物、嵌段共聚物、交替共聚物和接枝共聚物等。

### 1.4.2.5　按分子链形状分类

根据分子链的形状，聚合物可分为线形（linear）、支化形（branched）、星形（starshaped）、梳形（comb shaped）、梯形（ladder）、半梯形（semiladder）、树枝状（dendritic）和交联型（network structure）聚合物等多种（见图 1-4）。

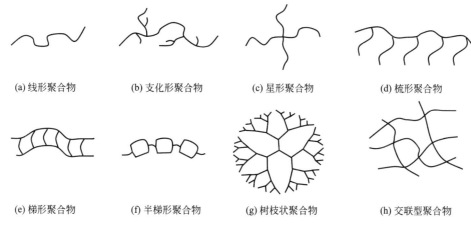

图 1-4　聚合物的分子链形状

　　分子链的形状与聚合反应密切相关，如用配位聚合法合成的高密度聚乙烯为典型的线形聚合物，而用自由基法合成的低密度聚乙烯则为典型的支化型聚合物。

　　高分子链间通过化学键连接形成的网状结构称为交联型聚合物。交联反应可以在聚合过程中发生，如酚醛树脂的交联固化；也可在聚合物形成后再通过化学反应使线形聚合物交联成交联型聚合物，如橡胶的硫化。

　　除以上几种外，还有许多其它的分类方法，如按聚合物的热行为可分为热塑性树脂和热固性树脂，按主链的化学结构特点可分为聚酯、聚酰胺、聚氨酯、聚脲、聚砜等，可通过后面的学习自己进行总结。

### 1.4.3　小结

　　聚合物的特征主要在于其相对分子质量的巨大。正是由于"巨大"，使人们在研究如何将特定的化学结构连接到一个大分子链上，在探索大分子链是如何聚集在一起且不同条件下大分子链是如何运动的等问题上尝尽艰辛。也正是由于"巨大"，才使其分子链可以有多种多样的结构而生成丰富多彩的聚合物，才使其具有特殊的物理和化学性能而得到广泛应用。

# ［自学内容1］　高分子科学

　　高分子科学是研究高分子化合物合成、改性，高分子及其聚集态的结构、性能，聚合物的成型加工等内容的一门综合性学科。包括高分子化学、高分子物理、高分子工程几个领域。

　　高分子化学是高分子科学的基础。主要研究高分子化合物的分子设计、合成及改性，担负为高分子科学研究提供新生化合物、为国民经济提供新材料及合成方法的任务。

　　高分子物理是高分子科学的理论基础，主要研究高分子及其聚集态的结构、性能、表征以及结构与性能、结构与外场力的影响之间的相互关系，指导高分子化合物的分子设计和高聚物作为材料的合理使用。

　　高分子工程主要涉及聚合反应工程、高分子成型工艺及相应的理论、方法的研究，为高分子科学与高分子工业间的衔接点。

　　图 1-5 表明了高分子科学的知识结构及与高分子科学的关系。

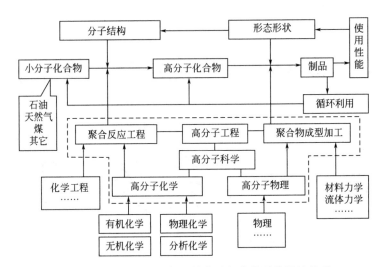

图 1-5 高分子科学的知识结构及与高分子科学的关系

# ［自学内容 2］　高分子科学和工业的发展简史

自古以来，人类就与高分子密切相关。早期是直接使用天然高分子，如棉、毛、丝、革、竹、木、藤，淀粉、蛋白质等。

19 世纪初，人们开始对天然高分子进行改性研究并试图进行人工合成。1839 年，Goodyear 发明了天然橡胶的硫化，使之用于制作轮胎。1868 年，Hyatt 发明了硝化纤维素，1870 年进行了工业化生产。1907 年，德国合成出酚醛树脂。具体高分子和高分子科学的发展简史详见表 1-11。

表 1-11　高分子和高分子科学的发展简史

| 年代及发展特征 | 高分子工业 | 高分子科学 | 附　注 |
|---|---|---|---|
| 19 世纪之前，天然高分子的加工利用 | 食物蛋白质、淀粉、糖；毛、麻、丝、皮革；木材、天然橡胶；造纸、油漆、虫胶等 | 1833 年，Berzelius 提出"polymer"一词（包括以共价键、非共价键连接的聚集体） | 中国古代的丝绸、造纸术、桐油漆等。1493 ～ 1496 年，哥伦布第二次美洲航海至海地，看到当地人用橡胶球做游戏。1735 年，法国科学院探险队的 Charles M. Condamine 深入亚马孙河热带丛林发现野生橡胶树以及当地人用树汁制造套鞋、瓶子、球等 |
| 19 世纪中叶，天然高分子的化学改性 | 天然橡胶硫化（1838）（C. N. Goodyer）<br>硝化纤维（炸药）（1845）（C. F. Schobein）<br>硝化纤维塑料（赛璐珞）（1868）（John. W. Hyatt）<br>最早的人造丝工厂（1889）<br>1000t/a 黏胶纤维工厂（英国）（1900） | 1870 年，开始意识到纤维、淀粉和蛋白质是大分子<br>1892 年，确定天然橡胶干馏产物为异戊二烯的结构式（W. A. Tilden） | 多种缩聚、加聚物的合成工作：聚对羟基苯甲酸、聚己内酰胺、聚醚（1863）、聚苯乙烯（1839）、聚异戊二烯（1879）、聚甲基丙烯酸甲酯（1880）等 |

续表

| 年代及发展特征 | 高分子工业 | 高分子科学 | 附　注 |
| --- | --- | --- | --- |
| 20 世纪初,高分子工业和科学创立的准备时期 | 酚醛树脂(1907)(L. Backeland)<br>丁钠橡胶(1911~1913)<br>醋酸纤维和塑料(1914~1927)<br>聚醋酸乙烯工业化(1925)<br>聚乙烯醇、醇酸树脂(1926)<br>聚甲基丙烯酸甲酯(1928)<br>脲醛树脂(1929) | 1902 年,认识到蛋白质是由氨基酸残基组成的多肽结构<br>1904 年,确认纤维素和淀粉是由葡萄糖残基($C_6H_{10}O_5$)组成(Green)<br>1907 年,分子胶体概念的提出(W. Ostwold)<br>1920 年,纤维素结晶的研究(Dubern)<br>1920 年,现代高分子概念共价键连接的大分子的提出(H. Staudinger) | 1910 年,亚洲橡胶出口达 7000t,巴西生产天然橡胶 7000~8000t<br>实验技术发展:超细显微镜、超速离心机、新黏度计、渗透计、X 射线衍射法 |
| 20 世纪 30~40 年代,高分子科学和工业的创立时期 | 塑料:<br>　PVC(1931)<br>　PS(1934~1937)<br>　PCTFE(1934)<br>　PVB(1936)<br>　LDPE(1940)<br>　PVDC(1940)<br>　UP(1942)<br>　EP、Siloxane、PTEF、PU(1943)<br>　ABS(1948)<br>　HDPE(中压,1950)<br>纤维:<br>　PVC 纤维(1931)<br>　Nylon66(1938)<br>　PU 纤维(1939)<br>　nylon6(1943)<br>　PET(1941~1946)<br>　维纶(1948)<br>　PAN 纤维(1950)<br>橡胶:<br>　氯丁橡胶(1931)<br>　丁基橡胶(1940~1942)<br>　丁苯橡胶(1940~1942) | 1930 年,纤维素分子量测定的研究(黏度法、渗透压法、端基法,三者一致)(H. Staudinger)<br>现代高分子概念获得公认,正式确立<br>1932 年,《高分子有机化合物》出版(H. Staudinger)<br>1929~1940 年,缩聚反应理论(W. H. Carothers,P. J. Flory)<br>1932~1938 年,橡胶弹性理论(W. Kuhn,K. H. Mayer)<br>1935~1948 年,链式聚合和共聚理论(P. J. Flory,H. Mark,F. R. Mayo,T. Alfrey,C. C. Price,W. H. Stockmaryer,E. Trommsdorff)<br>1942~1949 年,高分子溶液理论、各种溶液法分子量测定方法的建立(P. J. Flory,M. L. Huggins,P. Debye)<br>1945 年,决定胰岛素一级结构(F. Sanger)<br>20 世纪 40 年代,乳液聚合理论(Harkin-Smith-Ewart) | 聚合物单体以煤油、电石、农副产品为初始原料来源<br>1939 年,酚醛树脂年产量 20 万吨(为其它所有合成树脂、纤维、塑料总和的两倍)<br>1945 年,醋酸纤维塑料仍是乙烯基塑料的两倍<br>20 世纪 40 年代,世界人造纤维产量超过羊毛产量 |
| 20 世纪 50 年代,现代高分子工业的确立,高分子合成化学的大发展时期 | HDPE(1953~1955)<br>PP(1955~1957)<br>顺丁橡胶(1959)<br>POM(1956)<br>PC(1957)<br>penton[商](1959)等众多新产品不断涌现 | 1953~1956 年,Ziegler-Natta 催化剂和配位聚合<br>20 世纪 50 年代,阴离子聚合、活性阴离子聚合(Scwarc),阳离子聚合(Kinnedy),结晶性高分子研究进展<br>1957 年,聚乙烯单晶的获得(A. Keller)<br>1958 年,肌血球结构测定(J. C. Kendre 等)<br>1951 年,蛋白质 $\alpha$-螺旋结构的提出(L. Pauling)<br>1953 年,DNA 双螺旋结构的发现(J. D. Watson 和 F. H. C. Crick) | 聚合物单体以石油为主要的初始原料来源,石油化工产品的 80% 用于高分子工业<br>种植天然橡胶达 200 万吨,塑料生产以每年 12%~15% 的增长速度增长(两倍于钢铁生产)<br>1953 年,H. Staudinger 获诺贝尔化学奖 |

| 年代及发展特征 | 高分子工业 | 高分子科学 | 附　注 |
|---|---|---|---|
| 20 世纪 60 年代，高分子物理大发展时期 | 工程塑料出现和发展：<br>PI(1962)<br>PPO(1964)<br>polysulfone(1965)<br>PBT(1970)<br>耐高温高分子的开发：<br>PBI(1981)<br>nomex[商](1967~1972)<br>聚芳酰胺<br>弹性体：<br>异戊橡胶(1962)<br>乙丙橡胶(1961)<br>SBS | 结晶高分子，高分子黏弹性，流变学研究的进一步开展<br>各种研究方法在高分子结构研究中的应用和发展，如：高分辨 NMR 解析立构规整性 (F. A. Bovey, U. Johnson)<br>1964 年，GPC 的发明和分子量分布的测定(J. C. Moore)<br>各种热谱、力谱、电镜和 IR 手段的应用<br>1963 年，高分子载体法合成多肽(R. B. Merrifield)<br>1969 年，PVDF 的压电性 | 通用塑料<br>四大热塑性塑料(占总产量80%)：PE(LDPE、HDPE)、PP、PVC、PS<br>四大热固性塑料(占总产量20%)、PF、UF、PU、UP<br>工程塑料品种<br>ABS、PA、PC、PPO、POM、PET、PBT、polysulfone 等<br>合成纤维主要品种<br>PET、nylon、PAN、PVA、PP<br>合成橡胶主要品种<br>丁苯胶、顺丁胶、氯丁胶、异戊胶、乙丙胶、丁基胶、丁腈胶、<br>1963 年，Ziegler 和 Natta 获诺贝尔化学奖 |
| 20 世纪 70 年代，高分子工程科学大发展时期(生产的高效化、自动化、大型化) | 高分子共混物(高分子合金)如：ABS、MBS、HIPS、nylon 等<br>高分子基复合材料，如：碳纤维增强复合材料<br>生产的大型化，如：230m³ PVC 悬浮聚合装置，30 万吨的 PE、PP 工厂<br>PP、PVC 的本体聚合法<br>PE 低压气相聚合<br>大型加工设备的出现 | 20 世纪 70 年代，聚乙烯、聚丙烯高效催化剂的研制<br>1971 年，聚乙炔薄膜的制备(白川英树)<br>1972 年，中子小角散射法的应用<br>1973 年，$\{SN\}_n$ 的金属导电性<br>1973 年，高模量聚芳酰胺纤维(Kevlar 纤维)<br>1977 年，掺杂聚乙炔的金属导电性(A. G. Macdiarmid)<br>高分子共混理论的发展 | 20 世纪 70 年代：<br>合成纤维产量为 1000 万吨<br>化纤产量为 500 万吨<br>合成橡胶为 700 万吨<br>天然橡胶为 350 万吨<br>塑料为 6000 万吨<br>美国 1/2 化学工作者从事有关高分子的生产和研究<br>1974 年，P. J. Flory 获诺贝尔化学奖 |
| 20 世纪 80 年代，精细高分子、功能高分子、生物医学高分子的发展 | | 分子设计合成的提出<br>1983 年，基团转移聚合(Du Pont Co.) | 20 世纪 80 年代初，三大合成材料(橡胶、塑料、纤维)超过 $10^8$ 吨，其中塑料 8500 万吨，以体积计超过钢铁的产量 |

　　高分子工业的发展刺激了高分子科学的研究。尽管 19 世纪后期和 20 世纪早期，人们已经确定天然橡胶由异戊二烯、纤维素和淀粉由葡萄糖残体、蛋白质由氨基酸组成，但对高分子的实质存在着激烈的争论。由于当时尚不具备对高分子的相对分子质量进行有效测量的手段及对高分子相对分子质量多分散性的正确认识，绝大多数科学家依照传统的分子必须有确定的化学结构和可以反复测量出的确定的相对分子质量的观点，认为聚合物是小分子在溶液中靠次价键力缔合形成的胶束。在高分子科学的确立上作出重大贡献的是德国科学家 Staudinger。

　　Staudinger 早期研究有机化学，后对天然有机物的结构发生浓厚兴趣，经系统地研究大量聚合物的合成和性质后，于 1920 年在《德国化学会杂志》上发表了著名的《论聚合》一文，提出高分子化合物是由共价键连接的长链分子所组成。围绕这一概念的争论持续了十年，其后科学的发展证明了大分子学说的正确。1932 年，Staudinger 的专著《高分子有机化合物》问世，标志着高分子科学的诞生。1953 年，Staudinger 因"链状大分子物质的发现"荣获诺贝尔化学奖。

　　高分子概念的确立，为高分子科学和工业化生产的快速发展打下了基础。20 世纪 20 年代末，Carothers 对缩聚反应进行了系统研究，1935 年开发出尼龙 66，并于 1938 年实现工业化生产。这一时期，一系列烯类加聚物也实现了工业化生产，如聚氯乙烯 (1927～1937)、聚甲基丙烯酸甲酯 (1927～1931)、聚苯乙烯 (1934～1937)、高压聚乙烯 (1939)、丁苯橡胶 (1937)、丁腈橡胶 (1937)、丁基橡胶 (1940)、不饱和聚酯 (1942)、氟树脂 (1943)、聚氨酯 (1943)、有机硅 (1943)、环氧树脂 (1947)、ABS 树脂 (1948) 等。

20 世纪 50 年代后，随着石油化工的发展，高分子工业获得了丰富、廉价的原料来源。当时除乙烯、丙烯外，几乎所有的单体都实现了工业化生产。50 年代中期，德国的 Ziegler 和意大利的 Natta 等人发现了金属有机络合引发体系，在较低的温度和压力下，制得了高密度聚乙烯 (1953～1955) 和聚丙烯 (1955～1957)，使低级烯烃得到了利用，并在立构规整聚合物的合成方面开辟了一个新天地。1963 年，Ziegler 和 Natta 共同荣获当年诺贝尔化学奖。同一时期，Szwarc 对阴离子聚合和高分子活性聚合物进行了深入研究。

20 世纪 60 年代，高分子科学进入全盛时期。在众多新聚合物品种涌现的同时，高分子物理也有了长足的进步。1974 年，Flory 因在高分子溶液理论和相对分子质量测定等方面的突出贡献而荣获诺贝尔化学奖。

20 世纪 70 年代，借助于高分子科学和高分子工程科学的力量，高分子工业很快克服了石油危机的影响，向着高效化、自动化、大型化方向发展。到 20 世纪 80 年代初，三大合成材料的产量已超过 $10^8$ 吨。其中塑料 8500 万吨，以体积计超过钢铁的产量。

当今的高分子科学有以下几个主要发展方向。

高分子设计合成。一方面，在深入了解聚合物结构与性能关系的基础上，推断出具有最佳性能的高分子结构；另一方面，在聚合机理和聚合方法上进一步深入研究，从活性聚合，可控聚合到设计聚合、有目的地合成出具有特定结构的聚合物。

合成各种功能高分子和生物大分子。

高分子工业继续向高效化、自动化、大型化方向发展，同时更加注重资源的综合利用和产品的可再生性。石油以外的原料也在人们的关注之列。

# 习　题

1. 与低分子化合物相比，高分子化合物有什么特征？随着高分子的发展，高分子概念的外延进一步扩大，请举例说明。

2. 解释下列概念。
   (1) 单体，聚合物，高分子，高聚物；
   (2) 碳链聚合物，杂链聚合物，元素有机聚合物，无机高分子；
   (3) 主链，侧链，侧基，端基；
   (4) 结构单元，单体单元，重复单元，链节；
   (5) 聚合度，相对分子质量，相对分子质量分布；
   (6) 连锁聚合，逐步聚合，加聚反应，缩聚反应；
   (7) 加聚物，缩聚物，低聚物。

3. 写出由下列单体得到的聚合物的名称、分子式，注明聚合物的结构单元和重复单元。
   (1) 甲基丙烯酸甲酯；(2) 偏二氯乙烯；(3) 丙烯酰胺；(4) α-甲基苯乙烯；(5) α-氰基丙烯酸甲酯；
   (6) 对苯二甲酸＋丁二醇；(7) 己二酸＋己二胺；(8) 4,4′二苯基甲烷二异氰酸酯＋乙二醇。

4. 写出下列聚合物中文名称（用来源基础命名法）和分子式，注明结构单元和重复单元。
   (1) PS；(2) PVC；(3) PP；(4) PMMA；(5) PAN；(6) PET；(7) PC；(8) 尼龙 66。

5. 根据大分子链结构特征命名法对下述聚合物进行命名。
   (1) 聚甲醛；(2) 环氧树脂；(3) 涤纶；(4) 聚碳酸酯；(5) 尼龙 6；
   (6) ～～～O(CH₂)₂O—CONH(CH₂)₆NHCO～～～；(7) ～～～HN(CH₂)₆NH—CONH(CH₂)₆NHCO～～～；
   (8) ～～～NHCONH—CH₂～～～。

6. 用本章所介绍的各种命名法对下列单体合成的聚合物进行命名。

(1) 氯乙烯；(2) 丁二烯；(3) 对苯二甲酸＋乙二醇

7. 写出下列聚合物的分子式，求出 $n$、$\overline{X_n}$、$\overline{DP}$。

   (1) 聚乙烯，相对分子质量为 28 万；(2) 尼龙 66，相对分子质量为 1.13 万。

8. 写出下列单体的聚合反应式、单体和聚合物的名称。

   (1) $CH_2 =CHF$；(2) $CH_2 =C(CH_3)_2$；(3)

$$
\begin{array}{c}
CH_3 \\
| \\
H_2C=C \\
| \\
C=O \\
| \\
O-CH_3
\end{array}
$$

   (4) $HO—(CH_2)_5—COOH$；

   (5)
$$
\begin{array}{c}
H_2C-CH_2 \\
\ \ \backslash \ \ / \\
H_2C-O
\end{array}
$$

   (6)
$$
O=C=N \text{—} \bigcirc \text{—} N=C=O \ (CH_3) \ + HO\,(CH_2)_2OH \ ;
$$

   (7)
$$
Cl \text{—} \overset{O}{\underset{\|}{C}} \text{—} \bigcirc \text{—} \overset{O}{\underset{\|}{C}} \text{—} Cl \ + \ H_2N \text{—} \bigcirc \text{—} NH_2 \ 。
$$

9. 举例说明链式聚合与加聚反应、逐步聚合与缩聚反应的关系与区别。

10. 从发展的角度对历史上的两类划分聚合反应的方法给出自己的评价。

11. 写出下列聚合物的名称、聚合反应式，并指明这些聚合反应属于加聚反应还是缩聚反应，链式聚合还是逐步聚合？

   (1) $\begin{array}{c}\text{—}[CH_2-CH]_n\text{—} \\ \ \ \ \ \ | \\ \ \ \ \ C=O \\ \ \ \ \ \ | \\ \ \ \ O-CH_3\end{array}$ ；  (2) $\begin{array}{c}\text{—}[CH_2-CH]_n\text{—} \\ \ \ \ \ \ | \\ \ \ \ \ \ O \\ \ \ \ \ \ | \\ \ H_3C-C=O\end{array}$ ；  (3) $\begin{array}{c}\text{—}[CH_2-C=CH-CH_2]_n\text{—} \\ \ \ \ \ \ \ \ \ \ | \\ \ \ \ \ \ \ \ \ CH_3\end{array}$ ；

   (4) $\text{—}[NH(CH_2)_6NHCO(CH_2)_4CO]_n\text{—}$；  (5) $\text{—}[NH(CH_2)_5CO]_n\text{—}$；  (6) $\begin{array}{c}\text{—}[CH_2-CH]_n\text{—} \\ \ \ \ \ \ | \\ \ \ \ \ C=O \\ \ \ \ \ \ | \\ \ \ \ \ NH_2\end{array}$ ；

   (7) $\begin{array}{c}\text{—}[O-CH_2-CH]_n\text{—} \\ \ \ \ \ \ \ \ \ \ | \\ \ \ \ \ \ \ \ \ CH_3\end{array}$ 。

12. 写出下列聚合物的合成反应式：

   (1) 聚苯乙烯；(2) 聚丙烯；(3) 聚四氟乙烯；(4) 丁苯橡胶；(5) 顺丁橡胶；(6) 丁基橡胶；

   (7) 乙丙橡胶；(8) 聚丙烯腈；(9) 涤纶；(10) 尼龙 610；(11) 聚碳酸酯；(12) 聚氨酯。

13. 从转化率-时间、相对分子质量-转化率关系讨论连锁聚合与逐步聚合间的相互联系与差别。

14. 设计一组实验来判断一未知单体的聚合反应是以逐步聚合还是连锁聚合机理进行的。

15. 写出聚乙烯、聚氯乙烯、尼龙 66、维尼纶、天然橡胶、顺丁橡胶的分子式，根据表 1-10 所列上述聚合物的相对分子质量，计算这些聚合物的聚合度。根据计算结果分析做塑料、纤维和橡胶用的聚合物在相对分子质量和聚合度上的差别。

16. 本书中介绍的聚合物分类有哪几种？按这几种分类方法，聚氯乙烯属什么类型？

17. 各举三例说明下列聚合物

   (1) 天然无机高分子，天然有机高分子，生物高分子；

   (2) 碳链聚合物，杂链聚合物；

   (3) 塑料，橡胶，化学纤维，功能高分子。

18. 阅读自学内容，简述自己对高分子科学的认识。

## 参 考 文 献

[1]　George Odian. Principle of Polymerization：4nd . New York：John Wiley & Sons，Inc . ，2004.

[2]　Ravve A. Principles of Polymer Chemistry：2nd . New York：Plenum Press，2000.

[3]　Harry R Allcock，Frederick W Lampe，James E Mark，现代高分子化学：影印版 . 北京：科学出版社，2004.

［4］　Paul J Flory，高分子化学原理：影印版．北京：世界图书出版公司，2003.

［5］　Paul C Hiemenz，Timothy P Lodge，Polymer Chemistry：2nd．New York，CRC Press，2007.

［6］　Krzysztof Matyjaszewski，Yves Gnanou，Ludwik Leible. Macromolecular Engineering. Germany，2007.

［7］　唐黎明，庹新林．高分子化学．北京：清华大学出版社，2009.

［8］　潘祖仁．高分子化学．第四版．北京：化学工业出版社，2007.

［9］　卢江，梁晖．高分子化学．北京：化学工业出版社，2005.

［10］　复旦大学高分子系高分子教研室．高分子化学．上海：复旦大学出版社，1995.

［11］　潘才元．高分子化学．合肥，中国科学技术大学出版社，1997.

［12］　周其凤，胡汉杰．高分子化学．北京：化学工业出版社，2001.

［13］　张邦华，朱常英．郭天瑛．近代高分子科学．北京：化学工业出版社，2006.

［14］　全国科学技术名词审定委员会．高分子化学命名原则．北京：科学出版社，2005.

［15］　王国建．高分子合成新技术．北京：化学工业出版社，2004.

［16］　何天白，胡汉杰．海外高分子化学的新进展：北京：化学工业出版社，1997.

［17］　张礼合．化学学科进展．北京：化学工业出版社，2005.

［18］　钱保功．王洛礼，王霞瑜．高分子科学技术发展简史．北京：科学出版社，1994.

［19］　焦书科．高分子化学习题及解答．北京：化学工业出版社，2004.

# 第 2 章　自由基聚合

## 2.1　单体的聚合能力

一种化合物能否用作单体进行聚合反应形成聚合物，需从化学结构、热力学和动力学等方面进行分析。

从化学结构看，单体必须具有两个可相互反应的官能团才有可能形成线形聚合物。逐步聚合中发生反应的官能团通常是一些典型的有机基团，如—OH、—COOH、—COCl、—NH₂、—Cl、—H 等。连锁聚合的单体主要有烯烃（包括共轭二烯烃）、炔烃、羰基化合物和一些杂环化合物。烯烃聚合发生反应的官能团主要是碳-碳双键，一个 π 键相当于两个官能团；而羰基化合物中的碳-氧双键、不稳定杂环化合物的碳-杂原子键等均可视为双官能团。

聚合反应的热力学和动力学研究是相辅相成的。热力学主要研究反应的方向、限度、平衡等问题。在考虑某一化合物能否聚合时，需先做热力学分析。对热力学研究表明是不可能的反应，没有必要进行动力学研究。因为一个没有推动力的反应，阻力再小也是不可能进行的。α-甲基苯乙烯在 0℃常压下可以聚合，但在 65℃以上需加压才能聚合；甲醛很容易聚合，但乙醛在常温常压下却不能聚合；三、四元环单体容易聚合，而五、六元环的化合物则很难聚合；在缩聚反应中，由于平衡的原因使单体残留聚合物中，这些都属于热力学问题。动力学主要研究反应的速度、机理等问题。热力学上可行的反应，动力学上不一定可行。常温常压下，如没有引发剂，乙烯、丙烯不能聚合；异丁烯中只能通过阳离子聚合得到聚合物，而苯乙烯却可通过多种聚合历程得到聚合物，这些都属于动力学问题。对于热力学可行的反应，可通过动力学研究选择一个最佳的反应途径，以降低其反应活化能，加快反应速度，缩短达到或接近平衡的时间。

### 2.1.1　聚合热力学

聚合热力学主要研究聚合过程中能量的变化，进而判断单体聚合的可能性；单体发生聚合的热力学条件（如温度、压力）；以及单体转化为聚合物的限度（最高转化率）等。

单体能否转变为聚合物，可由自由焓变化来判断。对于聚合反应，单体是初态，聚合物是终态。根据热力学第二定律，自由能的焓、熵表达式为：

$$\Delta G = \Delta H - T\Delta S \tag{2-1}$$

式中　$\Delta G$——聚合时自由能的变化；kJ/mol；

　　　$\Delta H$——聚合时的焓变，kJ/mol；

　　　$\Delta S$——聚合时的熵变，J/(mol·K)；

　　　$T$——热力学温度，K。

由式(2-1)可知，若聚合物的自由能比初态的单体自由能低，聚合反应可以自发发生，$\Delta G$ 为负值；反之，如聚合物的自由能大于起始单体的自由能，则 $\Delta G$ 为正值，聚合物将降解为单体，即发生解聚反应。$\Delta G = 0$ 时，聚合和解聚处于可逆平衡状态。

以 $\Delta G$ 作为聚合反应能否进行的判据，有以下几种情况。

① $\Delta H < 0$，$\Delta S > 0$　此时 $\Delta G$ 总是负值，聚合反应在任何温度下都能发生。这类例子很少，如结晶四聚甲醛聚合为晶态聚甲醛（$\Delta H = -3.32$kJ/mol，$\Delta S = 3.41$J/mol·K）。

② $\Delta H > 0$，$\Delta S < 0$　此时 $\Delta G$ 总是正值，在任何情况下都不能形成聚合物。最典型的例

子是丙酮（$\Delta H \approx 24kJ/mol$，$\Delta S \approx -111J/mol \cdot K$）。

③ $\Delta H < 0$，$\Delta S < 0$　大多数单体的聚合反应都属于这一类，是讨论的重点。此类聚合反应受反应温度影响很大，热力学上存在一个最高聚合温度。

④ $\Delta H > 0$，$\Delta S > 0$　这种情况极少，如 $S_8$ 环的聚合反应（$\Delta H = 31.8kJ/mol$，$\Delta S = 13.8J/mol \cdot K$）。与前一类相反，热力学上存在一个最低聚合温度。

### 2.1.1.1　聚合热

在聚合反应中的热效应称为聚合反应热，即聚合焓变 $\Delta H$。单体转变为聚合物的过程，一般为放热反应（$\Delta H < 0$）。根据热力学定律：

$$\Delta H = \Delta E + p\Delta V \tag{2-2}$$

对于多数聚合反应来说，尽管在聚合过程中有少量的体积收缩，但总体看可以忽略不计，即 $\Delta V \approx 0$。因此聚合热相当于分子内能的变化，$\Delta H = \Delta E$。内能的变化可由三部分组成：键能的变化、共轭和空间张力的变化。由于键能的变化在内能的变化中起主要作用，因此可用聚合反应前后键能变化的理论计算值来估算聚合热。

不饱和单体如烯类单体的聚合包含有一个 π 键的断裂，两个 σ 键的生成。打开一个双键所需能量为 609.2kJ/mol，形成一个单键放出的能量为 351.7kJ/mol，总的能量变化为：

$$\Delta H = 2E_\sigma - E_\pi = 2 \times (-351.7) - (-609.2) = -94.2kJ/mol$$

缩聚反应中，聚合热是其反应物在化学键重新组合时键能的变化值。如聚酰胺的聚合热可由醋酸和氨的反应热进行估算；

$$CH_3COOH + H—NH_2 \longrightarrow CH_3CONH_2 + H—OH$$

$$\Delta H = -(E_{C-N} + E_{H-O} + E_{C-O} + E_{N-H}) = -(304.8 + 463.1 - 358.0 - 391.1) = -18.8kJ/mol$$

几种不饱和单体聚合时键能的变化如表 2-1 所示。

**表 2-1　几种不饱和单体聚合时键能的降低**

| 键能/(kJ/mol) | 预计的聚合热/(kJ/mol) |
| --- | --- |
| C=C(610.5)$\longrightarrow$—C—C—(345.8) | −83.7 |
| C=O(736.9)$\longrightarrow$—C—O—(358.0) | 20.9 |
| C=N(615.5)$\longrightarrow$—C—N—(304.8) | 5.9 |
| C=S(535.9)$\longrightarrow$—C—S—(272.2) | −8.4 |
| S=O(435.4)$\longrightarrow$—S—O—(232.4) | −29.3 |

从表 2-1 所列数据看，含 C=O 双键的醛或酮类单体，聚合时的 $\Delta H$ 为正值，已知它们的 $\Delta S$ 为负值，这似乎表明醛、酮类单体的聚合在热力学上是不可能的，但实际上，除丙酮外，醛类如甲醛、甲基丙烯醛等的 $\Delta H$ 均为负值，可以聚合。这说明只用键能来计算聚合热并据此判断单体能否聚合不够准确，还需要考虑取代基的作用，如共轭、空间张力等因素，需具体问题具体分析。如共轭影响，要具体比较单体和聚合物重复单元共轭能的大小，因为反应总是向生成共轭能大的产物方向进行。以烯类单体为例，乙烯的 $\Delta H = -88.8kJ/mol$，与计算值相差不大。但乙烯衍生物烯类单体的 $\Delta H$ 值却在 $-30 \sim -160kJ/mol$ 之间波动。这种差异主要由下述原因引起。

（1）取代基的位阻效应

聚合物链上取代基之间的空间张力使聚合热降低。这是由于取代基的空间效应对聚合物的影响程度大于单体，当单体转变为聚合物后，原本可以在空间自由排布的取代基在聚合物中受主链化学键的约束而挤在一起，免不了有键角的变化、键长的伸缩、非键合原子间的相互作用等因素，从而贮藏了部分内能，使聚合热有较为明显的下降。

分析取代基的影响可从取代基的大小、数量和位置入手。实验事实证明，取代基的空间位阻张力能与取代基的范德华半径有关，与原子半径无关。取代基数量的多少比其位置更重要，如 $\alpha$，$\beta$-二取代基之间的斥力不比 $\alpha$，$\alpha$-二取代基之间的大，前者不易聚合主要是由于动力学原因，即单体分子接近活性中心时遇到了位阻障碍。另外，取代基对羰基的影响比碳-碳双键大。可以从表 2-2 所列的数据对取代基的影响进行定性分析。

表 2-2 空间位阻对聚合热的影响

| 单　　体 | 聚合热/(kJ/mol) | 单　　体 | 聚合热/(kJ/mol) |
|---|---|---|---|
| 乙烯 | $-88.8$ | 丙烯酸甲酯 | $-83.7$ |
| 丙烯 | $-81.6$ | 甲基丙烯酸甲酯 | $-55.3$ |
| 异丁烯 | $-54.0$ | 甲醛 | $-31.0$ |
| 苯乙烯 | $-69.9$ | 乙醛 | $0$ |
| $\alpha$-甲基苯乙烯 | $-35.2$ | 丙酮 | $25.1$ |

（2）取代基的共轭效应

许多不饱和单体的取代基由于与不饱和键形成共轭或超共轭而对单体有稳定作用，但形成聚合物后，不饱和键的消失使共轭作用下降，导致由共轭产生的稳定作用明显下降。这种由单体与聚合物共轭或超共轭的不同导致聚合热下降，降低的程度相当于单体的共振能。

苯乙烯为单取代乙烯，苯环与碳-碳双键有共轭效应，因此苯乙烯聚合热（$-69.9\text{kJ/mol}$）较计算值低。对 $\alpha$-甲基苯乙烯来说，苯基的共轭效应、甲基的超共轭效应、两个取代基的位阻效应对聚合热的影响，方向一致，三者叠加，使聚合热大大降低（$-35.2\text{kJ/mol}$）。

当取代基的共轭效应很弱或不存在时，如醋酸乙烯酯，聚合热与乙烯基本相似。

（3）强电负性取代基

当不饱和单体的碳-碳双键上带有电负性强的取代基时，聚合热往往比理论值高出许多。如氯乙烯（$-95.8\text{kJ/mol}$）、硝基乙烯（$-90.8\text{kJ/mol}$）、偏二氟乙烯（$-129.2\text{kJ/mol}$）、四氟乙烯（$-154.8\text{kJ/mol}$）等。

对这种现象有几种解释。一种认为是由于聚合后强电负性基团上非键合电子间斥力减少；一种认为可能是由于分子间缔合作用使聚合物的稳定性增加；对四氟乙烯则认为可能是由于氟原子范德华半径小，降低了氟原子间的斥力或可能与含氟烃类中碳-碳键键能较大有关。

（4）氢键和溶剂化作用

总体看影响小于以上三类，趋势上是使聚合热降低。主要是由于游离单体分子中氢键的缔合作用比之相应聚合物中要强。如丙烯酸（$-67.0\text{kJ/mol}$）、甲基丙烯酸（$-42.3\text{kJ/mol}$）在很稀的水溶液或醇溶液中聚合氢键的影响可以显著地减少，比缔合液态时的聚合热要高出 $12.6\sim209\text{kJ/mol}$。

**2.1.1.2 聚合熵**

体系熵是该体系的统计概率或无序程度的量度。体系中分子、原子的排列和混合程度的无序程度变大，熵值增加；反之，熵值降低。聚合反应是许多小分子单体通过共价键结合成大分子的过程，体系无序程度下降，因而聚合反应是熵减过程，即 $\Delta S < 0$。相反，由一个大分子降解为单体或低聚合物的过程是熵增过程。

气态单体的熵可以看作是其平动熵 $S_t$、外转动熵 $S_{er}$、振动熵 $S_r$ 和内振动熵 $S_{ir}$ 之和，即：$S = S_t + S_{er} + S_r + S_{ir}$。而聚合物的熵只含有振动熵 $S_r$ 和内振动熵 $S_{ir}$，两项熵值的增加大致与所失去的外转动熵相抵，因而聚合反应的熵减大致为聚合后失去的平动熵值。从实验数据看，单体的结构，如共轭作用的大小、取代基的体积和数量等对单体的熵值影响不大。可以认为熵值是一个与结构无关的热力学函数，对烯类单体来说，$\Delta S$ 大都在 $-100\sim-125\text{J/(mol·K)}$。

**2.1.1.3　聚合上限温度**

对于大多数单体的聚合反应，$\Delta H < 0$，$\Delta S < 0$，要想使聚合反应正常进行（$\Delta G < 0$），反应温度（$T$）的作用就非常重要了。

当聚合和解聚处于平衡状态时，$\Delta G = 0$，则 $\Delta H = T\Delta S$。这时的反应温度称为聚合上限温度（ceiling temperature），记为 $T_c$。高于这一温度，聚合反应无法进行。在热力学研究中，$T_c$ 是一个重要参数。

$$T_c = \frac{\Delta T}{\Delta S} \tag{2-3}$$

严格来讲，任何聚合反应都是平衡反应。当温度达到 $T_c$ 时，链增长与解聚达到平衡。即：

$$M_n \cdot + M \underset{k_{dp}}{\overset{k_p}{\rightleftharpoons}} M_{n+1} \cdot$$

两反应的速率方程为：

$$R_p = k_p[M_n \cdot][M] \tag{2-4}$$
$$R_{dp} = k_{dp}[M_{n+1} \cdot] \tag{2-5}$$

达平衡时，两反应速度相等：

$$k_p[M_n \cdot][M] = k_{dp}[M_{n+1} \cdot] \tag{2-6}$$

如果聚合度很大，则 $[M_n \cdot] = [M_{n+1} \cdot]$。此时平衡常数 $K_e$ 与平衡单体浓度 $[M]_e$ 间关系为：

$$K_e = \frac{k_p}{k_{dp}} = \frac{1}{[M]_e} \tag{2-7}$$

在标准状态下：

$$\Delta G^{\ominus} = \Delta H^{\ominus} - T\Delta S^{\ominus} = -RT\ln k_e = RT\ln[M]_e \tag{2-8}$$

平衡时，$\Delta G^{\ominus} = 0$，$T = T_c$，则：

$$T_c = \frac{\Delta H^{\ominus}}{\Delta S^{\ominus} + R\ln[M]_e} \tag{2-9}$$

或

$$\ln[M]_e = \frac{1}{R}\left(\frac{\Delta H^{\ominus}}{T_c} - \Delta S^{\ominus}\right) \tag{2-10}$$

式中 $T_c$、$\Delta S^{\ominus}$ 为平衡单体浓度为 1mol/L 时的聚合上限温度和熵变。

式(2-9)、式(2-10) 表明，平衡单体浓度与聚合上限温度有关，即每一个聚合上限温度都有一相对应的聚合平衡浓度。它们不仅反映了某一单体在什么温度下可以聚合，也表明了在一定温度下达到聚合终点时体系中必然留有一定量的单体（$[M]_e$），即聚合反应的限度。对于绝大多数乙烯基单体来说，在通常温度下，$[M]_e$ 很低，可以忽视不计。如 25℃下，醋酸乙烯的 $[M]_e = 10^{-11}$ mol/L，苯乙烯为 $10^{-8}$ mol/L，甲基丙烯酸甲酯为 $10^{-3}$ mol/L。但 $\alpha$-甲基苯乙烯的平衡浓度却很高（2.6mol/L），因此室温时总是有相当一部分单体不能完全聚合。

在聚合温度以上，单体难以聚合。从理论上讲，能形成大分子的聚合反应都可能有逆反应，即解聚反应。但当聚合物形成以后，有时在聚合上限温度以上也较稳定，并未发生解聚反应。这主要是由于解聚中心难以形成，体系处于一种假稳定平衡。在适当情况下，仍能解聚，尤其当聚合物中残留有引发剂时，在一定的条件下可以形成解聚中心，引起解聚反应。

对某些聚合物，在 $T_c$ 以上可以解聚为单体，如聚甲基丙烯酸甲酯；而某些聚合物却只能得到聚合度不等的一系列低聚物，如聚乙烯；聚乙烯醇、聚丙烯腈一类的聚合物在到达解聚温度以前，就发生分解断链，因而没有单体产生。

$T_c$ 可通过热力学数据计算得出，也可用动力学方法和平衡方法实测得到。表 2-3 列出了一些单体-聚合物体系的热力学参数。

**表 2-3 某些单体-聚合物体系的标准聚合热、聚合熵、聚合自由能、平衡常数和聚合上限温度**

| 单体 | $-\Delta H/(\text{kJ/mol})$ | $-\Delta S/(\text{kJ/mol})$ | $-\Delta G/(\text{kJ/mol})$ | $K$ | $T_c/\text{℃}$ |
|------|------|------|------|------|------|
| 甲 醛 | 31.0 | 79.6 | 7.1 | — | 116 |
| 乙 烯 | 88.8 | 100.5 | 58.6 | — | 610 |
| 丙 烯 | 81.6 | 116.4 | — | $2.0 \times 10^9$ | — |
| 1,3-丁二烯 | 73.7 | 85.8 | 48.2 | $2.9 \times 10^9$ | 585 |
| 异丁烯 | 54.0 | 120.6 | 18.0 | $5.0 \times 10^4$ | 175 |
| 异戊二烯 | 74.9 | 101.3 | 44.8 | $7.5 \times 10^8$ | 466 |
| 苯乙烯 | 69.9 | 104.7 | 38.5 | $5.0 \times 10^7$ | 395 |
| $\alpha$-甲基苯乙烯 | 35.2 | 103.8 | 4.2 | $4.1 \times 10$ | 66 |
| 甲基丙烯酸甲酯 | 55.3 | 117.2 | 20.1 | $3.5 \times 10^4$ | 198 |
| 甲基丙烯酸乙酯 | 57.8 | 124.4 | 20.5 | — | — |
| 偏氯乙烯 | 60.3 | 88.8 | 42.7 | — | — |
| 四氟乙烯 | 154.9 | 112.2 | 121.4 | $3.0 \times 10^{22}$ | 1100 |
| 四氢呋喃 | 22.2 | 75.4 | 0.0 | $1.0 \times 10$ | — |
| 醋酸乙烯酯 | 88.8 | 109.7 | 56.1 | $7.1 \times 10^{10}$ | — |

注：25℃，所有数据的标准态是指由纯液体单体转变成无定形或部分结晶的聚合物。

### 2.1.2 聚合动力学

聚合动力学涉及的领域很广，如聚合反应速度、反应历程等。在这里我们主要从单体聚合能力的角度讨论反应历程问题，对反应动力学将在以后的各章中进行讨论。

通过上面聚合热力学的讨论我们知道，聚合热主要取决于单体性质，与聚合方式无关。但热力学可行的单体，对不同的反应历程却表现出不同的反应活性，这就涉及对单体聚合的动力学研究。

#### 2.1.2.1 连锁聚合的种类和活性中心

有机化合物发生化学反应时，总是伴随着一部分共价键的断裂和新的共价键的形成。共价键的断裂可以有两种形式：均裂和异裂。

均裂时，两个原子间的共用电子对均匀分裂，两个原子各保留一个电子，形成具有不成对电子的原子或原子团，称为自由基（游离基）。

$$\text{R} \cdot | \cdot \text{R} \longrightarrow 2\text{R} \cdot$$

异裂时，两原子间的共用原子对完全转移到其中的一个原子上，异裂的结果是产生带负电荷或带正电荷的离子，称负离子（阴离子）和正离子（阳离子）。

$$\text{A} : | \text{B} \longrightarrow \text{A}^- + \text{B}^+$$

在聚合反应中，活性中心为自由基的聚合反应称为自由基聚合（radical polymerization）。所用引发剂称为自由基引发剂。

$$\text{R} \cdot + \text{CH}_2 = \text{CH} \longrightarrow \text{R} - \text{CH}_2 - \overset{\overset{\text{H}}{|}}{\underset{\underset{\text{Cl}}{|}}{\text{C}}} \cdot$$

（式中 $\text{CH}_2=\text{CH}$ 带 $\text{Cl}$）

活性中心为阴离子（带负电荷）的聚合反应称为阴离子聚合（anionic polymerization）。所用引发剂称为阴离子引发剂。

$$\text{R}^- + \text{CH}_2 = \text{CH} \longrightarrow \text{R} - \text{CH}_2 - \overset{\overset{\text{H}}{|}}{\underset{\underset{\text{NO}_2}{|}}{\text{C}}}^-$$

（式中 $\text{CH}_2=\text{CH}$ 带 $\text{NO}_2$）

活性中心为阳离子（带正电荷）的聚合反应称为阳离子聚合（cationic polymerization）。所用引发剂称为阳离子引发剂。

$$R^+ + CH_2\!=\!\underset{OCH_3}{\overset{}{CH}} \longrightarrow R\!-\!CH_2\!-\!\underset{OCH_3}{\overset{H}{\underset{|}{\overset{|}{C^+}}}}$$

阴离子聚合和阳离子聚合也称离子型聚合（ionic polymerization）。属于离子型聚合的还有配位聚合（coordination polymerization）等。

活性中心不同，聚合历程不同，相应的聚合体系（单体、引发剂、聚合条件等）不同，动力学行为亦不相同。如自由基聚合的反应活化能一般为 $20\sim80\text{kJ/mol}$，而阳离子聚合反应的反应活化能则多为 $-20\sim40\text{kJ/mol}$。

#### 2.1.2.2　单体对聚合类型的选择及聚合能力

热力学上可行的单体对能引起它们聚合的活性中心类型有不同程度的选择，在许多情况下，对某类单体只能用某一类引发剂，经某一特定的反应历程才能得到动力学上可行的聚合反应。

单体对聚合类型的选择及聚合能力主要受下述因素影响：

$$\text{影响因素}\begin{cases}\text{内因（单体化学结构）}\begin{cases}\text{电子效应}\begin{cases}\text{诱导效应}\\\text{共轭效应}\end{cases}\\\text{空间效应}\end{cases}\\\text{外因——温度、压力、聚合方法等}\end{cases}$$

**（1）取代基的电子效应**

取代基的电子效应包含诱导效应和共轭效应，对于单取代不饱和单体，以 $H_2C\!=\!CH\!-\!X$ 为例：

① —X 为—H，即乙烯。热力学分析表明可以发生聚合反应（$\Delta G = -58.6\text{kJ/mol}$）。但从动力学看，由于没有取代基，无电子效应，加之结构对称，聚合困难。目前乙烯的聚合，或是采用高温、高压的自由基聚合，或是采用特殊催化剂的配位聚合。

② —X 为吸电子基团，如—$NO_2$、—CN 基团。这类单体取代基的吸电子作用使单体双键处的电子云密度下降：

$$R^- + \overset{\delta^+}{CH_2}\!=\!\overset{\delta^-}{CH} \longrightarrow R\!-\!CH_2\!-\!\underset{NO_2}{\overset{H}{\underset{|}{\overset{|}{C^-}}}}$$

故不利于自由基聚合。但双键处电子云密度的降低，便于阴离子进攻形成单体阴离子，同时—$NO_2$ 的吸电子作用使形成的阴离子活性中心稳定，进而利于进行阴离子聚合。

③ —X 为供电子基团，如—R、—OR 基团。这类单体由于取代基的推电子作用，使单体双键处电子云密度增加：

$$R^+ + \overset{\delta^-}{CH_2}\!=\!\overset{\delta^+}{CH} \longrightarrow R\!-\!CH_2\!-\!\underset{OR}{\overset{H}{\underset{|}{\overset{|}{C^+}}}}$$

同样不利于自由基聚合。但双键处电子云密度的增加，便于阳离子进攻形成单体阳离子，同时—OR 的推电子作用使形成的阳离子活性中心稳定，进而利于进行阳离子聚合。

④ 对于带有独电子的自由基来说，理论上只要取代基的诱导效应不是特别强，都可进行自由基聚合。如氯乙烯，诱导效应与共轭作用相反，电子效应弱，易自由基聚合：

$$R \cdot + \overset{\delta^+}{CH_2} = \overset{\delta^-}{CH} \longrightarrow R - CH_2 - \overset{\overset{\displaystyle H}{|}}{\underset{\underset{\displaystyle Cl}{|}}{C}} \cdot$$

而甲基丙烯酸甲酯，有较强的吸电子效应，故可同时进行自由基聚合的阴离子聚合。如取代基诱导效应太强则只能进行离子聚合，如硝基乙烯、二氰基乙烯等只能进行阴离子聚合。而异丁烯两个推电子甲基的存在使其只能进行阳离子聚合。

总体看，带有强吸电子取代基的单体易于进行阴离子聚合，带有强供电子取代基的单体易于进行阳离子聚合，诱导效应不太强的单体可进行自由基聚合。

⑤ 共轭效应 最典型的例子是带有 π-π 共轭体系的单体，如苯乙烯、丁二烯、异戊二烯。由于 π 电子可以沿 π-π 体系流动，易于诱导极化，可以很容易地按自由基、阳离子、阴离子三种历程进行聚合。

取代基电子效应的影响有叠加性。有时方向一致，作用加强，如 1,1-二氰基乙烯。有时方向相反，作用互抵。如氯乙烯，—Cl 的诱导作用和共轭作用相反，一般只能进行自由基聚合。具有同样情况的还有醋酸乙烯。

按照单烯 $H_2C = CH - X$ 中取代基—X 电负性次序和聚合倾向的关系排列如下：

取代基—X：

```
                                              ┌──────── 阳离子聚合 ────────┐
—NO₂  —CN  —F  —Cl  —COOCH₃  —CONH₂  —OCOR   —CH=CH₂   —C₆H₅   —CH₃   —OR
       └──────────────────────────────────────────────┘
              └────────────── 自由基聚合 ──────────────┘
 └────────────── 阴离子聚合 ──────────────┘
```

（2）取代基的空间效应

取代基的数量、体积、位置等对单体的聚合能力均有很大影响。

① 单取代 由于只有一个取代基，空间位阻小，即使取代基的体积较大，仍可聚合，如 N-乙烯基咔唑。

② 1,1-二取代 当取代基体积不大时，一般都能按相应的历程进行聚合反应。由于结构不对称，极化程度上升，比单取代单体更易聚合。如异丁烯很容易进行阳离子聚合，而丙烯则只能采用特殊的催化剂进行配位聚合。甲基丙烯酸甲酯和偏二氟乙烯除可自由基聚合外，还可进行阴离子聚合。

如果两个取代基都很大，则无法聚合。如 1,1-二苯基乙烯，正常聚合所形成的四个相邻大体积苯环的空间阻力和张力可使碳-碳键断裂，因此只能形成二聚体。

③ 1,2-二取代 如 Cl—CH = CH—Cl、CH₃—CH = CH—CH₃、CH₃—CH = CH—COOH。这类单体结构对称，空间位阻大，尽管热力学可行，但反应中单体分子接近活性中心时会遇到大的位阻障碍，阻碍了聚合的进行。另一方面，这类单体的电子效应往往互抵，降低了极化度。

选择空间位阻小的单体与这类单体共聚，是充分利用这类单体的一个有效途径。如顺丁烯二酸酐不容易均聚，但可与苯乙烯进行交替共聚。另外，近来研究表明具有 1,2-二取代乙烯结构的五元环状单体能进行自由基聚合。

④ 三取代，四取代 取代基过多，空间位阻大，一般不能聚合。但如取代基体积很小，则可以聚合。最典型的例子是氟代乙烯，即使是四氟乙烯亦能聚合。

醛、酮中羰基双键和杂环化合物中碳-杂原子键异裂后，具有类似离子的特性，可进行阳离子或阴离子聚合。

### 2.1.3 小结

对单体的聚合能力要进行全面的综合评价，尤其是反应历程，影响因素多且复杂。

随着人们对聚合了解的深入，可聚合的单体种类在不断增多。以丙烯为例，如采用自由

基聚合，因自由基容易从丙烯分子中提取氢，形成活性低的烯丙基自由基而只能得到低聚物，

$$R \cdot + CH_2 = CH—CH_3 \longrightarrow RH + CH_2 = CH—H_2C \cdot$$

如采用阳离子聚合，则一个甲基的供电子作用偏弱而不易进行；因此来源丰富的丙烯只是在发现 Ziegler-Natta 催化剂后，采用配位聚合才得到性能优异的聚丙烯。

　　有时一种单体可采用多种聚合历程，但产物却相差很大。如氯乙烯取代基的诱导作用大于共轭作用，呈弱吸电性，采用阴离子聚合一般只得到低聚物；甲基丙烯酸甲酯有强的吸电子基，阴离子聚合活性高，为避免副反应，需低温聚合；但这两种单体均可采用自由基聚合很容易得到高聚物。再如丁二烯，采用各种聚合都可得到高聚物，采用自由基聚合，产物顺 1,4-结构不到 20%，采用阴离子聚合，产物顺 1,4-结构可到 40%，而采用配位聚合，顺 1,4-结构可到 98%。

　　对单体的要求除在理论上进行热力学和动力学分析外，还要综合考虑其来源是否丰富、易得、环保等因素。目前人们的着眼点主要是有机化合物，来源多为石油化工。今后人们将更多地关注其它领域，如煤化工、天然原料，甚至无机化合物（参见本章自学内容部分）。

　　虽然人们正努力通过量子化学来定量计算单体的聚合能力，但目前更多的还是从热力学和动力学两方面对单体聚合能力定性地进行分析、判断。由于多种因素同时存在，相互影响，且很多数据不全，因此实际应用中还需要通过实验来验证单体能否进行聚合。表 2-4 列出了一些常用烯类单体的聚合类型。

**表 2-4　常用烯类单体的聚合类型**

| 单体 | 自由基聚合 | 阳离子聚合 | 阴离子聚合 | 配位聚合 |
|---|:---:|:---:|:---:|:---:|
| $CH_2 = CH_2$ | ◎ | | | ◎ |
| $CH_2 = CHCH_3$ | | | | ◎ |
| $CH_2 = CHCH_2CH_3$ | | | | ◎ |
| $CH_2 = C(CH_3)_2$ | | ◎ | | + |
| $CH_2 = CHCH = CH_2$ | ◎ | + | ◎ | ◎ |
| $CH_2 = C(CH_3)CH = CH_2$ | + | + | ◎ | ◎ |
| $CH_2 = CClCH = CH_2$ | ◎ | | | |
| $CH_2 = CHC_6H_5$ | ◎ | + | + | + |
| $CH_2 = CHCl$ | ◎ | | | + |
| $CH_2 = CCl_2$ | ◎ | | + | |
| $CH_2 = CHF$ | ◎ | | | |
| $CF_2 = CF_2$ | ◎ | | | |
| $CF_2 = CFCF_3$ | ◎ | | | |
| $CH_2 = CH—OR$ | | ◎ | | + |
| $CH_2 = CHOCOCH_3$ | ◎ | | | |
| $CH_2 = CHCOOCH_3$ | ◎ | | + | + |
| $CH_2 = C(CH_3)COOCH_3$ | ◎ | | + | + |
| $CH_2 = CHCN$ | ◎ | | + | + |

　　注：◎—已工业化，+—可以聚合。

# 2.2　碳自由基

　　自由基聚合的活性中心主要是碳自由基，自由基聚合的每一步反应都是自由基反应，从这点上可以说自由基聚合是有机化学中碳自由基反应的延伸。因此搞清有关自由基的基本特性，对进一步研究自由基聚合是十分必要的。

### 2.2.1 自由基的产生

在原子、分子或离子中，只要有未成对的电子存在，都叫自由基。如原子自由基（Na·、H·）、分子自由基 $[O=N·、·O-O·、(C_6H_5)_3C·]$、离子自由基 $[·CH-C^+(CH_3)_2、·CH-C^-HC_6H_5]$。有很多方法可以使共价键发生均裂生成自由基，在聚合反应中应用最多的是热解、氧化还原反应、光解、辐射等方法。这些将在下一节加以详细介绍。

### 2.2.2 自由基的结构与活性

碳自由基有两种结构：一种是平面构型，碳原子自由基为 $sp^2$ 杂化，三个 $sp^2$ 杂化轨道与其它三个原子成共价键，未配对电子占据 p 轨道；另一种是角锥型，碳原子自由基为 $sp^3$ 杂化。一般平面型结构要稳定些。

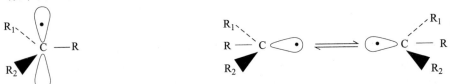

自由基的寿命一般很短，在有机化学中为一种活性中间体。自由基中心原子上未成对电子的存在，使其有强烈地取得电子的倾向，这就是自由基的活性所在。影响自由基活性的主要因素是共轭效应、极性效应和空间位阻。

一般来说，具有共轭或超共轭作用的自由基，因共轭作用使未成对电子的电子云密度下降，活性低于无共轭作用的自由基。同理，当取代基的吸电子效应加大时，自由基的活性下降。大体积取代基的存在妨碍了反应物的靠近，降低了反应活性。各种自由基的相对活性顺序大致为：

$$·H > ·CH_3 > ·C_6H_5 > ·CH_2R > ·CHR_2 > ·CR_3 > ·CH(OR)R$$
$$·CH(CN)R > ·CH(COOR)R > ·CH_2-CH=CH_2$$
$$·CH_2-C_6H_5 > ·CH(C_6H_5)_2 > ·C(C_6H_5)_3$$

最下一行的自由基十分稳定，为不活泼自由基。如三苯甲基自由基，可长期稳定存在。

### 2.2.3 自由基的反应

自由基有多种反应，在自由基聚合反应中能遇到的有关自由基的反应主要有：

① 加成反应 这类反应多出现在引发反应和增长反应中。

$$R· + CH_2=CH-X \longrightarrow R-CH_2-HC·-X$$

② 氧化-还原反应 这类反应多出现在引发反应中。

$$Fe^{2+} + ·OH \longrightarrow Fe^{3+} + OH^-$$

③ 偶合反应 这类反应多出现在终止反应中。

$$R· + ·R \longrightarrow R-R$$

④ 抽氢反应 这类反应也多出现在终止反应中。

$$R_1-·CH_2 + R_2-CH_2-·CH_2 \longrightarrow R_1-CH_3 + R_2-CH=CH_2$$

### 2.2.4 小结

从反应机理看，自由基的生成与链引发反应、自由基的活性与聚合反应速率、自由基的结构与聚合物链立构控制能力、自由基的反应与聚合过程中的链增长、链终止及各种链转移反应等密切相关。一方面，链自由基中的大分子链可视为一个大取代基，因此自由基聚合的研究在很多时候还是要归到对自由基的研究，如稳定的自由基在常规条件下不发生聚合，可作为阻聚剂，但从另一个角度看，它又为"可控自由基聚合"开启了新的思路；另一方面，链自由基中的大分子链会对自由基的活性产生影响，大分子链也会与自由基发生各种反应，这就是高分子化学的自由基聚合与有机化学的自由基反应的不同，也是自由基聚合的一个研究重点。

# 2.3　自由基聚合的基元反应

自由基聚合属于链式聚合的一种。1935 年，Staudinger 提出正常的聚合反应含三个基元反应：链引发反应、链增长反应、链终止反应。后来的研究表明还存在第四个基元反应，链转移反应。

## 2.3.1　链引发反应

链引发反应（chain initiation）是形成单体自由基的反应。在实现自由基聚合时，首先要求在适宜的条件下以适当的速率生成有足够活性的自由基。目前常用的形成自由基的方法中，应用最多的是采用引发剂。时至今日，开发与选用合适的引发剂仍是自由基聚合研究的一个重要方面。此外，热引发、光引发和辐射引发等也占有一席之地。

对常用的引发剂引发来说，链引发反应分为以下两步。

① 引发剂 I 分解，形成初级自由基（primary radical）R·：

$$I \longrightarrow 2R\cdot$$

② 初级自由基与单体 M 加成，形成单体自由基（monomer radical）M·：

$$R\cdot + M \longrightarrow RM\cdot$$

引发剂的分解是吸热反应，反应活化能高，约为 $100\sim170$kJ/mol；反应速率小，分解速率常数约为 $10^{-6}\sim10^{-4}s^{-1}$。初级自由基与单体反应的一步是放热反应，反应活化能低，约 $20\sim34$kJ/mol，反应速率大。由于体系中存在某些杂质，或因其它一些因素，反应开始形成的初级自由基在与单体反应前，有可能发生一些副反应而失去活性。只有当杂质被消耗掉并形成单体自由基后，下一步链增长反应才有可能发生。因此链引发反应必需包括上述两步反应。可以看出，引发剂分解是控制整个链引发反应速率的关键一步。

## 2.3.2　链增长反应

链引发反应形成的单体自由基，可与第二个单体发生加成反应，形成新的自由基。这种加成反应可以一直进行下去，形成越来越长的链自由基，这一过程称为链增长反应（chain propagation）。

$$R\cdot + M \longrightarrow RM\cdot + M \longrightarrow RMM\cdot + M \longrightarrow RMMM\cdot + M \longrightarrow \cdots\cdots \longrightarrow M_n\cdot$$

链增长反应有两个特点：一是放热反应，约为 $-95\sim-55$kJ/mol；二是反应活化能低，约为 $20\sim34$kJ/mol。因而反应速率极快，一般在 0.01s 至几秒内即可使聚合度达到几千，甚至上万。如形成一根聚合度为 1000 的聚氯乙烯大分子链，仅需 $10^{-3}\sim10^{-2}s$。因此，在反应的任一瞬间，可以认为聚合体系中只存在未分解的引发剂、未反应的单体、微量活性大分子链和已形成的大分子，不存在聚合度不等的中间产物。

链增长反应是形成大分子链的主要反应，因此大分子链上每一个重复单元的排列方向也主要由这一步反应决定。单体与活性中心反应时，可以按两种方向连接到大分子链上：头-尾相接和头-头相接，如：

$$\sim\sim\sim CH_2CH\cdot + CH_2 = CH \underset{X}{\longrightarrow} \begin{cases} \sim\sim\sim CH_2CHCH_2C\cdot H \quad \text{头-尾} \\ \qquad\qquad X \qquad\quad X \\ \sim\sim\sim CH_2CHCHC\cdot H_2 \quad \text{头-头} \\ \qquad\qquad X \quad X \end{cases}$$

重复单元的连接顺序是由链自由基进攻单体的部位、生成自由基的稳定性及取代基之间的位阻效应等能量变化过程决定的。实验证明，大分子链中单体单元主要以头-尾相接的方式存在。从取代基的电子效应看，可自由基聚合的单体在取代基（如苯基、氰基等）的作用下，C＝C 上不带取代基碳上的电子云密度下降，易于自由基的进攻，进而形成头-尾相接。从自由基的稳定性看，头-尾相接时取代基与独电子共同连在一个碳原子上，取代基对自由基有共轭稳定作用；而头-头相接则无此稳定作用。从位阻效应看，无论是头-头相接还是尾-尾相接，都有两个取代基分别连在两相邻碳上，使位阻加大。对共轭作用小的单体，如醋酸乙烯酯，会出现少量头-头相接，并随反应温度上升，含量有所增加（由 -30℃ 时的 0.3% 上升到 70℃ 时的 1.6%）。

对二烯烃如丁二烯的聚合来说，链自由基和单体有 1,4-加成和 1,2-加成两种方式：

$$\sim\sim\sim CH_2-CH=CH-CH_2\cdot + CH_2=CH-CH=CH_2 \begin{cases} +CH_2-CH=CH-CH_2+_n \\ +CH_2-CH+_n \\ \qquad\quad | \\ \qquad\quad CH=CH_2 \end{cases}$$

在 1,4-加成中又可以形成顺式加成和反式加成两种：

顺式结构（顺-1,4-聚丁二烯）　　　　　反式结构（反-1,4-聚丁二烯）

一般反式结构位阻小，容易生成，随反应温度升高，顺式结构含量上升（表 2-5）。

表 2-5　聚合反应温度对丁二烯自由基聚合产物顺-反结构含量的影响

| 反应温度/℃ | 1,4-结构/% | 1,2-结构/% |
| --- | --- | --- |
| -20 | 78 | 22 |
| 100 | 40 | 60 |

对于其它单取代烯烃的立体结构，由于自由基在空间排布是无规的，因此自由基聚合产物通常是无规立构，这一部分内容详见第 5 章。

### 2.3.3　链终止反应

链自由基经反应活性中心消失，生成稳定大分子的过程称为链终止反应（chain termination）。自由基本身活性很高，有强烈与另一自由基反应的倾向，因此终止反应绝大多数为两个链自由基之间的反应。反应的结果是两个链自由基同时失去活性，因此也称双基终止。双基终止分为偶合终止（combination termination）和歧化终止（disproportionation termination）两类。

两个链自由基的独电子相互结合形成共价键，生成一个大分子链的反应称为偶合终止。

$$\sim\sim\sim CH_2\underset{X}{CH}\cdot + \cdot \underset{X}{CH}CH_2\sim\sim\sim \longrightarrow \sim\sim\sim CH_2\underset{X}{CH}-\underset{X}{CH}CH_2\sim\sim\sim$$

如果一个链自由基上的原子（多为自由基的 $\beta$-氢原子）转移到加一个链自由基上，生成两个稳定的大分子链的反应称为歧化终止。

$$\sim\sim\sim CH_2\underset{X}{CH}\cdot + \cdot \underset{X}{CH}\underset{H}{CH}\sim\sim\sim \longrightarrow \sim\sim\sim CH_2\underset{X}{CH_2} + \underset{X}{CH}=CH\sim\sim\sim$$

双基终止方式不同，所生成的产物不同（见表 2-6）。可以利用示踪原子法追踪含有标记原子的引发剂残基，同时结合数均相对分子质量的测定来确定两者的比例。

表 2-6　两种双基终止的比较

| 项目 | 偶合终止 | 歧化终止 |
| --- | --- | --- |
| 相对分子质量 | 未终止前链自由基相对分子质量的两倍 | 与未终止前链自由基相对分子质量相同 |
| 引发剂残基 | 存在于大分子链两端 | 存在于大分子链一端 |
| 链端双键 | 无 | 一半大分子链有 |

从表 2-7 可以看出单体结构对终止方式的影响。偶合反应是两个自由基的独电子相互结合成键，由于自由基不稳定，易于与另一自由基结合，因此反应活化能低；歧化反应涉及共价键的断裂，反应活化能高。从能量角度看，偶合终止易于发生，特别在反应温度低时。从结构对终止方式的影响分析，有利于歧化终止的因素为：

① 链自由基没有共轭取代基或弱的共轭效应，易发生歧化终止。如醋酸乙烯酯。

② 空间位阻较大。如甲基丙烯酸甲酯。

③ 可被抽取的氢原子数目多。如甲基丙烯酸甲酯就有五个氢原子可被抽取。

表 2-7　几种单体自由基聚合的终止方式

| 单体 | 温度/℃ | 偶合/% | 歧化/% | 单体 | 温度/℃ | 偶合/% | 歧化/% |
|---|---|---|---|---|---|---|---|
| 苯乙烯 | 0 | 100 | 0 | 甲基丙烯酸甲酯 | 0 | 40 | 60 |
|  | 25 | 100 | 0 |  | 20 | 32 | 68 |
|  | 60 | 100 | 0 |  | 60 | 15 | 85 |
| 对氯苯乙烯 | 60 | 100 | 0 | 丙烯腈 | 40 | 92 | 8 |
|  | 80 | 100 | 0 |  | 60 | 92 | 8 |
| 对甲氧基苯乙烯 | 60 | 81 | 19 | 丙烯酸甲酯 | 90 |  | 约 100 |
|  | 80 | 53 | 47 | 醋酸乙烯 | 90 |  | 约 100 |

对于均相聚合体系，双基终止是最主要的终止方式。在某些聚合过程中，也存在少量单基终止。如与一些物质发生的链转移反应及和终止剂的反应等都是单基终止。又如在乳液聚合中，双基终止受到抑制，多为链自由基与初级自由基的终止反应。当然，对于非均相体系，双基终止往往也被抑制，多发生单基终止。

链增长反应与链终止反应为一对竞争反应。由于链终止反应活化能很低，约为 $8 \sim 21\text{kJ/mol}$，因此自由基的每次碰撞几乎都为有效碰撞，这样看起来似乎无法形成大分子。但实际上应看到双基终止是受扩散控制的，更重要的是体系中单体浓度（$1 \sim 10\text{mol/L}$）远比自由基浓度（$10^{-8} \sim 10^{-7}\text{mol/L}$）高，因此尽管终止速率常数 $[10^6 \sim 10^8\text{L/(mol·s)}]$ 比聚合速率常数 $[10^{-4} \sim 10^{-2}\text{L/(mol·s)}]$ 大，从总体看，聚合反应速率要比终止速率大得多。

### 2.3.4　链转移反应

对链自由基来说，除与单体进行正常的聚合反应或与另一链自由基发生双基终止反应外，还可能与体系中某些分子作用而发生终止反应。如从单体、溶剂、引发剂或已形成的大分子上夺取一个氢或其它原子，链自由基失去活性，同时使失去原子的分子形成新的自由基，这种反应称为链转移反应（chain transfer reaction）。

对发生链转移的链自由基，反应结果是本身失去活性，因此也是一种终止反应，称转移终止，为单基终止。

链转移反应通式为：

$$\text{M}_n\cdot + \text{RX} \longrightarrow \text{M}_n\text{X} + \text{R}\cdot$$

依反应物 RX 的不同，链转移反应可分为以下几种。

向引发剂（IX）转移：

$$\text{M}_n\cdot + \text{IX} \longrightarrow \text{M}_n\text{X} + \text{I}\cdot$$

向单体（MX）转移：

$$\text{M}_n\cdot + \text{MX} \longrightarrow \text{M}_n\text{X} + \text{M}\cdot$$

向溶剂（SX）转移：

$$\text{M}_n\cdot + \text{SX} \longrightarrow \text{M}_n\text{X} + \text{S}\cdot$$

向聚合物（PX）转移：

$$M_n \cdot + PX \longrightarrow M_nX + P \cdot$$

向外来试剂（AX）转移：

$$M_n \cdot + AX \longrightarrow M_nX + A \cdot$$

对新生成的自由基，活性如与原自由基的活性相近，属于正常的链转移反应，这种反应对聚合速率无大影响，但使聚合度下降。如新生成的自由基活性明显降低，使聚合反应速率和聚合度都明显下降，这种反应称为缓聚。如新生成的自由基没有活性，导致聚合反应停止，这种反应称为阻聚。

### 2.3.5　小结

自由基聚合为一复杂反应，除链引发、链增长、链终止、链转移四种主要的基元反应外，有的体系还会存在其它的反应，如可控自由基聚合中的可逆钝化反应。在自由基聚合中，每一个活性中心都会在很短的时间内依次发生链引发、链增长、链转移和链终止反应；但对整个自由基聚合体系而言，活性中心是在聚合过程中不断生成的，因此在聚合过程中会一直同时存在多个活性中心和各种基元反应。

# 2.4　自由基聚合的单体和引发体系

### 2.4.1　单体

自由基只有一个未成对电子，电效应较弱，因此除一些带有较强电效应的单体外，基本都可进行自由基聚合。这也是自由基聚合在工业中广泛使用的一个原因。常用的单体有乙烯、卤代烯烃、丙烯腈、苯乙烯、共轭二烯烃、（甲基）丙烯酸（酯）类、醋酸乙烯酯、丙烯酰胺、氯丁二烯等。

### 2.4.2　引发剂引发

#### 2.4.2.1　引发剂的主要类型及反应

以引发剂生成自由基的反应性质来划分，可将常用的引发剂分为热分解型引发剂和氧化还原型引发剂两大类。

（1）热分解型引发剂

一些含有弱键的无机或有机化合物，在正常反应温度下（如 $40 \sim 100 ℃$），化合物中存在的弱共价键因受热而均裂形成自由基。这样的化合物我们称为热分解型引发剂。常用的有偶氮类引发剂和过氧类引发剂。

① 偶氮类引发剂　一般通式为：R—N＝N—R。其中 R—N 键为弱键，分解温度与两边的取代基有关。典型的偶氮类引发剂如下。

偶氮二异丁腈（AIBN）。特点是活性较低，可以纯的形式保存，在 $80 \sim 90 ℃$ 会剧烈分解：

$$\underset{\underset{CN}{|}}{(CH_3)_2C}—N＝N—\underset{\underset{CN}{|}}{C(CH_3)_2} \xrightarrow[t_{1/2}=10h]{64℃} 2\underset{\underset{CN}{|}}{(CH_3)_2C} \cdot + N_2 \uparrow$$

式中，$t_{1/2}$ 为半衰期，表示 64℃ 时该引发剂分解一半所用时间。

偶氮二异庚腈（ABVN）与 AIBN 相比，取代基体积大，空间张力大，断链成自由基后，利于张力的消除。所以活性加大：

$$(CH_3)_2CHCH_2\underset{\underset{CN}{|}}{\overset{\overset{CH_3}{|}}{C}}—N＝N—\underset{\underset{CN}{|}}{\overset{\overset{CH_3}{|}}{C}}CH_2CH(CH_3)_2 \xrightarrow[t_{1/2}=10h]{52℃} 2(CH_3)_2CHCH_2\underset{\underset{CN}{|}}{\overset{\overset{CH_3}{|}}{C}} \cdot + N_2 \uparrow$$

偶氮类引发剂为油溶性引发剂。如果在引发剂中引入亲水基团，如—$SO_3Na$、—COONa，可制成水溶性偶氮引发剂，用于乳液聚合。如引入—OH、—COOH，可用于制备遥爪聚合物。例如：

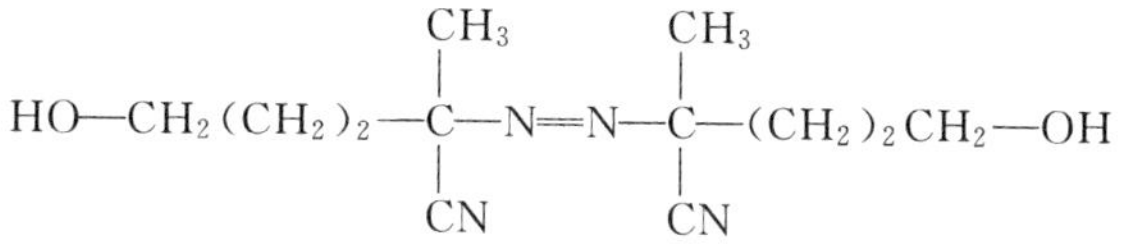

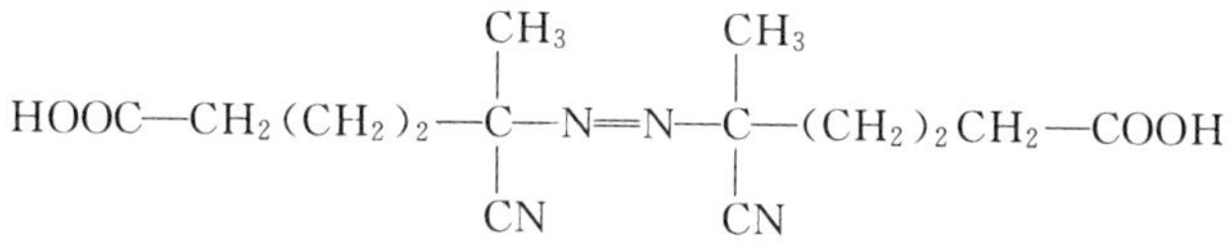

$$HO—CH_2(CH_2)_2—\underset{\underset{CN}{|}}{\overset{\overset{CH_3}{|}}{C}}—N{=}N—\underset{\underset{CN}{|}}{\overset{\overset{CH_3}{|}}{C}}—(CH_2)_2CH_2—OH$$

$$HOOC—CH_2(CH_2)_2—\underset{\underset{CN}{|}}{\overset{\overset{CH_3}{|}}{C}}—N{=}N—\underset{\underset{CN}{|}}{\overset{\overset{CH_3}{|}}{C}}—(CH_2)_2CH_2—COOH$$

② 过氧类引发剂　一般通式为 R—O—O—R′，其中 O—O 键为弱键。分解温度与两边的取代基有关。最简单的形式为 H—O—O—H，由于分解活化能高（220kJ/mol），一般不单独用作引发剂。

a. 有机过氧类引发剂　典型的引发剂有：

异丙苯过氧化氢

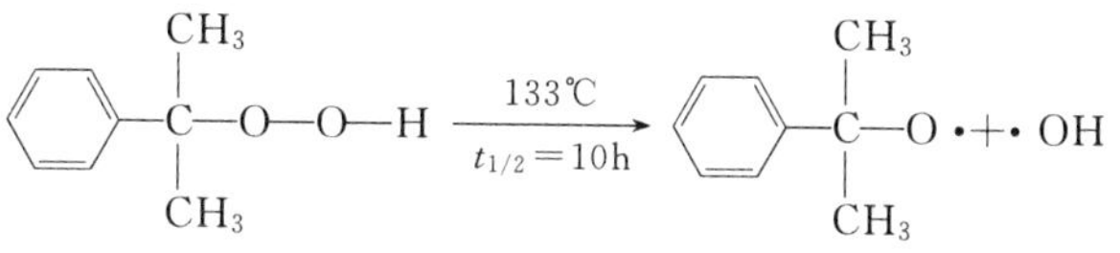

过氧化二异丙苯

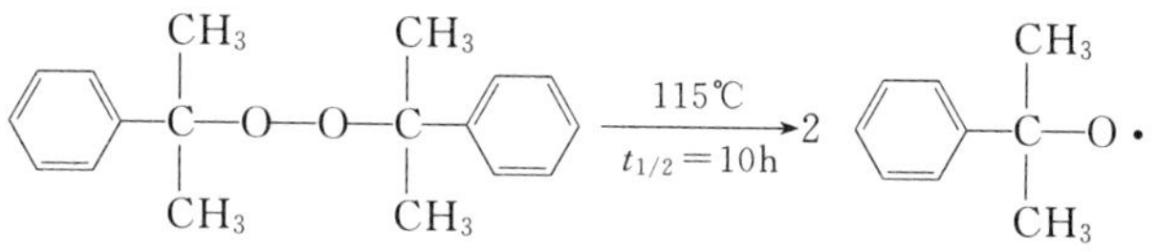

过氧化二苯甲酰（BPO）

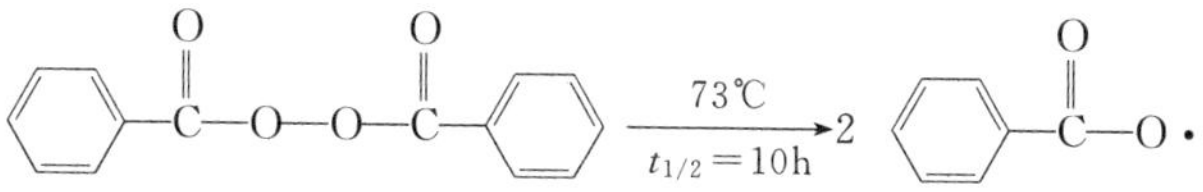

如没有单体存在，苯甲酸基自由基可进一步分解成苯基自由基，并放出 $CO_2$：

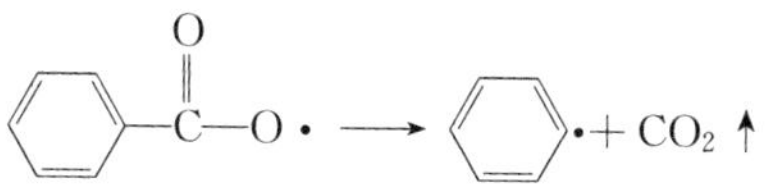

过氧化二碳酸二环己酯（DCPD）

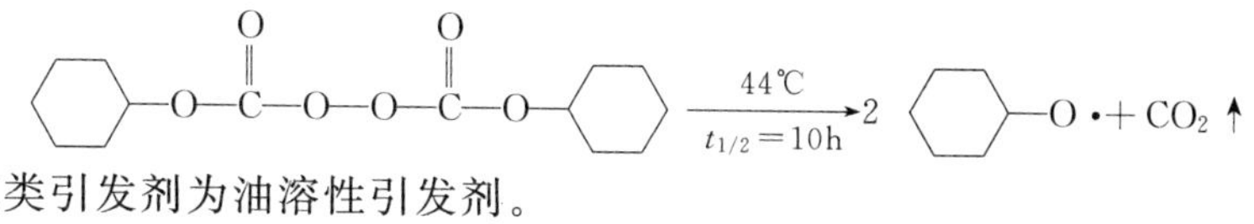

有机过氮类引发剂为油溶性引发剂。

b. 无机过氧类引发剂　典型的有过硫酸钾、过硫酸铵等。

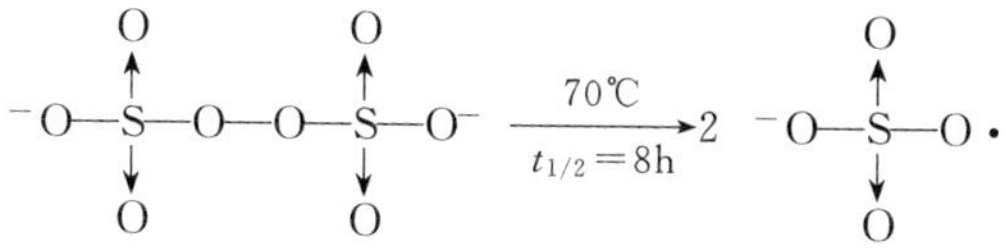

无机过氧类引发剂为水溶性引发剂，多为离子型自由基。

（2）氧化-还原类引发剂

氧化-还原类引发剂是通过氧化-还原反应产生自由基。由于只涉及电子的转移，因此反应活化能远低于热分解型引发剂。

① 水溶性氧化-还原引发体系　常用的氧化剂有过氧化氢、过硫酸盐和氢过氧化物等；常用的还原剂有 $Fe^{2+}$、$Cu^+$、$NaHSO_3$、$Na_2SO_3$、$Na_2S_2O_3$、醇、胺、草酸等。如：

$$HO-OH+Fe^{2+} \longrightarrow HO^- +HO\cdot +Fe^{3+}$$

$HO-OH$ 的分解活化能由单独使用时的 220kJ/mol 降为 40kJ/mol。

$$^-O_3S-O-O-SO_3^- +Fe^{2+} \longrightarrow SO_4^{2-} +SO_4^- \cdot +Fe^{3+}$$

$^-O_3S-O-O-SO_3^-$ 的分解活化能由单独使用时的 140kJ/mol 降为 50kJ/mol。

$$RO-OH+Fe^{2+} \longrightarrow HO^- +RO\cdot +Fe^{3+}$$

$RO-OH$ 的分解活化能由单独使用时的 125kJ/mol 降为 50kJ/mol。四价铈盐和醇类也可组成氧化-还原体系：

$$Ce^{4+} +RHCHOH \longrightarrow Ce^{3+} +H^+ +R\overset{\cdot}{C}HOH$$

也有的反应可以生成多种自由基：

$$S_2O_8^{2-} +SO_3^{2-} \longrightarrow SO_4^{2-} +SO_4^- \cdot +SO_3^- \cdot$$
$$S_2O_8^{2-} +S_2O_3^{2-} \longrightarrow SO_4^{2-} +SO_4^- \cdot +S_2O_3^- \cdot$$

② 油溶性氧化-还原引发体系　氧化剂为有机过氧化物，还原剂一般为叔胺、环烷酸盐、硫、有机金属化合物（如 $AlR_3$、$BR_3$）等。

采用氧化-还原引发剂时应注意还原剂的用量一般要少于氧化剂的用量。因为过量的还原剂可以进一步和生成的自由基反应，使自由基失去活性。

$$HO\cdot +Fe^{2+} \longrightarrow HO^- +Fe^{3+}$$

**2.4.2.2　引发剂分解动力学**

引发反应是整个自由基聚合的关键一步。在引发反应中，初级自由基形成的一步又是决定引发速率的一步。因此，研究引发剂的分解速率对控制聚合反应有重要意义。

（1）分解速率

引发剂在聚合体系中，在一定温度下是逐步分解的。引发剂分解一般属于一级反应。如引发速率用引发剂消耗速率 $-d[I]/dt$ 表示，分解速率为：

$$R_d = -\frac{d[I]}{dt} = k_d[I] \tag{2-11}$$

式中，$[I]$ 为引发剂浓度；$k_d$ 为分解速率常数，单位为 $s^{-1}$、$min^{-1}$，工业上多用 $h^{-1}$。将式（2-11）积分，得：

$$\ln\frac{[I]}{[I]_0} = -k_d t \tag{2-12}$$

式中，$[I]_0$ 和 $[I]$ 分别代表引发剂起始（$t=0$）浓度和 $t$ 时刻的浓度。

式（2-12）表明了引发剂浓度随时间变化的关系。若固定温度，测定不同时间下的 $[I]$ 值，以 $\ln([I]/[I]_0)$ 对 $t$ 作图，则可由斜率求出 $k_d$。$[I]$ 值的测定，对偶氮类引发剂可测定体系析出的氮气体积，对过氧类引发剂则可用碘量法。

（2）分解半衰期

在一定温度下，引发剂分解一半所需时间称为引发剂分解半衰期（initiator half-life），以 $t_{1/2}$ 表示。由于 $k_d$ 的测定比较复杂，人们常用 $t_{1/2}$ 来衡量引发剂分解速率的大小。由式（2-12）可知，当引发剂分解一半时，$[I] = [I]_0/2$，则

$$t_{1/2} = \frac{\ln 2}{k_d} = \frac{0.693}{k_d} \tag{2-13}$$

（3）分解活化能

根据 Arrhenius 方程，可求得：

$$k_d = A e^{-E_d/RT} \tag{2-14}$$

或

$$\ln k_d = \ln A - E_d/RT \tag{2-15}$$

式中，$E_d$ 为分解活化能。

（4）残留分率

$t$ 时刻未分解的引发剂浓度与初始引发剂浓度之比，称为引发剂的残留分率，记为 $[I]/[I]_0$。由式（2-12）有：

$$\frac{[I]}{[I]_0} = e^{-k_d t} \tag{2-16}$$

### 2.4.2.3　引发剂效率

引发剂分解后产生的初级自由基，只有一部分用于引发单体，还有一部分由于各种原因不能用于聚合反应。引发聚合的引发剂占引发剂分解或消耗总量的分率称为引发剂效率（initiator efficiency），用 $f$ 表示。表 2-8 列出了偶氮二异丁腈的引发效率。造成引发效率低的原因，主要有诱导分解、笼蔽效应和杂质等。

诱导分解（inducer decomposition）是指自由基向引发剂的转移反应，或者说引发剂不是在正常的情况下形成自由基，而是在已形成的自由基"诱导"作用下分解。如：

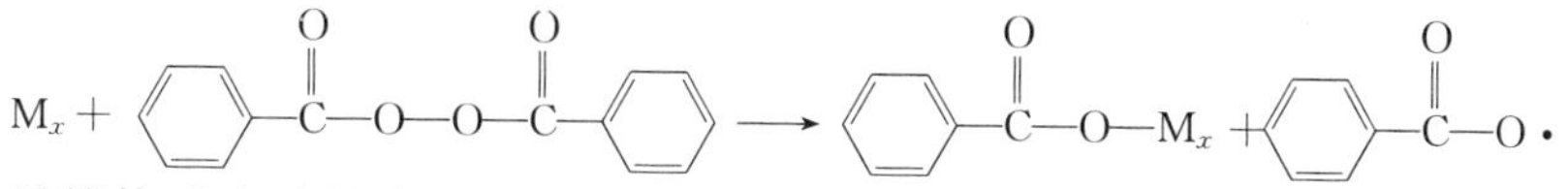

反应结果，尽管体系中总的自由基数目不变，但原本可形成两个新自由基的引发剂分解后只形成了一个自由基，等于白白消耗掉一个引发剂。

当体系中有溶剂存在时，引发剂分子处于溶剂分子"笼子"的包围之中。引发剂分解形成的初级自由基只有扩散出笼子之后，才能与单体发生反应生成单体自由基。由于初级自由基的寿命只有 $10^{-11} \sim 10^{-9}$ s，如不能及时扩散出笼子，就可能发生副反应而失去活性。这种现象称为笼蔽效应（cage effect）。如过氧化二苯甲酰在笼蔽效应下可进一步分解，再结合成稳定的分子：

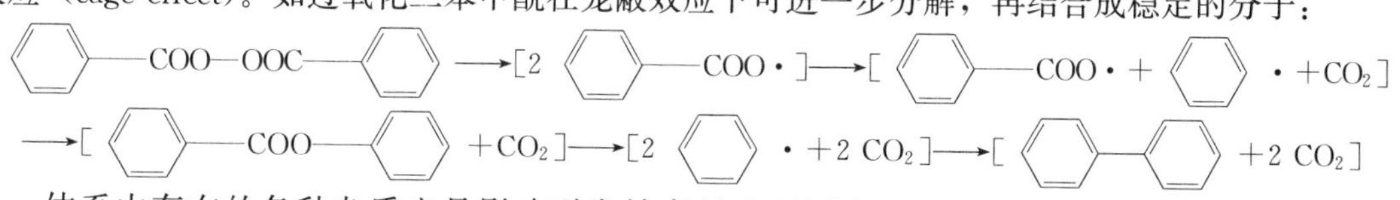

体系中存在的各种杂质也是影响引发效率的重要因素，这些杂质会与初级自由基反应生成无活性或低活性的物质。如未除净的阻聚剂、氧等。

除以上因素外，向溶剂和链转移剂的转移反应也会使引发效率下降。此外，引发剂、单体的种类、浓度、溶剂的种类、体系黏度、反应方法、反应温度等都会影响引发效率。

**表 2-8　偶氮二异丁腈的引发效率（$f$）**

| 单　　体 | $f/\%$ | 单　　体 | $f/\%$ |
|---|---|---|---|
| 丙烯腈 | 约 100 | 氯乙烯 | $70 \sim 77$ |
| 苯乙烯 | 约 80 | 甲基丙烯酸甲酯 | 52 |
| 醋酸乙烯 | $68 \sim 82$ | | |

## 2.4.3　其它形式引发

### 2.4.3.1　热引发

单体受热直接形成自由基进行聚合称为热引发（thermal initiation）。只靠热能打开乙烯式单体的双键形成自由基需要 210kJ/mol 以上的热能，因而引发效率低，反应复杂。能进行热引发的单体很少，比较成熟的有苯乙烯、甲基丙烯酸甲酯的热聚合等。

苯乙烯热引发的机理有多种说法。一种认为是双分子引发：

$$2 \bigcirc -CH=CH_2 \longrightarrow \bigcirc -\cdot CH-CH_3 + \bigcirc -\cdot C=CH_2$$

另一种认为是三分子引发：

$$2 \bigcirc -CH=CH_2 \longrightarrow \bigcirc -\cdot CH-CH_2-CH_2-HC\cdot -\bigcirc$$

$$\bigcirc -\cdot CH-CH_2-CH_2-HC\cdot -\bigcirc + \bigcirc -CH=CH_2 \longrightarrow$$

$$\bigcirc -\cdot CH-CH_3 + \bigcirc -\cdot CH-CH_2-CH=HC-\bigcirc$$

### 2.4.3.2 光引发

单体在光的激发下形成自由基进行引发聚合称为光引发（photoinitiation）。普通汞灯产生的紫外线的波长范围在200nm～400nm，很多单体在该范围内具有吸收作用（表2-9），其它比较容易直接光引发聚合的单体有丙烯酰胺、丙烯腈、丙烯酸等。

**表2-9　几种单体吸收光的波长**

| 单　　体 | 波长/nm | 单　　体 | 波长/nm |
|---|---|---|---|
| 甲基丙烯酸甲酯 | 220 | 氯乙烯 | 280 |
| 苯乙烯 | 250 | 醋酸乙烯酯 | 300 |
| 丁二烯 | 253.7 | | |

光引发聚合一般可分为光直接引发和加入光引发剂的光引发。

光直接引发的机理尚不清楚，一般的解释是单体吸收一定波长的光量子后，先形成激发态，而后裂解形成自由基。如：

$$M+h\nu \longrightarrow M^* \longrightarrow R\cdot + R'\cdot$$

如苯乙烯光引发聚合，可能的过程为：

$$\bigcirc -CH=CH_2+h\nu \longrightarrow \bigcirc -CH=CH_2^* \longrightarrow \bigcirc \cdot + \cdot CH=CH_2$$

或

$$\bigcirc -CH=CH_2+h\nu \longrightarrow \bigcirc -CH=CH_2^* \longrightarrow \bigcirc -CH=CH\cdot + \cdot H$$

加入光引发剂引发聚合可以克服光直接引发聚合速率低的不足。光引发剂又称光敏剂，应用最广泛的光引发剂是安息香及其脂肪醚。在光照下，光敏剂发生光分解，产生两个自由基。如安息香的光敏分解反应：

$$\bigcirc -\overset{O}{\overset{\|}{C}}-\overset{OH}{\overset{|}{CH}}-\bigcirc \longrightarrow \bigcirc -\overset{O}{\overset{\|}{C}}\cdot + \cdot \overset{OH}{\overset{|}{CH}}-\bigcirc$$

用于热分解的引发剂如过氧化二苯甲酰、偶氮二异丁腈在光作用下亦可分解产生自由基。其它如二苯基二硫化物、萘磺酰氯等也可用作光引发剂。

### 2.4.3.3 辐射引发

在高能射线辐照下引发单体聚合，称为辐射引发（radiolytic initiation）。所用的高能射线有γ射线、X射线、β射线、α射线和中子射线几种，其中以$^{60}$Co为辐射源产生的γ射线最为常用，具有能量高、穿透力强、操作容易的特点。

高能射线的能量可高达百万级电子伏特，比光能（几个伏特）大得多。共价键的键能为2.5～4eV，有机化合物的电离能为9～11eV，因此高能辐射不仅可使单体激发产生自由基，也能使之电离产生正负离子或离子自由基等，因此是一个极为复杂的反应。不过烯类单体辐射聚合一般以自由基聚合为主。

除上述几种引发方式外，还可采用电引发（electro initiation）、等离子体引发（plasma initiation）等，这里不再一一详述。

### 2.4.4　小结——引发体系的选择

自由基聚合单体的电效应较弱，活性中心是只有一个电子的自由基，因此单体与引发体系的匹配要比离子聚合简单得多。原则上讲，只要能够形成自由基（主要是碳自由基）的物理、化学方法均可考虑用于引发自由基聚合。不加入引发剂而直接通过单体形成自由基活性中心，如热引发、光直接引发、辐射引发、电引发、等离子体引发、微波引发等，一是成本低，二是产物纯净。存在的问题是能使单体形成自由基的能量往往也可使大分子链断开形成自由基，因而反应和产物结构均不好控制。这也是目前只有苯乙烯的热聚合实现了大规模工业化生产的原因。而其它的方法多用于聚合物改性、成膜、加工等领域。如光引发聚合总的活化能低，可在较低温度下聚合，且反应容易控制，在印制板和集成电路的制造上已得到广泛应用。又如辐射引发聚合可在较低温度下进行，吸收无选择性，穿透力强，可进行固相聚合，且聚合物中没有引发剂残基。常用于一般方法难以实现的天然和合成聚合物的接枝共聚或交联反应。

目前自由基聚合应用最多的是用引发剂（包括光敏引发剂等）引发聚合。引发剂的选择十分关键，往往决定一个聚合反应的成败。一般可从以下几个方面着手。

（1）溶解性

主要涉及采用什么聚合方法，本体聚合、悬浮聚合和油溶液聚合需选用油溶性引发剂，如偶氮类和有机过氧类引发剂；乳液聚合和水溶液聚合需选用水溶性引发剂，如无机过氧类或水溶性氧化-还原类引发剂。

（2）反应温度

从整个自由基聚合反应看，引发剂的分解多是活化能最高的一步，因此引发剂的分解温度也就决定着整个聚合反应的温度。热分解型引发剂由于分解活化能高（80～140kJ/mol），分解温度一般在 50～100℃，因而导致聚合反应需在高于引发剂分解温度下进行。氧化-还原类引发剂只涉及电子之间的转移，故反应活化能低（40～60kJ/mol），可在低温进行聚合反应（表 2-10）。聚合温度不仅决定着整个反应的能耗，也会影响聚合物的质量。如工业上用乳液聚合法合成丁苯橡胶（E-SBR），采用 $K_2S_2O_8\text{-}Fe^{2+}$ 引发体系的低温聚合工艺（5℃）与采用 $K_2S_2O_8$ 引发剂的高温聚合工艺（50℃）相比，产物支链少，凝胶含量低，制品性能好。

**表 2-10　引发剂使用温度范围**

| 引发剂使用温度范围/℃ | 活化能/(kJ/mol) | 引发剂举例 |
| --- | --- | --- |
| 高温（>100） | 138～188 | 异丙苯过氧化氢,叔丁基过氧化氢,过氧化二异丙苯,过氧化二叔丁基 |
| 中温（30～100） | 110～138 | 过氧化二苯甲酰,过氧化十二酰,偶氮二异丁腈与过硫酸盐 |
| 低温（-10～30） | 63～110 | 过氧化氢-亚铁盐,过硫酸盐-亚铁盐,过氧化二苯甲酰-二甲基苯胺 |
| 极低温（<-10） | <63 | 过氧化物-烷基金属(三乙基铝,三乙基硼,二乙基铅),氧-烷基金属 |

（3）活性

在确定溶解性和聚合反应温度后选择活性适当的引发剂。引发剂的活性可用分解速率常数（$k_d$）、分解半衰期（$t_{1/2}$）、分解活化能（$E_d$）、残留分率（$[I]/[I]_0$）来判断。反应速率常数越大、半衰期越短、分解活化能越低或残留分率越小，表明引发剂的活性越高。

引发剂的活性主要与其化学结构有关。偶氮类引发剂分解温度与两端的烷基结构有关，如为对称烷基结构或烷基中有极性取代基（如—CN、—$NO_2$、—COOH、—COOR 等），则分解温度下降。有机过氧类引发剂分解活化能由高到低大致顺序为：

烷基＞酰基＞碳酸酯基＞取代一个氢的＞取代两个氢的

通常应选择半衰期适当的引发剂。半衰期过长（如大于 100h），引发剂分解速率慢，导致聚合速率慢；一般用 60℃时的 $t_{1/2}$ 值将引发剂的活性分为以下三类。

① 低活性引发剂：$t_{1/2} > 6h$；

② 中活性引发剂：$t_{1/2} = 1 \sim 6h$；

③ 高活性引发剂：$t_{1/2} < 1h$。

在一般的聚合时间内（如 10h），引发剂残留分率过大，大部分未分解的引发剂残留在聚合物内，不但浪费而且会因副反应而使制品的性能受到影响。如半衰期过短，聚合初期将有大量引发剂分解，易使聚合反应失控；另外，聚合后期将会因没有足够的引发剂而使聚合速率过慢，甚至出现死端聚合。所谓死端聚合（dead-end polymerization），是指由于体系中引发剂用量偏少或只用少量高活性引发剂，致使单体转化率还很低时聚合反应就停止了的聚合反应。一般对间歇法聚合体系，反应时间应当是引发剂半衰期的 2 倍以上，如氯乙烯多为 3 倍，即聚合时间如为 8h，则应选在反应温度下半衰期为 1.7h 的引发剂。对连续聚合体系，应根据物料在反应器中的平均停留时间进行选择。

为了使整个聚合阶段反应速率均匀，可采用高活性-低活性互配的复合型引发剂。复合型引发剂的半衰期可用下式计算：

$$t_{1/2A}[I_A]^{0.5} = t_{1/2B}[I_B]^{0.5} + t_{1/2C}[I_C]^{0.5} \tag{2-17}$$

式中，$[I]$ 为引发剂浓度；A 表示复合引发剂，B 表示引发剂 B；C 表示引发剂 C。

表 2-11 列出几种引发剂的分解速率常数、半衰期和分解活化能。

**表 2-11　几种引发剂的分解速率常数、半衰期和分解活化能**

| 引发剂 | 溶　剂 | 温度/℃ | $k_d/s^{-1}$ | $t_{1/2}/h$ | $E_d/(kJ/mol)$ |
|---|---|---|---|---|---|
| 偶氮二异丁腈 | 苯 | 50 | $2.64 \times 10^{-6}$ | 79.2 | 125.6 |
| | | 60 | $8.45 \times 10^{-6}$ | 22.8 | |
| | | 70 | $3.18 \times 10^{-5}$ | 6.07 | |
| | | 80 | $1.52 \times 10^{-3}$ | 0.13 | |
| | 甲　苯 | 70 | $4.00 \times 10^{-4}$ | 4.8 | |
| | 苯乙烯 | 50 | $2.97 \times 10^{-6}$ | 64.8 | |
| | | 70 | $4.72 \times 10^{-5}$ | 4.1 | |
| | 甲基丙烯酸甲酯 | 70 | $3.10 \times 10^{-5}$ | 6.2 | |
| 偶氮二异庚腈 | 甲　苯 | 69.8 | $1.98 \times 10^{-4}$ | 0.79 | 121.3 |
| | | 80.2 | $7.10 \times 10^{-4}$ | 0.27 | |
| 过氧化二苯甲酰 | 苯 | 60 | $2.0 \times 10^{-6}$ | 96.3 | 124.3 |
| | | 70 | $1.4 \times 10^{-5}$ | 14.0 | |
| | | 80 | $2.5 \times 10^{-5}$ | 7.7 | |
| | 苯乙烯 | 61.0 | $2.6 \times 10^{-6}$ | 74.6 | |
| | | 74.8 | $1.8 \times 10^{-5}$ | 10.5 | |
| | | 100.0 | $4.6 \times 10^{-4}$ | 0.4 | |
| 过氧化十二酰 | 苯 | 50 | $2.19 \times 10^{-6}$ | 88 | 127.2 |
| | | 60 | $9.17 \times 10^{-6}$ | 21 | |
| | | 70 | $2.86 \times 10^{-5}$ | 6.7 | |
| 过氧化二碳酸二异丙酯 | 甲　苯 | 50 | $3.03 \times 10^{-5}$ | 6.4 | |
| 过氧化二碳酸二环己酯 | 苯 | 50 | $5.4 \times 10^{-5}$ | 3.6 | |
| 异丙苯过氧化氢 | 甲　苯 | 125 | $9 \times 10^{-6}$ | 21.4 | |
| | | 139 | $3 \times 10^{-5}$ | 6.4 | |
| 过硫酸钾 | 0.1mol/L KOH | 50 | $9.5 \times 10^{-7}$ | 212 | 140.2 |
| | | 60 | $3.16 \times 10^{-6}$ | 61 | |
| | | 70 | $2.33 \times 10^{-5}$ | 8.3 | |

（4）其它因素

副反应、毒性、安全性、三废以及价格等问题均应在考虑之列。

偶氮类引发剂的分解几乎全部为一级反应，只形成一种自由基，没有副反应，因此广泛用于科学研究和工业生产。在分解过程中生成的氮气可用于泡沫塑料发泡剂及通过氮气排出速率测定引发剂分解速率。偶氮类引发剂性质稳定，便于贮存、运输。偶氮类引发剂的不足是有一定的毒性，由于未分解的引发剂会残留在聚合物中，因而限制其使用范围。

有机过氧类引发剂的分解有副反应存在，且可形成多种自由基。由于氧化性强，残留在聚合物中的引发剂会进一步与聚合物反应使制品性能变坏，同时在生产、运输及贮存时需注意安全。

氧化-还原引发体系组成繁多，反应复杂，影响因素多，至今仍是一个人们广泛关注的研究领域。

在实际中选择自由基聚合体系单体与引发剂时，除以上因素外，还要综合考虑与聚合反应速率、相对分子质量及分布、聚合方法、聚合工艺的整体组合等因素。除理论分析外，一个自由基聚合体系往往要经过大量的实验后才能确定。

# 2.5　聚合反应速率

聚合反应速率主要从动力学入手研究聚合速率与引发剂浓度、单体浓度、聚合温度等因素间的关系，进而掌握如何调控聚合反应速率。

### 2.5.1　聚合反应速率研究方法

#### 2.5.1.1　聚合反应速率的表示方法

聚合反应速率是指单位时间内单体转化为聚合物的量。可以用单体浓度随反应时间的减少来表示：

$$R_p = -\frac{d[M]}{dt} \tag{2-18}$$

式中，$R_p$ 为聚合反应速率；[M] 为单体浓度。也可用聚合物浓度 [P] 随时间 $dt$ 的变化式（2-19）或转化率（$C$）随反应时间 $dt$ 的变化式（2-20）来表示：

$$R_p = \frac{d[P]}{dt} \tag{2-19}$$

$$R_P = \frac{dC}{dt} \tag{2-20}$$

习惯上多用第一种表示方法。

#### 2.5.1.2　聚合反应速率的实验测定

聚合反应速率的测定方法一般分为直接法和间接法两类。

直接法最常用的是称重法。在恒定的反应条件下，于不同的反应时间取样，干燥，称重。对取出的聚合物样品多采用沉淀干燥法或蒸发法处理。当然，也可根据单体转变为聚合物后二者化学结构上的变化来追踪聚合反应。如烯类单体随反应进行碳-碳双键不断减少，可不断取样用碘量法或硫醇法测量双键含量；或用仪器，如 IR、UV、NMR，直接跟踪聚合反应。

单体发生聚合时，体系的物理、化学性质均在不断地变化，而且各项性质的变化量均与单体转化率（$C$）或聚合物生成量呈规律性变化。通过测定聚合过程中物理常数，如比容、黏度、折射率、介电常数、吸收光谱等变化，可以间接测量聚合反应速率。常用的有黏度法、膨胀计法、绝热量热法等。

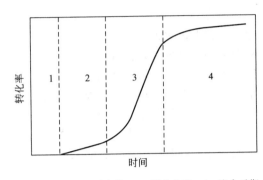

1—诱导期；2—聚合初期；3—聚合中期；4—聚合后期

图 2-1　转化率-时间曲线

### 2.5.1.3　动力学曲线的分析

通过上面介绍的实验手段，我们可以得到 $C—t$、$R_p—t$ 关系图（图 2-1）。$C—t$ 图形呈 S 形，这是烯类单体自由基聚合的典型特征。整个聚合过程一般分为诱导期、聚合初期、聚合中期、聚合后期几个阶段。

聚合刚开始的一段时间，引发剂分解生成的初级自由基为体系中存在的阻聚杂质所终止，没有聚合物形成，聚合速率为零，这一阶段称为诱导期（induction period）。如果体系非常纯净，可以做到没有诱导期。

诱导期过后，单体开始正常聚合。这一阶段的特点是聚合反应速率不随反应时间变化，为恒速聚合，称为聚合初期。这一阶段的长短随单体种类和聚合方法而变，一般转化率在 $10\%\sim20\%$ 之间。由于是恒速反应，利于微观动力学和反应机理的研究。

随着转化率的进一步提高，聚合反应速率逐步加大，出现自动加速现象，这种现象有时可以延续到转化率达 $50\%\sim70\%$，这一阶段称为聚合中期。

聚合中期后，单体浓度逐渐减少，聚合速率下降，为了提高转化率常需要延长反应时间。这一阶段称为聚合后期。

### 2.5.2　聚合初期聚合反应速率

自由基聚合由链引发、链增长、链终止、链转移几个基元反应组成。一般链转移反应对聚合反应速率影响较复杂，在研究自由基聚合微观动力学时，主要考虑前三个基元反应对聚合反应速率的贡献。

#### 2.5.2.1　动力学方程

首先写出各基元反应的速率方程。

自由基聚合的链引发反应由引发剂分解成初级自由基和初级自由基同单体加成形成单体自由基两步反应组成。对于热分解型引发剂，有：

$$I \xrightarrow{k_d} 2R\cdot \tag{2-21}$$

$$R\cdot + M \xrightarrow{k_i} RM\cdot \tag{2-22}$$

由于一个引发剂分解成两个初级自由基，因此初级自由基的生成速率可写为：

$$\frac{d[R\cdot]}{dt} = 2k_d[I] \tag{2-23}$$

在上述两步反应中，初级自由基的形成速率远小于单体自由基的形成速率，为控制反应速率的关键一步。因此可以认为引发速率与单体浓度无关，仅取决于初级自由基的生成速率。由于引发阶段体系中存在一些副反应及诱导分解，初级自由基并不全部参与引发反应，还需引入引发效率 $f$。这样总的引发反应速率可写为：

$$R_i = 2fk_d[I] \tag{2-24}$$

对于氧化-还原引发体系，可写为：

$$d[R\cdot]/dt = k[氧化剂]\cdot[还原剂] \tag{2-25}$$

氧化-还原引发体系反应比较复杂，不再展开讨论。

链增长反应为单体自由基与大量单体逐一加成的过程，基元反应为：

$$RM\cdot + M \longrightarrow RMM\cdot + M \longrightarrow RMMM\cdot + M \longrightarrow \cdots\cdots \longrightarrow M_n\cdot$$

对每一步反应均可写出反应速率：

$$R_{p1} = k_{p1}[\text{RM} \cdot][\text{M}]$$
$$R_{p2} = k_{p2}[\text{RMM} \cdot][\text{M}]$$
$$\cdots\cdots$$
$$R_{pn} = k_{pn}[\text{M}_{n-1} \cdot][\text{M}]$$

在每一步增长反应中，处于链端的活性中心（自由基）的结构相同，不同仅仅是链长。为了便于进行动力学处理，我们引入"等活性理论"，或等活性假定：链自由基的活性与链长无关。据此可认为链增长各步反应速率常数相等，即存在：

$$k_{p1} = k_{p2} = k_{p3} = k_{p4} = \cdots\cdots = k_{pn}$$

令自由基浓度 [M·] 代表大小不等的自由基 RM·、RMM·、RMMM·、…、RM$_n$· 浓度的总和，则总的链增长反应速率可写为：

$$R_p = -\left(\frac{d[\text{M}]}{dt}\right)_p = k_p[\text{M}]\sum[\text{RM}_i \cdot] = k_p[\text{M}][\text{M} \cdot] \tag{2-26}$$

链终止反应实际上是链自由基消失的反应。偶合终止的基元反应和速率方程为：

$$\text{M}_x \cdot + \text{M}_y \cdot \longrightarrow \text{M}_{x+y}$$
$$R_{tc} = 2k_{tc}[\text{M} \cdot]^2 \tag{2-27}$$

歧化终止的基元反应和速率方程为：

$$\text{M}_x \cdot + \text{M}_y \cdot \longrightarrow \text{M}_x + \text{M}_y$$
$$R_{td} = 2k_{td}[\text{M} \cdot]^2 \tag{2-28}$$

一般自由基聚合反应中，两种终止方式都有，总的链终止速率为：

$$R_t \equiv -\frac{d[\text{M} \cdot]}{dt} = 2k_t[\text{M} \cdot]^2 \tag{2-29}$$

由于每一次终止反应失去两个自由基，式中引入因子 2。

在链增长速率方程式（2-26）和链终止速率方程式（2-29）中，都有自由基浓度[M·]存在。由于自由基活性高、寿命短、浓度低、难测定，因而速率方程中的 [M·] 很难处理。为此提出第二个假定，稳定态（stead state）假定：聚合反应经过很短一段时间后，体系中自由基浓度不再变化，进入"稳定状态"。此时自由基的生成速率与消失速率相等，引发速率等于终止速率，由 $R_i = R_t$ 可以导出：

$$[\text{M} \cdot] = \left(\frac{R_i}{2k_t}\right)^{1/2} \tag{2-30}$$

聚合反应速率可以用单体消失速率表示。在整个聚合反应中，链引发和链增长这两步都消耗单体。相对于大量消耗单体的链增长一步而言，链引发一步消耗的单体可以忽略不计。在假定聚合度很大的情况下，可以用链增长反应一步的速率表示总的聚合反应速率，这就是第三个假定，聚合度很大假定。

$$R \equiv -\frac{d[\text{M}]}{dt} = R_i + R_p = R_p \tag{2-31}$$

代入稳态时自由基浓度式（2-30），得：

$$R = R_p = k_p[\text{M}]\left(\frac{R_i}{2k_t}\right)^{1/2} \tag{2-32}$$

式（2-32）为总聚合反应速率的普适方程，可用于表达各种引发形式的聚合反应速率。当用引发剂引发时，代入式（2-32），得：

$$R_p = k_p\left(\frac{fk_d}{k_t}\right)^{1/2}[\text{I}]^{1/2}[\text{M}] \tag{2-33}$$

上式表明聚合速率与引发剂浓度平方根、单体浓度一次方成正比。

式（2-33）是由自由基聚合活性中心的三个基元反应所组成的机理推导出来的，推导过程中共用了三个假定：

① 等活性假定，即链自由基的活性与链长无关；

② 稳态假定，即体系中自由基浓度为一恒定值；

③ 聚合度很大假定，即单体主要消耗于链增长一步，引发反应所消耗单体可以忽略不计。

实际上，前两个假定只适用于聚合反应初期的低转化率阶段。转化率稍高后体系黏度增大，出现自动加速现象，式（2-33）会出现偏差，不再适用。因此式（2-33）是引发剂引发的聚合初期阶段的聚合反应速率。在此期间，引发剂浓度变化不大，可以视为常数，若引发效率与单体浓度无关，则式（2-33）的积分式为：

$$\ln \frac{[M]_0}{[M]} = k_p \left(\frac{fk_d}{k_t}\right)^{1/2} [I]^{1/2} t \tag{2-34}$$

式（2-33）已为许多实验所证明。图 2-2 是甲基丙烯酸甲酯在恒定引发剂浓度下，聚合初期速率与单体浓度的关系图。$\lg R_p$ 与 $\lg [M]$ 成线性关系，斜率为 1，表明与单体浓度为一级关系。图 2-3 是保持甲基丙烯酸甲酯浓度恒定的情况下，用不同浓度引发剂引发聚合时，聚合速率与引发剂浓度关系图。$\lg R_p$ 与 $\lg [I]$ 呈线性关系，斜率均为 0.5，表明 $R_p$ 与 $[I]^{1/2}$ 成正比。这说明所假定的自由基聚合机理是可靠的。

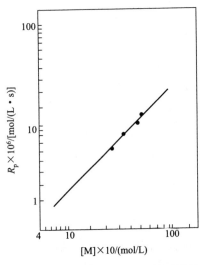

图 2-2　恒定 [I] 下的甲基丙烯酸甲酯聚合速率与 [M] 关系

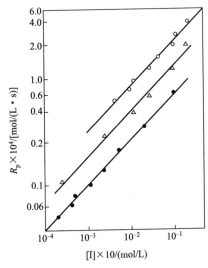

图 2-3　恒定 [M] 下，不同引发剂浓度的聚合速率

在推导式（2-33）时，我们曾认定在引发反应中初级自由基生成的一步是决定速率的一步。对很多反应来说情况确实如此，因而其聚合反应速率与单体浓度呈一次方关系。然而有一些聚合反应例外，其引发反应与单体浓度有关，即单体自由基形成速率也影响引发反应速率，使对单体浓度的反应级数介于 1~1.5 之间。如苯乙烯在甲苯中，80℃下用过氧化二苯甲酰引发聚合，当 [M]＝0.4mol/L 时，聚合反应速率与单体浓度呈 1.36 次方关系。

同样，我们在推导中也曾认定链终止均为双基终止，因而聚合反应速率与引发剂浓度呈现 1/2 次方关系。但实际反应中，许多体系同时存在多种终止反应，使对引发剂浓度的反应级数介于 0.5~1 之间。如氯乙烯聚合时，$R_p \propto [I]^{0.5 \sim 0.6}$；丙烯腈聚合时，$R_p \propto [I]^{0.9}$。又如沉淀聚合时，链自由基末端受到包围，难以双基终止，往往是单基终止和双基终止并存。

综合各种情况，聚合反应速率可表达为：

$$R_p = K[I]^n[M]^m \tag{2-35}$$

一般情况下，式中指数 $n=0.5\sim1$，$m=1\sim1.5$（个别可达 2）。

对于热引发、光引发等，聚合反应速率同样可用式（2-32），但需换用相应的 $R_i$ 表达式。

对苯乙烯双分子热引发，引发速率对单体为二级反应：

$$R_i = k_i[M]^2 \tag{2-36}$$

对苯乙烯三分子热引发，引发速率对单体为三级反应：

$$R_i = k_i[M]^3 \tag{2-37}$$

用光引发剂引发聚合也称光敏聚合，其引发速率为：

$$R_i = 2\phi\varepsilon I_0[S] \tag{2-38}$$

式中，$\phi$ 为量子效率，指每吸收一个光量子产生的自由基对数；$I_0$ 为体系吸收的光强；$[S]$ 为光敏剂的浓度。

各种不同引发方式的聚合反应速率表达式列于表 2-12。

**表 2-12　自由基聚合速率方程**

| 引发方式 | 引发速率 $R_i$ | 聚合速率 $R_p$ |
|---|---|---|
| 引发剂引发 | $2fk_d[I]$　$2fk_d[I][M]$ | $k_p\left(\dfrac{fk_d}{k_t}\right)^{1/2}[I]^{1/2}[M]$　$k_p\left(\dfrac{fk_d}{k_t}\right)^{1/2}[I]^{1/2}[M]^{3/2}$ |
| 热引发 | $k_i[M]^2$　$k_i[M]^3$ | $k_p\left(\dfrac{k_d}{k_t}\right)^{1/2}[I]^{1/2}[M]^2$　$k_p\left(\dfrac{k_d}{k_t}\right)^{1/2}[I]^{1/2}[M]^{5/2}$ |
| 直接光引发 | $2\phi\varepsilon I_0[M]$　$2\phi I_0(1-e^{-e[M]h})$ | $k_p\left(\dfrac{\phi\varepsilon I_0}{k_t}\right)^{1/2}[M]^{3/2}$　$k_p[M]\left[\dfrac{\phi I_0(1-e^{-e[M]h})}{k_t}\right]^{1/2}$ |
| 光敏引发剂引发或光敏剂直接引发 | $2\phi\varepsilon I_0[S]$　$2\phi I_0(1-e^{-e[s]h})$ | $k_p[M]\left(\dfrac{\phi\varepsilon I_0[S]}{k_t}\right)^{1/2}$　$k_p[M]\left[\dfrac{\phi I_0(1-e^{-e[s]h})}{k_t}\right]^{1/2}$ |

#### 2.5.2.2　基元反应速率常数

自由基聚合中的链引发、链增长、链终止等基元反应均有各自相应的反应速率常数，从理论上讲都可通过实验测出。如链引发反应速率常数 $k_i$（它取决于 $k_d$）可通过引发速率和引发效率与引发剂浓度的关系式（2-24）测定。但链增长反应速率 $k_p$ 和链终止速率 $k_t$ 由于与自由基浓度 $[M\cdot]$ 有关 [见式（2-26）和式（2-29）]，无法测出。

为了测定 $k_p$ 和 $k_t$ 的绝对值，需要引入一个新的概念——自由基寿命（average life-time of free radical），定义为平均一个自由基从生成到真正终止所经历的时间，记为 $\bar\tau$（为一平均值）。所谓真正终止，一是指正常的双基终止，活性中心真正消失；另一是指如发生转移终止，而转移后新形成的自由基还有活性，则一直延续到失去活性为止。自由基寿命可由稳态时自由基浓度 $[M\cdot]_s$ 与自由基消失速率求出：

$$\bar\tau = \frac{[M\cdot]_s}{R_t} = \frac{[M\cdot]_s}{2k_t[M\cdot]_s^2} = \frac{1}{2k_t[M\cdot]_s} \tag{2-39}$$

由于 $R_p = k_p[M][M\cdot]_s$，自由基寿命又可写为：

$$\overline{\tau} = \frac{k_p}{2k_t} \times \frac{[M]}{R_p} \tag{2-40}$$

自由基寿命测定多采用光聚合，使用旋转光屏测定。方法有两种：一是在光照开始或光灭以后的非稳态阶段进行，另一种是利用光间断照射的假稳态阶段。

由式（2-33）可以导出：

$$\frac{k_p^2}{k_t} = \frac{2R_p^2}{R_i[M]^2} \tag{2-41}$$

这样联立式（2-40）和式（2-41）可以求出链增长反应速率 $k_p$ 和链终止速率 $k_t$ 的绝对值。

表 2-13 列出了几种常见单体的链增长和链终止速率常数及反应活化能。表 2-14 列出了自由基聚合的主要参数。

**表 2-13　常用单体链增长速率常数和链终止速率常数**

| 单体 | $k_p$ | | $E_p$ /(kJ/mol) | $A_p$ /($\times 10^{-7}$) | $k_t \times 10^{-7}$ | | $E_t$ /(kJ/mol) | $A_t$ /($\times 10^{-9}$) |
|---|---|---|---|---|---|---|---|---|
| | 30℃ | 60℃ | | | 30℃ | 60℃ | | |
| 氯乙烯 | | 12300 | 15.5 | 0.33 | | 2300 | 17.6 | 600 |
| 醋酸乙烯酯 | 1240 | 3700 | 30.5 | 24 | 2.1 | 7.4 | 21.8 | 210 |
| 丙烯腈 | | 1960 | 16.3 | | | 78.2 | 15.5 | |
| 丙烯酸甲酯 | 720 | 2090 | 30 | 10 | 0.22 | 0.47 | 20.9 | 15 |
| 甲基丙烯酸甲酯 | 143 | 367 | 26.4 | 0.51 | 0.61 | 0.93 | 11.7 | 0.7 |
| 苯乙烯 | 55 | 176 | 32.6 | 2.2 | 2.5 | 3.6 | 10.0 | 1.3 |
| 丁二烯 | | 100 | 38.9 | 12 | | | | |
| 异戊二烯 | | 50 | 41.0 | 12 | | | | |

**表 2-14　自由基聚合的参数**

| 参数 | 单位 | 数值范围 | 参数 | 单位 | 数值范围 |
|---|---|---|---|---|---|
| $R_i$ | mol/(L·s) | $10^{-8} \sim 10^{-10}$ | $[M]$ | mol/L | $10 \sim 10^{-1}$ |
| $k_d$ | $s^{-1}$ | $10^{-4} \sim 10^{-6}$ | $k_p$ | L/(mol·s) | $10^2 \sim 10^4$ |
| $[I]$ | mol/L | $10^{-2} \sim 10^{-4}$ | $R_t$ | mol/(L·s) | $10^{-8} \sim 10^{-10}$ |
| $[M\cdot]_s$ | mol/L | $10^{-7} \sim 10^{-9}$ | $k_t$ | L/(mol·s) | $10^6 \sim 10^8$ |
| $R_p$ | mol/(L·s) | $10^{-4} \sim 10^{-6}$ | $\tau$ | s | $10^{-1} \sim 10$ |

从表 2-13、表 2-14 的数据可以看出：

① 在链引发、链增长、链终止三个基元反应中，从反应速率常数看，$k_p$ 约 $10^2 \sim 10^4$，$k_t$ 约 $10^5 \sim 10^8$，远大于 $k_d$ 的 $10^{-6} \sim 10^{-4}$；从反应活化能看，$E_p$ 约 $16 \sim 33$kJ/mol，$E_t$ 约 $8 \sim 21$kJ/mol，远小于 $E_d$ 的 $105 \sim 150$kJ/mol。因此，在总聚合反应速率中，引发反应速率最慢，为控制整个聚合反应的一步。

② 在链增长与链终止两个基元反应中，链终止反应的活化能明显低于链增长反应活化能，且反应速率常数比链增长反应速率常数大 $3 \sim 5$ 个数量级。从表面看，似乎无法形成聚合物。实际上这里需考虑浓度因素：由于自由基浓度（$10^{-9} \sim 10^{-7}$mol/L）远低于单体浓度（$10^{-1} \sim 10$mol/L），所以链增长速率（$10^{-6} \sim 10^{-4}$）要比链终止速率（$10^{-10} \sim 10^{-8}$）大 $3 \sim 5$ 个数量级，因而可以形成聚合物。

#### 2.5.2.3　反应温度对聚合反应速率的影响

由式（2-33）知，聚合反应总速率常数可写为：

$$K = k_p \left( \frac{k_d}{k_t} \right)^{1/2} \tag{2-42}$$

由 Arrhenius 方程可得：

$$\ln K = \ln A - E/RT \tag{2-43}$$

代入式(3-42)，得：

$$\ln K = \ln\left[A_p\left(\frac{A_d}{A_t}\right)^{1/2} - \frac{E_p + E_d/2 - E_t/2}{RT}\right] \tag{2-44}$$

则聚合反应总活化能为：

$$E = E_p + E_d/2 - E_t/2 \tag{2-45}$$

由表 2-14 可知，一般热分解型引发剂引发的自由基聚合 $E_d$ 约为 125kJ/mol，$E_p$ 约为 29kJ/mol，$E_t$ 约为 17kJ/mol。结果聚合反应总活化能 $E$ 约为 83kJ/mol，为一正值，表明随反应温度上升反应速率常数上升，聚合反应速率加快。如 $E = 83$kJ/mol 时，反应温度由 50℃升到 60℃，聚合反应速率常数增加 2.5 倍。

不难看出引发反应活化能对总的反应活化能贡献最大，因此选择分解活化能（$E_d$）低的引发剂对降低聚合反应活化能十分重要。与热分解型引发剂相比，氧化-还原引发体系反应活化能要低得多，即使在较低的温度下聚合，亦能保持较高的聚合反应速率。

热引发反应活化能约为 80～96kJ/mol，与引发剂引发反应活化能相当。光引发与辐射引发反应活化能约为 20kJ/mol，故在较低的温度下也能聚合。

### 2.5.3　聚合中期聚合反应速率

聚合初期的恒速阶段一般可持续到转化率达 10%～15%。随着聚合反应继续进行，反应速率并未因单体浓度和引发剂浓度降低而下降，相反却出现了聚合反应速率自动加快的现象。这种现象一直持续到聚合反应后期由于单体浓度大大减少才消失。以典型的甲基丙烯酸甲酯本体聚合和在苯中的溶液聚合情况（图 2-4）为例。

对本体聚合体系，当转化率低于 10% 时，转化率与时间呈线性关系，聚合以恒速进行。当转化率大于 15% 后，聚合反应速率自动加快，直到转化率超过 80% 后，聚合反应速率才逐步变小，整个过程中转化率与反应时间的关系曲线呈 S 形。对苯溶液聚合体系，从图 2-4 中可见，在单体浓度 40% 以下基本没有自动加速现象，当单体浓度大于 60% 后，自动加速明显加大。这种聚合反应速率自动加快的现象称为自动加速现象，或自动加速效应（auto-acceleration）。

一般单体的聚合体系都会存在自动加速现象，差别在于体系不同，出现的早晚和程度不同。产生自动加速的主要原因是由于随反应进行，链自由基的终止速率受到了抑制。产生抑制的因素主要有两种：凝胶效应和沉淀效应。

#### 2.5.3.1　凝胶效应

主要出现在单体-聚合物或溶剂-单体、聚合物互溶的均相体系中，如甲基丙烯酸甲酯、苯乙烯、醋酸乙烯酯等单体的聚合体系。

对这样的聚合体系，终止反应是一个扩散控制的反应。对于正常的双基终止而言，链自由基双基终止过程可以分为三步：链自由基的平移、链段重排和双基碰撞发生反应。随反应进行体系黏度加大，妨碍了大分子链自由基的扩散运动，降低了两个链自由基相遇的概率，导致链终止反应速率常数随黏度的不断增加而逐步下降；另一方面，体系黏度的增加对小分子

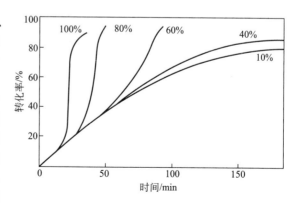

图 2-4　甲基丙烯酸甲酯聚合转化率-时间曲线
引发剂—BPO；溶剂—苯；50℃反应；
图中数字为单体浓度

单体扩散的影响并不大,链增长反应速率常数基本不变。黏度增加总的结果是使 $k_p/k_t^{1/2}$ 值加大(表 2-15),由于聚合反应速率与 $k_p/k_t^{1/2}$ 值成正比,因而出现了自动加速现象。由于这种自动加速主要是因体系黏度增加引起的,因此又称凝胶效应(gel effect)。

**表 2-15 转化率对甲基丙烯酸甲酯聚合的影响**

| 转化率/% | 速率/(%/h) | $\tau/s$ | $k_p$ | $k_t/(\times 10^{-5})$ | $k_p/k_t^{1/2}/(\times 10^2)$ |
|---|---|---|---|---|---|
| 0 | 3.5 | 0.89 | 384 | 442 | 5.78 |
| 10 | 1.7 | 1.14 | 234 | 273 | 4.48 |
| 20 | 6.0 | 2.21 | 267 | 72.6 | 9.91 |
| 30 | 15.4 | 5.0 | 303 | 14.2 | 25.5 |
| 40 | 23.4 | 6.3 | 368 | 8.93 | 38.9 |
| 50 | 24.5 | 9.4 | 258 | 4.03 | 40.6 |
| 60 | 20.0 | 26.7 | 74 | 0.498 | 33.2 |
| 70 | 13.1 | 79.3 | 16 | 0.0516 | 21.3 |
| 80 | 2.8 | 216 | 1 | 0.0076 | 3.59 |

链自由基双基终止过程的三步中链段重排是控制的一步。我们知道,链自由基具有卷曲的线团形态,其活性端很容易被包裹在线团中。只有通过链段的重排,使活性端基移到表面,才能发生终止反应。对苯乙烯来说,单体是聚合物的良溶剂,链自由基比较舒展,活性端基被包裹的程度浅,自动加速出现得晚;但对甲基丙烯酸甲酯而言,单体不是聚合物的良溶剂,自动加速出现得早。对于溶液聚合,主要影响因素为溶剂对单体和聚合物的溶解性。

#### 2.5.3.2 沉淀效应

当反应为不互溶的非均相体系时,整个聚合反应是在异相体系中进行的,自动加速现象在反应一开始就会出现,称为沉淀效应(precipitating effect)。丙烯腈、氯乙烯、偏氯乙烯、三氟氯乙烯等单体的聚合反应均属于这种情况。

在非均相体系中,反应形成的聚合物一开始就从体系中沉析出来,链自由基被埋在长链形成的无规线团内部,阻碍了双基终止。这种包裹的效果远大于凝胶效应,以致在低温下链自由基活性可以保持很长时间。例如四氟乙烯在 50℃ 水中聚合时,自由基寿命可达 1000s,40℃ 聚合时高达 2000s 以上,[M·] 可达 $10^{-5}$ mol/L。

对很多聚合体系而言,大部分聚合物是在聚合中期形成的,因此研究聚合中期聚合反应速率十分重要。自动加速现象的出现有利于提高反应速率,但应避免失去控制产生爆聚。实验证明下列因素对自动加速效应有明显影响。

① 溶剂 加入溶剂可以降低体系黏度,因此溶液聚合比本体聚合自动加速效应出现得晚。溶剂对单体和聚合物的溶解性十分重要,溶解性好可以减缓、甚至可以不出现自动加速效应。相反,如溶解性不好会出现沉淀效应。

② 反应温度 提高反应温度可以降低体系黏度,推迟自动加速效应出现的时间。

③ 引发剂 引发剂用量关系到聚合物相对分子质量的大小,而相对分子质量越大,体系黏度上升越快,导致自动加速早出现。引发剂的活性大小也有影响,使用低活性引发剂可减缓聚合反应速率,推迟自动加速的出现。

### 2.5.4 聚合后期聚合反应速率

在聚合后期,大部分单体转化为聚合物。一方面单体浓度、引发剂浓度大大降低,另一方面体系黏度进一步上升,链增长速率常数也出现下降。几个因素加在一起使聚合反应速率明显下降。

一般聚合时,为保证整个聚合反应顺利完成,引发剂总是适当过量。当聚合反应结束后,体系中尚存有部分未分解的引发剂。相反,如果引发剂用量较少,聚合尚未完成引发剂即已耗尽，使聚合反应因没有引发剂而中途停止，成为"死端聚合"。

### 2.5.5　阻聚和缓聚

#### 2.5.5.1　阻聚剂和缓聚剂

图 2-5 是苯乙烯在 100℃ 热聚合时，体系中加入不同的化合物对聚合反应的影响。曲线 1 为正常热聚合时标准的时间-转化率曲线，由于体系纯净、没有引发剂，因而没有诱导期。曲线 2 是体系中加入 1％ 苯醌的情况，曲线形状与曲线 1 相同，由于在聚合开始阶段出现了诱导期，没有聚合物生成，造成曲线 2 整体后移。曲线 3 是体系中加入 0.5％ 硝基苯的情况，反应没有诱导期，但整个曲线处于曲线 1 的下方，说明聚合反应速率比正常的聚合反应速率有明显降低。曲线 4 是体系中加入 0.2％ 亚硝基苯的情况，这时的反应既有诱导期，聚合反应速率又有明显降低，可以看为是曲线 2 和曲线 3 的叠加。

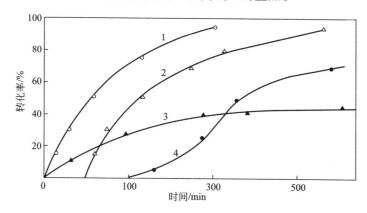

图 2-5　不同化合物对苯乙烯热聚合的影响
1—正常聚合；2—加入苯醌；3—加入硝基苯；4—加入亚硝基苯

对曲线 2 的情况，相对于单体而言，苯醌更易与自由基发生反应。但新生成的自由基却非常稳定，无法再引发单体进行聚合反应，而只能和另一个自由基结合，发生终止反应。当体系中苯醌都消耗光后，开始正常的聚合反应。像苯醌这样优先与体系中的自由基反应使其失活，导致聚合反应停止的物质称为阻聚剂（inhibitor），这一过程称为阻聚（inhibition）。

对曲线 3 的情况，硝基苯也能与活性中心反应形成不再具有引发活性的稳定的自由基。但总体看只是使部分自由基失去活性，体系中尚存的活性自由基使聚合反应继续进行，但反应速率由于活性中心数目的减少而明显降低。像硝基苯这样只使部分自由基失活而导致聚合反应速率明显降低的物质称为缓聚剂（retarder）。这一过程称为缓聚（retardation）。

对曲线 4 的情况，亚硝基苯同时起阻聚剂和缓聚剂的作用。

#### 2.5.5.2　阻聚和缓聚动力学

在进行链增长反应的同时，活性中心也会与体系中存在的其它物质发生链转移反应：

$$\mathrm{M}_n\cdot + \mathrm{M} \xrightarrow{k_\mathrm{p}} \mathrm{M}_{n+1}\cdot \tag{a}$$

$$\mathrm{M}_n\cdot + \mathrm{AX} \xrightarrow{k_\mathrm{tr}} \mathrm{M}_n\mathrm{X} + \mathrm{A}\cdot \tag{b}$$

$$\mathrm{M}_n\cdot + \mathrm{ZX} \xrightarrow{k_\mathrm{tr}} \mathrm{M}_n\mathrm{X} + \mathrm{Z}\cdot \tag{c}$$

$$\mathrm{A}\cdot + \mathrm{M} \xrightarrow{k_a} \mathrm{AM}\cdot \tag{d}$$

$$\mathrm{Z}\cdot + \mathrm{M} \xrightarrow{k_z} \times \tag{e}$$

反应式（a）为正常的链增长反应，反应速率常数为 $k_\mathrm{p}$。反应式（b）和式（c）为链转移反应，反应速率常数为 $k_\mathrm{tr}$。如链转移后新生成的自由基 A· 有一定的活性，则可与单体继续进行增长反应［反应式（d）］，反应速率常数为 $k_a$。如生成没有活性的 Z·，则形成阻聚［反应式（e）］。

设自由基 Z· 不能引发聚合且不再生成原来的阻聚剂分子，则动力学可简化处理。由自由基浓度的稳态假设可导出：

$$\frac{d[M\cdot]}{dt}=R_i-2k_t[M\cdot]^2-k_z[Z][M\cdot]=0 \tag{2-46}$$

消去［M·］，得：

$$\frac{2R_p^2 k_t}{k_p^2[M]^2}+\frac{R_p[Z]k_z}{k_p[M]}-R_i=0 \tag{2-47}$$

由式（2-47）可看出，$R_p$ 与 $k_z/k_p$ 成正比，后者的比值定义为阻聚剂的阻聚常数，用 $C_z$ 表示：

$$C_z=\frac{k_z}{k_p} \tag{2-48}$$

当阻聚常数非常大时，正常的双基终止可以忽略，［式（2-47）中的第一项］，则有：

$$R_p=\frac{k_p[M]}{k_z[Z]}R_i \tag{2-49}$$

式（2-49）表明聚合反应速率与［Z］成反比，即诱导期的长短与［Z］成正比。表 2-16 列出了某些阻聚剂的阻聚常数。

表 2-16　某些阻聚剂的阻聚常数

| 阻聚剂 | 单体 | 温度/℃ | $C_z$ | $k_z/[L/(mol\cdot s)]$ |
|---|---|---|---|---|
| 硝 基 苯 | 丙烯酸甲酯 | 50 | 0.00464 | 4.63 |
| | 苯 乙 烯 | 50 | 0.326 | — |
| | 醋酸乙烯酯 | 50 | 11.2 | 19300 |
| 1,3,5-三硝基苯 | 丙烯酸甲酯 | 50 | 0.204 | 204 |
| | 苯 乙 烯 | 50 | 64.2 | — |
| | 醋酸乙烯酯 | 50 | 404 | 760000 |
| 对 苯 醌 | 丙烯酸甲酯 | 44 | — | 1200 |
| | 甲基丙烯酸甲酯 | 44 | 5.5 | 2400 |
| | 苯 乙 烯 | 50 | 518 | |
| DPPH | 甲基丙烯酸甲酯 | 44 | 2000 | |
| FeCl₃ | 丙 烯 腈 | 60 | 3.33 | 6500 |
| （在二甲基甲酰胺中） | 甲基丙烯酸甲酯 | 60 | — | 5000 |
| | 苯 乙 烯 | 60 | 536 | 94000 |
| | 醋酸乙烯酯 | 60 | — | 235000 |
| 硫 | 丙烯酸甲酯 | 44 | — | 1100 |
| | 甲基丙烯酸甲酯 | 44 | 0.075 | 40 |
| | 醋酸乙烯酯 | 45 | 470 | — |
| 氧 | 甲基丙烯酸甲酯 | 50 | 3300 | $10^7$ |
| | 苯 乙 烯 | 50 | 14600 | $10^6\sim 10^7$ |
| 苯 胺 | 丙烯酸甲酯 | 50 | 0.0001 | — |
| | 醋酸乙烯酯 | 50 | 0.015 | — |
| 苯 酚 | 丙烯酸甲酯 | 50 | 0.0002 | — |
| | 醋酸乙烯酯 | 50 | 0.012 | — |
| 对苯二酚 | 醋酸乙烯酯 | 50 | 0.7 | — |
| 2,4,6-三甲基苯酚 | 醋酸乙烯酯 | 50 | 5.0 | — |

**2.5.5.3　阻聚剂和缓聚剂的类型**

阻聚剂和缓聚剂种类繁多，反应机理复杂，有时由于极性效应同一种物质对不同的聚合体系会呈现出不同的特性，因此没有统一的分类标准。

① 按阻聚常数划分　一般认为对某一特定的聚合体系，如一种化合物的阻聚常数在 $10^2\sim10^5$ 之间，即可作为阻聚剂；如阻聚常数在 $10^{-1}\sim10^2$ 之间，则可作为缓聚剂。通常 $C_z<10^{-2}$ 即可观察到聚合反应速率有明显的减慢。

② 按作用机理划分　可分为加成型、链转移型和电荷转移型。前者主要与体系中自由基发生加成反应，典型的品种有苯醌、氧、硫、硝基化合物等；链转移型主要与体系中的自由基发生转移反应，典型的品种有 DPPH、芳胺、酚类等；电荷转移型有氯化铁、氯化铜等。

③ 按分子类型划分　可分为自由基型和分子型两类。前者为可稳定存在的自由基，如 DPPH、三苯甲基自由基等；后者则有酚、胺、苯醌、硝基化合物、含硫化合物等。

下面介绍一些常用的品种。

（1）醌类化合物

主要品种有苯醌和氯醌（2,3,5,6-四氯代对苯醌）等，为常用的阻聚剂，反应复杂，能与增长链自由基反应得到低活性的化合物。如苯醌分子上的氧和碳原子都有可能与自由基加成，分别形成醚和醌，然后偶合或歧化终止。每个苯醌分子可能终止 1~2 个自由基。

此类物质多为缺电子化合物，对富电子自由基如醋酸乙烯自由基和苯乙烯自由基是阻聚剂，但对缺电子自由基如丙烯腈自由基和甲基丙烯酸甲酯自由基则只起缓聚作用。加入富电子的第三组分（如胺类化合物）可以增加苯醌对缺电子单体的阻聚能力。

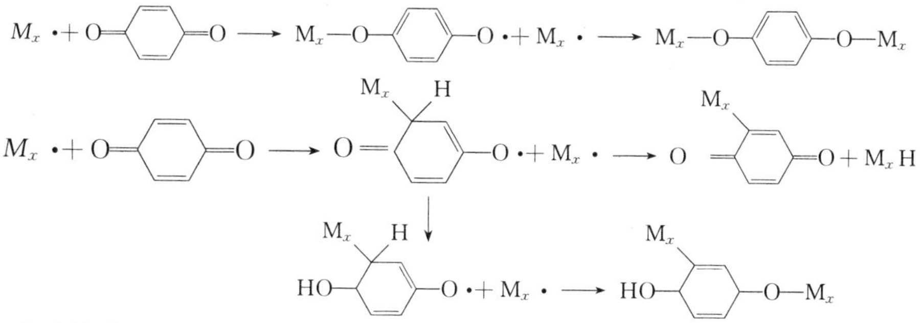

（2）芳香族硝基化合物

典型品种有硝基苯、亚硝基苯、三硝基苯等。硝基苯对较活泼的富电子自由基如醋酸乙烯酯自由基是阻聚剂，对苯乙烯自由基则是缓聚剂，对丙烯腈自由基和甲基丙烯酸甲酯自由基一类缺电子自由基只有很弱的缓聚作用。苯环上硝基数目增加可增加阻聚效果。

除了可进攻芳环形成自由基、再与另一自由基反应终止外，链自由基也可以进攻硝基：

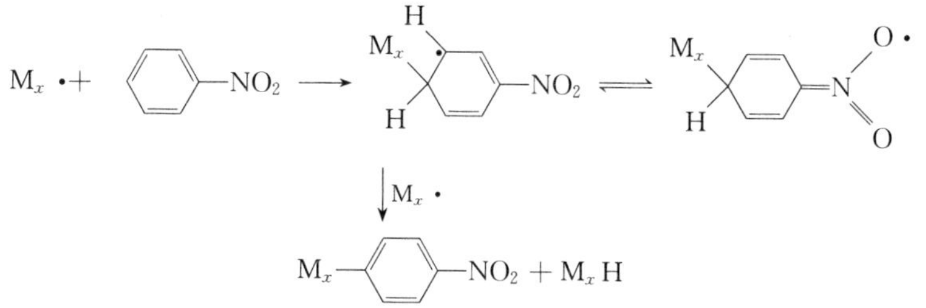

（3）稳定自由基

如三苯基自由基、2,2,6,6-四甲基哌啶醇氮氧自由基、1,1-二苯基-2-三硝基苯肼（DPPH）等。此类化合物可与链自由基定量进行反应，被称为"自由基抽提剂或捕捉剂"。DPPH 是二苯基三硝基苯肼的氧化物，由于有大的共轭效应，十分稳定，可以自由基的形式长时间存在。

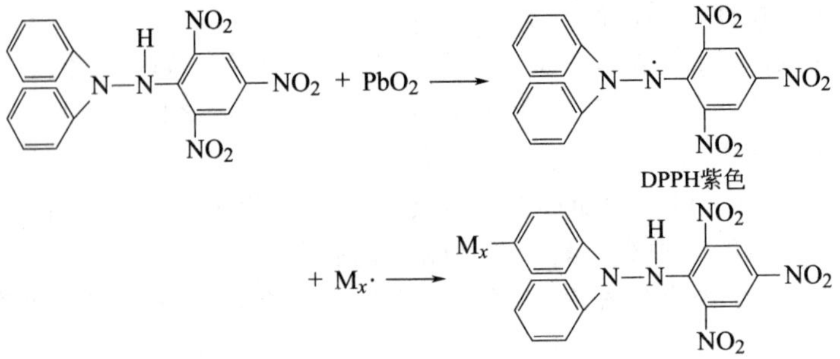

DPPH 与自由基的反应有以下几个特点：一是阻聚效果好，由于硝基的吸电子倾向，苯环的共轭效应，使得 DPPH 无法引发单体，却能"捕捉"其它各种活性自由基并使其终止，浓度在 $10^{-4}$ mol/L 以下就足以使单体（如苯乙烯、甲基丙烯酸甲酯、醋酸乙烯酯等）完全阻聚；二是可与活性自由基进行 1:1 的定量反应，即可进行化学计量反应；三是 DPPH 反应前为紫色，反应后无色，为一呈色反应。利用这些特点，DPPH 常用来测定引发反应速率及引发剂效率。

（4）酚类及胺类

主要有位阻酚、芳香胺、吩噻嗪等。不带取代基的酚类和胺类化合物缓聚效果较差，如带有多个推电子取代基，缓聚效果上升；如苯环上带有吸电子取代基，阻聚活性下降。氧对酚的阻聚有协同作用。

位阻酚的作用被认为主要是由于生成稳定自由基或进一步与另一自由基偶合而终止。如 2,6-二叔丁基-4-甲基苯酚（俗称抗氧剂 264）的反应可能为：

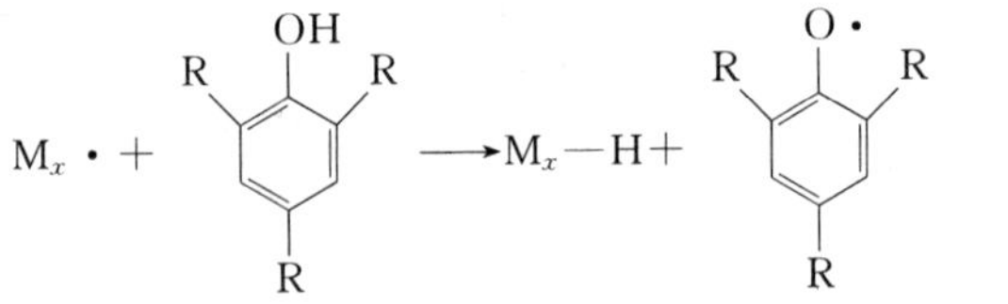

二苯胺的反应为：

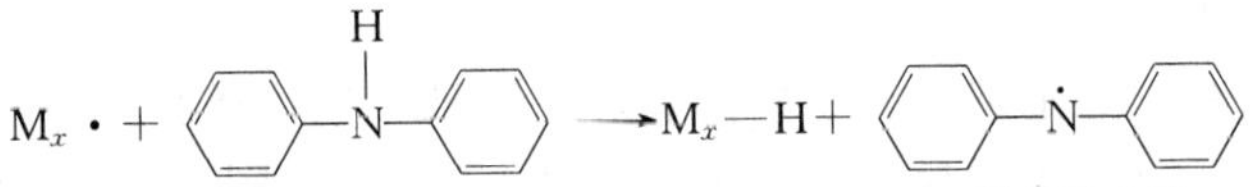

两种反应机理相似，对某些单体将二者按一定比例混合，复合使用效果更佳。这种增强效果大概是由于阻聚剂之间的相互作用所致。例如二苯胺同 $RO_2 \cdot$ 反应生成二苯胺自由基，随即夺取对苯二酚中的氢而重新转为胺。这样酚成半醌或醌型，胺一直不消耗，从而提高了阻聚效果。

$$ROO \cdot + HN(C_6H_5)_2 \longrightarrow ROOH + \cdot N(C_6H_5)_2$$

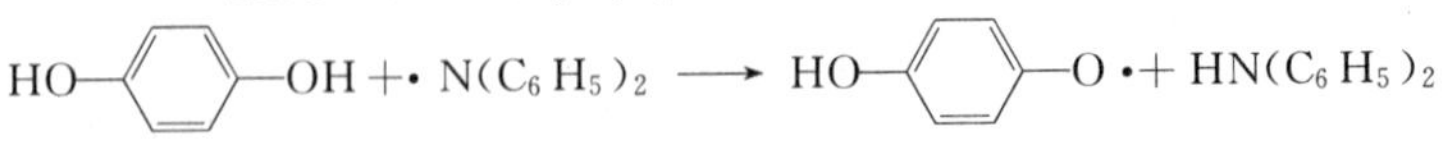

（5）氧

氧是强氧化剂，其阻聚常数是已知化合物中最高的，在一般聚合温度下，氧有显著的阻聚作用。空气中的分子氧能与自由基起加成反应，形成过氧自由基：

$$M_n \cdot + O_2 \longrightarrow M_n\!-\!O\!-\!O \cdot$$

过氧自由基可以与另一链自由基双基终止：

$$M_n\!-\!O\!-\!O \cdot + \cdot M_n \longrightarrow M_n\!-\!O\!-\!O\!-\!M_n$$

过氧自由基也可与单体反应，形成低相对分子质量的共聚物。因此大部分聚合需在排除氧的情况下进行。在低温下聚合物过氧化物很稳定，但高温时会进一步分解形成活泼自由基引发单体聚合。低密度聚乙烯就是在高温高压下以微量氧为引发剂合成的。

（6）变价金属盐

三氯化铁是一种高效阻聚剂，与自由基发生氧化-还原反应，使自由基转化为稳定的分子：

$$M_n \cdot + FeCl_3 \longrightarrow M_nCl + FeCl_2$$

反应按化学计量进行，因此也可用于测定引发速率。

（7）烯丙基单体的自阻聚作用

某些类型的单体在增长过程中由于形成比较稳定的烯丙基自由基形式而停止反应，称为自阻聚。如醋酸烯丙酯聚合时增长链自由基很活泼，而单体中的烯丙基 C—H 键相当弱，易发生向单体的转移，所形成的烯丙基自由基有高度的共振稳定性，不能再引发单体聚合。此类聚合反应的阻聚剂就是单体自身。

$$\sim\sim\sim CH_2 \cdot CHCH_2Y + CH_2{=}CHCH_2Y \longrightarrow \sim\sim\sim CH_2CH_2CH_2Y + CH_2{=}CH \cdot CHY$$

$$\Downarrow$$

$$\cdot CH_2CH{=}CHY$$

丙烯、异丁烯等对自由基聚合活性较低，可能也是向烯丙基氯衰减转移的结果。丁二烯自由基也是稳定的烯丙基自由基，虽能以较快的速率自聚，但却是氯乙烯、醋酸乙烯酯等不活泼单体的阻聚剂。同样含有烯丙基结构的其它单体如甲基丙烯酸甲酯和甲基丙烯腈，由于酯基和氰基对自由基有稳定作用，降低了链自由基的活性，同时使单体的活性有所增加，因而可用自由基法得到聚合物。

### 2.5.5.4　阻聚剂的应用和选择

阻聚剂的主要作用有：在单体的贮存、运输过程中加入阻聚剂，以防止单体的自聚；控制聚合反应，使反应在特定的转化率下停止；根据阻聚剂对聚合反应的抑制效果，探明聚合反应是否是自由基聚合；测定引发反应速率和引发效率等。

阻聚剂的选择需注意以下几个方面。

① 根据所用单体的类型选用合适的阻聚剂　对于有供电子取代基的单体，如苯乙烯、醋酸乙烯酯等，可选用醌类、芳香族硝基化合物或变价金属盐类亲电子性物质作阻聚剂；对于有吸电子取代基的单体，如丙烯腈、丙烯酸、丙烯酸甲酯等，可选用酚类、胺类等供电子类物质作阻聚剂。由于同一阻聚剂对不同的单体有不同的阻聚效果，阻聚剂的选用需经大量的实验才确定。

② 避免副反应发生　如丙烯腈用偶氮二异丁腈引发本体聚合，可用对苯二酚作阻聚剂。但在浓氯化锌水溶液中以过硫酸铵引发聚合时，加入对苯二酚却使反应速率增加。这可能是由于与引发剂构成了氧化-还原体系的缘故。

③ 其它　如引发效率、用量、价格、从聚合物中脱除的难易、安全性及环境保护等。

### 2.5.6　小结——聚合反应速率的控制

对聚合反应速率的理论研究是为了能更好地对聚合反应速率进行控制。聚合反应各阶段的反应速率可以看成正常聚合反应速率［式(2-33)］和自动加速的聚合速率叠加而成。这两部分速率随反应时间的变化方向相反，根据两者变化率大小不同，聚合过程反应速率变化的类型大致可分为三类（图2-6）。

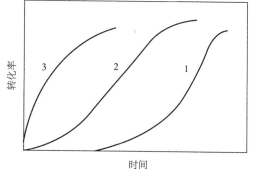

图 2-6　转化率-时间曲线

1—常见 S 形曲线；2—匀速反应；3—前快后慢

① 转化率-时间曲线呈 S 形　此类特点是初期慢，中期加速，后期又转慢。多数聚合反应属于这一类。在上面我们已对此类反应进行了详细讨论。

② 匀速聚合　有利于传热，是工业生产的优选目标。

③ 前快后慢的聚合反应　往往会出现"死端聚合"。

对聚合反应速率的主要调控手段有：

① 引发剂活性　选用半衰期适当的引发剂，使正常聚合速率的衰减与自动加速部分互补，就可能做到匀速聚合。如前述氯乙烯悬浮聚合选用半衰期为两小时左右的引发剂就是出于这方面的考虑。现在很多聚合体系都采用低活性和高活性引发剂共用的复合型引发剂。

如选用高活性引发剂，则会出现前快后慢的情况。为保证聚合后期仍有较高的聚合反应速率而不出现，需要在反应过程中补加引发剂。

② 引发剂浓度和单体浓度　从式（2-33）可看出，$R_p = K[I]^{1/2}[M]$，表明增加引发剂浓度和单体浓度均可使聚合反应速率增高。但这两个因素也会对聚合物相对分子质量产生不同的影响，因此要综合平衡考虑。

③ 反应温度　从式（2-45）可看出，由于 $E > 0$，因此反应温度上升，聚合速率会有明显加大。另外反应温度同样会对聚合物相对分子质量产生不同的影响，也需综合平衡考虑。

④ 阻聚剂和缓聚剂　为防止自聚，单体中都加有阻聚剂，因此在聚合前应对单体进行精制，以除去阻聚剂。缓聚剂因影响较复杂，且会增加工艺控制难度和成本，所以一般较少采用。

⑤ 其它　聚合反应速率的控制是一个复杂的系统工程，除上面讨论的聚合反应机理对聚合反应速率的影响外，一些其它的因素也会产生很大的影响。如聚合方法：本体聚合、悬浮聚合为饱和单体浓度体系，聚合速率相对要快；溶液聚合则可在较宽范围内通过调节单体浓度来控制聚合反应速率，乳液聚合因其特殊的机理，可通过乳化剂的用量来调节聚合反应速率；又如间歇聚合和连续聚合；再如产物品质（相对分子质量及分布、支化、凝胶等）、设备装置、工艺控制、综合成本等诸多因素也必须考虑在内。

# 2.6　相对分子质量和相对分子质量分布

作为材料用的聚合物，其相对分子质量的大小与材料的加工及性能有密切的关系。因此聚合物的相对分子质量和聚合反应机理、反应速率一样是人们十分关心的问题。

### 2.6.1　动力学链长

在自由基聚合中，将平均一个活性中心由引发开始到活性中心真正消失这一期间所消耗的单体分子数定义为动力学链长（kinetic chain length），记为 $\bar{\nu}$（为一平均值）。它可由链增长反应速率与链引发反应速率或链终止反应速率之比求出：

$$\bar{\nu} = \frac{R_p}{R_i} = \frac{R_p}{R_t} \tag{2-50}$$

将式（2-50）代入式（2-29）和式（2-33）：

$$\bar{\nu} = \frac{k_p[M\cdot][M]}{2k_i[M\cdot]^2} = \frac{k_p[M]}{2k_t[M\cdot]} = \frac{k_p^2}{2k_t} \times \frac{[M]^2}{R_p} \tag{2-51}$$

式（2-51）表明，动力学链长可由 $k_p^2/k_t$ 值和聚合反应速率 $R_p$ 求出。在其它条件相同时，动力学链长与 $k_p/k_t^{1/2}$ 成正比。如 60℃聚合时，聚丙烯酸甲酯的动力学链长比苯乙烯的要大 32 倍，就是由于前者的 $k_p^2/k_t$ 值大的原因。

#### 2.6.1.1　不同引发方式的动力学链长

将稳态时的自由基浓度［式（2-30）］代入式（2-51），得到动力学链长与引发速率的关系式：

$$\bar{\nu}=\frac{k_p}{(2k_t)^{1/2}}\times\frac{[M]}{R_i^{1/2}}$$ (2-52)

引发剂引发时，将式（2-52）代入式（2-24），得：

$$\bar{\nu}=\frac{k_p}{2(fk_dk_t)^{1/2}}\times\frac{[M]}{[I]^{1/2}}$$ (2-53)

由式（2-51）、式（2-52）和式（2-53）可以看出，当单体浓度恒定时，动力学链长与自由基浓度、聚合速率或引发剂浓度的平方根成反比。这一点非常重要，它表明在自由基聚合中，如以增加引发剂或自由基浓度为手段来提高聚合反应速率，往往使聚合物相对分子质量降低。

对于热引发、光引发等聚合反应，只需将相应的引发速率公式代入式（3-52）即可得到相应的动力学链长（表 2-17）。

**表 2-17　引发速率与动力学链长**

| 引发方式 | 引发速率 | 动力学链长 |
|---|---|---|
| 引发剂引发 | $2fk_d[I]$ <br> $2fk_d[I][M]$ | $\dfrac{k_p}{2(fk_dk_t)^{1/2}}\times\dfrac{[M]}{[I]^{1/2}}$ <br> $\dfrac{k_p}{2(fk_dk_t)^{1/2}}\times\dfrac{[M]^{1/2}}{[I]^{1/2}}$ |
| 热引发 | $k_i[M]^2$ <br> $k_i[M]^3$ | $\dfrac{k_p}{(2k_ik_t)^{1/2}}$ <br> $\dfrac{k_p}{(2k_ik_t)^{1/2}}\times\dfrac{1}{[M]^{1/2}}$ |
| 光引发 | $2\phi\varepsilon I_0[M]$ <br> $2\phi\varepsilon I_0[S]$ | $\dfrac{k_p}{2(\phi\varepsilon I_0k_t)^{1/2}}\times[M]^{1/2}$ <br> $\dfrac{k_p}{2(\phi\varepsilon I_0k_t)^{1/2}}\times\dfrac{1}{[S]^{1/2}}$ |

#### 2.6.1.2　聚合反应温度的影响

实验证明，引发剂引发时，聚合反应温度对动力学链长的影响与温度对聚合反应速率的影响正相反。聚合反应温度每升高 1℃，平均动力学链长降低约 6.5%。这是因为反应温度升高，造成体系中活性中心数目大量增加的结果。

对式（2-53），令 $k'=k_p/(k_dk_t)^{1/2}$，该值为表征动力学链长或聚合度的综合常数。将基元反应速率常数的 Arrhenius 方程式代入，得：

$$k=Ae^{-E/RT}=\frac{A_p}{(A_dA_t)^{1/2}}\exp\{-[(E_p-E_t/2)-E_d/2]/RT\}$$ (2-54)

影响聚合度的综合活化能 $E'$ 为：

$$E'=(E_p-E_t/2)-E_d/2$$ (2-55)

对一般的聚合反应，可取 $E_p=30kJ/mol$，$E_t=17kJ/mol$，$E_d=125kJ/mol$，则 $E'=-41kJ/mol$。这样式（3-54）中的指数将成为正值，表明随反应温度的升高，动力学链长将降低。这与实际情况是相符的。

热引发时反应温度对动力学链长的影响与引发剂引发时的情况相似。光引发和辐射引发时，省去引发活化能一项，$E'=E_p-E_t/2$，为很小的正值，表明反应温度对聚合反应速率和动力学链长影响都很小。聚合反应温度每升高 1℃，平均动力学链长增加约 1%。

### 2.6.2　无链转移反应时的相对分子质量

数均聚合度 $\overline{X}_n$ 是指聚合物分子中含有单体分子的平均数，它与动力学链长有关。当没有链转移反应时，自由基聚合以双基终止为主。如果链自由基是通过偶合方式终止的，那么一个大分子链由两个动力学链长所组成：

$$\overline{X}_n = 2\overline{\nu} \tag{2-56}$$

如果是通过歧化方式终止的，则动力学链长与数均聚合度相当：

$$\overline{X}_n = \overline{\nu} \tag{2-57}$$

如果同时存在两种终止方式时，则有 $\overline{\nu} < \overline{X}_n < 2\overline{\nu}$，可按比例计算：

$$\overline{X}_n = \frac{\overline{\nu}}{\dfrac{C}{2} + D} \tag{2-58}$$

式中，$C$、$D$ 分别为偶合终止和歧化终止的分率。

以上讨论的是没有链转移反应时，聚合物相对分子质量与动力学链长之间的关系。将表 2-17 中不同引发方式的动力学链长公式代入式（2-56）～式（2-58）即可得到相应的表达式。

聚合反应温度对聚合度的影响可以按上一节反应温度对动力学链长的分析进行，由式（2-58）可看出，聚合度与动力学链长成正比，因此同样存在随反应温度升高聚合度降低的关系。

### 2.6.3 有链转移反应时的相对分子质量

在实际聚合反应中，链转移反应是普遍存在的。当体系中存在链转移反应时，影响相对分子质量的情况要复杂得多。

#### 2.6.3.1 链转移反应与聚合度

在前面的讨论中，我们定义一个活性中心由引发开始到活性中心真正消失这一期间所消耗的单体分子数为动力学链长，并讨论了没有链转移反应时动力学链长与聚合度的关系。当体系中存在链转移反应时，情况则要复杂得多。动力学链长与平均聚合度在概念上的不同，不仅表现在动力学链长与双基终止方式无关，平均聚合度与双基终止方式有关，还表现在有链转移反应存在时，动力学链长不受影响，而平均聚合度则降低。换言之，对聚合度而言，任何链终止反应，不论是双基终止、单基终止还是链转移终止，都会影响到聚合度。而动力学链长所涉及的是活性中心的真正死亡，即除了双基终止、单基终止外，一般不受链转移反应影响，除非转移后形成的新的中心没有活性，不能引发单体聚合。

对一个没有链转移的聚合反应：

$$R\cdot + M \longrightarrow RM\cdot + M \longrightarrow RMM\cdot + M \longrightarrow \longrightarrow \longrightarrow M_n\cdot \longrightarrow P_n$$

自由基（$R\cdot$）由生成到活性中心消失一共进行了 $n$ 步增长反应，形成了聚合度为 $P_n$ 的一根大分子链，消耗了 $n$ 个单体。其动力学链长为 $n$，平均聚合度亦为 $n$。

对一个有链转移的聚合反应：

$$R\cdot + M \longrightarrow RM\cdot + M \longrightarrow RMM\cdot + M \longrightarrow \longrightarrow \longrightarrow M_{n-m}\cdot$$
$$M_{n-m}\cdot + RH \longrightarrow P_{n-m}H + R\cdot$$
$$R\cdot + M \longrightarrow RM\cdot + M \longrightarrow RMM\cdot + M \longrightarrow \longrightarrow \longrightarrow M_m\cdot \longrightarrow P_m$$

自由基（$R\cdot$）由生成到活性中心消失一共进行了 $(n-m)+m=n$ 步增长反应，由于中间经历了一次链转移反应，因而形成了聚合度为 $P_{n-m}H$ 和 $P_n$ 的两根大分子链。消耗了 $(n-m)+m=n$ 个单体，动力学链长为 $n$，但平均聚合度则为 $[(n-m)+m]/2=n/2$。尽管链转移反应后体系中自由基总的数目未变，但聚合物的平均聚合度下降。由于实际的链转移反应种类繁多，且一个活性中心从生成到真正消失可能经历多次链转移反应。因此有链转移反应时，动力学链长与聚合度之间的关系要复杂得多。

由聚合度的概念可知，对于加聚反应，聚合物的平均聚合度可以看为反应中消耗单体的分子数与生成聚合物的分子数之比。在体系中没有链转移反应存在时，单体消耗的分子数可用聚合总速率表示，而生成聚合物的分子数则可用聚合物的生成速率、或聚合反应的终止速率来表示。对双基终止有：

$$\overline{X}_n = \frac{\bar{\nu}}{\dfrac{C}{2}+D} = \frac{1}{\dfrac{C}{2}+D} \times \frac{R_p}{R_t} \tag{2-59}$$

或

$$\overline{X}_n = \frac{1}{\dfrac{C}{2}+D} \times \frac{k_p^2[M]^2}{2k_t R_p} = \frac{1}{\dfrac{C}{2}+D} \times \frac{k_p}{2(fk_dk_t)^{1/2}} \times \frac{[M]}{[I]^{1/2}} \tag{2-60}$$

当体系中有链转移反应存在时，链转移反应的结果也形成聚合物，因此聚合物的生成速率还应包括链终止反应速率和链转移反应速率两部分。对链转移反应，其反应式为：

$$M_n\cdot + RX \longrightarrow M_nX + R\cdot \qquad\qquad R_{tr} = k_{tr}[M\cdot][R] \tag{2-61}$$

式中，$k_{tr}$ 为链转移反应速率常数。

如前所述，依反应物 RX 的不同，链转移反应可包括以下几种。

向引发剂（IX）转移：

$$M_n\cdot + IX \longrightarrow M_nX + I\cdot \qquad\qquad R_{tr,I} = k_{tr,I}[M\cdot][I] \tag{2-62}$$

向单体（MX）转移：

$$M_n\cdot + MX \longrightarrow M_nX + M\cdot \qquad\qquad R_{tr,M} = k_{tr,M}[M\cdot][M] \tag{2-63}$$

向溶剂（SX）转移：

$$M_n\cdot + SX \longrightarrow M_nX + S\cdot \qquad\qquad R_{tr,S} = k_{tr,S}[M\cdot][S] \tag{2-64}$$

向聚合物（PX）转移：

$$M_n\cdot + PX \longrightarrow M_nX + P\cdot \qquad\qquad R_{tr,P} = k_{tr,P}[M\cdot][P] \tag{2-65}$$

向外来试剂（AX）转移：

$$M_n\cdot + AX \longrightarrow M_nX + A\cdot \qquad\qquad R_{tr,A} = k_{tr,A}[M\cdot][A] \tag{2-66}$$

因此，存在链转移时聚合度的表达式应是：

$$\overline{X}_n = \frac{R_p}{R_t + R_{tr}} = \frac{R_p}{\left(\dfrac{C}{2}+D\right)R_t + \sum R_{tr}} \tag{2-67}$$

式中：

$$\sum R_{tr} = R_{tr,M} + R_{tr,I} + R_{tr,S} + R_{tr,P}$$

为便于讨论，向外来试剂转移终止反应并入向溶剂转移终止反应，同时将式（2-67）写为：

$$\frac{1}{\overline{X}_n} = \left(\frac{C}{2}+D\right)\frac{R_t}{R_p} + \frac{R_{tr,M}}{R_p} + \frac{R_{tr,I}}{R_p} + \frac{R_{tr,S}}{R_p} + \frac{R_{tr,P}}{R_p} \tag{2-68}$$

代入式(2-26)、式(2-29)、式(2-62)～式(2-65)，化简得：

$$\frac{1}{\overline{X}_n} = \left(\frac{C}{2}+D\right)\frac{2k_t}{k_p^2} \times \frac{R_p}{[M]^2} + \frac{k_{tr,M}}{k_p} + \frac{k_{tr,I}}{k_p} \times \frac{[I]}{[M]} + \frac{k_{tr,S}}{k_p} \times \frac{[S]}{[M]} + \frac{k_{tr,P}}{k_p} \times \frac{[P]}{[M]} \tag{2-69}$$

定义链转移反应速率常数与链增长反应速率常数之比为链转移常数（chain transfer constant），向单体、引发剂、溶剂和聚合物的链转移常数 $C_M$、$C_I$、$C_S$、$C_P$ 记为：

$$C_M = \frac{k_{tr,M}}{k_p} \qquad C_I = \frac{k_{tr,I}}{k_p} \qquad C_S = \frac{k_{tr,S}}{k_p} \qquad C_P = \frac{k_{tr,P}}{k_p} \tag{2-70}$$

代入式（2-69）：

$$\frac{1}{\overline{X}_n} = \left(\frac{C}{2}+D\right)\frac{2k_t}{k_p^2} \times \frac{R_p}{[M]^2} + C_M + C_I\frac{[I]}{[M]} + C_S\frac{[S]}{[M]} + C_P\frac{[P]}{[M]} \tag{2-71}$$

式（2-71）是正常终止反应和链转移终止反应对平均聚合度影响的定量关系式。右边第一项是正常终止反应对平均聚合度的贡献，其它各项依次是向单体的链转移、向引发剂的链转移反应、向溶剂的链转移反应及向聚合物的链转移反应对平均聚合度的贡献。对某一特定的体系，并不一定包括全部链转移反应。

#### 2.6.3.2  向单体的链转移反应

采用没有诱导分解的偶氮类引发剂进行本体聚合，体系中只存在向单体的链转移反应，式（2-71）可简化为：

$$\frac{1}{\overline{X}_n}=\left(\frac{C}{2}+D\right)\frac{2k_t}{k_p^2}\times\frac{R_p}{[M]^2}+C_M \tag{2-72}$$

$C_M$ 的测定可采用不同种类和不同浓度的引发剂使苯乙烯在 60℃ 下进行本体聚合，以 $1/\overline{X}_n$ 对 $R_p$ 作图，得到如图 2-7 所示的一组曲线。曲线的起始部分呈线性关系，由截距可求得 $C_M$。

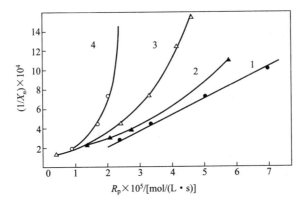

图 2-7  聚苯乙烯聚合度和聚合反应速率的关系
1—偶氮二异丁腈；2—过氧化二苯甲酰；3—异丙苯过氧化氢；4—叔丁基过氧化氢

**表 2-18  几种单体的链转移常数（$C_M$）**                     单位：$10^{-4}$

| 单 体 | 温度/℃ | | | | |
|---|---|---|---|---|---|
| | 30 | 50 | 60 | 70 | 80 |
| 甲基丙烯酸甲酯 | 0.12 | 0.15 | 0.18 | 0.3 | 0.4 |
| 丙 烯 腈 | 0.15 | 0.27 | 0.30 | — | — |
| 苯 乙 烯 | 0.32 | 0.62 | 0.85 | 1.16 | — |
| 醋酸乙烯酯 | 0.94[①] | 1.29 | 1.91 | — | — |
| 氯 乙 烯 | 6.25 | 13.5 | 20.2 | 23.8 | — |

① 40℃。

向单体的链转移常数一般较小，主要与单体结构、反应温度等因素有关。当单体中含有键合力较小的原子，如叔氢原子、氯原子等，容易被自由基所夺取而发生链转移反应。表 2-18 列出几种单体的链转移常数。可以看出多数单体的链转移常数并不大，原因是这些单体中的 C—H 键较强，氢原子不易被夺取。醋酸乙烯酯的链转移常数较大，主要是乙烯基上的氢及乙酰氧基上的氢易被夺取：

$$M_n\cdot+CH_2\!=\!CH\!-\!OCOCH_3 \longrightarrow M_nH+\cdot CH\!=\!CH\!-\!OCOCH_3+CH_2\!=\!CH\!-\!OCOCH_2\cdot$$

对某些烯丙基单体如醋酸烯丙基酯聚合时，向单体的链转移反应结果是易形成稳定性高、引发活性低的烯丙基自由基的缘故：

$$M\cdot+CH_2\!=\!CH\!-\!CH_2\!-\!OCOCH_3 \longrightarrow MH+\cdot CH_2\!-\!CH\!=\!CHOCOCH_3$$

但对同样存在着烯丙基结构的 $\alpha$-甲基丙烯酸甲酯和 $\alpha$-甲基丙烯腈分子的自由基聚合，由于其增长链自由基为酯基或氰基的共轭而稳定，降低了其抽取 $\alpha$-甲基上氢的能力，因而单体链转移常数很小，可以形成聚合物。

氯乙烯的链转移常数是单体中最高的一种，约为 $10^{-3}$。这是由于 C—Cl 键弱，Cl 易被夺取的缘故。由于氯乙烯聚合时链转移速率远大于正常的链终止速率，即 $R_{tr,M} > R_t$，因此氯乙烯的平均聚合度主要取决于向单体氯乙烯的链转移常数：

$$\overline{X}_n = \frac{R_p}{R_t + R_{tr,M}} \approx \frac{R_p}{R_{tr,M}} = \frac{k_p}{k_{tr,M}} = \frac{1}{C_M} \tag{2-73}$$

实验测出，氯乙烯在 50℃ 下本体聚合，$C_M = 1.35 \times 10^{-3}$，即平均每增长 740 个单元，就向单体转移一次。

链转移反应速率常数和链增长反应速率常数均随反应温度增高而增加。但前者的活化能较大，温度的影响比较显著，结果是 $C_M$ 值随反应温度增加而增加。对氯乙烯有：

$$C_M = 125 \exp(-30.5/RT)$$

式中，$-30.5\text{kJ/mol}$ 为链转移反应活化能与链增长反应活化能的差值，是影响 $C_M$ 的综合活化能。反应温度上升，$C_M$ 增加，聚氯乙烯相对分子质量下降。对像氯乙烯这样的体系，控制聚合反应温度是控制聚合度的重要手段，引发剂用量的改变主要用于控制聚合反应速率。

### 2.6.3.3　向引发剂的链转移反应

自由基聚合中活性中心向引发剂的链转移反应主要产生两个影响：一方面导致诱导分解使引发效率降低，另一方面使聚合度下降。

$C_I$ 的测定可采用测定 $C_M$ 一样的体系和 $C_M$ 一同测出。

表 2-19 列出几种引发剂的链转移常数。由表中数据可看出向引发剂的链转移常数要比向单体的链转移常数大得多，但实际中由于向引发剂链转移而引起的聚合度的降低却较小。这主要是因为向引发剂转移对聚合度造成的影响是 $C_I$ 与 $[I]/[M]$ 的乘积，而一般聚合体系中 $[I]$ 很低，约在 $10^{-4} \sim 10^{-2}\text{mol/L}$ 范围内，因而对聚合度影响较小。

表 2-19　几种引发剂的链转移常数

| 引发剂 | $C_I(60℃)$ | | 引发剂 | $C_I(60℃)$ | |
|---|---|---|---|---|---|
| | 苯乙烯 | 甲基丙烯酸甲酯 | | 苯乙烯 | 甲基丙烯酸甲酯 |
| 偶氮二异丁腈 | 0 | 0 | 过氧化二苯甲酰 | 0.048~0.055 | 0.02 |
| 叔丁基过氧化物 | 0.0003~0.0013 | — | 叔丁基过氧化氢 | 0.035 | 1.27 |
| 异丙苯过氧化物(50℃) | 0.01 | — | 异丙苯过氧化氢 | 0.063 | 0.33 |

偶氮类引发剂的链转移常数很小，通常可以忽略不计。过氧类引发剂的链转移常数则要大得多。如链自由基和过氧化二烷类和过氧化二酰类的反应：

$$M_n \cdot + RO\!-\!OR \longrightarrow M_n\!-\!OR + RO \cdot$$

氢过氧化物是引发剂中最容易发生链转移的物质，转移反应可能是夺取氢原子：

$$M_n \cdot + RO\!-\!OH \longrightarrow M_n\!-\!H + ROO \cdot$$

表 2-19 中列出的 $C_I$ 值实质上也反映了引发剂发生诱导分解的难易程度，因此也可用来判断引发剂的引发效率。

### 2.6.3.4　向溶剂的链转移反应

采用溶液聚合时，必须考虑向溶剂的链转移反应对相对分子质量的影响。设其它形式链转移常数很小，相比之下可以忽略时，将式（2-71）中前三项合并，可写成：

$$\frac{1}{\overline{X}_n} = \left(\frac{1}{\overline{X}_n}\right)_0 + C_S \frac{[S]}{[M]} \tag{2-74}$$

测定不同 [S] /[M] 比值条件下聚合所得聚合物的相对分子质量，以 $\frac{1}{X_n}$-[S] /[M] 作图得到一组直线，其斜率是 $C_S$（图 2-8）。

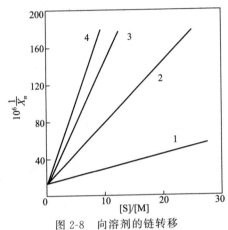

图 2-8　向溶剂的链转移

1—苯；2—甲苯；3—乙苯；4—异丙苯

表 2-20 列出常用溶剂的链转移常数。表中数据说明向溶剂的链转移常数与自由基种类、溶剂种类、反应温度等因素有关。

**表 2-20　常用溶剂的链转移常数（$C_S \times 10^4$）**

| 单体 | 苯乙烯 | | 甲基丙烯酸甲酯 80℃ | 醋酸乙烯酯 60℃ |
|---|---|---|---|---|
| | 60℃ | 80℃ | | |
| 苯 | 0.023 | 0.059 | 0.075 | 1.2 |
| 环己烷 | 0.031 | 0.066 | 0.1 | 7.0 |
| 庚　烷 | 0.42 | — | — | 17.0(50℃) |
| 甲　苯 | 0.125 | 0.31 | 0.52 | 21.6 |
| 乙　苯 | 0.67 | 1.08 | 1.35 | 55.2 |
| 异丙苯 | 0.82 | 1.30 | 1.9 | 89.9 |
| 叔丁苯 | 0.06 | — | — | 3.6 |
| 氯正丁烷 | 0.04 | — | — | 10 |
| 溴正丁烷 | 0.06 | — | — | 50 |
| 丙　酮 | — | 0.4 | — | 1.1 |
| 醋　酸 | — | 0.2 | — | 20 |
| 正丁醇 | — | 0.4 | — | 150 |
| 氯　仿 | 0.5 | 0.9 | 1.4 | 800 |
| 碘正丁烷 | 1.85 | — | — | — |
| 丁　胺 | 0.5 | — | — | 370 |
| 三乙胺 | 7.1 | — | — | 10000 |
| 叔丁基二硫化物 | 24 | — | — | — |
| 四氯化碳 | 90 | 130 | 2.39 | 9600 |
| 四溴化碳 | 22000 | 23000 | 3300 | 28700(70℃) |
| 叔丁硫醇 | 37000 | — | — | 480000 |
| 正丁硫醇 | 210000 | — | — | |

由表 2-20 **数据**可看出，活性低的单体（如醋酸乙烯酯）由于生成的自由基活性较高，向溶剂的链转移常数大。相反，一些活性高的单体（如苯乙烯），由于生成低活性的自由基而有低的向溶剂的链转移常数。进一步分析在链增长反应和链转移反应这一对竞争反应中，链自由基与高活性单体的反应快，链转移反应相应要慢一些，因此 $C_S$ 值较小。

对溶剂来说，具有强的 C—H 键的脂肪族碳氢化合物，如环己烷，其链转移常数很低，苯的 C—H 键更强，故链转移常数更低。当溶剂分子含有活性氢原子或卤素原子时，链转移常数一般较大。如苯乙烯在 100℃进行溶液聚合，由于苄基苯上的氢比苯环上的氢活泼，因而苄基苯的链转移常数比苯高。进一步分析不同的苄基氢，活性大小为：叔＞仲＞伯。某些卤代烷、醇类的 $C_S$ 值大小顺序为：

$$RI > RBr > RCl$$

$$CCl_4 > CHCl_3 > CH_2Cl_2 > CH_3Cl$$

$$R_2CHOH > RCH_2OH > CH_3OH$$

链转移反应活化能比链反应活化能一般约高 $17\sim63kJ/mol$，升高反应温度使 $k_{tr,s}$ 的增加比 $k_p$ 的增加大得多。因此提高反应温度一般是使向溶剂的链转移常数增加。

### 2.6.3.5　相对分子质量调节剂

对自由基聚合，无论是科学实验还是工业生产，人们总是希望能对聚合物的相对分子质量进行有效的控制。前面在对聚合反应动力学的讨论中，我们探讨了单体浓度、引发剂浓度、反应温度等因素对相对分子质量的影响。在实际中，最有效的手段是往聚合体系中加入链转移常数适当的小分子化合物对聚合物的相对分子质量进行调节，这种化合物称为相对分子质量调节剂或链转移剂（chain transfer）。另外，在某些场合人们需要得到低聚物，如增塑剂、相容剂等，在聚合体系中特意加入链转移常数较大的链转移剂进行聚合，这类聚合习惯上称为调聚反应。

相对分子质量调节剂的选择往往同引发剂一样重要。主要从以下几个方面考虑：

① 分子内存在弱键及链转移后能生成稳定的自由基，链转移常数较大。这在前面向溶剂的链转移部分已进行了讨论。

② 分子极性对链转移常数也有较大影响。一般非极性调节剂的活性次序，对各种单体的调节作用大致相同，但极性调节剂却大为不同。由表 2-21 可看出富电子调节剂如三乙胺对缺电子单体链转移活性升高，缺电子调节剂如四氯化碳对富电子单体的调节活性升高。这是由于电子给体和电子受体之间有部分的电子转移，使各过渡态得以稳定，链转移活性升高：

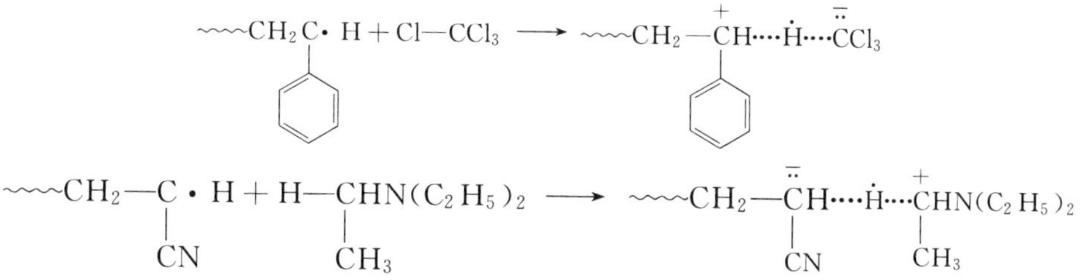

**表 2-21　相对分子质量调节剂的极性效应**

| 单体 | 链转移常数 $C_S \times 10^4$（60℃） | |
| --- | --- | --- |
| | $CCl_4$ | $(C_2H_5)_3N$ |
| 醋酸乙烯酯 | 10700 | 370 |
| 丙烯腈 | 0.85 | 3800 |
| 丙烯酸甲酯 | 1.25 | 400 |
| 甲基丙烯酸甲酯 | 2.4 | 1900 |
| 苯乙烯 | 110 | 7.1 |

③ 链转移常数在 1 左右的化合物用作相对分子质量调节剂比较合适。这可使链转移剂的消耗速率接近单体的消耗速率，在反应过程中保持 ［S］/［M］ 比值大致不变，使整个聚合反应过程中生成聚合物的相对分子质量相近。如链转移常数比 1 小得多，则用量过大；如链转移常数值过大，所加入的相对分子质量调节剂可能在反应初期就消耗光。

脂肪类硫醇是多种常用单体的有效相对分子质量调节剂，其链转移常数列于表 2-22。

④ 同样的相对分子质量调节剂对活性高的链自由基链转移常数大于活性低的链自由基。链自由基的活性大致顺序为：

氯乙烯＞醋酸乙烯酯＞丙烯腈＞丙烯酸甲酯＞甲基丙烯酸甲酯＞苯乙烯＞1，3-丁二烯

**表 2-22　硫醇的链转移常数**

| 硫醇 | 丁二烯 | 苯乙烯 | 丁二烯/苯乙烯 | 丙烯腈 | 甲基丙烯酸甲酯 |
|---|---|---|---|---|---|
| 正丁硫醇 | — | 22 | — | — | 0.67 |
| 叔丁硫醇 | — | 3.6 | — | — | — |
| 正辛硫醇 | 16[①] | 19[①] | — | — | — |
| 正十二硫醇 | — | 19 | 0.66[②] | 0.73 | — |

① 50℃；② −5℃；其它 60℃。

### 2.6.3.6　向聚合物的链转移反应

链自由基除可与小分子化合物发生链转移反应外，还可以与体系中已形成的大分子发生链转移反应。在低转化率阶段，体系中的大分子数目较少，向大分子的链转移反应可以忽略不计。当转化率较高时，则必须给予考虑。

向聚合物转移的结果，是在主链上形成活性中心，单体在此处进行增长反应，形成支链。如聚氯乙烯、高压聚乙烯等。高压聚乙烯中有许多短支链，主要是乙基和丁基侧链。高转化率时，主链中平均每 15 个重复单元就有一个这种短支链。研究认为这是由于发生了分子内转移的结果：丁基支链是自由基端基夺取第 5 个亚甲基上的氢而"回咬"转移形成的，乙基端基则是加上一个单体后作第二次内转移产生的。

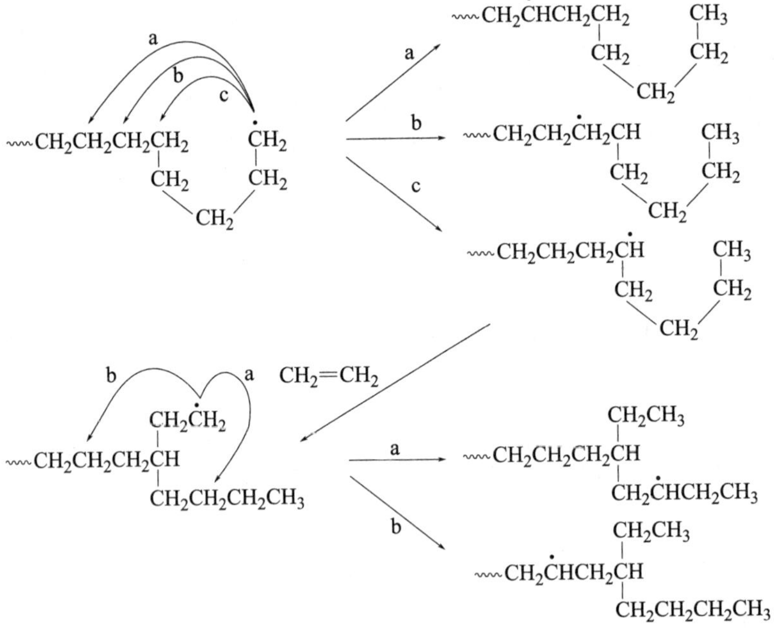

有时人们有意识地利用向聚合物的链转移反应，合成出所需的接枝共聚物。如高抗冲聚苯乙烯（HIPS）的合成就是将已经预聚好的聚丁二烯加到单体苯乙烯中进行共聚，反应中苯乙烯链自由基向聚丁二烯转移，结果形成带聚苯乙烯短支链的聚丁二烯。

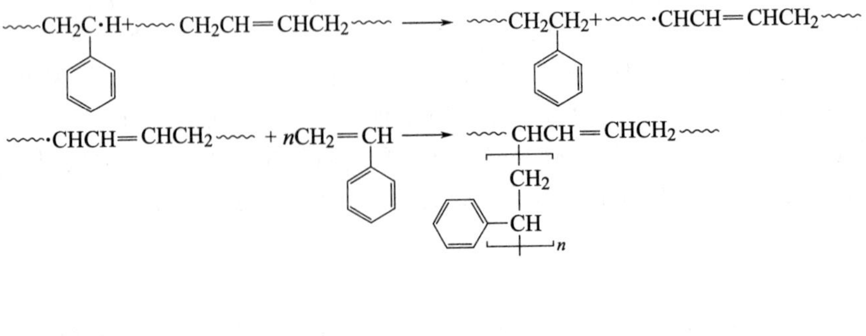

链自由基对聚合物的链转移常数示例于表 2-23。要注意的是同一链自由基对不同的聚合物链转移常数并不相同，正如对不同的溶剂的链转移常数有差异一样。

**表 2-23　链自由基对聚合物的链转移常数**

| 链自由基-聚合物 | $C_p \times 10^4$ | | 链自由基-聚合物 | $C_p \times 10^4$ | |
|---|---|---|---|---|---|
| | 50℃ | 60℃ | | 50℃ | 60℃ |
| PB · -PB | 1.1 | — | PAN · -PAN | 4.7 | — |
| PS · -PS | 1.9 | 3.1 | PVAc · -PVAc | — | 2~5 |
| PMMA · -PMMA | 1.5 | 2.1 | PVC · -PVC | 5 | |

### 2.6.4　相对分子质量分布

与小分子不同，每根大分子链的相对分子质量并不完全一样。因此有一个相对分子质量分布的问题。在自由基聚合反应中，相对分子质量分布比逐步聚合反应复杂。链终止反应、链转移反应，尤其是随转化率增加，单体和引发剂浓度、链增长和链终止反应速率常数都有变化，使反应更为复杂。为了简化问题，我们将研究范围限定在恒速反应的低转化率阶段，即认为反应速率常数、单体和引发剂浓度不变，同时假定体系中没有链转移反应。推导相对分子质量分布有概率法和动力学法两种。下面简单介绍一下概率法。

歧化终止时每根链自由基终止后生成一根大分子。当体系中没有链转移反应时，链增长阶段每反应一步，形成一个新的共价键，链长增加一个单体，这种反应称为成键反应。发生的概率记为 $P$。对于链终止反应，没有新的共价键生成，这种反应称为不成键反应，发生的概率记为 $1-P$。对于一根聚合度为 $X$ 的大分子链，必定含有 $X-1$ 次成键反应和一次不成键反应。

无链转移反应时，成键概率 $P$ 是增长速率与增长和终止速率和之比：

$$P = \frac{R_p}{R_p + R_t} \tag{2-75}$$

不成键概率为：

$$1 - P = \frac{R_t}{R_p + R_t} \tag{2-76}$$

设聚合物中聚合度为 $X$ 的大分子数为 $N_X$，大分子总数为 $N$，那么 $N$ 个大分子中形成 $X$ 聚体的概率为：

$$\frac{N_X}{N} = P^{X-1}(1-P) \tag{2-77}$$

式（2-77）称为聚合物数量分布函数。

设形成 $N$ 个大分子用单体 $n$ 个，则发生终止反应的概率为 $n(1-P)$。对歧化终止反应，两根链自由基相互反应形成两根大分子链：

$$M_X \cdot + M_X \cdot \longrightarrow M_X + M_X$$

即发生终止反应的概率就是形成大分子链的概率。由式（2-77）可得：

$$N_X = NP^{X-1}(1-P) = nP^{X-1}(1-P)^2 \tag{2-78}$$

设 $W_X$ 为 $X$ 聚体的质量，$W$ 为聚合物总质量，$M_0$ 为单体单元相对分子质量，则有：

$$\frac{W_X}{W} = \frac{N_X X M_0}{n M_0} = \frac{N_X X}{n} \tag{2-79}$$

代入式（2-78），得：

$$\frac{W_X}{W} = XP^{X-1}(1-P)^2 \tag{2-80}$$

式（2-80）称为聚合物质量分布函数。

聚合物数均聚合度为：

$$\overline{X}_n = \sum \frac{N_X}{N} X = \sum P^{X-1}(1-P)X = \frac{1}{1-P} \tag{2-81}$$

聚合物重均聚合度为：

$$\overline{X}_w = \sum \frac{W_X}{W} X = \sum P^{X-1}(1-P)^2 X^2 = \frac{1+P}{1-P} \tag{2-82}$$

相对分子质量分布指数定义为重均聚合度与数均聚合度之比，得：

$$\frac{\overline{X}_w}{\overline{X}_n} = \frac{1+P}{1-P}(1-P) = 1+P \tag{2-83}$$

对聚合物而言，由于相对分子质量很大（$10^3 \sim 10^4$），$P \approx 1$，则相对分子质量分布指数约为 2。

偶合终止时两根链自由基相互反应生成一根大分子：

$$M_Y \cdot + M_{X-Y} \cdot \longrightarrow M_Y - M_{X-Y}$$

对 $M_Y$ 形成的概率为 $P^{Y-1}(1-P)$，对 $M_{X-Y}$ 形成的概率为 $P^{X-Y-1}(1-P)$。虽然偶合后形成的大分子聚合度为 $X$，但对两个参加反应的链自由基来说，还有一个各自的聚合度变化问题。设 $X > Y$，则 $M_Y$ 可有（$X-1$）种形式。由于 $X$ 很大，有 $X+1 \approx X$。设聚合物中聚合度为 $X$ 的大分子数为 $N_X$，大分子总数为 $N$，那么 $N$ 个大分子中形成 $X$ 聚体的概率为：

$$\frac{N_X}{N} = X P^{X-2}(1-P)^2 \tag{2-84}$$

或

$$N_X = N X P^{X-2}(1-P)^2 \tag{2-85}$$

同理，重量分布函数为：

$$\frac{W_X}{W} = \frac{1}{2} X^2 P^{X-2}(1-P)^3 \tag{2-86}$$

数均聚合度为：

$$\overline{X}_n = \sum \frac{N_X}{N} X \approx \frac{2}{1-P} \tag{2-87}$$

重均聚合度为：

$$\overline{X}_w = \sum \frac{W_X}{W} X \approx \frac{3}{1-P} \tag{2-88}$$

相对分子质量分布指数为：

$$\frac{\overline{X}_w}{\overline{X}_n} = 1.5 \tag{2-89}$$

从上面的推导可以看出，只有当聚合度很大，$P$ 趋近 1 时，才能形成高相对分子质量的聚合物。此时聚合物相对分子质量分布指数，对歧化终止是 2，对偶合终止是 1.5。说明偶合终止所得聚合物相对分子质量分布要窄一些。

以上讨论的是聚合反应初期恒速阶段所得产物的相对分子质量分布。当反应进行到高转化率阶段后，相对分子质量分布要比低转化率阶段宽得多，分布指数在 2～5 的范围（表 2-24）。相对分子质量分布在高转化率阶段变宽的原因如下。

自由基聚合时，引发剂在反应过程中不断分解生成自由基。聚合物的相对分子质量正比

**表 2-24　聚合物相对分子质量分布指数典型范围**

| 聚合物 | 相对分子质量分布指数 | 聚合物 | 相对分子质量分布指数 |
|---|---|---|---|
| 理想均一聚合物 | 1.00 | 高转化时乙烯基聚合物 | 2～5 |
| "单分散"活性聚合物 | 1.01～1.05 | 自动加速显著的聚合物 | 5～10 |
| 偶合终止加聚物 | 1.5 | 络合催化聚合物 | 8～30 |
| 歧化终止加聚物或缩聚物 | 2.0 | 支链聚合物 | 20～50 |

于 $[M]/[I]^{1/2}$，一般情况下 $[M]$ 和 $[I]$ 随反应进行降低的速率并不一样，造成聚合反应各阶段形成的聚合物相对分子质量不一。

凝胶效应显著的聚合反应，不同聚合阶段体系黏度不一，终止反应速率下降有所不同，致使相对分子质量分布变宽，其分布指数可大于 10。

链转移反应，各种单基终止反应均会使相对分子质量分布变宽。如由链转移反应产生支链较多的聚合物时，相对分子质量分布可高达 20～50。

有链转移反应时，$P$ 定义为：

$$P = \frac{R_p}{R_p + R_t + R_{tr}} \tag{2-90}$$

式中，$R_{tr}$ 为链转移速率。

### 2.6.5　小结——聚合物相对分子质量的控制

相对分子质量是聚合物的重要指标，也是聚合反应的重要控制目标。

将式（2-53）代入式（2-58）：

$$\overline{X}_n = \frac{1}{\dfrac{C}{2}+D} \times \frac{k_p}{2(f k_d k_t)^{1/2}} \times \frac{[M]}{[I]^{1/2}} \tag{2-91}$$

可以看出，聚合度与单体浓度成正比，这与单体浓度对聚合反应速率的影响相同；聚合度与引发剂浓度成反比，这与引发剂对聚合反应速率的影响相反。

由式（2-55）可知，$E' < 0$，表明聚合反应温度升高会导致聚合度下降，这与反应温度对聚合反应速率的影响相反。

由式（2-69）可知，各种链转移反应均对聚合度产生较大影响，一般向单体、引发剂、溶剂的链转移会使聚合度变小，而向聚合物的链转移会使聚合度变大，且会使大分子链形状发生变化。

总体看，如用单体浓度、引发剂浓度和反应温度来调控聚合度的话，要综合考虑对聚合反应速率的影响，调节范围受限。在实际中如需将相对分子质量调小，比较有效和常用的手段是加入相对分子质量调节剂。如需将相对分子质量在较大程度上调大，常用的方法是加入相对分子质量跃升剂，使两个或多个分子链连在一起。

对像氯乙烯这样向单体转移严重且 $C_M$ 受温度影响大的体系，也可通过控制聚合反应温度来调节聚合物的相对分子质量。

总体看，对相对分子质量的调控也是一个复杂的系统工程，同时要注意到对相对分子质量的调控手段往往和对聚合反应速率的调控手段相互矛盾，因此需通过反复的实践才能确定。

# 2.7　自由基聚合反应的特征

自由基聚合在高分子化学中占有极其重要的地位。是人类开发最早，研究最为透彻的一种聚合反应历程。目前 60％以上的聚合物是通过自由基聚合得到的，主要品种有低密度聚乙烯、聚苯乙烯、聚氯乙烯、聚甲基丙烯酸甲酯、聚丙烯腈、聚醋酸乙烯、丁苯橡胶、丁腈橡胶、氯丁橡胶等。通过对自由基聚合历程的深入研究，如活性中心的产生和性质、基元反应的机理、动力学与热力学、相对分子质量与相对分子质量分布等问题的研究，为其它类型聚合反应的研究提供了比较和借鉴。

在前几节中，我们对自由基聚合的基本理论进行了介绍。总体看自由基聚合有如下特点：

① 自由基聚合为连锁聚合的一种。整个聚合反应可以分为链引发、链增长、链终止和链转移几个基元反应。

② 自由基聚合的活性中心为自由基，形成活性中心的反应为链引发反应。链引发反应速率最小，是控制总聚合反应速率的关键一步。

链增长是形成大分子链的主要反应，它决定了大分子链的结构。聚合过程中随转化率提高，体系黏度增大，出现自动加速现象。增长反应活化能低，因此一经开始，几乎瞬间即形成大分子，不能停留在中间聚合度阶段。因此反应过程任一瞬间，体系仅由单体和聚合物（也可能含未分解的引发剂）组成。

正常情况下自由基聚合为双基终止，即偶合终止和歧化终止；双基终止活化能低，几乎每次碰撞都为有效碰撞。此外，体系中也存在着单基终止，即各种链转移反应。

总体看自由基聚合具有慢引发、快增长、速终止的动力学特点。

③ 自由基聚合过程中活性中心不断生成又不断消失，每一活性中心形成的大分子链的聚合度相差不大。延长反应时间只是为了提高转化率，对相对分子质量影响较小。换言之，聚合物相对分子质量及分布与反应时间和转化率一般关系不大，主要受终止方式及链转移反应的影响。

④ 通常，反应温度升高，聚合反应速率加大但聚合度下降；反应压力升高会增加聚合反应速率和聚合度。

图 2-9 和图 2-10 分别列出了自由基聚合过程中相对分子质量与时间、转化率与时间的关系。

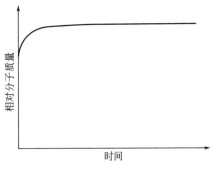

图 2-9　自由基聚合过程中相对分子质量与时间的关系

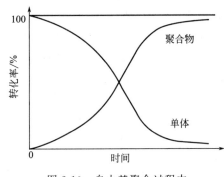

图 2-10　自由基聚合过程中转化率与时间的关系

# 2.8　自由基聚合的工业应用

自由基聚合由于研究得早，机理清楚，单体来源广泛，工艺相对简单、成熟，成本较低，在工业上得到广泛应用，是各种聚合机理的首选。本节通过对典型自由基聚合工业产品的介绍，对本章所学知识进行一些综合应用。

## 2.8.1　低密度聚乙烯（LDPE）

聚乙烯（PE）是世界上主要的塑料品种，自由基聚合得到的聚乙烯由于含有大量的支链，密度低（915～925kg/m³），故称低密度聚乙烯。目前 PE 占合成树脂生产能力的 1/3，自由基聚合合成的 PE 占总 PE 的 50%。

LDPE 采用气相本体聚合，有釜式和管式两种生产工艺。釜式工艺用过氧化物为引发剂，160～250℃，100～245MPa，乙烯在釜内停留时间为 10～120s，转化率 16%～23%，产物相对分子质量分布窄，支链多。管式工艺用氧为引发剂，250～350℃（低于 200℃氧为阻聚剂），200～350MPa，乙烯在管内停留时间为 60～300s，转化率 20%～25%，产物相对分子质量分布宽，支链少。目前的发展趋势是大型化、管式化。LDPE 的数均相对分子质量在 $2.5 \times 10^4 \sim 5 \times 10^4$，习惯上用熔融指数（MI）来表示，如 MI=20.9，$M_n=24000$；MI=0.25，$M_n=48000$。因牌号众多，MI 可为 0.2～50。

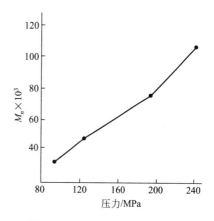

图 2-11　聚合压力与数均相对
分子质量的关系

加大引发剂用量，反应速率提高，相对分子质量下降，一般引发剂用量为聚合物质量的万分之一。由于是气相反应，提高反应压力，可促使分子间的碰撞，相当于提高单体浓度，因而可提高反应速率和相对分子质量（图 2-11），同时减少支链数量。实验证明，压力增加 10MPa，聚合物密度将增加 $0.0007 \mathrm{g/cm^3}$。增加反应温度，可提高反应速率；但同时也加大链转移速率，因此支化度上升，相对分子质量下降。为控制 PE 的相对分子质量，需加入相对分子质量调节剂，如反应温度低于 170℃，可用氢；如高于 150℃，可考虑用丙烷。常用调节剂链转移常数列于表 2-25 中。

**表 2-25　用于乙烯聚合的相对分子质量调节剂的链转移常数**（130℃）

| 调节剂 | $C_S/(\times 10^4)$ | 调节剂 | $C_S/(\times 10^4)$ |
|---|---|---|---|
| 丙烯 | 150 | 氢 | 160 |
| 乙烷 | 27 | 丙酮 | 165 |
| 丙烷 | 6 | 丙醛 | 3300 |

## 2.8.2　聚氯乙烯（PVC）

聚氯乙烯是应用广泛的通用型塑料，产量曾为合成树脂首位。主要采用悬浮聚合（80%）、乳液聚合（12%）和本体聚合（8%）。工业上多用 K 值和黏度值表示相对分子质量，如 K=55（黏度为 73mL/g），平均聚合度为 650；K=77（黏度为 156mL/g），平均聚合度为 1785。

为达到匀速反应，一般选用半衰期为聚合时间 1/3 的引发剂。工业聚合时间一般控制在 5～10h，为此应选择 $t_{1/2}=2\sim3\mathrm{h}$ 的引发剂。如选择复合引发剂，可用 $t_{1/2}=1\sim2\mathrm{h}$ 和 $t_{1/2}=4\sim6\mathrm{h}$ 的引发剂进行组合。目前多用 AIBN 为引发剂，用量一般为单体重量的 0.05%～0.13%。反应温度一般控制在 40～60℃，对聚合速率和聚合度均有很大影响（表 2-26）。由于氯乙烯聚合时向单体的链转移速率大于增长速率，且 $C_M$ 受温度影响大，故氯乙烯悬浮聚合需严格控制反应温度波动在 $\pm0.5℃\sim\pm1℃$ 范围内。

**表 2-26　反应条件对 PVC 转化率及聚合度的影响**

| 反应温度/℃ | 反应压力/MPa | 反应时间/h | 转化率/% | 聚合度 |
|---|---|---|---|---|
| 30 | 0.44 | 38 | 73.7 | 5970 |
| 40 | 0.61 | 12 | 86.7 | 2390 |
| 50 | 0.81 | 6 | 89.9 | 990 |

## 2.8.3　聚苯乙烯（PS）

聚苯乙烯是四大通用塑料品种之一，目前已发展到三百多个牌号。其中通用型聚苯乙烯

（GPPS）主要采用悬浮聚合和本体聚合。相对分子质量为 10 万～40 万（$M_w$），相对分子质量分布 2～4。

悬浮聚合：PS 的相对分子质量主要由引发剂浓度控制，可用偶氮类、过氧类引发剂，一般 100～140℃的 $t_{1/2}=1h$。如常用的 BPO，用量约为 0.5%。反应速率随温度升高而加快，自动加速现象不明显，转化率达 90% 后反应明显减缓，98% 左右几乎不再反应，为此需在反应后期升温至 100～140℃进行"熟化"，使残存单体含量降至 1% 以下。早期为低温聚合法，85℃反应 48h，105～110℃熟化 4h。目前开发出高温法，150℃反应 2h，140℃熟化 0.5h。

本体聚合：不加引发剂，直接热引发聚合，因此反应温度对整个聚合的影响不可忽视。反应温度升高可缩短诱导期及提高聚合反应速率，但反应温度升高使相对分子质量下降（表 2-27）；为提高转化率需提高反应温度，但高温又导致放热剧烈，控制难度加大，为此采用分段聚合法。先在 80～110℃下聚合，以控制体系中生成自由基的数目，当转化率达 35% 左右，即自动加速效应之后，分段逐渐升温到 230℃，完成反应。

**表 2-27 反应温度对热引发苯乙烯聚合反应速率和 $M_w$ 的影响**

| 反应温度/℃ | 起始聚合速率/(%/h) | $M_w/(\times10^4)$ |
| --- | --- | --- |
| 60 | 0.089 | 225 |
| 80 | 0.462 | 88 |
| 100 | 2.15 | 42 |
| 120 | 8.5 | 23 |
| 140 | 28.4 | 13 |

### 2.8.4 聚甲基丙烯酸甲酯（PMMA）

聚甲基丙烯酸甲酯因光学性能好而被称为"有机玻璃"。主要采用本体聚合（悬浮聚合产物为模塑粉，乳液聚合产物为皮革处理剂）。

PMMA 主要用过氧类和偶氮类引发剂，用量对相对分子质量影响较大（表 2-28）。由于 MMA 聚合放热明显，故自动加速效应对反应和产物品质的影响不可忽视。可采用分段聚合法，在 75～80℃启动反应，利用自动加速效应使体系温度自动升到 90～92℃反应，当转化率达 10% 左右，冷却到 30℃铸模，然后分段升温反应，最后升到 100～110℃反应 1～3h。

**表 2-28 引发剂浓度与 PMMA 相对分子质量关系** 单位：$10^{-4}$

| 引发剂浓度/% | 0.02 | 0.05 | 0.1 | 0.5 | 1.0 |
| --- | --- | --- | --- | --- | --- |
| BPO | 240 | 171 | 145 | — | 74 |
| AIBN | 146 | — | 126 | 70.5 | 55.6 |

### 2.8.5 氯丁橡胶（CR）

2-氯-1,3-丁二烯经自由基聚合而成的一种弹性体，采用乳液聚合。有良好的物理机械性能、耐候、耐油、耐臭氧、耐化学药品、难燃，因而既是一种通用橡胶又是一种特种橡胶。通用型相对分子质量为 10 万（硫黄调节型）和 20 万（硫醇调节型）。

引发剂主要为过氧化物类，一般控制在单体的 0.5%～1.0%。40℃反应，如低温聚合（10℃），采用氧化还原类引发剂。氯丁二烯由于有两个电负性强的氯原子，聚合活性高（异戊二烯的 700 倍，丁二烯的 1000 倍），因此采用反应过程中不断滴加引发剂溶液的方法，控制转化率为 90%。同时为防止支化和凝胶，需加入调节剂。调节剂的选择在氯丁二烯的聚合中是一个重要问题，一般分为硫调节剂（硫黄、二硫化四乙基秋兰姆等）和非硫调节剂（硫醇、碘仿等）两大类。

# 2.9　近年发展：可控/"活性"自由基聚合

自由基聚合是研究最早、工业化应用最广泛的聚合反应。与其它聚合历程相比，自由基聚合具有单体来源广泛、工艺简单、价格低廉、产品丰富的特点，因而一直受到人们的重视。自由基聚合的不足在于对聚合物相对分子质量、相对分子质量分布、序列结构、立体结构的控制不如其它聚合历程理想。实现自由基的可控聚合、活性聚合，以最低的成本、最简的工艺路线得到性能最佳的产物，一直是科学家们追求的目标。近年来在此领域的研究已取得突破性进展。

### 2.9.1　基本思路

与阴离子聚合相比，实现活性自由基聚合有很大的难度。第一，大多数自由基聚合用的引发剂在正常反应条件下分解速率极低，在整个聚合反应过程中一直有活性中心不断生成。由于自由基活性高，一形成即可引发聚合，瞬间形成大分子链。尽管自由基聚合的动力学处理中认为体系的自由基浓度为一恒定值，但这是一种自由基不断生成同时又不断消失的"动态平衡"，这样，不同时间、不同条件下形成的相对分子质量各异的大分子导致了宽的相对分子质量分布。第二，链自由基周围没有保护物质，极易发生双基终止（偶合终止相对分子质量分布理论值为 1.5，歧化终止为 2）及各种各样的链转移反应，致使相对分子质量及相对分子质量分布根本无法精确控制。对于自由基共聚来说，以上两个缺陷也使分子链的序列结构无法控制，因而不能得到嵌段共聚物。

要实现对自由基聚合的控制，关键在于克服以下不足：

一是要控制自由基的浓度，使体系中自由基活性中心数目保持在一个可控的恒定值。对自由基聚合，有：

$$R_p = k_p[M\cdot][M] \tag{2-92}$$

$$R_t = k_t[M\cdot]^2 \tag{2-93}$$

$$\frac{R_p}{R_t} = \frac{k_p}{k_t} \times \frac{[M]}{[M\cdot]} \tag{2-94}$$

一般的自由基聚合体系，$k_p/k_t$ 约为 $10^{-4} \sim 10^{-6}$，$[M]$ 约为 $1 \sim 10\text{mol/L}$，$[M\cdot]$ 约为 $10^{-7} \sim 10^{-9}\,\text{mol/L}$，因而 $R_p = 10^3 \sim 10^4 R_t$。如将体系中自由基浓度控制得很低，则有望在保持基本的聚合速率同时，大幅度降低双基终止的概率。由聚合动力学参数估算，当 $[M\cdot] = 10^{-8}\text{mol/L}$ 时，聚合速率依然十分可观，而 $R_t$ 相对 $R_p$ 则实际上可忽略不计。

二是要尽可能延长自由基的寿命，避免各种链转移反应，使每一根大分子链都在同样的条件下形成。具有引发活性的自由基活性高，寿命一般很短（$\tau$ 为零点几秒到几秒），必须采取一定的措施才能使自由基不过早失活。

目前的研究主要分为物理方法和化学方法。物理方法是人为制造一个非均相体系，将链自由基用沉淀或微凝胶包住，使其在固定场所聚合，进而阻止双基终止。这种方法虽然可以延长自由基的寿命，但对聚合的可控程度差。化学方法为均相体系，通过向体系中加入某些化合物与链自由基形成可逆钝化的休眠种来实现：

$$P\cdot + X \rightleftharpoons P-X$$

X 是可人为控制的外加物，X 本身不能引发单体聚合及发生其它反应，但可与链自由基 P· 迅速反应生成一个稳定的、不引发单体聚合的"休眠种"P—X。此反应为一个平衡反应，在实验条件下 P—X 可再均裂为有引发活性的链自由基 P· 及 X。通过控制 X 可控制体系中 P—X 浓度,使体系中 [P·] 保持在较低的、稳定的水平。在这种情况下,聚合物相对分子质量将不由 [P·] 而由 [P—X] 决定。相对分子质量分布则由引发反应速率及活性中心与休眠种之间交换速率共同决定。

自 20 世纪 90 年代以来,化学方法的研究取得了很大进展,已在很大程度上实现了对自由基聚合的控制。如合成出相对分子质量分布为 1.04 的聚苯乙烯,近乎 100% 纯的苯乙烯-丙烯酸甲酯-苯乙烯三嵌段共聚物等。但由于还不能完全避免链终止和链转移反应,因而通常称这种聚合为可控自由基聚合或“活性”自由基聚合,以与活性阴离子聚合相区别。

### 2.9.2　稳定自由基聚合

稳定自由基聚合(stable free radical polymerization,SFRP)的基本思路是通过稳定的自由基与链自由基形成可逆钝化。反应通式为:

$$P· + R· \rightleftharpoons P—R$$

式中,R· 是只与链自由 P· 反应而不具有引发活性的稳定自由基。

研究较多的 R· 有氮氧自由基(NMP),如 2,2,6,6-四甲基哌啶-1-氧基(TEMPO),芳香族重氮盐等。TEMPO 为一种稳定的自由基,原用于自由基捕捉剂或阻聚剂,它能与链自由基结合成共价休眠键,这一休眠种在高温下(>100℃)又可分解产生自由基,复活成活性中心:

活性种　TEMPO　　　　　　休眠种

TEMPO 此类方法只适用于苯乙烯及其衍生物,且价格高,反应速率低,故应用有限。

其它的还有有机金属离子自由基,如四苯基卟啉钴一类的金属-卟啉络合物;硫自由基,如 N,N-二乙基二硫代氨基甲酸酯衍生物;碳自由基,如三苯甲基自由基等。

### 2.9.3　原子(基团)转移自由基聚合

原子(基团)转移自由基聚合(atom transfer radical polymerization,ATRP)一般由单体、有机卤化物引发剂、低价过渡金属卤化物催化剂及配体等组成。其基本原理是处于低氧化态的转移金属络合物(盐)$M_t^n$ 从一有机卤化物 R—X 中吸取卤原子 X,生成有引发活性的自由基 R· 及处于高氧化态的金属络合物 $M_t^{n+1}$—X:

$$R—X + M_t^n \rightleftharpoons R· + M_t^{n+1}—X$$
$$\downarrow +M$$
$$R—M—X + M_t^n \rightleftharpoons R—M· + M_t^{n+1}—X$$
$$M_n—X + M_t^n \rightleftharpoons M_n· + M_t^{n+1}—X$$

在聚合过程中始终存在一个自由基活性种 $M_n·$ 与有机大分子卤化物 $M_n$—X 的可逆转换平衡反应。反应过程中反复发生转换的可以是原子,也可以是某些基团。

ATRP 的引发剂,多是 $\alpha$ 位上含有苯基、羰基、氰基等基团的卤代烷。一般的原则是选择能产生与链自由基结构相似自由基的卤代烷。催化剂为卤原子的载体,通过氧化-还原反应在活性种与休眠种之间建立可逆动态平衡。因此多为过渡金属的盐,以具有可变的价态,常用的有 CuCl 和 CuBr。配体的作用一是增加过渡金属盐在有机相中的溶解性,二是与过渡金属配位后对其氧化还原电位产生影响,进而调节催化剂的活性。最常用的是 2,2-联二吡啶(bpy)。

表 2-29 列出一些典型的 ATRP 引发体系及其应用实例。

表 2-29 ATRP 引发体系及可控自由基聚合应用

| 引发剂 | 催化剂 | 应用实例 |
|---|---|---|
| R—I<br>R＝—C$_6$H$_5$,—CRCN | AIBN/BPO | 苯乙烯、丙烯酸甲酯<br>可控程度不高 |
| AIBN | CuCl$_2$/2,2'-bpy | 苯乙烯 |
| ClCH$_2$CN | CuCl$_2$/2,2'-bpy＋AIBN | 丙烯酸甲酯 |
| R—X<br>X＝Cl,Br R＝CN,COOR | CuX/2,2'-bpy<br>X＝Cl,Br | 苯乙烯、(甲基)丙烯酸酯类<br>本体、溶液、乳液聚合 |
| R'—Cl<br>R'＝CCl$_3$,C(CH$_3$)ClCOOR | RuCl$_2$(PPh$_3$)$_3$/Al(OR)$_3$ | 甲基丙烯酸甲酯<br>聚合速率低 |

以 $\alpha$-氯代乙苯（R—Cl）为引发剂，氯化亚铜/2,2-联二吡啶（bpy）为催化剂，110℃ 苯乙烯聚合为例，聚合反应机理可写为：

$$R-Cl+CuCl(bpy) \Longrightarrow R \cdot +CuCl_2(bpy)$$
$$\downarrow M$$
$$R-M_n \cdot +CuCl_2(bpy) \Longrightarrow R-M_n-Cl+CuCl(bpy)$$

ATRP 法用途广泛，可用于苯乙烯、二烯烃、(甲基)丙烯酸酯类等单体的合成，得到窄相对分子质量分布的均聚物，嵌段、星形和梯形共聚物，超支化物等。

### 2.9.4 可逆加成-断裂转移自由基聚合

可逆加成-断裂转移自由基聚合（reversible addition-fragmentation transfer，RAFT）的关键是在正常的自由基聚合体系中加入链转移常数十分大的链转移剂，由链转移剂与链自由基形成可逆钝化。反应式为：

$$P \cdot +P_1-R \Longrightarrow P-R+P_1 \cdot$$

反应形成休眠种 P—R 及有引发活性的 P$_1$·，在这里 P$_1$· 的结构、性质与 P· 相似，P$_1$· 与单体反应生成的新的链自由基 P$_2$· 可再与 P—R 进行快速交换反应。经过充足的时间反应及平衡后，P· 与 P$_1$· 形成的大分子链的相对分子质量趋于相等，因此相对分子质量及相对分子质量分布可控。

用于 RAFT 自由基聚合的链转移剂主要是双硫酯（又称 RAFT 试剂），结构为：

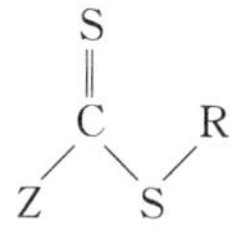

$$\underset{Z}{\overset{S}{\underset{\|}{C}}} \underset{S}{\overset{}{\diagdown}} R$$

式中，Z 为 Ph，CH$_2$Ph，CH$_3$ 等。R 为 C(CH$_3$)$_2$Ph，CH(CH$_3$)Ph，CH$_2$Ph，C(CH$_3$)$_2$CN 等。

以双硫酯为链转移剂的 RAFT 自由基聚合机理为：

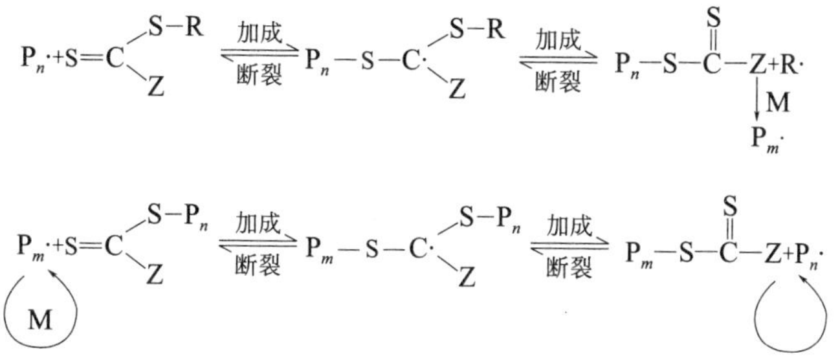

　　RAFT 自由基聚合单体选用面广，聚合方法不受限制，聚合工艺接近传统自由基聚合，因而工业化前景好，但双硫酯的制备复杂。

　　此外还有过渡金属参与的活性自由基聚合，如以钛-茂-MAO 为催化体系、二氯甲烷为溶剂的氯乙烯自由基聚合即具有活性自由基聚合的特征而不是配位聚合。

　　目前，活性自由基聚合主要用于合成结构精致的聚合物，如单分散均一结构的嵌段、接枝聚合物、星形聚合物、梳形聚合物等。活性自由基聚合实现工业化的一个主要障碍是其聚合反应速率太慢，这是为保证实现活性聚合而采用各种手段稳定自由基活性中心带来的结果。这也是当前活性自由基聚合研究的一个重点。

# ［自学内容］　通用单体的来源

　　高分子合成材料广泛用于工业、农业、军事、日常生活等各个领域，要求作为主要原料的单体来源丰富、成本低廉。当前通用单体来源路线主要有以下三条。

　　① 石油化工路线　原油经炼制得到汽油、石脑油、煤油、柴油等馏分和炼厂气。用它们作原料进行高温裂解，得到的裂解气经分离得到乙烯、丙烯、丁烯、丁二烯等。产生的液体经加氢后催化重整使之转化为芳烃，经萃取分离可得到苯、甲苯、乙苯等化合物。石油化工路线是当前最重要的单体合成路线。

　　② 煤炭路线　煤炭经炼焦生成煤气、氨、煤焦油和焦炭。煤焦油经分离可得到苯、甲苯、苯酚等。焦炭与石灰石在电炉中高温反应得到电石，电石与水反应生成乙炔，由乙炔又可以合成一系列乙烯基单体。20 世纪 50 年代前我国主要采用煤炭路线，现已转变为石油化工路线。

　　③ 其它路线　主要是以农副产品或木材工业副产品为基本原料，直接用作单体或经化学加工成为单体。此路线原料不充足，成本较高，但可充分利用自然资源，有很好的发展前景。

　　以石油为基础合成单体和聚合物的主要路线为：

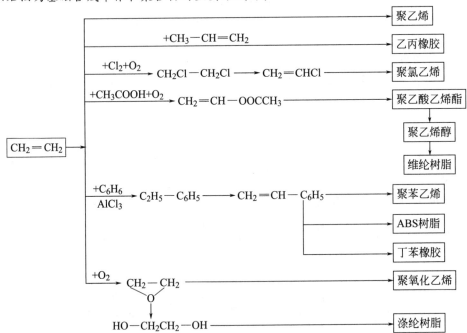

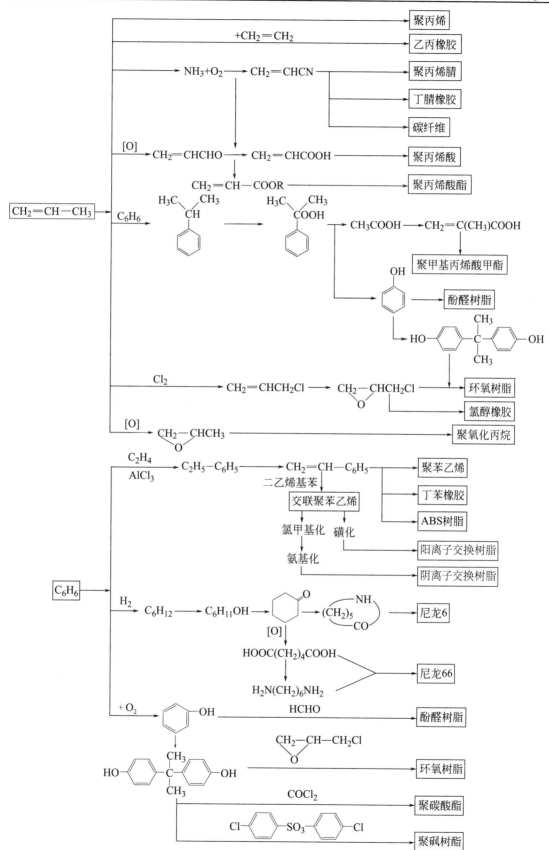

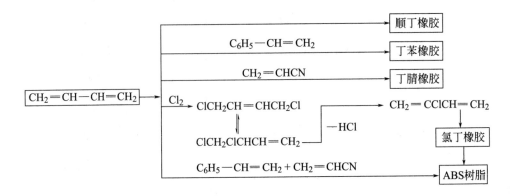

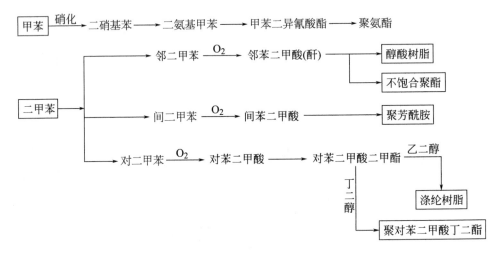

以煤炭为基础合成单体和聚合物的主要路线为：

$$3C + CaO \xrightarrow{2500 \sim 3000℃} CaC_2 + CO$$

$$CaC_2 + H_2O \longrightarrow Ca(OH)_2 + CH \equiv CH$$

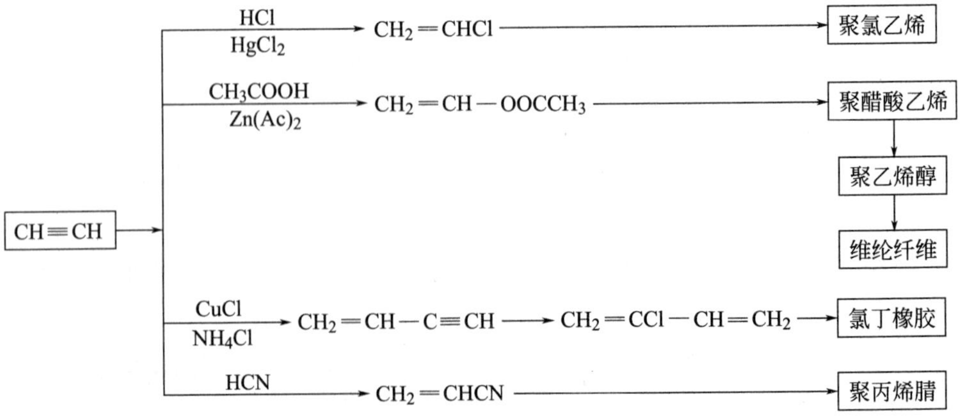

$$
\boxed{CH \equiv CH}
\begin{cases}
\xrightarrow[\mathrm{HgCl_2}]{\mathrm{HCl}} CH_2 = CHCl \longrightarrow \boxed{聚氯乙烯} \\[2mm]
\xrightarrow[\mathrm{Zn(Ac)_2}]{\mathrm{CH_3COOH}} CH_2 = CH - OOCCH_3 \longrightarrow \boxed{聚醋酸乙烯} \\[1mm]
\qquad\qquad\qquad\qquad\qquad\qquad\qquad \downarrow \\
\qquad\qquad\qquad\qquad\qquad\qquad\quad \boxed{聚乙烯醇} \\
\qquad\qquad\qquad\qquad\qquad\qquad\qquad \downarrow \\
\qquad\qquad\qquad\qquad\qquad\qquad\quad \boxed{维纶纤维} \\[2mm]
\xrightarrow[\mathrm{NH_4Cl}]{\mathrm{CuCl}} CH_2 = CH - C \equiv CH \longrightarrow CH_2 = CCl - CH = CH_2 \longrightarrow \boxed{氯丁橡胶} \\[2mm]
\xrightarrow{\mathrm{HCN}} CH_2 = CHCN \longrightarrow \boxed{聚丙烯腈}
\end{cases}
$$

以其它原料为基础合成单体和聚合物的路线为：

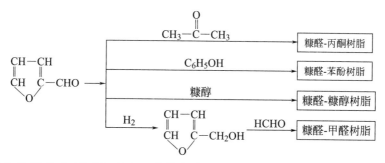

纤维素的分子通式为$(C_6H_{10}O_5)_n$，结构式为：

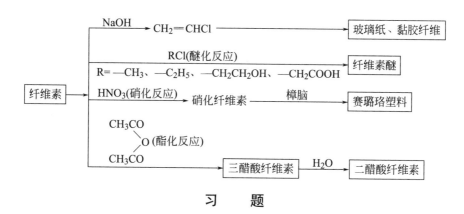

## 习　　题

1. 举例说明自由基聚合时取代基的位阻效应、共轭效应、电负性、氢键和溶剂化对单体聚合热的影响。

2. 比较下列单体的聚合反应热的大小并解释其原因：乙烯、丙烯、异丁烯、苯乙烯、$\alpha$-甲基苯乙烯、氯乙烯、四氟乙烯。

3. 什么是聚合上限温度、平衡单体浓度？根据表 2-3 数据计算丁二烯、苯乙烯 40℃、80℃自由基聚合时的平衡单体浓度。

4. $\alpha$-甲基苯乙烯在 0℃可以聚合，升温至 66℃后不能聚合，但进一步加大反应压力，该单体又可以发生聚合。请说明其原因。

5. 什么是自由基聚合、阳离子聚合和阴离子聚合？

6. 指出下列单体适合于何种机理聚合：自由基聚合、阳离子聚合或阴离子聚合？并说明理由。
   $CH_2=CHCl$，$CH_2=CCl_2$，$CH_2=CHCN$，$CH_2=C(CN)_2$，$CH_2=CHCH_3$，$CH_2=C(CH_3)_2$，
   $CH_2=CHC_6H_5$，$CF_2=CF_2$，$CH_2=C(CN)COOR$，$CH_2=C(CH_3)-CH=CH_2$。

7. 根据表 2-4，说明下列单体工业化所选择反应历程的原因。
   $CH_2=CH_2$，$CH_2=CHCH_3$，$CH_2=CHCl$，$CH_2=CHC_6H_5$，$CH_2=CHCN$，$CH_2=CHOCOCH_3$，
   $CH_2=CHCOOCH_3$，$CH_2=C(CH_3)_2$，$CH_2=CH-OR$，$CH_2=CH-CH=CH_2$，
   $CH_2=C(CH_3)-CH=CH_2$。

8. 对下列实验现象进行讨论：
   (1) 共轭效应使烯类单体的聚合热降低而使炔类单体的聚合热增高。
   (2) 乙烯、乙烯的一元取代物、乙烯的 1,1-二元取代物一般都能聚合，但乙烯的 1,2-二元取代物除个别外一般不能聚合。

(3)大部分烯类单体能按自由基机理聚合,只有少部分单体能按离子型机理聚合。

(4)带有 $\pi$-$\pi$ 共轭体系的单体可以按自由基、阳离子和阴离子机理进行聚合。

9. 判断下列烯类单体能否进行自由基聚合,并说明理由。

$CH_2=C(C_6H_5)_2$,$ClCH=CHCl$,$CH_2=C(CH_3)C_2H_5$,$CH_3CH=CHCH_3$,$CH_2=C(CH_3)COOCH_3$,

$CH_2=CHOCOCH_3$,$CH_3CH=CHCOOCH_3$。

10. 丙烯为什么不能采用自由基聚合机理进行聚合?

11. 以偶氮二异丁腈为引发剂,写出苯乙烯 80℃ 自由基聚合历程中各基元反应。

12. 回答下列问题:

(1)在自由基聚合中为什么聚合物链中单体单元大部分按头-尾方式连接?

(2)自由基聚合 $k_t \gg k_p$,但仍然可以得到高相对分子质量聚合物?

13. 将数均聚合度为 1700 的聚醋酸乙烯酯水解成聚乙烯醇。采用高碘酸氧化聚乙烯醇中的 1,2-二醇键,得到新的聚乙烯醇的数均聚合度为 200。计算聚醋酸乙烯酯中头-头结构及头-尾结构的百分数。

14. 写出苯乙烯、醋酸乙烯酯和甲基丙烯酸甲酯 60℃ 自由基聚合的双基终止反应式,分析三种单体聚合双基终止方式不同的原因。

15. 以 $HO{-}CH_2{-}\underset{\overset{\displaystyle CH_3}{\vert}}{\underset{\vert}{C}}{-}N{=}N{-}\underset{\overset{\displaystyle CH_3}{\vert}}{\underset{\vert}{C}}{-}CH_2{-}OH$ 为引发剂分别使苯乙烯、甲基丙烯酸甲酯在 65℃ 下聚合,然后将其聚合产物分别与甲苯二异氰酸酯反应,发现前者的相对分子质量增加了数倍,而后者的相对分子质量只增加一倍,请说明其原因。

16. 对于双基终止的自由基聚合反应,平均每一大分子含有 1.30 个引发剂残基。假定无链转移反应,试计算歧化终止与偶合终止的相对量。

17. 表2-7 中 MMA 聚合的终止方式随反应温度变化发生了什么变化? 为什么会出现这种变化?

18. 自由基聚合时,转化率与相对分子质量随时间的变化有何特征? 与聚合机理有何关系?

19. 自由基聚合常用引发剂有哪几类,有何特点?

20. 写出下列自由基聚合引发剂的分子式和生成自由基的反应式。其中哪些是水溶性引发剂,哪些是油溶性引发剂,使用场所有何不同?

(1)偶氮二异丁腈,偶氮二异庚腈。

(2)过氧化二苯甲酰,过氧化二碳酸二(2-乙基己酯),异丙苯过氧化氢。

(3)过氧化氢-亚铁盐体系,过硫酸钾-亚硫酸盐体系,过氧化二异丙苯-N,N-二甲基苯胺。

21. 60℃ 下用碘量法测定过氧化二碳酸二环己酯(DCPD)的分解速率,数据列于表 2-30,求分解速率常数 $k_d$ ($s^{-1}$)和半衰期 $t_{1/2}$(h)。

表 2-30　过氧化二碳酸二环己酯的测定数据

| 时间/h | 0 | 0.2 | 0.7 | 1.2 | 1.7 |
|---|---|---|---|---|---|
| DCPD 浓度/(mol/L) | 0.0754 | 0.0660 | 0.0484 | 0.0334 | 0.0228 |

22. 设计一个测定 AIBN 分解速率常数的实验,画出实验装置简图,写明实验原理。

23. 什么是引发效率? 分析实验中引发效率低的主要原因,并给予适当解释。

24. 如何判断自由基引发剂的活性? 自由基聚合在选择引发剂时应注意哪些问题?

25. 推导自由基聚合初期动力学方程时,做了哪些基本假定?

26. 聚合反应速率与引发剂浓度平方根成正比,对单体浓度呈一级反应各是哪一机理造成的?

27. 在什么情况下会出现自由基聚合反应速率与引发剂浓度的反应级数有下列关系?

(1) 0 次;(2) 0～0.5 次;(3) 0.5～1 次;(4) 1 次。

28. 在下述情况下自由基聚合反应速率与单体浓度的反应级数各为多少?

(1) 引发剂引发且 $R_i \gg R_d$,双基终止;

(2) 引发剂引发 $R_i = 2fk_d$ [M] [I],双基终止;

(3) 引发剂引发 $R_i = 2fk_d$ [M] [I],单基终止;

（4）双分子热引发，单基终止；

（5）三分子热引发，单基终止。

29. 丙烯腈在 BPO 引发下进行本体聚合，实验测得其聚合反应速率对引发剂浓度的反应级数为 0.9，试解释该现象。

30. 苯乙烯在甲苯溶剂中用 BPO 引发，聚合在 80℃下进行，当单体浓度分别为 8.3mol/L、1.8mol/L、0.4mol/L 时，其聚合反应速率对单体浓度的反应级数分别为 1、1.18、1.36，为什么？

31. 有机玻璃通常采用间歇本体聚合方法来制备。即在 90～95℃下预聚合至转化率达 10%～20%，然后将聚合液灌入无机玻璃平板模，在 40～50℃下聚合至转化率 90%，最后在 100～120℃下进行高温后处理，使单体完全转化。结合其聚合动力学和实际生产要求说明采用该工艺的原因。

32. 某一热聚合反应经测定属于三分子引发，试推导聚合反应速率方程，并写明在推导过程中做了哪些基本假定？

33. 以过氧化二苯甲酰作引发剂，在 60℃进行苯乙烯（密度为 0.887g/mL）聚合动力学研究，引发剂用量为单体重量的 0.109%，$R_p = 0.255 \times 10^{-4}$ mol/（L·s），$f = 0.80$，自由基寿命为 0.82s，聚合度为 2460。

（1）求 $k_d$、$k_p$、$k_t$ 的大小，建立三个常数的数量级概念。

（2）比较单体浓度和自由基浓度的大小。

（3）比较 $R_i$、$R_p$、$R_t$ 的大小。

34. 欲研究一种新单体的聚合反应性质：（1）试设计聚合动力学测定实验，该聚合体系以苯为溶剂、偶氮二异丁腈为引发剂、用溶解沉淀法纯化生成的聚合物；（2）如何处理实验数据以求得聚合反应速率方程的表达式和聚合反应的综合表观活化能？

35. 某单体在 60℃下加热聚合，单体浓度 0.2mol/L，过氧类引发剂浓度为 $4.2 \times 10^{-3}$ mol/L。如引发剂半衰期为 44h，引发剂效率 $f = 0.80$，$k_p = 145$ L/（mol·s），$k_t = 7.0 \times 10^7$ L/（mol·s），欲达 5% 转化率，需多少时间？

36. 分析自由基聚合动力学方程的应用领域。

37. 什么是自动加速现象？产生的原因是什么？对聚合反应及聚合物会产生什么影响？

38. 什么是凝胶效应和沉淀效应？举例说明。

39. 氯乙烯、苯乙烯、甲基丙烯酸甲酯自由基本体聚合时，都存在自动加速现象，三者有何异同？

40. 已知在苯乙烯单体中加入少量乙醇进行聚合时，所得聚苯乙烯的相对分子质量比一般本体聚合低。但将乙醇量增加到一定程度后，所得到的聚苯乙烯的相对分子质量比相应条件下本体聚合所得到的要高，请解释其原因。

41. 氯乙烯悬浮聚合时，选用高效引发剂-低效引发剂复配的复合引发剂（其半衰期为 2h），基本上接近匀速反应，解释其原因。

42. 用过氧化二苯甲酰作引发剂，苯乙烯聚合时各基元反应活化能为 $E_d = 125.6$ kJ/mol，$E_p = 32.6$ kJ/mol，$E_t = 10$ kJ/mol，试比较从 50℃增至 60℃以及从 80℃增至 90℃时总反应速率常数和聚合度变化的情况。

43. 什么叫缓聚剂和阻聚剂？简述主要作用原理和主要类型。

44. 分析诱导期产生的原因，与阻聚剂有何关系？试从阻聚常数比较硝基苯、对苯醌、DPPH、三氯化铁和氧的阻聚效果。

45. 简述影响聚合反应速率的主要因素及主要控制手段。

46. 什么叫链转移反应？有几种形式？对聚合反应速率和聚合物的相对分子质量有何影响？

47. 什么叫链转移常数？与链转移速率常数有何关系？

48. 动力学链长的定义是什么？分析没有链转移反应与有链转移反应时动力学链长与平均聚合度的关系。举两个工业应用的例子说明利用链转移反应来控制聚合度。

49. 某自由基聚合体系中，共有 $2 \times 10^7$ 个链自由基。其中 $1 \times 10^7$ 个链自由基的动力学链长等于 10000，它们中有 $5 \times 10^6$ 个在发生第五次链转移后生成无引发活性的小分子，另外 $5 \times 10^6$ 个在发生第四次链转移后生成无引发活性的小分子。其余 $1 \times 10^7$ 个链的动力学链长等于 2000，没发生链转移，它们中 50% 为偶合终止，50% 为歧化终止。试问在此聚合体系中共有多少个聚合物大分子？它们的数均平均聚合度是多少？

50. 如果某一自由基聚合反应的链终止反应完全是偶合终止，估计在低转化率下所得聚合物的相对分子质量的分布指数是多少？在下列情况下，聚合物的分子量分布情况会如何变化？请解释其原因。

(1) 向反应体系中加入正丁硫醇；

(2) 反应达到高转化率时；

(3) 聚合反应中发生向大分子的链转移；

(4) 聚合反应出现自动加速。

51. 活泼单体苯乙烯和不活泼单体乙酸乙烯酯分别在苯和异丙苯中进行其它条件完全相同的自由基溶液聚合，试从单体，溶剂和自由基性等方面比较合成的四种聚合物的相对分子质量大小，并简要说明原因。

52. 某乙烯基单体以 AIBN 为引发剂在 50℃ 下进行悬浮聚合，该温度下引发剂的半衰期 $t_{1/2} = 74h$，引发剂浓度为 0.01mol/L，$f = 0.8$，$k_p = 2.0 \times 10^3 L/(mol \cdot s)$，$k_t = 0.5 \times 10^7 L/(mol \cdot s)$，$C_M = 0.5 \times 10^{-4}$ L/(mol · s) C=0.1 D=0.9，单体的密度为 0.956g/mL，相对分子质量为 86 计算：

(1) 反应 10h 时引发剂的残留浓度；

(2) 聚合初期反应速率；

(3) 转化率达 10% 所需时间；

(4) 初期生成聚合物的聚合度；

(5) 若其它条件不变，引发剂浓度变为 0.03mol/L 时，其初期聚合速率及聚合度各为多少；

(6) 从上述计算中可得出哪些结论。

53. 以过氧化二叔丁基作引发剂，在 60℃ 下研究苯乙烯聚合。已知苯乙烯溶液浓度为 1.0 mol/L，引发剂浓度为 0.01 mol/L，60℃ 下苯乙烯密度为 0.887g/mL，溶剂苯的密度为 0.839g/mL。引发和聚合的初速率分别为 $4.0 \times 10^{-11}$ mol/(L · s) 和 $1.5 \times 10^{-7}$ mol/(L · s)。$C_M = 8.0 \times 10^{-5}$，$C_I = 3.2 \times 10^{-4}$，$C_S = 2.3 \times 10^{-6}$。求：

(1) $fk_d$ 的值；

(2) 聚合初期聚合度；

(3) 聚合初期动力学链长。

54. 按上题条件制备的聚苯乙烯相对分子质量很高，常加入正丁硫醇（$C_S = 21$）调节，问加入多少正丁硫醇（g/L）才能制得相对分子质量为 8.5 万的聚苯乙烯？

55. 用过氧化二苯甲酰作引发剂，苯乙烯在 60℃ 进行本体聚合。已知 $[I] = 0.04mol/L$，$f = 0.8$，$k_d = 2.0 \times 10^{-6} s^{-1}$，$k_p = 176 L/(mol \cdot s)$，$k_t = 3.6 \times 10^7 L/(mol \cdot s)$，60℃ 下苯乙烯密度为 0.887g/mL，$C_I = 0.05$，$C_M = 0.85 \times 10^{-4}$。求：

(1) 引发、向引发剂转移、向单体转移三部分在聚合度倒数中各占多少百分比？

(2) 对聚合度各有什么影响？

56. 醋酸乙烯酯在 60℃ 以偶氮二异丁腈为引发剂进行本体聚合，其动力学数据如下：$[I] = 0.026 \times 10^{-3}$ mol/L，$[M] = 10.86mol/L$，$f = 1$，$k_d = 1.16 \times 10^{-5} s^{-1}$，$k_p = 3700 L/(mol \cdot s)$，$k_t = 7.4 \times 10^7 L/(mol \cdot s)$，$C_M = 1.91 \times 10^{-4}$，歧化终止占动力学终止的 90%，求所得聚醋酸乙烯酯的聚合度。

57. 在 100mL 甲基丙烯酸甲酯中加入 0.0242g 过氧化二苯甲酰，于 60℃ 下聚合，反应 1.5h 后得到 3g 聚合物，用渗透压法测得相对分子质量为 831500。已知 60℃ 下引发剂的半衰期 48h，$f = 0.8$，$C_I = 0.02$，$C_M = 0.1 \times 10^{-4}$，甲基丙烯酸甲酯密度为 0.93g/mL。求：

(1) 甲基丙烯酸甲酯在 60℃ 下的 $k_p^2/k_t$ 值。

(2) 在该温度下歧化终止和偶合终止所占的比例。

58. 聚氯乙烯的相对分子质量为什么与引发剂浓度基本上无关而仅取决于聚合反应温度？试求 45℃、50℃、60℃ 下聚合所得聚氯乙烯的相对分子质量。$[C_M = 125 \exp(-30.5/RT)]$

59. 采用如下引发方式时，聚合度随温度如何变化，请解释其原因。(1) 引发剂引发；(2) 紫外线引发；(3) 热引发。

60. 讨论下列几种链转移、链增长、再引发速率常数的相对大小对聚合反应速率和聚合物相对分子质量的影响：

(1) $k_p \gg k_{tr}$　　$k_a \approx k_p$

(2) $k_p \ll k_{tr}$　　$k_a \approx k_p$

(3) $k_p \gg k_{tr}$　　　$k_a < k_p$

(4) $k_p \ll k_{tr}$　　　$k_a < k_p$

(5) $k_p \ll k_{tr}$　　　$k_a = 0$

61. 简述 LDPE 的大分子链结构特点并从聚合机理上给予解释。

62. 在自由基聚合反应中，调节分子量的措施有哪些？试以氯乙烯悬浮聚合、苯乙烯本体聚合、醋酸乙烯溶液聚合和丁二烯乳液聚合中分子量调节方法为例来阐述和讨论。

63. 下列说法是否正确？如果叙述不正确，请解释其原因。

　(1) 在一般的自由基聚合过程中，聚合初期为链引发阶段，聚合后期为链终止阶段。

　(2) 丙烯进行自由基聚合得不到高聚物是因为自由基不能与单体加成。

　(3) 自由基聚合出现自动加速现象时体系中的自由基浓度不变，自由基的寿命延长。

　(4) 高压聚乙烯（LDPE）中存在乙基、丁基短支链，其起因是向单体的链转移。

　(5) 自由基聚合中诱导期的出现是由于引发剂发生了诱导分解。

　(6) 为提高自由基聚合反应速率，可以采取升高聚合反应温度、提高单体浓度、降低引发剂浓度等方法。

　(7) BPO 引发 MMA 聚合，加入少量氧气或硝基苯或二甲基苯胺都会使聚合速率减慢。

64. 对自由基聚合进行总结并对其今后发展给出自己的评价。

65. 简述自由基聚合的工业化应用。

66. 简述实现可控／"活性"自由基聚合的主要思路及主要实施方法，与传统的自由基聚合相比有哪些优点与不足？

# 参 考 文 献

[1]　George Odian. Principle of Polymerization：4nd. New York：John Wiley & Sons，Inc，2004.

[2]　Ravve A. Principles of Polymer Chemistry：2nd. New York：Plenum Press，2000.

[3]　Harry Allcock. R，Frederick Lampe. W，James Mark. E，现代高分子化学：影印版．北京：科学出版社，2004.

[4]　Paul Hiemenz. C，Timothy Lodge. P，Polymer Chemistry：2nd . New York：CRC Press，2007

[5]　Krzysztof Matyjaszewski，Yves Gnanou，Ludwik Leible. Macromolecular Engineering. Germany，2007.

[6]　潘祖仁．高分子化学：第四版．北京．化学工业出版社，2007.

[7]　唐黎明，庹新林．高分子化学．北京：清华大学出版社，2009.

[8]　卢江，梁晖．高分子化学．北京：化学工业出版社，2005.

[9]　复旦大学高分子系高分子教研室．高分子化学．上海：复旦大学出版社，1995.

[10]　潘才元．高分子化学．合肥：中国科学技术大学出版社，1997.

[11]　张邦华，朱常英，郭天瑛．近代高分子科学．北京：化学工业出版社，2006.

[12]　张礼合．化学学科进展．北京：化学工业出版社，2005.

[13]　王国建．高分子合成新技术．北京：化学工业出版社，2004.

[14]　何天白，胡汉杰．海外高分子化学的新进展．北京：化学工业出版社，1997.

[15]　潘祖仁，于在璋．自由基聚合．北京：化学工业出版社，1983.

[16]　张洪敏，侯元雪．活性聚合．北京：中国石化出版社，1998.

[17]　赵德仁，张慰盛．高聚物合成工艺学．北京：化学工业出版社，1997.

[18]　钱保功，王洛礼，王霞瑜．高分子科学技术发展简史．北京：科学出版社，1994.

[19]　焦书科．高分子化学习题及解答．北京：化学工业出版社，2004.

[20]　刘大华．合成橡胶工业手册．北京：化学工业出版社，1991.

[21]　陈平，廖明义．高分子合成材料学．北京：化学工业出版社，2010.

[22]　韦军，刘方．高分子合成工艺学．上海：华东理工大学出版社，2011.

# 第3章 自由基共聚合

## 3.1 引言

### 3.1.1 基本概念

在链式聚合中，由一种单体进行聚合的反应称为均聚合（homopolymerization），所得产物称为均聚物（homopolymer）。若两种或两种以上单体共同参与聚合的反应称为共聚合（copolymerization），产物称为共聚物（copolymer）。共聚物中各种单体的含量称为共聚物组成（copolymer composition）。不同单体在大分子链上的相互连接情况称为序列结构（sequence structure）。在逐步聚合中，将只有一种单体参加的反应称为均缩聚（homopolycondensation）。两种带有不同官能团的单体共同参与的反应称为混缩聚（mixing polycondensation）。在均缩聚中加入第二单体或在混缩聚中加入第三单体甚至第四单体进行的缩聚反应称为共缩聚（co-condensation polymerization）。

### 3.1.2 分类与命名

从不同的角度可将共聚反应和共聚物分成不同的几类。如习惯上将参与共聚的单体种类数称为"元"，这样可将两种单体参与的共聚反应称为二元共聚，三种单体参与的共聚反应称为三元共聚，多种单体参与的共聚反应称为多元共聚。从反应历程看，又可分为自由基共聚、阳离子共聚、阴离子共聚等。目前应用最广的是按序列结构划分。以二元共聚为例，根据共聚物的链结构，共聚物可分为以下四种主要类型。

① 无规共聚物（random copolymer）。两种单体 $M_1$、$M_2$ 在大分子链上无规排列，两单体在主链上呈随机分布，没有一种单体能在分子链上形成单独的较长链段。

$$\sim\sim\sim M_1 M_1 M_2 M_2 M_2 M_1 M_2 M_1 M_2 M_1 M_1 \sim$$

目前研究及工业化的共聚物中多数是这一类，如丁苯橡胶、氯乙烯-醋酸乙烯共聚物等。

② 交替共聚物（alternative copolymer）。两种单体 $M_1$、$M_2$ 在大分子链上严格相间排列。

$$\sim\sim\sim M_1 M_2 M_1 M_2 M_1 M_2 M_1 M_2 M_1 M_2 M_1 \sim\sim\sim$$

这样的共聚物很少，如苯乙烯-马来酸酐共聚物。

③ 嵌段共聚物（block copolymer）。由较长的 $M_1$ 链段和较长的 $M_2$ 链段间隔排列形成大分子链。根据链段的多少可以分为二嵌段，如苯乙烯-丁二烯二嵌段共聚物；三嵌段，如苯乙烯-丁二烯-苯乙烯三嵌段共聚物；多嵌段共聚物等。对由 $M_1$、$M_2$ 两种单体组成的二嵌段共聚物可表示为：

$$\sim\sim\sim M_1 M_1 M_1 M_1 M_1 M_1 M_1 M_2 M_2 M_2 M_2 M_2 M_2 \sim$$

④ 接枝共聚物（graft copolymer）。主链由一种单体组成，支链则由另一种单体组成。

$$\sim\sim\sim M_1 \underset{\displaystyle M_2 M_2 M_2 M_2}{\overset{|}{M}_1} M_1 M_1 M_1 M_1 M_1 M_1 \underset{\displaystyle M_2 M_2 M_2 M_2 M_2 M_2}{\overset{|}{M}_1} M_1 M_1 M_1 \sim\sim$$

前三种反应主要是通过两种单体的共聚反应，为本章的主要讨论内容。接枝共聚物一般是多步反应。

共聚物的命名主要以来源基础命名法和插入一些中介连接字符的方法来表示：

① 以"聚"字开始，继之在括号中共聚合的单体间插入表示共聚方式的中介连接字符（见表 3-1），读法是以"共聚物"为后缀词。如聚（丁二烯-*co*-苯乙烯），表示为未定义的共聚物，读作"丁二烯-苯乙烯共聚物"。

**表 3-1　共聚物命名的主要中介连接字符**

| 中介连接字符[①] | 含义 | 写法 | 中介连接字符举例 | |
|---|---|---|---|---|
| | | | 名称 | 替换名 |
| *-co-* | （未定义）共聚 | 聚（A-*co*-B） | 聚(苯乙烯-*co*-甲基丙烯酸甲酯) | 苯乙烯-甲基丙烯酸甲酯共聚物 |
| *-ran-* | 无规共聚 | 聚（A-*ran*-B） | 聚（乙烯-*ran*-醋酸乙烯酯） | 乙烯-醋酸乙烯酯无规共聚物 |
| *-alt-* | 交替共聚 | 聚（A-*alt*-B） | 聚（苯乙烯-*alt*-马来酸酐） | 苯乙烯-马来酸酐交替共聚物 |
| *-b-*（或*-block-*） | 嵌段共聚 | 聚 A-*b*-聚 B | 聚苯乙烯-*b*-聚丁二烯 | 苯乙烯-丁二烯嵌段共聚物 |
| *-g-*（或*-graft-*） | 接枝共聚[②] | 聚 A-*g*-聚 B | 聚丁二烯-*g*-聚苯乙烯 | 丁二烯-苯乙烯接枝共聚物 |

① 全用小写斜体。

② 主链（骨干）顺放在名称的首位。

② 将共聚合的单体先用中介符号"-"（或"/"）分开，最后加上按共聚合方式相应的共聚物后缀词。由于嵌段共聚和接枝共聚物中均含很长的某一单体组成的链，这两类共聚物的命名与另两类有所不同，每种链前均以"聚"开头，如丁二烯和苯乙烯进行嵌段共聚，写为聚丁二烯-*b*-聚苯乙烯，读为丁二烯-苯乙烯嵌段共聚物。

无规共聚物命名中，习惯将主单体（含量多的）写在前面，第二单体写在后面。接枝共聚物是构成主链的单体写在前面，构成支链的单体写在后面。嵌段共聚物习惯上是从大分子链的一端，按构成大分子链的嵌段顺序写。

对多元共聚亦按上述原则处理。若有不同类型的三元共聚，同样要依次用中介连接字符说明。例如，苯乙烯与丁二烯无规共聚又与丙烯酸乙酯嵌段共聚的三元共聚物，可表示为"聚（苯乙烯-*ran*-丁二烯）-*b*-聚丙烯酸乙酯"。再如"聚 A-*g*-聚（B-*co*-C）"表示此接枝共聚物主链为聚 A，支链为 B 与 C 的共聚物。

由于共聚物分子式的写法目前还缺少统一规定，写法多样且比较混乱，因此对共聚物进行准确的命名就显得更为重要。

### 3.1.3　研究共聚合的意义

对共聚合的研究，无论在理论上或实际应用上，都具有重要意义。

通过对共聚反应的研究，我们可以测定出单体、自由基、碳阳离子、碳阴离子的相对活性，进而研究单体结构与反应活性的关系，这在理论研究上有重要意义。

由一种单体合成的均聚物往往由于分子结构上的原因而使制品性能存在某些明显缺陷。与由多种均聚物通过物理方法形成的共混物不同，参与共聚的各种单体是通过共价键连接在一根大分子链上的。这样可以更有效地改变大分子链的结构，进而改进聚合物的性能。如改进机械强度、弹性、塑性、柔软性、玻璃化温度、塑化温度、熔点、溶解性能、染色性能、表面性能等。性能改变的程度与参与共聚的单体种类、共聚组成、序列结构有关。

通过共聚合，可以使有限的单体通过不同的组合得到多种多样的聚合物，满足人们的各种需要。如聚苯乙烯为一种通用塑料，聚丁二烯为一种通用橡胶，两种单体无规共聚，产物为目前产量最大的合成橡胶，即丁苯橡胶（SBR）；如嵌段共聚，产物为一种热塑性弹性体（SBS）；如接枝共聚，产物为高抗冲聚苯乙烯（HIPS）。又如聚氯乙烯为一种脆性材料，且存在抗老化差、热成型变色的问题。如与 5% 的醋酸乙烯酯共聚，增加了柔性，可用于制管、薄板；当醋酸乙烯酯含量占到 50%，产品可用于制人造革；如与 40% 的丙烯腈共聚，产物的耐油性、耐溶性增加，可用于过滤材料；与乙烯或丙烯共聚，提高了热稳定性，可用于无毒包装材料，与偏二氯乙烯共聚，可提高气密性，用于包装薄膜。尤其是有些化合物如马来酸酐本身不能用作单体进行均聚，但可通过加入第二种单体如苯乙烯或醋酸乙烯酯进行共聚。这就扩大了合成聚合物的原料范围。高分子科学发展到今天，大多数通用单体已基本实现了工业化生产，共聚合就更显示出重要意义。表 3-2 是典型共聚物改性的例子。

表 3-2　典型共聚物改性

| 主单体 | 第二单体 | 改进的性能及主要用途 |
| --- | --- | --- |
| 乙烯 | 醋酸乙烯酯 | 增加柔性,软化塑料;可供作聚氯乙烯共混料 |
| 乙烯 | 丙烯 | 破坏结晶性,增加柔性和弹性;乙丙橡胶 |
| 异丁烯 | 异戊二烯 | 引入双键,供交联用;丁基橡胶 |
| 丁二烯 | 苯乙烯 | 增加强度;通用橡胶 |
| 丁二烯 | 丙烯腈 | 增加耐油性;丁腈橡胶 |
| 苯乙烯 | 丙烯腈 | 提高抗冲强度;增韧塑料 |
| 氯乙烯 | 醋酸乙烯酯 | 增加塑性和溶解性能;塑料和涂料 |
| 四氟乙烯 | 全氟丙烯 | 破坏结构规整性,增加柔性;特种橡胶 |
| 甲基丙烯酸甲酯 | 苯乙烯 | 改善流动性能和加工性能;塑料 |
| 丙烯腈 | 丙烯酸甲酯衣康酸 | 改善柔软性和染色性能;合成纤维 |
| 马来酸酐 | 醋酸乙烯酯或苯乙烯 | 改进聚合性能;用作分散剂和织物处理剂 |

### 3.1.4　小结

　　与均聚合并列的共聚合，有着自己的专有术语、分类和命名。利用共聚合，通过改变参与共聚单体品种、共聚组成和序列结构，可用有限的单体合成出性能完全不同的多种聚合物。

　　在均聚反应中，聚合机理、聚合反应速率、平均相对分子质量及相对分子质量分布是研究的重要内容；在共聚合中，单体参与共聚的能力、共聚组成和序列结构是研究的主要内容。本章主要讨论由两种单体参与的二元链式共聚合反应。

# 3.2　共聚物组成

　　共聚物组成（copolymer composition）是指共聚物中参加共聚各单体所占的比例，是决定共聚物性能的主要因素之一。要得到预期共聚物组成的共聚物不是一件容易做到的事。首先，是由于共聚中两种链活性中心对两种单体的反应活性各不相同，在共聚合时共聚物的组成与单体配料组成往往相差甚大；其次，在反应过程中活性大的单体消耗得快，随反应的进行，体系中单体组成也在不断地变化，这样在不同反应阶段形成的共聚物的共聚物组成也为一个变值，即在每一瞬间形成的共聚物的瞬时组成是各不相同的，当然整个共聚物的共聚组成也是不均匀的。为此，需要对共聚物组成与单体组成间关系的基本规律进行研究。

### 3.2.1　共聚物组成方程

　　共聚物组成方程描述的是共聚物组成与单体组成之间的定量关系，这种关系可由共聚反应动力学或链增长的概率推导出来。1944 年 Mayo 和 Lewis 分析了二元共聚反应，由反应动力学出发推导出共聚物组成方程，奠定了共聚反应的理论基础。

　　现以自由基二元共聚为例，由动力学出发进行共聚物组成方程（Mayo-Lewis 式）的推导。

　　共聚反应的基元反应数目比均聚反应要多得多，如 $n$ 元共聚，最少要有 $n$ 个引发反应、$n^2$ 个链增长反应和 $n(n+1)/2$ 个双基终止反应。如加上各种链转移反应，总的基元反应还要多。为简化研究，设共聚反应只有正向进行的链引发反应、链增长反应和链终止反应。反向进行的解聚反应对均聚来说，只会影响均聚物的相对分子质量，谈不上组成问题，但对共聚反应而言，则有可能导致共聚组成的改变，因此设体系中没有解聚反应。

以 $M_1$ 和 $M_2$ 代表两种参加共聚的单体，则链引发反应式为：

$$R \cdot + M_1 \longrightarrow RM_1 \cdot$$
$$R \cdot + M_2 \longrightarrow RM_2 \cdot$$

对链增长反应，设无前末端效应：链自由基前末端（倒数第二个）单体单元对自由基的活性没有影响，即自由基活性仅取决于末端单元的结构。这样共有四个链增长反应。同时设自由基活性与链长无关，即等活性假设。以 $\sim\sim\sim M_1 \cdot$ 和 $\sim\sim\sim M_2 \cdot$ 分别代表两种链自由基。$k_{11}$、$k_{12}$、$k_{22}$、$k_{21}$ 为相应的链增长反应速率常数，下标中第一个数字表示增长自由基中末端单体单元种类，即自由基的种类，第二个数字表示与之反应的单体种类。则链增长反应式为：

$$\sim\sim\sim M_1 \cdot + M_1 \xrightarrow{k_{11}} \sim\sim M_1 \cdot \qquad R_{11} = k_{11}[M_1 \cdot][M_1] \qquad (3\text{-}1)$$

$$\sim\sim\sim M_1 \cdot + M_2 \xrightarrow{k_{12}} \sim\sim M_2 \cdot \qquad R_{12} = k_{12}[M_1 \cdot][M_2] \qquad (3\text{-}2)$$

$$\sim\sim\sim M_2 \cdot + M_2 \xrightarrow{k_{22}} \sim\sim M_2 \cdot \qquad R_{22} = k_{22}[M_2 \cdot][M_2] \qquad (3\text{-}3)$$

$$\sim\sim\sim M_2 \cdot + M_1 \xrightarrow{k_{21}} \sim\sim M_1 \cdot \qquad R_{21} = k_{21}[M_2 \cdot][M_1] \qquad (3\text{-}4)$$

式中，$[M_1 \cdot]$ 和 $[M_1]$ 分别代表末端为 $M_1$ 的链自由基和单体 $M_1$ 的浓度，以此类推。

对正常的双基终止反应而言，反应式为：

$$\sim\sim\sim M_1 \cdot + \cdot M_1 \sim\sim\sim \longrightarrow 死的大分子$$
$$\sim\sim\sim M_1 \cdot + \cdot M_2 \sim\sim\sim \longrightarrow 死的大分子$$
$$\sim\sim\sim M_2 \cdot + \cdot M_2 \sim\sim\sim \longrightarrow 死的大分子$$

设共聚物相对分子质量很大，单体基本消耗在链增长反应一步，则引发反应和终止反应对共聚物组成没有影响，两种单体的消失速率或进入共聚物的速率仅取决于链增长反应速率：

$$-\frac{d[M_1]}{dt} = R_{11} + R_{21} = k_{11}[M_1 \cdot][M_1] + k_{21}[M_2 \cdot][M_1] \qquad (3\text{-}5)$$

$$-\frac{d[M_2]}{dt} = R_{12} + R_{22} = k_{12}[M_1 \cdot][M_2] + k_{22}[M_2 \cdot][M_2] \qquad (3\text{-}6)$$

两种单体的消耗速率比等于两种单体进入共聚物的速率比，也就是共聚物的组成：

$$\frac{d[M_1]}{d[M_2]} = \frac{k_{11}[M_1 \cdot][M_1] + k_{21}[M_2 \cdot][M_1]}{k_{12}[M_1 \cdot][M_2] + k_{22}[M_2 \cdot][M_2]} \qquad (3\text{-}7)$$

式(3-7)中含有两种自由基浓度，无法直接使用。与推导自由基聚合动力学方程一样，在这里需要对两种活性中心分别作稳态假定，即要求体系中自由基总浓度和两种自由基的浓度都不变。这一假定包含两个方面：一是 $M_1 \cdot$ 和 $M_2 \cdot$ 的引发速率分别等于各自的终止速率；另一个是它们之间相互转换的速率必须相等。对反应式(3-1)和式(3-3)来说，由于为两种单体的均聚反应，对活性中心数目没有影响。要保证上述假定成立，必须使反应式(3-2)和式(3-4)的速率相等，即

$$k_{12}[M_1 \cdot][M_2] = k_{21}[M_2 \cdot][M_1] \qquad (3\text{-}8)$$

代入式(3-7)，得：

$$\frac{d[M_1]}{d[M_2]} = \frac{[M_1]}{[M_2]} \times \frac{(k_{11}/k_{12})[M_1] + [M_2]}{(k_{22}/k_{21})[M_2] + [M_1]} \qquad (3\text{-}9)$$

定义参数 $r_1$ 和 $r_2$ 为：

$$r_1 = \frac{k_{11}}{k_{12}} \qquad\qquad r_2 = \frac{k_{22}}{k_{21}} \tag{3-10}$$

参数 $r_1$ 和 $r_2$ 称作单体竞聚率（reactivity ratio），为单体均聚和共聚链增长反应速率常数之比，表征两单体进行共聚的相对活性大小。代入式(3-9) 得：

$$\frac{d[M_1]}{d[M_2]} = \frac{[M_1]}{[M_2]} \times \frac{r_1[M_1] + [M_2]}{r_2[M_2] + [M_1]} \tag{3-11}$$

式(3-11) 是以两单体的摩尔比（或浓度比）来描述共聚反应某一瞬间所形成共聚物的组成与该瞬间体系中单体组成的定量关系，称为以摩尔比（或浓度比）表示的共聚物组成微分方程。通过链增长反应的概率，也可得到同样的结果。

习惯上，常采用摩尔分数代替摩尔比（或浓度比）来表达共聚物组成方程。

令 $f_1$、$f_2$ 分别代表某瞬间单体 $M_1$、$M_2$ 占单体混合物的摩尔分数，即

$$f_1 = 1 - f_2 = \frac{[M_1]}{[M_1] + [M_2]} \tag{3-12}$$

令 $F_1$、$F_2$ 分别代表同一瞬间单体 $M_1$、$M_2$ 占共聚物的摩尔分数，即

$$F_1 = 1 - F_2 = \frac{d[M_1]}{d[M_1] + d[M_2]} \tag{3-13}$$

将式(3-11) 和式(3-12) 代入式(3-13)，得：

$$F_1 = \frac{r_1 f_1^2 + f_1 f_2}{r_1 f_1^2 + 2 f_1 f_2 + r_2 f_2^2} \tag{3-14}$$

式(3-14) 是以两单体的摩尔分数或浓度分数来描述共聚反应某一瞬间所形成共聚物的组成与该瞬间体系中单体组成的定量关系，称为以摩尔分数（或浓度分数）表示的共聚物组成微分方程。

以质量分数表示的共聚物组成方程为：

$$X_1 = \frac{r_1 K \left( \dfrac{x_1}{1 - x_1} \right) + 1}{1 + K + r_1 K \left( \dfrac{x_1}{1 - x_1} \right) + r_2 \left( \dfrac{1 - x_1}{x_1} \right)} \tag{3-15}$$

式中，$X_1$ 为某瞬间所形成的共聚物中 $M_1$ 链节的质量分数；$x_1$ 为未反应单体中 $M_1$ 的质量分数；$K$ 为 $M_2 / M_1$，代表两单体的相对分子质量之比。

类似地也可以表示为以质量比或质量分数表示的共聚组成微分方程。在不同的场合，可根据具体情况选用不同的方程。

归纳起来，在以动力学方法推导共聚物组成议程时曾作了下面几个假定：

① 不考虑解聚反应，设聚合反应为正向的不可逆反应；

② 不考虑前末端效应，链自由基一端倒数第二个单元对自由基活性无影响；

③ 等活性假定，自由基活性与链长无关；

④ 聚合度很大，引发和终止反应对共聚物组成没有影响；

⑤ 稳态假定，体系中自由基总浓度和两种自由基的浓度都不变，即要求引发速率和终止速率相等，同时两种自由基相互转化的速率相等。

对于多数自由基二元共聚而言，上述假定均可成立。对于离子型二元共聚，在多数情况下上述公式依然成立。但同一对单体共聚，反应历程不同，竞聚率会不同。

式(3-11)、式(3-14) 和式(3-15) 均为瞬时共聚物组成方程，如果我们能知道反应过程中某一瞬间体系的单体组成，即可用此方程算出此一瞬间所形成共聚物的共聚组成。

### 3.2.2 共聚物组成方程的讨论

在讨论二元共聚组成方程时我们作了五个假定，其中等活性假定、聚合度很大、稳态假

定我们曾在自由基聚合中讨论过。不考虑解聚反应，即设定链增长反应为不可逆反应，属于热力学问题；不考虑前末端效应，即设定前末端单元结构对活性中心活性没有影响，属于动力学问题。在某些共聚体系中，这些假定会导致共聚组成方程在使用中出现一些偏差。

### 3.2.2.1　解聚效应

前面对共聚组成的研究主要是从动力学方面进行考虑，不考虑共聚组成与单体浓度和反应温度的依赖关系。但从热力学看，随反应的进行，体系单体浓度在不断变化，共聚组成亦随之变化。在一定的反应温度下，如果某一种单体的浓度低于它的平衡值 $[M]_e$，以此种单体为共聚物的端基将发生解聚，进而导致该种单体在共聚物中的组成降低，称为解聚效应（depolymerization effect）。

在通常的反应温度下，常用乙烯基单体的解聚倾向很小。但 $\alpha$-甲基苯乙烯的聚合上限温度仅为 61℃，解聚倾向严重。对于均聚物，解聚反应只影响聚合度的大小，对共聚物则还会影响到共聚组成。

如果两种单体都发生解聚反应，很难进行数学处理。Lowry 曾对只有一种单体发生解聚的体系进行数学分析，推导出相应的 $d[M_1]/d[M_2]$ 关系式，并通过 1,1-二苯基乙烯-丙烯酸甲酯、苯乙烯-$\alpha$-甲基苯乙烯、苯乙烯-甲基丙烯酸甲酯、丙烯腈-$\alpha$-甲基苯乙烯自由基共聚体系及 2,4,6-三甲基苯乙烯-$\alpha$-甲基苯乙烯阴离子共聚体系的研究证实了这一反应模型。

实验表明，增加反应温度、降低单体浓度有利于解聚反应的发生时，共聚反应就会出现由符合式(3-11) 的"正常"行为变为"异常"行为。如苯乙烯-$\alpha$-甲基苯乙烯自由基共聚反应时，可以观察到反应温度由 0℃ 升到 100℃ 时共聚物中 $\alpha$-甲基苯乙烯含量的下降。对于投料中 $\alpha$-甲基苯乙烯含量高的体系，这一现象更为明显。在 $\alpha$-甲基苯乙烯-2,4,6-三甲基苯乙烯阴离子共聚反应中，当反应温度由 -78℃ 升到 0℃ 时，2,4,6-三甲基苯乙烯的浓度如低于 0.75mol/L，可观察到共聚物中 2,4,6-三甲基苯乙烯含量减少。

### 3.2.2.2　前末端效应

在讨论共聚组成方程时，我们曾假定只有链端的单体单元结构对活性中心有影响，即没有前末端效应。但如果单体取代基的空间位阻或极性较大时，前末端单元将对末端活性中心的活性产生一定的、不可忽略的影响，这种影响称为前末端效应（penultimate effect）。对于二元共聚体系，算上前末端结构，共有 4 种活性中心，8 个增长反应：

$$\sim\sim\sim M_1 M_1 \cdot \; + \; M_1 \xrightarrow{k_{111}} \sim\sim\sim M_1 M_1 M_1 \cdot$$

$$\sim\sim\sim M_1 M_1 \cdot \; + \; M_2 \xrightarrow{k_{112}} \sim\sim\sim M_1 M_1 M_2 \cdot$$

$$\sim\sim\sim M_2 M_2 \cdot \; + \; M_1 \xrightarrow{k_{221}} \sim\sim\sim M_2 M_2 M_1 \cdot$$

$$\sim\sim\sim M_2 M_2 \cdot \; + \; M_2 \xrightarrow{k_{222}} \sim\sim\sim M_2 M_2 M_2 \cdot$$

$$\sim\sim\sim M_2 M_1 \cdot \; + \; M_1 \xrightarrow{k_{211}} \sim\sim\sim M_2 M_1 M_1 \cdot$$

$$\sim\sim\sim M_2 M_1 \cdot \; + \; M_2 \xrightarrow{k_{212}} \sim\sim\sim M_2 M_1 M_2 \cdot$$

$$\sim\sim\sim M_1 M_2 \cdot \; + \; M_1 \xrightarrow{k_{121}} \sim\sim\sim M_1 M_2 M_1 \cdot$$

$$\sim\sim\sim M_1 M_2 \cdot \; + \; M_2 \xrightarrow{k_{122}} \sim\sim\sim M_1 M_2 M_2 \cdot$$

4 个竞聚率：

$$r_1 = k_{111}/k_{112}; \; r_2 = k_{222}/k_{221}; \; r_1' = k_{211}/k_{212}; \; r_2' = k_{122}/k_{121} \tag{3-16}$$

令 $X = [M_1]/[M_2]$，得：

$$\frac{\mathrm{d}[M_1]}{\mathrm{d}[M_2]}=\frac{1+\dfrac{r_1'X(r_1X+1)}{(r_1'X+1)}}{1+\dfrac{r_2'(r_2+X)}{X(r_2'+X)}} \tag{3-17}$$

前末端效应的典型例子是苯乙烯-反丁烯二腈自由基共聚体系。对该体系的研究表明，前末端为反丁烯二腈的苯乙烯自由基与反丁烯二腈单体作用的活性显著降低。这主要是由于单体反丁烯二腈与处于前末端的反丁烯二腈单元间存在空间位阻和极性斥力的缘故。在这一体系中，离链端更远的单元亦能产生一定的影响，如要精确地研究这种远距离效应，需用更多的竞聚率来表征。

对自由基共聚合，苯乙烯-甲基丙烯酸乙酯、甲基丙烯酸甲酯和 4-乙烯基吡啶、苯乙烯-丙烯腈、α-甲基苯乙烯-丙烯腈等共聚体系均存在前末端效应，尤其当体系中有 1,2-二取代单体且取代基极性较强时，前末端效应不能忽略，如苯乙烯-马来酸酐共聚体系。在离子型共聚合中也有前末端效应存在。如苯乙烯和 4-乙烯基吡啶的阳离子共聚体系，当链端为 4-乙烯基吡啶而前一单元为苯乙烯时，4-乙烯基吡啶活性增大。

### 3.2.2.3 络合效应

当参加共聚反应的单体极性相差较大，如带有电子给予体和电子接受体取代基的单体之间可以形成电荷转移络合物。这些络合物在共聚反应中可作为一个单体参加反应，一方面大大提高了共聚物的交替倾向，另一方面在共聚反应中与单个单体互相竞争，使共聚组成产生了偏离，这种现象称为络合效应（complex effect）。除正常的 4 个链增长反应外，还有下述 4 个链增长反应：

$$\sim\sim\sim M_1\cdot\ +\ \overline{M_2 M_1}\ \xrightarrow{k_{\overline{121}}}\ \sim\sim\sim M_1 M_2 M_1\cdot$$

$$\sim\sim\sim M_1\cdot\ +\ \overline{M_1 M_2}\ \xrightarrow{k_{\overline{112}}}\ \sim\sim\sim M_1 M_1 M_2\cdot$$

$$\sim\sim\sim M_2\cdot\ +\ \overline{M_2 M_1}\ \xrightarrow{k_{\overline{221}}}\ \sim\sim\sim M_2 M_2 M_1\cdot$$

$$\sim\sim\sim M_2\cdot\ +\ \overline{M_1 M_2}\ \xrightarrow{k_{\overline{212}}}\ \sim\sim\sim M_2 M_1 M_2\cdot$$

式中，$\overline{M_1 M_2}$、$\overline{M_2 M_1}$ 代表由两种不同单体形成的电荷转移络合物。

与此相对应，有 6 个竞聚率：

$$
\begin{aligned}
&r_1=k_{11}/k_{12}; &\qquad &r_2=k_{22}/k_{21};\\
&r_1'=k_{\overline{112}}/k_{\overline{121}}; &\qquad &r_2'=k_{\overline{221}}/k_{\overline{212}};\\
&r_1''=k_{\overline{121}}/k_{12}; &\qquad &r_2''=k_{\overline{212}}/k_{21}
\end{aligned}
\tag{3-18}
$$

与解聚反应相同，有络合效应体系的共聚组成与温度及单体浓度有关，这是由于电荷转移络合物与单体之间存在平衡关系的缘故。温度升高，络合物浓度降低；单体配比一定时，提高单体浓度，电荷转移络合物浓度随之上升。

典型的电子接受体有丙烯醛、乙烯酮、丙烯腈、丙烯酸酯类等，典型的电子给予体有二烯烃、α-烯烃、不饱和酯类、醚类和卤代烯烃等。如 1,2-二苯基乙烯-马来酸酐、烯丙醇-马来酸酐、1-己烯-二氧化硫、N-乙烯基咔唑-反丁烯二酸二乙酯、醋酸乙烯酯-六氟丙酮等均能形成电荷转移络合物。添加 $ZnCl_2$、$C_2H_5AlCl_2$、$VOCl_3$ 等金属盐，能增加弱电子接受体形成电荷转移络合物的能力。

### 3.2.2.4 多元共聚

近年来，多元共聚物显示出更大的重要性，但在理论研究上却进展缓慢，目前研究较多的是三元共聚。三元共聚的定量处理十分复杂，最简单的体系也有 3 种引发反应，9 种链增长反应，6 种链终止反应和 6 个竞聚率。

有两种稳态假定方式，可得到两种不同的共聚组成方程。

① Alfrey-Goldfinger 假定　设 $[M_1\cdot]$、$[M_2\cdot]$、$[M_3\cdot]$ 的稳态浓度可用下式表示：

$$R_{12}+R_{13}=R_{21}+R_{31} \qquad R_{21}+R_{23}=R_{12}+R_{32} \qquad R_{31}+R_{32}=R_{13}+R_{23} \tag{3-19}$$

共聚组成方程为：

$$d[M_1]:d[M_2]:d[M_3]=$$

$$[M_1]\left\{\frac{[M_1]}{r_{31}r_{21}}+\frac{[M_2]}{r_{21}r_{32}}+\frac{[M_3]}{r_{31}r_{23}}\right\}\left\{[M_1]+\frac{[M_2]}{r_{12}}+\frac{[M_3]}{r_{13}}\right\}$$

$$:[M_2]\left\{\frac{[M_1]}{r_{12}r_{31}}+\frac{[M_2]}{r_{12}r_{32}}+\frac{[M_3]}{r_{32}r_{13}}\right\}\left\{[M_2]+\frac{[M_1]}{r_{21}}+\frac{[M_3]}{r_{23}}\right\} \tag{3-20}$$

$$:[M_3]\left\{\frac{[M_1]}{r_{13}r_{21}}+\frac{[M_2]}{r_{23}r_{12}}+\frac{[M_3]}{r_{13}r_{23}}\right\}\left\{[M_3]+\frac{[M_1]}{r_{31}}+\frac{[M_2]}{r_{32}}\right\}$$

② Valvassori-Sartori 假定　设 $[M_1\cdot]$、$[M_2\cdot]$、$[M_3\cdot]$ 的稳态浓度可用下式表示：

$$R_{12}=R_{21} \qquad R_{23}=R_{32} \qquad R_{31}=R_{13} \tag{3-21}$$

共聚组成方程为：

$$d[M_1]:d[M_2]:d[M_3]=[M_1]\left\{[M_1]+\frac{[M_2]}{r_{12}}+\frac{[M_3]}{r_{13}}\right\}:[M_2]\frac{r_{21}}{r_{12}}\left\{\frac{[M_1]}{r_{21}}+[M_2]+\frac{[M_3]}{r_{23}}\right\}$$

$$:[M_3]\frac{r_{31}}{r_{13}}\left\{\frac{[M_1]}{r_{31}}+\frac{[M_2]}{r_{32}}+[M_3]\right\} \tag{3-22}$$

表 3-3 列出了几种三元共聚体系实验测定的共聚组成与理论计算的共聚组成，可以看出用不同方法计算的结果与实验测定结果能较好地吻合。目前这一方法已经成功地扩展到多元共聚体系。当然，上述方程只有在体系所有的竞聚率都有确定值时才是有效的。

表 3-3　自由基三元共聚反应中计算的和实验测定的共聚物组成　　　单位：%（摩尔分数）

| 单体 | 含量 | 实测值 | 计算值 | |
|---|---|---|---|---|
| | | | 方程(3-20) | 方程(3-22) |
| 苯乙烯 | 31.24 | 43.4 | 44.3 | 44.3 |
| 甲基丙烯酸甲酯 | 31.12 | 39.4 | 41.2 | 42.7 |
| 偏氯乙烯 | 37.64 | 17.2 | 14.5 | 13.0 |
| 甲基丙烯酸甲酯 | 35.10 | 50.8 | 54.3 | 56.6 |
| 丙烯腈 | 28.24 | 28.3 | 29.7 | 23.5 |
| 偏氯乙烯 | 36.66 | 20.9 | 16.0 | 19.9 |
| 苯乙烯 | 34.03 | 52.8 | 52.4 | 53.8 |
| 丙烯腈 | 34.49 | 36.7 | 40.5 | 36.6 |
| 偏氯乙烯 | 31.48 | 10.5 | 7.1 | 9.6 |
| 苯乙烯 | 35.92 | 44.7 | 43.6 | 45.2 |
| 甲基丙烯酸甲酯 | 36.03 | 26.1 | 29.2 | 33.8 |
| 丙烯腈 | 28.05 | 29.2 | 26.2 | 21.0 |
| 苯乙烯 | 20.00 | 55.2 | 55.8 | 55.8 |
| 丙烯腈 | 20.00 | 40.3 | 41.3 | 41.4 |
| 氯乙烯 | 60.00 | 4.5 | 2.9 | 2.8 |
| 苯乙烯 | 25.21 | 40.7 | 41.0 | 41.0 |
| 甲基丙烯酸甲酯 | 25.48 | 25.5 | 27.3 | 29.3 |
| 丙烯腈 | 25.40 | 25.8 | 24.8 | 22.8 |
| 偏氯乙烯 | 23.91 | 8.0 | 6.9 | 6.9 |

## 3.2.3　共聚物组成曲线

式(3-11)反映了共聚反应某一瞬间所形成共聚物的共聚合物组成与这一瞬间体系中单

体组成之间关系。可以看出影响共聚物组成的主要因素是两种单体浓度及它们的竞聚率。

在二元共聚反应中，活性中心 ～～～$M_1 \cdot$ 可同时与两种不同的单体反应，即存在一对相互竞争的链增长反应：

$$～～～M_1 \cdot \quad + \quad \begin{matrix} M_1 \longrightarrow ～～～M_1 M_1 \cdot \\ M_2 \longrightarrow ～～～M_1 M_2 \cdot \end{matrix}$$

对单体 $M_1$ 的竞聚率定义为：$r_1 = \dfrac{k_{11}}{k_{12}}$，表征 ～～～$M_1 \cdot$ 链自由基同自身单体 $M_1$ 进行自聚的反应能力与同异种单体 $M_2$ 进行共聚的反应能力之比。反过来看，也就是两种单体与同一种链自由基反应的相对活性。从单体的角度看，竞聚率反映了竞争聚合时两种单体反应活性的比较；从聚合的角度看，竞聚率反映了链自由基进行自聚与共聚的能力比较。因此竞聚率是判断单体活性和共聚行为的重要参数。

当 $r_1 > 1$，即 $k_{11} > k_{12}$ 时，表明链自由基 ～～～$M_1 \cdot$ 易和自身单体 $M_1$ 反应而不易和异种单体 $M_2$ 反应。易自聚而不易共聚，或均聚倾向大于共聚倾向。

当 $r_1 < 1$，即 $k_{11} < k_{12}$ 时，表明链自由基 ～～～$M_1 \cdot$ 易和异种单体 $M_2$ 反应而不易和自身单体 $M_1$ 反应。易共聚而不易自聚，或共聚倾向大于自聚倾向。

当 $r_1 = 1$，即 $k_{11} = k_{12}$ 时，表明链自由基 ～～～$M_1 \cdot$ 和两种单体 $M_1$、$M_2$ 反应的活性相同。发生均聚和发生共聚的概率相等。

当 $r_1 = 0$，即 $k_{11} = 0$，$k_{12} \neq 0$ 时，表明链自由基 ～～～$M_1 \cdot$ 只能和异种单体 $M_2$ 反应而不能和自身单体 $M_1$ 反应。即只能共聚而不能自聚。

当 $r_1 = \infty$，即 $k_{11} \neq 0$，$k_{12} \approx 0$ 时，表明链自由基 ～～～$M_1 \cdot$ 只能和同种单体 $M_1$ 反应而不能和异种单体 $M_2$ 反应，即只能自聚而不能共聚。在实际中尚未发现这种情况。

对 $r_2$ 也可进行类似的分析。

式(3-14)表明共聚组成 $F_1$ 是单体组成 $f_1$ 的函数。当竞聚率确定后，对于一系列不同的单体组成 $f_1$，可以得到对应的一系列共聚物组成 $F_1$。这种关系可以用相应的 $F_1$-$f_1$ 共聚组成曲线来表示。式(3-14)也反映了某一特定体系中的单体竞聚率 $r_1$ 与 $r_2$ 之间的关系。竞聚率可以在很大范围内变动，因而共聚行为和共聚组成曲线也有很大差异。下面根据两单体竞聚率的不同情况对一些典型的共聚类型进行讨论，以对不同共聚情况有一大致了解。

### 3.2.3.1 $r_1 = 1$，$r_2 = 1$

这类单体对的共聚称为理想恒比共聚（ideal azeotropic copolymerization）。此时式(3-11)、式(3-14)可简化为：

$$\frac{d[M_1]}{d[M_2]} = \frac{[M_1]}{[M_2]} \quad 及 \quad F_1 = f_1 \tag{3-23}$$

共聚组成曲线见图 3-1，为一过原点的直线，称为恒比对角线。

对于理想恒比共聚，两种链自由基均聚和共聚的概率相等，反应任一瞬间生成共聚物的组成与当时体系中单体组成相同，因此称为理想恒比共聚。由于反应概率相当，两种单体在分子链上的排列是无规的，产物为无规共聚物。

可以进行理想恒比共聚的单体对很少，如四氟乙烯-三氟氯乙烯（$r_1 = 1.0$，$r_2 = 1.0$）。

### 3.2.3.2 $r_1 = 0$，$r_2 = 0$

对于 $r_1 r_2 = 0$ 的共聚体系，称为交替共聚（alternative copolymerization）。

对于两种单体的竞聚率均为零或均趋于零的体系，两种链自由基都不能和自身单体进行均聚而只能与异种单体进行共聚，所形成共聚物中两种单体单元严格交替排列。不论单体投料配比如何，当含量少的单体消耗光后聚合反应不再进行，剩下未反应的含量多的单体。即共聚组成与单体组成、转化率无关。

式（3-11）和式（3-14）可简化为：

$$\frac{\mathrm{d}[M_1]}{\mathrm{d}[M_2]}=1 \quad 及 \quad F_1=0.5 \tag{3-24}$$

共聚组成曲线见图 3-2，为一条 $F_1=0.5$ 的水平线。

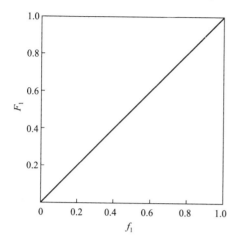

图 3-1　理想恒比共聚组成曲线

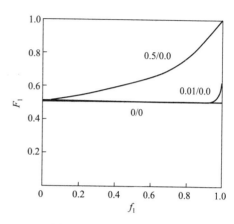

图 3-2　交替共聚组成曲线
（$r_1r_2=0$，曲线上数值为 $r_1/r_2$）

能够进行自由基交替共聚的体系很少，如马来酸酐和醋酸-2-氯烯丙基酯、异丁烯和反丁烯二酸二乙酯。离子型共聚由于取代基极性效应的影响，交替共聚的倾向要比自由基共聚更小。

如 $r_1 \to 0$，$r_2=0$，则式（3-11）为：

$$\frac{\mathrm{d}[M_1]}{\mathrm{d}[M_2]}=1+r_1\frac{[M_1]}{[M_2]} \tag{3-25}$$

单体 $M_1$ 有一定的自聚能力，$M_2$ 则只能共聚而不能均聚。当 $f_1$ 较小、$M_2$ 过量较多时，产物基本为交替共聚物；当 $f_1$ 较大时，共聚物中 $F_1>50\%$。60℃苯乙烯（$r_1=0.01$）和马来酸酐（$r_2=0$）自由基共聚就是这方面的例子（图 3-2）。

当 $r_1>0$，$r_2=0$ 时，$M_1$ 的自聚能力明显加强，严格讲此时已不属于交替共聚，只能说 $M_2$ 是以单个单元分布于由 $M_1$ 形成的大分子链上。

3.2.3.3　$r_1>1$，$r_2<1$（或 $r_1<1$，$r_2>1$）

这种情况的单体对在自由基共聚中较多。从两单体竞聚率的乘积看，这类单体对的共聚主要有 $r_1r_2=1$ 和 $r_1r_2 \neq 1$ 两种类型。

（1）$r_1r_2=1$（$r_1>1$，$r_2<1$ 或 $r_1<1$，$r_2>1$）

这种单体对的共聚习惯上称为理想共聚（ideal copolymerization）。式（3-11）和式（3-14）可简化为：

$$\frac{\mathrm{d}[M_1]}{\mathrm{d}[M_2]}=r_1\frac{[M_1]}{[M_2]} \qquad 及 \qquad F_1=\frac{r_1 f_1}{r_1 f_1+f_2} \tag{3-26}$$

设体系为 $r_1>1$，$r_2<1$，$r_1r_2=1$。则链自由基 ～～～$M_1\cdot$ 易与 $M_1$ 进行自聚，而 ～～～$M_2\cdot$ 易与 $M_1$ 进行共聚，总体看体系中单体 $M_1$ 的消耗速率要远大于 $M_2$，或者说进入共聚物的单体中，$M_1>M_2$。这样不管单体配比如何，任一瞬间所形成共聚物中 $M_1$ 所占比例均大于体系中单体 $M_1$ 所占比例，因此其共聚组成曲线在恒比对角线上方（图 3-3），与另一对角线呈对称状况，且 $r_1$ 值越大，共聚组成曲线距恒比对角线越远。从这个角度看，

$r_1=1$，$r_2=1$ 的理想恒比共聚只不过是理想共聚合的一种特殊情况。

对 $r_1<1$，$r_2>1$，$r_1r_2=1$ 的体系，可作相同的分析，不过这时的共聚组成曲线在恒比对角线的下方（图 3-3）。

此类共聚反应属于无规共聚反应。

能进行理想共聚的单体对很少，较多的是接近理想共聚的体系，如丁二烯-苯乙烯（$r_1=1.39$，$r_2=0.78$，$r_1r_2=1.08$），醋酸乙烯酯-乙烯（$r_1=1.02$，$r_2=0.97$，$r_1r_2=0.99$），偏二氯乙烯-氯乙烯（$r_1=3.2$，$r_2=0.3$，$r_1r_2=0.96$）的自由基共聚。

（2）$r_1r_2\neq1$（$r_1>1$，$r_2<1$ 或 $r_1<1$，$r_2>1$）

这种单体对的共聚反应习惯上称为非理想共聚（non-ideal copolymerization）或非理想非恒比共聚。

设体系为 $r_1>1$，$r_2<1$，$r_1r_2\neq1$。此类共聚组成曲线与理想共聚的情况相似，位于该对角线上方，且 $r_1$ 值越大，曲线离恒比对角线越远。不同在于没有理想共聚组成曲线那样的对称（见图 3-4）。当体系为 $r_1<1$，$r_2>1$，$r_1r_2\neq1$ 时，共聚组成曲线处于恒比对角线下方。

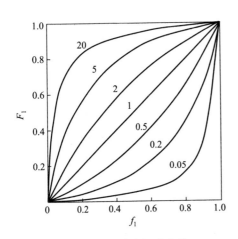

图 3-3　理想共聚组成曲线

（$r_1r_2=1$，曲线上数字为 $r_1$ 值）

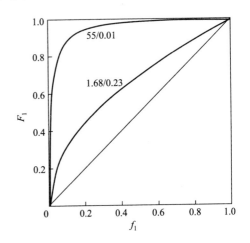

图 3-4　非理想非恒比共聚组成曲线

（曲线上数值为 $r_1/r_2$）

此类共聚反应属于无规共聚反应。

能进行非理想共聚的体系很多，基本上是无规共聚。如氯乙烯-醋酸乙烯酯（$r_1=1.68$，$r_2=0.23$，$r_1r_2=0.39$），甲基丙烯酸甲酯-丙烯腈（$r_1=1.16$，$r_2=0.13$，$r_1r_2=0.15$），丙烯腈-丙烯酸甲酯（$r_1=1.5$，$r_2=0.84$，$r_1r_2=1.26$），丙烯酸-醋酸乙烯酯（$r_1=8.7$，$r_2=0.21$，$r_1r_2=1.83$）的自由基共聚。

总体看，对于 $r_1>1$，$r_2<1$（或 $r_1<1$，$r_2>1$）共聚体系的一个重要特点是随着两种单体竞聚率差别越大，要合成两种单体含量都较高的共聚物就越困难。如在 $r_1r_2=1$ 的条件下：

$$\frac{k_{11}}{k_{12}}=\frac{k_{21}}{k_{22}} \tag{3-27}$$

说明两种单体结合到共聚物上的相对速率与链自由基种类无关，为无规共聚，共聚物中两单体单元摩尔比是体系中两单体摩尔比的 $r_1$ 倍。

① 当两单体的活性差别不是太大时，在进行共聚时两单体的反应概率也相差不太大，故两种单体在分子链上的排列是无规的，产物为无规共聚物。

② 当两单体的竞聚率相差过大时，就得不到含有大量单体 $M_2$ 的共聚物。如 $r_1=10$，$r_2=0.1$，即使投料时 $M_2$ 的摩尔分数为 80%，所得共聚物中 $M_2$ 的单元结构的摩尔分数仅

为 18.5%。只有当 $r_1$ 和 $r_2$ 没有显著差别时（如 $r_1=0.5\sim2$），才会在很大的共聚单体投料组成的范围内得到两种单体含量都较多的共聚物。又如苯乙烯（$r_1=55$）和醋酸乙烯酯（$r_2=0.01$）的自由基共聚，尽管共聚行为属于非理想共聚，但产物为聚合初期形成的聚苯乙烯和后期形成的聚醋酸乙烯酯的混合物，得不到共聚物。

**3.2.3.4　$r_1<1$，$r_2<1$**

这种情况的单体对在自由基共聚中也很常见。此类共聚组成曲线与恒比对角线有一交点，在该交点处投料所得共聚物的共聚组成与单体投料组成相同，因此该点称为恒比点（azeotropic point），该类共聚称为非理想恒比共聚（non-ideal azeotropic copolymerization），或有恒比点的非理想共聚。

在恒比点处有：

$$\frac{\mathrm{d}[M_1]}{\mathrm{d}[M_2]}=\frac{[M_1]}{[M_2]} \tag{3-28}$$

与式(3-11)联立，可得恒比点的条件：

$$\frac{[M_1]}{[M_2]}=\frac{1-r_2}{1-r_1} \qquad 或 \qquad F_1=f_1=\frac{1-r_2}{2-r_1-r_2} \tag{3-29}$$

当 $r_1<1$，$r_2<1$，$r_1=r_2$ 时，恒比点处有 $F_1=f_1=0.5$。如丙烯腈（$r_1=0.83$）和丙烯酸甲酯（$r_2=0.84$）的自由基共聚。对于多数非理想恒比共聚体系，$r_1\neq r_2$。此时共聚组成曲线的形状基本相似，但恒比点不再出现在 0.5 处。当 $r_1>r_2$ 时，恒比点上移，如苯乙烯（$r_1=0.41$）- 丙烯腈（$r_2=0.04$），$f_{恒比}=0.62$；当 $r_1<r_2$ 时，恒比点下移，如丙烯腈（$r_1=0.44$）- 丙烯酸乙酯（$r_2=0.95$），$f_{恒比}=0.08$。当 $f_1$ 低于恒比组成时，共聚物中 $F_1$ 大于单体组成 $f_1$，此部分共聚组成曲线在恒比对角线上方；而当 $f_1$ 高于恒比组成时，共聚物中 $F_1$ 小于单体组成 $f_1$，此部分共聚组成曲线在恒比对角线下方（见图 3-5）。

此类共聚反应属于无规共聚反应。

**3.2.3.5　$r_1>1$，$r_2>1$**

两个竞聚率都大于 1，说明两种链自由基都易与自身单体进行自聚而不易共聚。从理论上讲应形成不同长度的嵌段，链段的长短取决于两竞聚率的大小。对于自由基共聚，由于大分子链在瞬间形成，因而难以得到商品上有用的真正嵌段共聚物，因此也将此类共聚称为"嵌段"共聚。

这类共聚合的情况非常少。如苯乙烯-异戊二烯（$r_1=1.38$，$r_2=2.05$），其共聚组成曲线如图 3-6 所示，与非理想恒比共聚的共聚曲线相比，相同处是与恒比对角线也有一交点，不同之处是曲线形状相反。

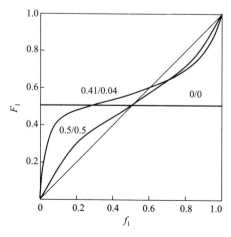

图 3-5　非理想恒比共聚组成曲线
（曲线上数值为 $r_1/r_2$）

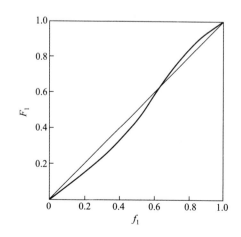

图 3-6　$r_1>1$，$r_2>1$ 的共聚组成曲线

以上讨论了一些典型共聚体系的共聚行为和共聚组成曲线，对于其它的共聚体系，可参照上述方法进行分析。

### 3.2.4 共聚组成和转化率的关系

上节讨论了在反应任一瞬间所形成共聚物的共聚组成。现实中，我们更关心的是在高转化率下由不同反应阶段形成的共聚物大分子链的总的共聚组成。二元共聚时，除恒比共聚和交替共聚形成的共聚物组成不随转化率的提高而变化外，其它类型的共聚反应生成的共聚物组成都随反应的进行而变化。当转化率为100％时，尽管产生的共聚物的平均组成与最初单体投料组成相同，但它不是一种组成均匀的共聚物，而是不同组成共聚物的混合物。这种组成不均匀的共聚物不仅加工困难，而且产物性能很难达到要求。对共聚组成的控制，是科学研究和工业生产的一个重要内容。

#### 3.2.4.1 定性描述

共聚物组成曲线描述的是不同单体配比下所形成共聚物的瞬时组成。对多数共聚体系，无法在共聚物组成曲线上定量判断出反应进行到某一阶段的单体组成及共聚物组成，但可以定性地判断随反应进行单体组成及所对应的共聚物组成的变化趋势。

在 $r_1 > 1$ 和 $r_2 < 1$ 的情况下，瞬时组成曲线如图3-7中曲线1。设起始单体组成为 $f_1^0$，对应的瞬时共聚物组成为 $F_1^0$，且 $F_1^0 > f_1^0$。如前所述，该体系中单体 $M_1$ 的消耗速率要大于单体 $M_2$ 的消耗速率。设反应进行到某一转化率时，体系中单体组成 $f_1$ 所形成共聚物的瞬时组成为 $F_1$，则必有 $f_1^0 > f_1$，$F_1^0 > F_1$。随转化率提高，组成变化方向如曲线1上箭头所示。对 $r_1 < 1$ 和 $r_2 > 1$ 的体系，单体组成及共聚物瞬时组成随转化率提高的变化方向与上面的体系相反（曲线2上箭头所示方向）。

对 $r_1 < 1$，$r_2 < 1$ 的非理想恒比共聚，当 $f_1$ 处于恒比点下方时，单体组成和共聚物瞬时组成变化方向与曲线1相同；当 $f_1$ 处于恒比点上方时，单体组成和共聚物瞬时组成变化方向与曲线2相同（曲线3）。

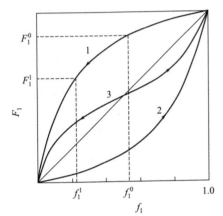

图3-7 共聚物瞬时组成的变化方向
1—$r_1 > 1$, $r_2 < 1$; 2—$r_1 < 1$, $r_2 > 1$;
3—$r_1 < 1$, $r_2 < 1$

#### 3.2.4.2 共聚微分方程的积分式和组成-转化率曲线

共聚物组成方程式(3-11)、式(3-14)得到的是共聚物的瞬时组成。在很低的转化率下（<5％），可近似由投料单体组成求出这一期间所生成的共聚物组成。当转化率增大后，为了掌握瞬时共聚组成、平均组成与某一特定单体转化过程的关系，就必须借助于共聚微分方程的积分或图解方法。

最常用的是Skeist提出的以式(3-14)为基础的积分方法。设体系中两单体的总物质的量为 $M$，所形成共聚物中含 $M_1$ 单体单元比投料单体中 $M_1$ 多，即 $F_1 > f_1$。发生共聚后，体系中有 $dM$ mol进行了反应，生成的共聚物中含有 $F_1 dM$ mol的 $M_1$，未聚合的单体中所剩 $M_1$ 的量为 $(M - dM)(f_1 - df_1)$。根据物料平衡原理：

$$M f_1 - (M - dM)(f_1 - df_1) = F_1 dM \tag{3-30}$$

展开并略去二阶无穷小项 $dM\,df_1$，重排并化成积分式：

$$\int_{[M]_0}^{[M]} \frac{d[M]}{[M]} = \int_{f_1^0}^{f_1} \frac{df_1}{F_1 - f_1} \tag{3-31}$$

式中，上标和下标0表示初始态。

聚合转化率 $C$ 定义为：

$$C=\frac{[M]_0-[M]}{[M]_0}=1-\frac{[M]}{[M]_0} \tag{3-32}$$

对一组特定的竞聚率值 $r_1$ 和 $r_2$，将式(3-14)的 $F_1$-$f_1$ 关系式代入式(3-31)进行数值或图解积分，就可以得到投料组成和共聚物组成随转化率变化的关系。Meyer 等人的直接积分结果为：

$$C=1-\left[\frac{f_1}{f_1^0}\right]^\alpha\left[\frac{f_2}{f_2^0}\right]^\beta\left[\frac{f_1^0-\delta}{f_1-\delta}\right]^\gamma \tag{3-33}$$

四个常数的定义是：

$$\alpha=\frac{r_2}{(1-r_2)} \qquad \beta=\frac{r_1}{(1-r_1)} \qquad \gamma=\frac{(1-r_1r_2)}{(1-r_1)(1-r_2)} \qquad \delta=\frac{(1-r_2)}{(2-r_1-r_2)} \tag{3-34}$$

用计算机可以很容易地求出 $f_1$-$C$ 之间关系，再利用式(3-14)可求出 $F_1$-$C$ 关系，由式(3-33)求得转化率为 $C$ 时所形成共聚物中单体 $M_1$ 单元的平均组成：

$$\overline{F_1}=\frac{[M_1]_0-[M_1]}{[M]_0-[M]}=\frac{f_1^0-(1-C)f_1}{C} \tag{3-35}$$

式(3-35)表示平均组成 $\overline{F_1}$ 与原料起始组成 $f_1^0$、瞬时单体组成 $f_1$ 和转化率 $C$ 之间的关系。由式(3-14)、式(3-33)和式(3-35)可以作出 $f_1$、$F_1$、$\overline{F_1}$ 与 $C$ 间的关系曲线。图 3-8 是苯乙烯（$M_1$）和甲基丙烯酸甲酯（$M_2$）自由基共聚合时的共聚物组成曲线。其竞聚率为 $r_1=0.53$，$r_2=0.56$，属于有恒比点的非理想恒比共聚，恒比点为 $f_1=F_1=0.484$。图 3-9 是该体系的 $f_1$、$F_1$、$\overline{F_1}$ 与 $C$ 间的关系曲线。当单体 $M_1$ 和 $M_2$ 的配比为 $f_1$ 和 $f_2$ 时，其共聚物的瞬时组成分别为 $f_1$ 和 $f_2$，平均组成分别为 $\overline{F_1}$ 和 $\overline{F_2}$。从图 3-8 中可看出，如在恒比点处投料，有 $f_1=F_1=\overline{F_1}$（图中水平线）。在其它处投料（如 $f_1^0=0.80$，$f_2^0=0.20$），由于 MMA 的竞聚率稍高于 St，所得共聚物中 MMA 单体单元的含量要高于单体中 MMA 含量（$F_2>f_2$）；对于苯乙烯，情况则正相反（$F_1<f_1$）。随转化率的提高，体系中 MMA 由于消耗快于 St，使 MMA 分率下降而 St 分率上升；与此对应，共聚物瞬时组成随转化率提高，大分子链中 MMA 单元不断下降而 St 单元含量则不断上升。共聚物平均组成随转化率提高变化规律与瞬时组成变化趋势相同，但不如后者显著。

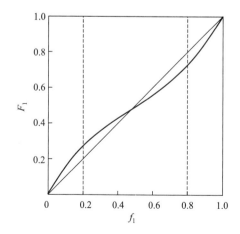

图 3-8　St-MMA 共聚物组成曲线
（$f_1^0=0.80$，$f_2^0=0.20$；
$r_1=0.53$，$r_2=0.56$）

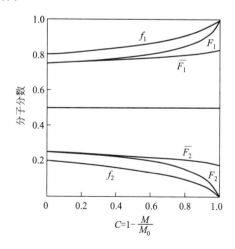

图 3-9　St-MMA 共聚合 $f_1$、$F_1$、$\overline{F_1}$ 与 $C$ 间的关系曲线
（$f_1^0=0.80$，$f_2^0=0.20$）

### 3.2.5　小结——共聚物组成的控制

共聚物组成是决定共聚物性能的重要指标，因而也是共聚合要控制的主要指标。从理论上讲，如单体全部反应完，共聚组成应与投料比相当。但如要同时考虑到共聚物的序列结构，共聚组成的控制则要复杂得多。对于交替共聚物，其共聚组成是恒定的。对于嵌段共聚物和接枝共聚物，两种单体各自聚集在一起，共聚组成与单体在大分子链上所处位置关系明显。对于无规共聚物，从使用性能上讲，则希望两种单体在大分子链上尽可能均匀无规分布，也就是希望得到组成均匀分布的无规共聚物。由前面的讨论可以看出，共聚合时，单体投料比与共聚物瞬时组成在多数情况下并不相同，且随转化率的提高，单体比与共聚物瞬时组成、共聚物平均组成均为一个变值。对于无规共聚，为得到预期共聚组成而且组成均匀分布的无规共聚物，在实际中多采用以下几种方法。

① 一次性投料，完全反应　对某些特殊体系，如理想恒比共聚体系、交替共聚体系、非理想恒比共聚体系中所需求的共聚物组成正好在恒比点处的体系，可以一次性投料聚合，直接得到所需共聚物组成的共聚物。如属于非理想恒比共聚体系的苯乙烯-反丁烯二酸二乙酯共聚（$r_1 = 0.30$，$r_2 = 0.07$），当共聚组成要求 $F_1 = 0.57$ 时，由于正好为恒比点处共聚组成（图 3-10 中直线 6），因此可控制 $f_1^0 = 0.57$，一次性投料反应到完，产物为组成均匀的苯乙烯-反丁烯二酸二乙酯无规共聚物。

② 一次性投料，控制转化率　对于某些共聚组成与转化率的关系曲线直到比较高的转化率仍比较平坦的体系，可以选择一个合适的单体配比投料，控制反应进行到一定的转化率时停止聚合。如当苯乙烯-反丁烯二酸二乙酯共聚物组成要求在恒比点附近（$F_1 = 0.5 \sim 0.6$）时，可选择相应的单体配比投料（$f_1^0 = 0.5 \sim 0.6$），控制转化率在 90% 以下，所得共聚物组成与要求变化不大（图 3-10 中曲线 3、曲线 4）。

当所要求的共聚组成超出此范围，要得到组成均匀的共聚物就需在较低的转化率下停止反应。如苯乙烯-丁二烯 50℃ 自由基共聚（$r_1 = 0.58$，$r_2 = 1.35$），要求苯乙烯含量为 22.5%。可选择原料单体投料配比 $f_1^0 = 0.222$，控制转化率在 60%，$F_1 = 0.228$，共聚组成变化不大。如

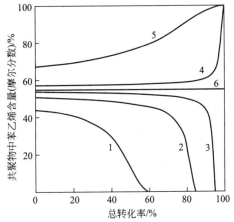

图 3-10　苯乙烯-反丁烯二酸二乙酯
共聚物瞬时组成与转化率关系

（$f_1^0$ 值如下：曲线 1—0.20；曲线 2—0.40；曲线 3—0.50；曲线 4—0.60；曲线 5—0.80；曲线 6—0.57）

控制转化率在 80%，$F_1 = 0.239$，则共聚组成产生较大偏差。

共聚组成均匀与转化率是一对矛盾体。对图 3-10 中曲线 2 的情况，一般应以保证产品质量，即保证共聚组成均匀为主，同时综合考虑生产工艺和成本。如不适宜采用此法，可考虑采用其它方法。

③ 补加活泼单体　对共聚物组成与转化率关系曲线变化较大的体系（图 3-10 中曲线 1、曲线 5），如要在高转化率下得到组成均匀的共聚物，一般采用分批补加或连续补加反应活性高、消耗快的单体，以保证反应过程中体系的单体组成维持恒定。

工业上生产共聚物组成为 1:1（摩尔比）的三氟氯乙烯-偏氯乙烯共聚物的方法即是通过间歇补加三氟氯乙烯来实现控制组成均匀的目的。此外，氯乙烯-丙烯腈、氯乙烯-偏二氯乙烯等体系的共聚合也是采用此种方法来控制共聚组成的。这种方法对工艺要求高，操作难度大。

④ 分批或连续加入单体　采用连续共聚的方法，将恒定配比的单体以一定的速率连续加入到反应体系中。从理论和实践两方面讲，此法不如补加活泼单体法。

⑤ 其它方法　在一定范围内，可以通过调节反应条件，如反应历程、反应方法、反应温度，甚至添加某些助剂等适当改变两单体的竞聚率，进而对共聚组成进行适当调节。

# 3.3　共聚物的序列结构

### 3.3.1　序列结构

序列结构是指参加共聚的单体沿大分子链的排布情况。上面我们利用共聚组成方程探讨了宏观的共聚物组成。虽然它可以反映不同转化率下共聚物组成的变化，但描述的仍然是一种由投料单体制出的共聚物总的平均组成，无法反映出不同单体在分子链上排布的精确情况。而组成相同序列结构不同的共聚物，其性能是有很大的差别的。如交替共聚物由于其结构的高度规整性而有利于提高共聚物的结晶度；无规共聚物一般是由两种单体所形成均聚物性能的平均化；而嵌段共聚物的性质则取决于不同单体所组成嵌段的长短和相互连接次序。

除了严格意义上的交替共聚和嵌段共聚外，在无规共聚中，只有当 $r_1 = r_2 = 1$ 时，两种单体单元的排布是完全无规的。对其它的体系都存在着生成局部有规则序列结构的倾向。例如，当 $r_1 > 1$ 时，$M_1$ 活性中心倾向于生成 $M_1$ 单元的链段序列。只是由于化学反应的偶然性，才在 $M_1$ 链段序列中存在少量杂乱无章分布着的 $M_2$ 单元。

共聚物的序列结构可以定义为 $M_1$ 和 $M_2$ 序列的各种长度的分布，即序列分布。

自由基 $M_1 \cdot$ 与 $M_1$ 和 $M_2$ 反应生成 $M_1 M_1 \cdot$ 和 $M_1 M_2 \cdot$ 的概率分别为：

$$P_{11} = \frac{R_{11}}{R_{11} + R_{12}} = \frac{r_1 [M_1]}{r_1 [M_1] + [M_2]} \tag{3-36}$$

$$P_{12} = \frac{R_{12}}{R_{11} + R_{12}} = \frac{[M_2]}{r_1 [M_1] + [M_2]} \tag{3-37}$$

同理，自由基 $M_2 \cdot$ 与 $M_1$ 和 $M_2$ 反应生成 $M_2 M_2 \cdot$ 和 $M_2 M_1 \cdot$ 的概率分别为：

$$P_{21} = \frac{R_{21}}{R_{22} + R_{21}} = \frac{[M_1]}{[M_1] + r_2 [M_2]} \tag{3-38}$$

$$P_{22} = \frac{R_{22}}{R_{22} + R_{21}} = \frac{r_2 [M_2]}{[M_1] + r_2 [M_2]} \tag{3-39}$$

显然，$P_{11} + P_{12} = P_{22} + P_{21} = 1$。

由 $M_2 M_1 \cdot$ 形成长度为 $X M_1$ 序列，必须连续进行 $(X-1)$ 次与 $M_1$ 单体的反应，然后再与 $M_2$ 进行一次反应。于是形成长度为 $X M_1$ 序列的概率为：

$$(P_{M_1})_x = P_{11}{}^{X-1} P_{12} = P_{11}{}^{X-1} (1 - P_{11}) \tag{3-40}$$

式(3-40)称为数量链段序列分布函数。可以看出形成长度为 $X M_1$ 序列的概率是单体组成和 $r_1$ 的函数，与 $r_2$ 无关。同理，形成长度为 $X M_2$ 序列的概率为：

$$(P_{M_2})_x = P_{22}{}^{X-1} P_{21} = P_{22}{}^{X-1} (1 - P_{22}) \tag{3-41}$$

图 3-11 给出 $r_1 = r_2 = 1$，$f_1 = f_2$ 理想恒比共聚体系的序列长度分布。在这个体系中，对于 $M_1$，序列长度为 1 的含量占 50%，长度为 2、3、4 和 5 的含量分别为 25%、12.5%、6.25%、3.125%。$M_2$ 的序列长度分布与 $M_1$ 完全相同，因而两种单体在分子链上是杂乱无章任意地排列的。如果非等物质的量投料，则含量低的单体其序列分布变窄，而含量高的单体序列分布变宽。

图 3-12 给出 $r_1 = r_2 = 0.1$，$f_1 = f_2$ 交替共聚体系的序列长度分布。在此体系中，$P_{11} = P_{22} = 0.0910$，$P_{12} = P_{21} = 0.9090$。说明单个 $M_1$、$M_2$ 的含量占绝对优势，仅有少量的二单元组（8.3%）和三单元组（0.75%），两单体在分子链上基本为交替排列。

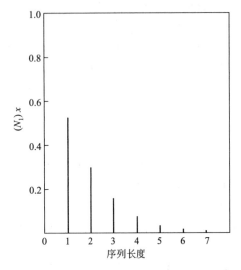

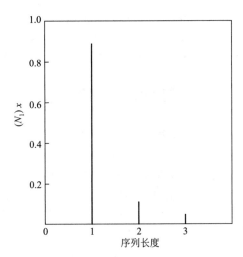

图 3-11　理想共聚体系共聚物序列长度分布
$(r_1=r_2=1,\ f_1=f_2)$

图 3-12　交替共聚体系共聚物序列长度分布
$(r_1=r_2=0.1,\ f_1=f_2)$

$X M_1$ 段的数均长度 $\overline{N}_{M_1}$ 为：

$$\overline{N}_{M_1} = \sum_{i=1}^{X} i(P_{M_1})_i = \frac{1}{1-P_{11}} \tag{3-42}$$

同理，$X M_2$ 段的数均长度 $\overline{N}_{M_2}$ 为：

$$\overline{N}_{M_2} = \sum_{i=1}^{X} i(P_{M_2})_i = \frac{1}{1-P_{22}} \tag{3-43}$$

对 $r_1=5$，$r_2=0.2$，$f_1=f_2$ 的理想共聚体系，由式（3-40）可求出 $M_1$ 序列长度为 1、2、3、4 的质量分数为 16.7%、13.9%、11.5%、9.6%，形成概率随序列长度增加而下降。由式（3-42）计算得 $X M_1$ 段的数均长度 $\overline{N}_{M_1}=6$。

### 3.3.2　小结——共聚物序列结构的控制

与共聚物组成一样，共聚物的序列结构也是决定共聚物性能的一个重要因素，因此对序列结构的控制也是研究共聚合的一个重要领域。

对于自由基无规共聚，其序列结构的控制在上一节已做了较为充分的讨论。

交替共聚是由单体的反应能力决定的，一般不用人为控制，对于 $r_1>0$，$r_2=0$ 的体系，可采用控制反应转化率的方法。一般而言，当两单体取代基的极性相差大时，交替共聚的倾向加大。由于离子共聚的单体对极性相差较小，因此交替共聚物一般通过自由基共聚得到。由于只能交替共聚的单体对较少，因而相比其它序列结构的共聚物，交替共聚物要少得多。

虽然理论上两个竞聚率均大于 1 的单体对共聚可为嵌段共聚，但如前所述这样的单体对如自由基共聚，只能得到两种均聚物的混合物，而得不到嵌段共聚物。目前合成嵌段共聚物的主要手段是利用活性聚合，一种方法是当一种单体聚合结束后，再加入第二种单体聚合，此时要注意第一种单体形成的活性中心要有足够的活性才能引发第二种单体聚合；另一种方法是将不同单体聚合成的活性链通过偶联反应形成嵌段共聚物。相关内容可参见第 4 章离子聚合。

接枝共聚可采用长出来的方法，即在第一种单体形成的大分子链上形成活性中心，再引发第二种单体聚合形成支链。也可以采用接上去的方法，即将支链接到主链上去。

由于大分子链作为一个反应物，因此接枝共聚多少已超出共聚合的领域，更多的显出大分子化学反应的特性，其序列结构的控制更加复杂和不容易。相关内容可参见第 9 章聚合物的化学反应。

目前序列结构的研究范围在不断扩大。当一种单体均聚形成不同结构异构或立体异构时，也存在序列结构问题，为立构嵌段共聚物。对于多元共聚，共聚物的序列结构将更加复杂。

# 3.4　单体与自由基的相对活性

### 3.4.1　竞聚率与 $Q$-$e$ 概念

以上对自由基共聚单体组成与共聚组成间的一般情况进行了讨论。可以看出，不同的单体对进行共聚反应时，共聚行为相差很大，有的只能均聚而不能共聚，有的则刚好相反。这说明单体间的反应能力即反应活性有很大差别，其生成的活性中心的反应活性亦有很大差别，这种差别是决定单体共聚行为和影响共聚组成的主要因素。

#### 3.4.1.1　竞聚率

在均聚反应中，我们可以通过链增长反应速率常数来判断不同单体的反应活性，在共聚反应中我们则很难由链增长反应速率常数的大小来判断单体或活性中心的活性。如自由基聚合时苯乙烯均聚的 $k_p = 145$ L/(mol·s)，醋酸乙烯酯均聚的 $k_p = 2300$L/(mol·s)。从均聚反应看，前者反应活性似乎不如后者，但两者进行共聚时，苯乙烯单体活性比醋酸乙烯酯单体活性大，而两者自由基的活性则正好相反。因此在研究单体和活性中心的活性大小前先要有一个判断标准。

竞聚率是共聚合中最重要的参数。由于竞聚率反映了单体进行自聚与共聚的能力，因而也是反映单体和活性中心相对活性的重要参数。它对于研究共聚反应机理、单体及活性中心的反应能力、共聚物组成与单体配料及转化率之间的关系、共聚物组成分布和序列分布等都有重要意义。

由于竞聚率是均聚和共聚链增长反应速率常数之比，表明了两种单体的相对活性，可用来进行单体与活性中心活性大小的判断依据。在 3.2.3 节讨论典型共聚物组成曲线时，我们已经运用竞聚率对不同单体对的共聚行为进行了分类，如 $r_1 r_2 = 1$ 的理想共聚、$r_1 r_2 = 0$ 的交替共聚、$r_1 < 1$，$r_2 < 1$ 的非理想恒比共聚、$r_1 > 1$，$r_2 < 1$，$r_1 r_2 < 1$ 的非理想非恒比共聚。

常用单体二元自由基共聚的竞聚率列于表 3-4。

#### 3.4.1.2　竞聚率的测定

利用共聚组成方程式（3-11）和式（3-14），在低转化率下（5%），测定不同单体配比的共聚物组成或残余单体组成，可求出两竞聚率值。

（1）直线交点法

式（3-11）可重写为：

$$r_2 = \frac{[M_1]}{[M_2]} \left[ \frac{d[M_2]}{d[M_1]} \left( 1 + \frac{[M_1]}{[M_2]} r_1 \right) - 1 \right] \tag{3-44}$$

将单体配比 $[M_1]/[M_2]$ 代入式（3-12）可求出相应的共聚物组成 d $[M_1]/d[M_2]$，任选一 $r_1$ 值代入式（3-44）可求出 $r_2$ 值。将 $r_2$ 对 $r_1$ 作图，并以直线连接。对不同的单体配比可以作出一系列直线，在这些直线的交点或交叉区域的重心可分别读出 $r_1$ 和 $r_1$ 值，如图 3-13 所示。这些交叉区域的大小与实验精度有关。

表 3-4　常用单体在不同温度下进行二元自由基共聚的竞聚率

| M₁ | M₂ | T/℃ | r₁ | r₂ |
|---|---|---|---|---|
| 丁二烯 | 异戊二烯 | 5 | 0.75 | 0.85 |
| | 苯乙烯 | 50 | 1.35 | 0.58 |
| | 丙烯腈 | 40 | 0.3 | 0.02 |
| | 甲基丙烯酸甲酯 | 90 | 0.75 | 0.25 |
| | 丙烯酸甲酯 | 5 | 0.76 | 0.05 |
| | 氯乙烯 | 50 | 8.8 | 0.035 |
| 苯乙烯 | 异戊二烯 | 50 | 0.80 | 1.68 |
| | 丙烯腈 | 60 | 0.40 | 0.04 |
| | 甲基丙烯酸甲酯 | 60 | 0.52 | 0.46 |
| | 丙烯酸甲酯 | 60 | 0.75 | 0.20 |
| | 偏二氯乙烯 | 60 | 1.38 | 0.085 |
| | 氯乙烯 | 60 | 17 | 0.02 |
| | 醋酸乙烯酯 | 60 | 55 | 0.01 |
| 乙烯 | 丙烯腈 | 20 | 0 | 7.0 |
| | 丙烯酸正丁酯 | 150 | 0.010 | 14 |
| 氯乙烯 | 醋酸乙烯酯 | 60 | 1.68 | 0.23 |
| | 偏二氯乙烯 | 68 | 0.1 | 6 |
| 丙烯腈 | 甲基丙烯酸甲酯 | 80 | 0.15 | 1.224 |
| | 丙烯酸甲酯 | 50 | 1.5 | 0.84 |
| | 偏二氯乙烯 | 60 | 0.91 | 0.37 |
| | 氯乙烯 | 60 | 2.7 | 0.04 |
| | 醋酸乙烯酯 | 50 | 4.2 | 0.05 |
| 丙烯酸 | 甲基丙烯酸正丁酯 | 50 | 0.24 | 3.5 |
| | 苯乙烯 | 60 | 0.25 | 0.15 |
| | 醋酸乙烯酯 | 70 | 8.7 | 0.21 |
| 丙烯酸甲酯 | 氯乙烯 | 50 | 4.4 | 0.093 |
| | 醋酸乙烯酯 | 60 | 6.4 | 0.03 |
| 甲基丙烯酸甲酯 | 丙烯酸甲酯 | 130 | 1.91 | 0.504 |
| | 偏二氯乙烯 | 60 | 2.35 | 0.24 |
| | 氯乙烯 | 68 | 10 | 0.1 |
| | 醋酸乙烯酯 | 60 | 20 | 0.015 |
| 甲基丙烯酸 | 丙烯腈 | 70 | 2.4 | 0.092 |
| | 苯乙烯 | 60 | 0.6 | 0.12 |
| | 氯乙烯 | 50 | 24 | 0.064 |
| 醋酸乙烯酯 | 乙基乙烯基醚 | 60 | 3.4 | 0.26 |
| | 氯乙烯 | 60 | 0.24 | 1.8 |
| | 偏二氯乙烯 | 68 | 0.03 | 4.7 |
| | 乙烯 | 130 | 1.02 | 0.97 |
| 马来酸酐 | 丙烯腈 | 60 | 0 | 6.0 |
| | 丙烯酸甲酯 | 75 | 0.012 | 2.8 |
| | 甲基丙烯酸甲酯 | 75 | 0.010 | 3.4 |
| | 苯乙烯 | 50 | 0.005 | 0.05 |
| | 氯乙烯 | 75 | 0 | 0.098 |
| | 醋酸乙烯酯 | 75 | 0 | 0.019 |
| | 反二苯基乙烯 | 60 | 0.03 | 0.03 |
| 四氟乙烯 | 三氟氯乙烯 | 60 | 1.0 | 1.0 |
| | 乙烯 | 80 | 0.85 | 0.15 |
| | 异丁烯 | 80 | 0.3 | 0 |

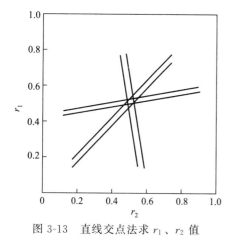

图 3-13  直线交点法求 $r_1$、$r_2$ 值

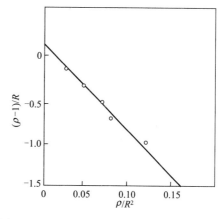

图 3-14  N-乙烯基丁二烯亚胺（$M_1$）-甲基丙
烯酸甲酯（$M_2$）共聚竞聚率截距斜率
（$r_1 = 0.07$，$r_2 = 9.7$）

（2）截距斜率法

式(3-14) 可重写为：

$$\frac{f_1(1-2F_1)}{F_1(1-f_1)} = r_1\left[\frac{f_1{}^2(F_1-1)}{F_1(1-f_1)^2}\right] + r_2 \tag{3-45}$$

令 $\rho = d[M_1]/d[M_2]$，$R = [M_1]/[M_2]$，式(3-11) 也可重排为类似的式子：

$$\frac{\rho-1}{R} = r_1 - r_2\frac{\rho}{R^2} \tag{3-46}$$

以式(3-51) 或式(3-52) 作图，为一直线，如图 3-14 所示。截距为 $r_1$，斜率为 $r_2$ 值（或 $-r_2$ 值）。

（3）曲线拟合法

测定多组不同单体配比在低转化率下的共聚组成，利用式(3-14) 做出 $F_1$-$f_1$ 图。然后用试差法选出一组 $r_1$、$r_2$ 值，使其理论曲线与实验曲线有最好的重合。此种方法简便易行，但过于烦琐且精度不高，因此较少使用。

（4）积分法

在高转化率下，用式(3-11) 的积分式，通过试差法求解，得出 $r_1$、$r_2$ 值。

### 3.4.1.3  Q-e 概念

利用竞聚率对单体和自由基的相对活性进行分析判断是一个好方法，但竞聚率的测定过于复杂且工作量巨大，因此人们希望建立一个更简便的定量方程来关联结构与活性的关系，进而推断出竞聚率。

1947 年 Price 和 Alfrey 提出了 Q-e 概念，把单体和自由基的反应速率常数与共轭效应和极性效应联系起来。尽管 Price-Alfrey 的 Q-e 方程是半定量的，但在实际应用中至今仍不失为一种有效的方法。该方程表示如下：

$$k_{12} = P_1Q_2\exp(-e_1e_2) \tag{3-47}$$

式中，$P_1$ 和 $Q_2$ 分别为自由基 $M_1\cdot$ 和单体 $M_2$ 共轭稳定的量度，$P$ 值和 $Q$ 值大，表示共轭作用大。$e_1$ 和 $e_2$ 分别为它们的极性量度，并假定单体及自由基的 $e$ 值相同，即 $e_1$ 代表单体 $M_1$ 和自由基 $M_1\cdot$ 的极性，$e_2$ 代表单体 $M_2$ 和自由基 $M_2\cdot$ 的极性。$e>0$，表示存在吸电子取代基，$e<0$，表示存在供电子取代基。

类似式(3-47)，可以写出 $k_{11}$、$k_{22}$、$k_{21}$ 的表达式，进而可写出相应的竞聚率表达式：

$$r_1 = \frac{Q_1}{Q_2}\exp[-e_1(e_1-e_2)] \tag{3-48}$$

$$r_2 = \frac{Q_2}{Q_1}\exp[-e_2(e_2-e_1)] \tag{3-49}$$

式(3-48) 和式(3-49)中共有 6 个未知数，为此设定苯乙烯的 $Q=1$，$e=-0.8$，任取一单体与苯乙烯组成共聚体系，求出 $r_1$、$r_2$ 值代入即可算出这一单体的 $Q$ 和 $e$ 值。再将用这种方法求出的一系列不同单体的 $Q$、$e$ 值代入上式，即可估算出任两单体共聚的竞聚率。表 3-5 列出了一些单体的 $Q$、$e$ 值。

**表 3-5　常见单体的 $Q$、$e$ 值**

| 单体 | $Q$ | $e$ | 单体 | $Q$ | $e$ |
|---|---|---|---|---|---|
| 叔丁基乙烯基醚 | 0.15 | −1.58 | 乙烯 | 0.015 | −0.20 |
| α-甲基苯乙烯 | 0.98 | −1.27 | 氯乙烯 | 0.044 | 0.20 |
| 异戊二烯 | 3.33 | −1.22 | 偏氯乙烯 | 0.22 | 0.36 |
| 甲基丙烯酸钠 | 1.36 | −1.18 | 甲基丙烯酸甲酯 | 0.74 | 0.40 |
| 乙基乙烯醚 | 0.032 | −1.17 | 丙烯酸甲酯 | 0.42 | 0.60 |
| N-乙烯基吡咯烷酮 | 0.14 | −1.14 | 甲基丙烯酸 | 2.34 | 0.65 |
| 醋酸烯丙基酯 | 0.028 | −1.13 | 甲基乙烯基酮 | 0.69 | 0.68 |
| 1,3-丁二烯 | 2.39 | −1.05 | 甲基丙烯腈 | 1.12 | 0.81 |
| 异丁烯 | 0.033 | −0.96 | 丙烯腈 | 0.60 | 1.28 |
| 苯乙烯(标准) | 1.00 | −0.80 | 反丁烯二酸二乙酯 | 0.61 | 1.25 |
| 丙烯 | 0.002 | −0.78 | 氟乙烯 | 0.012 | 1.28 |
| 2-乙烯基吡啶 | 1.30 | −0.50 | 丙烯酰胺 | 1.18 | 1.30 |
| 4-乙烯基吡啶 | 1.00 | −0.28 | 富马腈 | 0.80 | 1.96 |
| 醋酸乙烯酯 | 0.026 | −0.22 | 顺丁烯二酸酐 | 0.23 | 2.25 |

在 $Q$-$e$ 方程中，$Q$ 值大小代表共轭效应，即表示单体转变为自由基的难易程度，如二烯烃的 $Q$ 值较大，表示共轭效应强，易形成稳定自由基。$e$ 值表示极性的大小，吸电子取代基使烯烃双键带正电性，$e$ 为正值；带有供电基团使烯烃双键带负电性，$e$ 为负值。一种单体在不同的共聚体系中的 $Q$、$e$ 值相差不大，但当体系两竞聚率实验值相差很大时，$e$ 值对竞聚率的变化很敏感（表 3-6）。

**表 3-6　几种单体在实验中得到的 $Q$ 值和 $e$ 值**

| 单体 1 | 单体 2 | $r_1$ | $r_2$ | $Q$ | $e$ |
|---|---|---|---|---|---|
| 对甲氧基苯乙烯 | 苯乙烯 | 0.82 | 1.16 | 1.0 | −1.0 |
|  | 甲基丙烯酸甲酯 | 0.32 | 0.29 | 1.22 | −1.1 |
|  | 对氯苯乙烯 | 0.58 | 0.86 | 1.23 | −1.1 |
| 醋酸乙烯酯 | 偏氯乙烯 | 0.1 | 6 | 0.022 | −0.1 |
|  | 丙烯酸甲酯 | 0.05 | 9 | 0.028 | −0.3 |
|  | 甲基丙烯酸甲酯 | 0.015 | 20 | 0.022 | −0.7 |
|  | 氯乙烯 | 0.23 | 1.68 | 0.015 | −0.8 |
| 丙烯腈 | 偏氯乙烯 | 0.91 | 0.37 | 0.9 | 1.6 |
|  | 氯乙烯 | 2.7 | 0.04 | 0.37 | 1.3 |
|  | 苯乙烯 | 0.04 | 0.40 | 0.41 | 1.2 |
| 氯乙烯 | 苯乙烯 | 0.02 | 17 | 0.024 | 0.2 |
|  | 甲基丙烯酸甲酯 | 0.1 | 10 | 0.074 | 0.4 |

$Q$-$e$ 方程是一个经验公式，在理论上尚未得到证明，但并不妨碍在实际中的广泛应用。

① 估算竞聚率。

② 对单体的共聚行为进行定性判断。

ⅰ. $Q$、$e$ 值相近的单体共聚时趋向于理想共聚。

ⅱ. $Q$ 值相差大的单体难以进行共聚。

ⅲ. $e$ 值相差大的单体交替共聚倾向较大。

$Qe$ 方程的主要不足在于没有考虑单体-自由基体系中影响单体活性的空间因素；将单体和自由基的 $e$ 值定为相同亦不完全合理，没有考虑共轭效应和极性效应的综合影响；人为设定苯乙烯的 $Q$、$e$ 值为一标准也可商榷。这些都导致应用 $Qe$ 方程估算竞聚率值时发生偏差。

有关研究共聚反应反应性的其它方法还有 Hammett-Taft 方程、产物概率法、反应性模式法和分子轨道法等。这些方法均不如 $Qe$ 方程实用。

### 3.4.2　单体与自由基的活性

对一对共聚单体，可以利用竞聚率或 $Q$、$e$ 值对单体和活性中心的相对活性进行判断，但如要对一系列不同的单体和活性中心进行判断，习惯上分别用 $1/r_1$ 和 $k_{12}$ 进行判断，下面以自由基共聚为例进行介绍。

（1）单体的相对活性

不同单体的相对活性只有与同一种自由基反应时才能比较出来。如以 $M_1 \cdot$ 为基准自由基，$M_1$、$M_2$ 分别与之反应，反应速率常数为 $k_{11}$ 和 $k_{12}$，则：

$$\frac{k_{12}}{k_{11}} = \frac{1}{r_1} \tag{3-50}$$

竞聚率的倒数 $1/r_1$ 表示以 $M_1 \cdot$ 为基准的 $M_2$ 的相对活性，其值越大，表明单体 $M_2$ 的活性越大。用一系列不同的单体作 $M_2$，分别与 $M_1 \cdot$ 反应，得到一系列 $1/r_1$ 值，进而可以用这些 $1/r_1$ 值比较这些单体的活性大小。

表 3-7 列出一些常用乙烯基单体对某些自由基的相对活性，每一列的数据表示不同单体对同一参比自由基的相对活性。可以看出，除少数单体由于交替效应出现偏差外，各单体的活性由上而下依次减弱。

**表 3-7　乙烯基单体对各种链自由基的相对活性（$1/r_1$）**

| 单体（$M_2$） | 链自由基（$M_1 \cdot$） | | | | | | |
|---|---|---|---|---|---|---|---|
| | B· | S· | VAc· | VC· | MMA· | MA· | AN· |
| 丁二烯（B） | | 1.7 | | 29 | 4 | 20 | 50 |
| 苯乙烯（S） | 0.4 | | 100 | 50 | 2.2 | 5 | 25 |
| 甲基丙烯酸甲酯（MMA） | 1.3 | 1.9 | 67 | 10 | | 2 | 6.7 |
| 丙烯腈（AN） | 3.3 | 2.5 | 20 | 25 | 0.82 | 1.2 | |
| 丙烯酸甲酯（MA） | 1.3 | 1.3 | 10 | 17 | 0.52 | | 0.67 |
| 偏二氯乙烯（VDC） | | 0.54 | 10 | | 0.39 | | 1.1 |
| 氯乙烯（VC） | 0.11 | 0.059 | 4.4 | | 0.10 | 0.25 | 0.37 |
| 醋酸乙烯酯（VAc） | | 0.019 | | 0.59 | 0.05 | 0.11 | 0.24 |

（2）活性中心的相对活性

不同自由基的相对活性需与同一种单体进行反应才能比较。如以单体 $M_2$ 为基准，共聚反应速率常数 $k_{12}$ 值反映了 $M_1 \cdot$ 活性大小。其值越大，自由基活性越大。分别选用一系列不同的自由基为 $M_1 \cdot$，分别与 $M_2$ 进行共聚反应，得到一系列不同的 $k_{12}$ 值，进而可以用这些 $k_{12}$ 值比较这些自由基的活性大小。

表 3-8 列出一些常用单体自由基的 $k_{12}$ 值，每一行的数据表示不同自由基对同一参比单体的相对活性。可以看出自左至右，自由基的相对活性依次增加。当然也可由每一列的数据判断单体的相对活性，自上而下依次减少。

表 3-8　链自由基-单体反应的 $k_{12}$ 值　　　　　单位：L/（mol·s）

| 单体（M₂） | 链自由基（M₁·） | | | | | | |
| --- | --- | --- | --- | --- | --- | --- | --- |
| | B· | S· | MMA· | AN· | MA· | VAc· | VC· |
| 丁二烯（B） | 100 | 246 | 2820 | 98000 | 41800 | | 357000 |
| 苯乙烯（S） | 40 | 145 | 1550 | 49000 | 14000 | 230000 | 615000 |
| 甲基丙烯酸甲酯（MMA） | 130 | 276 | 705 | 13100 | 4180 | 154000 | 123000 |
| 丙烯腈（AN） | 330 | 435 | 578 | 1960 | 2510 | 46000 | 178000 |
| 丙烯酸甲酯（MA） | 130 | 203 | 367 | 1320 | 2090 | 23000 | 209000 |
| 氯乙烯（VC） | 11 | 8.7 | 71 | 720 | 520 | 10100 | 12300 |
| 醋酸乙烯酯（VAc） | | 2.9 | 35 | 230 | 230 | 2300 | 7760 |

### 3.4.3　影响单体与自由基活性的因素

自由基共聚中，影响单体与活性中心相对活性的因素很多，而单体与自由基的化学结构基——取代基的影响则是影响竞聚率的主要内部因素。这些影响主要有共轭效应、极性效应和位阻效应。

#### 3.4.3.1　共轭效应

由表 3-7 中可以归纳出乙烯基单体 $CH_2\!=\!CH\!-\!X$ 中 X 活性次序如下：

$C_6H_5-$，$CH_2\!=\!CH-\!>\!-CN$，$-COR\!>\!-COOH$，$-COOR\!>\!-Cl\!>\!-OCOR$，$-R\!>\!-OR$，$-H$

可以看出，这一顺序与取代基对乙烯基单体的共轭稳定作用大小有关：取代基共轭作用大的单体活性高，反之活性低。

对比表 3-7 的数据我们可以发现自由基相对活性顺序正好与单体相对活性顺序相反，即活性高的单体如苯乙烯，生成的自由基活性低；而活性低的单体如醋酸乙烯酯，却生成高活性的自由基。这种单体与自由基的活性顺序相反的情况主要是由于取代基的共轭效应造成的，是由于单体经过反应形成自由基这一过程中共轭稳定能发生变化的缘故。通常有不饱和键的取代基在稳定自由基方面是非常有效的，这是由于松弛的 π 电子对于自由基有一定的稳定作用。如苯乙烯自由基由于取代基苯环与活性中心独电子的共轭作用而成为稳定的低活性自由基；而能生成稳定产物的反应物是高活性的，换句话说，苯乙烯之所以活性高是由于能形成稳定的苯乙烯自由基。卤素、乙酰氧基、醚基等取代基对自由基的稳定作用要弱得多，因为卤素和氧上只有非键电子能与自由基相互作用。如醋酸乙烯酯自由基由于取代基与活性中心的共轭作用弱而处于一种不稳定的倾向于生成更稳定结构的高活性状态；单体醋酸乙烯酯的不活泼则是由于不易形成高活性醋酸乙烯酯自由基的缘故。因此，取代基与单体或与其自由基形成共轭结构的能力是决定它们反应活性大小的重要因素。

由表 3-7 可看出取代基对自由基活性的影响要比对单体活性的影响大得多。仍以苯乙烯-醋酸乙烯酯为例：不论以何种单体为标准，醋酸乙烯酯自由基的活性要比苯乙烯自由基的活性高 100～1000 倍，而以任一给定的自由基为标准，单体苯乙烯的活性仅是醋酸乙烯酯活性的 50～100 倍。

共轭稳定的和非稳定的单体和自由基间有如下四种可能的反应：

$$R\cdot + M \longrightarrow P\cdot \tag{1}$$

$$R\cdot + M_S \longrightarrow P_S\cdot \tag{2}$$

$$R_S\cdot + M_S \longrightarrow P_S\cdot \tag{3}$$

$$R_S\cdot + M \longrightarrow P\cdot \tag{4}$$

式中，有或没有脚标 S 分别表示有或没有共轭稳定作用。式（1）为非共轭稳定的单体将非共轭稳定的自由基转变为另一种非共轭稳定的自由基，不存在损失共轭稳定能的现象。式

（2）为共轭稳定的单体将非共轭稳定自由基转变为共轭稳定的自由基，反应的结果是体系获得了共轭稳定能，有利于反应的进行。式（3）为共轭的单体将共轭的自由基转变为另一种共轭的自由基，在反应中有部分共轭稳定能的损失。式（4）为非共轭的单体将共轭的自由基转变为非共轭的自由基，反应的结果是失去了自由基的共轭稳定能。这四个反应的链增长速率常数由小到大的顺序为：

$$R_S \cdot + M < R_S \cdot + M_S < R \cdot + M < R \cdot + M_S$$

通过自由基-单体作用的势能变化与新键中原子间的距离的函数关系可以更好地说明这一点。图 3-15 有两组势能曲线，一组四条排斥曲线代表自由基靠近单体时的能量上升情况。另一组两条 Morse 曲线表示最后生成的键（或者聚合物自由基）的稳定性。两组曲线的交点代表单体-自由基反应［式（1）～式（4）］的过渡态，交点表明键合和未键合状态的能量相同。实箭头和虚箭头分别表示反应活化能和反应热。两条 Morse 曲线间的距离比斥力曲线间的距离大，这是因为取代基对降低自由基反应活性的影响比对增加单体反应活性的影响大得多。

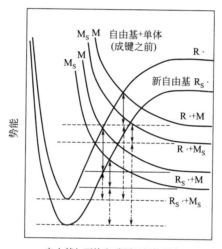

图 3-15　聚合物自由基和单体反应的势能
（下标 S 表示带有共轭稳定作用的取代基，实箭头表示活化能，虚箭头表示反应热）

以苯乙烯-醋酸乙烯酯共聚体系为例。共聚反应式为：

$$\sim\sim\sim S \cdot + S \xrightarrow{k_{11}} \sim\sim\sim SS \cdot \qquad k_{11}=145 L/(mol \cdot s) \tag{5}$$

$$\sim\sim\sim S \cdot + VAc \xrightarrow{k_{12}} \sim\sim\sim SVAc \cdot \qquad k_{12}=2.9 \ L/(mol \cdot s) \tag{6}$$

$$\sim\sim\sim VAc \cdot + VAc \xrightarrow{k_{22}} \sim\sim\sim VAcVAc \cdot \qquad k_{22}=2300 \ L/(mol \cdot s) \tag{7}$$

$$\sim\sim\sim VAc \cdot + S \xrightarrow{k_{21}} \sim\sim\sim VAcS \cdot \qquad k_{21}=230000 \ L/(mol \cdot s) \tag{8}$$

式（8）为活泼单体苯乙烯与高活性自由基间的反应，因而反应速率常数最大。式（6）正好相反，是低活性单体与低活性自由基间的反应，$k$ 值最小。式（7）活泼自由基和不活泼单体的反应与式（5）活泼单体和不活泼自由基的反应间的差别表明取代基对自由基活性的影响要大于对单体活性的影响。

从上面的例子可以看出，都有共轭稳定作用或都没有共轭稳定作用的两单体间易发生共聚反应，而由共轭单体与非共轭单体组成的体系共聚起来很困难，这称为共轭效应（conjugated effect）。

共轭稳定能的大小一般要通过实验测定，也可通过热力学数据比较进行定性判断。如不存在共轭稳定作用的乙烯均聚反应热 $\Delta H = -88.7 \text{kJ/mol}$，有共轭稳定作用的苯乙烯均聚反应热 $\Delta H = -69.9 \text{ kJ/mol}$，两者的差值 $-18.8 \text{ kJ/mol}$ 可看作苯乙烯单体在聚合过程中失去的共轭稳定能。

#### 3.4.3.2 极性效应

除共轭效应外，取代基的诱导作用对单体和自由基的相对活性也有很大影响。研究表明，推电子取代基使烯类单体双键带负电性，吸电子取代基使烯类单体双键带正电性。当两单体的极性差别越大时，越易发生共聚反应，且交替共聚的倾向（$r_1 r_2 \to 0$）也增加。这种效应称为极性效应（polar effect）。

表 3-9 中单体的次序是按双键极性大小排列的，带推电子取代基的单体在左上方，带吸电子取代基的单体在右下方。两种单体在表中的距离越远，$r_1 r_2$ 值越趋于零，交替共聚的倾向就越大。一些难均聚的单体，如顺丁烯二酸酐、反丁二酸二乙酯、富马腈等，可以很容易地与和带推电子取代基的单体如苯乙烯、乙烯基醚、$N$-乙烯基咔唑生成交替共聚物。

**表 3-9　自由基共聚中的 $r_1 r_2$ 值**

| 乙烯基醚(-1.3) | | | | | | | | |
|---|---|---|---|---|---|---|---|---|
| | 丁二烯(-1.05) | | | | | | | |
| | 0.98 | 苯乙烯(-0.80) | | | | | | |
| | | 0.55 | 醋酸乙烯酯(-0.22) | | | | | |
| 0.31 | 0.34 | 0.39 | | 氯乙烯(0.20) | | | | |
| 0.19 | 0.24 | 0.30 | 1.0 | | 甲基丙烯酸甲酯(0.40) | | | |
| <0.1 | 0.16 | 0.6 | 0.96 | 0.61 | | 偏二氯乙烯(0.36) | | |
| | 0.10 | 0.35 | 0.83 | | | 0.99 | 甲基乙烯基酮(0.68) | |
| 0.0004 | 0.006 | 0.016 | 0.21 | 0.11 | 0.18 | 0.34 | 1.1 | 丙烯腈(1.20) |
| 约为0 | | 0.021 | 0.0049 | 0.056 | | | | 反丁烯二酸二乙酯(1.25) |
| 0.002 | | 0.006 | 0.00017 | 0.0024 | 0.11 | | | 马来酸酐(2.25) |

注：括号内为 $e$ 值。

对极性效应使单体与自由基反应活性增加的解释主要有以下两种。

一种观点认为电子受体自由基和电子给体单体或电子给体自由基和电子受体单体之间的相互作用，使单体-自由基反应的活化能降低。从反应机理看，链自由基与乙烯基单体加成反应的过渡态使它们两者间发生了一定的键合作用。交替共聚时，如果链自由基的取代基是电子给体，单体的取代基是电子受体（或相反），则由于所生成键的极化作用产生的共轭结构（A）对过渡态中所形成的键将产生稳定作用。相反，均聚时由于自由基与单体有同样的取代基，电荷分布比较均匀，在过渡态（B）中不存在极化的共轭结构的稳定作用，因此均聚反应活化能要比交替加成活化能大。

很明显，两单体取代基的给体受体性质差异越大，这种效应也就越大。如苯乙烯单体与丙烯腈自由基之间和丙烯腈单体与苯乙烯自由基之间的极性效应：

$$\sim\sim\sim H_2C-\underset{C_6H_5}{CH}-H_2C-\underset{\underset{\delta^-}{CN}}{\overset{\delta^+}{HC}}\cdot \;+\; CH_2=\underset{\underset{\delta^+}{C_6H_5}}{\overset{\delta^-}{CH}} \longrightarrow \sim\sim\sim H_2C-\underset{C_6H_5}{CH}-H_2C-\underset{CN}{CH}-H_2C-\underset{C_6H_5}{HC}\cdot$$

$$\sim\sim\sim H_2C-\underset{CN}{CH}-H_2C-\underset{\underset{\delta^+}{C_6H_5}}{\overset{\delta^-}{HC}}\cdot \;+\; \overset{\delta^-}{CH_2}=\underset{\underset{\delta^-}{CN}}{\overset{\delta^+}{CH}} \longrightarrow \sim\sim\sim H_2C-\underset{CN}{CH}-H_2C-\underset{C_6H_5}{CH}-H_2C-\underset{CN}{HC}\cdot$$

另一种观点认为电子给体与电子受体单体先形成 1∶1 的络合物，后者均聚形成交替共聚物：

$$M_1 + M_2 \longrightarrow \overline{M_1M_2}\text{（络合物）}$$

$$\sim\sim\sim M_1M_2\cdot \;+\; \overline{M_1M_2} \longrightarrow \sim\sim\sim M_1M_2M_1M_2\cdot$$

在一些单体对中，用紫外线和 NMR 证明了这类络合物的存在。此外，还有一些其它证据支持这一观点。

在有机化学中，Hammett 取代基常数 $\sigma$ 是反映有机化合物极性的一个参数。由表 3-10 可以看出，以苯乙烯为单体 $M_1$，使其与各种共轭单体共聚，它们的 $r_1r_2$ 值与取代基的 $\sigma$ 值差不多具有平行关系。因此，可以把 $\sigma$ 值看成取代基引起的乙烯基电子云密度变化的一个尺度。

表 3-10　几种共轭单体取代基的 $\sigma$ 值及与苯乙烯（$M_1$）的 $r_1r_2$ 值

| 单体（$M_2$） | $\sigma$ | $r_1r_2$ |
|---|---|---|
| 丙烯腈 | 0.628 | 0.02 |
| 甲基丙烯腈 | 0.458 | 0.05 |
| 甲基乙烯基酮 | 0.516 | 0.10 |
| 丙烯酸甲酯 | 0.522 | 0.14 |
| 甲基丙烯酸甲酯 | 0.352 | 0.24 |
| 苯乙烯 | 0 | — |
| 丁二烯 | — | 1.08 |

### 3.4.3.3　位阻效应

取代基的空间位阻对单体与自由基的共聚反应活性有较大的影响，尤其当单体上带有多个取代基时，位阻效应（steric effect）将更为明显。

在第 2 章中讨论取代基对单体聚合能力的影响时曾谈到，对 1,1-二取代单体来说，位阻效应并不明显，相反由于两个取代基电子效应的叠加提高了单体的反应活性。但对 1,2-二取代单体来说，由于空间位阻使单体的反应活性大为降低，多数难以进行均聚。一般来说，$\alpha$-取代基对单体活性的影响主要是共轭效应和极性效应。$\beta$-取代基对单体活性的影响则主要为位阻效应和极性效应，且前者的影响要大一些。如与氯乙烯比较，偏二氯乙烯活性增加 2～10 倍，而 1,2-二氯乙烯的活性则降低 2～20 倍。表 3-11 列出丙烯酸单体的 $\alpha$、$\beta$ 取代基对其反应活性的影响。

表 3-11　丙烯酸单体上有不同的 $\alpha$、$\beta$ 取代基对单体活性的影响

| 取代基 | —CN | —COOCH$_3$ | —C$_6$H$_5$ | —H | —CH$_3$ |
|---|---|---|---|---|---|
| $k_\alpha$ | 310 | 150 | 6 | 1 | 0.7 |
| $k_\beta$ | 6 | 5 | 0 | 1 | 0.011 |

1,2-二取代单体虽然不易均聚，却能与合适的单取代单体进行共聚。尽管共聚活性不高，但也比其均聚活性高得多。在第 2 章曾讨论过 1,2-二取代单体的聚合在热力学上是可行的，只是由于空间位阻使其在动力学上发生困难。当它们与单取代单体共聚时，后者 $\beta$ 位上

没有取代基，降低了前者自己相互之间的位阻效应，使共聚反应得以进行。表 3-12 为各种氯代乙烯与醋酸乙烯酯、苯乙烯和丙烯腈自由基反应的 $k_{12}$ 值。表中反式 1,2-二氯乙烯活性比顺式结构活性高是由于反式结构在过渡态中取代基可以形成一种完全平面构象，有利于形成共轭稳定结构。

**表 3-12　氯代乙烯的自由基-单体反应速率常数**　　　　单位：L/(mol·s)

| 单体 | 聚合物自由基 | | |
| --- | --- | --- | --- |
| | 醋酸乙烯酯 | 苯乙烯 | 丙烯腈 |
| 氯乙烯 | 10000 | 9.7 | 725 |
| 偏氯乙烯 | 23000 | 89 | 2150 |
| 顺式 1,2-二氯乙烯 | 365 | 0.79 | |
| 反式 1,2-二氯乙烯 | 2320 | 4.5 | |
| 三氯乙烯 | 3480 | 10.3 | 29 |
| 四氯乙烯 | 338 | 0.83 | 4.2 |

#### 3.4.3.4　其它因素的影响

与影响单体与活性中心的内因——化学结构相比，其它外部的影响要小一些，主要有反应温度、压力、介质等。下面以竞聚率为例进行讨论。

**（1）反应温度**

竞聚率是自聚和共聚两种聚合反应速率常数的比值，因此也服从 Arrhenius 方程。如对竞聚率 $r_1$，有：

$$r_1 = \frac{k_{11}}{k_{12}} = \frac{A_{11}}{A_{12}} \exp\left(\frac{E_{11} - E_{12}}{RT}\right) \tag{3-51}$$

对自由基共聚而言，频率因子为同一数量级，反应速率常数大小主要决定于活化能。由于自由基链增长反应活化能本身就较小（21～34 kJ/mol），它们的差值就更小，因此反应温度的变化对竞聚率影响很小。对竞聚率太大或太小的体系，反应温度变化有一定的影响。若 $r_1 < 1$，表明 $k_{11} < k_{12}$，也就是 $E_{11} > E_{12}$，当反应温度上升时，活化能较大的链增长速率常数 $k_{11}$ 增加得较快，而 $k_{12}$ 则增加得较慢，综合结果是随反应温度的上升，$r_1$ 值逐步上升趋近于 1。若 $r_1 > 1$，情况正好相反，随反应温度的上升，$r_1$ 值将逐步下降而趋近于 1。这样，随反应温度的升高，$r_1$ 和 $r_2$ 值都将趋近于 1，使共聚反应向理想共聚方向发展（表 3-13）。

**表 3-13　自由基共聚温度对竞聚率的影响**

| $M_1$ | $M_2$ | $T/℃$ | $r_1$ | $r_2$ |
| --- | --- | --- | --- | --- |
| 苯乙烯 | 甲基丙烯酸甲酯 | 35 | 0.52 | 0.44 |
| | | 60 | 0.52 | 0.46 |
| | | 131 | 0.59 | 0.54 |
| 苯乙烯 | 丙烯腈 | 60 | 0.40 | 0.04 |
| | | 75 | 0.41 | 0.03 |
| | | 99 | 0.39 | 0.06 |
| 苯乙烯 | 丁二烯 | 5 | 0.44 | 1.40 |
| | | 50 | 0.58 | 1.35 |
| | | 60 | 0.78 | 1.39 |

**（2）反应介质**

对于自由基共聚，溶剂对竞聚率的影响较小（表 3-14）。但如果由于溶解性、缔合与解缔、聚合方法等因素导致反应介质影响到单体的浓度，尤其是单体的局部浓度时，其影响不可忽视（表 3-15）。

表 3-14　苯乙烯（$M_1$）-甲基丙烯酸甲酯（$M_2$）在不同溶剂中进行自由基共聚的竞聚率

| 溶剂 | $r_1$ | $r_2$ | 溶剂 | $r_1$ | $r_2$ |
|---|---|---|---|---|---|
| 苯 | $0.57\pm0.032$ | $0.46\pm0.032$ | 苯甲醇 | $0.44\pm0.054$ | $0.39\pm0.054$ |
| 甲苯 | $0.48\pm0.045$ | $0.49\pm0.045$ | 苯酚 | $0.35\pm0.024$ | $0.35\pm0.024$ |

表 3-15　丙烯腈（$M_1$）-甲基丙烯酸甲酯（$M_2$）用不同聚合方法进行自由基共聚的竞聚率

| 共聚方法 | $r_1$ | $r_2$ |
|---|---|---|
| 悬浮聚合 | $0.75\pm0.05$ | $1.54\pm0.05$ |
| 乳液聚合 | $0.78\pm0.02$ | $1.04\pm0.02$ |
| 溶液聚合(二甲基亚砜中) | $1.02\pm0.02$ | $0.70\pm0.02$ |

　　某些酸类单体在进行自由基共聚时，介质的 pH 值对竞聚率亦有较大影响。如丙烯酸（$M_1$）-甲基丙烯酰胺（$M_2$）体系，当 pH = 2 时，$r_1 = 0.90$，$r_2 = 0.25$；当 pH = 9 时，$r_1 = 0.30$，$r_2 = 0.95$。这是因为 pH 高时，丙烯酸以丙烯酸根阴离子的形式存在，这种阴离子易与丙烯酰胺共聚。

　　（3）反应压力

　　压力对竞聚率的影响不大，其影响趋势与温度对竞聚率的影响相似，压力升高，共聚反应趋于理想共聚。如苯乙烯-丙烯腈 $r_1 r_2$ 的积在 0.1MPa 时为 0.026，在 100MPa 时上升为 0.077；而甲基丙烯酸甲酯-丙烯腈 $r_1 r_2$ 的积则从 0.16 上升为 0.91。

### 3.4.4　小结

　　与对一种单体和一种活性中心的均聚反应能力的分析相比，共聚反应中对多种单体和多种活性中心各自反应和相互反应能力的分析更加复杂也更具挑战性。在第 2 章我们曾从内因（单体的化学结构）和外因（温度、溶剂等）两方面探讨了单体的反应能力。这一思路同样适合于对单体共聚反应能力的分析。

　　竞聚率、$1/r_1$ 值、$k_{12}$ 值、$Q$ 值、$e$ 值都是对单体和活性中心共聚反应能力定量或定性的判断指标。

　　① 通过 $r$ 值和 $r_1 r_2$ 值对共聚类型进行划分。

　　② 用 $r$ 值对一对单体的活性进行判断，例如对 $r_1 > r_2$ 的共聚体系，$r$ 值大的单体活性高，所生成的自由基则活性低。

　　③ 用 $1/r_1$ 和 $k_{12}$ 值分别作为一系列单体和自由基活性的判据，$1/r_1$ 值大的单体活性高，$k_{12}$ 值大的自由基活性高。

　　④ 用 $Q$ 值和 $e$ 值对共聚行为进行定性分析，$Q$、$e$ 值相近的单体共聚时趋向于理想共聚，$Q$ 值相差大的单体难以进行共聚，$e$ 值相差大的单体交替共聚倾向较大。

　　用这些指标进行判断有自身的局限性。一方面，竞聚率也是在确定的反应条件下测定的，条件的变化必导致竞聚率的变化，加之测定复杂，所以从严格意义上讲竞聚率也是一个定性的分析指标，因此用这些指标进行分析的结果最后还要由实验进行证明。另一方面，这些指标也为共聚反应能力的理论分析提供了线索，共轭效应、极性效应、位阻效应的提出就是这种探索的结果。

　　决定单体和活性中心共聚反应能力的主要原因在其化学结构，取代基对单体和自由基相对活性影响归纳如下：

　　① 取代基影响单体和自由基相对活性大小的因素主要有共轭效应、极性效应和位阻效应。

　　② 一般而言，共轭效应对活性的影响较大。共轭单体的活性比非共轭单体的活性大；非共轭自由基的活性比共轭自由基的活性大。单体活性次序与自由基活性次序相反，且取代

基对自由基反应活性的影响比对单体反应活性影响要大得多。在共轭作用相似的单体之间易发生共聚反应（即 $Q$ 值相差大的单体难以进行共聚）。

③ 当两种单体能形成相似的共轭稳定的自由基时，给电子的单体与受电子单体之间易发生共聚反应。单体的极性相差小，有利于理想共聚（即 $Q$、$e$ 值相近的单体共聚时趋向于理想共聚）；单体的极性相差越大，越有利于交替共聚（即 $e$ 值相差大的单体交替共聚倾向较大）。如极性相差太大，则会超出自由共聚范围，各自归于相应的离子聚合领域。

当参与共聚的单体确定后，其共聚能力、共聚行为也就基本确定。前几节所讨论的对自由基共聚组成和序列结构的控制只是通过控制单体配比、投料方式、反应温度、压力、溶剂等辅助手段在一定范围内对共聚进行调节。这也是对两单体活性相差较大体系，如要得到含高活性单体少或含低活性单体多的共聚物十分困难的原因。对离子共聚，由于活性中心受溶剂影响大，因此调控手段要比自由基共聚复杂一些。

# 3.5 共聚反应速率

共聚反应中我们首先关心的是共聚组成，其次是共聚反应速率。前者只与链增长反应有关，后者则与链引发、链增长、链终止反应有关。在一般情况下，两种单体都能有效地与初级自由基反应，可以认为引发速率与配料组成无关。应着重分析终止反应对聚合速率的影响。目前推导共聚反应速率有两条路线：化学控制的终止反应和扩散控制的终止反应。推导方法与处理自由基均聚方法相同，不过在做稳态处理时要注意不仅每种自由基都处于稳态，体系中自由基总浓度亦应处于稳态。这里只给出最终结果，不再详述推导过程。

由化学控制的终止反应的聚合反应速率方程为：

$$R_p = \frac{(r_1[M_1]^2 + 2[M_1][M_2] + r_2[M_2]^2) r_i^{1/2}}{r_1^2 \delta_1^2 [M_1]^2 + 2\phi r_1 r_2 \delta_1 \delta_2 [M_1][M_2] + r_2^2 \delta_2^2 [M_2]^2} \tag{3-52}$$

式中

$$\delta_1 = \left(\frac{2k_{t11}}{k_{11}^2}\right)^{1/2} \qquad \delta_2 = \left(\frac{2k_{t22}}{k_{22}^2}\right)^{1/2} \qquad \phi = \frac{k_{t12}}{2(k_{t11} k_{t12})^{1/2}} \tag{3-53}$$

由扩散控制的终止反应的聚合反应速率方程为：

$$R_p = \frac{(r_1[M_1]^2 + 2[M_1][M_2] + r_2[M_2]^2) r_i^{1/2}}{k_{t12}^{1/2} \left\{ \left(\frac{r_1[M_1]}{k_{11}}\right) + \left(\frac{r_2[M_2]}{k_{22}}\right) \right\}} \tag{3-54}$$

总体看，$R_p \propto [M]$，与自由基均聚反应相同。

# 3.6 自由基共聚合的工业应用

自由基共聚在工业上应用广泛且规模很大。如无规共聚物有丁苯橡胶、丁腈橡胶、苯乙烯-丙烯腈共聚物等；交替共聚物有苯乙烯-马来酸酐共聚物；接枝共聚物有高抗冲聚苯乙烯、ABS 等。本节通过对典型自由基共聚工业产品的介绍，对本章所学知识进行一些综合应用。

### 3.6.1 丁苯橡胶

丁苯橡胶（E-SBR），即丁二烯-苯乙烯自由基共聚产物，采用乳液聚合，是产量第一大合成橡胶。通用型 E-SBR 要求如下：苯乙烯含量 23.5%±1%（质量分数）；序列结构为无规；数均相对分子质量 $1.5 \times 10^5 \sim 4 \times 10^5$，重均相对分子质量 $2 \times 10^5 \sim 10 \times 10^5$；门尼黏度 $(52\pm6)ML_{1+4}$。

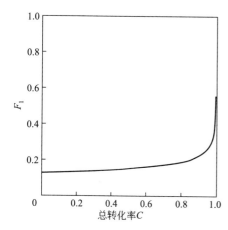

图 3-16 苯乙烯瞬时组成与转化率关系

E-SBR 有两种合成工艺，一种是用过硫酸钾为引发剂，50℃聚合的热法；另一种是用氧化-还原引发剂，5℃聚合的冷法。由于冷法产物品质优于热法，目前已成为主要聚合工艺。

丁二烯-苯乙烯在 5℃ 下自由基共聚，$r_1 = 1.38$，$r_2 = 0.64$，$r_1 r_2 = 0.88$，为非理想共聚。从 $r$ 值看，丁二烯的活性大于苯乙烯。苯乙烯瞬时组成与转化率关系如图 3-16 所示。

为保证组成均匀，投料比为 72/28（质量比），理论上讲，转化率控制在 70% 以下，共聚组成变化不太大，但为防止高转化率阶段共聚物生成支化和交联，一般控制转化率在 60%。在此转化率下，共聚组成基本变化不大，为均匀无规共聚物。

引发剂用量（以单体为 100 计）：过氧化氢对孟烷 0.06～0.12，硫酸亚铁 0.01，吊白块 0.04～0.10。为控制相对分子质量，加入分子量调节剂叔十二硫醇（0.16）。反应时间一般为 8～12h，当达到所需转化率或所需门尼黏度时，加入终止剂停止反应。

E-SBR 工业生产有多种工艺，以上介绍的是一种典型工艺。

### 3.6.2 丁腈橡胶

丁腈橡胶（NBR/ABR），即丁二烯-丙烯腈自由基共聚产物，采用乳液聚合，因丙烯腈为极性单体，共聚物有优异的耐油性，为重要的特种橡胶。NBR 中丙烯腈含量是决定其耐油性的重要指标：一般为 15%～50%（质量分数），中丙烯腈丁腈橡胶为 25%～30%，高丙烯腈丁腈橡胶为 36%～42%；序列结构为无规；相对分子质量为 1000（液体丁腈橡胶）至几十万（固体），一般为 70 万；门尼黏度为 20～140 $ML_{1+4}$，一般为 40～65 $ML_{1+4}$。

NBR 有两种合成工艺，一种是用过硫酸钾为引发剂，30～50℃聚合；另一种是用氧化-还原引发剂，5℃聚合。低温聚合工艺可降低门尼黏度，减少支化度，因此胶的物理性能、加工性能好。

丁二烯-丙烯腈自由基共聚，50℃ 时 $r_1 = 0.35$，$r_2 = 0.05$，$r_1 r_2 = 0.0175$，为有恒比点的非理想共聚，$f_{1(恒)} = 0.59$；5℃ 时 $r_1 = 0.18$，$r_2 = 0.03$，$r_1 r_2 = 0.0054$，$f_{1(恒)} = 0.54$。从 $r$ 值看，丁二烯的活性大于丙烯腈，且有交替共聚的倾向。以低温聚合为例，投料比为 64/36（质量比），丙烯腈瞬时组成与转化率关系如图 3-17 所示。为保证组成均匀，控制转化率在 70%～75%。

引发剂用量（以单体为 100 计）：过氧化二异丙苯 0.03，EDTA-Fe 0.006，吊白粉 0.2。为控制相对分子质量，加入分子量调节剂叔十二硫醇（0.5）。反应时间一般为 10～12h，当达到所需转化率或所需门尼黏度时，加入终止剂停止反应。

### 3.6.3 苯乙烯-丙烯腈共聚物

苯乙烯-丙烯腈共聚物（SAN/AS）是由苯乙烯-丙烯腈自由基共聚，采用本体、悬浮、乳液聚合。通用聚苯乙烯（GPPS）虽有许多优点，但质脆、耐热和耐油性差，与其它单体共聚，可改善这些不足。常用的共聚单体有丙烯腈、马来酸酐、α-MSt、MMA 等。与 GPPS 相比，SAN 抗冲击性、耐化学

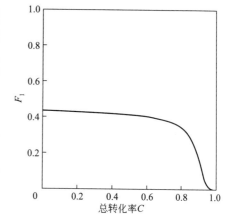

图 3-17 丙烯腈瞬时组成与转化率关系

品、耐油性提高。除单独使用外，还大量用于 ABS 的制备。SAN 主要有两大类，一是含丙烯腈20%～35%，为透明性塑料，用于注塑制品；二是含丙烯腈 60%～85%，用于食品与饮料包装。

苯乙烯-丙烯腈自由基共聚，60℃时 $r_1 = 0.4$，$r_2 = 0.04$，$r_1 r_2 = 0.016$，为有恒比点的非理想共聚，$f_{1(恒)} = 0.62$；如高温聚合（150℃ $\pm$ 30℃），$f_{1(恒)} = 0.68$。60℃聚合时丙烯腈（$M_2$）瞬时组成与转化率关系如图3-18所示，图中曲线 2、3、4、5 分别对应丙烯腈含量为 20%、35%、60%、85% 的情况。对于含丙烯腈 20%～35% 的 SAN，可控制转化率到70%；对含丙烯腈 60%～85% 的 SAN，或是控制在低转化率（30%）下停止反应，或考虑补加消耗快的单体。

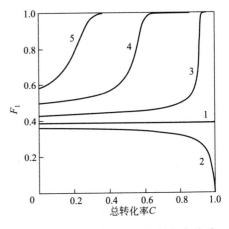

图 3-18 丙烯腈瞬时组成与转化率关系
1—$f_2 = 0.385$；2—$f_2 = 0.33$；
3—$f_2 = 0.51$；4—$f_2 = 0.75$；5—$f_2 = 0.92$

### 3.6.4 乙烯-醋酸乙烯酯共聚物

乙烯-醋酸乙烯酯共聚物（EVA）是由乙烯-醋酸乙烯酯自由基共聚，采用本体聚合。采用自由基法制备的聚乙烯中，超过 25% 为乙烯的共聚物，共聚单体主要有：醋酸乙烯酯、甲基丙烯酸甲酯、丙烯酸酯类等。在聚乙烯分子链中引入醋酸乙烯酯，因结晶度下降而使硬度降低，但柔韧性、透明性、冲击强度、耐应力破裂、耐油性、耐候性、粘接性等性能提高，主要用于生产薄膜。一般醋酸乙烯酯含量低于 5%（质量分数）的为改性 PE，5%～40% 的为 EVA 树脂，40%～70% 的为 EA 弹性体。

乙烯-醋酸乙烯酯自由基共聚，130℃时 $r_1 = 0.97$，$r_2 = 1.02$，基本为理想恒比共聚。因此很容易在大范围内实现对共聚组成和序列结构的控制。生产工艺类似于 LDPE，如高压法，引发剂可为微量氧、有机过氧化物等，200℃，103～142MPa，反应器内平均停留时间为 60s 左右，单程转化率釜式法为 10%～20%，管式法为 25%～35%。

### 3.6.5 聚丙烯腈纤维

聚丙烯腈纤维（PAN）由于柔软性和保暖性与羊毛相似，称"合成羊毛"。在合成纤维中产量排第三位（在涤纶和尼龙后）。纯丙烯腈纤维产量低，主要用于工业。目前主要为丙烯腈（一般用量88%～95%）为主的三元共聚物。第二单体为非离子型单体，如丙烯酸甲酯、甲基丙烯酸甲酯、醋酸乙烯酯、丙烯酰胺等，主要是降低结晶性，提高纤维强度、弹性和手感，用量为 4%～10%。表3-16列出主要共聚单体的竞聚率。第三单体是引入亲染料基团，如丙烯磺酸钠、乙烯基吡啶等，用量为 0.3%～2%。

表 3-16　AN($M_1$)-$M_2$ 共聚时的竞聚率

| $M_2$ | $r_1$ | $r_2$ | 备　注 |
| --- | --- | --- | --- |
| 丙烯酸甲酯 | 0.95 | 1.17 | 60℃，52% NaSCN 水溶液 |
| | 0.70 | 1.22 | 20℃，水相，$S_2O_8^{2-}$-$HSO_3^-$ 引发 |
| | 0.50 | 0.71 | 80℃ |
| 甲基丙烯酸甲酯 | 0.15 | 1.224 | 80℃ |
| 醋酸乙烯酯 | 6.0 | 0.07 | 70℃ |
| 甲基丙烯腈 | 0.32 | 2.68 | 60℃ |
| 丙烯酰胺 | 0.875 | 1.375 | 60℃ |
| 丙烯磺酸钠 | 4.94 | 0.07 | 30℃，水相，$K_2S_2O_8$-NaHSO_3 引发 |
| 乙烯基吡啶 | 0.113 | 0.47 | 60℃ |

　　PAN 采用溶液聚合，引发剂因溶剂不同而不同，一般均相体系，如 NaSCN 水溶液，常采用 AIBN；非均相体系，如水，则采用氧化-还原引发体系。引发剂用量（AIBN）为总单体质量的 0.2%～0.8%。数均相对分子质量为 6000～8000。提高单体浓度可提高聚合速率和聚合度，考虑到纺丝，单体浓度为 17%～21%。提高反应温度可提高反应速率，但使聚合度下降，考虑到单体沸点（77.3℃），聚合温度为 76～78℃。为共聚组成均匀，控制转化率在 55%～70%。

# ［自学内容 1］　高分子合金

　　在高分子材料开发的初期，人们把很多力量放到新聚合物品种的发明上。但在所发明的聚合物中，最多只有 1% 具有应用价值，而在这 1% 中，真正进行工业化大生产的品种就更少，目前工业化的十余种聚合物的产量，已占聚合物材料总产量的 80% 以上。为了满足人们对高性能聚合物材料的需求，科学家们借鉴了金属材料的发展思路。在冶金中，人们为了寻找新的金属材料，把不同的金属做成合金，结果获得了许多性能优良、胜过纯金属的特种材料。现在，科学家们利用不同的单体或不同的聚合物已制备出大量的"高分子合金"（polymer alloy）。高分子合金的性能不仅受其组分聚合物的性质和含量的影响，也与合金的结构形态密切相关。例如均相合金的性质常常服从性能加和原理，而多相合金的力学性质在很大程度上由连续相的性质决定。大多数高分子合金属于多相结构。

　　共混是制备高分子合金的一个主要方法。这里所说的共混是指通过物理的方法将聚合物与其它的物质混合到一起的过程。所谓其它的物质可以是另一种聚合物，也可以是充填剂、增塑剂等物质。共混的特点是用十分经济的办法大幅度地提高聚合物的物理机械性能或加工性能。共混的目的，早期主要是增韧。目前已扩展到聚合物性能的各个方面。如聚苯醚（PPO）的模量、强度、耐热性都很好，但软化点高、熔体黏度大，加工困难，不改性没有工业用途。与 PS 或 HIPS 共混，在改善加工性能的同时又降低了成本，成为五大工程塑料之一。类似的例子还有 PPO/PPS、PVC/聚 ε-己内酯、聚酰亚胺/聚亚苯基砜。共混的方法和种类有很多，这里不再重点介绍。

　　共聚是制备高分子合金的另一有效途径。一个典型的例子是苯乙烯-丁二烯-苯乙烯三嵌段共聚物（SBS）。聚苯乙烯和聚丁二烯是不相容的两相结构，含量少且处于大分子链两端的聚苯乙烯呈岛相结构分散于聚丁二烯连续相中，起着固定聚丁二烯弹性链段的物理交联点作用及补强作用。由于聚苯乙烯在其熔融温度以上可以受力流动，因而 SBS 是一种热塑性弹性体。对于多相结构的共混高分子合金来说，为避免加工和使用过程中发生宏观相分离，各相间应有足够的黏附力。通过共聚的方法，可以很好地将两种或多种互不相容的大分子链段连接到一起。这种共聚物既可以是一种高分子合金，也可以是一种相容剂。目前机械共混法有被嵌段共聚-共混法取代的趋势。一个典型的例子是 ABS 树脂（丙烯腈-丁二烯-苯乙烯三元共聚或共混体系），是目前产量最大的一类共混物，共有 70 多个品种。与共混相比，共聚的优点在于可使不同分子间以化学键的形式连接在一起，缺点在于共聚组成和序列分布的控制。

　　互穿聚合物网络（interpenetrating polymer network，IPN）也是一类高分子合金。其独特之处在于组分聚合物均各自独立交联（可以是化学交联，也可以是物理交联），形成有某种程度互穿的网络。按结构划分：全 IPN，为含两种不同化学交联网络的聚合物；半 IPN，为含两种相同化学交联网络的聚合物；接枝型 IPN，为一种线形高分子接在另一种聚合物网络上的产物；物理交联 IPN，由含玻璃化微区、离子微区和结晶微区之一的两种聚合物组成的IPN，又称热塑性IPN。从合成看，如将第一种单体与交联剂聚合生成第一种网络后，再将第二种单体及交联剂在其中溶胀，引发聚合，形成第二种网络，称为分步IPN；如溶胀未达到平衡即引发聚合，则称为梯度IPN（或称渐变IPN）；将两种单体或预聚物及交联剂同时按各自不同的反应机理反应，生成两种互相贯穿的网络，称为同步IPN；将第一种单体制成乳胶粒种子，然后加入第二种单体、交联剂及引发剂，继续在乳胶粒种子上聚合，得到含两种网络的核壳状粒子，称为胶乳IPN；用熔融法或溶液法使两种含不同物理交联网络的聚合物共混得到IPN称共混IPN。IPN的特殊结构有利于两相间发挥良好的协同效应，从而使IPN具有许多优异的性能。如IPN类的PS/PB（14.4%）的冲击强度达 $2.69J/cm^2$，比接枝法HIPS高得多。又如热塑性IPN尼龙/Kranton G（氢化SBS），具有力学性能均衡、抗收缩、抗臭氧、耐老化的特点。而反应注射成型（RIM）IPN，如有机硅/聚氨酯，可直接在模具中聚合成型，产物可用于人体导管、滚轴等。

# ［自学内容2］ 共聚物组成的统计微分方程

共聚物组成方程在没有稳态假定的条件下，也可以通过统计近似地推出，称为统计微分方程。

设①二元共聚体系中链增长活性中心的反应活性仅由端基单元决定；②体系中没有解聚反应。这样共存在四种链增长反应：

$$\sim\sim\sim M_1 \cdot + M_1 \longrightarrow \sim\sim\sim M_1 \cdot \qquad R_{11}=k_{11}[M_1 \cdot][M_1] \qquad (1)$$

$$\sim\sim\sim M_1 \cdot + M_2 \longrightarrow \sim\sim\sim M_2 \cdot \qquad R_{12}=k_{12}[M_1 \cdot][M_2] \qquad (2)$$

$$\sim\sim\sim M_2 \cdot + M_2 \longrightarrow \sim\sim\sim M_2 \cdot \qquad R_{22}=k_{22}[M_2 \cdot][M_2] \qquad (3)$$

$$\sim\sim\sim M_2 \cdot + M_1 \longrightarrow \sim\sim\sim M_1 \cdot \qquad R_{21}=k_{21}[M_2 \cdot][M_1] \qquad (4)$$

共聚物中形成 $M_1$ 单元组的概率 $P_{11}$ 为 $M_1$ 加到 $M_1 \cdot$ 上的速率与 $M_1$ 和 $M_2$ 加到 $M_1 \cdot$ 的总速率之比。即

$$P_{11}=\frac{R_{11}}{R_{11}+R_{12}}=\frac{r_1[M_1]}{r_1[M_1]+[M_2]} \qquad P_{12}=\frac{R_{12}}{R_{11}+R_{12}}=\frac{[M_2]}{r_1[M_1]+[M_2]}$$

$$P_{22}=\frac{R_{22}}{R_{21}+R_{22}}=\frac{r_2[M_2]}{r_2[M_2]+[M_1]} \qquad P_{21}=\frac{R_{21}}{R_{21}+R_{22}}=\frac{[M_1]}{r_2[M_2]+[M_1]}$$

$M_1$ 加到 $M_1 \cdot$ 上与 $M_2$ 加到 $M_2 \cdot$ 上的概率之和为1：

$$P_{11}+P_{12}=1 \qquad\qquad P_{21}+P_{22}=1$$

设 $M_1$ 和 $M_2$ 连续出现在共聚分子链中的平均单元数为 $\bar{n}_1$ 和 $\bar{n}_2$，则：

$$\bar{n}_1=\sum_{x=1}^{x=\infty} x(\underline{N}_1)x=(\underline{N}_1)_1+2(\underline{N}_1)_2+3(\underline{N}_1)_3+4(\underline{N}_1)_4+\Lambda \qquad (5)$$

式中，$(\underline{N}_1)_x$ 是由 $x$ 个 $M_1$ 单体单元组成的链节总数的摩尔分数，即形成某种链节的概率，可表示为：

$$(\underline{N}_1)_x=(P_{11})^{x-1}P_{12} \qquad (6)$$

将式（6）代入式（5），得：

$$\bar{n}_1=\sum_{x=1}^{x=\infty} x(\underline{N}_1)x=P_{12}(1+2P_{11}+3P_{11}{}^2+4P_{11}{}^3+\Lambda) \qquad (7)$$

对于共聚反应，$P_{11}<1$，式（7）中的展开项等于 $1/(1-P_{11})^2$，因此式（7）变为：

$$\overline{n}_1 = \frac{P_{12}}{(1-P_{11})^2} = \frac{1}{P_{12}} = \frac{r_1[M_1]+[M_2]}{[M_2]} \tag{8}$$

同理：

$$\overline{n}_2 = \frac{P_{21}}{(1-P_{22})^2} = \frac{1}{P_{21}} = \frac{r_2[M_2]+[M_1]}{[M_1]} \tag{9}$$

共聚物中单体 $M_1$ 和 $M_2$ 的摩尔比可由两个数均链节长度之比给出：

$$\frac{\overline{n}_1}{\overline{n}_2} = \frac{d[M_1]}{d[M_2]} = \frac{[M_1]}{[M_2]} \times \frac{r_1[M_1]+[M_2]}{[M_1]+r_2[M_2]} \tag{10}$$

此方程与用动力学法推导出的完全一致，因此，共聚物组成方程在稳态或非稳态下均可导出。

# 习　题

1. 解释下列名词：
   (1) 均聚合与共聚合，均聚物与共聚物
   (2) 均缩聚、混缩聚、共缩聚
   (3) 共聚组成与序列结构
   (4) 无规共聚物、无规预聚物与无规立构聚合物
   (5) 共聚物、共混物、互穿网络

2. 无规、交替、嵌段、接枝共聚物的序列结构有何差异？

3. 对下列共聚反应的产物进行命名：
   (1) 丁二烯（75%）与苯乙烯（25%）进行无规共聚
   (2) 马来酸酐与乙酸-2-氯烯丙基酯进行交替共聚
   (3) 苯乙烯-异戊二烯-苯乙烯依次进行嵌段共聚
   (4) 苯乙烯在聚丁二烯上进行接枝共聚
   (5) 苯乙烯与丙烯腈的无规共聚物在聚丁二烯上进行接枝共聚
   (6) 苯乙烯在丁二烯（75%）与苯乙烯（25%）的无规共聚物上进行接枝共聚

4. 试用动力学和统计学两种方法来推导二元共聚物组成微分方程 [式(3-11)]。在推导过程中各做了哪些假定？

5. 比较推导自由基聚合初期动力学方程和二元共聚物组成微分方程所做的假定有何异同。

6. 什么是前末端效应、解聚效应、络合效应？简述它们对共聚组成方程的影响。

7. 二元自由基共聚中所指理想共聚、理想恒比共聚、非理想共聚、有恒比点的非理想共聚、交替共聚、"嵌段"共聚的竞聚率有何特点？

8. $r_1=r_2=1$；$r_1=r_2=0$；$r_1>0$，$r_2=0$；$r_1r_2=1$ 等特殊体系属于哪种共聚反应？此时 $d[M_1]/d[M_2]=f([M_1]/[M_2])$，$F_1=f(f_1)$ 的函数关系如何？

9. 示意画出下列各对竞聚率的共聚物组成曲线，并说明其特征。$f_1=0.5$ 时，低转化率阶段的 $F_1=$？

| 实例 | 1 | 2 | 3 | 4 | 5 | 6 |
|------|---|---|---|---|---|---|
| $r_1$ | 0 | 0.1 | 0.2 | 0.5 | 0.8 | 1 |
| $r_2$ | 0 | 0.1 | 0.2 | 0.5 | 0.8 | 1 |
| 实例 | 7 | 8 | 9 | 10 | 11 | 12 |
| $r_1$ | 0.1 | 0.2 | 0.2 | 0.1 | 0.2 | 0.8 |
| $r_2$ | 10 | 10 | 5 | 1 | 0.8 | 0.2 |

注：1~6 为一组，7~12 为一组，分别画在两张坐标图中。

10. 画出下列单体对进行自由基共聚的共聚物组成曲线（竞聚率见表 3-4），并在曲线上画出随反应进行 $f_1$、$F_1$ 的变化趋势，并对这种变化给予简单说明。
    (1) 丁二烯-苯乙烯

    (2) 醋酸乙烯酯-氯乙烯

    (3) 苯乙烯-丙烯腈

    (4) 四氟乙烯-三氟氯乙烯

    (5) 马来酸酐-醋酸乙烯酯

11. 两单体的竞聚率 $r_1 = 2.0$，$r_2 = 0.5$，如 $f_1^0 = 0.5$，转化率为 50%，试求共聚物的平均组成。

12. 试作氯乙烯-醋酸乙烯酯（$r_1 = 1.68$，$r_2 = 0.23$）、甲基丙烯酸甲酯-苯乙烯（$r_1 = 0.46$，$r_2 = 0.52$）两组单体进行自由基共聚的共聚物组成曲线。若醋酸乙烯酯和苯乙烯在两体系中的浓度均为 15%（质量分数），试求起始时的共聚物组成。

13. 甲基丙烯酸甲酯（$M_1$）和丁二烯（$M_2$）在 60℃进行自由基共聚，$r_1 = 0.25$，$r_2 = 0.91$，试问以何种配比投料才能得到组成基本均匀的共聚物？并计算所得共聚物中 $M_1$ 和 $M_2$ 的摩尔比。若起始配料比是 35/65（质量比），问是否可以得到组成基本均匀的共聚物？若不能，试问采用何种措施可以得到共聚组成与配料比基本相当的组成基本均匀的共聚物？

14. 已知：$M_1$-$M_2$ 单体对共聚，其中 $r_1 = 0.30$，$r_2 = 0.70$，若 $f_1^0 = 0.70$，随共聚进行到某一时刻，共聚物组成为 $F_1$，单体组成为 $f_1$，比较 $f_1$ 与 $f_1^0$，$F_1$ 与 $F_1^0$，$f_1$ 与 $F_1$，$F_1$ 与 $\overline{F_1}$ 的大小。若 $f_1^0 = 0.30$ 或 0.26，情况又会如何？若要得到共聚组成均匀的共聚物，上述各种情况分别应采取何种控制方法？

15. 两单体竞聚率为 $r_1 = 0.9$，$r_2 = 0.3$，$M_1$：$M_2$ 摩尔比为 1:1，随转化率增大，残余单体组成、瞬时共聚物组成、平均共聚物组成将如何变化？请画出它们的变化曲线。采用何种方法才能得到 1:1 的组成均匀的共聚物？

16. 苯乙烯（$M_1$）和丁二烯（$M_2$）在 5℃进行自由基乳液共聚时，$r_1 = 0.64$，$r_2 = 1.38$。已知苯乙烯和丁二烯的均聚链增长速率常数分别为 49L/(mol·s) 和 25.1L/(mol·s)。求：

    (1) 两种单体共聚时的反应速率常数。

    (2) 比较两种单体和两种链自由基活性的大小。

    (3) 作出此共聚反应的 $F_1$-$f_1$ 曲线。

    (4) 要制备组成均匀的共聚物需要采取什么措施？

17. 在同一坐标图中定性画出各组二元共聚体系的瞬时共聚曲线（题中所给为 $r_1/r_2$ 值），并指出各组共聚体系的共聚类型和共聚物序列结构。

    (1) a. 2/0.5    b. 0.3/3    c. 0.2/0    d. 0.5/0.05

    (2) a. 0.1/10    b. 5/0.1    c. 0/0.1    d. 0.05/0.5

    (3) a. 5/5    b. 1/1    c. 0.8/0.8    d. 0.1/0.1    e. 0/0

    (4) a. 30/0.1    b. 2/0.5    c. 0.8/0.1    d. 0.1/0    e. 0/0

18. 3.5mol/L 的醋酸乙烯酯（$M_1$）和 1.5mol/L 的氯乙烯（$M_2$）在苯溶液中于 60℃下以偶氮二异丁腈引发共聚反应，$r_1 = 0.23$，$r_2 = 1.68$。试计算：

    (1) 起始形成共聚物中二者组成比。

    (2) $M_1$ 与 $M_2$ 在聚合物中的平均序列长度。

    (3) 生成 $8M_1$ 序列的概率。

19. 什么是"竞聚率"？它有何意义和用途？

20. 影响竞聚率的内因是共聚单体对的结构。试讨论自由基共聚中，共轭效应、极性效应、位阻效应分别起主导作用时，单体对的结构，并各举一实例加以说明。

21. 总结自由基共聚时反应温度、介质、压力对单体和自由基活性的影响。

22. 相对分子质量为 72、53 的两种单体进行自由基共聚，实验数据列于下表，试用截距斜率法求竞聚率 $r_1$，$r_2$。

| 单体中 $M_1$ 含量(质量分数)/% | 20 | 25 | 50 | 60 | 70 | 80 |
|---|---|---|---|---|---|---|
| 共聚物中 $M_1$ 含量(质量分数)/% | 25.5 | 30.5 | 59.3 | 69.5 | 78.6 | 86.4 |

23. 苯乙烯和甲基丙烯酸甲酯是常用的共聚单体，它们与某些单体共聚的竞聚率 $r_1$ 列于下表。根据这些结果排列这些单体的活性次序，并简述影响这些单体活性的原因。

| M$_2$ | $r_1$（苯乙烯） | $r_1$（甲基丙烯酸甲酯） |
|---|---|---|
| 丙烯腈 | 0.41 | 1.35 |
| 醋酸烯丙基酯 | 90 | 2.3 |
| 2,3-二氯-1-丙烯 | 5 | 5.5 |
| 甲基丙烯腈 | 0.30 | 0.67 |
| 氯乙烯 | 17 | 12.5 |
| 偏氯乙烯 | 1.85 | 2.53 |
| 2-乙烯基吡啶 | 0.55 | 0.395 |

24. 单体 M$_1$ 和 M$_2$ 进行共聚，50℃时 $r_1=4.4$，$r_2=0.12$，计算并回答：
    (1) 若两单体极性相差不大，空间效应的影响也不显著，则取代基的共轭效应哪个大？
    (2) 开始生成的共聚物的摩尔分数 M$_1$ 和 M$_2$ 各为 50%，问起始单体组成是多少？

25. 下列单体哪些能与丁二烯进行共聚，将它们按交替共聚倾向性增加的顺序排列，说明理由。
    a. 叔丁基乙烯基醚；b. 甲基丙烯酸甲酯；c. 丙烯酸甲酯；d. 苯乙烯；e. 顺丁烯二酸酐；f. 醋酸乙烯酯；g. 丙烯腈

26. 在醋酸乙烯酯聚合过程中，加入少量氯乙烯，聚合速率变化不大。加入少量苯乙烯/丁二烯，聚合速率会大大减慢。请解释其原因。

27. 试述 $Q$-$e$ 概念，如何根据 $Q$、$e$ 值来判断单体间的共聚行为。$Q$-$e$ 方程的不足是什么？

28. 试判断下列各单体对能否发生自由基共聚？如可以，粗略画出共聚组成曲线（$F_1$-$f_1$曲线）。
    (1) 对二甲基氨基苯乙烯（$Q_1=1.51$，$e_1=-1.37$)-对硝基苯乙烯（$Q_1=1.63$，$e_1=-0.39$）
    (2) 偏氯乙烯（$Q_1=0.22$，$e_1=0.36$)-丙烯酸酯（$Q_1=0.42$，$e_1=0.69$）
    (3) 丁二烯（$Q_1=2.39$，$e_1=-1.05$)-氯乙烯（$Q_1=0.044$，$e_1=0.2$）
    (4) 四氟乙烯（$r_1=1.0$)-三氟氯乙烯（$r_2=1.0$）
    (5) $\alpha$-甲基苯乙烯（$r_1=0.038$)-马来酸酐（$r_2=0.08$）

29. 下表是几对单体进行自由基共聚时的 $Q$ 值和 $e$ 值：

| 单体对 | $e$ | $Q$ |
|---|---|---|
| Ⅰ. M$_1$甲基丙烯酸甲酯 | 0.40 | 0.74 |
| 　　M$_2$偏二氯乙烯 | 0.36 | 0.22 |
| Ⅱ. M$_1$丙烯腈 | 1.20 | 0.60 |
| 　　M$_2$苯乙烯 | −0.80 | 1.00 |
| Ⅲ. M$_1$反丁烯二酸二乙酯 | 1.25 | 0.61 |
| 　　M$_2$ N-乙烯基吡咯烷酮 | −1.14 | 0.14 |
| Ⅳ. M$_1$苯乙烯 | −0.80 | 1.00 |
| 　　M$_2$ 醋酸乙烯 | −0.22 | 0.026 |

根据上述 $Q$、$e$ 值，计算或回答下列问题：
    (1) 以上四组各倾向于哪种共聚类型？
    (2) 求第Ⅱ组的 $r_1$ 和 $r_2$ 值，并计算恒比点时两种单体的投料比。
    (3) 对第Ⅲ组所属共聚类型作解释。
    (4) 第Ⅳ组单体的均聚速率哪个大？为什么？

30. 总结自由基共聚时取代基对单体和自由基活性的影响。

31. 为了改进聚氯乙烯的性能，常将氯乙烯（M$_1$）与醋酸乙烯（M$_2$）共聚得到以氯乙烯为主的氯醋共聚物。已知在 60℃下上述共聚体系的 $r_1=1.68$，$r_2=0.23$，试具体说明要合成含氯乙烯质量分数为 80% 的组成均匀的氯醋共聚物应采用何种聚合工艺？

32. 丁腈-40 是丁腈橡胶中最常见的一个品种，其中丙烯腈单元（M$_2$）的质量分数为 40%，已知 $r_1=0.3$，$r_2=0.02$，请画出 $F_1$-$f_1$ 曲线。求出起始单体配比。为得到组成均匀的共聚物，应采用什么加料方法？

33. 国外制备 ABS 的一个常用方法是乳液接枝掺混法，即用聚丁二烯乳液接枝共聚制得的 ABS 粉料和用悬浮聚合制备的 St-AN 共聚物（SAN）进行掺混制得。一般 SAN 中 AN 含量在 20%～35%（质量分数），平均相对分子质量 5 万～15 万。根据市场要求，需制备以下三种 SAN，其 AN 含量（质量分数）分别为 20%、24.2%、35%。画出共聚组成曲线，根据计算结果确定制备组成均匀的上述三种 SAN 的工艺。（St 为 $M_1$，$r_1 = 0.4$，$r_2 = 0.04$，$M_{St} = 104$，$M_{AN} = 53$）

34. 简述自由基共聚的主要工业化品种 E-SBR、NBR、SAN、EVA 对共聚组成的要求和主要控制手段。

35. 什么是高分子合金，有几种制备方法？

# 参 考 文 献

[1] George Odian. Principle of Polymerization. 4th. New York：John Wiley & Sons, Inc., 2004.
[2] Ravve A. Principles of Polymer Chemistry. 2nd ed. New York：Plenum Press，2000.
[3] Harry Allcock R，Frederick Lampe W，James Mark E. 现代高分子化学：影印版. 北京：科学出版社，2004.
[4] Paul Hiemenz C，Timothy Lodge P. Polymer Chemistry. 2nd ed. New York：CRC Press，2007.
[5] Krzysztof Matyjaszewski，Yves Gnanou，Ludwik Leible. Germany：Macromolecular Engineering，2007.
[6] 唐黎明，庹新林. 高分子化学. 北京：清华大学出版社，2009.
[7] 潘祖仁. 高分子化学. 第 4 版. 北京：化学工业出版社，2007.
[8] 复旦大学高分子系高分子教研室. 高分子化学. 上海：复旦大学出版社，1995.
[9] 潘才元. 高分子化学. 合肥：中国科学技术大学出版社，1997.
[10] 余木火. 高分子化学. 北京：中国纺织出版社，1995.
[11] 应圣康，余丰年. 共聚合原理. 北京：化学工业出版社，1984.
[12] 金关泰，金日光，汤宗汤，陈耀庭. 热塑性弹性体. 北京：化学工业出版社，1983.
[13] 应圣康，郭少华. 离子型聚合. 北京：化学工业出版社，1988.
[14] 全国科学技术名词审定委员会. 高分子化学命名原则. 北京：科学出版社，2005.
[15] 赵德仁，张慰盛. 高聚物合成工艺学. 北京：化学工业出版社，1997.
[16] 焦书科. 高分子化学习题及解答. 北京：化学工业出版社，2004.
[17] 陈平，廖明义. 高分子合成材料学. 北京：化学工业出版社，2010.
[18] 韦军，刘方. 高分子合成工艺学. 上海：华东理工大学出版社，2011.

# 第4章 离子聚合

## 4.1 碳离子

自 19 世纪人们就开始了对离子聚合的研究，由于实现离子聚合比自由基聚合要困难得多，直到 20 世纪 50 年代对离子聚合的研究及应用才得到较大发展。阴离子聚合首先实现了活性聚合，为聚合物结构与性能的关联开辟了道路，打开了聚合物设计合成的大门。其后阳离子聚合在可控聚合方面的发展为适用于阳离子聚合的单体的精细合成开辟出新天地。

离子聚合的活性中心是碳离子（碳阴离子与碳阳离子），对碳离子的研究有利于对离子聚合机理、聚合物形成原因、聚合反应影响因素等的研究。

### 4.1.1 碳阴离子

阴离子聚合活性中心可以是碳阴离子、氧阴离子、硫阴离子等，常用的是碳阴离子。

#### 4.1.1.1 碳阴离子的产生

含有未共享电子对的三价碳原子叫做碳阴离子。有多种生成碳阴离子的方法，通常碳阴离子可由以下两种方法形成。

直接裂解，即与碳原子相连的原子或原子团不带着它的一对成键电子裂解出去。

$$R—H \longrightarrow R^- + H^+$$

阴离子和碳-碳双键或叁键的加成，阴离子加在双键中的一个碳原子上，使另一个碳原子带负电荷。

$$—C{=}C— + Y^- \longrightarrow —C^-—C—Y$$

#### 4.1.1.2 碳阴离子的结构与活性

碳阴离子有两种构型，一种是 $sp^3$ 杂化的角锥型，另一种是 $sp^2$ 杂化的平面型。

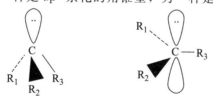

一般碳阴离子为角锥型，未共享电子对占据四面体的一个顶点，与氧及胺类相似，角锥型结构可以通过中心碳原子的再杂化，由 $sp^3$ 转变为 $sp^2$ 再转变为 $sp^3$ 发生构型翻转。当与中心碳原子相连的基团可与其形成共轭结构，如三苯甲基阴离子，则因共轭作用而成平面型结构。

由于中心碳原子含有未共享电子对，因此任何使碳阴离子电子云密度降低的结构均会使碳阴离子的稳定性增加。从诱导效应看，吸电子基团的增加有利于碳阴离子的稳定：

$$H_3C^- > CH_3C^-H_2 > (CH_3)_2C^-H > (CH_3)_3C^-$$

随共轭作用的加大，碳阴离子的稳定性增加。

反离子、溶剂等一些其它影响因素也会对碳阴离子的活性产生影响。

#### 4.1.1.3 碳阴离子的反应

阴离子有多种反应，在阴离子聚合反应中能遇到的有关阴离子的反应主要有：

① 亲核加成 这类反应多出现在引发反应和增长反应。

$$R^- + -\overset{|}{C}=\overset{|}{C}- \longrightarrow R-\overset{|}{\underset{|}{C}}-\overset{|}{\underset{|}{C}}^-$$

② 亲核取代

$$R^- + \overset{|}{\underset{|}{C}}-X \longrightarrow R-\overset{|}{\underset{|}{C}}+X^-$$

③ 重排反应 这类反应多出现在增长反应，使大分子链结构发生异构化。

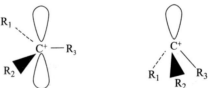

### 4.1.2 碳阳离子

阳离子聚合的活性中心可以是 C、Si、N、P、O、S、Se 等。其中碳阳离子在高分子化学中应用最多。

#### 4.1.2.1 碳阳离子的产生

含有带正电荷的三价碳原子叫做碳阳离子。有多种生成碳阳离子的方法，通常碳阳离子可由以下两种方法形成。

直接裂解，即与碳原子相连的原子或原子团带着一对成键电子裂解出去。

$$R-X \longrightarrow R^+ + X^-$$

质子或其它带正电荷的原子团与不饱和体系的一个原子加成，使其相邻的碳原子带正电荷。

$$-\overset{|}{\underset{\|}{C}}=Z + H^+ \longrightarrow -\overset{|}{\underset{|}{C}}{}^+-Z-H$$

#### 4.1.2.2 碳阳离子的结构与活性

碳阳离子的价电子层仅有 6 个电子，可有两种结构：一种是平面构型，为 $sp^2$ 杂化；另一种是角锥型，为 $sp^3$ 杂化。

一般平面型结构要稳定些，这可能是平面构型中和碳阳离子相连的三个原子团在空间可进一步伸展，且 $sp^2$ 杂化比 $sp^3$ 杂化具有更多的 s 轨道成分的缘故。

由于碳阳原子的缺电荷性，因此任何使碳阳离子电子云密度增加的结构均会使碳阳离子的稳定性增加。从诱导效应看，供电子基团的增加有利于碳阳离子的稳定：

$$(CH_3)_3C^+ > (CH_3)_2C^+H > CH_3C^+H_2 > H_3C^+$$

$$R_2N-C^+H_2 > RO-C^+H_2 > C_6H_5-C^+H_2 > RCH_2=CH-C^+H_2 > CH_3C^+H_2 > H_3C^+$$

随共轭作用的加大，碳阳离子的稳定性增加：

当然还有一些其它影响因素，如反离子、溶剂等。

#### 4.1.2.3 碳阳离子的反应

碳阳离子通常为寿命很短的活泼中间体，可按多种方式进行反应，有一些反应得到稳定产物，另一些反应则生成另外的阳离子。在阳离子聚合反应中能遇到的有关阳离子的反应主要有：

① 亲电加成　这类反应多出现在引发反应和增长反应。

$$R^+ + \underset{|}{\overset{|}{C}} = \underset{|}{\overset{|}{C}} \longrightarrow R - \underset{|}{\overset{|}{C}} - \overset{|}{C}{}^+ -$$

② 重排反应　这类反应多出现在增长反应，使大分子链结构发生异构化。

$$CH_3 - \underset{\underset{CH_3}{|}}{\overset{\overset{CH_3}{|}}{C}} - C^+ H_2 \longrightarrow CH_3 - \underset{\underset{CH_3}{|}}{\overset{|}{C}}{}^+ - CH_2 - CH_3$$

③ 由相邻原子失去一个质子　这类反应多出现在终止反应和链转移反应。

$$-\underset{|}{\overset{|}{C}}{}^+ - \underset{|}{\overset{|}{C}} - H \longrightarrow -\underset{|}{\overset{|}{C}} = \underset{|}{\overset{|}{C}} + H^+$$

④ 与具有电子对的阴离子结合，这类反应多出现在终止反应。

$$R^+ + X^- \longrightarrow R-X$$

### 4.1.3 活性中心状态

离子聚合和自由基聚合的根本不同就是生长链末端所带活性中心不同。离子聚合活性中心的特征在于：离子聚合生长链的活性中心带电荷，为了抵消其电荷，在活性中心近旁就要有一个带相反电荷的离子存在，称之为反离子（gegenion）或抗衡离子（counterion），当活性中心与反离子之间的距离小于某一个临界值时被称作离子对（ion-pair）。反离子及离子对的存在对整个链增长都有影响。不仅影响单体的聚合速度，聚合物的立体构型有时也受影响，条件适当时可以得到立体规整的聚合物。

活性中心和反离子的结合，可以是极性共价键、离子键乃至自由离子等多种形式，彼此处于平衡状态：

$$BA \rightleftharpoons B^+ A^- \rightleftharpoons B^+ // A^- \rightleftharpoons B^+ + A^-$$
$$\quad I \qquad\quad II \qquad\qquad III \qquad\qquad IV$$

$$(4\text{-}1)$$

式(4-1) 中，Ⅰ为极性共价物种（polar covalent species），它通常是非活性的，一般可以忽略。Ⅱ和Ⅲ为离子对，引发剂绝大多数以这种形式存在。其中，Ⅱ称作紧密离子对（intimate ion pair），即反离子在整个时间里紧靠着活性中心。Ⅲ称作松散离子对（loose ion pair），即活性中心与反离子之间被溶剂分子隔开，或者说是被溶剂化。Ⅳ为自由离子（free ion）。通常在一个聚合体系中，增长物种包括以上两种或两种以上的形式，它们彼此之间处于热力学平衡状态。

### 4.1.4 小结

与自由基聚合相比，离子聚合的活性中心为碳阴离子与碳阳离子，它们以离子对的形式存在。这些离子对的组成、存在的形式直接影响活性中心的活性，由此带来离子聚合的一系列特点。因此，研究活性中心的组成、影响其存在形式的因素等也成为研究离子聚合的一个重点。

# 4.2 阴离子聚合

阴离子聚合（anionic polymerization）是指链增长活性中心是负离子的聚合反应，聚合反应通式可表示如下：

$$A^-B^+ + M \longrightarrow AM^-B^+ \xrightarrow{M} \text{─}(M)_n\text{─}$$

式中，$A^-$ 表示阴离子活性中心，$B^+$ 为反离子。

### 4.2.1 阴离子聚合的单体

#### 4.2.1.1 基本要求

从有机化学的角度看，阴离子聚合中引发与增长反应均为亲核加成。但并非所有能发生亲核加成的化合物都能成为阴离子聚合的单体，对能进行阴离子聚合的单体有以下基本要求：

① 有足够的亲电结构，可以为亲核的引发剂引发形成活性中心，即要求有较强吸电子取代基的化合物。如 VAc，由于电效应弱，不利于阴离子聚合。

② 形成的阴离子活性中心应有足够的活性，以进行增长反应。如 1,1-二苯基乙烯，由于空间位阻大，可形成阴离子活性中心，但无法增长。

③ 不含易受阴离子进攻的结构，如甲基丙烯酸，其活泼氢可使活性中心失活。

#### 4.2.1.2 主要类型

常用的阴离子聚合的单体主要有以下几类。

① 有较强吸电子取代基的烯类化合物　主要有丙烯酸酯类、丙烯腈、偏二氰基乙烯、硝基乙烯等。

② 有 π-π 共轭结构的化合物　主要有苯乙烯、丁二烯、异戊二烯等。这类单体由于共轭作用而使活性中心稳定。

③ 杂环化合物　甲醛、环氧乙烷、环氧丙烷、硫化乙烯、己内酰胺等杂环化合物既能阴离子聚合，又能阳离子聚合，目前通常归入开环聚合一大类，在此不再赘述。

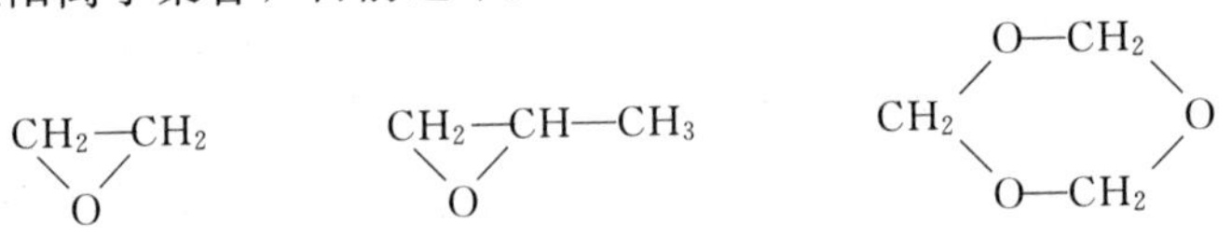

$$
\begin{array}{ccc}
\underset{\displaystyle O}{CH_2\text{—}CH_2} & \underset{\displaystyle O}{CH_2\text{—}CH\text{—}CH_3} & \\
\end{array}
$$

#### 4.2.1.3 单体的活性

前面我们分析了碳阴离子的活性，即取代基吸电子性越强，则单体越容易阴离子聚合。此外，也可用 Hammett 方程的取代基特性常数 $\sigma$ 来衡量聚合活性，$\sigma$ 值越大，表示取代基吸电子能力越强，单体阴离子聚合能力越强（表 4-1）。

**表 4-1　阴离子聚合单体及其取代基特性常数**

| 单体 | $\sigma$ | 单体 | $\sigma$ |
| --- | --- | --- | --- |
| 偏二氰基乙烯 | 1.256 | 甲基丙烯酸甲酯 | 0.215 |
| 硝基乙烯 | 0.778 | 苯乙烯 | −0.01 |
| 丙烯腈 | 0.66 | | |

### 4.2.2 阴离子聚合引发体系及引发反应

阴离子聚合引发剂是电子给体，亲核试剂，属于碱类。按引发机理，引发反应可分为电子转移引发和负离子与烯烃的加成引发。另外，引发剂溶于溶剂中的聚合反应叫做均相聚合，如丁基锂可以溶在极性或非极性溶剂中；引发剂不溶于溶剂中的聚合反应，叫做非均相聚合，如锂、钠等碱性金属不溶于非极性溶剂中。

#### 4.2.2.1 电子转移引发

（1）碱金属

锂、钠、钾等碱金属原子最外层有一个价电子，容易转移给单体或其它物质，生成阴离子而引发聚合。这种引发称作电子转移引发。

由于碱金属原子是将最外层电子直接转移给单体，因此这种引发也称为电子直接转移引发。通常情况下，生成的自由基-阴离子不稳定，自由基间很快发生偶合终止，生成双阴离子，而后引发聚合。例如：

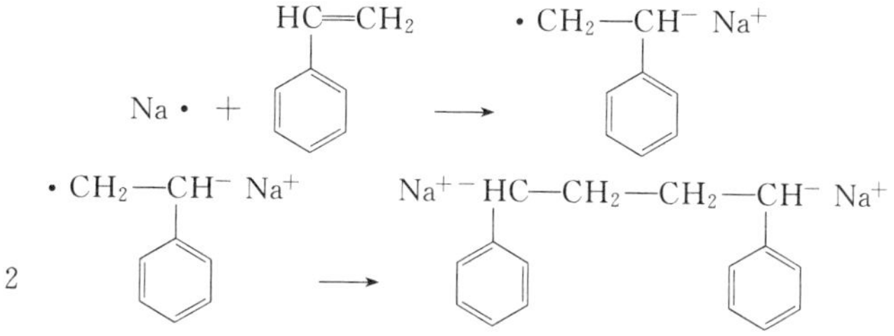

碱金属引发烯烃聚合依金属种类和溶剂不同可以是均相的，也可以是非均相的。一方面，钾能溶解在二甲氧基乙烷（DME）或四氢呋喃（THF）等醚类溶剂中，引发反应是均相的。另一方面，钠不溶于烃类溶剂中，引发反应是非均相的。对于非均相反应，活性中心是逐步地、连续地产生的，因此整个引发反应贯穿在整个反应过程中，产物分子量高，分布宽；引发效率低。

（2）碱金属-多环芳烃复合物

碱金属与芳香烃或芳香酮反应，将外层电子转移到多环芳烃，形成自由基离子，这种自由基离子能溶解于极性溶剂中，然后再将电子转移给单体，引发单体聚合。这种引发也称为电子间接转移引发。如：

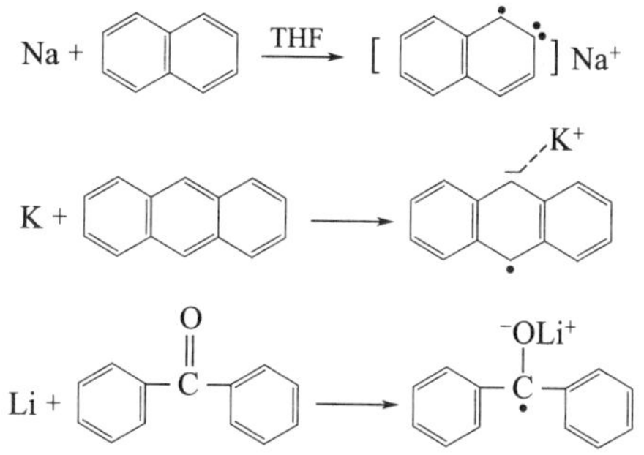

Szwarc 及其同事们认为离子自由基在引发过程中向单体同时转移了电子和离子电荷，如：

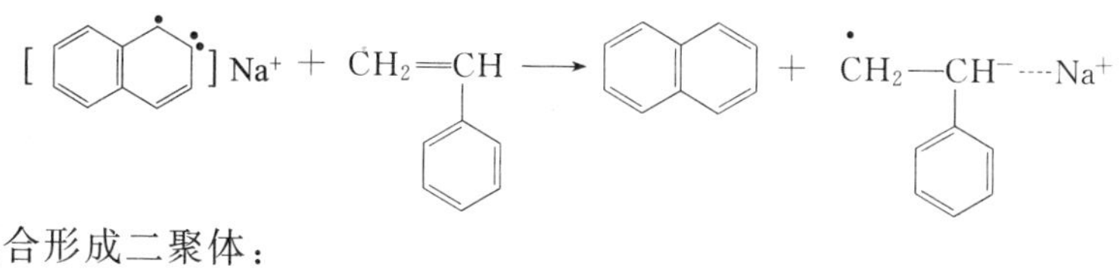

自由基偶合形成二聚体：

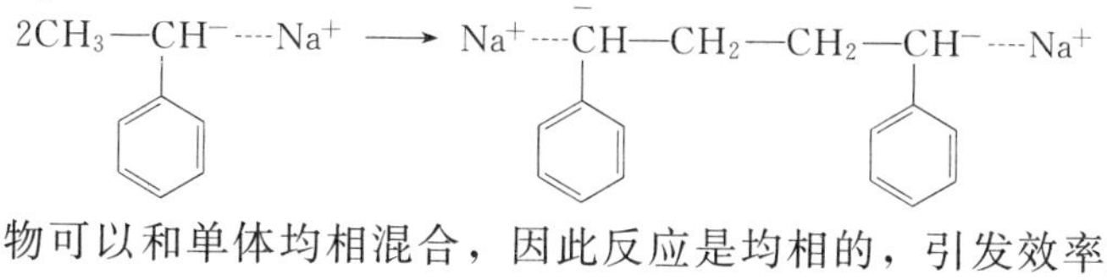

由于萘钠复合物可以和单体均相混合，因此反应是均相的，引发效率大大提高。生成的碱金属-芳烃复合物的平衡依赖于两个方面：一是芳烃的电子亲和力，二是溶剂的给电子能力。

蒽、菲等多环芳烃也可以和碱金属形成复合物体系，几种芳烃的电子亲核能力顺序为：

联苯 ＞ 萘 ＞ 菲 ＞ 蒽

（3）碱金属-液氨

金属锂可溶解在液氨中形成溶液，通过电子转移引发甲基丙烯腈一类单体，机理如下：

$$Li + NH_3 \longrightarrow Li^+(NH_3) + e(NH_3)$$

$$e(NH_3) + H_2C=\overset{\underset{|}{CN}}{C}-CH_3 \longrightarrow {}^-CH_2-\overset{\cdot}{\underset{\underset{|}{CN}}{C}}-CH_3 + NH_3$$

$$2\,{}^-CH_2-\overset{\cdot}{\underset{\underset{|}{CN}}{C}}-CH_3 + 2Li^+ \longrightarrow Li^+{}^-CH_2-\overset{\underset{|}{CH_3}}{\underset{\underset{|}{CN}}{C}}-\overset{\underset{|}{CH_3}}{\underset{\underset{|}{CN}}{C}}-CH_2{}^-Li^+$$

金属钾在液氨中引发如甲基丙烯腈或苯乙烯等单体聚合，反应历程明显不同，它包括氨离子与烯烃加成，并在链端形成氨基：

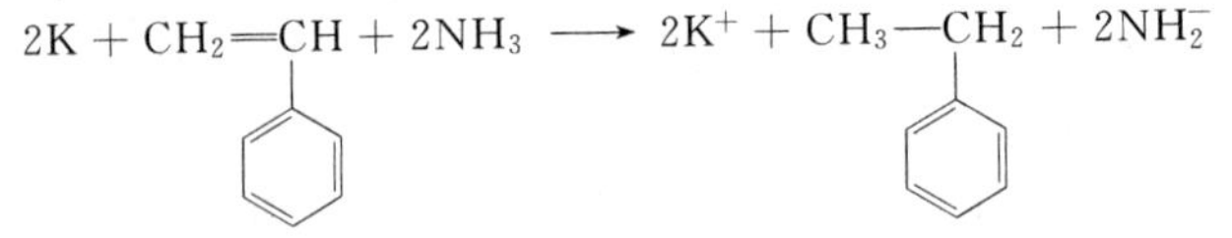

$$2K + CH_2=CH + 2NH_3 \longrightarrow 2K^+ + CH_3-CH_2 + 2NH_2^-$$

$$K^+ + NH_2^- \rightleftharpoons KNH_2$$

$$NH_2^- + CH_2=CH \longrightarrow H_2N-CH_2-CH^-$$

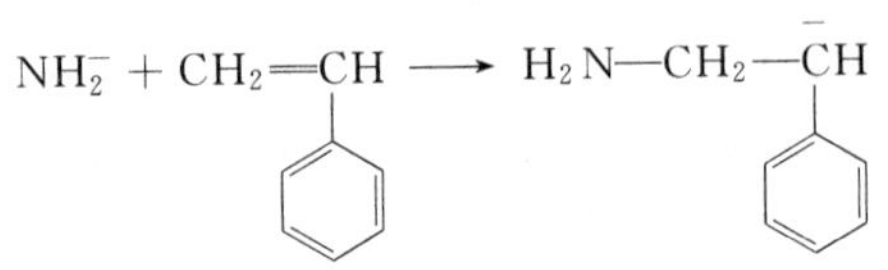

### 4.2.2.2 阴离子加成引发

（1）有机金属化合物

这一类化合物很多，主要有金属烷基化合物、金属氨化物、格利雅试剂等。这是一类使用最多的阴离子聚合引发剂，尤其是有机锂类（主要是正丁基锂）化合物。

正丁基锂的引发反应很简单，就是引发剂与烯烃双键的直接加成。

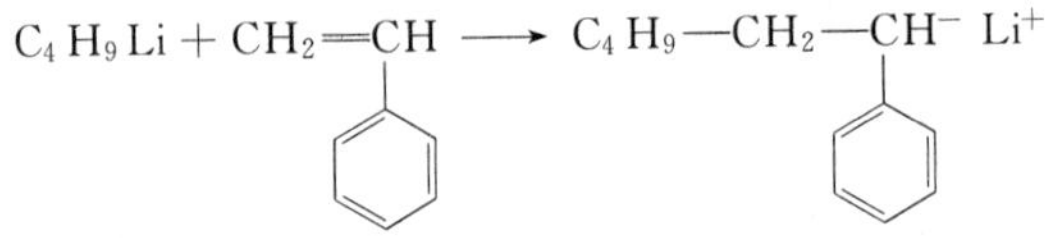

$$C_4H_9Li + CH_2=CH \longrightarrow C_4H_9-CH_2-CH^-Li^+$$

引发剂阴离子部分的碱性也十分重要。例如，芴基锂可以引发甲基丙烯酸甲酯聚合，却不能引发苯乙烯聚合。而丁基锂可以引发上述两种单体聚合。为了表征增长链碳阴离子 $P^-$ 的碱性，即碳阴离子的给电子能力，可以用该碳阴离子共轭"碳酸"pH 的 $pK_d$ 值来表示：

$$PH \overset{K_d}{\rightleftharpoons} P^- + H^+ \tag{4-2}$$

$$K_d = \frac{[P^-][H^+]}{[PH]} \tag{4-3}$$

式中，$K_d$ 为共轭碳酸 pH 的解离常数。设 $pK_d = -\lg K_d$，$K_d$ 值大，则 $pK_d$ 值小，化合物的酸性越强。相反，$pK_d$ 值越大，表示化合物的碱性越强。常用的阴离子聚合单体的 $pK_d$ 值列于表 4-2。$pK_d$ 值随溶剂极性不同而略有不同，但表中 $pK_d$ 的相对大小顺序不变。

表 4-2　常用阴离子聚合单体的 $pK_d$ 值

| 烯烃 | $pK_d$ | 烯烃 | $pK_d$ |
|---|---|---|---|
| 苯乙烯 | 40~42 | 环氧化合物 | 15 |
| 共轭烯烃 | 38 | 硝基烯烃 | 11 |
| 丙烯酸酯 | 24 | | |

表 4-2 中，$pK_d$ 值大的烷基金属化合物能引发 $pK_d$ 值小的单体，反之则不能引发。或者说 $pK_d$ 值大的单体形成阴离子后可以引发 $pK_d$ 值小的单体，反之则不能引发，这一点在利用阴离子活性聚合制备嵌段共聚物时尤为重要。

金属锂在碱金属中是电负性最大 (1.0)，半径最小的原子。因此，C—Li 键既有共价性，又有离子性。这一点在应用上表现出来的特点是烷基锂能溶解于非极性的烃类溶剂中，聚合反应是均相的。烷基锂的这一特性，使它在工业生产中得到广泛应用，但在非极性溶剂中，它表现出强烈的缔合现象。

有机锂无论是气态、固态或是在溶剂中，分子间均发生强烈的缔合作用。以下式来表示缔合过程：

$$nR^-Li^+ \Longrightarrow (R^-Li^+)_n \tag{4-4}$$

式中，$n$ 称为烷基锂的缔合度。各种烷基锂的缔合度见表 4-3。

**表 4-3　烷基锂的缔合度①**

| 烷基锂 | 溶剂 | 缔合度 |
|---|---|---|
| 正丁基锂 | 苯、环己烷 | 6 |
| 仲（叔）丁基锂 | 苯、环己烷 | 4 |
| 苯乙烯基锂 | 苯、环己烷 | 2 |
| 聚丁二烯基锂 | 环己烷 | 2~4 |
| 聚苯乙烯基锂 | 环己烷 | 2 |

① 与浓度有关。

缔合体引发剂的活性远小于非缔合的单量体的活性，也有研究认为与单量体活性相比，缔合体活性可以忽略不计。因此，早期 Bywater 和 Worsfold 研究发现丁二烯的聚合增长速率对 RLi 呈 1/4 级关系，从而提出了下述机理：

$$(PBLi)_4 \overset{K}{\Longrightarrow} 4(PBLi) \tag{4-5}$$

$$R_p = k_p[M][PBLi] = k_{ap}[M][n\text{-}BuLi]^{1/4} \tag{4-6}$$

其中

$$k_{ap} = k_p K^{1/4} (k_{ap} 为表观增长速率常数) \tag{4-7}$$

在极性溶剂（如 DOX、THF）中，或在非极性溶剂中添加 Lewis 碱 (LB)，烷基锂的缔合度降低，甚至完全解缔。因此，引发单体聚合时，聚合速率明显加快。这是由于 LB 与活性种发生配位作用并放出热量，使活性种由较高缔合状态解缔为较低缔合状态或非缔合态所致。

单体中杂原子的存在（如 N、O），会引起有机金属化合物的配位化合。例如，丁基锂在烃类溶剂中引发苯乙烯聚合时，有一个诱导期，并且整个反应是缓慢的。如果它在同样的条件下引发邻甲氧基苯乙烯聚合就没有诱导期，反应是迅速的，这是因为引发剂与氧原子配位化合的结果：

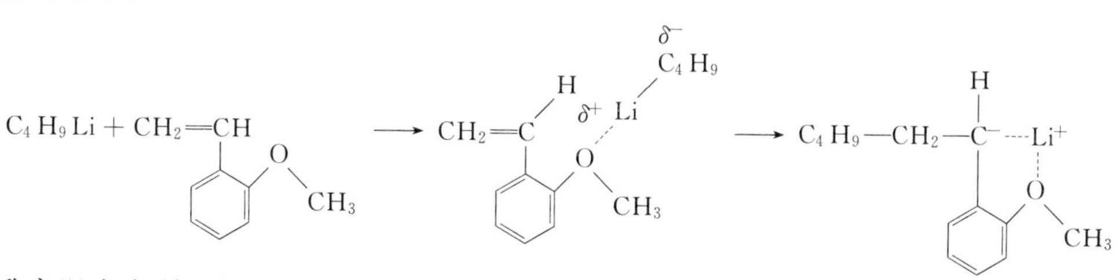

升高温度有利于解缔。

**（2）其它亲核试剂**

$R_3P$、$R_3N$、$ROH$、$H_2O$ 等中性亲核试剂，都有未共用的电子对，引发和增长过程中生成电荷分离的两性离子，但其引发活性很低，只有活泼的单体才能用它引发聚合：

$$R_3N + CH_2\!\!=\!\!CH \longrightarrow R_3\overset{+}{N}\!\!-\!\!CH_2\!\!-\!\!\overset{-}{CH} \longrightarrow R_3\overset{+}{N}(CH_2\!\!-\!\!CH)_n CH_2\!\!-\!\!\overset{-}{CH}$$
$$\qquad\qquad\quad |\qquad\qquad\qquad |\qquad\qquad\qquad\qquad |\qquad\qquad\quad |$$
$$\qquad\qquad\quad X\qquad\qquad\qquad X\qquad\qquad\qquad\qquad X\qquad\qquad\quad X$$

又如，三烷基膦引发硝基乙烯或丙烯腈聚合：

$$R_3P + CH_2\!\!=\!\!CH \longrightarrow R_3\overset{+}{P}\!\!-\!\!CH_2\!\!-\!\!\overset{-}{CH}$$
$$\qquad\qquad\quad |\qquad\qquad\qquad\qquad |$$
$$\qquad\qquad\quad NO_2\qquad\qquad\qquad NO_2$$

用吡啶也能引发上述单体聚合。α-氰基丙烯酸乙酯（俗称 502 胶）遇水聚合：

$$\qquad\qquad\qquad CN\qquad\qquad\qquad\qquad\qquad\qquad CN$$
$$\qquad\qquad\qquad |\qquad\qquad\qquad\qquad\qquad\qquad\quad |$$
$$H_2O + H_2C\!\!=\!\!C\!\!-\!\!COOC_2H_5 \longrightarrow H_2\overset{+}{O} \; H_2C\!\!-\!\!\overset{-}{C}\!\!-\!\!COOC_2H_5$$

用 Lewis 碱引发聚合，常温下只能得到聚合度为 10～15 的低聚物，且聚合物相对分子质量不受单体浓度影响。因此，可以认为在上述过程中发生了链转移反应。在低温（−104～−74℃）下，聚合物相对分子质量随转化率增加而增加，说明链转移受到抑制。

### 4.2.3　阴离子聚合单体与引发体系的匹配

前面分别介绍了阴离子聚合常用的单体和引发体系。由于它们的活性各不相同，因此在使用时存在一个单体与引发体系的最佳匹配问题。

最常见的引发剂为碱金属、有机金属化合物，如烷基金属、氨基金属及格利雅试剂。活性不同的引发剂可以引发不同活性的单体（见表 4-4）。

**表 4-4　阴离子聚合中单体和引发剂的反应活性**

| 引发剂 | | 单体 | |
| --- | --- | --- | --- |
| $SrR_2$、$CaR_2$<br>$Na$、$NaR$<br>$Li$、$LiR$ | a | A | α-甲基苯乙烯<br>苯乙烯<br>丁二烯、异戊二烯 |
| $RMgX$<br>$t\text{-}ROLi$ | b | B | 甲基丙烯酸酯类<br>丙烯酸酯类 |
| $ROX$<br>$ROLi$<br>强碱 | c | C | 丙烯腈<br>甲基丙烯腈<br>甲基乙烯基酮 |
| 吡啶<br>$NR_3$<br>弱碱<br>$ROR$<br>$H_2O$ | d | D | 硝基乙烯<br>亚甲基丙二酸二乙酯<br>α-氰基丙烯酸乙酯<br>α-氰基-2,4-己二烯酸乙酯<br>偏二氰基乙烯 |

表 4-4 中，A 类单体是非极性共轭烯烃。在阴离子聚合体系中，它是活性最低的一种，只有用 a 类强的阴离子引发剂才能引发它们聚合。同时，它们也是最容易控制，可以做到无副反应、无链终止的一类单体。因此可制得"活"的聚合物。在理论研究和工业应用中均有很高价值。

B 类单体是极性单体，用格利雅试剂在非极性溶剂中可制得立体规整的聚合物。用 a 类引发剂引发聚合会引起多种副反应的发生。控制聚合反应条件可以得到该类单体的活性聚合物，但比 A 类单体困难得多。

C 类和 D 类单体活性太高，用很弱的碱就可以引发其聚合。

例如：

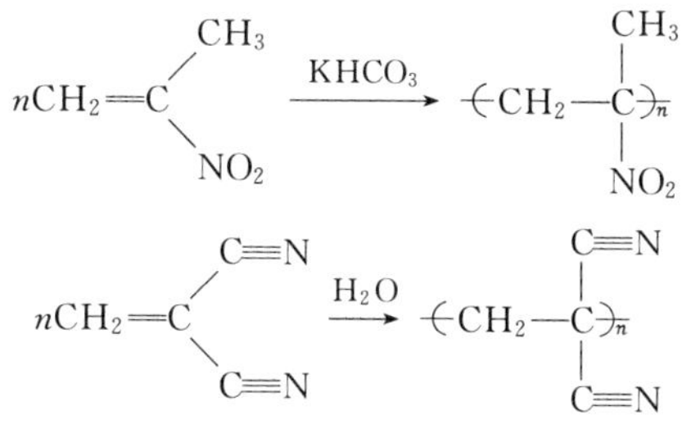

$$nCH_2=\underset{\underset{NO_2}{|}}{\overset{\overset{CH_3}{|}}{C}} \xrightarrow{\text{KHCO}_3} \left(CH_2-\underset{\underset{NO_2}{|}}{\overset{\overset{CH_3}{|}}{C}}\right)_{\!\!n}$$

$$nCH_2=\underset{\underset{CN}{|}}{\overset{\overset{CN}{|}}{C}} \xrightarrow{\text{H}_2\text{O}} \left(CH_2-\underset{\underset{CN}{|}}{\overset{\overset{CN}{|}}{C}}\right)_{\!\!n}$$

但反应速率和聚合物的分子质量不能控制。

### 4.2.4 链增长反应

增长反应包括一系列单体与活性中心的加成反应：

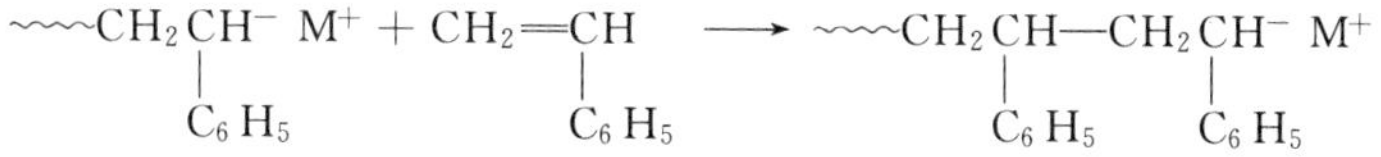

$$\sim\sim CH_2\underset{\underset{C_6H_5}{|}}{\overset{}{C}}H^- \; M^+ + CH_2=\underset{\underset{C_6H_5}{|}}{\overset{}{C}}H \longrightarrow \sim\sim CH_2\underset{\underset{C_6H_5}{|}}{\overset{}{C}}H-CH_2\underset{\underset{C_6H_5}{|}}{\overset{}{C}}H \; M^+$$

不管引发机理如何，增长反应始终是单体与增长聚合物链间的亲核加成反应。

#### 4.2.4.1 溶剂对链增长的影响

当溶剂为非极性试剂时，离子对有聚集成束的趋势，但不阻碍增长反应。例如，丁基锂在苯中引发苯乙烯聚合，增长反应比引发反应快得多，这可能是由于不存在聚集体中心，但增长聚合物链间的缔合还是存在的，表示如下：

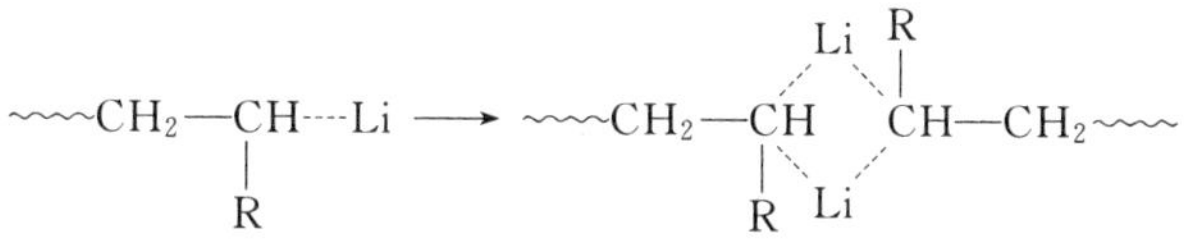

在非极性溶剂中，聚合物链与单体的反应与引发反应类似。单体首先与聚合物链阴离子配位，然后分子内重排以形成新的金属碳键。

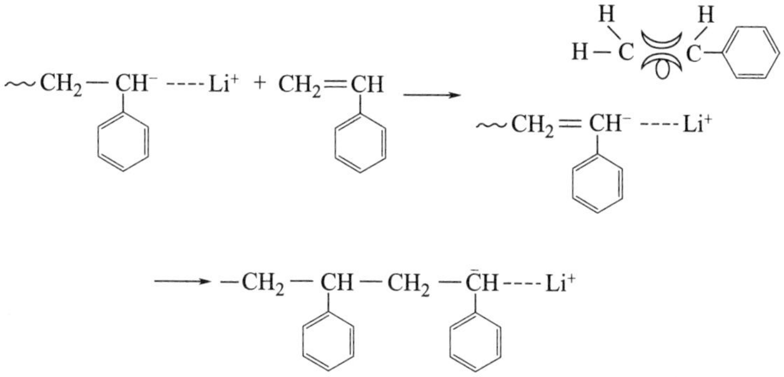

在极性溶剂中，这些反应很简单，只是增长阴离子与单体的连续加成。

目前增长反应的实验结果多是在溶剂化能力较强的醚类溶剂中得到的。总体上讲，增长反应速率随溶剂极性和离子对解缔程度的提高而增加。有机锂化合物在极性醚类溶剂中的溶剂化程度最大。

增长速率也取决于单体结构，如用氨基金属为引发剂，下列单体阴离子聚合的活性顺序为：

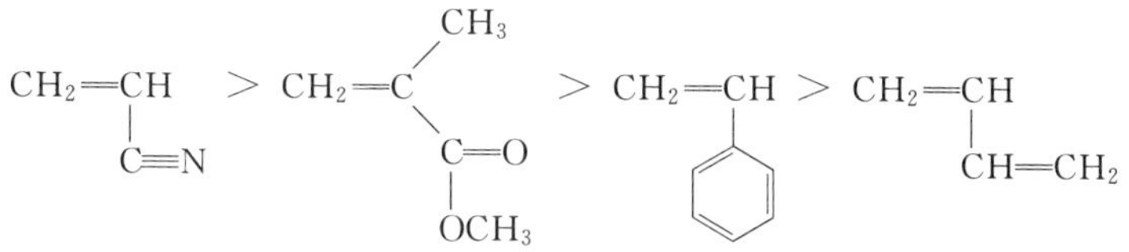

$\alpha$-碳上有甲基取代的单体，由于烷基的推电子效应会使反应速率降低，使碳阴离子稳定化，并干扰链末端的溶剂化和单体的加成。

### 4.2.4.2 氢转移聚合

在某些阴离子聚合中，会出现因氢转移而异构化聚合的现象，如强碱引发的未取代丙烯酰胺阴离子聚合不能得到典型的乙烯基聚合物，取而代之的是得到尼龙 3：

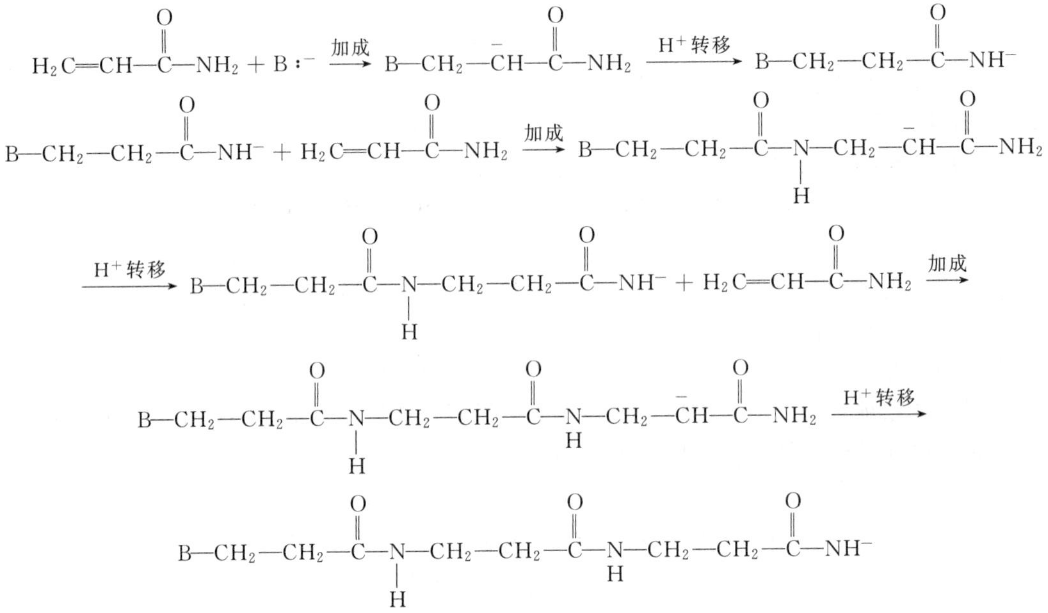

增长中心不是离子或自由基，而是链末端的碳碳双键。单体负离子加成到双键上，这一过程是逐步聚合反应，单体负离子称作活化单体（activated monomer），并不是所有的强碱引发的丙烯酰胺聚合都是氢转移聚合，这与反应条件有关，如溶剂、单体浓度、温度等，有些聚合反应是碳碳双键的反应。

### 4.2.4.3 阴离子聚合的立体构型

链增长反应在形成聚合物大分子链的同时也决定了大分子链的立体结构。与自由基聚合相比，阴离子聚合活性中心为一离子对，单体在碳阴离子与反离子间插入增长，因此对大分子链立体结构的控制要比自由基聚合强。

对活性适当的单体如共轭烯烃来说，比较容易得到立构规整的聚合物。如烷基金属化合物在惰性烃类溶剂中引发异戊二烯烃聚合，首先是烷基金属与单体的 $\pi$-电子云配位。然后重排，与双键加成形成 1,2-加成、1,4-加成或 3,4-加成结构聚合物：

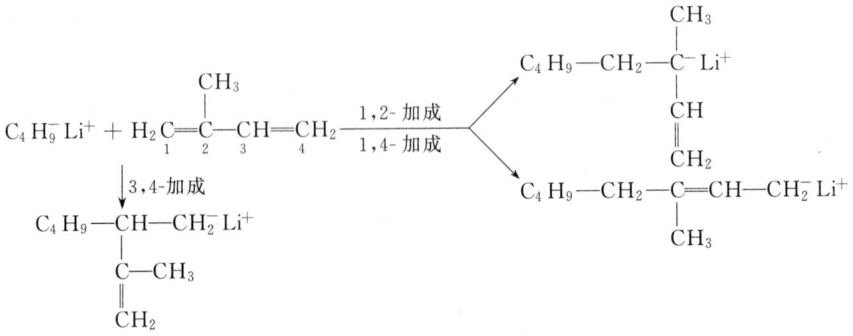

溶剂极性对立体结构的形成有很大影响。在非极性溶剂中，有机锂引发剂引发异戊二烯聚合，聚合物中顺式 1,4-结构含量在 90% 以上，而在极性溶剂中得到的聚异戊二烯主要是 3,4-结构和 1,2-结构或反式 1,4-结构。

立体结构与活性中心离子对的状态也有关系，碳负离子与反离子间为紧密离子对时，有利于 1,4-结构的形成；反之，则有利于 1,2-结构或 3,4-结构的形成。

此外，反离子种类对聚异戊二烯的微观结构也有影响（见表 4-5）。

**表 4-5  反离子和溶剂对聚异戊二烯的微观结构的影响**

| 引发剂 | 溶剂① | 聚合物的微观结构含量/% | | | |
| --- | --- | --- | --- | --- | --- |
| | | 顺式 1,4-结构 | 反式 1,4-结构 | 1,2-结构 | 3,4-结构 |
| 锂粉 | 烷烃 | 94 | — | — | 6 |
| 乙基锂 | 烷烃 | 94 | — | — | 6 |
| 钠粉 | 烷烃 | — | 43 | 6 | 51 |
| 乙基钠 | 烷烃 | 6 | 42 | 7 | 45 |
| 锂粉 | 醚 | 3 | 27 | 6 | 64 |
| 乙基锂 | 醚 | 6 | 30 | 5 | 59 |
| 乙基钠 | 醚 | — | 14 | 10 | 76 |

① 烷烃是低沸点的脂肪烃。

对活性高的 $\alpha$-烯烃而言，要通过阴离子聚合得到立构规整聚合物比较困难，往往需要低温反应。如用烷基锂引发极性单体甲基丙烯酸酯聚合，在低温（$-78℃$）聚合可得立构规整性聚合物，产物为全同 PMMA。体系中醚或胺类等 Lewis 碱的使用会降低全同结构含量，根据不同温度，形成无规或间同聚合物。

### 4.2.5  链转移和链终止

#### 4.2.5.1  外加试剂（或杂质）引起的终止

含有活泼氢的物质能与活性中心发生终止反应。如水通过质子转移而终止链增长反应：

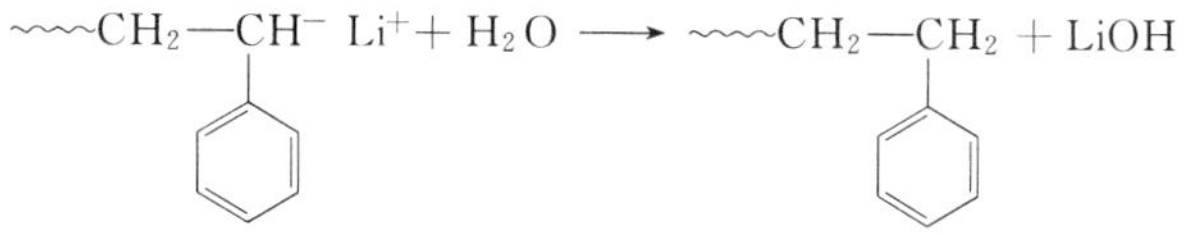

羟基离子没有足够的亲核性，不能再引发聚合反应，因而使动力学链终止。水是一种活泼的链转移剂，例如，在 23℃ 同萘钠引发苯乙烯聚合时，水的 $C_{tr}$ 值约为 10，基本与活性中心为 1:1 反应，使活性中心失活。因此，即使很少量的水存在也会大大地限制聚合物的相对分子质量和聚合反应的速率。乙醇的链转移常数约为 $10^{-3}$，它存在的量少于活性中心时，会使部分活性中心失活，产物相对分子质量变高。

阴离子聚合溶剂一般是苯或脂肪烃类，这些化合物中的氢原子是稳定的，不容易被夺得。如果采用甲苯、乙苯等化合物作溶剂，则聚合物活性中心可以发生向这些物质的链转移，如：

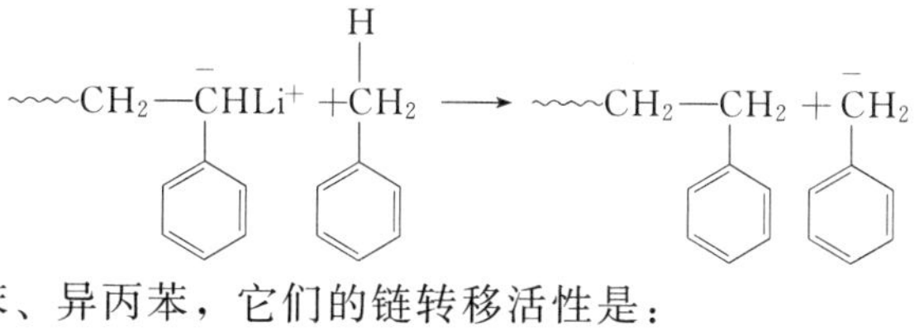

类似的还有二甲苯、异丙苯，它们的链转移活性是：

甲苯＞二甲苯＞异丙苯

空气中的氧和二氧化碳能同增长碳阴离子加成，形成过氧或羧基阴离子：

$$\sim\!CH_2\!-\!\overset{H}{\underset{\phantom{x}}{\overset{|}{C}}}\!\cdot\ +\ O_2\ \longrightarrow\ \sim\!CH_2\!-\!\overset{H}{\underset{\phantom{x}}{\overset{|}{C}}}\!-\!O\!-\!O^-$$

$$\sim\!CH_2\!-\!\overset{H}{\underset{\phantom{x}}{\overset{|}{C}}}\!\cdot\ +\ CO_2\ \longrightarrow\ \sim\!CH_2\!-\!\overset{H}{\underset{\phantom{x}}{\overset{|}{C}}}\!-\!\overset{O}{\overset{\|}{C}}\!-\!O^-$$

这类阴离子一般没有足够的反应活性来继续增长反应。

综上所述，阴离子聚合反应需使用特别纯净的试剂和器皿、在高真空或惰性气体中进行，因为痕量的杂质就能导致反应的终止，而要实现阴离子活性聚合，要求就更要高。

### 4.2.5.2　自发终止

聚苯乙烯碳阴离子是相当稳定的，其活性在非极性溶剂中能保持几周。但即使在无终止剂存在的情况下，碳阴离子活性中心的浓度依然随时间而递减，其中原理不十分清楚。根据光谱分析，认为包括一个氢化物的消失：

$$\sim\!CH_2\!-\!\overset{}{\underset{\phantom{x}}{CH}}\!-\!CH_2\!-\!\overset{H}{\underset{\phantom{x}}{\overset{|}{C}}}{}^{-}Na^+\ \longrightarrow\ \sim\!CH_2\!-\!CH\!-\!CH\!=\!CH\ +\ NaH$$

然后，生成物被另外的活性中心进攻夺走一个烯丙基氢：

$$\sim\!CH_2\!-\!\overset{-}{CH}\ +\ \sim\!CH_2\!-\!CH\!-\!CH\!=\!CH\ \longrightarrow\ \sim\!CH_2\!-\!CH_2\ +\ \sim\!CH_2\!-\!\overset{-}{C}\!-\!CH\!=\!CH$$

聚苯乙烯碳阴离子在极性溶剂中的稳定性要差些，室温下能保持几天。

像共轭烯烃这样的非极性单体的阴离子聚合很难发生向单体的转移，而极性单体则很容易发生。例如，在丙烯腈的聚合反应中，可以发现活性中心向单体转移的终止反应：

$$\sim\!CH_2\!-\!\overset{CN}{\underset{H}{\overset{|}{C}}}{}^{-}Me^+\ +\ CH_2\!=\!\overset{CN}{\underset{H}{\overset{|}{C}}}\ \longrightarrow\ \sim\!CH_2\!-\!CH_2\ +\ CH_2\!=\!\overset{CN}{\overset{|}{C}}{}^{-}Me^+$$

（Me 代表金属）

另外，亲核试剂与极性单体反应，除了进攻碳碳双键外，还可以进攻碳氧双键或极性基团，最终形成酮式结构。例如，甲基丙烯酸甲酯的阴离子聚合，可能有以下几种亲核反应发生。

①　引发剂与单体反应

$$CH_2\!=\!\overset{CH_3}{\underset{\underset{OCH_3}{\overset{|}{C=O}}}{\overset{|}{C}}}\ +\ C_4H_9Li\ \longrightarrow\ CH_2\!=\!\overset{CH_3}{\underset{\underset{C_4H_9}{\overset{|}{C=O}}}{\overset{|}{C}}}\ +\ LiOCH_3$$

反应中有活性较小的烷基锂生成。新生成的乙烯基酮可以与 MMA 共聚。

②　增长碳阴离子与单体的亲核反应

$$\sim\!CH_2\!-\!\overset{CH_3}{\underset{\underset{COOCH_3}{\overset{|}{}}}{\overset{|}{C}}}{}^{-}Li^+\ +\ CH_2\!=\!\overset{CH_3}{\underset{\underset{COOCH_3}{\overset{|}{}}}{\overset{|}{C}}}\ \longrightarrow\ \sim\!CH_2\!-\!\overset{CH_3}{\underset{\underset{COOCH_3}{\overset{|}{}}}{\overset{|}{C}}}\!-\!\overset{CH_3O}{\overset{\|}{C}}\!-\!\overset{CH_3}{\overset{|}{C}}\!=\!CH_2\ +\ CH_3OLi$$

③ 增长链阴离子的分子内"反咬"进攻反应

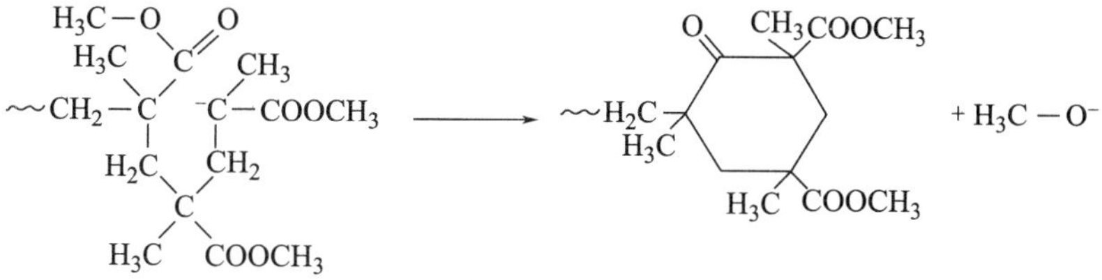

这些反应影响了聚合反应速率，降低了聚合物的相对分子质量，还会使聚合物相对分子质量分布加宽。MMA 的聚合需在低温下、用亲核试剂性差的引发剂引发才能得到活性聚合物，例如在 −70℃ 以下，用极性溶剂乙醚代替烃类溶剂时，十分有利于抑制上述副反应。另外，在体系中添加 LiCl，有助于实现活性聚合，不过，效果是有限的。

### 4.2.6 阴离子活性聚合

#### 4.2.6.1 活性聚合

1956 年 Szwrac 用萘钠在四氢呋喃（THF）中引发苯乙烯聚合时发现：在溶剂中，钠将外层电子转移给萘，形成墨绿色的萘钠配合物。THF 中氧原子上的未共用的电子对与钠离子形成比较稳定的配位阳离子，更有利于萘自由基阴离子引发苯乙烯聚合。聚合一开始，绿色溶液很快转变成为苯乙烯阴离子所特有的红色，到单体耗尽红色也不消失，且可存在很长时间，如再加入纯净苯乙烯，聚合反应可继续进行：

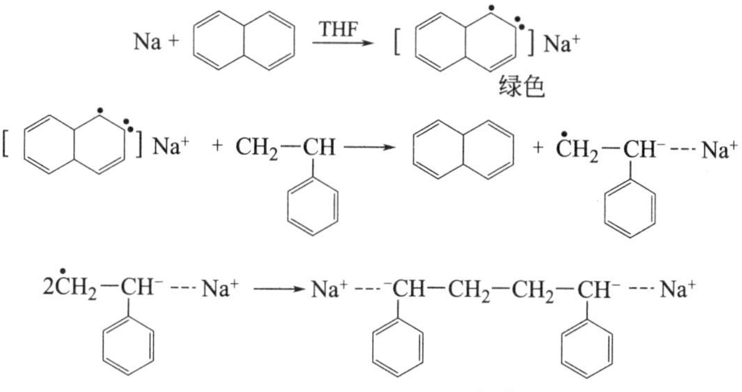

其后，人们将这种聚合体系中没有明显终止反应和转移反应，全部单体都消耗于增长反应，单体消耗完活性中心依然存在，加入新的单体聚合反应还可继续进行的聚合反应称作活性聚合（living polymerization）。

对某些阴离子聚合反应体系，特别是非极性单体（如苯乙烯、1,3-丁二烯、异戊二烯）的阴离子聚合反应，很容易实现活性聚合。这些阴离子聚合体系可实现活性聚合的主要原因有以下两点：

① 从活性链上脱负氢离子 $H^-$ 困难；

② 反离子一般是金属阳离子，而不是离子团，无法从其中夺取某个原子或 $H^+$ 而发生终止反应。

活性聚合主要具有以下特性：

① 聚合体系中没有明显终止反应和转移反应，单体 100% 转化后，再加入同种单体，仍可继续聚合；

② 体系内大分子数不变，相对分子质量相应增加，可实现计量聚合；

③ 所有活性中心同步增长，聚合物相对分子质量分布很窄；

④ 在一定条件下，如加入其它种类的单体，可形成嵌段共聚物。

4.2.6.2  活性阴离子聚合动力学

早期动力学研究的是有终止的阴离子聚合体系，如苯乙烯-氨基钾-液氨体系。作稳态假设，可以按处理阳离子聚合的方法，对该体系的动力学进行类似处理。目前，无论在应用上还是在理论上人们的兴趣主要是无终止的阴离子聚合体系。

（1）聚合速率

无终止的阴离子聚合速率，可以简单地由增长速率来表示。

$$R_p = k_p [M^-][M] \tag{4-8}$$

式中，$[M^-]$ 为活的阴离子增长中心的总浓度，可用光谱法在可见光或近紫外线范围内测定，或加入水、碘甲烷或二氧化碳等终止剂，然后分析结合在聚合物中的终止剂量。如果采用有标记的终止剂，则可提高分析精度。对于无杂质的活性聚合，且引发快于增长，即聚合开始前，引发剂已定量地离解成活性中心，则 $[M^-]$ 就等于引发剂浓度（如萘钠的浓度）。如果 $R_i \leqslant R_p$，$[M^-]$ 在不断变化，情况比较复杂，不能用上式表示。

许多阴离子聚合和阳离子聚合相似，速度很快，例如苯乙烯-萘钠-四氢呋喃体系在几秒钟内就聚合结束，常用的膨胀计不能进行动力学实验，可以用毛细管流动法，如配以光谱仪，则可测出引发速率和/或聚合速率。根据式(4-7)，可求得 $k_p$。利用这一方法，反应短至 $0.005 \sim 2s$ 也能准确测定。

苯乙烯阴离子聚合的 $k_p$ 与自由基聚合的 $k_p$ 相近。用低极性溶剂时，阴离子聚合的 $k_p$ 要低 $10 \sim 10^2$ 倍；而用高极性溶剂时，则可能高 $10 \sim 10^2$ 倍。阴离子聚合速率比自由基聚合速率大主要由于无终止反应和增长活性种浓度较大。自由基浓度约 $10^{-9} \sim 10^{-7} mol/L$。因此，从增长活性种浓度来看，阴离子的聚合比自由基聚合要大 $10^4 \sim 10^7$ 倍。

（2）反应介质和反离子性质对速率常数的影响

溶剂和反离子性质对阴离子聚合速率常数有明显的影响。溶剂和反离子性质不同，增长活性种可以处于共价键、离子对（紧对和松对）、自由离子等几种不同的状态，并处于平衡。对离子聚合而言，如活性中心与反离子为共价键，则没有聚合活性，而从紧离子到松离子对再到自由离子，聚合活性依次增高。从这点看，能影响离子对平衡[式(4-1)]移动的因素，如溶剂的种类、用量、反离子种类及反应温度等，都会对聚合反应速率产生影响。

溶剂的性质可用介电常数和电子给予指数做定性的度量。介电常数反映了溶剂的极性大小，电子给予常数反映了溶剂给电子的能力，给电子能力大的，易使反离子（阳离子）溶剂化，它们分别代表溶剂的两种不同的性质，两者之间并不一定一致。近些年的研究结果表明：用极性溶剂的经验性参数 $E_T$ 值来表示溶剂极性的大小，并作为衡量溶剂极性对阴离子聚合反应的一个参数比较理想，与实验结果有良好的一致性。表 4-6 列举了一些溶剂的介电常数、电子给予常数及 $E_T$ 值。

表 4-6  几种非质子性溶剂的介电常数和电子给予常数

| 溶剂 | 电子给予常数 | 介电常数 | $E_T$ 值 | 溶剂 | 电子给予常数 | 介电常数 | $E_T$ 值 |
|------|--------------|----------|----------|------|--------------|----------|----------|
| $CH_3NO_2$ | 2.7 | 35.9 | 46.3 | $(C_2H_5)_2O$ | 19.2 | 4.3 | 34.6 |
| $C_6H_5NO_2$ | 4.4 | 34.5 | 42.0 | THF | 20.0 | 7.6 | 37.4 |
| $(CH_3CO)_2O$ | 10.5 | 20.7 | 43.9 | DMF | 30.9 | 35.0 | 43.8 |
| $(CH_3)_2CO$ | 17.0 | 20.7 | 42.2 | $C_5H_5N$ | 33.1 | 12.3 | |

溶剂的极性和溶剂化能力以及反离子对速率常数的影响分别可见表 4-7、表 4-8。

**表 4-7  溶剂的极性和溶剂化能力对速率常数的影响**

| 溶剂 | $E_T$ 值 | $k_p/[\text{L}/(\text{mol} \cdot \text{s})]$ | 溶剂 | $E_T$ 值 | $k_p/[\text{L}/(\text{mol} \cdot \text{s})]$ |
|---|---|---|---|---|---|
| 苯 | 34.5 | 2 | 四氢呋喃 | 37.4 | 550 |
| 二氧六环 | 36.0 | 5 | 1,2-二甲氧基乙烷 | 38.2 | 3800 |

**表 4-8  苯乙烯阴离子聚合增长速率常数**（25℃）

| 反离子 | 各种速率常数 | | | |
|---|---|---|---|---|
| | 以四氢呋喃为溶剂 | | | 以二氧六环为溶剂 |
| | $k_{(\pm)}$ | $K \times 10^7$ | $k_{(-)}$ | $k_{(\pm)}$ |
| Li$^+$ | 160 | 2.2 | | 0.94 |
| Na$^+$ | 80 | 1.5 | | 3.4 |
| K$^+$ | 60~80 | 0.8 | $6.5 \times 10^4$ | 19.8 |
| Rb$^+$ | 50~80 | 1.1 | | 21.5 |
| Cs$^+$ | 22 | 0.02 | | 24.5 |

表 4-8 的数据是考虑大多数阴离子聚合是处于平衡的离子对和自由离子共同引发得到的结果。例如苯乙烯在四氢呋喃中以钠引发聚合，可以写出下列反应式：

$$\sim\sim\sim M^- Na^+ + M \xrightarrow[\text{离子对增长}]{k_{(\pm)}} \sim\sim\sim MM^- Na^+$$

$$K \parallel \qquad\qquad\qquad K \parallel$$

$$\sim\sim\sim M^- + Na^+ + M \xrightarrow[\text{自由离子增长}]{k_{(-)}} \sim\sim\sim MM^- + Na^+$$

聚合速率是离子对 P$^-$C$^+$ 和自由离子 P$^-$ 聚合速率之和。

$$R_p = k_{(\pm)}[P^- C^+][M] + k_{(-)}[P^-][M] \tag{4-9}$$

联立式(4-8) 和式(4-9)，可得表观速率常数：

$$k_p = \frac{k_{(\pm)}[P^- C^+] + k_{(-)}[P^-]}{[M^-]} \tag{4-10}$$

式中，活性种浓度 $[M^-] = [P^-] + [P^- C^+]$，两种活性种处于平衡状态，平衡常数 $K$ 为：

$$K = \frac{[P^-][C^+]}{[P^- C^+]} \tag{4-11}$$

通常 $[P^-] = [C^+]$，则：

$$[P^-] = [K(P^- C^+)]^{1/2} \tag{4-12}$$

联立式(4-9) 和式(4-12)，得：

$$\frac{R_p}{[M][P^- C^+]} = k_{(\pm)} + \frac{K^{1/2} k_{(-)}}{(P^- C^+)^{1/2}} \tag{4-13}$$

在大多数情况下，离子对解离程度很小，$[P^- C^+] \approx [M^-]$，代入上式，得：

$$k_p = k_{(\pm)} + \frac{K^{1/2} k_{(-)}}{[M^-]^{1/2}} \tag{4-14}$$

以 $k_p$ 对 $[M^-]^{-1/2}$ 作图 4-1，得一直线，由截距得到 $k_{(\pm)}$，由斜率得 $K^{1/2} k_{(-)}$。由电导法测得平衡常数 $K$ 后，可求得 $k_{(-)}$。

由表 4-8 可见，在极性不大，而溶剂化能力较大（即电子给予常数较大）的四氢呋喃中聚合，以自由离子增长速率常数 $k_{(-)}$ 与反离子种类无关，都是 $6.5 \times 10^4$，比 $k_{(\pm)}$ 大 $10^2 \sim 10^3$ 倍。但 $k_{(\pm)}$ 由锂到铯，随反离子半径增加而减少。这是由于反离子的溶剂化程度与反离子半径有关。反离子体积小，溶剂化程度大，离子对解离程度增加，易成松对；反之，则易成紧对。

但当用极性很小、电子给予常数也不大的二氧六环为溶剂时，$PS_t^- M^+$ 不易电离又不易使反离子溶剂化，因此 $k_{(\pm)}$ 很小。同时，随反离子的离子半径增加，离子对间距离增大，库仑静电吸引力减小，单体容易插入，结果，$k_{(\pm)}$ 随反离子半径增加而增大。

综上所述，阴离子聚合速率常数受溶剂的极性（以介电常数表示）、溶剂化能力（以电子给予指数表示）及反离子性质（以离子半径表示）的综合影响，情况比较复杂。

（3）反应温度对聚合速率的影响

活性聚合的活化能可以简单地等于增长活化

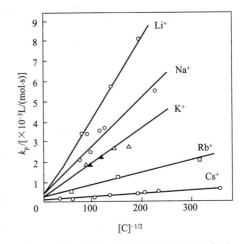

图 4-1　苯乙烯在 THF 中进行活性聚合时
表观速率常数 $k_p$ 与 $[C]^{-1/2}$ 的关系

能。由实验测得活化能是小的正值，因此聚合速率随温度升高而略有增加，但并不敏感。

温度对增长反应的影响颇为复杂，温度既影响自由离子和离子对的相对浓度，又影响两者的速率常数。升高温度使 $k_{(-)}$ 和 $k_{(\pm)}$ 同时增加，但对自由离子和离子对相对浓度的影响方向则相反。离子对离解平衡常数 $K$ 与温度关系有如下式：

$$\ln K = -\frac{\Delta H}{RT} + \frac{\Delta S}{R} \tag{4-15}$$

式中，$\Delta H$ 为负值，$K$ 值随温度降低而增加。聚苯乙烯阴离子-钠在 THF 中的 $\Delta H$ 为 $-37\text{kJ/mol}$，温度如从 $25℃$ 降至 $-70℃$，则 $K$ 值约增 300 倍，活性种浓度为 $10^{-3}\,\text{mol/L}$ 时，$-70℃$ 对自由离子的浓度将比 $25℃$ 时大 20 倍。聚苯乙烯基铯的 $\Delta H = -8\text{kJ/mol}$，$K$ 值随温度的变化就较小。温度对 $K$ 值的影响与对 $k_{(-)}$、$k_{(\pm)}$ 的影响方向相反，因此表观活化能数值就很小。

不同溶剂中表观活化能有较大的差别。在溶剂化能力弱的介质中，较少离解成自由离子，温度对 $K$ 的影响也较小，因此表观活化能较大，例如苯乙烯-钠体系在二氧六环中为 $37\text{kJ/mol}$。相反，在溶剂化能力较强的体系中，离解程度较大，$K$ 随温度的变化也较大，温度对 $K$ 的影响几乎与对 $k_{(-)}$、$k_{(\pm)}$ 的影响相互抵消，因此表观活化能就较低，例如苯乙烯-钠体系在 THF 中的活化能只有 $4.2\text{kJ/mol}$。

### 4.2.6.3　活性阴离子聚合的聚合度

如果能做到以下几点，阴离子聚合可以实现活性计量聚合：

① 引发剂全部、很快地转变成活性中心，萘钠形成双阴离子，丁基锂则为单阴离子。

② 如搅拌良好，单体分布均匀，则所有增长链同时开始反应，各链的增长概率相等。

③ 无链转移和终止反应。

④ 解聚可以忽略。

对于这样的聚合体系，转化率为 100% 时，活性聚合物的平均聚合度应等于每活性端所加上的单体量，即单体浓度与活性端基浓度之比。因此：

$$\overline{X}_n = \frac{[M]}{\dfrac{[M^-]}{n}} = \frac{n[M]}{[C]} \tag{4-16}$$

式中，$[C]$ 为引发剂浓度。引发剂全部进入大分子，$n$ 为每一大分子的引发剂分子数，

即双阴离子的 $n=2$，单阴离子 $n=1$。

分子质量分布应服从 Flory 分布或 Poisson 分布，即 $X$ 聚体的摩尔分数 $n_x$ 为：

$$n_x = e^{-v} v^{X-1}/(X-1)$$

(4-17)

式中，$v$ 为每个引发剂分子所反应的单体分子数，即动力学链长。若引发反应包括一个单体分子，则 $\overline{X_n} = v+1$，根据式(4-17)，可得重均聚合度和数均聚合度之比：

$$\frac{\overline{X_w}}{\overline{X_n}} = 1 + \frac{\overline{X_n}}{(\overline{X_n}+1)^2} \approx 1 + \frac{1}{\overline{X_n}}$$

(4-18)

当 $\overline{X_n}$ 很大时，$\overline{X_w}/\overline{X_n}$ 接近于 1，即分布很窄。例如由萘钠-THF 引发聚合得到的聚苯乙烯，$\overline{X_w}/\overline{X_n}=1.06\sim1.12$，接近单分散性。这种聚苯乙烯可用作相对分子质量及其分布测定的标准样品。

# 4.3　阳离子聚合

阳离子聚合（cationic polymerization）是指链增长活性中心是阳离子的聚合反应，聚合反应通式可表示如下：

$$B^+A^- + M \longrightarrow BM^+A^- \xrightarrow{nM} \{M\}_n$$

## 4.3.1　阳离子聚合的单体

### 4.3.1.1　基本要求

从有机化学的角度看，阳离子聚合为亲电加成。同样对能进行阳离子聚合的单体有一定基本要求：

① 有足够的亲核结构，可为亲电的引发剂引发形成活性中心，即要求有较强供电子取代基的化合物，如烷基、烷氧基等。

② 形成的阳离子活性中心应有足够的活性，以进行增长反应，如 3-甲基茚，由于位阻大，只能形成二聚体。

③ 有一定的稳定性，尽可能地减少副反应，如某些单体会发生异构化聚合（见 4.3.3.3 异构化聚合）。

### 4.3.1.2　主要类型

常用的阳离子聚合的单体主要有以下几类：

① 有较强供电子取代基的烯类化合物

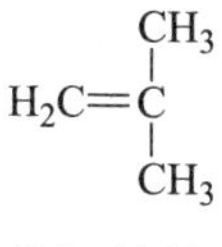

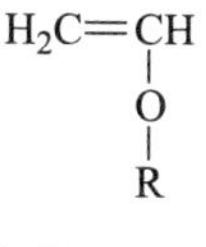

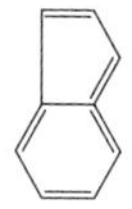

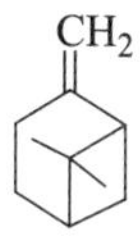

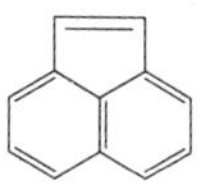

② 有 π-π 共轭结构的化合物　主要有苯乙烯、异戊二烯、α-甲基苯乙烯、丁二烯等。

③ 杂环化合物

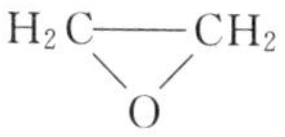

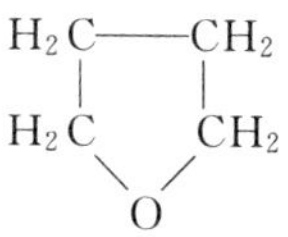

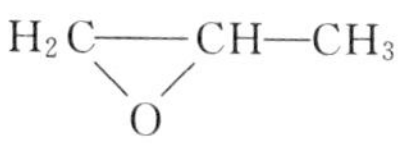

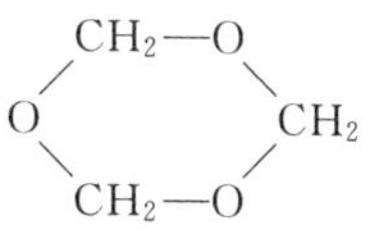

## 4.3.2　阳离子聚合的引发体系和引发反应

阳离子聚合的链引发过程与自由基聚合同样包括两个步骤：初始阳离子（质子或碳阳离子）的形成；初始阳离子与烯类单体反应，生成聚合活性中心。初始阳离子的生成方法可以大致分为化学方法和物理方法两大类。前者应用较多，后者主要有高温辐射引发、电子引发等。阳离子聚合用的引发剂均为亲电试剂，主要有质子酸和 Lewis 酸。

### 4.3.2.1　质子酸

常见的质子酸有：HCl、HBr、$H_2SO_4$ 和 $HClO_4$ 等。这些酸在溶液中电离产生 $H^+$，由它与单体的双键加成，形成活性中心-单体阳离子。其引发过程为：

$$HA \Longleftrightarrow H^+ A^-$$

$$H^+ A^- + H_2C\!\!=\!\!\overset{\displaystyle R}{\underset{\displaystyle R'}{C}} \longrightarrow H\!\!-\!\!CH_2\!\!-\!\!\overset{\displaystyle R}{\underset{\displaystyle R'}{C^+}} A^-$$

质子酸引发单体和聚合的能力取决于酸与负离子的亲核能力，这是质子酸引发成败的关键。酸既要能产生质子，同时负离子的亲核性又不能太强；否则极易与 $\sim\!\!\sim\!\!\sim\!C^+$ 结合，形成共价键而造成终止：

$$H\!\!-\!\!CH_2\!\!-\!\!\overset{\displaystyle R}{\underset{\displaystyle R'}{C^+}} A^- \longrightarrow H\!\!-\!\!CH_2\!\!-\!\!\overset{\displaystyle R}{\underset{\displaystyle R'}{C}}\!\!-\!\!A$$

负离子亲核性不能太强的这一前提，通常限制了大部分强酸作为正离子引发剂的应用。总体上讲，氢卤酸不能引发烷基取代的烯烃聚合就是这个道理。其它的强酸如硫酸、磷酸、高氯酸、氟代或氯代磺酸、甲磺酸、三氟甲磺酸等可以用于阳离子聚合反应，但通常得到的产物为低相对分子质量的聚合物，相对分子质量一般不超过几千，在工业上被用作内燃机燃料、润滑剂等。

采用质子酸作引发剂，要得到高相对分子质量聚合物可以从以下几方面改进。

① 选择活性较大的单体　如 N-乙烯基咔唑，在甲苯溶剂中用 HCl 引发可以得到高聚物。

② 采用极性溶剂　溶剂的极性越大，越容易稳定离子对（或离子），阻碍了正、负离子间的成键作用。Throssell 等用 $CH_3COOH$ 引发苯乙烯聚合，发现将 $CH_3COOH$ 加到苯乙烯中去，不发生聚合；反之，将苯乙烯加到 $CH_3COOH$ 中去可获得高聚物。在前一种加料次序下，苯乙烯一方面作为单体，另一方面又作为反应介质。由于它的极性小，不能使活性中心稳定，故不能聚合。后一种情况下，极性很大的 $CH_3COOH$ 起着溶剂的作用，故使聚合反应顺利地进行。

③ 降低聚合温度　降低聚合温度有利于活性中心的稳定，如 $CF_3COOH$ 引发苯乙烯时，50℃下仅得二聚体，0℃下可得到数均相对分子质量为 1000 的聚合物。

④ 加入某些金属或其氧化物　异丁烯乙烯基醚用 HCl 引发时不能聚合，只能发生加成反应。若在反应体系中添加 Ni、Co、Fe、Ca 或有关的氧化物 $V_2O_5$、$PbO_2$ 或 $SiO_2$ 等即可聚合。这些添加剂可促进 HCl 电离，且与 $Cl^-$ 配位使之稳定，这样就遏止了亲核能力较强的负离子与活性中心的成键反应，使聚合反应能顺利进行。

### 4.3.2.2　Lewis 酸

它们都是 Friedel-Crafts 催化剂，是缺电子的无机化合物，阳离子的主要催化剂。从工业的角度讲，Lewis 酸是阳离子聚合反应的最重要的引发剂，可以应用的 Lewis 酸包括金属卤化物（如 $AlCl_3$、$AlBr_3$、$TiCl_4$、$SnCl_4$、$SbCl_4$、$ZnCl_2$）和金属卤氧化物（如 $CrO_2Cl$、$VOCl_3$）。该类引发剂可以用于合成高相对分子质量的聚合物。

（1）主引发剂-助引发剂体系

使用这类引发剂时要加入共引发剂（或称助引发剂）作为质子或碳阳离子的供给体。Lewis 酸能将共引发剂上的未共用电子对通过配位键跃迁到它的空轨道上来，生成加成产物，称为酸-碱配合物，或简称配合物。

常见的共引发剂体系举例如下：

$$BF_3 + H_2O \Longrightarrow H^+(BF_3OH)^-$$

$$AlCl_3 + H_3C\!\!-\!\!\underset{\underset{CH_3}{|}}{\overset{\overset{CH_3}{|}}{C}}\!Cl \Longrightarrow H_3C\!\!-\!\!\underset{\underset{CH_3}{|}}{\overset{\overset{CH_3}{|}}{C}}^+(AlCl_4)^-$$

$$SnCl_4 + RCl \Longrightarrow R^+(SnCl_5)^-$$

$$BF_3 + (C_2H_5)_2O \Longrightarrow C_2H_5^+(BF_3OC_2H_5)^-$$

关于两种化合物的名称，Kennedy 在进一步研究后提出自己的看法，把质子给体或正离子给体叫做引发剂，而把 Lewis 酸叫做助引发剂。引发剂和助引发剂组成一个引发体系，目前这种提法得到了越来越多研究人员的赞同。常见的质子给体有 $H_2O$、HCl、HF、$CCl_3COOH$，常见的正离子给体主要是卤代烃，如 $(CH_3CH_2)AlCl_2$、$(CH_3CH_2)_2AlCl$、$Al(CH_3CH_2)_3$、正氯代丁烷、3-氯-1-丁烯、二苯基氯甲烷等。

另外，Lewis 酸的配位能力很强，能与它们配位的化合物范围很广，如单体、溶剂等均可与之配位，故使反应复杂化。

（2）Lewis 酸直接引发

Plesch 等人的研究表明，比较强的 Lewis 酸（如 $AlCl_3$、$AlBr_3$ 和 $TiCl_4$）可以单独使用，引发阳离子聚合。按提出的引发机理大致可以分成以下三种。

① 双分子离子化过程

$$2AlBr_3 \Longrightarrow AlBr_2^+(AlBr_4)^-$$

$$AlBr_2^+(AlBr_4)^- + M \longrightarrow AlBr_2M^+(AlBr_4)^-$$

② 单分子离子化过程

$$TiCl_4 + M \longrightarrow TiCl_3M^+Cl^-$$

③ 烯丙基自行引发机理　Kennedy 仔细地研究了阳离子聚合的各种单体的结构，发现含有烯丙基型氢原子的单体，如异丁烯、异戊二烯、$\alpha$-甲基苯乙烯、环戊二烯及茚等化合物，即使在"极度"干燥下仍能聚合；而不含有烯丙基氢原子的苯乙烯、丁二烯则不能聚合。从而提出了自行引发机理。

$$\underset{|}{\overset{|}{C}}\!\!=\!\!\underset{|}{\overset{|}{C}}\!\!-\!\!\overset{|}{C}\!\!-\!\!H + MeX_n \longrightarrow \underset{|}{\overset{|}{C}}\!\!=\!\!\underset{|}{\overset{|}{C}}\!\!-\!\!\overset{|}{C}^+ + MeX_nH^- \quad (Me 为金属原子)$$

用实验证明自离子化过程是很困难的，因为体系中少量的质子或正离子给体会对反应有很大影响，如浓度为 $10^{-3}mol/L$ 的水足以使 $TiCl_4$ 和 $AlCl_3$（在 $CH_3Cl$ 中）的引发速率提高 $10^3$ 倍。对大部分常规反应体系来说，湿含量常足以导致助引发作用在引发过程中占压倒的优势。

有文献报道，用立体阻碍大的碱，如吡啶衍生物，可以判定 Lewis 酸引发的机理。这种碱具有与质子反应的特性，阻止质子引发，但却不能影响 Lewis 酸与单体间的亲电加成。Kennedy 及其同事们研究在这种"质子肼"——2,6-二叔丁基吡啶存在下 Lewis 酸-水的引发反应，结果发现：这种碱明显地降低了单体的转化率，从几乎 100% 降至小于 10%。同时，聚合物的相对分子质量变大，分布变窄。这说明到目前为止，质子引发反应是主要的形式。

引发剂与共引发剂的不同组合，得到不同引发活性，主要决定于向单体提供质子的能力。

④ 其它引发体系　卤素（常用碘）可以作为活性较大单体的引发剂，如甲氧基苯乙烯、烷基乙烯基醚、乙烯基咔唑等。反应如下：

$$I_2 + I_2 \longrightarrow I^+ I_3^-$$

下述组成的阳离子盐也可以作为引发剂：

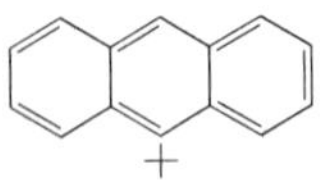

| | |
|---|---|
| $ClO_4^-$ | $BF_4^-$ |
| $SnCl_5^-$ | $PF_6^-$ |
| $SbCl_6^-$ | |

$(C_6H_5)_3C^+$

$C_7H_7^+$（环庚三烯阳离子）

这些阴离子的亲核性很弱，不易和核生长链发生反应，成为无终止反应。

1957 年，发现异丁烯在 $-78℃$ 在高能射线（$^{60}Co\ \gamma$ 射线）作用下，可按阳离子机理进行聚合，认为射线从单体分子中打出电子，形成单体阳离子自由基：

$$H_2C{=}C(CH_3)_2 \xrightarrow{\gamma 射线} H_2\overset{\cdot}{C}{-}\overset{+}{C}(CH_3)_2 + e$$

这种引发方法的特点是生长链近旁没有反离子存在，可以研究单独以自由离子增长的聚合反应机理。

### 4.3.3　链增长反应

链增长反应是生成高聚物的主要基元反应，是一个单体不断插入引发过程所生成的碳阳离子活性中心和反离子形成的离子对之间的增长过程，即插入增长：

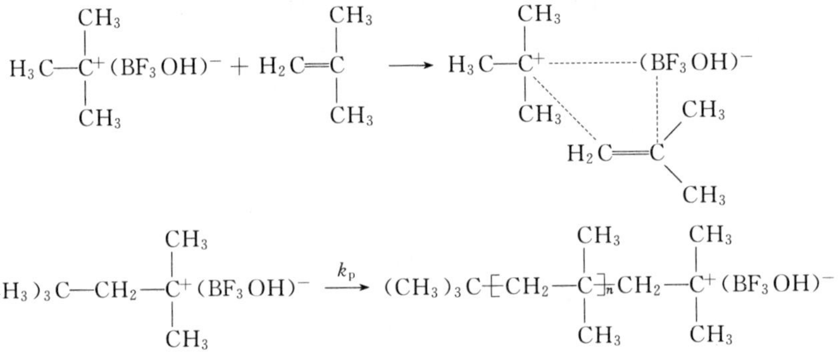

#### 4.3.3.1　影响增长反应的因素

增长反应是否容易进行，取决于碳阳离子的稳定性和烯烃双键的亲核性（即碱性）。碳阳离子越稳定，烯烃的碱性越强，就越容易加成。阳离子聚合反应中链增长反应的活化能较低，通常为 $0.8\sim8.0kJ/mol$。

单体的结构决定了阳离子聚合的反应性。结构包括取代基的极性和立体阻碍。取代基的推电子作用强，有利于提高双键上电子云的密度，有助于单体亲核结构的形成，便于进一步与碳阳离子活性中心进行亲电加成。取代基的立体阻碍也影响着链增长的速率和活性中心的加成方式。在甲苯或二氯甲烷溶剂中，在 $-79℃$，$BF_3\cdot O(C_2H_5)_2$ 引发烷基乙烯基醚聚合，烷基极性对聚合速率的影响顺序为：

叔丁基＞异丙基＞乙基＞正丁基＞甲基

此外，反离子对聚合速率的影响能力与它们相应的酸的强度有关。$-78℃$ 下异丁烯聚合速率受反离子影响，相应的 Lewis 酸顺序如下：

$BF_3＞AlBr_3＞TiBr_4＞BBr_3＞SnCl_4$

#### 4.3.3.2　阳离子聚合中的立构控制

早在 1947 年，人们已经发现用 $BF_3$-乙醚配合物在 $-78℃$ 下引发异丁基乙烯基醚聚合，得到了结晶性聚合物，后来证明它是全同立构聚合物。并且反应温度降低，全同结构含量增加；相反，反应温度升高，全同结构含量减少。关于阳离子聚合中立构规整性聚合物的形成过程有很多种解释，至今未有统一的意见。

#### 4.3.3.3　异构化聚合

碳阳离子的活性很大，在链增长过程中活性中心可以发生重排反应，转变成更为稳定的结构，然后再行增长。所以由某种单体聚合而生成的聚合物，其结构单元和原先的单体单元不一定相同。这种在聚合过程中，活性中心先发生异构化而重排成更稳定结构，然后再进行聚合的反应称为异构化聚合（isomerization polymerization）。

异构化聚合分为两类：原子或基团的重排和链的重排。

（1）原子或基团的重排

3-甲基-1-丁烯的阳离子聚合反应是最为人们所熟知的异构化聚合反应，在不同的聚合条件下可获得不同结构的聚合物：

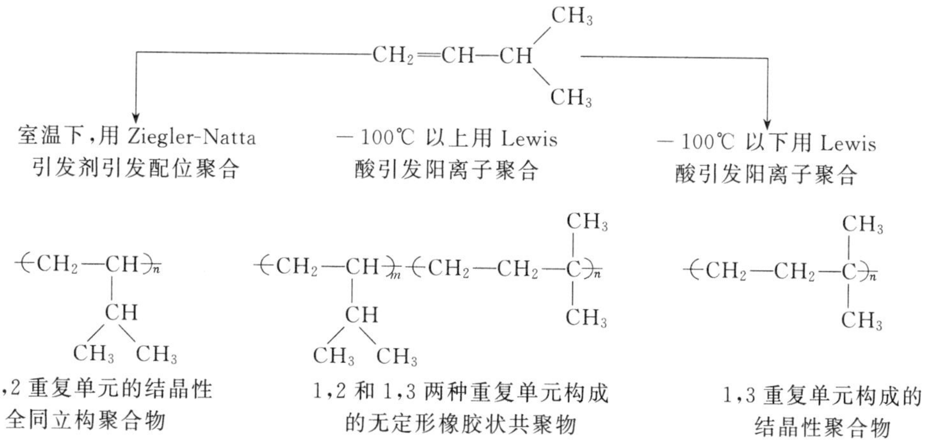

$$CH_2{=}CH{-}CH\begin{smallmatrix}CH_3\\CH_3\end{smallmatrix}$$

| 室温下，用 Ziegler-Natta 引发剂引发配位聚合 | −100℃ 以上用 Lewis 酸引发阳离子聚合 | −100℃ 以下用 Lewis 酸引发阳离子聚合 |
| --- | --- | --- |
| 含 1,2 重复单元的结晶性全同立构聚合物 | 1,2 和 1,3 两种重复单元构成的无定形橡胶状共聚物 | 1,3 重复单元构成的结晶性聚合物 |

发生异构化的原因是这个单体生长链阳离子是一个二级碳原子，它趋于发生分子内 $H^-$ 转移，生成更为稳定的三级碳阳离子。

有些单体结构也可能发生连续的氢转移：

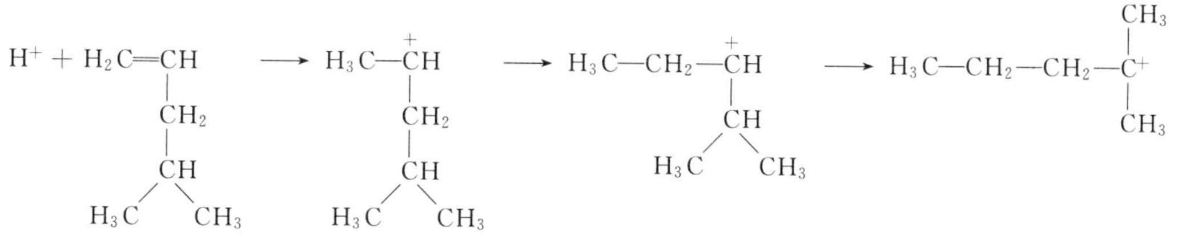

AlCl$_3$ 引发 4,4-二甲基-1-戊烯在 $-78\sim-130℃$ 间聚合，会发生 H 原子和甲基基团的同时转移：

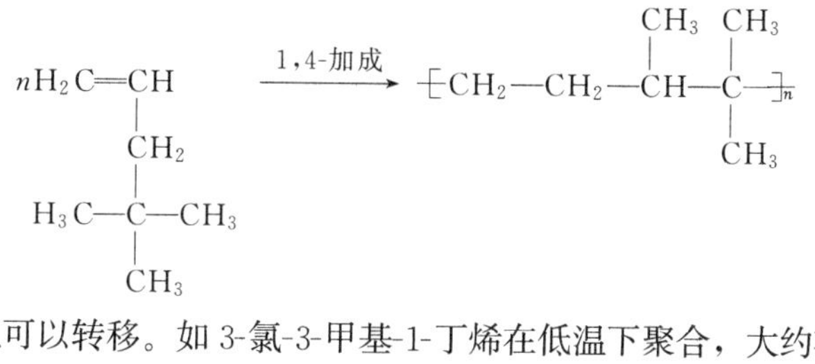

分子内的卤原子也可以转移。如 3-氯-3-甲基-1-丁烯在低温下聚合，大约有 $50\%$ 的氯发生转移。

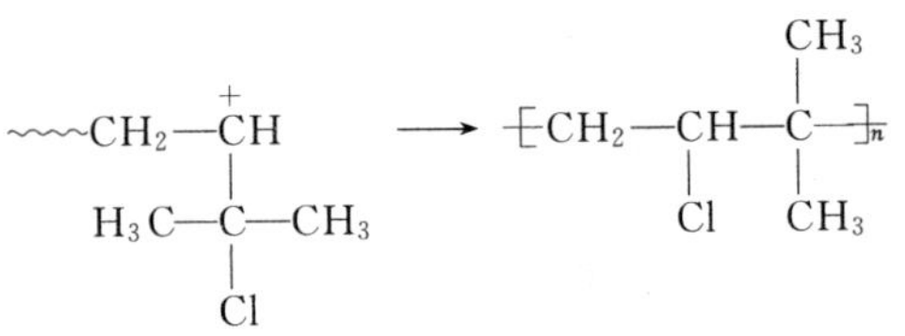

（2）链的重排

① 分子间-分子内聚合　非共轭二烯烃环化聚合属于此类，如 $\alpha,\omega$-型二烯烃异构化聚合模式：

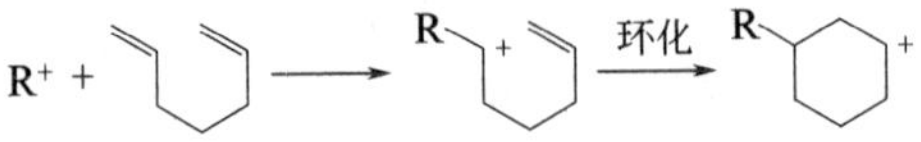

② 跨环聚合　降冰片烯阳离子聚合过程可能有两种形式：

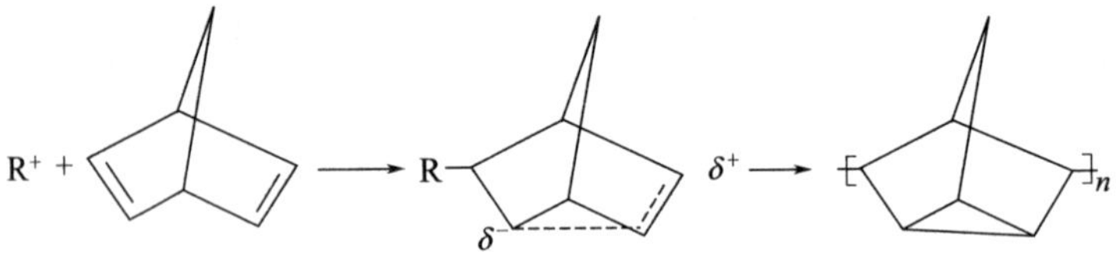

或

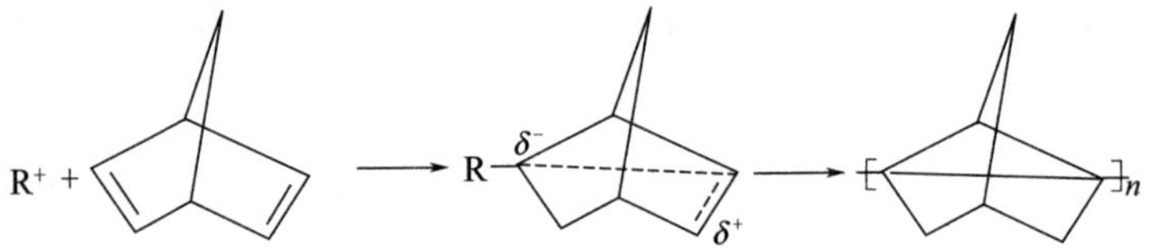

NMR 和 IR 光谱分析结果表示最终聚合物是这两种结构的共聚物。

③ 释放应力的开环聚合（polymerization by strain relief）　$\beta$-蒎（pinene）聚合时只得到单环结构的聚合物，反应如下：

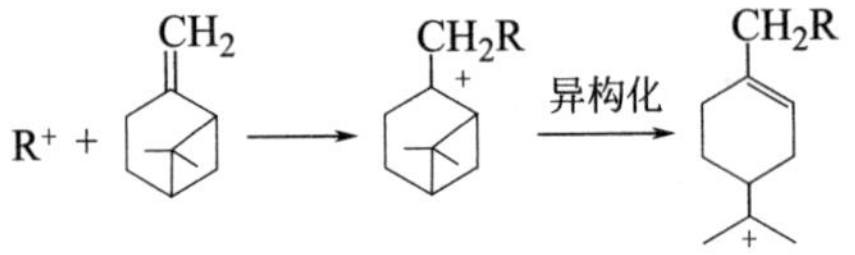

形成的聚合物结构为：

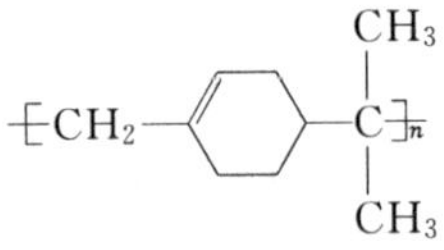

#### 4.3.3.4　假阳离子聚合

烯烃的阳离子聚合过程中，有时增长活性中心不是碳阳离子，而是共价键结构，这样的反应称为假阳离子聚合（pseudo cationic polymerization）。最典型的例子是 $HClO_4$ 引发苯乙烯在 $CH_2Cl_2$ 中的阳离子聚合：

$$\sim\!St^+ + ClO_4^- \rightleftharpoons \sim\!St^+\,ClO_4^- \rightleftharpoons \sim\!StOClO_3$$

自由离子　　　　　　离子对　　　　　　共价酯键

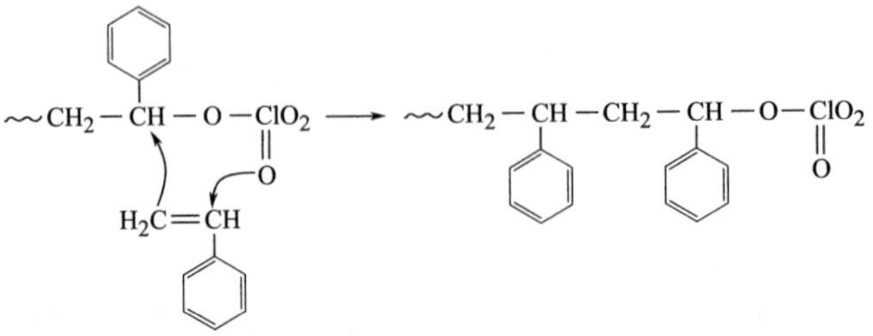

假阳离子聚合与阳离子聚合并不是属于两类截然不同的机理，它们之间没有根本的区别。不过是不同电离度谱中两端的两类活性中心而已。有些聚合既可以按假阳离子聚合机理进行，也可以按常见的阳离子聚合方式进行，这完全依赖于聚合条件。例如：质子酸（如 $HClO_4$）引发或碘引发苯乙烯聚合，当溶剂为二氯甲烷，聚合温度为 $-20℃$ 时，聚合过程包括三个连续的过程：第一步为快速、寿命短的离子聚合；第二步无离子特征；第三步又是离子过程。若温度为 $-20\sim30℃$ 时，无第一步，第三步也很短。若温度低至 $-80℃$，则只有第一步。离子聚合通常得到高相对分子质量的聚合物。而共价键引发聚合得到的聚合物为低相对分子质量的低聚物。用 SEC（size exclusion chromatography）可以检测出相对分子质量和相对分子质量分布的差别。另有一些假阳离子聚合反应的例子见表 4-9。

**表 4-9　假阳离子聚合反应的例子**

| 单　　　体 | 引发剂 | 溶剂 |
|---|---|---|
| 苯乙烯 | $HClO_4$ | $CH_2Cl_2$ |
| | $HClO_4$ | $(CH_2Cl)_2$ |
| | $HClO_4$ | $EtNO_2$ |
| | $HClO_4$ | $EtNO_2 + (CH_2Cl)_2$ |
| | $CF_3COOH$ | $CH_2Cl_2$ |
| | $H_2O \cdot SnCl_4$ | $CH_2Cl_2$ |
| | $C_6H_5CH(CH_3)ClO_4$ | $CH_2Cl_2$ |
| 对甲氧基苯乙烯 | $CF_3COOH$ | $CH_2Cl_2$ |
| 茚烯 | $HClO_4$ | $CH_2Cl_2$ |
| | $H_2SO_4$ | $CH_2Cl_2$ |
| N-乙烯基咔唑 | $HClO_4$ | $CH_2Cl_2$ |
| | $H_2SO_4$ | $CH_2Cl_2$ |
| 1,1-二对二甲氧基苯乙烯 | $CCl_3COOH$ | $C_6H_6$ |
| 1,1-二苯基乙烯 | $HClSbCl_3$ | $C_6H_6$ |

### 4.3.4　链转移和链终止反应

离子聚合的增长活性中心带有相同电荷，不能双分子终止，因此离子聚合不会出现自由基聚合中由于双基终止受阻而形成的自动加速现象。

链转移反应能导致阳离子聚合反应中聚合物链的增长停止，但往往不是动力学链终止。而与反离子反应形成共价键，动力学链终止。另外，某些化合物与活性中心反应后生成无引发活性的离子对，同样也造成了动力学链终止。

#### 4.3.4.1　向单体链转移

对很多单体来说，向单体链转移是最常见的反应。不发生单体链转移的聚合反应为数不多。

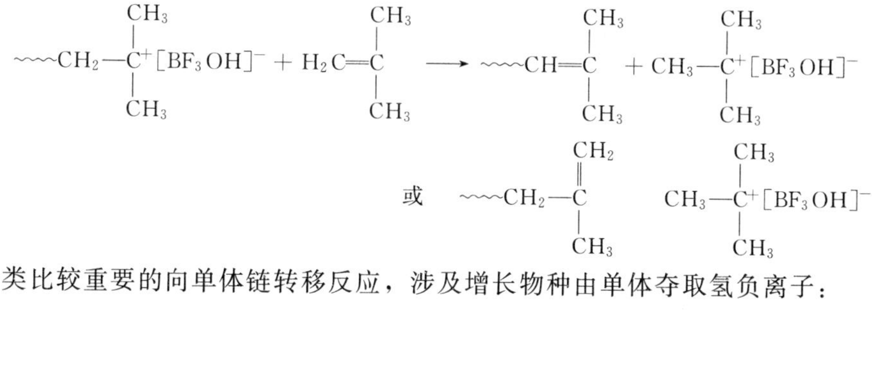

另一类比较重要的向单体链转移反应，涉及增长物种由单体夺取氢负离子：

$$\sim\!\!\sim\!\!CH_2\!-\!\overset{\overset{\displaystyle CH_3}{|}}{\underset{\underset{\displaystyle CH_3}{|}}{C}}{}^{+}[BF_3OH]^{-} + CH_2\!=\!\overset{\overset{\displaystyle CH_3}{|}}{\underset{\underset{\displaystyle CH_3}{|}}{C}} \longrightarrow \sim\!\!\sim\!\!CH_2\!-\!\overset{\overset{\displaystyle CH_3}{|}}{\underset{\underset{\displaystyle CH_3}{|}}{CH}} + CH_2\!=\!\overset{\overset{\displaystyle CH_3}{|}}{\underset{\underset{\displaystyle +CH_2[BF_3OH]^{-}}{|}}{C}}$$

这两类向单体链转移反应在动力学上是不可区分的。

### 4.3.4.2　向抗衡离子转移

活性中心通过消除反应得到具有末端不饱和结构的聚合物分子，同时又生成一个新的活性中心。

$$\sim\!\!\sim\!\!CH_2\!-\!\overset{\overset{\displaystyle CH_3}{|}}{\underset{\underset{\displaystyle CH_3}{|}}{C}}{}^{+}[BF_3OH]^{-} \longrightarrow \sim\!\!\sim\!\!CH_2\!-\!\overset{\overset{\displaystyle CH_2}{\|}}{\underset{\underset{\displaystyle CH_3}{|}}{C}} + H^{+}[BF_3OH]^{-}$$

这类链终止也叫自发终止，再生出的引发剂-共引发剂配合物可以再引发聚合。

### 4.3.4.3　其它的链转移反应

在任何一个特定的聚合体系中还可能有一种或数种不可忽视的其它链转移反应。链转移剂可能是溶剂、杂质或有意添加到反应体系中的物质，其通式为：

$$HMnM^{+}(IZ)^{-} + XA \xrightarrow{k_{tr,s}} HMnMA + X^{+}(IZ)^{-}$$

水、醇、酸、酸酐和酯都有不同的链转移作用。芳香族化合物、醚、卤代烷是比较弱的链转移剂。向芳香族化合物的转移主要是通过芳环的烷基化来进行。

向聚合物的链转移在某种程度上也会发生。向聚合物的链转移可能是 $\alpha$-烯烃（如丙烯）只能合成低相对分子质量的聚合物的原因。

$$\sim\!\!\sim\!\!CH_2\!-\!\overset{\displaystyle +}{\underset{\underset{\displaystyle H}{|}}{CR}} + \sim\!\!\sim\!\!CH_2\!-\!\overset{\overset{\displaystyle R}{|}}{\underset{\underset{\displaystyle H}{|}}{C}}\!\!\sim\!\!\sim \longrightarrow \sim\!\!\sim\!\!CH_2\!-\!\overset{\overset{\displaystyle H}{|}}{\underset{\underset{\displaystyle H}{|}}{CR}} + \sim\!\!\sim\!\!CH_2\!-\!\overset{\displaystyle +}{\underset{\underset{\displaystyle R}{|}}{C}}\!\!\sim\!\!\sim$$

### 4.3.4.4　与抗衡离子结合

增长碳正离子与抗衡离子结合造成链终止。例如，在苯乙烯的三氟醋酸催化聚合反应：

$$\sim\!\!\sim\!\!CH_2\!-\!\overset{\displaystyle +}{\underset{\underset{\displaystyle \bigcirc}{|}}{CH}}\cdots(OCOCF_3)^{-} \longrightarrow \sim\!\!\sim\!\!CH_2\!-\!\overset{\underset{\underset{\displaystyle \bigcirc}{|}}{}}{CH}\!-\!OCOCF_3$$

另外，增长离子也可能与反离子的一部分负电部分结合，例如：

$$\sim\!\!\sim\!\!CH_2\!-\!\overset{\overset{\displaystyle CH_3}{|}}{\underset{\underset{\displaystyle CH_3}{|}}{C}}{}^{+}\cdots[BCl_3OH]^{-} \longrightarrow \sim\!\!\sim\!\!CH_2\!-\!\overset{\overset{\displaystyle CH_3}{|}}{\underset{\underset{\displaystyle CH_3}{|}}{C}}\!-\!Cl + BCl_2OH$$

采用烷基铝-卤代烷类引发剂-助引发剂体系，可以发生烷基基团转移终止：

$$\sim\!\!\sim\!\!CH_2\!-\!\overset{\overset{\displaystyle CH_3}{|}}{\underset{\underset{\displaystyle CH_3}{|}}{C}}{}^{+}\cdots(CH_3)_3AlX^{-} \longrightarrow \sim\!\!\sim\!\!CH_2\!-\!\overset{\overset{\displaystyle CH_3}{|}}{\underset{\underset{\displaystyle CH_3}{|}}{C}}\!-\!CH_3 + (CH_3)_2AlX$$

式中，X 为卤素原子。

当 Al 上有 $\beta$-氢时，总是优先发生氢转移。

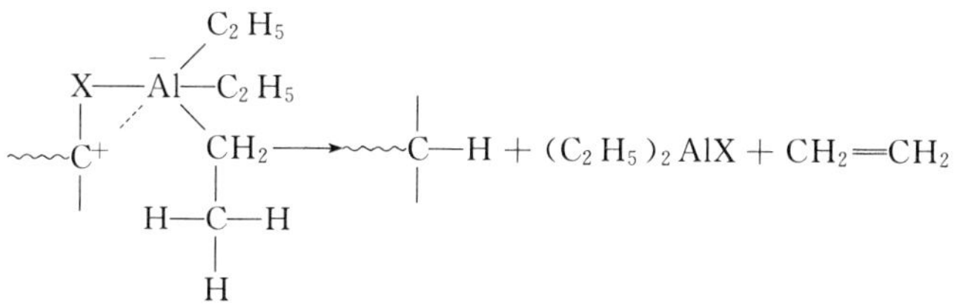

## 4.3.5　影响阳离子聚合的因素

这节主要讨论聚合温度、反应介质和反离子等对聚合反应速率和数均聚合度的影响。

### 4.3.5.1　反应介质的影响

离子聚合中，活性种总是以式(4-1)所示的离子对形式存在，并且彼此处于平衡之中。不同状态的活性种对聚合反应速率和聚合物的相对分子质量的影响不同。阳离子聚合的 $k_+$ 要比 $k_\pm$ 大 1～3 个数量级，即使自由离子只占活性种的很少部分，它对总的聚合速率的贡献也比离子对大得多。由于聚合体系中，常常存在着不止一种的活性种的形式，因此，实验所测的聚合反应速率常数叫做表观速率常数 $k_p^{app}$。

不同的反应介质，它的极性和溶剂化能力是不同的。因此，会改变活性中心和反离子之间的结合能及两者之间的距离，使式(4-1)的平衡发生移动，从而使活性种在体系中的存在状态及相对含量发生改变。在极性和溶剂化能力大的溶剂中，自由离子和离子对中松对的比例都增加，因此使聚合速率和聚合物的相对分子质量都增大。表 4-10 列出了碘引发对甲氧基苯乙烯在不同溶剂中聚合时测得的表观速率常数，从低介电常数的四氯化碳（$\varepsilon = 2.2$）到高介电常数的二氯甲烷（$\varepsilon = 9.1$），表观增长速率常数增大了两个数量级。高氯酸引发苯乙烯聚合时，改变溶剂对 $k_p^{app}$ 的影响会有四个数量级之差。

**表 4-10　在 30℃ 下碘引发对甲氧基苯乙烯阳离子聚合对溶剂效应**

| 溶剂 | $k_p^{app}/[\text{L}/(\text{mol}\cdot\text{s})]$ |
| --- | --- |
| CH$_2$Cl$_2$ | 17 |
| CH$_2$Cl$_2$/CCl$_4$(3/1) | 1.8 |
| CH$_2$Cl$_2$/CCl$_4$(1/1) | 0.31 |
| CCl$_4$ | 0.12 |

从表 4-11 的数据可知，随溶剂化能力增强，$k_p^{app}$ 增加。

作为阳离子聚合的溶剂，还要求不与活性中心离子反应，在低温下，能溶解反应物，保持流动性，因此常选取低极性溶剂如卤代烷，而不用含氧化物如四氢呋喃。

另外，同一种溶剂对不同引发剂的影响是不同的。

**表 4-11　苯乙烯阳离子聚合的溶剂效应**

| 溶　剂 | 介电常数 $\varepsilon$ | 温度/℃ | $k_p^{app}/[\text{L}/(\text{mol}\cdot\text{s})]$ |
| --- | --- | --- | --- |
| CH$_2$Cl$_2$ | 9.72 | 25 | 17 |
| CH$_2$Cl$_2$/CCl$_4$(75/25) | 7.00 | 25 | 1.8 |
| CH$_2$Cl$_2$/CCl$_4$(55/45) | 5.16 | 25 | 0.31 |
| CCl$_4$ | 2.30 | 25 | 0.12 |

### 4.3.5.2　聚合温度的影响

温度对聚合过程的影响是很复杂的，它既影响离子对和自由离子之间的平衡，同时也影响聚合反应的活化能。

在极性溶剂中，离子对的解离是放热的，降低温度有利于式(4-1)平衡的向右移动，增加了自由离子的浓度，从而有利于聚合速率的增加。另外，降低温度可以限制链转移反应的发生，提高聚合物的相对分子质量。

从活化能的角度分析，聚合速率的活化能和形成聚合度为$\overline{X_n}$的聚合物的活化能为：

$$E_R = E_i + E_p - E_t \tag{4-19}$$

$$E_{\overline{X_n}} = E_p - E_t \text{ 或 } E_{\overline{X_n}} = E_p - E_{tr,M} \tag{4-20}$$

式中，$E_i$，$E_p$和$E_t$分别表示引发、增长和终止的活化能。阳离子聚合活化能较小，而终止活化能较大，所以，$E_R$值一般较小，在$-20\sim+40kJ/mol$范围内变化。$E_R$为负值时，说明随着聚合温度降低，聚合速率增加。当$E_R$值为正时，温度升高，$R_p$增加。但$E_R$值比自由基聚合的值小得多（自由基聚合$E_R = 80\sim90kJ/mol$）。故其聚合速率随温度变化较小。不同的单体有不同的$E_R$值。即使是同一单体，$E_R$值也随所使用的引发剂、助引发剂、溶剂等而变化。表4-12列出苯乙烯阳离子聚合在不同条件下的$E_R$值。

**表 4-12　苯乙烯阳离子聚合的活化能**

| 引发体系 | 溶剂 | $E_R/(kJ/mol)$ | 引发体系 | 溶剂 | $E_R/(kJ/mol)$ |
|---|---|---|---|---|---|
| $TiCl_4-H_2O$ | $CH_2Cl_2$ | $-35.5$ | $SnCl_4-H_2O$ | $PhH$ | $23$ |
| $TiCl_4-CCl_3COOH$ | $PhCH_3$ | $-6.3$ | $CCl_3COOH$ | $CH_2Cl_2$ | $33.5$ |
| $CCl_3COOH$ | $C_2H_5Br$ | $126$ | $CCl_3COOH$ | $CH_3NO_2$ | $58.6$ |

由于$E_{\overline{X_n}} = E_p - E_t$，或者$E_{\overline{X_n}} = E_p - E_{tr,M}$，通常$E_{\overline{X_n}}$为负值，即阳离子聚合随着温度升高$\overline{X_n}$变小。当终止方式主要为链转移反应时，$E_{\overline{X_n}}$为更大的负值。因为结合终止和自发终止的活化能较链转移反应的活化能大。因此降低温度有利于抑制链终止和链转移，有利于相对分子质量的提高。

图4-2是在二氯甲烷溶剂中，$AlCl_3$引发异丁烯聚合所得聚合物的数均聚合度$\overline{X_n}$与温度的依赖关系。直线在$-100℃$附近有一个转变，即在$-100℃$以上$E_{\overline{X_n}} = -23.4kJ/mol$，而在$-100℃$以下$E_{\overline{X_n}} = -3.1kJ/mol$。这是因为在$-100℃$以上，终止是通过对溶剂链转移实现的。在$-100℃$以下，终止主要是对单体链转移的结果。

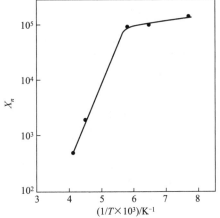

图 4-2　在 $AlCl_3$ 引发的异丁烯聚合反应中，$\overline{X_n}$对温度的依赖关系

#### 4.3.5.3　反离子的影响

阳离子聚合中，反离子对$R_p$的影响的研究表明，反离子体积大且被束缚得不紧，有利于增长活性中心的活性增大。例如，苯乙烯于25℃在1,2-二氯乙烷中使用不同的引发体系进行聚合时，可以测得不同的反应速率常数，以碘、$SnCl_4-H_2O$和$HClO_4$作引发剂时，表观速率常数分别为$0.003L/(mol\cdot s)$、$0.42L/(mol\cdot s)$和$17.0L/(mol\cdot s)$。

### 4.3.6　聚合动力学

#### 4.3.6.1　动力学方程

阳离子聚合的影响因素非常复杂，实验重复性差，所以至今还没有一套广泛适用的动力学方程。

阳离子聚合反应包括链引发、链增长和链终止三个基元反应。对于引发剂-助引发剂体系的引发过程，可以用下列通式表示：

$$I + ZY \underset{}{\overset{K}{\rightleftharpoons}} Y^+[IZ]^- \tag{4-21}$$

$$Y^+[IZ]^- + M \xrightarrow{k_i} YM^+[IZ]^- \tag{4-22}$$

链增长：

$$YM^+[IZ]^- + M \xrightarrow{k_p} YMM^+[IZ]^- \longrightarrow \cdots \xrightarrow{k_p} YM_nM^+[IZ]^- \tag{4-23}$$

链终止：

$$YM_nM^+[IZ]^- \xrightarrow{k_t} YM_nMIZ \tag{4-24}$$

因此，速率表达式可以表示如下：

$$R_i = Kk_i[I][ZY][M] \tag{4-25}$$

$$R_p = k_p[YM^+(IZ)^-][M] \tag{4-26}$$

$$R_t = k_t[YM^+(IZ)^-] \tag{4-27}$$

以上各式中，$K$ 表示引发剂-助引发剂配合平衡常数，$k_i$ 表示配合物引发单体聚合的引发速率常数，$k_p$ 为增长链的反应速率常数，$k_t$ 为增长链碳阳离子与反离子结合的终止速率常数。$[I]$ 为引发剂浓度，$[ZY]$ 为助引发剂浓度，$[M]$ 为单体浓度，$[YM^+(IZ)^-]$ 表示增长链阳离子浓度。当达到稳定时，$[YM^+(IZ)^-]$ 浓度保持不变。即 $R_i = R_t$，因此：

$$[YM^+(IZ)^-] = Kk_i[I][ZY][M]/k_t \tag{4-28}$$

把方程（4-28）代入方程（4-26）得：

$$R_p = Kk_ik_p[I][ZY][M]^2/k_t \tag{4-29}$$

根据平均聚合度 $\overline{X_n}$ 的定义，可由式（4-27）得：

$$\overline{X_n} = R_p/R_i = k_p[M]/k_t \tag{4-30}$$

体系中增长链阳离子除了进行与反离子结合的终止反应外，还可能发生向单体的链转移、自发终止和向链转移剂的链转移反应。若后三类反应的结果是动力学链不终止，即增长链阳离子的浓度不变，则体系的聚合速率不受影响，但数均聚合度变小，数均聚合度由式（4-31）给出：

$$\overline{X_n} = \frac{R_p}{R_t + R_{ts} + R_{tr,M} + R_{tr,S}} = \frac{k_p[M]}{k_t + k_{ts} + k_{tr,M}[M] + k_{tr,S}[S]} \tag{4-31a}$$

或

$$\frac{1}{\overline{X_n}} = \frac{k_t}{k_p[M]} + \frac{k_{ts}}{k_p[M]} + C_M + C_S\frac{[S]}{[M]} \tag{4-31b}$$

上式中

$$R_{ts} = k_{ts}[YM^+(IZ)^-] \tag{4-32a}$$

$$R_{tr,M} = k_{tr,M}[YM^+(IZ)^-][M] \tag{4-32b}$$

$$R_{tr,S} = k_{tr,S}[YM^+(IZ)^-][S] \tag{4-32c}$$

$C_M$ 和 $C_S$ 分别为向单体和向链转移剂的链转移常数，$[S]$ 为链转移剂浓度。

若除结合终止外，体系中主要为向单体链转移，这时式（4-31）可变为：

$$\frac{1}{\overline{X_n}} = \frac{k_t}{k_p[M]} + C_M \tag{4-31c}$$

若体系中外加链转移剂 S 时，式（4-31）又可变为：

$$\frac{1}{\overline{X_n}} = \frac{k_t}{k_p[M]} + C_S\frac{[S]}{[M]} \tag{4-31d}$$

另外，如果向溶剂或链转移剂 S 链转移的结果，生成的阳离子活性太低，不能引发单体聚合，即动力学链被终止了，其速率表达式为：

$$R_p = \frac{Kk_ik_p[I][ZY][M]^2}{k_t + k_{tr,S}[S]} \tag{4-33}$$

以上动力学推导，主要考虑了各种终止方式，不同终止方式有不同的动力学表达式。但是也应该注意，引发方式对反应速率表示式也是有影响的。例如，在上述推导过程中，当认为引发速率由反应式(4-21) 和式(4-22) 同时起作用时，得到的聚合速率表示式为式(4-29)，可见 $R_p$ 正比于 $[M]^2$。而当引发速率仅由反应式(4-21) 决定时，则：

$$R_i = k_i [I][ZY] \tag{4-34}$$

聚合速率与单体浓度成正比，即 $R_p$ 正比于 $[M]$。又如引发剂（或助引发剂）过量时，则 $R_p$ 与 $[I]$（或 $[ZY]$）无关等等。可见对某一阳离子聚合体系，选用哪个方程来描述，要视具体情况而定。

### 4.3.6.2　绝对速率常数

（1）稳态假定的可靠性

稳态假定一般是正确的。但很多阳离子聚合反应，包括已工业化生产的阳离子聚合反应，聚合速率很快。例如 $AlCl_3$ 引发异丁烯，在 $-100℃$ 下聚合，只需要几秒钟最多几分钟即可完成。如此快的聚合速率，要达到稳定态是困难的。在这种情况下使用稳态假定推导的聚合反应速率表达式是不恰当的。另外，阳离子聚合在非均相体系中进行，式(4-29) 也是不可靠的。

（2）绝对速率常数的实验测定

首先利用式(4-26)，假设 $YM^+[IZ]^- = [C]$，此处 $[C]$ 为引发剂浓度。用常用方法测定 $R_p$，由 $R_p$ 对 $[M]$ 作图，因 $[C]$ 已知，由斜率求出 $k_p$。在上面推导的各种聚合度表达式(4-31)，式(4-31c) 和式(4-31d) 均未使用稳态假定。也可通过实验方法求得相应的速率常数的比值 $k_t/k_p$，$k_{tr,M}/k_p$ 和 $k_{tr,S}/k_p$。例如，只有单基终止和向单体链转移的情况，使用式(4-31c) 将 $1/\overline{X}_n$ 对 $1/[M]$ 作图，得到一条直线，直线的斜率即为 $k_t/k_p$，截距为 $C_M$。向体系中添加链转移剂时，利用式(4-31d) 将 $1/\overline{X}_n$ 对 $[S]/[M]$ 作图，直线的斜率为 $C_S$。由已知的 $k_p$ 值可求得 $k_t$，$k_{tr,M}$ 和 $k_{tr,S}$。关于 $k_p$ 值的可靠性，要考虑：①在利用式(4-31) 计算 $k_p$ 时，使用了假定 $[YM^+(IZ)^-]=[C]$ 的条件，即活性中心浓度等于引发剂浓度。这个假定只有在引发速率大于聚合速率 $R_i > R_p$ 时才能成立。实际是否如此需要考虑。②在本节的动力学处理时都认为增长活性中心为离子对。有些聚合体系中同时存在离子对和自由离子，其相对量可能受到溶剂、引发剂和聚合温度等多种因素的影响，此时，引发、增长、终止速率的正确表达式应该考虑这两类增长活性中心所作的贡献。例如，增长速率 $R_p$ 应为：

$$R_p = k_p^+ [YM^+][M] + k_p^{\pm} [YM^+(IZ)^-][M] \tag{4-35}$$

式中，$[YM^+]$ 和 $[YM^+(IZ)^-]$ 分别是自由离子和离子对浓度；$k_p^+$ 和 $k_p^{\pm}$ 是相应的增长速率常数。

因此，用式(4-35) 求出的 $k_p$ 只能称作表观速率常数，以 $k_p^{app}$ 表示。$k_p^{app}$ 可用下式求出。

$$k_p^{app} = \frac{k_p^+ [YM^+] + k_p^{\pm} [YM^+(IZ)^-]}{[YM^+] + [YM^+(IZ)^-]} \tag{4-36}$$

与自由基聚合反应的情况不同，引发剂引发的阳离子聚合的反应速率常数不仅与单体种类、反应温度有关，而且与引发体系及溶剂性质有关。所以对某一特定体系的动力学参数，一般不能在聚合物手册中查到。表 4-13 列出了用 $H_2SO_4$ 引发苯乙烯进行阳离子聚合的动力学参数与相应的自由基聚合的参数比较。

**表 4-13　苯乙烯的阳离子和自由基聚合的动力学参数**

| 参数 | 阳离子 | 自由基 |
|---|---|---|
| $[C\cdot]/(mol/L)$ | $[H_2SO_4]\sim 10^{-3}$ | $[M\cdot]\sim 10^{-8}$ |
| $k_p/[L/(mol\cdot s)]$ | 7.6 | 10 |
| $k_{tr,M}/[L/(mol\cdot s)]$ | $1.2\times 10^{-1}$ | — |
| $k_t$ | 自发终止 $4.9\times 10^{-2}(s^{-1})$ | $10^7[L/(mol\cdot s)]$ |
| $k_p/k_t$ | $10^2$ | $(k_p/k_t)^{1/2}, 10^{-2}$ |

从表 4-13 中的动力学数据可知一般的阳离子聚合速率比自由基聚合快得多。虽然阳离子聚合的 $k_p$ 值与自由基聚合相近，但是阳离子聚合的 $k_t$ 值很小，活性中心的浓度也比自由基的高。

### 4.3.7　控制/活性阳离子聚合

阳离子聚合由于活性高、反应速率快，研究要比阴离子聚合困难，因此直到近二三十年阳离子聚合的研究才得到突破性进展。与活性阴离子聚合相比，阳离子聚合有其自身的特点，文献中有的称活性阳离子聚合，有的称控制阳离子聚合，也有的称控制/活性阳离子聚合。1985 年，Higashimura 首先报道了乙烯基醚的活性阳离子聚合，然后 Kennedy 发现了异丁烯的活性阳离子聚合。从此，开辟了阳离子聚合研究的崭新篇章。

在乙烯基单体的阳离子聚合中，链增长活性中心碳正离子稳定性极差，特别是 β 位上质子氢酸性较强，易被单体或反离子夺取而发生链转移，碳正离子活性中心这一固有的副反应被认为是实现活性阳离子聚合的主要障碍。

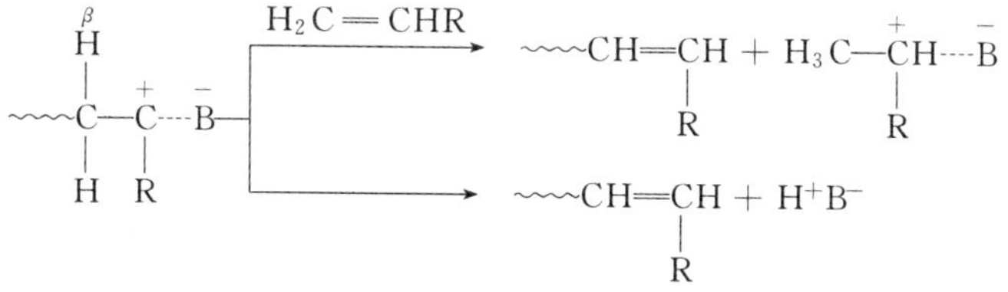

因此，要实现活性阳离子聚合，除保证聚合体系非常干净、不含有水等能导致不可逆链终止的亲核杂质之外，最关键的是设法使本身不稳定的增长链碳正离子稳定化，抑制 β-质子的转移反应。在离子型聚合体系中，往往存在多种活性中心，通常是共价键、离子对和自由离子，处于动态平衡之中。其中，共价键活性种无引发聚合活性，而离子对和自由离子具有引发聚合活性。自由离子的活性虽高但不稳定，在具有较高链增长反应速率的同时，链转移速率也较快，相应的聚合过程是不可控的，为非活性聚合，而离子对的活性聚合取决于碳正离子和反离子之间的相互作用力的大小；相互作用力越大，二者结合越牢固，活性越小但稳定性越大；相反，相互作用越小，活性越大，但稳定性越小。当碳正离子与反离子的相互作用适中时，离子对的反应性与稳定性这对矛盾达到统一，便可使增长活性种有足够的稳定性，避免副反应的发生，同时又保留一定的正电性，具有相当的亲电反应性而使单体顺利加成聚合，这就是实现活性阳离子聚合的基本原理，为此主要有三条途径，现以烷基乙烯基醚的活性阳离子聚合为例加以阐述。

（1）设计引发体系以获得适当亲核性的反离子

Higashimura 等在非极性溶剂中采用 $HI/I_2$ 引发体系，低温下引发烷基乙烯基醚聚合，首次实现了活性阳离子聚合：

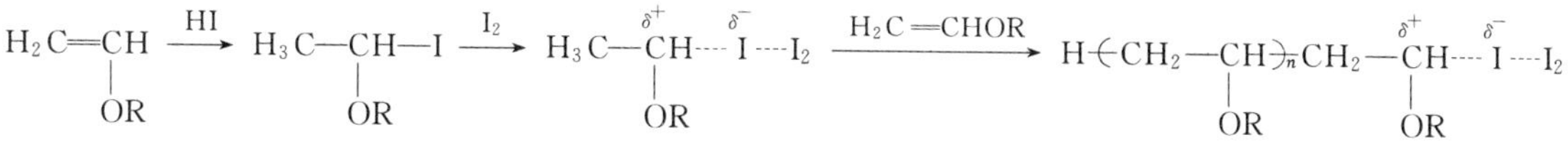

首先 HI 与单体发生加成反应，定量生成加成物（a），当加入 Lewis 酸 $I_2$ 后，（a）中的 C—I 共价键被活化而形成带有部分正电荷的碳正离子（b），它引发单体聚合，直至单体消耗完毕，活性依然保持，即得到活性聚合物。这里，$\overset{\delta^-}{I}\text{----}I_2$ 具有适当的亲核性，使碳正离子稳定化并同时又具有一定的链增长活性，从而实现活性聚合。

实验结果表明，聚合物分子数等于 HI 的起始分子数，与 $I_2$ 起始分子数无关。随 $I_2$ 的浓度增大，聚合速率加快。因此，在上述聚合反应中，HI 为引发剂，$I_2$ 为活性剂（或共引发剂)。不过从上述反应式可知，真正的引发剂应是乙烯基醚单体与 HI 原位加成的产物（a）。实际上也可以预先合成单体-HI 加成物作为引发剂使用。

根据上述反应机理，HI 应该可以用其它一些质子酸代替，如 HCl、RCOOH、$RSO_3H$ 等，而 $I_2$ 也可以用其它一些弱 Lewis 酸代替，如 $ZnI_2$、$ZnCl_2$、$ZnBr_2$、$SnCl_2$ 等，实验事实正是如此，用以上质子酸作引发剂（或事先合成它与单体的加成物）、Lewis 酸作为活化剂组成的引发体系，同样可获得乙烯基醚的活性阳离子聚合，这些引发体系的作用与 $HI/I_2$ 相似，都可形成亲核性适中的反离子。

（2）添加 Lewis 碱稳定碳正离子

在上述乙烯基醚活性聚合体系中，若用较强的 Lewis 酸如 $SnCl_4$、$TiCl_4$、$EtAlCl_2$ 等代替 $I_2$ 或 $ZnX_2$，聚合反应加快，瞬间完成，但产物相对分子质量分布很宽。若在体系中添加醚（如 THF、二氧六环）、酯（如醋酸乙酯、苯甲酸乙酯）等弱 Lewis 碱亲核性物质后，聚合反应变缓，聚合物相对分子质量分布变窄，显示典型活性聚合特征。在这里，Lewis 碱的作用机理被认为是对碳正离子的亲核稳定化，可示意如下：

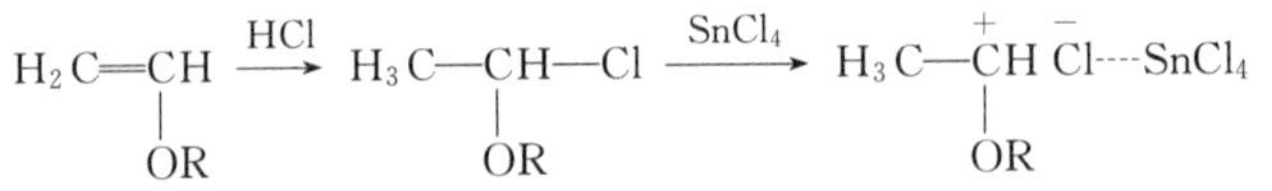

引发剂

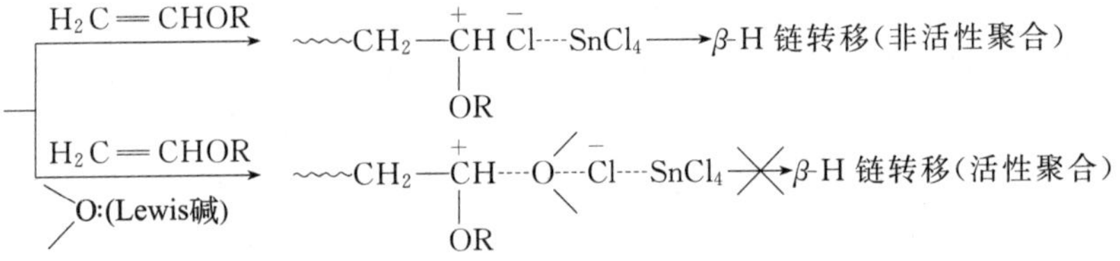

（3）添加盐稳定碳正离子

在强 Lewis 酸催化体系中加入一些季铵盐或季鏻盐，如 $nBu_4NCl$、$nBu_4PCl$ 等，由于阴离子浓度增大而产生同离子效应，抑制了增长链末端的离子解离，使碳正离子稳定化而实现活性聚合，如下所示：

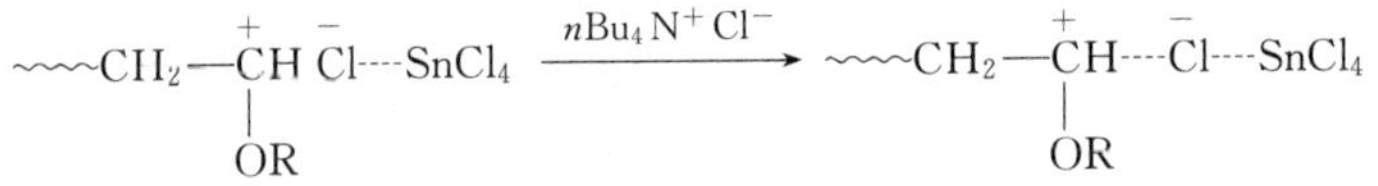

以上以乙烯基醚单体为例介绍了实现活性阳离子聚合的三种途径，代表性的实验结果如图 4-3 所示。

为了保证所有的活性中心同时形成、同步增长以获得窄相对分子质量分布的聚合物，必须要求引发速率大于链增长速率。因此要选择那些能产生结构与增长链碳正离子结构相似的化合物作为引发剂，以获得高的引发率。最常用的方法就是使用相应聚合的单体与质子酸的加成物作引发剂，如对于乙烯基醚的活性聚合，可采用乙烯基醚-HCl 加成物为引发剂；而苯乙烯、异丁烯的活性阳离子聚合，则可分别采用苯乙烯-HCl 加成物（α-氯代乙苯）和异丁烯-醋酸加成物（醋酸叔丁基酯）作引发剂。

Lewis 酸活化剂的选择也与单体的种类密切相关，其 Lewis 酸性要与单体的聚合活性相适应，太弱起不到活化作用，太强则易使反离子远离碳正离子而失去稳定的作用。单体的活性越强，所要求活化剂的 Lewis 酸性就越弱，反之亦然。例如在进行乙烯基醚、甲氧基苯乙烯等活泼单体活性聚合时，使用较弱的 Lewis 酸活化剂如 $I_2$、$ZnCl_2$ 等；而对于苯乙烯、异

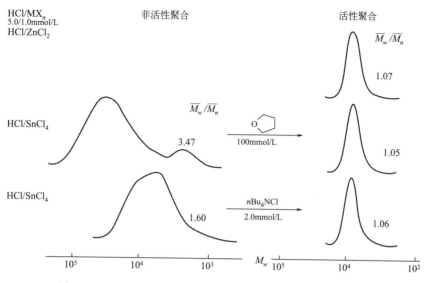

图 4-3　HCl/MX$_n$ 引发异丁基乙烯基醚（IBVE）的聚合结果

[IBVE]$_0$ ＝0.5mol/L，转化率为 100％

丁烯等不太活泼单体的活性聚合，则使用较强的 Lewis 酸活化剂如 SnCl$_4$、BF$_3$ 等。

异丁烯的活性阳离子聚合于 1986 年由 Kennedy 首先发现，所用引发体系为醋酸叔烷基酯/BCl$_3$，其过程可表示如下：

$$\text{H}_3\text{C}-\underset{\underset{\text{CH}_3}{|}}{\overset{\overset{\text{CH}_3}{|}}{\text{C}}}-\text{O}-\overset{\overset{\text{O}}{\|}}{\text{C}}-\text{CH}_3 \xrightarrow{\text{BCl}_3} \text{H}_3\text{C}-\underset{\underset{\text{CH}_3}{|}}{\overset{\overset{\text{CH}_3}{|}}{\text{C}}}\overset{\delta^+}{}\text{O}\overset{\delta^-}{\cdots\text{BCl}_3}\overset{}{\text{C}}-\text{CH}_3 \xrightarrow{\text{H}_2\text{C}=\text{C(CH}_3)_2}$$

$$\text{H}_3\text{C}-\underset{\underset{\text{CH}_3}{|}}{\overset{\overset{\text{CH}_3}{|}}{\text{C}}}-\text{CH}_2-\underset{\underset{\text{CH}_3}{|}}{\overset{\overset{\text{CH}_3}{|}}{\text{C}}}\overset{\delta^+}{}\cdots\text{O}\overset{\delta^-}{\cdots\text{BCl}_3}\text{C}-\text{CH}_3 \xrightarrow{\text{H}_2\text{C}=\text{C(CH}_3)_2} \text{H}_3\text{C}-\underset{\underset{\text{CH}_3}{|}}{\overset{\overset{\text{CH}_3}{|}}{\text{C}}}(\text{CH}_2-\underset{\underset{\text{CH}_3}{|}}{\overset{\overset{\text{CH}_3}{|}}{\text{C}}})_n\text{CH}_2-\underset{\underset{\text{CH}_3}{|}}{\overset{\overset{\text{CH}_3}{|}}{\text{C}}}\overset{\delta^+}{}\cdots\text{O}\overset{\delta^-}{\cdots\text{BCl}_3}\text{C}-\text{CH}_3$$

除醋酸叔烷基酯外，叔烷基醚、叔醇均可作引发剂进行活性聚合。但如果用叔烷基氯（R$_3$CCl）代替上述引发剂，或用更强的 Lewis 酸 TiCl$_4$ 代替 BCl$_3$ 作活化剂，就必须加入 Lewis 碱如 DMF、醋酸乙酯等调节反离子的亲核性，使碳正离子稳定化，以实现活性聚合。

第一个近乎完美的苯乙烯活性阳离子聚合是于 1990 年 Higashimura 报道的，如下式所示，是在添加剂 n-Bu$_4$NCl 存在下，由 α-氯代乙苯/SnCl$_4$ 组成的体系下获得的：

$$\text{H}_3\text{C}-\underset{\underset{\bigcirc}{}}{\text{CH}}-\text{Cl} \xrightarrow[\substack{n\text{-Bu}_4\text{NCl}}]{\text{SnCl}_4} \xrightarrow{\text{St}} \sim\sim\text{CH}_2-\underset{\underset{\bigcirc}{}}{\overset{\delta^+}{\text{CH}}}\overset{\delta^-}{\cdots\text{Cl}}\cdots\text{SnCl}_4$$

如前所述，n-Bu$_4$NCl 的作用是通过同离子效应来抑制增长链末端的离子解离，使碳正离子稳定化。

# 4.4　离子共聚

前面谈到的在自由基共聚中，影响单体与活性中心相对活性的共轭效应、极性效应和位阻效应等因素在离子聚合中同样存在。此外，由于离子聚合活性中心的性质，又使其表现出一些与自由基共聚不同的影响因素。

### 4.4.1 取代基对单体活性的影响

#### 4.4.1.1 阴离子共聚

阴离子共聚反应中取代基对单体活性的影响与阳离子共聚的情况正好相反,取代基的吸电子能力越强,所形成的碳阴离子就越稳定,单体的活性就越高。取代基使单体阴离子共聚活性的顺序为:

$$—CN>—COOR>—C_6H_5>—CH=CH_2>—H$$

与阳离子共聚相似,多数阴离子共聚反应趋于理想共聚,空间位阻的加大,使共聚趋向交替共聚。如苯乙烯和 $p$-甲基苯乙烯共聚,$r_1r_2=0.95$,表现为理想共聚;而苯乙烯与 $\alpha$-甲基苯乙烯共聚,$r_1r_2=0.11$,倾向于交替共聚。

除去用 $Q$、$e$ 值进行定性描述外,也可用 $pK_d$ 值描述。

#### 4.4.1.2 阳离子共聚

取代基对阳离子共聚反应单体活性的影响,取决于该基团使双键电子云密度增加的程度,即对碳阳离子的共轭稳定程度。取代基供电子能力越强,形成的碳阳离子越稳定,单体活性越高。单体活性的顺序为:

$$乙烯基醚类>异丁烯>苯乙烯、异戊二烯$$

对于取代的苯乙烯,进行阳离子共聚合时活性可用 Hammett 方程表征:

$$\lg(1/r_1)=\rho\sigma \tag{4-37}$$

式中,$\sigma$ 值是表征取代基吸电子或推电子的一个常数,吸电子为正,推电子为负。取代苯乙烯的活性顺序如下。

$$取代基:p\text{-}OCH_3>p\text{-}CH_3>p\text{-}H>p\text{-}Cl>m\text{-}Cl>m\text{-}NO_2$$
$$\sigma:(-0.27)\quad(-0.17)\quad(0)\quad(0.23)(0.37)(0.71)$$

可见这一顺序与括号中所示 $\sigma$ 值的顺序是一致的。

取代基的空间位阻也有很大影响。由表 4-14 可以看出,$\alpha$ 位引入甲基,单体活性上升,这是由于甲基的供电能力造成的。$\beta$ 位引入甲基,单体活性明显下降,这是由于 1,2-二取代造成的空间阻碍起了作用。

**表 4-14 $\alpha$-甲基苯乙烯和 $\beta$-甲基苯乙烯($M_1$)与 $p$-氯苯乙烯($M_2$)阳离子共聚的位阻效应**

| $M_1$ | $r_1$ | $r_2$ |
| --- | --- | --- |
| 苯乙烯 | 2.31 | 0.21 |
| $\alpha$-甲基苯乙烯 | 9.44 | 0.11 |
| 反-$\beta$-甲基苯乙烯 | 0.32 | 0.74 |
| 顺-$\beta$-甲基苯乙烯 | 0.32 | 1.0 |

注:引发剂为 $SnCl_4$,溶剂为 $CCl_4$,反应温度为 0℃。

### 4.4.2 其它因素的影响

离子型共聚对反应条件的变化十分敏感,尤其是反应介质和反离子的影响(表 4-15、表 4-16、表 4-17)。在离子型共聚中,溶剂的极性对活性中心离子对的状态有较大的影响,产生的根源在于影响了离子对的平衡,改变了活性中心的状态和浓度,因而对竞聚率的影响要比自由基共聚大得多。这种影响常与反离子种类等多种因素的影响交织在一起,使对离子型共聚竞聚率的研究更为复杂。

**表 4-15 苯乙烯($M_1$)-丁二烯($M_2$)在不同溶剂中进行阴离子共聚的竞聚率**

| 项目 | 环己烷 | 苯 | $Et_2O$ | $Et_3N$ | THF |
| --- | --- | --- | --- | --- | --- |
| $r_1$ | 0.03 | 0.04 | 0.4 | 0.5 | 4.0 |
| $r_2$ | 12.5 | 10.8 | 1.7 | 3.5 | 0.3 |

**表 4-16　苯乙烯-异戊二烯阴离子共聚反应中溶剂和反离子对共聚组成的影响**

| 溶剂 | 共聚物中苯乙烯含量/% | |
|---|---|---|
| | Na | Li |
| — | 66 | 15 |
| 苯 | 66 | 15 |
| 三乙基胺 | 77 | 59 |
| 乙醚 | 75 | 68 |
| 四氢呋喃 | 80 | 80 |

**表 4-17　苯乙烯-对甲基苯乙烯阳离子共聚反应中溶剂和反离子对共聚组成的影响**

| 引发剂体系 | 共聚物中苯乙烯含量/% | | |
|---|---|---|---|
| | 甲苯 | 二氯乙烷 | 硝基苯 |
| $SbCl_5$ | 46 | 25 | 28 |
| $AlX_3$ | 34 | 34 | 28 |
| $TiCl_4$,$SnCl_4$,$BF_3 \cdot OEt_2$,$SbCl_5$ | 28 | 27 | 27 |
| $Cl_3CCOOH$ | | 27 | 30 |
| $I_2$ | | 17 | |

对离子型共聚来说，不同反应历程的反应活化能不同，温度对竞聚率的影响亦不相同，总体看要比自由基共聚大得多。由于温度是影响离子对平衡的因素之一，因此温度的作用常同其它影响因素混合在一起，使问题复杂化。如异丁烯-苯乙烯的阳离子共聚，反应温度由 $-90℃$ 上升到 $-30℃$，$r_1$ 增加 1.5 倍，$r_2$ 增加 3 倍；而苯乙烯-丁二烯在四氢呋喃中的阴离子共聚，反应温度为 $-78℃$ 时，$r_1 = 11.0$，$r_2 = 0.04$；$25℃$ 反应时，$r_1 = 4.00$，$r_2 = 0.30$。

# 4.5　小结——离子型聚合与自由基聚合反应的比较

## 4.5.1　均聚合

（1）活性中心

在自由基聚合中，反应活性中心是电中性的自由基，而离子聚合的活性中心为带正或负电荷的离子。自由基、碳阳离子和碳阴离子的结构分别如下：

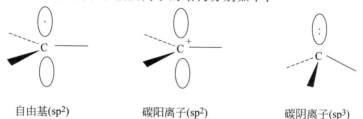

自由基(sp²)　　　　碳阳离子(sp²)　　　　碳阴离子(sp³)

自由基聚合与阴、阳离子型聚合同属链式聚合，但由于活性中心的性质不同，其聚合过程特征有很大的区别。

（2）多种增长物种共存

对于离子型引发剂而言，不仅包括阴离子或阳离子的活性中心，而且在活性中心的旁边始终存在着一个带有相反电荷的反离子。活性中心与反离子组成离子对，在体系中以多种形式的平衡态存在［式(4-1)］。离子对和反离子的存在对聚合反应速率和聚合物的微观结构都有影响，其影响大小取决于反离子性质与活性中心的相对位置。

（3）引发剂种类

自由基聚合常采用过氧化物、偶氮化合物等容易热分解产生自由基的物质作引发剂，引发剂的性质只影响引发反应。离子型聚合则采用容易产生活性离子的物质作引发剂。阳离子引发剂是亲电试剂，主要是 Lewis 酸。阴离子引发剂是亲核试剂，主要是碱金属及其有机化合物。

（4）单体结构

离子型聚合对单体有较高的选择性。具有推电子基的乙烯基单体，双键上电子云密度增加，有利于阳离子聚合。具有吸电子基团的乙烯基单体，则容易进行阴离子聚合。带有弱吸电子基的乙烯基单体，适于自由基聚合。共轭烯类单体能以三种机理聚合。环状单体和羰基化合物由于极性较大，一般不能自由基聚合，只能进行离子型聚合或逐步聚合。

（5）聚合机理

自由基聚合机理的特征是慢引发、快增长、速终止，并且多是双基终止。离子型聚合时，相同电荷不能双基终止，因此，阳离子聚合时快引发、快增长、易转移、难终止，通常是通过向单体、溶剂等转移而终止，也有比较难的自发终止。阴离子聚合一般是快引发、慢增长、难终止，甚至无终止，需补加终止剂终止。所谓慢增长，是指相对引发反应慢而言。实际上阴离子聚合的增长反应较自由基聚合要快得多。

（6）溶剂的影响

自由基聚合时，溶剂只参与链转移反应，并可影响引发剂分解速率。离子型聚合时，溶剂的极性和溶剂化能力，对引发和增长活性中心的状态有很大的影响，使之可分别处于共价结合、紧密离子对、松散离子对，直到自由离子。如增加溶剂的极性，可使式（4-1）的平衡向右移动，改变增长物种的状态及相对含量，从而影响聚合反应速率和聚合物的微观结构。离子型聚合除了用非极性烃类溶剂外，对其它溶剂是有选择性的：阳离子聚合可用卤代烷、$CS_2$、液态 $SO_2$、$CO_2$ 等溶剂，而阴离子聚合则可用液氯和醚类等，它们不能颠倒使用，否则会产生链转移或链终止。

（7）聚合温度

自由基聚合温度取决于引发反应的需要，通常在 $50 \sim 80℃$，甚至更高。离子型聚合引发反应活化能很低，为防止链转移、重排等副反应的发生，有的在低温（$-78 \sim -100℃$）下进行，反应仍能快速进行。

（8）阻聚剂的种类

自由基聚合阻聚剂一般为氧、苯醌、稳定的自由基等物质，通常对离子型聚合无阻聚作用。极性物质，如水、醇等是离子型聚合的阻聚剂。酸类是阴离子聚合的阻聚剂，碱类则是阳离子聚合的阻聚剂。

### 4.5.2　自由基共聚与离子共聚的比较

① 链式聚合共聚组成方程对自由基共聚和离子型共聚都适用。

② 与自由基共聚类似，在离子型共聚中活泼单体生成不活泼的活性中心，不活泼的单体生成活泼的活性中心。

③ 离子共聚对单体有较高的选择性。有供电子基团的单体易于进行阳离子共聚，有吸电子基团的单体易于进行阴离子共聚。因此能进行离子型共聚的单体比自由基共聚的要少得多。

④ 在自由基共聚体系中，共轭效应对单体活性有很大的影响，共轭作用大的单体活性大。在离子型共聚中，极性效应起着主导作用，极性大的单体活性大。

⑤ 在自由基共聚时，聚合反应速率和相应自由基活性一致；在离子型共聚时，聚合反应速率和单体活性一致。

⑥ 自由基共聚体系中，单体极性差别大时易交替共聚；在离子型共聚体系中单体极性差别大时则不易共聚。

⑦ 自由基共聚时，竞聚率不受引发方式和引发剂种类的影响，也很少受溶剂的影响。在离子型共聚时，活性中心对这些因素的变化十分敏感。另外，由于以上的种种不同，同一对单体用不同机理共聚时，竞聚率会有很大差别（表 4-18），相应地共聚行为和共聚组成也会有很大不同。

表 4-18　苯乙烯（$M_1$）与甲基丙烯酸甲酯（$M_2$）共聚竞聚率

| 共聚类型 | 引发剂 | 温度/℃ | $r_1$ | $r_2$ |
|---|---|---|---|---|
| 自由基聚合 | BPO | 60 | $0.52\pm0.26$ | $0.46\pm0.026$ |
| 阳离子聚合 | $SnCl_4$ | 20 | $10.5\pm0.2$ | $0.1\pm0.05$ |
| 阴离子聚合 | Na（液氨中） | 30 | $0.12\pm0.05$ | $6.4\pm0.05$ |

# 4.6　离子聚合的工业化应用

## 4.6.1　阴离子聚合

阴离子活性聚合的发现，对高分子化学的发展起了很大的推动作用。在理论上，无终止、无转移的活性聚合为其它聚合机理的研究和发展指出了一个方向；在应用上，为实现设计合成提供了一个行之有效的方法，在研究和生产领域得到了广泛应用。

### 4.6.1.1　合成均一相对分子质量的聚合物

活性聚合技术是目前合成均一特定相对分子质量聚合物的唯一方法，为研究聚合物相对分子质量与性能的关系，为凝胶色谱分子（GPC）中凝胶标样提供材料。

### 4.6.1.2　带有特殊官能团的遥爪聚合物

阴离子活性链和某些添加剂如 $CO_2$、环氧乙烷、二异氰酸酯等起加成反应，加成后活性链终止，形成带有官能团端基的聚合物，可以作遥爪聚合物和嵌段聚合物的原料，如：

$$\sim\!\!\sim\!\!CH_2\!-\!\overset{|}{\underset{X}{CH}}^{-}\,Me^+ + H_2C\!\!\overset{O}{-\!\!\!-}\!\!CH_2 \longrightarrow \sim\!\!\sim\!\!CH_2\!-\!\overset{|}{\underset{X}{CH}}\!-\!CH_2CH_2O^-\,Me^+$$

$$\overset{H^+}{\longrightarrow} \sim\!\!\sim\!\!CH_2\!-\!\overset{|}{\underset{X}{CH}}\!-\!CH_2CH_2OH$$

### 4.6.1.3　嵌段共聚物（SBS、SIS）

自由基聚合，在 $r_1r_2>1$ 的特定条件下，可能生成类似嵌段共聚物，但嵌段长度不能调节和控制且只局限于少数几对单体。利用阴离子聚合，先制得一种单体的活性聚合物，然后加入另一种单体聚合，可方便地制得嵌段共聚物。

$$\sim\!\!\sim\!\!M_1^-\,Me^+ + M_2 \longrightarrow \quad\cdots\quad \longrightarrow \sim\!\!\sim\!\!M_1^-M_2\cdots M_2^-\,Me^+$$

目前比较成熟的工业化产物为苯乙烯-丁二烯-苯乙烯（SBS）和苯乙烯-异戊二烯-苯乙烯（SIS）嵌段共聚物，称热塑性弹性体。以 SBS 为例，有多种合成工艺。

① 三步加料工艺　从活性中心的活性看，苯乙烯的 $pK_d$ 约为 40，而丁二烯的 $pK_d$ 为 38，两者相差不大，所形成的活性中心可以互相引发。但如体系中同时存在苯乙烯和丁二烯两种单体，则丁二烯聚合完后，苯乙烯才能被引发聚合。因此可以采用丁基锂为引发剂，先加入苯乙烯聚合，反应结束后加入丁二烯聚合，丁二烯聚合完后再加入苯乙烯聚合，得到产物 SBS。

$$BuLi + nS \longrightarrow \sim\!\!\sim\!\!S^-\,Li^+ + mB \longrightarrow \sim\!\!\sim\!\!S\!\!\sim\!\!B^-\,Li^+ + nS \longrightarrow$$

$$\longrightarrow \sim\!\!\sim\!\!S\!\!\sim\!\!B\!\!\sim\!\!S^-\,Li^+ + H^+ \longrightarrow SBS$$

采用溶液聚合，溶剂多为环己烷，50～70℃聚合，S∶B（质量比）为（30～40）∶（60～

70)，中间聚丁二烯段的相对分子质量为 5 万～10 万，两端聚苯乙烯的相对分子质量各为 1 万～2 万。

② 两步加料偶联工艺　与三步法工艺类似，不过在第二步反应完后加入双官能度偶联剂进行偶联反应，得到产物。

$$BuLi + nS \longrightarrow \sim\!\!\sim\!\!S^- Li^+ + mB \longrightarrow \sim\!\!\sim\!\!S\!\!\sim\!\!\sim\!\!B^- Li^+$$

$$2 \sim\!\!\sim\!\!S\!\!\sim\!\!\sim\!\!B^- Li^+ + ClSi(CH_3)_2Cl \longrightarrow SBS$$

如加入四官能度的偶联剂（如 $SiCl_4$），则得到四臂的星形 $(SB)_nR$。

SBS 中聚苯乙烯与聚丁二烯为二相结构，一般聚苯乙烯数量因含量少而形成岛相，起到物理交联区的作用，聚丁二烯形成海相，提供橡胶的弹性。由于聚苯乙烯受热后可重新聚集，因此称热塑性弹性体。

### 4.6.1.4　溶聚丁苯橡胶（S-SBR）

在非极性溶剂中进行丁二烯-苯乙烯的无规共聚，由于两单体的竞聚率相差很大（环己烷中 $r_1=12.5$，$r_2=0.03$），需加入少量的极性试剂以改变两单体的竞聚率（表 4-15），进而达到无规共聚的目的。与传统的自由基乳液聚合法生产的 E-SBR 相比，S-SBR 的相对分子质量及分布、共聚组成、微观结构、甚至大分子链形状都可在较大范围内调节，因而具有更佳的综合性能。如利用活性聚合的特点，在聚合结束后加入多官能团偶联剂制出的星形溶聚丁苯，为一种节能型的新型 S-SBR。

通常 S-SBR 中苯乙烯含量为 20%～30%（质量分数），相对分子质量 30 万～40 万，聚丁二烯中 1,2-结构含量在 30%～60%。采用溶液聚合，溶剂多为环己烷，50～70℃聚合。

### 4.6.2　阳离子聚合

尽管工艺繁杂，但对于某些只能用阳离子聚合得到的聚合物，目前也有很多工业化产品。

#### 4.6.2.1　丁基橡胶（IIR）

丁基橡胶由异丁烯和少量异戊二烯共聚合制成。丁基橡胶中少量异戊二烯加入是为了在大分子链上引入双键结构，以利于硫化。

丁基橡胶采用阳离子溶液聚合。引发剂为 $AlCl_3\text{-}H_2O$（$H_2O$ 为 0.002%），用量为单体总量的 1/2000～1/3000。溶剂为氯甲烷（$T_b=-98℃$）。反应温度为 $-96\sim-100℃$，利用液体乙烯的汽化冷却。异丁烯-异戊二烯共聚，$r_1=2.5$，$r_2=0.4$，属于理想共聚。一般投料时异戊二烯为 3%，单体浓度 30%～35%。转化率 80%～90%，聚合物中异戊二烯占 1.5%。

$$mCH_2=\underset{\underset{CH_3}{|}}{\overset{\overset{CH_3}{|}}{C}} + nCH_2=\underset{}{\overset{\overset{CH_3}{|}}{C}}-CH=CH_2 \longrightarrow \sim\!\!\sim CH_2-\underset{\underset{CH_3}{|}}{\overset{\overset{CH_3}{|}}{C}}-CH_2-\overset{\overset{CH_3}{|}}{C}=CH-CH_2\sim\!\!\sim$$

丁基橡胶的主要特点是气密性好、耐老化和吸收能量，广泛用于制造内胎材料。

#### 4.6.2.2　聚异丁烯

聚异丁烯为异丁烯的均聚物。主要有两种聚合工艺：溶液聚合和淤浆聚合，分别采用 $BF_3\text{-}ROH$（反应温度 $-90\sim-95℃$）和 $AlCl_3\text{-}H_2O$（反应温度 $-95\sim-110℃$）引发体系。

低相对分子质量（500～1000）聚异丁烯主要用于胶黏剂、增黏剂、涂料等，高相对分子质量（1000000）聚异丁烯主要用于橡胶密封材料和绝缘材料。

# 4.7　基团转移聚合

1983 年由美国杜邦公司开发，被认为是自由基聚合、阳离子聚合、阴离子聚合和配位聚合之外的第五种连锁聚合技术。

基团的转移聚合也是一种活性聚合，它的本质是属于 Michael 反应。其聚合过程同样分为引发、增长和终止反应。以三甲基硅烯酮缩醛为引发剂、$HF_2^-$ 为催化剂进行 MMA 的基团转移聚合为例。

引发反应：

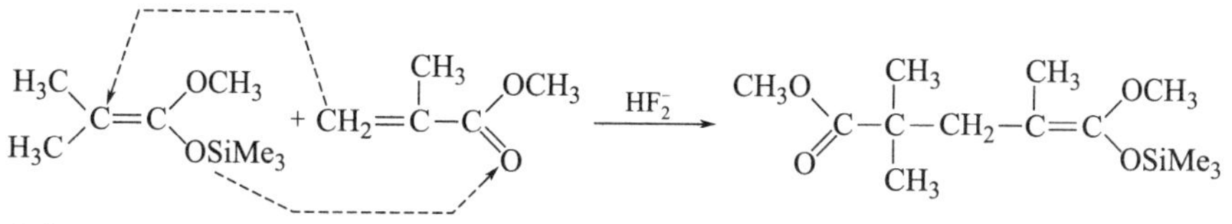

增长反应：

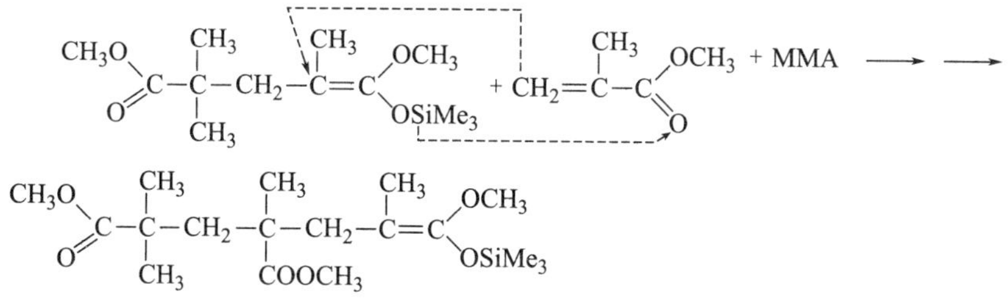

终止反应：

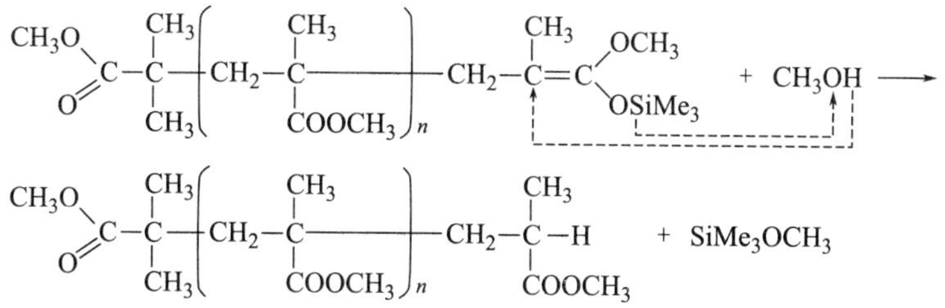

可以看出，引发剂在催化剂作用下和单体加成，同时发生引发剂上的三甲基向 MMA 上的羰基转移，由于每次与 MMA 的加成增长都伴随着这种转移，所以称为基团转移聚合（group transfer polymerization，GTP）。

基团转移聚合的单体主要是 $\alpha$-不饱和酯、$\beta$-不饱和酯、酮、腈和二取代的酰胺等，研究的最多的是甲基丙烯酸甲酯和丙烯酸乙酯。

引发剂为带有硅烷基、锗烷基、锡烷基等基团的化合物，研究较多的是烯酮硅缩醛。

催化剂主要有两类。一类是阴离子型，如 $HF_2^-$、$CN^-$、$F_2Si^-$ 等阴离子，研究较多的是 $[(CH_3)_2N]_2SHF_2$（简称 $TASHF_2$）。一般认为催化机理是形成超价硅中间态，使引发剂活化。另一类是 Lewis 酸型，如卤化锌无机物 $ZnCl_2$、$ZnBr_2$、$ZnI_2$ 等，如烷基铝有机物 $R_2AlCl$、$(RAlOR)_2O$ 等，一般认为催化机理是与单体中的羰基配位，使单体活化。

为防止爆聚，基团转移聚合一般不采用本体聚合而采用溶液聚合，当采用阴离子型催化剂时，一般用给电子体溶剂，如 THF、$CH_2CN$；当采用 Lewis 酸型催化剂时，一般采用卤代烷烃和芳烃为溶剂。

基团转移聚合可在很宽的温度范围，如 $-100\sim150℃$ 进行反应，较合适的反应温度是 $0\sim50℃$。

基团转移聚合由于引发剂中含有活泼的 $R_3M—C$ 键或 $R_3M—O$ 键，极易为含活泼氢的化合物，如水、醇、酸等分解，因此聚合操作与阴离子聚合要求相同。

基团转移聚合产物相对分子质量可由单体和引发剂用量来控制，假如第二单体可形成嵌段共聚物，也可用不同的链终止剂来合成不同端基的遥爪聚合物以及星形高分子、梯形高分子等。由于 GTP 的可控制、灵活性，条件又很温和，所以是发展裁剪技术的重要研究课题。GTP 在应用上也颇有价值，例如制备高纯度高透明的 PMMA，可用于光纤通信；窄分布和遥爪的聚合物可用于高固体涂料，对于微电子用抗蚀剂制备也很有意义。一旦它的机理和规律被阐述清楚，它的研究范围也将会进一步扩大。以下用具体例子说明合成星形和梯形高分子的方法。例如在 MMA 基团转移聚合终止之前加适量的二甲基丙烯酸乙二醇酯，能形成以聚二甲基丙烯酸乙二醇为核、聚甲基丙烯酸甲酯为臂的星形高分子：

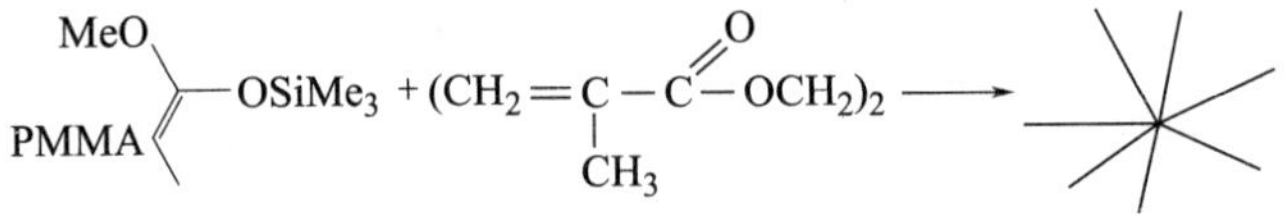

若直接用二甲基丙烯酸二酯进行 GTP 聚合，则可得到梯形高分子：

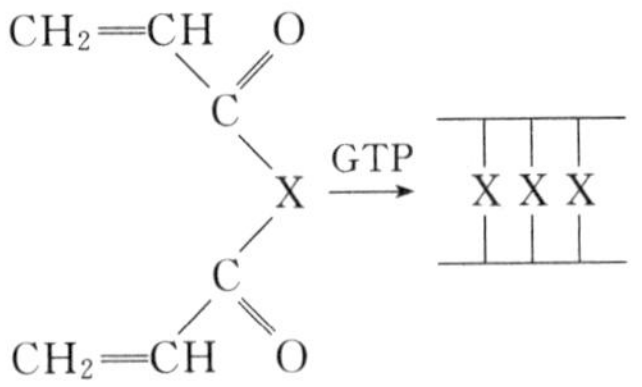

类似的梯形高分子也可从以下的单体和引发剂制备：

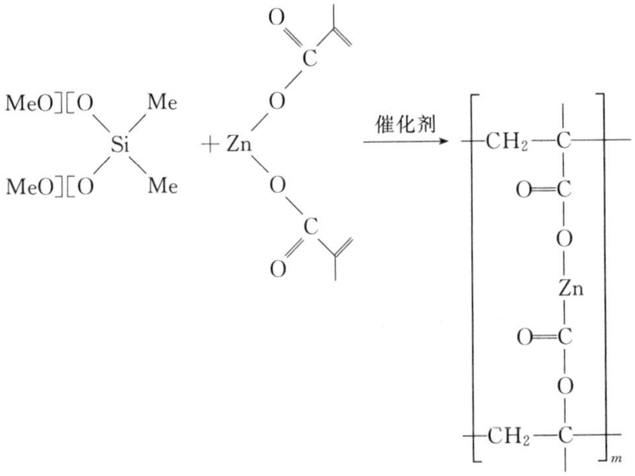

## 习　　题

1. 与自由基聚合相比，离子聚合活性中心有些什么特点？
2. 适合阴离子聚合的单体主要有哪些？与适合自由基聚合的单体相比有些什么特点？
3. 阴离子聚合常用引发剂有哪几类？与自由基聚合引发剂相比有些什么特点？
4. 写出下列聚合反应的引发反应：
   (1) 用钠镜引发丁二烯制丁钠胶；
   (2) 用萘钠引发苯乙烯证明阴离子活性聚合；
   (3) 用正丁基锂引发异戊二烯合成顺 1,4-聚异戊二烯；
   (4) $\alpha$-氰基丙烯酸乙酯与空气中水分发生聚合形成粘接层。
5. 确定阴离子聚合体系时，单体和引发剂一般如何匹配？
6. 在离子聚合反应过程中，能否出现自动加速现象？为什么？
7. 为什么进行离子型聚合反应时需预先将原料和聚合容器净化、干燥、除去空气并在密封条件下进行？
8. 离子聚合的 $k_p$ 小于自由基聚合，为什么其反应速率要比自由基聚合高 4～7 个数量级？
9. 什么是活性聚合？主要有什么特性？

10. 为什么某些体系的阴离子聚合容易实现活性聚合？

11. 离子聚合活性中心可以几种形式存在？存在形式主要受哪些因素影响？不同形式的活性中心对离子聚合有何影响？

12. 增加溶剂极性对下列各项有何影响？
    (1) 活性种的状态；
    (2) 聚合物的立体规整性；
    (3) 阴离子聚合 $k_p^-$、$k_p^\pm$；
    (4) 用萘钠引发聚合的产物单分散性；
    (5) $n\text{-}C_4H_9Li$ 引发聚合的产物单分散性。

13. 以正丁基锂和少量单体反应，得一活性聚合种（A）。以 $10^{-2}$mol 的 A 和 2mol 新鲜的单体混合，50min 内单体一般转化为聚合物，计算 $k_p$ 值。假定无链转移，总体积 100L 不变。

14. 用萘钠的四氢呋喃溶液为引发剂引发苯乙烯聚合。已知萘钠溶液的浓度为 1.5mol/L，苯乙烯为 300g（相对密度为 0.909）。试计算若制备相对分子质量为 30000 的聚苯乙烯需加多少毫升引发剂？若体系中含有 $1.8\times10^{-4}$mol 的水，需加多少引发剂？

15. 以萘钠/THF 为引发剂、环己烷为溶剂，合成数均相对分子质量为 $1.5\times10^5$ 的窄分布 SBS，其中丁二烯嵌段的相对分子质量为 10 万，单体转化率为 100%。第一步聚合的聚合液总量 2L，丁二烯单体浓度为 100g/L 聚合液，问：
    (1) 计算需用浓度为 0.4mol/L 的萘钠/THF 溶液多少毫升？
    (2) 发现 1000s 内有一半丁二烯单体聚合，计算 1000s 时的聚合度。
    (3) 丁二烯聚合结束后需加入多少克苯乙烯？若加入的是环氧乙烷，得到的是什么，写出其反式。
    (4) 若反应前体系中含有 $1.8\times10^{-2}$mL 水没有除去，计算此体系所得聚合物的实际相对分子质量。
    (5) 丁二烯聚合时，当改变如下条件，其对反应速率和聚合度各有什么影响，请分别说明。①将溶剂换为 THF；②将反应温度从 50℃降低到 0℃；③向单体转化一半的反应体系中加入十二烷基硫醇；④向单体转化一半的反应体系中加入二乙基苯。
    (6) 若将引发剂换为浓度为 1mol/L 的丁基锂溶液来制备相同相对分子质量的 SBS，聚合第一段总量为 2L，苯乙烯单体浓度为 25g/L，该段转化率 100%，问需要引发剂多少毫升？

16. 写出用阴离子聚合方法合成四种不同端基（—OH、—COOH、—SH、—NH$_2$）的聚丁二烯遥爪聚合物的反应过程。

17. 适合阳离子聚合的单体主要有哪些，与适合自由基聚合的单体相比有些什么特点？

18. 阳离子聚合常用引发剂有哪几类？与自由基聚合引发剂相比有些什么特点？

19. 写出下列聚合反应的引发反应：
    (1) 硫酸引发 $\alpha$-甲基苯乙烯；
    (2) 三氟化硼-水引发异丁烯；
    (3) HI-I$_2$ 引发烷基乙烯基醚进行可控阳离子聚合。

20. 用质子酸引发剂进行阳离子聚合，要提高产物聚合度，可采用哪些手段？

21. 举例说明异构化聚合和假阳离子聚合反应。

22. 写出三氯化铝-水引发异丁烯聚合的主要基元反应。

23. 为什么阳离子聚合反应一般需要在很低温度下进行才能得到高相对分子质量的聚合物？

24. 以硫酸为引发剂，使苯乙烯在惰性溶剂中聚合。如果链增长反应速率常数 $k_p=7.6$ L/(mol·s)，自发链终止速率常数 $k_t=4.9\times10^{-2}$/s，向单体链转移的速率常数 $k_{tr,M}=1.2\times10^{-1}$ L/(mol·s)，反应体系中单体的浓度为 200g/L。计算聚合初期形成聚苯乙烯的数均相对分子质量。

25. 假定在异丁烯聚合反应中向单体链转移是主要终止方式，聚合物末端是不饱和端基。现有 4.0g 的聚合物使 6.0mL 0.01mol/L 的 Br$_2$-CCl$_4$ 溶液正好褪色，计算聚合物数均相对分子质量。

26. 异丁烯在（CH$_2$Cl）$_2$ 中用 SnCl$_4$-H$_2$O 引发聚合。聚合速率 $R_p\propto[SnCl_4][H_2O][$异丁烯$]^2$。起始生成的聚合物的数均相对分子质量为 20000，1g 聚合物含 $3.0\times10^{-5}$mol 的羟基，不含氯。写出该聚合的引发、增长、终止反应方程式。推导聚合反应速率和聚合度的表达式。推导过程中需要做哪些假设？什么情况下聚合速率对水或 SnCl$_4$ 是零级，对异丁烯是一级反应？

27. 简述实现可控/"活性"阳离子聚合的主要思路及主要实施方法，与传统的阳离子聚合相比有哪些特点？

28. 请简要说明离子共聚与自由基共聚的相同点与不同点。

29. 温度、溶剂对离子共聚的竞聚率有何影响？竞聚率在共聚过程中有无变化？

30. 丁二烯分别与下列单体进行共聚：

    a. 叔丁基乙烯基醚；b. 甲基丙烯酸甲酯；c. 丙烯酸甲酯；d. 苯乙烯；e. 顺丁烯二酸酐；f. 醋酸乙烯酯；g. 丙烯腈。

    (1) 哪些单体能与丁二烯进行阳离子共聚，将它们按共聚由易到难的顺序排列。并说明理由。

    (2) 哪些单体能与丁二烯进行阴离子共聚，将它们按共聚由易到难的顺序排列。并说明理由。

31. 分别用不同的引发体系使苯乙烯（$M_1$）-甲基丙烯酸甲酯（$M_2$）共聚，起始单体配比 $f_1^0 = 0.5$，共聚物中 $F_1$ 的实测值列于下表：

| 编号 | 引发体系 | 反应温度/℃ | $F_1$(摩尔分数)/% |
|---|---|---|---|
| 1 | $BF_3(Et_2O)$ | 30 | $>99$ |
| 2 | BPO | 60 | 51 |
| 3 | K(液氨中) | $-30$ | $<1$ |

    (1) 指出每种引发体系的聚合机理。

    (2) 定性画出三种共聚体系的 $F_1$-$f_1$ 曲线。

    (3) 从单体结构及引发体系解释表中 $F_1$ 的数值及相应 $F_1$-$f_1$ 曲线形状产生的原因。

32. 分析下列引发体系和单体，何种引发体系可引发何种单体进行哪一类型的聚合？写出各自的引发反应式。

| 引发体系 | 单体 | |
|---|---|---|
| 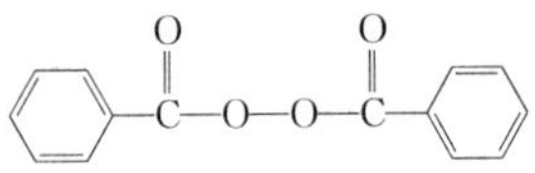 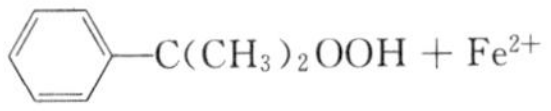 $\text{—C(CH}_3)_2\text{OOH} + Fe^{2+}$ <br> Na <br> $n$-BuLi <br> $H_2SO_4$ <br> $BF_3 + H_2O$ | 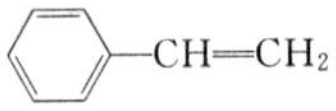 $CH_2\!=\!C(CH_3)_2$ <br> $H_2C\!=\!C(CH_3)\text{—C(O)—O—CH}_3$ <br> $CH_2\!=\!C(CH_3)_2$ 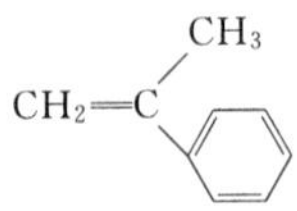 <br> $CH_2\!=\!C(CH_3)C_6H_5$ | $CH_2\!=\!CH\text{—O—C(CH}_3)_3$ <br> $H_2C\!=\!CHCl$ <br> $H_2C\!=\!CH\text{—C(CH}_3)\!=\!CH_2$ <br> $H_2C\!=\!O$ <br> $H_2C\!=\!CH\text{—CH(CH}_3)_2$ |

33. 有两个聚合体系，实验中发现各自有以下现象。

    体系 1：

    (1) 聚合度随反应温度增加而降低；

    (2) 聚合度与单体浓度一次方成正比；

    (3) 溶剂极性对聚合速率有影响；

    (4) 聚合速率随反应温度增加而增加。

    体系 2：

    (1) 反应温度在一定范围变化对聚合度影响不大；

    (2) 聚合度可由单体浓度与引发剂浓度比例准确决定；

    (3) 溶剂极性对聚合速率有明显影响；

    (4) 聚合速率随反应温度增加而略有增加。

　　试判断两个聚合体系的聚合机理，并给予适当解释。

34. 比较逐步聚合、自由基聚合、阴离子活性聚合的下列关系，并给予简要说明：
    （1）转化率与反应时间的关系；
    （2）聚合物相对分子质量与反应时间的关系。

35. 苯乙烯可以进行自由基、阳离子、阴离子聚合，如何用简便的方法来鉴别其属于何种聚合反应？

36. 下面为实验室进行四组聚合实验的基本试剂，请说明各组实验中 ROH 的作用。

| 编号 | 1 | 2 | 3 | 4 |
|---|---|---|---|---|
| 配方<br>（用量） | St<br>顺丁烯二酸酐<br>BPO<br>醋酸乙酯（大量）<br>ROH（大量） | VAc<br>AIBN<br>ROH（大量） | Ip<br>BuLi<br>己烷<br>ROH（微量） | 异丁烯<br>$BF_3$<br>$CH_3Cl$（大量）<br>ROH（微量） |

37. 对不同的活性聚合机理给出自己的评价。

38. 对离子聚合进行总结并对其今后发展给出自己的评价。

39. 以苯乙烯和丁二烯为单体合成至少五种工业化品种，写出聚合反应式，指明其聚合机理，并说明产品性能与其结构、组成的关系。

40. 写出合成下列聚合物的聚合反应式：
    （1）PIB；
    （2）阴离子聚合法合成双端羟基聚丁二烯；
    （3）单端羧基聚丁二烯；
    （4）SBS（写出两种阴离子聚合路线）；
    （5）IIR。

41. 举例说明基团转移聚合机理及特点。

# 参 考 文 献

[1]　George Odian. Principle of Polymerization. 4th ed. New York：John Wiley & Sons，Inc．，2004.
[2]　Ravve A. Principles of Polymer Chemistry. 2nd ed. New York：Plenum Press，2000.
[3]　Harry Allcock R. Frederick Lampe W. James Mark E. 现代高分子化学：影印版. 北京：科学出版社，2004.
[4]　潘祖仁. 高分子化学. 北京：化学工业出版社，2003.
[5]　卢江，梁晖. 高分子化学. 北京：化学工业出版社，2005.
[6]　王国建. 高分子合成新技术. 北京：化学工业出版社，2004.
[7]　张礼和. 化学学科进展. 北京：化学工业出版社，2005.
[8]　武冠英，吴一弦. 控制阳离子聚合及其应用. 北京：化学工业出版社，2005.
[9]　何天白，胡汉杰. 海外高分子化学的新进展. 北京：化学工业出版社，1997.
[10]　张洪敏，侯元雪. 活性聚合. 北京：中国石化出版社，1998.
[11]　张邦华，朱常英，郭天瑛. 近代高分子科学. 北京：化学工业出版社，2006.
[12]　焦书科. 高分子化学习题及解答. 北京：化学工业出版社，2004.

# 第 5 章 配 位 聚 合

## 5.1 聚合物的立体异构

人们在很早以前就对聚合物的异构现象进行了研究。Staudinger 在 1929 年提出链状大分子概念的同时就指出，烯类聚合物中存在立体异构现象。经过人们的不断努力，1953 年 Ziegler 和 Natta 首次合成出高度立构规整性聚合物并给予系统地鉴定，这一发现成为 20 世纪 50 年代高分子科学取得的重大成果。

在有机化学中，我们曾研究过小分子有机化合物的异构现象，主要可分为：

$$
异构现象 \begin{cases} 结构异构（构造异构、同分异构） \\ \begin{aligned} 立体异构 \\ （构型异构） \end{aligned} \begin{cases} 几何异构（顺-反异构） \\ 光学异构（对映体异构） \\ 构象异构 \end{cases} \end{cases}
$$

这种异构现象在聚合物中同样存在。

### 5.1.1 结构异构

化学组成相同，分子链中原子或原子基团相互连接次序不同的聚合物称为结构异构（constitutional isomerism），也称为构造异构或同分异构（isomer）。聚合物中结构异构现象比较普遍。

由结构异构的单体合成的结构异构聚合物，如聚甲基丙烯酸甲酯与聚丙烯酸乙酯：

$$
\begin{array}{c} CH_3 \\ | \\ \text{—}\!\!\left[CH_2\text{—}C\right]_n \\ | \\ OCOCH_3 \end{array} \qquad\qquad \begin{array}{c} \\ \text{—}\!\!\left[CH_2\text{—}CH\right]_n \\ | \\ OCOC_2H_5 \end{array}
$$

聚甲基丙烯酸甲酯　　　　　　　　聚丙烯酸乙酯

又如结构单元化学组成同为—$CH_2$—$CH_4$—O—的聚合物，可为聚乙醛、聚氧化乙烯和聚乙烯醇：

$$
\begin{array}{c} \text{—}\!\!\left[CH\text{—}O\right]_n \\ | \\ CH_3 \end{array} \qquad \text{—}\!\!\left[CH_2\text{—}CH_2\text{—}O\right]_n \qquad \begin{array}{c} \text{—}\!\!\left[CH\text{—}CH_2\right]_n \\ | \\ OH \end{array}
$$

聚乙醛　　　　　　　聚氧化乙烯　　　　　　　聚乙烯醇

由同一种单体也可合成出结构异构聚合物，如丁二烯聚合，可以是 1，4-聚丁二烯，也可以是 1，2-聚丁二烯：

$$
\text{—}\!\!\left[CH_2\text{—}CH\!=\!CH\text{—}CH_2\right]_n \qquad\qquad \begin{array}{c} \text{—}\!\!\left[CH_2\text{—}CH\right]_n \\ | \\ CH\!=\!CH_2 \end{array}
$$

二元共聚时，两种单体单元沿分子链形成不同的排列形式的序列异构。如苯乙烯-丁二烯共聚，产物可以是嵌段共聚物 SBS，也可以是无规共聚物 SBR，或者是接枝共聚物 HIPS，当组成相近时，在某种程度上也可将它们称为结构异构。

### 5.1.2 立体异构

分子式相同，分子中原子或原子团相互连接次序相同，但分子中原子或原子团在空间的排列方式不同的化合物称为立体异构（stereoisomerism），或构型异构（configurational isomerism)。进一步划分，立体异构又分为几何异构、光学异构和构象异构。

### 5.1.2.1　几何异构

分子链中由于双键或环形结构上取代基在空间排列方式不同造成的立体异构称为几何异构（geometrical isomerism），也称顺-反异构，即 $Z$（顺式）和 $E$（反式）构型。

二烯烃单体聚合时分子链上多留有双键，因此会出现几何异构。如丁二烯聚合所形成的 1，4-聚丁二烯，其结构单元有顺式结构和反式结构两种：

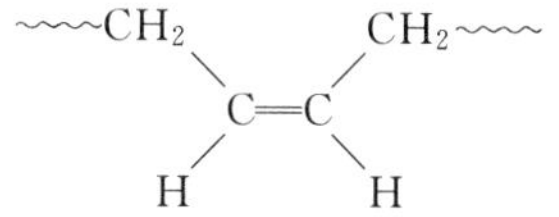

顺式结构（顺-1，4-聚丁二烯） 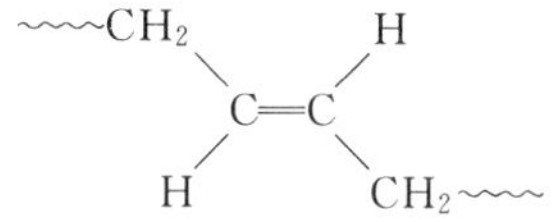　　　　反式结构（反-1，4-聚丁二烯）

类似的例子有异戊二烯、氯丁二烯等单体的聚合物。炔烃的三键聚合和环烯烃的开环聚合均得到带双键的聚合物结构，因而也可形成顺-反异构。

### 5.1.2.2　光学异构

带有四个不同取代基的碳原子具有两种构型。这两种构型互为镜像，对偏振光旋转的方向相反。除非键断裂，两种构型不能相互转换，通常称这两种构型为光学异构（optical isomerism），也称对映体异构（enantiotropy）。带有四个不同取代基的碳原子称为手性中心（chiral center），使偏振光按顺时针方向旋转的称右旋异构体，记为 $R$-构型；使偏振光按逆时针方向旋转的称左旋异构体，记为 $S$-构型。任何一个手性中心都可以按连接于手性中心上的四个基团的次序规则（即按原子或基团的原子序数递减来排列先后次序）确定为 $R$-构型还是 $S$-构型。

单取代乙烯（$CH_2 = CHR$）聚合形成的大分子链中，与 R 连接的碳原子有如下结构：

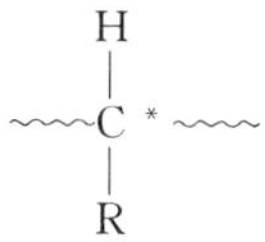

当连接 C* 两侧的大分子链长度不等时，C* 为一手性碳原子。由于光学活性只取决于与 C* 相连取代基开头的几个碳原子，而单取代乙烯聚合物中与 C* 相连的链段开头几个碳原子是相同的，因此没有光学活性，故又称这类碳原子为假手性碳原子（pseudo chiral carbon）。

对 1，1-二取代单体，当两个取代基相同时，没有立体异构，如聚偏氯乙烯、聚异丁烯。当两个取代基不同时，如甲基丙烯酸甲酯中的—$CH_3$ 和—$COOCH_3$，有立体异构存在。对有不同取代基的 1，2-二取代单体，如 $R_1CH = CHR_2$，则结构单元中有两个手性碳原子，存在两种不同的立体异构：

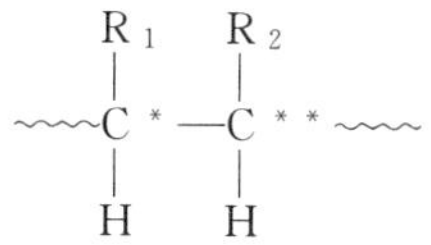

含羰基单体的聚合与环形单体的开环聚合也可能生成立体异构。如聚乙醛有一个假手性碳原子，而聚环氧丙烷有一个真正的手性碳原子：

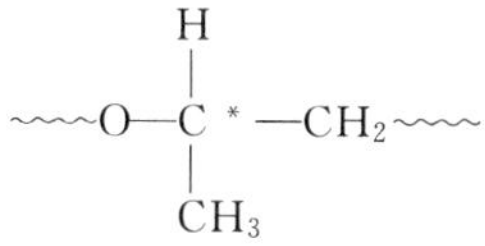

### 5.1.2.3　构象异构

大分子链中原子或原子团绕单键自由旋转所占据的特殊空间位置或单键连接的分子链单

元的相对位置的改变称构象异构 (conformational isomerism)。构象异构可以通过单键的旋转而互相转换。

### 5.1.3 立构规整度

对于聚合物来说,只讨论某一个链结构单元的立体构型是没有意义的。因为决定聚合物性能的是整个大分子链,所以人们关心的是整个大分子链上每一个结构单元的立体构型情况。从立体化学角度看,结构单元含有立构中心的大分子链,原则上应能形成立体构型都相同的聚合物,但实际上很难合成出所有结构单元均为一种立体构型的大分子链,更不用说聚合物中所有大分子链都是一种立体构型,因此有一个立构规整度问题。当大分子链上大部分结构单元(大于 75%)是同一种立体构型时,称该大分子为有规立构聚合物 (stereoregular polymer),或立构规整聚合物、定向聚合物。反之,称为无规立构聚合物 (atactic polymer)。

对单取代乙烯来说,若分子链上每个结构单元上的立体异构中心具有相同的构型,称为等规立构 (isotactic) 或全同立构聚合物;若分子链上相邻的立体异构中心具有相反的构型,称为间规立构 (syndiotactic) 或间同立构聚合物。其它的称为无规立构 (atactic)。图 5-1 表示了三种立体异构分子链。图中上边表示聚合物的碳-碳主链在该页纸的平面上,用三角形和虚线相连的取代基 H 和 R 在这个平面的上边和下边。下边为 Fisher 投影式,竖线表示键是向着该页纸的后面的,横线表示键是从这个平面伸出来的。由于是假手性中心,因此聚合物没有光学活性。

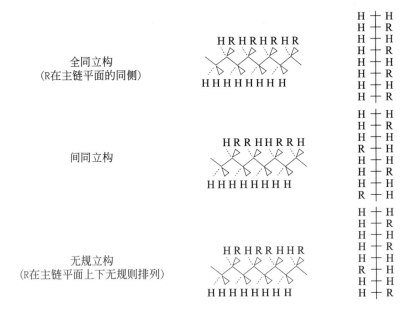

图 5-1 单取代乙烯的等规、间规和无规聚合物分子链

1,2-二取代乙烯聚合物链上结构单元中有两种不同的立体异构,可以形成多种立体异构分子链(图 5-2)。结构单元上两异构中心构型相反,分子链上相邻的结构单元对映的异构中心构型完全相同称为对映双等规立构 (threo-di-isotactic);结构单元上两异构中心构型相同,相邻结构单元中对映的异构中心构型也完全相同称为叠同双等规立构 (erythro-di-isotactic);结构单元上两异构中心构型相同,相邻的结构单元中对映的异构中心构型完全相反称为叠同双间规立构 (erythro-di-syndiotactic);结构单元上两异构中心构型相反,相邻的结构单元中对映的异构中心构型也相反称为对映双间规立构 (threo-di-syndiotactic)。

聚氧化乙烯的结构单元中有一个真正的手性中心,因此等规立构的聚氧化乙烯有光学活性。但间规立构聚氧化乙烯由于有一个对称的镜面,因而没有光学活性(图 5-3)。

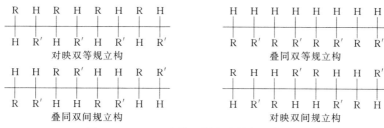

图 5-2　1，2-二取代乙烯聚合物的立构类型

图 5-3　聚氧化乙烯的立构类型

### 5.1.4　立构规整度的测定

聚合物的立构规整度是指立构规整聚合物占总聚合物的分数，称等规度（isotacticity），或间规度（syndiotacticty）。

利用立构规整聚合物化学键的特征吸收或振动，采用仪器分析是现在常用的分析手段。如红外光谱法（IR）、核磁共振法（NMR）等。

由于立构规整聚合物的物理性质如结晶、密度、熔点、溶解行为等与无规立构聚合物有较大差别，可以采用常规的分析方法。如利用聚合物的立构规整度与其结晶度有关，采用 X 射线法、密度法和熔点法测聚合物的结晶度，进一步表征出聚合物的立构规整度。

对全同聚丙烯的立构规整度，也称全同指数（isotacticity index of polypropylene，IIP）或等规度，常用沸腾正庚烷萃取法。将不溶于沸腾正庚烷的部分所占的质量分数代表等规立构聚丙烯含量：

$$聚丙烯的全同指数（IIP）=\frac{沸腾正庚烷萃取剩余物重}{未萃取时的聚合物总重}\times 100\% \tag{5-1}$$

### 5.1.5　小结

与聚合物相对分子质量及分布相似，聚合物的立体构型也是一个相对的和平均的概念。当一种聚合物大分子链上大部分结构单元（>75%）是同一种立体构型时称该大分子为有规立构聚合物，其立构规整部分占总聚合物的分数称等规度或间规度。有时一种单体可形成多种有规立构聚合物。如丁二烯聚合，1，4-聚合可形成顺-1，4-聚丁二烯和反-1，4-聚丁二烯；1，2-聚合又可形成全同-1，2-聚丁二烯和间同-1，2-聚丁二烯。对异戊二烯，理论上可有 1，4-聚合、1，2-聚合、3，4-聚合三种结构异构和六种立体构型，但目前人们合成出的只有顺-1，4、反-1，4 和 3，4-立构的聚异戊二烯。与无规立构聚合物相比，有规立构聚合物在性能上有很大的不同。如顺-1，4-聚异戊二烯在室温下是非结晶型聚合物，具有低硬度和低拉伸强度，为综合性能优异的橡胶；而反-1，4-聚异戊二烯则在低于 60℃下就快速结晶，是具有高硬度和高拉伸强度的结晶型聚合物。因此立构规整聚合物尽管合成难度大，还是受到人们的高度重视。

## 5.2　配位聚合与定向聚合

### 5.2.1　配位聚合

配位聚合的概念最初是 Natta 在解释 α-烯烃用 Ziegler-Natta 催化剂聚合的聚合机理时提

出的。配位聚合（coordination polymerization）是指单体分子的碳-碳双键先在显正电性的低价态过渡金属的空位上配位，形成某种形式的配合物（常称 σ-π 配合物），经过四元环过渡态，随后单体分子插入过渡金属-碳键中进行增长的聚合过程。又称络合聚合（complexing polymerization）、插入聚合（insertion polymerization）。以钛系催化剂催化乙烯聚合为例，配位聚合链增长反应为：

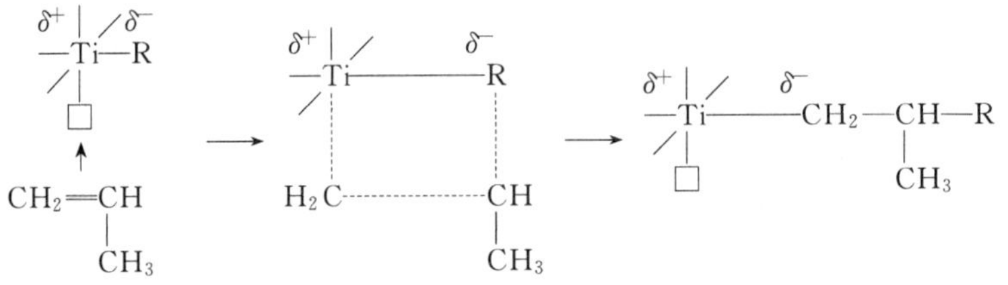

配位　　　　　　　四元环过渡态　　　　　　单体插入增长

反应式中，□表示空位，Ti—R 为过渡金属-碳键。

配位聚合的特点是：

① 活性中心是阴离子性质的，因此可称为配位阴离子聚合。

② 单体 π 电子进入嗜电性的金属空轨道，配位形成 σ-π 配合物。

③ 配合物进一步形成四元环过渡态。

④ 单体插入金属-碳键完成链增长。

⑤ 在上述过程中，单体在和活性中心配位时即被"定位"，然后按这一固定方向形成四元环过渡态并定向插入，因此可形成立构规整聚合物。

配位聚合催化剂主要有三类：

① Ziegler-Natta 催化剂。主要由Ⅳ～Ⅷ族过渡金属卤化物和Ⅰ～Ⅲ族的有机金属化合物组成。可用于 α-烯烃、二烯烃和环烯烃的配位聚合，种类繁多，催化能力强。

② π-烯丙基过渡金属型催化剂。主要为Ⅳ～Ⅷ族过渡金属或铀的 π-烯丙基卤化物，主要用于二烯烃的配位聚合。

③ 烷基锂引发剂。习惯上属于阴离子聚合，但用于二烯烃聚合时本质上也属于配位聚合。

适用于配位聚合的单体一是要有一定的供电性，以利于与过渡金属配位，二是形成配位后要有一定的介稳性，以利于单体的插入增长。主要为 α-烯烃、二烯烃和环烯烃。大多数含氧、氮等给电子基团和极性大的含卤素的单体，不适合配位聚合。因为单体的这些极性基团能与催化剂的金属组分发生强烈的配位或者反应，易使催化剂失活；或形成稳定的配合物使下一步的插入增长难以发生。

配位聚合一般为溶液聚合，溶剂宜用烃类化合物。含活泼氢、极性大的含氧、氮的化合物不适合作聚合溶剂。另外也可采用淤浆聚合和本体聚合。

### 5.2.2　定向聚合

凡是形成立构规整聚合物为主的聚合过程均称为定向聚合（stereospecific polymerization）或有规立构聚合（stereoregular polymerization）。

聚合反应过程中立体定向程度取决于单体分子相对于前一个单体单元以相同的立体构型还是以相反的立体构型加成的速率之比。这与链增长过程中立体结构形成的机理有关。

对离子聚合，不论是阳离子聚合还是阴离子聚合，当活性中心为紧密离子对时，单体只能沿一定方向插入，因而活性中心对立体构型有一定的控制能力。对 Ziegler-Natta 催化剂而言，从前面介绍的配位聚合机理可知活性中心对聚合物的立体结构有很强的控制能力。

对于极性单体，如丙烯酸酯类、甲基丙烯酸酯类等，采用一般的对立体结构控制能力弱的均相催化剂就能得到立构规整聚合物。当然也需要配合一些其它措施，如采用极性小的溶剂、降低单体浓度、低温反应等。如在低温下以烷基锂为引发剂的甲基丙烯酸甲酯阴离子聚合，在极性溶剂四氢呋喃中聚合，产物为间规立构聚合物；在非极性溶剂甲苯中聚合时，产物为等规立构聚合物。对非极性单体，如 $\alpha$-烯烃，需要用对立体结构控制能力强的催化剂，一般采用非均相的 Ziegler-Natta 催化剂进行配位聚合。对于苯乙烯和 1,3-二烯烃，由于苯环和乙烯基的极性不大并有共轭作用，因而其聚合要求介于极性和非极性单体之间，这些单体无论用均相还是非均相催化剂都能得到立构规整聚合物。表 5-1 列出一些典型的离子聚合和配位聚合中由催化剂控制立体结构的聚合物。

表 5-1　由催化剂控制立体结构的几种定向聚合反应

| 单体 | 聚合反应条件 | 聚合物的立体结构 |
| --- | --- | --- |
| 异丁基乙烯基醚 | $BF_3$-乙醚配合物,丙烷,$-60\sim-80℃$ | 等规立构 |
| 甲基丙烯酸甲酯 | $PhMgBr$,甲苯,30℃ | 等规立构 |
| 甲基丙烯酸甲酯 | 丁基锂,THF,$-78℃$ | 间规立构 |
| 丙烯 | $TiCl_4$,$Al(C_2H_5)_3$,庚烷,50℃ | 等规立构 |
| 丙烯 | $VCl_4$,$Al(C_2H_5)_3$,苯甲醚,甲苯,$-78℃$ | 间规立构 |
| 丁二烯 | $Ni(naph)_3$-$BF_3OEt_2$-$AlEt_3$,己烷,50℃ | 顺-1,4 |

外消旋的 $\alpha$-烯烃，如 $(R，S)$-3-甲基-1-戊烯，使用含有旋光性金属烷基的 Ziegler-Natta 催化剂进行聚合：

$$
\begin{array}{c}
CH_2{=}CH \\
\mid \\
{}^*CHCH_3 \\
\mid \\
C_2H_5
\end{array}
\xrightarrow{\ TiCl_4/二［(S)\text{-}2\text{-甲基丁基}]锌\ }
\begin{array}{c}
旋光性的聚合物 \\
+ \\
旋光性未反应单体
\end{array}
$$

产物为旋光性的聚合物和未反应的单体。聚合物和单体有相反的旋光性。进一步研究表明，发生聚合的单体的绝对构型与催化剂中金属烷基的绝对构型相同，这种采用光活性催化剂催化相同构型的单体进行聚合，并形成光活性全同立构聚合物的聚合过程称为不对称选择聚合（asymmetric polymerization）。

外消旋的环氧丙烷用 $ZnEt_2$-$CH_3OH$ 聚合，得到全 $(R)$-聚合物分子和全 $(S)$-聚合物分子的外消旋聚合物和外消旋的未反应单体。这种反应称为立构选择聚合（stereoselective polymerization）。

$$
\begin{array}{c}
CH_2{-}C^*H{-}CH_3 \\
\diagdown\ \diagup \\
O
\end{array}
\xrightarrow{\ ZnEt_2\text{-}CH_3OH\ }
$$

$$
\begin{array}{cc}
\sim\!\!\sim\!\!\sim\!CH_2{-}\underset{\underset{(R)}{|}}{\overset{\overset{CH_3}{|}}{C^*}}H{-}O{-} &
CH_2{-}\underset{\underset{(R)}{|}}{\overset{\overset{CH_3}{|}}{C^*}}H{-}O{-} \\[4ex]
\sim\!\!\sim\!\!\sim\!CH_2{-}\underset{\underset{(S)}{|}}{\overset{\overset{CH_3}{|}}{C^*}}H{-}O{-} &
CH_2{-}\underset{\underset{(S)}{|}}{\overset{\overset{CH_3}{|}}{C^*}}H{-}O{-}
\end{array}
$$

自由基聚合的活性中心只有一个电子，没有反离子，因而对聚合立构的控制能力要弱得多，产物基本为无规的。利用特殊的方法，如"模板聚合"也可得到立构规整聚合物。如将丁二烯溶解在脲或硫脲中，经冷冻后，脲结晶，单体形成包结配合物并规则地排列在晶道中，经辐射聚合得到纯反式聚丁二烯。其模型示意于图 5-4 中。

## 5.2.3　小结

配位聚合、络合聚合、插入聚合是同义语，是从单体在活性中心处的反应机理的角度讨论问题。任何聚合反应，只要包括单体在活性中心处的配位（或络合）、活化的单体插入金属-烷基键中进行增长，均属于配位聚合。如用 Ziegler-Natta 催化剂进行的 $\alpha$-烯烃、二烯烃、

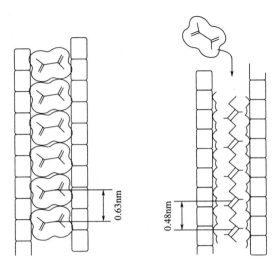

图 5-4　硫脲作为晶道格子的丁二烯聚合示意

环烯烃和极性烯类单体的聚合；烷基锂引发的二烯烃聚合等。配位聚合产物大多数是立构规整聚合物，但并不是说必须是立构规整聚合物，如用 Ziegler-Natta 催化剂进行的乙烯聚合，产物就谈不上立体异构，再如很多对丙烯有活性的 Ziegler-Natta 催化剂，其产物的全同指数并不高。

定向聚合、有规立构聚合是同义语，是从聚合所得产物的角度讨论问题。任何引发体系、聚合反应、聚合方法，只要得到立构规整产物，即为定向聚合。

Ziegler-Natta 聚合通常是指采用 Ziegler-Natta 催化剂的任何单体的聚合和共聚合，产物可以是立构规整聚合物，也可以不是立构规整聚合物。

# 5.3　Ziegler-Natta 催化剂

1953 年德国的 Ziegler 发现 $TiCl_4$-Al $(C_2H_5)_3$ 配合起来的催化剂可使乙烯在常压下聚合，形成无支链的线形高分子聚合物。意大利的 Natta 得知这一信息后，立即用这一催化体系进行丙烯、1-丁烯、苯乙烯的聚合试验。1954 年 Natta 发现用结晶的 $TiCl_3$ 代替 $TiCl_4$ 与 $AlR_3$ 组成催化剂进行丙烯聚合，可以得到高相对分子质量、高结晶度、高熔点的聚合物。由此 Natta 首次提出"有规立构聚合"的概念。

Ziegler 和 Natta 的研究工作，不仅开拓了有规立构聚合的新时代，而且扩展了过渡金属配合物催化剂和催化作用的新领域，在理论和实践上做出重大贡献。1963 年，二人共同获得了诺贝尔化学奖。此后，人们将这一类催化剂通称为 Ziegler-Natta 催化剂，将用这类催化剂进行的催化聚合称为 Ziegler-Natta 聚合。

### 5.3.1　两组分 Ziegler-Natta 催化剂

在早期的研究中，Ziegler 催化剂和 Natta 催化剂均由两部分组成，但 Ziegler 催化剂在状态、活性、结构和选择性等方面均与 Natta 催化剂有很大差别。

典型的 Ziegler 催化剂是 $TiCl_4$-Al$(C_2H_5)_3$（或 Al$i$-Bu$_3$）。$TiCl_4$ 是液体，当 Al$i$-Bu$_3$ 在庚烷中与 $TiCl_4$ 于 $-78\,℃$ 等物质的量反应时，得到暗红色的可溶性配合物液体，为均相催化剂。该溶液于 $-78\,℃$ 下可使乙烯很快聚合，但对丙烯的聚合却活性不高。

典型的 Natta 催化剂是 $TiCl_3$-Al$(C_2H_5)_3$。$TiCl_3$ 是结晶固体，有四种晶型，即 α、β、γ、δ 型。在庚烷中 $TiCl_3$ 与 Al$(C_2H_5)_3$ 反应，产物为非均相体系。这种非均相催化剂的固体结晶表面对形成立构规整聚合物具有重要作用。若采用 α、γ 或 δ 型 $TiCl_3$ 与 $Al(C_2H_5)_3$ 组合用于丙烯聚合，所得聚丙烯的 IIP 为 80～90；若用 $β\text{-}TiCl_3\text{-}Al(C_2H_5)_3$，所得聚丙烯的 IIP 只有 40～50。对于丁二烯聚合，若采用 α、γ 或 $δ\text{-}TiCl_3\text{-}Al(C_2H_5)_3$，得到反 1,4-结构含量为 85%～90% 的聚丁二烯；如采用 $β\text{-}TiCl_3\text{-}Al(C_2H_5)_3$，产物为顺 1,4-结构含量约 50% 的聚丁二烯。

尽管早期的 Ziegler 催化剂和 Natta 催化剂相差较大，但总体看仍有许多相似之处。在众多科学家的努力下，逐渐发展成一大类催化剂。20 世纪 60 年代以后，将其通称为两组分 Ziegler-Natta 催化剂。由过渡金属卤化物组成的主催化剂和由有机金属化合物组成的共催化剂组成。具有如下通式：

$$M_{IV\sim VIII}X + M_{I\sim III}R$$

主催化剂主要由 IV～VIII 族过渡金属卤化物组成。相应的通式可写成 $MtX_n$、$MtOX_m$、$Mt(acac)_n$、$Cp_2TiX_2$。各式中 Mt＝Ti(IV)、V(V)、Mo、W、Cr(IV) 等；X＝Cl、Br、I；Cp 为环戊二烯。这些组分主要用于 α-烯烃的聚合。而 $MoCl_5$ 常用于环烯烃的开环聚合。VIII 族过渡金属如 Co、Ni、Ru 和 Rh 等的卤化物或羧酸盐则主要用于二烯烃的配位聚合。

共催化剂主要由 I～III 族的有机金属化合物组成。如 RLi、$R_2Mg$、$R_2Zn$、$AlR_3$ 等。式中，R＝$CH_3$～$C_{11}H_{23}$ 的烷基或环烷基。其中有机铝化合物用得最多，其通式可写为 $AlX_nR_{3-n}$。式中，X＝F、Cl、Br 或 I。

两组分 Ziegler-Natta 催化剂种类繁多，根据反应后所形成配合物在烃类溶剂中的溶解性来看，可分为均相体系和非均相体系。均相催化剂的优点是催化效率高，便于连续生产，所得聚合物相对分子质量分布较宽，后处理较容易。由于是均相体系，对活性中心本质的了解、动力学研究等理论研究有利。非均相体系有两类：一类是由可溶性过渡金属化合物和金属有机化合物在烃类溶剂中混合而得，混合后立即有沉淀析出；另一类是由结晶的 $TiCl_3$ 与烷基铝结合而成。非均相催化剂用来生产高结晶度、高定向度的聚合物，在工业生产中十分重要。

两组分 Ziegler-Natta 催化剂的主催化剂是 Lewis 酸，为熟知的阳离子聚合引发剂；而共催化剂是 Lewis 碱，为熟知的阴离子聚合引发剂。但由二者组成的 Ziegler-Natta 催化剂既不是阳离子聚合也不是阴离子聚合，而是配位阴离子聚合。

两组分 Ziegler-Natta 催化剂的性质，通常取决于两组分的化学组成、过渡金属的性质、两组分的配比和化学反应。两组分催化剂可以实现多种组合，因而在研究上面临很大困难，但也为催化剂的选择和应用提供了广阔的天地。一般来说，活性高的催化剂（聚合速率高）定向能力低，而定向能力高的催化剂聚合速率却较慢。聚合物的结构和立构规整度，虽然有时也与共催化剂有关，但多数场合主要取决于主催化剂过渡金属组分。不少非均相催化剂的活性高于均相催化剂。能使 α-烯烃聚合的催化剂一般也可使乙烯聚合，但反过来则很困难；当与烷基铝或 $AlR_nX_{3-n}$ 搭配时，VIII 族过渡金属的催化剂能使二烯烃聚合，但不能使 α-烯烃聚合；而 IV～VI 族过渡金属的催化剂则能使 α-烯烃和二烯烃聚合。

在实际应用中，Ziegler-Natta 催化与离子聚合有许多相似之处，如要求体系密闭，去除空气和水，原料需要精制，反应需在氮气保护下进行等。这是由于 Ziegler-Natta 催化剂易与空气和水发生副反应而失活。

### 5.3.2　三组分 Ziegler-Natta 催化剂

对两组分 Ziegler-Natta 催化剂的进一步研究发现，当用 $AlEt_2Cl$ 代替 $AlEt_3$ 与 α-$TiCl_3$ 组成催化剂聚合丙烯时，所得聚丙烯的 IIP 更高。但如换用 $AlEtCl_2$ 效果却很差。进一步研究发现在体系中加入第三组分 Lewis 碱，如含 N、P、O、S 的给电子体后，可与烷基铝发生化学反应生成新生的化合物，得到 IIP 更高的聚丙烯（表 5-2）。由此逐步形成三组分 Ziegler-Natta 催化剂。

表 5-2　第三组分对催化剂活性和定向能力的影响

| 铝化合物 | 第三组分 | | 聚合速率 /[μmol/(L·s)] | IIP | [η] |
| --- | --- | --- | --- | --- | --- |
| | 给电子体(B:) | B:/Al(摩尔比) | | | |
| AlEt$_2$Cl | — | — | 1.51 | ≥90 | 2.45 |
| AlEtCl$_2$ | — | — | — | — | — |
| AlEtCl$_2$ | N(C$_4$H$_9$)$_3$ | 0.7 | 0.93 | 95 | 3.06 |
| AlEtCl$_2$ | HMPTA | 0.7 | 0.74 | 95 | 3.62 |
| AlEtCl$_2$ | P(C$_4$H$_9$)$_3$ | 0.7 | 0.73 | 97 | 3.11 |
| AlEtCl$_2$ | (C$_4$H$_9$)$_2$O | 0.7 | 0.39 | 94 | 2.96 |
| AlEtCl$_2$ | (C$_4$H$_9$)$_2$S | 0.7 | 0.15 | 97 | 3.16 |

注:均为与 α-TiCl$_3$ 组合,单体为丙烯。

第三组分主要有以下几种:

① 含氧有机化合物　醚、酯、醇、醛、酮、酚、羧酸和羧酸卤化物等。

② 含磷有机化合物　膦、次膦酸酯、膦酸酯、有机膦酸酯、膦的氧化物、膦的硫化物等。

③ 含硫有机化合物　硫醚、硫酚、硫代亚磷酸酯、二硫化碳等。

④ 含氮有机化合物　脂肪族胺类、芳香族胺类、杂环胺类、芳香族腈类、芳香族异氰酸酯、芳香族偶氮化合物等。

⑤ 含硅有机化合物　四氢基化硅、含氢硅烷、卤化硅烷、烷氧基硅烷、芳香基硅烷、醇羧酸酯、聚硅氧烷等。

⑥ 芳烃、脂肪烃、脂环烃及其卤代衍生物等。

⑦ 金属卤化物及配合物。

在近年的研究中,有的第三组分化合物同时含有两种或更多的配位基,如含酯基的酚类或胺类。有时在催化剂制备过程中还加入两种或多种的第三组分。

第三组分的加入对催化剂的活性和定向能力有很大影响。有些第三组分可以提高催化剂活性,有些可以提高催化剂的定向能力。一般的情况是提高催化剂活性的第三组分往往使催化剂的定向能力下降,而使催化剂定向能力得以提高的第三组分多又导致催化活性的降低,还有一些第三组分在改变催化剂活性和定向能力的同时影响聚合物的相对分子质量。由于第三组分种类繁多,其种类、用量、加入方式、加入次序等均会对催化效果产生影响,加之 Ziegler-Natta 催化剂本身的复杂性,目前还没有统一的第三组分作用机理。主要的观点有:

① 第三组分的加入,形成活性更大的活性中心配合物。

② 第三组分的加入,改变烷基金属的化学组成,提高了催化活性。如前面提到的 AlEtCl$_2$,如加入六甲基磷酰三胺 (HMPTA),可与 AlEtCl$_2$ 反应形成 AlEt$_2$Cl,从而使催化剂的活性和定向能力得以恢复。

$$2AlEtCl_2 + HMPTA \longrightarrow AlEt_2Cl + AlCl_3 \cdot HMPTA$$

③ 第三组分的加入,覆盖了非等规聚合活性点。

④ 把聚合反应生成的毒性物质转变为无毒性物质。

### 5.3.3　载体型 Ziegler-Natta 催化剂

对常规 Ziegler-Natta 催化剂,主催化剂过渡金属能形成有效活性中心的比例很低,如非均相催化剂 TiCl$_3$,仅在结晶表面(边、角等处)的 Ti 形成活性中心,因此催化活性低。多年来人们一直努力使 Ti 高度表面化,主要的方法是将主催化剂负载到特殊的载体上。20 世纪 50 年代末首先研究出以硅胶为载体的 Cr 系催化剂,用于乙烯聚合。1968 年,以 MgCl$_2$ 为载体的 Ti 系催化剂的出现开创了高效催化剂的新时代。

载体催化剂是将一种或几种过渡金属（Ti、V、Cr）化合物负载在无机物固体表面或高分子物上形成主催化剂，共催化剂仍为烷基金属化合物，如 $AlR_3$ 等。载体大多数是镁、硅、铝的化合物，如 MgO、Mg(OR)Cl、$MgCl_2$、$SiO_2$ 和 $\gamma$-$Al_2O_3$ 等。

下面以 $TiCl_4$-$MgCl_2$ 载体催化剂为例说明载体的作用：一是使催化剂均匀地吸附在载体上，增加了有效的催化表面。在常规的 Ziegler-Natta 催化剂中，能够成为活性中心的 Ti 的数目一般只占总钛量的 1% 左右，而载体的使用可使 $TiCl_4$ 充分分散，催化剂的比表面积可由原来的 $1\sim5$ $m^2/g$ 提高到 $75\sim200$ $m^2/g$，比表面积的增大显然会增加催化剂活性中心的数目。载体的另一个作用是形成 Mg—Cl—Ti 化学键，Mg 的推电子效应会使中心 Ti 的电子密度增大并削弱 Ti—C 键，从而有利于单体的配位和随后的插入反应。

$$MgCl_2 + TiCl_4 \longrightarrow \quad \begin{array}{ccc} & Cl & Cl \quad Cl \\ Cl & \diagdown & | \diagup \\ & Mg & Ti \\ Cl & \diagup & | \diagdown \\ & Cl & Cl \quad Cl \end{array}$$

载体催化剂可明显提高催化效率，如每克钛生成的聚丙烯可从 3000 提高到 300000，甚至更多（表 5-3），且 IIP 在 95% 以上。

表 5-3　用于聚乙烯的载体催化剂

| 催化剂类型 | 催化剂效率/(g 聚乙烯/g 过渡金属) |
|---|---|
| $TiX_n$-MgO -$AlR_3$ | 约 600000 |
| $TiX_n$-$MgCl_2$-$AlR_3$ | $150000\sim300000$ |
| $TiX_n$-$MgCO_3$-$AlR_3$ | $50000\sim600000$ |
| $TiX_n$-$Mg(OR)_2$-$AlR_3$ | $20000\sim680000$ |
| $CrO_3$-$SiO_2$-$AlR_3$ | 约 500000 |

对一定的催化体系选择合适的载体是很重要的，通常要求载体金属离子的半径要与过渡金属的半径相近，这样容易产生混晶，效果更好。另外，载体金属离子的电负性最好小于过渡金属离子的电负性，以起超络作用。通常钛系催化剂常用镁化合物作载体，如 MgO、Mg(OR)Cl、$MgCl_2$、$Mg(OR)_2$、RMgX 等；而铬系催化剂常用硅化合物作载体，如 $SiO_2$，钒系催化剂则可用铝化合物，如 $\gamma$-$Al_2O_3$ 作载体。

制备载体催化剂的方法主要有两种：一种是浸渍法，或称反应法，即将载体与钛或钒催化剂组分加热反应一段时间，然后用溶剂洗涤，直到无游离的钛或钒的催化剂为止，最后经真空干燥而成；另一种是研磨法，即将载体和钛或钒的催化剂在球磨机或振动磨中，在氮气保护下共同研磨而成。

### 5.3.4　茂金属催化剂

茂金属催化剂（metallocene）通常是指由过渡金属（多为ⅣB族钛、锆、铪）或稀土金属元素与至少一个环戊二烯（简称茂）或环戊二烯衍生物配体组成的一类有机金属配合物为主催化剂，以烷基铝氧烷或有机硼化物作助催化剂组成的催化体系。

早在 20 世纪 50 年代就对均相茂金属催化剂进行过研究，但直到 20 世纪 80 年代应用甲基铝氧烷（MAO）作共催化剂后才出现突破性进展。茂金属催化剂由于具有超高活性，每克锆可得到 2 亿克以上聚乙烯，以及制成了几乎所有类型的聚烯烃产品，包括 HDPE、LL-DPE、高等规 PP、EPR、EPDM 等，因而引起科学界与工业界极大的兴趣和关注。

根据组成和结构的特征，目前比较成熟的茂金属催化剂大致有以下几类。

（1）双茂金属催化剂

为有两个环戊二烯基（Cp）的 4B 族过渡金属（Ti、Zr、Hf）茂化合物。二个环之间有桥基—$CH_2CH_2$—或 $(CH_3)_2Si$ 化学键联结的称桥联茂金属化合物，反之称为非桥联型茂金属化合物。除去环茂二烯基，还可选用茚基（Ind）或芴基（Flu），如两个配体是一样的称均配型，如不一样则称混配型。改变过渡金属（Ti、Zr、Hf）和环茂二烯环上的取代基以及桥基团，可以合成出大量不同的茂金属化合物。

① 非桥联茂金属催化剂

$Cp_2MX_2$

$(Ind)_2MX_2$

$(Flu)_2MX_2$

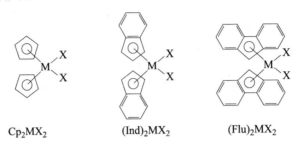

式中，M 为 Zr、Hf、Ti；X 为—Cl、—$CH_3$、—$C_6H_5$、—$CH_2(C_6H_5)_2$、—$CH_2SiMe_3$；环上取代基为—H、—R、—$SiMe_3$。

② 桥联茂金属催化剂　桥基不仅为茂金属化合物提供立体刚性构型，而且支配着过渡金属和环茂二烯配体之间的距离和夹角，从而对烯烃单体的插入和烯烃聚合的立体选择性产生重要影响。

$R(Cp)_2MX_2$

$R(Ind)_2MX_2$

$R(Flu)_2MX_2$

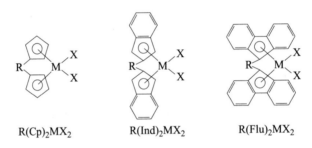

式中，R 为亚乙基、异亚丙基、二甲基亚硅氧烷基。

（2）单茂金属催化剂

主要种类为限定几何构型催化剂，为ⅣB 族过渡金属以共价键联接到与杂原子 N 桥联的单环茂二烯基团上而成。如（叔丁氨基）二甲基（四甲基-$\eta^5$-环茂二烯基）硅烷二甲基锆。这类催化剂可合成有窄相对分子质量分布与长支化链的高加工性能的聚烯烃。

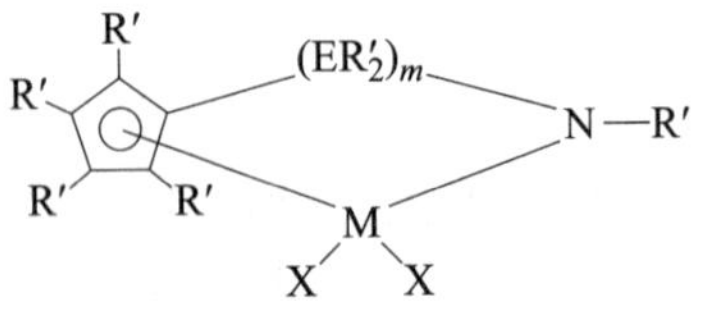

式中，R′为氢、甲基；N—为氨基；$(ER'_2)_m$ 为亚硅烷。

（3）阳离子茂金属催化剂

最大特点是可以在无共催化剂甲基铝氧烷（MAO）情况下，形成具有催化活性的茂金属烷基阳离子：

$$Cp_2Zr(CH_3)_2+B(C_6F_5)_3\longrightarrow[Cp_2ZrCH_3]^+[CH_3B(C_6F_5)_3]^-$$

（4）载体茂金属催化剂

为近年来发展起来的一种新型催化剂。它与上面介绍的三种均相茂金属催化剂不同，为非均相催化剂。它克服了均相茂金属催化剂对聚合物形态不易控制的不足，而同时又保持了均相催化剂的固有特点。载体茂金属催化剂常采用 $SiO_2$、$Al_2O_3$、$MgCl_2$ 作载体。

（5）茂稀土催化剂

稀土金属通常指ⅢB族的$^{58}$La～$^{71}$Lu 15 种金属，所组成的茂金属催化剂不仅可催化烯烃聚合，而且还能催化极性单体（如 MMA）的均聚和极性单体（如 MMA 和 $\varepsilon$-己内酯）的共聚。

单独的茂金属催化剂一般活性很低，常需加入共催化剂。最有效的共催化剂是甲基铝氧烷（MAO）。它是三甲基铝的部分水解产物，其结构可能为：

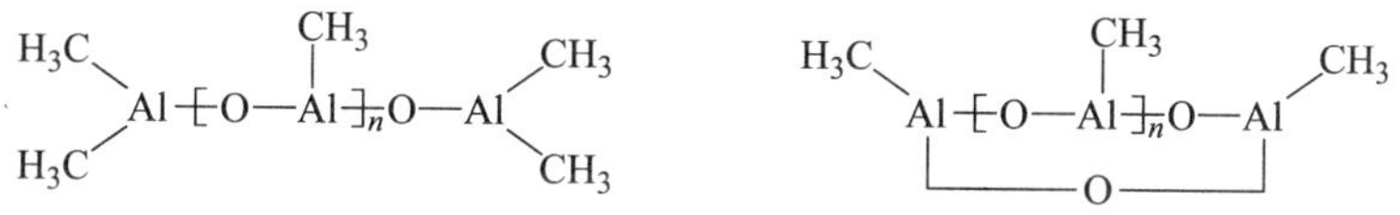

线形　　　　　　　　　　　　　　环状

式中，$n=5\sim30$。

其它铝氧基如乙基铝氧烷（EAO）、异丁基铝氧烷（$i$-BAO）等的催化活性都不如 MAO。

与传统的 Ziegler-Natta 催化剂相比，茂金属催化剂具有以下特点：

① 催化活性高，由于为均相体系，几乎所有催化剂均为活性中心。

② 催化活性中心单一，可得到窄相对分子质量分布的聚合物。

③ 改变催化剂结构可以有效地控制产物的相对分子质量、相对分子质量分布、共聚组成、序列结构、支化度、密度、熔点等指标，即可实现可控聚合。

④ 基本为均相体系，便于对活性中心状态、立构规整聚合物的形成机理等进行研究。

⑤ 茂金属催化剂的一个主要缺点是共催化剂 MAO 的用量过大，而 MAO 过高的成本制约了茂金属催化剂的应用。如何减少 MAO 用量，或用其它共催化剂代替 MAO 是茂金属催化剂研究的一个重要领域。

### 5.3.5　后过渡金属催化剂

配位聚合催化剂研究的新进展是对后过渡金属催化剂的研究。

后过渡金属催化剂是指以Ⅷ族过渡金属为主催化剂，在 MAO 或有机硼助催化剂活化后对烯烃聚合有高活性的新一代烯烃催化剂。它是继茂金属催化剂之后出现的一类新型均相单活性中心催化体系。

后过渡金属催化剂的主催化剂主要为Ⅷ族过渡金属的 Ni、Pd、Fe、Co 等的配合物。其配体由 Ziegler-Natta 催化剂的卤素或烷基、茂金属催化剂的茂基扩展到共轭芳氮基，即可形成非茂体系催化剂。如 1995 年美国的 Brookhart 等发现的二亚胺作配体的 Ni 或 Pd 配合物在 MAO 或有机硼活化下对乙烯有高活性：

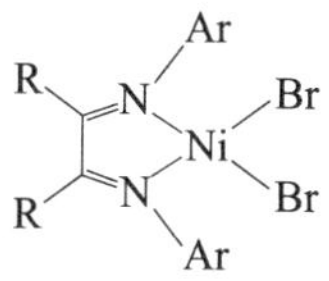

后过渡金属催化剂的助催化剂主要为 MAO 或有机硼化合物。

与 Ziegler-Natta 催化剂和茂金属催化剂相比，后过渡金属催化剂既增大了活性中心原子的立体效应，又通过共轭体系的电子效应使中心原子的正电性得以改变，更适合于 $\alpha$-烯烃的配位和插入；由于改变了配体，使Ⅷ族过渡金属催化剂对 $\alpha$-烯烃呈现出高的活性；催化剂制备容易，在空气中相当稳定，可长期保存使用。

后过渡金属催化剂可以合成出许多以前无法得到的聚合物。通过改变聚合工艺和催化剂结构等方法，后过渡金属催化剂可以合成出支化度不同的短支链支化聚乙烯，还可用于 $\alpha$-烯烃与极性单体的共聚等。

### 5.3.6　小结

Ziegler-Natta 催化剂是一大类烯烃聚合催化剂的总称。本节涉及的仅是一些重要领域，主要介绍了几种典型 Ziegler-Natta 催化剂体系的组成和特点。不同的聚合物对催化剂的要求有所不同，以聚丙烯为例，要求催化剂应有高催化活性 ｛g(PP)/[g(过渡金属)·h]｝、高催化效率 ［g(PP)/g(过渡金属)］、产物有高 IIP 值、可用氢调等手段对相对分子质量进行调节等。可以看出正是这些要求在推动 Ziegler-Natta 催化剂不断的演进。如从组分看，从最初的二组分催化剂推进到三组分催化体系外，目前还有同时加入内配合剂或外配合剂等的四组分或多组分 Ziegler-Natta 催化剂。从催化剂的溶解性看，从非均相催化剂（如用于 PP 的多数传统 Ziegler-Natta 催化剂）推进到可溶性催化剂（如茂金属催化剂）。从催化效率和催化活性看，则从常规催化剂推进到高效催化。从使催化剂高度表面化方面看，除去载体型催化剂外，还可使结晶 $TiCl_3$ 形成多孔结构，以增加其比表面积或是制成可溶的均相催化体系，除负载外还有的体系还可通过研磨达到同样目的。总体看，Ziegler-Natta 催化剂所涉及的催化体系、聚合机理、立构形成原因等研究极为广阔和活跃，是高分子化学研究的前沿与热点。

# 5.4　$\alpha$-烯烃配位聚合

用于配位聚合的 $\alpha$-烯烃主要为乙烯和丙烯。

### 5.4.1　聚丙烯

丙烯作为石油化工的一个主要单体，直到 Ziegler-Natta 催化剂的出现才得以实现聚合。随后聚丙烯得到了飞速发展，成为牌号多、产量大、适用面广的重要的聚合物品种。在理论研究上，聚丙烯是衡量 Ziegler-Natta 催化剂性能及研究催化剂活性中心的主要标准。丙烯配位聚合的研究成果可以很方便地推广到 $\alpha$-烯烃的配位聚合。

#### 5.4.1.1　催化剂组分的影响

聚合速率和聚合物的立构规整度直接关系到聚丙烯的质量，因此是评价聚丙烯用催化剂的重要依据。习惯上，聚丙烯的立构规整度可用全同指数 IIP 表示，聚合速率可用催化活性指标 ｛g(PP)/[g(Ti)·h]｝ 或相对聚合速率来表示。

（1）主催化剂

一般来说，主催化剂对聚丙烯的立构规整性有更大的影响。由表 5-4 可看出，过渡金属的定向能力与其种类、价态、相态、晶型、配位体等有很大关系。

总体看，主催化剂定向能力的顺序是：

① 不同的过渡金属组分：$TiCl_3(\alpha，\gamma，\delta) > VCl_3 > ZrCl_3 > CrCl_3$。

② 高价态的金属卤化物，其 IIP 相差不大。

③ 相同过渡金属不同价态的卤化物：$TiCl_3(\alpha，\gamma，\delta) > TiCl_2 > TiCl_4$。

④ 三价卤化钛：$TiCl_3(\alpha，\gamma，\delta) > TiBr_3 \approx TiCl_3(\beta) > TiI_3$；

　　　　　　　　$TiCl_3(\alpha，\gamma，\delta) > TiBr_2(OR) > TiCl(OR)_2$。

（2）共催化剂

由表 5-4 可看出，当主催化剂相同时，IIP 随烷基金属化合物中金属种类有显著变化；当烷基金属中的金属相同时，IIP 与烷基的大小有关。总体看，共催化剂对 IIP 的影响顺序如下。

① 不同金属、相同的烷基时：$BeEt_2 > AlEt_3 > MgEt_2 > ZnEt_2 > NaEt$。

② 同一金属、不同烷基时：$AlEt_3 > Al(n\text{-}C_3H_7)_3 > Al(n\text{-}C_4H_9)_3 \approx Al(n\text{-}C_6H_{13})_3 \approx Al(n\text{-}C_6H_5)_3$。

表 5-4 催化剂组分对聚丙烯 IIP 的影响

| | 主催化剂 | 共催化剂 | IIP |
|---|---|---|---|
| I | TiCl$_3$(α,γ,δ)晶体 | AlEt$_3$ | 80～92 |
| | TiBr$_3$ | AlEt$_3$ | 44 |
| | TiCl$_3$(β) | AlEt$_3$ | 40～50 |
| | TiI$_3$ 晶体 | AlEt$_3$ | 10 |
| | TiCl$_2$(OR),(R=C$_4$H$_9$) | AlEt$_3$ | 35 |
| | TiCl(OR)$_3$,(R=C$_4$H$_9$) | AlEt$_3$ | 10 |
| | VCl$_3$ 晶体 | AlEt$_3$ | 73 |
| | CrCl$_3$ 晶体 | AlEt$_3$ | 36 |
| | ZrCl$_3$ 晶体 | AlEt$_3$ | 55 |
| II | TiCl$_3$(α,γ,δ) | BeEt$_2$ | 94 |
| | TiCl$_3$(α,γ,δ) | MgEt$_2$ | 81 |
| | TiCl$_3$(α,γ,δ) | ZnEt$_2$ | 35 |
| | TiCl$_3$(α,γ,δ) | NaR(R=C$_2$H$_5$) | 0 |
| III | TiCl$_3$(α) | AlEt$_2$F | 83 |
| | TiCl$_3$(α) | AlEt$_2$Cl | 83 |
| | TiCl$_3$(α) | AlEt$_2$Br | 93 |
| | TiCl$_3$(α) | AlEt$_2$I | 98 |
| | TiCl$_3$(α) | AlEt$_2$SOC$_6$H$_5$ | 95 |
| IV | TiCl$_3$(α) | Al(CH$_3$)$_3$ | 50 |
| | TiCl$_3$(α) | Al(C$_2$H$_5$)$_3$ | 85 |
| | TiCl$_3$(α) | Al(n-C$_3$H$_7$)$_3$ | 78 |
| | TiCl$_3$(α) | Al(n-C$_4$H$_9$)$_3$ | 60 |
| | TiCl$_3$(α) | Al(n-C$_6$H$_{13}$)$_3$ | 64 |
| | TiCl$_3$(α) | Al(C$_6$H$_5$)$_3$ | 约 60 |

③ 烷基铝中一个烷基被卤素取代后，所得聚丙烯的 IIP 均有明显提高。各种卤素对 IIP 的影响顺序是：AlEt$_2$I＞AlEt$_2$Br＞AlEt$_2$Cl≈AlEt$_2$F。

通过以上共催化剂对 IIP 影响的分析，可以看出当主催化剂选用效果最好的 (α，γ，δ) TiCl$_3$ 时，共催化剂以 AlEt$_2$I 或 AlEt$_2$Br 为佳。但在实际中，由于这两种共催化剂较贵，且聚合速率低（表 5-5），从各方面综合考虑，多选用 AlEt$_2$Cl 为共催化剂。

表 5-5 AlEt$_2$X 对丙烯聚合相对速率和 IIP 的影响

| AlEt$_2$X | 聚合相对速率 | IIP | AlEt$_2$X | 聚合相对速率 | IIP |
|---|---|---|---|---|---|
| AlEt$_3$ | 100 | 83 | AlEt$_2$I | 9 | 98 |
| AlEt$_2$F | 30 | 83 | AlEt$_2$OC$_6$H$_5$ | 0 | — |
| AlEt$_2$Cl | 33 | 93 | AlEt$_2$SC$_6$H$_5$ | 0.25 | 95 |
| AlEt$_2$Br | 33 | 95 | | | |

注：主催化剂均为 α-TiCl$_3$。

　　除催化剂组成外，两种催化剂的配比对聚合反应的立构规整度、聚合速率甚至相对分子质量都有较大影响（表 5-6）。

**表 5-6　Al/Ti（摩尔比）对某些单体的转化率和立构规整度之间的对应关系**

| 单　体 | 最高转化率的 Al/Ti 比 | 立构规整度最高的 Al/Ti 比 |
|---|---|---|
| 乙烯 | $2.5\sim3$ | — |
| 丙烯 | $1.5\sim2.5$ | 3 |
| 1-丁烯 | 2 | 2 |
| 4-甲基-1-戊烯 | $1.2\sim2.0$ | 1 |
| 苯乙烯 | $2\sim3$ | 3 |
| 丁二烯 | $1.0\sim1.25$ | $0\sim1.25$（反式） |
| 异戊二烯 | 1.2 | 1 |

　　综合各种因素，选用二组分催化剂进行丙烯配位聚合时，宜采用（$\alpha$，$\gamma$，$\delta$）$TiCl_3$-$AlEt_2Cl$ 催化剂，Al/Ti 摩尔比宜取 $1.5\sim2.5$。

　　（3）其它组分

　　为了提高催化剂活性及产物的 IIP，已研究出许多新的高效催化剂，如在常规二组分催化剂中加入第三组分、载体型催化剂及茂金属催化剂等。这些在前面已进行了详细讨论，这里不再重复。

### 5.4.1.2　聚合机理

　　丙烯使用 Ziegler-Natta 催化剂进行配位聚合的机理，特别是如何形成立构规整聚合物这一问题，一直是配位聚合的研究热点。尽管科学家们提出了不少理论，但由于催化体系过于复杂，至今没有一个能解释所有实验现象的统一理论。

　　（1）早期研究

　　在初期的研究中，研究人员企图沿用已有的聚合机理对所得的实验数据进行解释。1954年，C. D. Nenitzescu 提出自由基机理，认为过渡金属卤化物被部分烷基化，随后烷基过渡金属化合物分解，过渡金属被还原，同时产生自由基 R· 并引发自由基聚合：

$$AlR_3 + TiCl_4 \longrightarrow RTiCl_3 + AlR_2Cl$$
$$RTiCl_3 \longrightarrow R\cdot + \cdot TiCl_3$$
$$\text{└→ } TiCl_3$$
$$R\cdot + 单体 \longrightarrow 聚合物$$

这一机理被后面的许多实验结果所否定。如使用在自由基聚合中有明显链转移作用的异丙苯作溶剂进行 Ziegler-Natta 聚合，产物相对分子质量并不降低。此外，聚合物的支化度低，催化剂活性中心寿命长等事实，都与一般的自由基聚合规律不符。

　　由于 Ziegler-Natta 催化剂的两组分分别为阳离子或阴离子聚合引发剂，因而又有人提出离子聚合机理。如 H. Uelzman 提出 $AlR_3$ 和 $TiCl_4$ 可形成配位阳离子：

$$AlR_3 + TiCl_4 \longrightarrow TiCl_3^+ AlR_3Cl^-$$

该阳离子配合物可引发丙烯进行阳离子聚合。但由于 $\alpha$-烯烃使用 Ziegler-Natta 催化剂的聚合速率随双键上烷基 R 的增大而降低，即存在：

$$CH_2{=\!=}CH_2 > CH_2{=\!=}CH{-\!}CH_3 > CH_2{=\!=}CH{-\!}CH_2{-\!}CH_3$$

这一顺序正好与阳离子聚合活性顺序相反，所以阳离子聚合机理没有得到承认。

　　A. J. Anderson 基于 $RTiCl_3$ 的异裂，提出阴离子聚合机理：

$$RTiCl_3 \longrightarrow R^- + {}^+TiCl_3$$
$$R^- + 单体 \longrightarrow 聚合物$$

这种典型阴离子聚合机理由于无法解释丙烯是如何形成立构规整聚合物的，因而也未得到人们的认可。

后来，Natta 提出了配位阴离子聚合机理。认为烯烃在金属-碳键上配位，然后发生重排和插入增长。增长链和金属连接，这种金属-碳键是极化的。在末端碳原子上呈电负性，金属上呈电正性。这一理论最直接的证据是用含标记元素的终止剂 $^{14}CH_3OH$ 及 $CH_3O^3H$ 分别猝灭增长链，所得聚合物链端含 $^3H$ 而不含 $^{14}C$，证明活性中心是阴离子性质的。

$$[\overset{\delta^+}{Mt}]\underset{\square}{\cdots\cdots}\overset{\delta^-}{CH_2}-\underset{R}{CH}\wwww + CH_3O^3H \longrightarrow {}^3H-CH_2-\underset{R}{CH}\wwww + CH_3OMt$$

配位阴离子聚合机理得到了大家的承认。

下一步的问题是在活性中心的什么部位进行增长及如何形成立构规整聚合物的。关于这方面的机理有很多，并且各种机理都有一定的实验事实支持，但由于催化体系非常复杂，因而又都有一定的不足。时至今日，仍有新的机理在不断提出。下面介绍两种典型的机理。

（2）Natta 的双金属机理

该机理于 1959 年由 G. Natta 首先提出，主张催化剂两组分反应形成了含有两种金属的桥形配合物活性种，丙烯在这种活性种上引发、增长。

双金属机理的主要实验依据是：

① 共催化剂的作用　由表 5-4 可看出共催化剂对聚丙烯的 IIP 有较大影响，说明共催化剂参与了活性种的形成，并应成为活性种的组成部分。

② 可溶性引发剂的研究结果　将暗蓝色的二环戊二烯基二氯化钛（$Cp_2TiCl_2$）-$AlEt_3$ 的庚烷溶液降温，可得到蓝色的结晶。X 射线衍射分析发现两个 Cp 都连在 Ti 上，两个乙基连在 Al 上，两个氯在 Al 和 Ti 之间，且 Ti 和 Al 均为四面体构型，因而推定基结构为：

$$\begin{array}{ccc} Cp & Cl & Et \\ & Ti \quad Al & \\ Cp & Cl & Et \end{array}$$

式中，Ti⋯Cl⋯Al 为缺电子三中心键或称氯桥。

③ 端基分析　用 $^{14}C$ 标记的烷基铝和四价钛化合物 [如 $Cp_2TiCl_2$ 或 $Cp_2Ti(C_6H_5)_2$]、三价钛化合物（如 $\alpha$-$TiCl_3$）等组合使乙烯聚合，对所得聚乙烯进行端基分析，表明均含有 $^{14}C$：

$Cp_2TiCl_2$-$AlEt_3$（含 $^{14}C$ 乙基）＋乙烯 $\longrightarrow$ 聚乙烯（含 $^{14}C$ 乙基端基）

$Cp_2TiCl_2$-$Al(C_6H_5)_3$（含 $^{14}C$ 苯基）＋乙烯 $\longrightarrow$ 聚乙烯（含 $^{14}C$ 苯基端基）

$Cp_2Ti(C_6H_5)_2$-$AlEt_3$（含 $^{14}C$ 乙基）＋乙烯 $\longrightarrow$ 聚乙烯（含 $^{14}C$ 乙基端基）

由此认为钛化合物和铝化合物形成活性种，聚合链连在铝上，即在铝上增长。

根据以上实验依据，Natta 提出丙烯在双金属桥形配合物上进行配位阴离子聚合的机理，主要论点为：

① 离子半径小、电正性强的有机金属化合物在 $TiCl_3$ 表面上化学吸附，形成缺电子桥形配合物（Ⅰ），这一配合物为聚合的活性种。

② 富电子的丙烯在亲电子的过渡金属（如 Ti）上配位（或叫 π 配位），即在 Ti 上引发生成（Ⅱ）。

③ 该缺电子桥形配合物部分极化后，被配位（或络合）的单体和桥形配合物形成六元环过渡态（Ⅲ）。

④ 当极化的单体插入 Al—C 键后，六元环结构瓦解，重新形成四元环缺电子桥形配合物（Ⅳ）。

由于聚合时首先是富电子的丙烯在 Ti 上配位，Al—Et 键断裂，Et 接到单体的 $\beta$ 碳上，因此称为配位阴离子聚合。双金属机理的这种 Ti 上引发、Al 上增长的特点示于图 5-5。

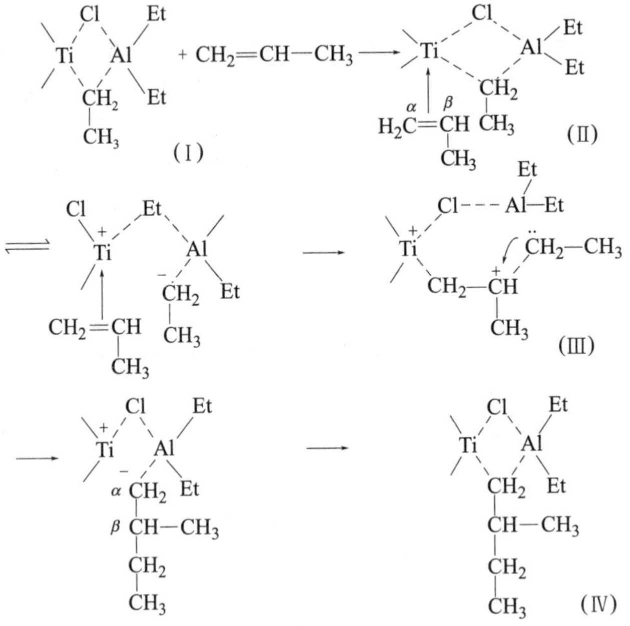

图 5-5　双金属催化机理

图中，Ti···Cl···Al 桥也可以是 Ti···R···Al 桥。

Natta 双金属机理首先提出了配位聚合的概念，这一概念至今尚有普遍意义；其次提出了活性中心，建立了活性中心的反应图像；考虑了共催化剂的作用。

Natta 的双金属机理尽管可以解释许多实验事实，但仍存在不少缺陷。其最大不足是在铝上增长。如 Carrick 认为钛上的烷基很容易与铝上的烷基发生交换反应，因而用端基分析得出的聚合物端基为含有$^{14}$C 的烷基并不能证明是铝上增长。现在越来越多的证据表明是在过渡金属-碳键上，而不是在铝-碳键上增长。到后来，Natta 本人及其同事们也接受了双金属配合物中钛被烷基化，链增长是在过渡金属-碳键上进行的观点。但他们依然认为，碱金属烷基化合物对于稳定过渡金属-碳键和立体化学控制是很能重要的。双金属机理的另一个明显不足是只对引发、增长进行了解释，没有涉及立构规整的成因。

（3）Cossee-Arlman 的单金属机理

1960 年，荷兰物理化学家 P. Cossee 从单体和过渡金属中心原子络合的稳定性出发，并根据分子轨道理论电子跃迁能量的估算，提出了带有一个空位的过渡金属原子为中心的正八面体单金属活性中心。后来结晶化学家 E. J. Arlman 详细考查了四种 TiCl$_3$ 晶体（α，β，γ，δ 晶型）的结构，推算了在晶体边、棱产生氯空位的能量及空位的数目（空位主要在晶体的边、棱缺陷处），完善了单金属机理，因此后来称其为 Cossee-Arlman 的单金属机理。主要论点如下。

① 活性中心结构　对于 TiCl$_3$(α,γ,δ)-AlR$_3$ 催化体系，活性中心是一个以 Ti$^{3+}$ 为中心、Ti 上带有一个烷基（或增长链）、一个空位（5 位）和四个氯的五配位正八面体：

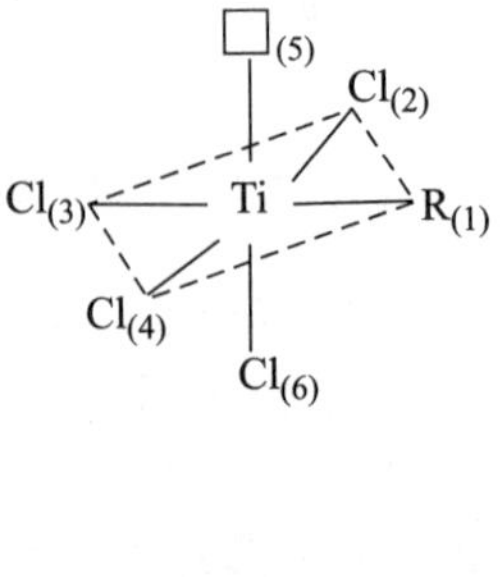

式中，R—Ti 为过渡金属-碳键；—□是 $TiCl_3$ 表面（主要在边、棱上）的（氯的）空位，它可以供丙烯配位。$Cl_2$、$Cl_3$、$Cl_4$ 和 R 在一个平面内，其中 $Cl_3$ 和 $Cl_4$ 嵌于晶体内部，而 $Cl_2$、R 和—□却暴露在外部。由于这个活性中心只有一种过渡金属，因此也称单金属活性中心。

② 活性中心的形成　　$AlR_3$ 先在五氯配体 $Ti^{3+}$ 的空位上与 Ti 配位，然后 Ti 上 $Cl_5$ 和 $AlR_3$ 上的 R 发生烷基-卤素交换，结果 Ti 被烷基化，并再生出一个空位（5 位），其反应为：

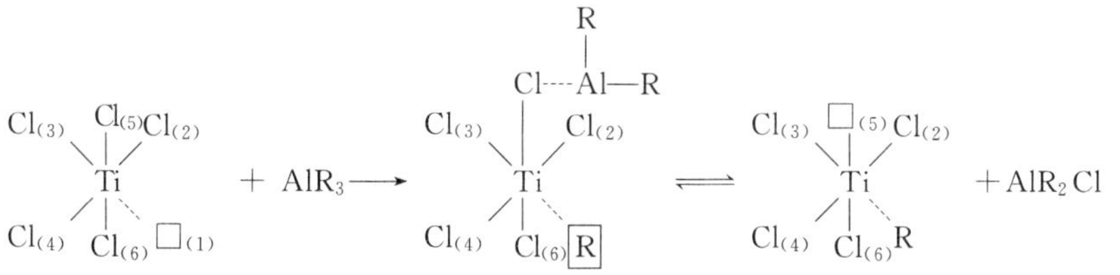

可见，对形成的活性中心来说，$AlR_3$ 只是起使 Ti 烷基化的作用。

③ 链增长　　丙烯在 $TiCl_3$ 表面上定向吸附，在空位处与 $Ti^{3+}$ 配位（称 π 配位），烯烃的双键平行于 $Cl_3$—Ti—R，而烯烃上的烷基向远处远离 Ti 上的 R 基，形成一个四元环过渡态。R 基接近丙烯的 β 碳原子，发生顺式加成。总的结果是丙烯在 Ti—C 键间插入增长，同时空位回到原位（1 位）：

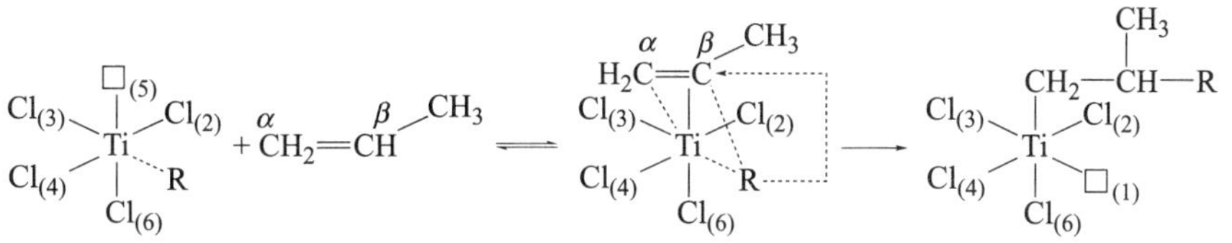

④ 空位复原　　发生顺式加成后，R 基转移到丙烯的 β 碳原子上并键合成为 C—C 键，这样 β 碳原子变为不对称碳原子且构型被固定下来。这时如果从 $Ti^{3+}$ 中心离子往外看，—R、—$CH_3$ 和 H 呈顺时针排列。R 基转移后，空位到了 1 位。如在此处定向吸附另一个丙烯进行增长，空位又回到 5 位，但所形成的新的不对称碳原子的构型则与前一个不对称碳原子的构型相反。如果链增长像这样交替地在 5 位和 1 位进行，所得到的聚丙烯将是间同立构，而不是全同立构。由于实际中得到的产物为全同立构聚丙烯，因此 Cossee-Arlman 的单金属机理假定：空位 5 和 1 的立体化学和空间位阻并不相同，R 基在空位 5 处受到较多的氯离子排斥，不够稳定，因而在下一个丙烯分子占据空位 1 之前它又跳回到空位 1 上来，这样丙烯的配位和增长就始终在空位 5 上进行，由此得到全同聚丙烯：

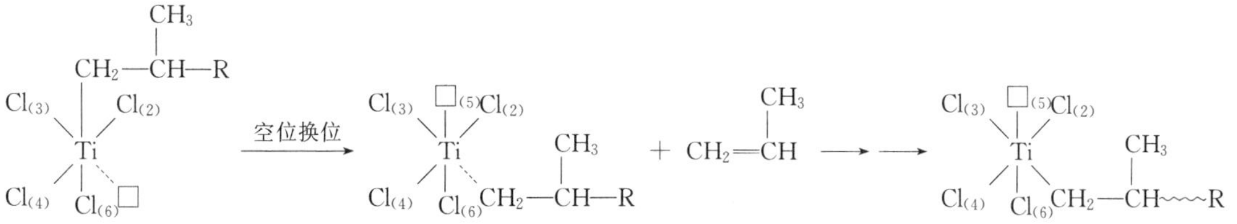

Cossee-Arlman 的单金属机理得到了以下一些实验的支持：

① 单体不是在碱金属-碳键上而是在过渡金属-碳键上进行增长的最直接、最有说服力的证据是发现了许多不含有机金属化合物的烯烃聚合催化剂（表 5-7）。在这种情况下，显然过渡金属-碳键是增长中心。此外，至今尚未发现只用有机金属化合物而不用过渡金属卤化物能使丙烯聚合的实例。

表 5-7　几种典型的无有机金属化合物的催化剂

| 催化剂 | 单体 | 聚合物结构 |
|---|---|---|
| TiCl$_2$(球磨) | 乙烯 | 线形 |
| TiCl$_3$＋胺 | 丙烯 | 等规立构 |
| ZnBz$_3$Cl | 4-甲基-1-戊烯 | 等规立构 |
| Cr(π-烯丙基) | 乙烯 | 线形 |
| (π-烯丙基)NiCl | 丁二烯 | 顺-1,4 |
| (π-烯丙基)NiBr | 丁二烯 | 反-1,4 |
| Cp$_2$Cr 负载在 SiO$_2$ 上 | 乙烯 | 线形 |

注：Bz 为苄基(benzyl,C$_6$H$_5$CH$_2$—)。

对于传统的二元 Ziegler-Natta 催化剂，也有许多实验证明，过渡金属盐被烷基化，链增长活性中心是在过渡金属-碳键上进行的。

② TiCl$_3$ 结晶表面存在氯空位可能性分析。Arlman 详细考查了四种晶型的 TiCl$_3$ 结构，发现 α，γ，δ-TiCl$_3$ 三种晶型都是层状结构（两层氯夹一层钛），Ti 原子处于八面体空隙，在研磨或形成过程中可失去氯离子产生（氯）空位。由于在晶体的角、棱上失去氯离子而产生空位的能量约比在 001 面上失去氯离子产生空位的能量小一半，所以空位大都产生在角、棱上。计算表明，对于边长为 1μm 大小的晶体，空位数为 $1.4×10^{-3}$ mol/mol TiCl$_3$，而用放射活性测量同样大小的 TiCl$_3$ 晶体上的活性中心数为 $6×10^{-3}$ mol/mol TiCl$_3$，可见二者相符合。对于 β-TiCl$_3$，其晶体为链状结构，也可看成钛和氯离子是相间排列的，这样和氯离子相邻的 Ti 离子更少，即更容易失去氯离子产生空位，一般认为 β-TiCl$_3$ 所产生的活性中心上有两个（氯）空位。TiCl$_3$ 的四种晶型的结构如表 5-8 所示。

表 5-8　TiCl$_3$ 四种晶型的结构中离子的排列

| 晶型 / 堆砌方式 | α-TiCl$_3$ | β-TiCl$_3$ | γ-TiCl$_3$ | δ-TiCl$_3$ |
|---|---|---|---|---|
| 沿 C 轴各层的排列　●八面体中空隙中的 Ti 离子　□空的八面体空隙　A、B、C 为 Cl$^-$ 层 | （层状排列图） | （层状排列图） | （层状排列图） | 它是 α-TiCl$_3$ 和 γ-TiCl$_3$ 的合并，即 α-TiCl$_3$ 的长程序受到破坏，其结构一部分像 α-TiCl$_3$，另一部分像 γ-TiCl$_3$ |
| 八面体空隙中 Ti 离子占有的空间 | 2/3 | 1/3 | 2/3 | 2/3 |
| Cl 层的密堆砌方式 | 六方(ABABAB) | 六方(ACACAC) | 立方(ABCABC) | 六方＋立方(ABABA) 长程序中也有(ABCABC) |

此外，L. A. Rodriguez 对 $\alpha$-TiCl$_3$-Al(CH$_3$)$_3$ 反应前后及用于催化丙烯聚合后的电镜照片进行了分析，发现两组分催化剂相互反应后晶面没有变化，检测不出活性中心是如何形成的；但丙烯聚合物的轨迹是沿晶体边棱用螺旋有序分布的，表明增长的活性中心是在晶体的边棱上。这是对 Cossee-Arlman 的单金属机理的最直接的证明。

尽管 Cossee-Arlman 的单金属机理有很多实验证据，且目前已为大多数人接受，但这一机理仍有一些值得商榷之处。一是每增长一次，分子链与空位互换一次位置在热力学上不够合理；二是对共催化剂的作用重视不够，因为同一种 TiCl$_3$ 配以不同的烷基铝，对丙烯聚合的催化效率和聚丙烯的等规度相差很大；其它还有 TiCl$_3$ 的空位是否只限于结晶侧面上，增长链对活性中心的空位是否有影响等。

（4）聚合反应动力学

用 Ziegler-Natta 催化剂进行丙烯聚合，除去前面讨论过的链引发和链增长反应，可能的链转移反应如下。

向 $\beta$-氢转移终止，也称瞬时裂解终止，即自终止：

$$Ti—\overset{\alpha}{CH_2}—\overset{\beta}{CH}\sim\sim R \longrightarrow Ti—H + CH_2=\overset{\alpha}{C}\overset{\beta}{\sim\sim}R$$
$$\quad\quad\quad |\quad\quad\quad\quad\quad\quad\quad\quad\quad\quad |$$
$$\quad\quad\quad CH_3\quad\quad\quad\quad\quad\quad\quad\quad\quad CH_3$$

向共催化剂转移终止：

$$Ti : CH_2—CH\sim\sim R \longrightarrow Ti—R + AlR_2—CH_2—CH\sim\sim R$$
$$\uparrow\quad\uparrow\quad\quad |\quad\quad\quad\quad\quad\quad\quad\quad\quad\quad\quad\quad |$$
$$R : AlR_2\quad CH_3\quad\quad\quad\quad\quad\quad\quad\quad\quad\quad CH_3$$

向单体转移终止：

$$Ti : CH_3—CH\sim\sim R \longrightarrow Ti—CH_2—CH_2 + CH_2=C\sim\sim R$$
$$CH_2=CH\quad CH_3\quad\quad\quad\quad\quad\quad\quad |\quad\quad\quad\quad\quad |$$
$$\quad\quad |\quad\quad\quad\quad\quad\quad\quad\quad\quad\quad\quad CH_3\quad\quad\quad CH_3$$
$$\quad\quad CH_2$$

向 H$_2$ 转移终止，当丙烯用 Ziegler-Natta 催化剂进行聚合时，常用 H$_2$ 来调节相对分子质量，也称氢解：

$$Ti : CH_2—CH\sim\sim R \longrightarrow Ti—H + CH_3—CH\sim\sim R$$
$$\uparrow\quad\uparrow\quad\quad |\quad\quad\quad\quad\quad\quad\quad\quad\quad\quad\quad |$$
$$H : H\quad\quad CH_3\quad\quad\quad\quad\quad\quad\quad\quad\quad CH_3$$

以上反应所形成的 Ti—H 或 Ti—R 同单体反应可再形成活性中心，继续进行聚合。但用氢调节相对分子质量时，聚合速率也会下降。

醇、酸、胺和水等含活泼氢的化合物是配位催化反应的终止剂，链终止反应为：

$$Ti—CH_2—CH\sim\sim R + H—OH \longrightarrow Ti—OH + CH_3—CH\sim\sim R$$
$$\quad\quad\quad |\quad\quad\quad\quad\quad\quad\quad\quad\quad\quad\quad\quad\quad\quad\quad\quad\quad |$$
$$\quad\quad\quad CH_3\quad\quad\quad\quad\quad\quad\quad\quad\quad\quad\quad\quad\quad CH_3$$

对于催化剂组分和单体的吸附不很重要的某些 Ziegler-Natta 聚合反应，可用均相聚合反应的动力学表达式：

$$R_p = k_p[C][S] \tag{5-2}$$

非均相 Ziegler-Natta 催化剂的聚合反应，吸附现象十分严重，可按照 Langmuir-Hinschelwood 表面吸附模型处理。一般认为只有单体和烷基金属化合物从溶液中被吸附到过渡金属表面上才能发生聚合反应，若两者在同一部位进行吸附竞争，则烷基金属化合物和单体在过渡金属表面的覆盖分数 $Q_A$ 和 $Q_M$ 可由 Langmuir-Hinschelwood 等温线给出：

$$Q_A = \frac{K_A[A]}{1 + K_A[A] + K_M[M]} \tag{5-3}$$

$$Q_M = \frac{K_M[M]}{1 + K_A[A] + K_M[M]} \tag{5-4}$$

式中，［A］和［M］分别为溶液中烷基金属组分和单体的浓度；$K_A$ 和 $K_M$ 为各自的吸附平衡常数。设催化剂固体表面吸附点的总浓度为 ［S］，则聚合速率为：

$$R_p = k_p Q_A Q_M [S] \tag{5-5}$$

将式（5-3）和式（5-4）代入：

$$R_p = \frac{k_p K_M K_A [M][A][S]}{(1 + K_M[M] + K_A[A])^2} \tag{5-6}$$

聚合度可由链增长速度除以所有链转移和链终止速率，对 Langmuir-Hinschelwood 模型：

$$\frac{1}{X_n} = \frac{k_{tr,M}}{k_p} + \frac{k_s}{k_p K_M[M]} + \frac{k_{tr,A} K_A[A]}{k_p K_M[M]} + \frac{k_{tr,H_2}[H_2]}{k_p K_M[M]} \tag{5-7}$$

### 5.4.2　聚乙烯

乙烯来源丰富，在配位聚合发现前只能通过高温、高压，自由基聚合得到支化的低密度聚乙烯（LDPE），其密度为 $0.910 \sim 0.925 \mathrm{g/cm^3}$。而用配位聚合则在低压、常温下即可得到高密度聚乙烯（HDPE）密度为 $0.942 \sim 0.970 \mathrm{g/cm^3}$。

工业生产中乙烯配位聚合所用的催化剂主要是 Ti 系或 Cr 系的高效载体催化剂（表 5-9）。而茂金属催化剂多用于乙烯共聚合制线形低密度聚乙烯（LLDPE）。

表 5-9　乙烯配位聚合的 Ti 系或 Cr 系的高效载体催化剂

| 催化剂 | 催化效率/ $(\times 10^{-4} \mathrm{g/g})$ | 聚合压力/ $(9.8 \times 10^4 \mathrm{Pa})$ | 聚合温度/℃ | 聚合方法 | 聚合时间/h |
|---|---|---|---|---|---|
| $CrO_3$-$SiO_2$，$CrO_3$-$Al_2O_3$ | $0.5 \sim 5$/Cr | $20 \sim 40$ | $125 \sim 175$ | 溶液聚合 | $1/4 \sim 4$ |
| $CrO_3$-$SiO_2$ | 50/Cr | $20 \sim 40$ | $<100$ | 淤浆聚合 | 4 |
| $TiX_n$-$AlR_3$-Mg 盐 | $30 \sim 60$/Ti | $20 \sim 35$ | $60 \sim 90$ | 淤浆聚合 | $2.5 \sim 3$ |
| $TiX_n$-$AlR_3$-有机镁 | $5 \sim 12$ | $30 \sim 60$ | 180 | 溶液聚合 | $<1/6$ |
| $CrO_3$-$Al_2O_3$-$SiO_2$ | $10 \sim 50$ | $10 \sim 15$ | $75 \sim 90$ | 淤浆聚合 | $4 \sim 6$ |
| 有机铬-$AlR_3$-$SiO_2$ | 60/Cr | $7 \sim 20$ | $85 \sim 100$ | 气相聚合 | 6 |

$TiX_n$-$AlR_3$ 系催化乙烯聚合机理的引发、增度可参考聚丙烯一节介绍的单金属催化机理，主要终止方式与聚丙烯相似，有向 $\beta$-氢转移终止、向共催化剂转移终止、向单体转移终止和向 $H_2$ 转移终止（即氢解，用于调节分子量）。

以 $Cp_2MX_2$ - MAO 体系为例，茂金属催化剂催化烯烃聚合的机理大致如图 5-6 所示。

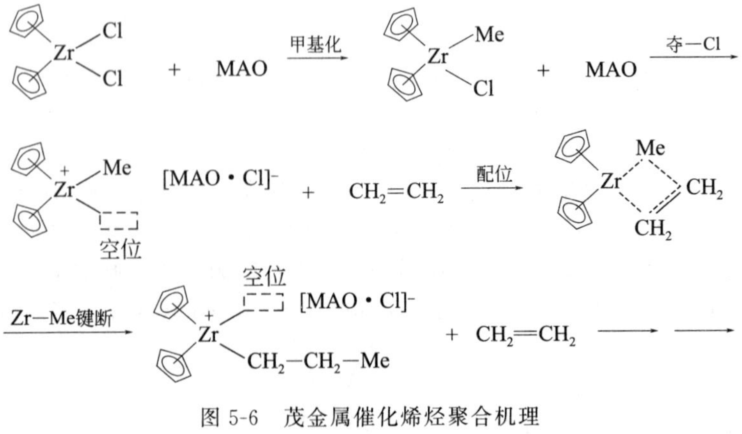

图 5-6　茂金属催化烯烃聚合机理

共催化剂先与茂金属化合物作用形成甲基取代的茂锆化合物，并使一个甲基离去，形成一个缺电子的阳离子活性中心。这个活性阳离子中心具有不饱和性，易与具有一定给电子能力的烯烃单体形成配位化合物。这种配位削弱了中心金属锆与烷烃的成键。有利于配位的烯烃插入反应，形成新的缺电子阳离子活性中心使得烯烃单体进一步配位和插入，最后形成聚合物。

### 5.4.3　小结

乙烯和丙烯的均聚和共聚是最具代表性的配位聚合反应，各种产品的产量占到聚烯烃的大部分，围绕它们展开的催化体系开发、配位聚合机理研究一直是该领域的前沿。

Ziegler-Natta 催化剂催化 $\alpha$-烯烃的聚合机理是研究的热点，也是学习的难点。在目前众多的聚合机理模型中，活性种是由双金属组成的双金属机理和由单一过渡金属化合物构成的单金属机理，因为都有一定的实验和理论依据，并能解释大部分实验现象，因而得到多数人的支持。由于两种机理都存在这样那样的不足，因而不断有改进的机理模型或新的机理模型提出。从目前的发展看，改进的单金属机理模型获得了更加普遍的认同和使用。

# 5.5　二烯烃的配位聚合

二烯烃的主要单体为丁二烯和异戊二烯。目前用配位聚合实现工业化的主要品种有顺丁橡胶（BR）、聚异戊二烯橡胶等，主要采用溶液聚合法。

由于二烯烃有多种立构类型，因此链增长和立构规整化机理的研究更为复杂。聚二烯烃的微观结构主要取决于催化剂种类，所用的配位聚合催化剂大致可分为三类：Ziegler-Natta催化剂、含单一过渡金属的 $\pi$-烯丙基型催化剂和烷基金属催化剂。下面以丁二烯的配位聚合为例介绍比较典型的聚合机理。

### 5.5.1　Ziegler-Natta 催化剂

对二烯烃配位聚合用的催化体系中最常用的主催化剂为 Ti、V、Cr、Mo、Ni 和 Co 的卤化物、氧卤化物、乙酰丙酮螯合物和 Ni、Co 的羧酸盐等。助催化剂有 RLi、$R_2Mg$、$AlR_3$ 等，其中有机铝化合物用的最多。

由表 5-10 可看出，Co、Ni、U 和稀土催化剂用于丁二烯配位聚合，产物以高顺式-1,4结构为主；V 系催化剂产物为反-1,4 结构为主；Cr 和 Mo 系催化剂则得到 1,2-结构为主的聚合物。进一步看，合成顺-1,4-聚丁二烯的催化剂又可分为不可溶性催化剂和可溶性催化剂。前者典型的例子为四氯化钛-三烷基铝催化体系，产物顺-1,4 结构可达 93%。后者典型的例子为我国自行开发的环烷酸镍-三氟化硼乙醚配合物-三乙基铝催化体系，产物顺-1,4 结构可达 95%～99%。

关于丁二烯配位聚合机理比较广泛被接受的有以下几种。

① 单体-金属双配位络合机理　此机理的理论基础是分子轨道理论，认为单体加成的类型取决于单体在过渡金属上的配位方式（图 5-7）。从单体和过渡金属正八面体的配位座间距离来考虑，丁二烯进行单座配位（反式配位）和双座配位（顺式配位）都有可能。顺式配位的单体 1,4-插入得顺-1,4-聚丁二烯，反式配位的单体 1,4-插入得反-1,4-聚丁二烯，1,2-插入得 1,2-聚丁二烯。

② 双金属配位机理　与丙烯双金属机理很相似，丁二烯首先与一定结构的催化剂配合物进行配位，然后丁二烯单体插入 Al—C 键进行增长。聚合物的立构取决于单体性质和催化剂的组成和结构，如采用镍系催化体系，则可得到顺式结构。

### 表 5-10　丁二烯配位聚合催化体系

| 立构类型 | 催化体系 | 微观结构/% | | |
| --- | --- | --- | --- | --- |
| | | 顺-1,4 | 反-1,4 | 1,2 |
| 顺-1,4 | TiI₃-AlEt₃ | 95 | 2 | 3 |
| | CoCl₂-2Py-Et₂AlCl | 98 | 1 | 1 |
| | Ni(naph)₂-BF₃·OEt₂-AlEt₃ | 97 | 2 | 1 |
| | Ln(naph)₃-Et₂AlCl-Al(i-Bu)₃ | 97 | 2 | 1 |
| | π-烯丙基镍-四氯苯醌 | 95 | 3 | 2 |
| | U(OCH₃)₄-EtAlCl₂-AlEt₃ | 98 | 1 | 1 |
| 反-1,4 | TiI₄-AlR₃(Al/Ti<1) | 6 | 91 | 3 |
| | Co(acac)₂-AlEt₃ | 0 | 97 | 3 |
| | V(acac)₃-Et₂AlCl | 0 | 99 | 1 |
| | VCl₃·THF-Et₂AlCl | 0 | 99 | 1 |
| | (π-C₃H₇NiI)₂ | 2 | 96 | 2 |
| 1,2-间规 | V(acac)₃-AlR₃ Al/V=10(陈化) | 3~6 | 1~2 | 92~96 |
| | MoO₂(acac)₂-AlR₃ Al/Mo<6 | 3~6 | 1~2 | 92~96 |
| | Cr(CNC₆H₅)₆-AlR₃(未陈化) | 4~5 | 0~2 | 93~95 |
| | Co(acac)₂-AlR₃-胺 | 0 | 2 | 98 |
| 1,2-等规 | Cr(CNC₆H₅)₆-AlR₃(陈化) | 0~3 | 2 | 97~100 |

注:naph,环烷酸基;Py,吡啶;acac,乙酰丙酮基;Ln,镧系金属。

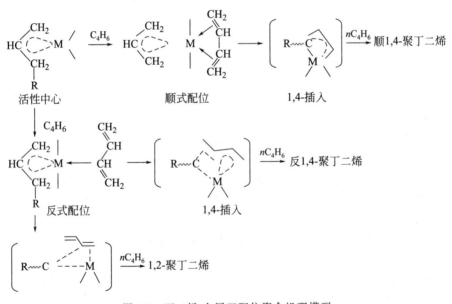

图 5-7　丁二烯-金属双配位聚合机理模型

### 5.5.2　π-烯丙基型催化剂

　　π-烯丙基型催化剂是二烯烃配位聚合的重要催化剂,具有制备容易、比较稳定的特点,尤其是近年开发出一些高活性、高定向的新型催化剂,因此重又受到重视。

　　研究比较多的是 π-烯丙基镍型催化剂 (π-allyl-NiX) 的丁二烯配位聚合。催化剂中配体

X 对聚丁二烯的微观结构有很大影响，无卤素配体基本无聚合活性。配体一般为 Cl、Br、I、OCOCO$_3$、OCOCH$_2$Cl、OCOCF$_3$ 等负性基，且顺-1,4 含量随负性基吸电子能力增强而增加。有多种 π-烯丙基型催化剂的催化聚合机理，图 5-8 为其中之一。

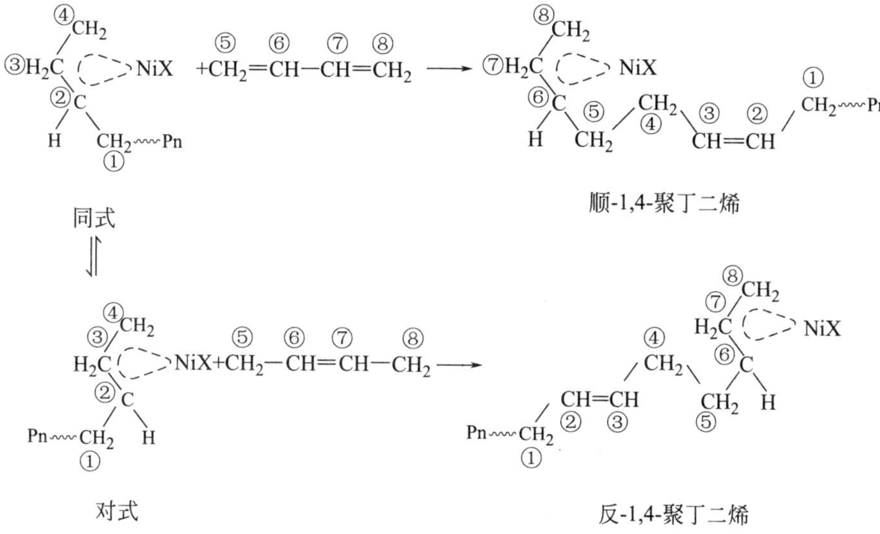

图 5-8　丁二烯用 π-烯丙基镍型催化聚合机理模型

### 5.5.3　烷基金属催化剂

主要是锂系引发剂合成二烯烃，主要工业品种有低顺式聚丁二烯（LCBR）、中乙烯基聚丁二烯（MVBR）、高乙烯基聚丁二烯（HVBR）、低顺式聚异戊二烯等。对烷基锂引发二烯烃的立构形成原因也有多种解释，图 5-9 是其中之一。

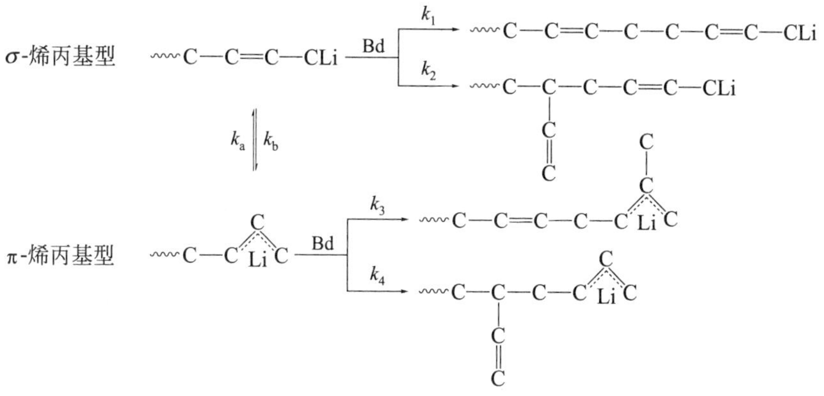

图 5-9　丁二烯用烷基锂引发聚合机理模型

聚丁二烯活性链端存在着 σ-烯丙基和 π-烯丙基的平衡，σ-烯丙基以形成 1,4-聚丁二烯为主，π-烯丙基以形成 1,2-聚丁二烯为主。在非极性介质中，活性中心以 σ-烯丙基为主，在极性介质中活性中心以 π-烯丙基为主。进而可通过调节反应介质的极性来调节产物的结构。

### 5.5.4　小结

二烯烃的配位聚合满足了人们对橡胶的需求。在各种催化剂中，Ziegler-Natta 催化剂的种类最多，组分多变，产物丰富。从目前的发展看，采用锂系引发剂合成的产品也在不断增多。由于二烯烃聚合可形成更多的立构，影响因素更多，因此配位聚合机理研究的难度也要大的多。本节所介绍的只是众多机理模型中的一小部分。

# 5.6 环烯烃的易位聚合

环烯烃在 Ziegler-Natta 催化剂的催化下可发生如下聚合，其聚合反应通式为：

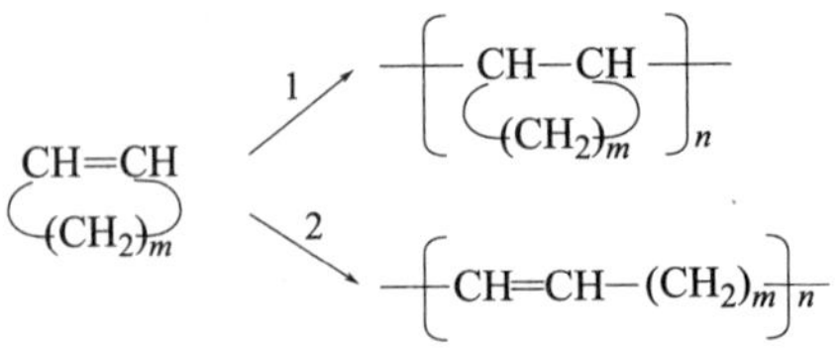

式中，$m$ 是单体或聚合物重复单元中次甲基序列的数目或长度；$n$ 是平均聚合度。可以看出反应式 1 是环内双键打开互相加成，形成主链中含有环状结构的线形聚合物；反应式 2 是发生开环聚合，但这种开环聚合既不是双键打开互相加成，又不是 C—C 单键断裂而开环，而是借助于 C═C 双键与过渡金属配位，双键断裂并不断易位，使环不断扩大，最后形成主链中含 C═C 双键的大环烯烃或线形大分子。因此反应式 2 这类聚合常称为开环易位聚合 (ring opening metathesis polymerization)，简称 ROMP，也有的译为开环歧化聚合。

开环易位聚合的单体一类为取代或未取代的单环烯烃、二烯和多烯烃，典型的有环丁烯、环戊烯等；另一类为取代或未取代的双环或多环烯烃、二烯烃和多烯烃，典型的有降冰片烯、双环戊二烯等。如降冰片烯的聚合反应式为：

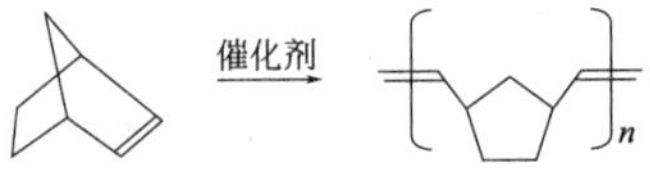

开环易位聚合的催化剂一般以过渡金属无机化合物为主催化剂，主族金属有机化合物为共催化剂，有时还需加入第三组分作活化剂。从目前发展看，主要有三大类：第一类是以ⅣB～ⅦB过渡金属的卤化物、氧卤化物或 π-烯丙基配合物（主要是 W 和 Mo）和Ⅰ～Ⅲ族金属有机化合物（主要是 $R_n Al_{3-n}$）组成的两组分或三组分 Ziegler-Natta 催化剂，这类催化剂由于开发早，常称为传统催化剂，主要用于环戊烯、环戊二烯、降冰片烯及衍生物的聚合。第二类是水溶性催化剂，如 $RuCl_3 \cdot 3H_2O$、$K_2 RuCl_5 \cdot H_2O$ 等，主要用于 2,3-双官能度取代的降冰片烯、7-氧化降冰片烯的聚合。第三类是最近开发的碳-金属卡宾型 $Ru═C—$ 催化剂、碳-金属（$—C═M_t$）或碳-亚烷基（$M_t =$ W、Mo、Ta、Re 等）催化剂。这类催化剂前者对水稳定，可乳液聚合或水、醇溶液聚合，不加助催化剂即呈现高活性，且为活性聚合；后者则有高活性、立构选择性和热稳定性，因而发展潜力很大。

对开环易位聚合的聚合机理研究还不充分，下面介绍两种比较典型的机理。

一种是将有机化学的"烯烃易位"反应机理引伸到环烯烃的开环聚合，认为环烯烃的双键同样与 W 配位，然后经过似环丁烷中间体发生亚烷基交换：

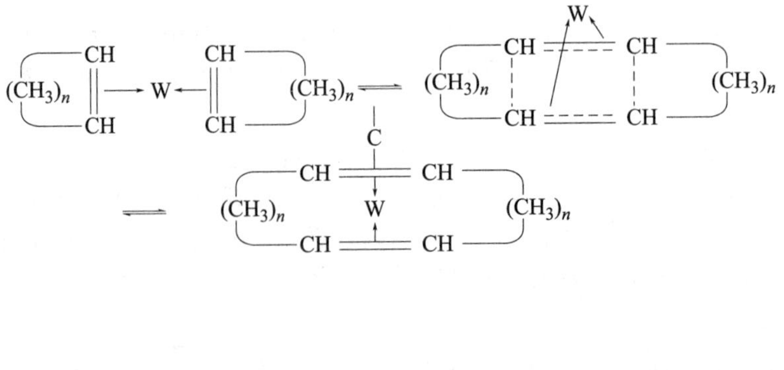

这种机理表明，环烯烃开环聚合的链增长是通过不断双键断裂易位进而环的尺寸不断扩大来进行的。

另一种是对于碳-金属卡宾型催化剂，提出的机理如下。

引发反应是环烯烃中双键与金属卡宾配位后生成金属杂环丁烷过渡态，环烯烃中双键与金属卡宾键均被活化，进而断裂生成新的增长金属卡宾配位化合物。

$$R-CH=M + \underset{R}{\overset{CH=CH}{\bigtriangleup}} \rightleftharpoons \left( \begin{matrix} R-CH-M \\ | \quad | \\ CH-CH \\ \diagdown \diagup \\ R \end{matrix} \right) \rightleftharpoons \begin{matrix} R-CH \quad M \\ | \quad | \\ CH \quad CH \\ \diagdown \diagup \\ R \end{matrix}$$

$$(\sim\sim CH=M)$$

新形成的金属卡宾配位化合物可继续与环烯烃单体上的双键形成新的金属杂环丁烷过渡态，断裂后又生成新的增长金属卡宾配位化合物，如此反复进行，得到高分子化合物。

研究表明，非共轭双烯、炔烃也可用上述催化剂进行催化聚合，得到线形高聚物，因此目前的趋势是把它们统称为易位聚合（metathesis polymerization）。

如 $\alpha$、$\omega$-非共轭二烯烃或具有相似结构的二烯烃可以通过双键易位聚合生成聚合物，同时释放出低分子烯烃：

$$RCH=CH(CH_2)_nCH=CHR \xrightarrow{\text{催化剂}} \ce{=CH(CH_2)_nCH=}_m + RCH=CHR$$

易位聚合是 20 世纪 80 年代发展起来的，从它的发展可以更清楚地看到有机化学与高分子化学的渊源。环烯烃的开环配位聚合产物大都是立构规整聚合物，主要作弹性体。重要的工业品种有反式聚环戊烯（TPR），由于综合性能优异，是一种很有希望的新的通用橡胶。

# 5.7　配位共聚合

与离子共聚相似，适于配位共聚合的单体对较自由基共聚要少得多，但另一方面，能够配位聚合的单体共聚时，单体的相对活性要相近一些。配位共聚在工业化方面的主要应用有乙丙橡胶（1962 年工业化）和线形低密度聚乙烯（1960 年工业化）。

### 5.7.1　乙丙橡胶

乙烯-丙烯无规共聚，产物为二元乙丙橡胶（EPM 或 EPR），重均相对分子质量为 20 万～40 万。由于为饱和链结构，可用过氧化物进行交联。共聚物中乙烯含量一般在 45%～70%（摩尔分数）间变化，乙烯含量增大，胶的强度加大，弹性下降，结晶性增强。

二元乙丙橡胶传统上多用钒系均相催化剂，现已扩展到载体型催化剂、钛系催化剂和茂金属催化剂。在这些催化体系中乙烯的活性一般要高于丙烯（表 5-11），一般通过选择催化剂类型和单体配比控制共聚组成。为保证匀速聚合，催化剂可选择一次性或连续加入。

表 5-11　不同催化体系催化乙烯-丙烯配位共聚合的竞聚率

| 催化体系 | $r_1$ | $r_2$ |
|---|---|---|
| $VCl_4 + Al(C_6H_{13})_3$ | 7.08 | 0.088 |
| $VCl_3 + Al(C_6H_{13})_3$ | 5.61 | 0.145 |
| $VOCl_3 + Al(C_6H_{13})_3$ | 17.95 | 0.065 |
| $TiCl_3 + Al(C_6H_{13})_3$ | 15.72 | 0.110 |
| $Cp_2ZrMe_2 + MAO$ | 31.5 | 0.005 |
| $rac\text{-}Et(Ind)_2ZrCl_2 + MAO$ | 2.57 | 0.39 |
| $rac\text{-}Et(Ind)_2ZrCl_2 + AlEt_3 + Ph_6CB(C_3H_5)_4$ | 1.4 | 0.35 |

加入少量含有两个不饱和双键的第三单体进行三元共聚，得到可通过正常硫化交联的三元乙丙橡胶（EPDM 或 EPT）。为保证硫化正常进行且不将双键引入主链而破坏橡胶的耐老化性，工业上第三单体多用双环茂二烯和亚乙基降冰片烯。第三单体的含量经碘值计通常为 6～30g(碘)/g（共聚物）。为保证第三单体沿大分子链分布均匀，可采取分批加或连续加的方法。与其它橡胶相比，EPDM 由于主链为饱和结构，因而有更优异的耐老化、耐酸碱、电绝缘和耐水性。如采用茂金属催化剂，除催化活性高、生产流程短外，产物的残留金属含量低，透明性好，近年发展很快。

### 5.7.2　线形低密度聚乙烯

通过乙烯与 $\alpha$-烯烃共聚得到线形低密度聚乙烯（LLDPE）。LLDPE 含相当多的短支链，其密度低于 HDPE，改善了加工性、透明性和耐应力开裂性；与 LDPE 相比，没有长支链，分子不呈树叉状。

工业上常用的 $\alpha$-烯烃有 1-丁烯、1-己烯、4-甲基-1-戊烯、1-辛烯，加入量一般为 $6\%～8\%$。目前的发展趋势是用高碳 $\alpha$-烯烃，加入量为 $1\%～20\%$。表 5-12 为不同催化体系催化乙烯-丙烯配位共聚合的竞聚率。

表 5-12　不同催化体系催化乙烯-丙烯配位共聚合的竞聚率

| 共聚单体 | 催化体系 | $r_1$ | $r_2$ |
| --- | --- | --- | --- |
| 1-丁烯 | $VCl_4 + Al(C_6H_{13})_3$ | 29.6 | 0.09 |
| 1-丁烯 | $TiCl_4 + AlEt_3$ | 60 | 0.025 |
| 1-戊烯 | $TiCl_4 + AlEt_3$ | 33.2 | 0.0145 |
| 4-甲基-1-戊烯 | $TiCl_4 + AlEt_2Cl$ | 195 | 0.0025 |

LLDPE 传统多用均相 V 系和非均相 Ti 系催化体系，乙烯的共聚活性远大于 $\alpha$-烯烃。目前的发展是采用均相茂金属催化剂，由于容易克服空间位阻，对于高碳 $\alpha$-烯烃共聚的催化活性要高。

目前通过调节共聚单体的种类、用量、催化体系、氢调等手段，已有众多的 LLDPE 品种面市。如采用茂金属催化剂，控制 1-辛烯在连续的聚乙烯链段中无规分布，由于分子链中仍然存在聚乙烯的结晶链段，产物为聚烯烃热塑性弹性体（POE）。

# ［自学内容］　Ziegler-Natta 催化剂的发现

20 世纪 50 年代出现的 Ziegler-Natta 催化剂是高分子化学发展史上的一个里程碑：以此为开端开发出一大类催化剂；它的出现使 20 世纪 50 年代以来由于石油化学工业的发展为高分子合成提供的大量廉价原料中最后一大类——丙烯实现了工业化生产，并且在常温常压下得到线形聚乙烯及人们渴望已久的合成天然橡胶——高顺式聚异戊二烯；通过对聚丙烯的结构分析，揭示并证明了聚合物的立体异构现象，使 $\alpha$-烯烃、共轭二烯烃及其它不饱和单体的立体规整聚合成为可能；通过对聚合反应的研究，提出了配位阴离子聚合的机理；所有这些成就使高分子化学进入了一个全新的发展时期。1963 年 Ziegler 和 Natta 因其在这方面的杰出贡献而共同荣获诺贝尔化学奖。

K. Ziegler，德国人。曾在 Frankfort、Heideberg 等大学任教，1936 年起任 Halle 大学化学系主任，后任校长。1943 年任 Mak Planck 煤炭研究院院长，1946 年起兼任联邦德国化学会会长。

Ziegler 的一个主要研究领域是有机金属化合物的合成。20 世纪 50 年代初，Ziegler 在研究烷基锂的合成时发现 $LiAlH_4$ 极易与乙烯加成，且三乙基铝与乙烯反应甚至比四乙基铝锂更快，于是 Ziegler 派他的学生进一步研究三烷基铝与烯烃反应时限制链增长的因素。1953 年在一次实验中，Ziegler 的研究生 Holzkamp 意外地发现由于使用的反应釜存留有上次反应后未清洗掉的痕量镍，导致乙基铝和乙烯加成只生成二聚体，且乙基铝不发生分解。Ziegler 对此很感兴趣，让他的另一个研究生 Briel "系统地试验整个周期表的元素"，以找到一种新的催化剂。实验的结果发现，三乙基铝与某些过渡金属化合物共存时可使乙烯在室温常压下聚合得到高分子，最先使用的是乙酰丙酮锆，其后发现钛化合物最为有效。1955 年，诞生了以四氯化钛-三烷基铝为特征的 Ziegler 催化剂。在后来的研究中，由于该催化剂对丙烯催化效果不理想，Ziegler 将注意力转移到乙烯与 α-烯烃的共聚合研究等方面。作为学者，Ziegler 与学术界的同事们保持着密切的联系。在其最终结果发表以前，将他的研究进展告诉了许多与其相识的科学家，其中包括 G. Natta。

G. Natta，意大利人。曾在帕维亚、罗马、都灵等大学任教授，1938 年任米兰工业大学教授、工业化学研究所所长。

1950 年以前，Natta 在结晶学和非均相催化研究方面积累了大量经验。1952 年，Natta 在德国 Frankfort 参加学术报告会时为 Ziegler 关于乙烯在三烷基铝存在下聚合的报告所深深打动，决定在自己的研究室内开展这一方向的研究工作。1954 年，Natta 利用 Ziegler 催化剂进行丙烯聚合，希望获得可用作橡胶的高相对分子质量线形聚合物。对实验结果进行分级分析后吃惊地发现在橡胶状物质中有少量结晶成分，Natta 利用他在这方面的优势，对这一结晶聚合物进行了深入研究。根据 X 射线衍射结果，Natta 推断结晶聚丙烯链上所有手性碳原子都具有相同构型，并称这种结构为 "全同立构"。1954 年底，Natta 发表了有关 "用各种非均相催化剂合成了线形结晶聚丙烯" 的第一篇文章。另一方面 Natta 对 Ziegler 催化剂进行的改进研究也取得了重大进展，发现用 $TiCl_3$ 代替 $TiCl_4$，可提高催化剂在丙烯聚合反应中的立构选择性，使全同立构聚丙烯的产率大大增加。这就是有名的 Natta 催化剂。

K. Ziegler 和 G. Natta 的研究成果为高分子工作者们打开了一扇新的大门。二人在研究作风上的差别同样给我们以有益的启发。Ziegler 喜好纯科学研究，毫无保留地将自己的研究成果拿出来与同行进行交流，就是 Natta 也曾派他的几个同事到 Ziegler 的实验室去观察过研究的进展。作为学者，Ziegler 治学严谨，实验技巧娴熟，对学生要求严格，一生发表论文 200 余篇。但 Ziegler 不愿意从大学转到研究所去，担心研究方向会转到以产品为主的方面。正是由于这一不足，使 Ziegler 没有认识到他所发明的催化剂的重要意义，没有将研究领域扩展到立构规整的聚烯烃方面，申请的专利也只局限于乙烯。Natta 虽然也在大学任教，但他与工业界有着密切的联系，尤其在与 Montecatini 公司的紧密结合中实现了最大的科学满足，甚至 Natta 研究队伍中的多数成员也是由公司提供的。这是一支有才华的研究队伍，在宣布发现定向聚合后 5 年中共发表 170 多篇论文，内容涉及立构规整聚合催化剂及多种立构规整聚合物的合成、表征等诸多领域。Natta 本人一生发表论文 700 余篇，专利约百项。但 Natta 与公司的这种密切关系限制了他坦率地进行科学交流的自由。如在上述 1954 年 Natta 发表的有关 "线形结晶聚丙烯" 的文章中并未对所用催化剂进行描述。又如 Natta 在做了有关聚丙烯的关键实验不久访问 Ziegler 时，并没有将自己的发现告诉 Ziegler，Ziegler 为此很是气愤。

Ziegler-Natta 催化剂的发现也有其时代背景，这就是 20 世纪 50 年代以来石油化学工业的发展及社会对新型聚合物的强烈需求。其实，早在 19 世纪末 Pechmann 等就借分解重氮甲烷而得到了 "聚次甲基"，但既未引起科学上的惊奇，亦未引起工业上的兴趣。1930 年，Marvel 等发表的用金属烷基化合物催化聚合成线形聚乙烯也没有受到重视，尽管有两家化工公司考察了其制备过程，但认为没有工业化的可能。20 世纪 50 年代后，高分子单体的合成逐渐由煤化工的乙炔路线转变为石油化工路线，为高分子合成提供了大量的廉价单体；另一方面在第二次世界大战中崭露头角的高分子在战后的民用领域起着越来越重要的作用。从这点看，Ziegler-Natta 催化剂可谓生逢其时。

当然，Ziegler 和 Natta 的学术背景也是一个不可忽视的因素。从上面的介绍我们可以看出，深厚的理论功底、敏锐的眼光、锲而不舍的探索精神是成功的关键。同时我们也可看到，科学的突破往往在学科的交叉点出现。

# 习 题

1. 举例说明聚合物的异构现象，如何评价聚合物的立构规整性？
2. 写出下列单体聚合后可能出现的立构规整聚合物的结构式及名称：

    (1) $CH_2 =\!\!= CH - CH_3$

    (2) $CH_2 - CH - CH_3$ （下方连 O）
    　　　　　　O

    (3) $CH_2 =\!\!= CH - CH =\!\!= CH_2$
    　　　　　　　　CH_3
    　　　　　　　　|
    (4) $CH_2 =\!\!= C - CH =\!\!= CH_2$

3. 什么是配位聚合？主要有几类催化剂（或引发剂），各有什么特点？
4. 简述配位聚合（络合聚合、插入聚合）、定向聚合（有规立构聚合）、Ziegler-Natta 聚合的特点，相互关系。
5. 比较自由基聚合、离子聚合、配位聚合中产物立构规整性的控制能力并给予简要解释。
6. 丁基锂引发苯乙烯和异戊二烯聚合属于阴离子聚合，它们是否也属于配位聚合，简述理由。
7. 下列引发剂何者能引发乙烯、丙烯、丁二烯的配位聚合：

    (1) $n\text{-}C_4H_9Li$

    (2) $\alpha\text{-}TiCl_3 / AlEt_2Cl$

    (3) $(\pi\text{-}C_3H_5)NiCl$

    (4) $TiCl_4 / AlEt_3$

8. 比较阳离子引发剂、阴离子引发剂和 Ziegler-Natta 催化剂有何异同。
9. 简述两组分 Ziegler-Natta 催化剂、三组分 Ziegler-Natta 催化剂、载体型 Ziegler-Natta 催化剂、茂金属催化剂和后过渡金属催化剂的组成和特点。
10. 简述 Ziegler-Natta 催化剂开发的意义。
11. 丙烯进行自由基聚合、离子聚合及配位阴离子聚合时能否形成高分子聚合物？为什么？怎样分离和鉴定所得聚合物为全同聚丙烯？
12. 在用 Ziegler-Natta 催化剂进行 α-烯烃聚合理论研究中曾提出过自由基聚合、阳离子聚合和阴离子聚合机理，但均未获得公认，试对其依据和不足之处加以讨论。
13. 简述丙烯配位聚合时，Natta 的双金属机理和 Cossee-Arlman 的单金属机理的基本论点，各自的实验依据，这两种机理各解释了什么问题及存在的主要不足。
14. 使用 Ziegler-Natta 催化剂时须注意什么问题，聚合体系、单体、溶剂等应采用何种保证措施？聚合结束后用什么方法除去残余催化剂？
15. 用 Ziegler-Natta 催化剂进行乙烯、丙烯聚合时，为何能用氢气调节聚合物的相对分子质量？
16. 比较合成 HDPE、LDPE、LLDPE 在催化剂、聚合机理、产物结构上的异同。
17. 二烯烃配位聚合催化剂主要有哪几类？
18. 简述用 Ziegler-Natta 催化剂、π-烯丙基型催化剂引发丁二烯聚合的机理。
19. 什么叫易位聚合，开环易位聚合催化剂主要有哪几类？
20. 简述易位聚合的机理、主要单体和催化剂类型。
21. 简述配位聚合在工业上的实际应用。
22. 写出下列聚合物的立体结构、聚合机理及引发剂（或催化剂）：

    HDPE、PP、BR、IR、TPR

# 参 考 文 献

[1] George Odian. Principle of Polymerization. 4th ed . New York：John Wiley & Sons，Inc . ，2004.

[2] Ravve A. Principles of Polymer Chemistry. 2nd ed. New York：Plenum Press，2000.

[3] Harry Allcock R，Frederick Lampe W，James Mark E. 现代高分子化学：影印版 . 北京：科学出版社，2004.

[4] Paul Hiemenz C，Timothy Lodge P. Polymer Chemistry. 2nd ed. New York：CRC Press，2007.

[5] Krzysztof Matyjaszewski，Yves Gnanou，Ludwik Leible. Germany：Macromolecular Engineering，2007.

[6] 焦书科 . 烯烃配位聚合理论与实践 . 北京：化学工业出版社，2004.

[7] 潘祖仁 . 高分子化学 . 第 4 版 . 北京：化学工业出版社，2007.

[8] 唐黎明，庹新林 . 高分子化学 . 北京：清华大学出版社，2009.

[9] 卢江，梁晖 . 高分子化学 . 北京：化学工业出版社，2005.

[10] 复旦大学高分子系高分子教研室 . 高分子化学 . 上海：复旦大学出版社，1995.

[11] 潘才元 . 高分子化学 . 合肥：中国科学技术大学出版社，1997.

[12] 黄葆同，陈伟 . 茂金属催化剂及其烯烃聚合物 . 北京：化学工业出版社，2000.

[13] 王建国 . 高分子合成新技术 . 北京：化学工业出版社，2004.

[14] 张洪敏，侯元雪 . 活性聚合 . 北京：中国石化出版社，1998.

[15] 王迺昌，王庆元，刘廷栋 . 定向聚合 . 北京：化学工业出版社，1991.

[16] 钱保功，王洛礼，王霞瑜 . 高分子科学技术发展简史 . 北京：科学出版社，1994.

[17] 金关泰 . 高分子化学的理论和应用进展 . 北京：中国石化出版社，1995.

[18] 赵德仁，张慰盛 . 高聚物合成工艺学 . 北京：化学工业出版社，1997.

[19] 焦书科 . 高分子化学习题及解答 . 北京：化学工业出版社，2004.

[20] 陈平，廖明义 . 高分子合成材料学 . 北京：化学工业出版社，2010.

[21] 韦军，刘方 . 高分子合成工艺学 . 上海：华东理工大学出版社，2011.

# 第6章 开环聚合

## 6.1 概述

以环状单体的开环聚合来合成聚合物，在高分子化学中同样具有重要的地位。在这种聚合过程中，增长链通过不断地打开环状结构，形成高聚物：

$$nR\!-\!X \longrightarrow \{R\!-\!X\}_n$$

以环醚为例，环氧乙烷经开环聚合反应，得到一种聚醚，即聚氧化乙烯，这在工业上已得到应用。

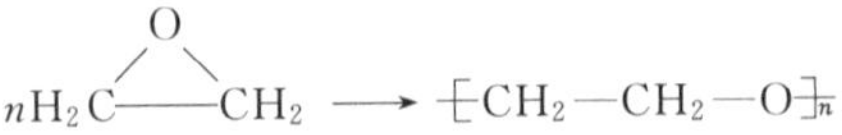

$$nH_2C\underset{O}{\diagdown}CH_2 \longrightarrow \{CH_2\!-\!CH_2\!-\!O\}_n$$

能够进行开环聚合的单体很多，如环状烯烃，以及在环内含有一个或多个杂原子的内酯、内酰胺、环醚、环硅氧烷等杂环化合物。常见环状单体开环聚合命名列于表 6-1。

**表 6-1　常见环状单体开环聚合的命名**

| 单体名称 | | 单体结构 | 聚合物结构 | 来源基础命名法名称 | 结构基础命名法名称 |
|---|---|---|---|---|---|
| 通用名称 | 系统名称 | | | | |
| 环氧乙烷 | 氧杂环丙烷 | 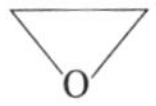 | $\{OCH_2CH_2\}_n$ | 聚环氧乙烷 | 聚氧亚乙基 |
| 环氧丙烷[①] | 甲基氧杂环丙烷 | 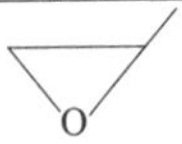 | $\{OCHCH_2\}_n$ 丨 $CH_3$ | 聚环氧丙烷 | 聚氧亚丙基 |
| | 氧杂环丁烷 | 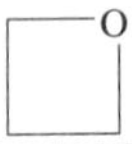 | $\{OCH_2CH_2CH_2\}_n$ | 聚氧杂环丁烷 | 聚氧三亚甲基 |
| 四氢呋喃 | 氧杂环戊烷 |  | $\{OCH_2CH_2CH_2CH_2\}_n$ | 聚四氢呋喃 | 聚氧四亚甲基 |
| $\beta$-丙内酯 | 2-氧杂环丁酮 | 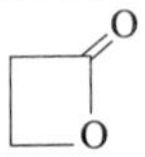 | $\{O\!-\!\overset{\text{O}}{\underset{}{C}}\!-\!CH_2CH_2\}_n$ | 聚丙内酯 | 聚氧羰基二亚甲基 |
| $\gamma$-丁内酯 | 2-氧杂环戊酮 | 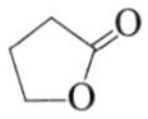 | $\{O\!-\!\overset{\text{O}}{\underset{}{C}}\!-\!CH_2CH_2CH_2\}_n$ | 聚 $\gamma$-丁内酯 | 聚氧羰基三亚甲基 |
| 乙交酯 | 1,4-二氧杂环己烷-2,5-二酮 | 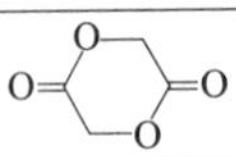 | $\{O\!-\!\overset{\text{O}}{\underset{}{C}}\!-\!CH_2\}_n$ | 聚乙交酯[②] | 聚氧羰基亚甲基 |
| 丙交酯 | 3,6-二甲基-1,4-二氧杂环己烷-2,5-二酮 | 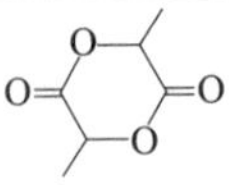 | $\{O\!-\!\overset{\text{O}}{\underset{}{C}}\!-\!CH\}_n$ 丨 $CH_3$ | 聚丙交酯[③] | 聚氧羰基亚乙基 |
| $\varepsilon$-己内酰胺 | 2-氧代六亚甲基亚胺 | 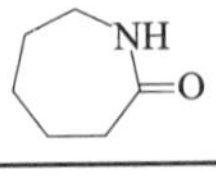 | $\{NHCO(CH_2)_5\}_n$ | 聚己内酰胺 | 聚[亚氨基(1-氧代六亚甲基)] |

① 全称 1,2-环氧丙烷。

② 又称聚乙醇酸。

③ 又称聚乳酸。

开环聚合具有某些加成聚合的特征：由环状单体开环聚合得到的聚合物，其重复单元与环状单体开裂时的结构相同，这与加成聚合相似；同时也具有某些缩合聚合的特征：聚合物主链中往往含有醚键、酯键、酰胺键等，与缩聚反应得到的聚合物常具有相同的结构，只是无小分子放出。开环聚合与缩聚反应相比，还具有聚合条件温和、能够自动保持官能团等物质的量的特点，由此所得聚合物的平均分子质量，通常要比缩聚物高得多。有些单体如乳酸，采用缩聚反应难以得到高分子质量的聚合物；而采用乳交酯的开环聚合，就能够获得高分子质量的聚乳酸。但是，与缩聚反应相比，开环聚合可供选择的单体较少。例如合成聚酯，二元酸与二元醇可通过缩聚制备聚酯；而开环聚合，只有相当于 $\alpha,\omega$-羟基酸的环内酯可供选择。聚酰胺的情况也是如此。另外，有些环状单体合成困难，因此由开环聚合所得到的聚合物品种受到限制。开环聚合就机理而言，有些属于逐步聚合，有些属于连锁聚合。

### 6.1.1　聚合范围及单体可聚性

如前所述，环醚、环酯、环酰胺、环硅氧烷等能够进行开环聚合。此外，环胺、环硫化物、环烯烃以及 N-羧基-$\alpha$-氨基酸酐等同样也能进行开环聚合。

环状单体能否转变为聚合物，取决于聚合过程中自由能的变化情况，与环状单体和线形聚合物的相对稳定性有关。Dainton 以环烷烃作为环状单体的母体，研究了环大小与聚合能力的关系。表 6-2 列出了环烷烃在假想开环聚合时的自由能变化 $\Delta G_{lc}^{\ominus}$、焓变 $\Delta H_{lc}^{\ominus}$ 及熵变 $\Delta S_{lc}^{\ominus}$。聚合过程中，液态的环烷烃（l）转变为无定形的聚合物（c）。

$$n\left(CH_2\right)_x \longrightarrow \left(CH_2\right)_{x\overline{n}}$$
$$\text{(l)} \qquad\qquad\qquad \text{(c)}$$

从表 6-2 可以看出，除六元环外，其它环烷烃的开环聚合在热力学上都是有利的。一般说来，六元环是不能聚合的。其它环烷烃的聚合可行性为：三元环、四元环＞八元环＞五元环、七元环。对于三元环、四元环来讲，$\Delta H_{lc}^{\ominus}$ 是决定 $\Delta G_{lc}^{\ominus}$ 的主要因素；而对于五元环、六元环和七元环来说，$\Delta H_{lc}^{\ominus}$ 和 $\Delta S_{lc}^{\ominus}$ 对 $\Delta G_{lc}^{\ominus}$ 的贡献都重要。随着环节数的增加，熵变对自由能变化的贡献增大，十二元环以上的环状单体，熵变的影响变小。对于环烷烃来讲，取代基的存在将降低聚合反应的热力学可行性。在线形聚合物中，取代基的相互作用要比在环状单体中的大，$\Delta H_{lc}^{\ominus}$ 变大（向正值方向变化），$\Delta S_{lc}^{\ominus}$ 变小，使得聚合倾向变小。

**表 6-2　环烷烃开环聚合的热力学参数（25℃）**

| $\left(CH_2\right)_x$ | $\Delta H_{lc}^{\ominus}$ /(kJ/mol) | $\Delta S_{lc}^{\ominus}$ /[J/(mol·℃)] | $\Delta G_{lc}^{\ominus}$ /(kJ/mol) |
|---|---|---|---|
| 3 | −113.0 | −69.1 | −92.5 |
| 4 | −105.0 | −55.3 | −90.0 |
| 5 | −21.2 | −42.7 | −9.2 |
| 6 | +2.9 | −10.5 | +5.9 |
| 7 | −21.8 | −15.9 | −16.3 |
| 8 | −34.8 | −3.3 | −34.3 |

尽管除了六元环外，环烷烃的开环聚合在热力学上是有利的，但实施起来则不易。目前发现主要是环丙烷的衍生物能够进行开环聚合，且仅能得到低聚物。这表明热力学可行性并不能保证聚合反应就一定能够发生，实际聚合要考虑聚合反应的动力学。在环烷烃的结构中，不存在容易被引发物种进攻的键，因此开环聚合难于进行。内酰胺、内酯、环醚及其它的环状单体与环烷烃显著不同，杂原子的存在提供了可被引发物种亲核或亲电进攻的部位，从而可进行引发及增长反应。这些单体能够聚合，因为无论从热力学还是从动力学上讲，都

有利于聚合的发生。总的说来，三元、四元和七元到十一元环的可聚性高，而五元、六元环的可聚性低。实际上开环聚合一般仅限于九元环以下的环状单体，更大的环状单体一般是不容易得到的。

### 6.1.2 聚合机理和动力学

开环聚合一般也存在着链引发、链增长、链终止等基元反应，在增长阶段单体只与增长链反应，具有连锁聚合的特征。开环聚合中聚合物的平均分子质量常随聚合的进行而增长，这一点与传统的自由基聚合不同。自由基聚合整个过程都有高聚物生成，体系中只存在高聚物、单体及少量的增长链，单体与增长链反应。开环聚合大多为离子型聚合，增长链存在着离子对，反应速度受溶剂等影响。许多开环聚合具有活性聚合的特征。

环状单体在离子或分子型引发剂的作用下，单体首先开环形成引发物种 $M^*$，$M^*$ 可为离子或分子，主要由引发剂的种类决定。$M^*$ 进一步进攻单体，形成增长链：

链引发：

$$M + I \longrightarrow M^*$$

链增长：

$$(M)_{n-1}M^* + M \longrightarrow (M)_n M^*$$

式中，I 为引发剂，可为负离子型引发剂如 Na、$RO^-$、$HO^-$；正离子型引发剂如 $H^+$；分子型引发剂如 $BF_3$、$H_2O$ 等。

对于一个开环聚合反应来讲，如果没有终止反应，其聚合按活性聚合进行。链增长速率表示为：

$$R_p = K_p[M^*][M] \tag{6-1}$$

式中，$[M^*]$ 为增长活性种的浓度，增长链活性种可以是氧镓离子或硫镓离子等阳离子活性种或氧负离子等阴离子活性种。如果聚合过程中存在着聚合-解聚平衡，聚合反应表示为：

$$M_n^* + M \underset{K_{DP}}{\overset{K_p}{\rightleftharpoons}} M_{n+1}^*$$

此时的聚合速率由聚合-解聚速率表示：

$$R_p = -d[M]/dt = K_p[M^*][M] - K_{DP}[M^*] \tag{6-2}$$

假定单体的平衡浓度为 $[M]_c$，平衡时聚合速率为零。则：

$$K_p[M]_c = K_{DP} \tag{6-3}$$

Hirota 和 Fukuda 曾研究了平衡聚合过程中聚合度与反应参数的关系，其中引发反应可以表示为：

$$I + M \underset{}{\overset{K_I}{\rightleftharpoons}} M^*$$

式中，I 为引发物种。假定引发反应和链增长反应的平衡常数与增长链的链长无关，那么平衡时链长为 $n$ 的增长链活性种的浓度为：

$$[M]_n^* = K_I[I]_c[M]_c(K_p[M]_c)^{n-1} \tag{6-4}$$

所有聚合物的总浓度 $[N]$ 为：

$$[N] = \sum [M]_n^* = K_I[I]_c[M]_c/(1 - K_p[M]_c) \tag{6-5}$$

聚合物中所有的单体链节数 $[W]$ 为：

$$[W] = \sum n[M]_n^* = K_I[I]_c[M]_c/(1 - K_p[M]_c)^2 \tag{6-6}$$

因此，聚合物的平均聚合度即可表示为 $[W]/[N]$：

$$\overline{X}_n = 1/(1 - K_p[M]_c) \tag{6-7}$$

# 6.2  环醚的聚合

环醚是一种 Lewis 碱，通常的环醚只能进行正离子型开环聚合，而三元环的环氧化物是例外。因为三元环具有很大的环张力，反应性高，因此可进行正离子、负离子及配位阴离子聚合。

实际上，简单的环醚（环中只有一个醚键）如三元、四元、五元环醚，复杂的环醚如一些环缩醛类，都能够通过适当的引发方式进行开环聚合。环醚的反应性符合 6.1 节中介绍的规律，小于五元或大于六元的环醚比较容易聚合，五元环醚的聚合较困难。取代的五元环醚和缩醛通常是惰性的，如 3-甲基四氢呋喃和 4-乙基-1,3-二氧六环只能得到低聚体。取代基能够提高环状化合物的稳定性，降低聚合反应性。已发现的六元环醚，如四氢吡喃（Ⅰ）和 1,4-二氧六环（Ⅱ）是完全惰性的，在任何条件下都不能发生开环聚合。

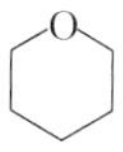

（Ⅰ） 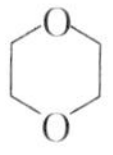    （Ⅱ）

## 6.2.1  环氧化物的开环聚合

### 6.2.1.1  正离子聚合

Lewis 酸，如 $BF_3$、$SnCl_4$、$SbCl_5$ 及质子酸如 $CF_3SO_3H$ 等，能够引发环氧化物如环氧乙烷（EO）、环氧丙烷（PO）等的开环聚合。以 $BF_3$-$H_2O$ 为例，环氧乙烷的聚合过程如下。

链引发：

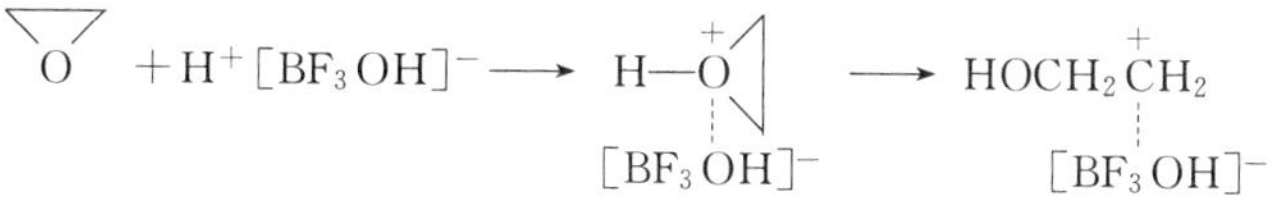

链增长：

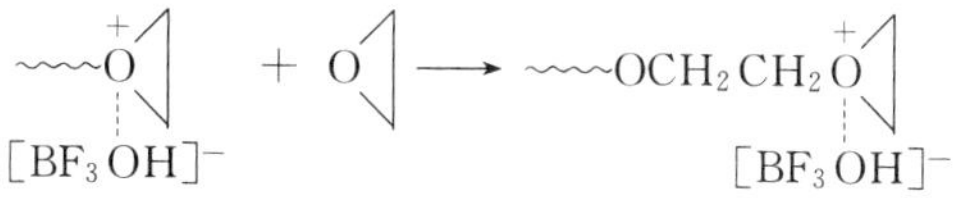

聚合的活性种为氧𬓹离子。研究发现，聚合物的相对分子质量随着聚合反应的进行，首先增加，之后达到某一极限值后，聚合物的相对分子质量及产量都不再增加，此时消耗的单体转化为等量的二氧六环。二氧六环是增长链中形成的三烷基氧正离子，与聚合物链中的氧原子发生交换反应而产生的：

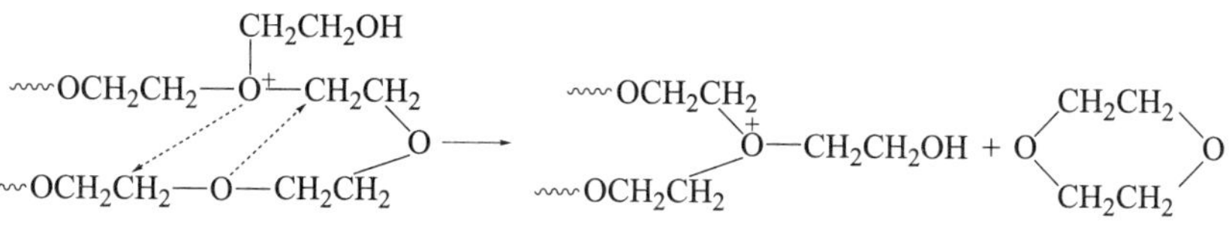

二氧六环的量往往与引发体系中的水含量有关。

### 6.2.1.2  负离子聚合

（1）聚合机理

环氧化物，如环氧乙烷、环氧丙烷等，可通过氢氧化物、醇盐、金属氧化物、金属有机化合物和其它碱引发，进行负离子开环聚合。以 $Me^+A^-$ 引发环氧乙烷的开环聚合表示如下。

引发反应：

$$H_2C \overset{O}{\underset{\triangle}{\text{——}}} CH_2 + Me^+ A^- \longrightarrow A{-}CH_2CH_2O^-Me^+$$

链增长：

$$A{-}CH_2CH_2O^-Me^+ + H_2C \overset{O}{\underset{\triangle}{\text{——}}} CH_2 \longrightarrow A{-}CH_2CH_2OCH_2CH_2O^-Me^+$$

或用通式表示为：

$$A{\left(CH_2CH_2O\right)}_{n}OCH_2CH_2O^-Me^+ + H_2C \overset{O}{\underset{\triangle}{\text{——}}} CH_2 \longrightarrow$$

$$A{\left(CH_2CH_2O\right)}_{n+1}CH_2CH_2O^-Me^+$$

环氧化物的负离子开环聚合具有活性聚合的特点，如不加入终止剂，则不发生终止反应。不对称的环氧化物如环氧丙烷，在进行负离子开环聚合时有两种可能的增长方式：

$$\underset{3\quad2\quad1}{CH_3{-}CH{-}CH_2} \overset{O}{\underset{\triangle}{\phantom{aa}}} \cdots\!\!\sim O^-K^+ \nearrow \overset{CH_3}{\underset{\sim\cdots\!\! CH{-}CH_2{-}O^-K^+}{\phantom{a}}}$$
$$\searrow \overset{CH_3}{\underset{\sim\cdots\!\! CH_2{-}CH{-}O^-K^+}{\phantom{a}}}$$

这是由活性种进攻环氧基的不同部位所致。虽然初看起来因反应部位的不同，最终生成的聚合物可能会有不同的结构，但实际情况并非如此，所得到的聚合物除了端基不同外，聚合物的结构是一样的。负离子活性中心总是优先进攻空间位阻较小的 C-1 位。

（2）交换反应

许多环氧化物的开环聚合，如醇盐或氢氧化物等引发的聚合，是在醇（常采用醇盐相应的醇）的存在下进行的。醇的存在，可以溶解引发剂，形成均相体系；同时能明显地提高聚合反应的速率。这可能是由于醇增加了自由离子的浓度，同时将紧密离子对变为松散离子对。

在醇存在下，增长链与醇之间可发生交换反应：

$$R{\left(CH_2CH_2O\right)}_{n-1}CH_2CH_2O^-Na^+ + ROH \rightleftharpoons R{\left(CH_2CH_2O\right)}_{n}OH + RO^-Na^+$$

新生成的高分子醇也会与增长链发生类似的交换反应：

$$R{\left(CH_2CH_2O\right)}_{n}OH + R{\left(CH_2CH_2O\right)}_{m-1}CH_2CH_2O^-Na^+ \rightleftharpoons$$

$$R{\left(CH_2CH_2O\right)}_{n-1}CH_2CH_2O^-Na^+ + R{\left(CH_2CH_2O\right)}_{m}OH$$

这些交换反应可引起分子质量的降低及分子质量分布的变宽。

（3）向单体的转移反应　　环氧化物通过负离子开环聚合，得到聚合物的分子质量通常是比较低的。其中环氧丙烷仅能得到相对分子质量小于 5000 的低聚物；只有环氧乙烷，可获得相对分子质量达 40000～50000 的聚合物（更高相对分子质量的聚合物则需通过配位引发剂得到）。这是因为环氧化物对负离子增长种活性较低，同时存在着增长链向单体的转移反应。对于取代的环氧乙烷如环氧丙烷来说，向单体的转移反应尤为显著。增长链从取代基上夺氢，随之发生裂环反应，生成烯丙基负离子：

$$\sim\!\!\!\sim CH_2{-}\overset{CH_3}{\underset{|}{CH}}{-}O^-Na^+ + CH_3{-}CH \overset{O}{\underset{\triangle}{\phantom{aa}}} CH_2 \xrightarrow{k_{tr},M}$$

$$\sim\!\!\!\sim CH_2{-}\overset{CH_3}{\underset{|}{CH}}{-}OH + CH_2{-}CH \overset{O}{\underset{\triangle}{\phantom{aa}}} CH_2^-Na^+$$

$$CH_2{-}CH \overset{O}{\underset{\triangle}{\phantom{aa}}} CH_2^-Na^+ \xrightarrow{\text{很快}} CH_2 {=\!=} CH{-}CH_2O^-Na^+$$

活性链向单体的转移，是聚合物相对分子质量降低的原因之一。

　　在工业上，常采用氢氧化钠或氢氧化钾为引发剂，进行环氧乙烷或环氧丙烷的负离子开环聚合，制备端羟基的聚醚二元醇或多元醇，用作聚氨酯等弹性体的软段。

#### 6.2.1.3　配位聚合

　　环氧化合物的配位聚合是从 20 世纪 50 年代发展起来的。配位聚合的引发剂可分为两类：一类是碱土金属化合物，主要用于合成高相对分子质量的聚环氧乙烷。另一类为 Fe、Al、Zn 的醇盐，以及由 Al、Zn 等的金属有机化合物所衍生的产物，这类引发剂对 EO、PO、环氧氯丙烷（ECH）的聚合都具有很高的活性。$AlR_3$-$H_2O$-乙酰丙酮体系引发环氧化合物的聚合机理如下：

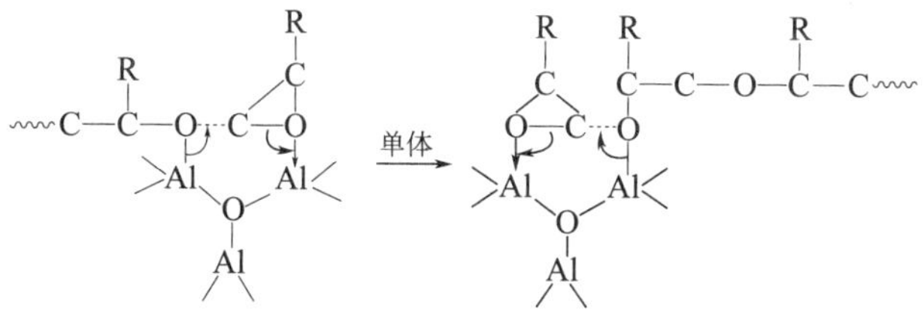

　　乙酰丙酮在 Al 原子上配位后，使得引发剂的酸性降低，适合于环氧化合物的配位聚合。这种三元体系对环氧化合物具有非常高的聚合活性，能够得到高相对分子质量的结晶聚合物。在聚合过程中，单体在金属活性中心配位，配位增长种需有两个相邻的金属原子（Al）存在，其中一个与增长链相连，另一个使单体配位和定向，增长链交替地在两个相邻的金属原子间移动，聚合反应不断地进行。采用配位聚合能够得到高相对分子质量的聚合物，同时，对于取代的环氧化合物如环氧丙烷等，配位聚合可以得到立构规整性的聚合物。

　　类似地，采用二价金属离子及三价金属离子所形成的双金属氧联醇盐，也能够很好地引发环氧化物的配位聚合，得到高相对分子质量的聚合物。

### 6.2.2　四元、五元环醚的开环聚合

#### 6.2.2.1　四元环醚

　　四元环醚氧杂环丁烷具有较大的聚合能力，但是仅能进行正离子开环聚合：

$$n \begin{array}{c} CH_2\!-\!O \\ | \qquad | \\ CH_2\!-\!CH_2 \end{array} \longrightarrow \left[ O(CH_2)_3 \right]_{\!n}$$

　　所用的引发剂如 $BF_3$-$H_2O$、$Et_3O^+X^-$（$X^-$ 为 $BF_4^-$、$PF_6^-$、$SbF_6^-$ 等）。以 $BF_3$-$H_2O$ 为例，氧杂环丁烷的聚合过程如下。

　　链引发：

$$BF_3 + H_2O \Longleftrightarrow H^+[BF_3OH]^-$$

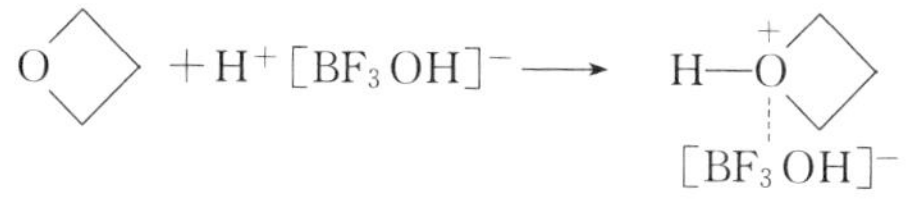

　　链增长：

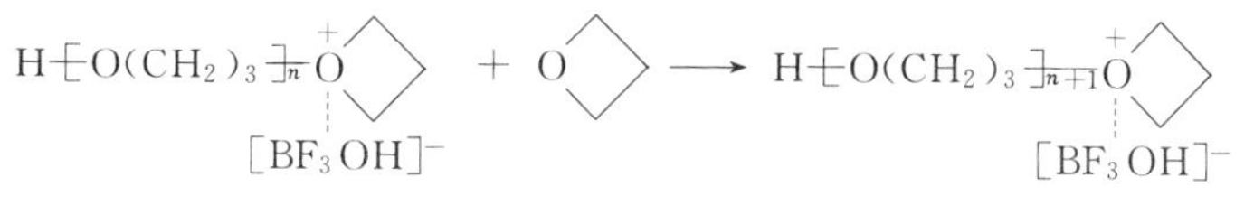

　　链转移：

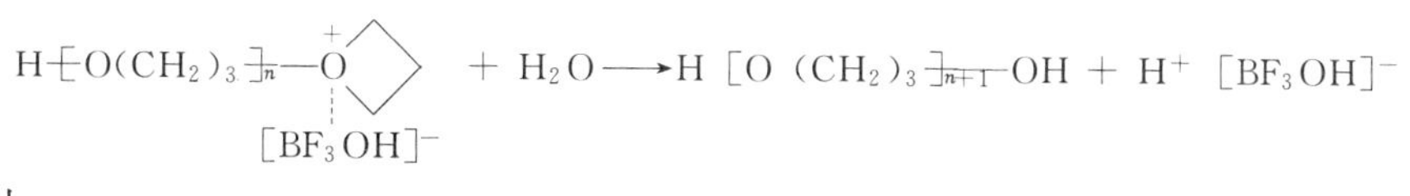

　　链终止：

$$H\!\!\left[O(CH_2)_3\right]_{n+3}\!\!\overset{+}{O}\diamondsuit \quad\longrightarrow\quad H\!\!\left[O(CH_2)_3\right]_{n}\!\!\overset{+}{O}\!\!\begin{matrix}(CH_2)_3O(CH_2)_3\\ \diagdown\\ (CH_2)_3O(CH_2)_3\end{matrix}\!\!O$$
$$[BF_3OH]^-\qquad\qquad\qquad\qquad\qquad [BF_3OH]^-$$

由于形成无环张力的四聚体氧正离子，活性降低，聚合终止。四聚体氧正离子还可通过与氧杂环丁烷的交换，形成新的活性中心，同时有环状四聚体形成：

$$\sim\!\!\sim\!\!O(CH_2)_3\!\!\overset{+}{O}\!\!\begin{matrix}(CH_2)_3O(CH_2)_3\\ \diagdown\\ (CH_2)_3O(CH_2)_3\end{matrix}\!\!O\ +\ O\diamondsuit\ \longrightarrow$$
$$[BF_3OH]^-$$

$$\sim\!\!\sim\!\!O(CH_2)_3\!\!\overset{+}{O}\diamondsuit\ +\ \begin{matrix}(CH_2)_3O(CH_2)_3\\ O\qquad\qquad O\\ (CH_2)_3O(CH_2)_3\end{matrix}$$
$$[BF_3OH]^-$$

环状四聚体的生成量与聚合温度有关，温度低则生成量少。一般在 $-10\sim50℃$ 时四聚体的生成量最少。

类似地，3,3-双（氯甲基）氧杂环丁烷（BCMO），也可通过正离子聚合，得到如下的聚合物：

$$n\,O\diamondsuit\!\!\begin{matrix}CH_2Cl\\ \\ CH_2Cl\end{matrix}\quad\longrightarrow\quad \begin{matrix}&CH_2Cl&\\ \!\!\left[CH_2\!-\!\!\overset{|}{\underset{|}{C}}\!\!-\!CH_2\!-\!O\right]_n\\ &CH_2Cl&\end{matrix}$$

该聚合物是一种结晶性的聚合物，具有良好的耐化学品性能。

### 6.2.2.2　五元环醚的聚合

五元环醚也只能进行正离子开环聚合。如四氢呋喃（THF）可以通过多种正离子聚合的引发剂引发，进行开环聚合反应。在所有的温度下，四氢呋喃的聚合都是平衡反应，聚合通过氧正离子进行的。以质子酸如 $HClO_4$、$FSO_3H$ 为例，其聚合过程如下：

$$O\pentagon\ +\ HX\ \longrightarrow\ H\!\!-\!\!\overset{+}{O}\pentagon$$
$$X^-$$

$$\sim\!\!\sim\!\!\overset{+}{O}\pentagon\ +\ O\pentagon\ \longrightarrow\ \sim\!\!\sim\!\!OCH_2CH_2CH_2CH_2\!\!-\!\!\overset{+}{O}\pentagon$$
$$X^-\qquad\qquad\qquad\qquad\qquad\qquad\qquad\qquad X^-$$

式中，$X^-=ClO_4^-$，$FSO_3^-$。

工业上通过四氢呋喃的正离子开环聚合，制备端羟基聚醚。端羟基聚四氢呋喃具有很好的柔顺性，多用于制备聚氨酯材料如聚氨酯泡沫塑料、黏合剂、涂料及氨纶等。

### 6.2.3　环缩醛

各种环缩醛都能够很容易地发生正离子开环聚合反应。甲醛的三聚体三聚甲醛或三氧六环能够进行正、负离子聚合得到聚甲醛：

$$\frac{n}{3}\ H_2C\!\!\begin{matrix}O\!-\!CH_2\\ \qquad\qquad O\\ O\!-\!CH_2\end{matrix}\quad\longrightarrow\quad \left(CH_2O\right)_n$$

三聚甲醛以三氟化硼为引发剂的正离子聚合已工业化。水的存在是必需的，如无水存在，三聚甲醛即使与三氟化硼混合两天也无聚合发生。三氟化硼-水体系引发的聚合如下。

链引发：

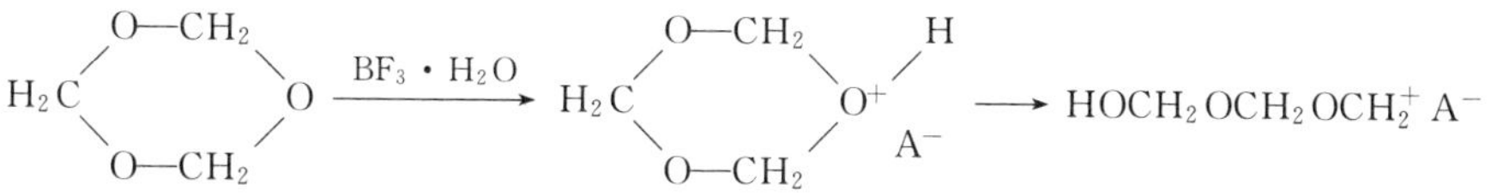

活性种被认为是氧鎓离子。

链增长：

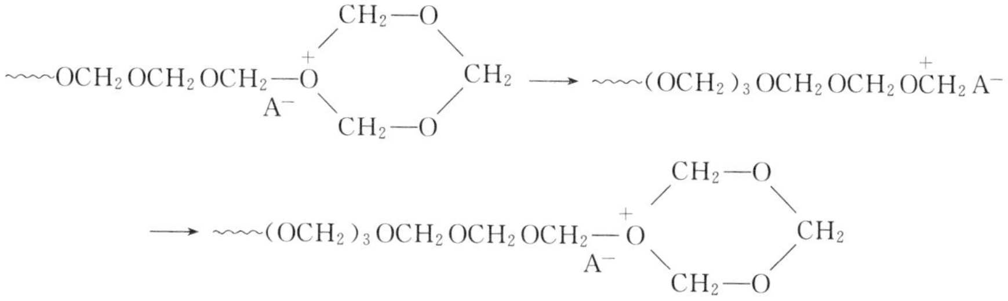

式中 $A^-$ 为反离子 $[BF_3OH]^-$。在引发及链增长过程中，形成氧鎓离子有利于活性种的稳定：

$$\sim\sim\overset{+}{O}CH_2 \Longleftrightarrow \sim\sim\overset{+}{O}=CH_2$$

三聚甲醛在聚合过程中，存在着聚合-解聚的平衡：

$$\sim\sim\sim OCH_2OCH_2\overset{+}{O}CH_2 \Longleftrightarrow \sim\sim OCH_2\overset{+}{O}CH_2 + CH_2O$$

为了避免聚甲醛在加工过程中分解，工业上通常采用酯化或共聚的方法，来提高聚甲醛的稳定性。经酯化如乙酯化后，得到如下的结构：

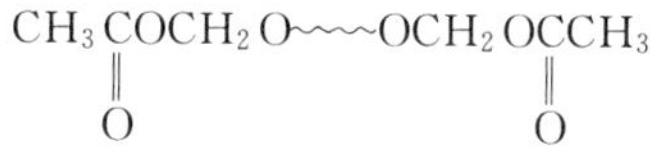

$$CH_3\underset{\underset{O}{\|}}{C}OCH_2O\sim\sim\sim OCH_2O\underset{\underset{O}{\|}}{C}CH_3$$

酯化将链端的半缩醛结构转变为酯基，酯基的稳定性大于半缩醛。三聚甲醛还可通过与 1,3-二氧五环或环氧乙烷共聚，引入—$OCH_2CH_2O$—结构，阻止聚合物链的连续降解：

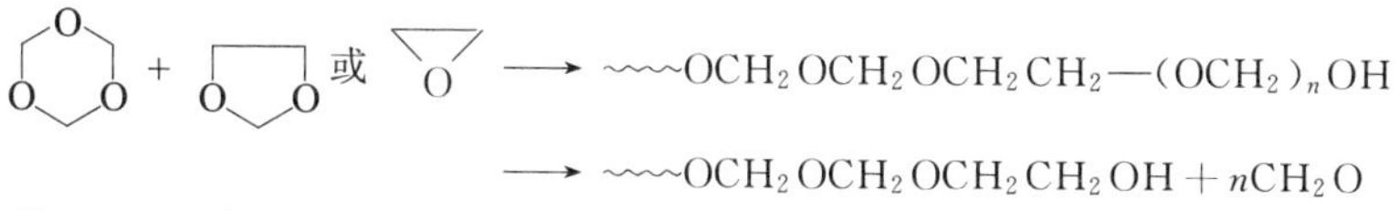

$$\sim\sim\sim OCH_2OCH_2OCH_2CH_2—(OCH_2)_nOH$$

$$\longrightarrow \sim\sim\sim OCH_2OCH_2OCH_2CH_2OH + nCH_2O$$

环缩醛中的 1,3-二氧环五烷、1,3-二氧环庚烷、1,3-二氧环辛烷等，同样可以进行正离子开环聚合，得到的产物为—$O(CH_2)_m$—和—$OCH_2$—1:1 的交替共聚物：

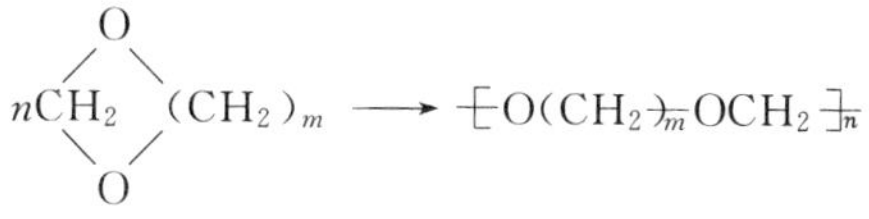

$$n CH_2 (CH_2)_m \longrightarrow \text{—}[O(CH_2)_m OCH_2]_n\text{—}$$

# 6.3　内酯的聚合

环酯（又称内酯）能够进行三种机理的聚合，即正离子聚合、负离子聚合及配位聚合，生成聚酯：

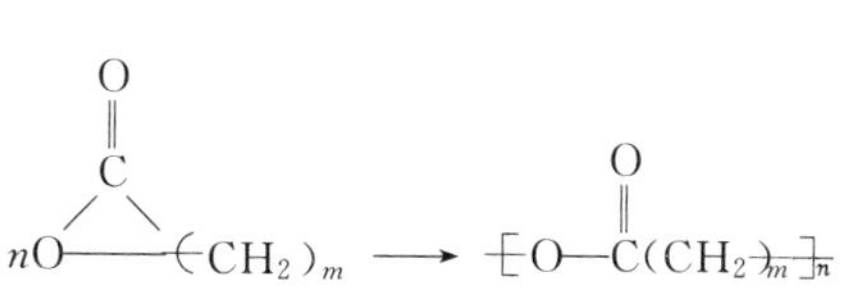

$$n O—(CH_2)_m \longrightarrow \text{—}[O—C(CH_2)_m]_n\text{—}$$

内酯的聚合能力与环的大小有关。通常环张力较大的四元环如 $\beta$-丙内酯（$\beta$-PL）、$\beta$-二甲基-$\beta$-丙内酯（$\beta$-DMPL）、$\beta$-丁内酯（$\beta$-BL），七元环的 $\varepsilon$-己内酯（$\varepsilon$-CL），以及六元环的乙交酯、丙交酯（乳交酯）等，都可进行开环聚合；而五元环内酯如 $\gamma$-丁内酯，已往认为是难于聚合的。最近的研究表明，$\gamma$-丁内酯能够与多种内酯，如 $\beta$-丁内酯、$\varepsilon$-己内酯等聚合，生成高分子质量的共聚物。有些研究认为，$\gamma$-丁内酯在特殊的条件下，还能得到高分子质量均聚物［聚（4-羟基丁酸酯）］。

### 6.3.1　正离子聚合

环酯在 $AlCl_3$、$ZnCl_2$、$SnCl_4$、$SbCl_5$、$BF_3 \cdot OEt_2$、甲苯磺酸等引发剂的作用下，能够进行正离子开环聚合。聚合机理与环醚相似，首先形成氧鎓离子：

$$R^+ + \underset{C=O}{\overset{O}{(CH_2)_5}} \rightleftharpoons \underset{C=O}{\overset{\overset{+}{O}-R}{(CH_2)_5}} \rightleftharpoons RO\text{-}(CH_2)_5\text{-}\overset{O}{C^+}$$

增长反应相当于上述反应的多次重复：

$$RO\text{-}[(CH_2)_5\overset{O}{C}\text{-}O]_n(CH_2)_5\text{-}\overset{O}{C^+} + \underset{C=O}{\overset{O}{(CH_2)_5}}$$

$$\longrightarrow RO\text{-}[(CH_2)_5\overset{O}{C}\text{-}O]_{n+1}(CH_2)_5\text{-}\overset{O}{C^+}$$

### 6.3.2　负离子聚合

在负离子聚合过程中，引发反应是碱对环酯中羰基的亲核进攻：

$$R^- + \underset{C=O}{\overset{O}{(CH_2)_5}} \longrightarrow R\text{-}\overset{O}{C}\text{-}(CH_2)_5\text{-}O^-$$

增长反应与上述过程相似：

$$R\text{-}\overset{O}{C}\text{-}[(CH_2)_5\text{-}O]_n\overset{O}{C}\text{-}(CH_2)_5\text{-}O^- + \underset{C=O}{\overset{O}{(CH_2)_5}}$$

$$\longrightarrow R\text{-}\overset{O}{C}\text{-}[(CH_2)_5\text{-}O]_{n+1}\overset{O}{C}\text{-}(CH_2)_5\text{-}O^-$$

对于大部分内酯来说，负离子开环聚合是通过酰-氧键的断裂进行的，这与酯的碱性皂化机理是一致的。

### 6.3.3　配位聚合

环酯在 $AlEt_3$、$ZnEt_2$ 及少量的水组成引发体系的作用下，发生配位聚合。在聚合过程中，有机金属化合物首先与单体作用，生成相应的金属醇盐，该醇盐即是引发活性种：

$$Al\text{-}Et + (CH_2)_n\underset{O}{\overset{C=O}{\big|}} \longrightarrow Et\text{-}\overset{O}{C}\text{-}(CH_2)_n\text{-}OAl$$

增长过程中，单体先与增长链末端的活性种配位，使单体的亲电子性提高，之后在铝醇盐这种弱亲核试剂的作用下，很快开环：

$$\sim\sim\overset{O}{C}\text{-}(CH_2)_n\text{-}OAl + (CH_2)_n\underset{O}{\overset{C=O}{\big|}} \longrightarrow \sim\sim\overset{O}{C}\text{-}(CH_2)_n\text{-}O\text{-}Al$$

$$\longrightarrow \sim\sim\overset{O}{C}\text{-}(CH_2)_n\text{-}O\text{-}\overset{O}{C}\text{-}(CH_2)_n\text{-}OAl$$

上述醇盐增长活性种的亲核性较弱，难以使单体脱 $\alpha$-H，因此不发生链转移。由此得到的聚合物的相对分子质量，通常比普通阴离子聚合要高得多。

双金属联氧盐是环酯类进行配位聚合非常有用的引发体系，它具有如下的结构：

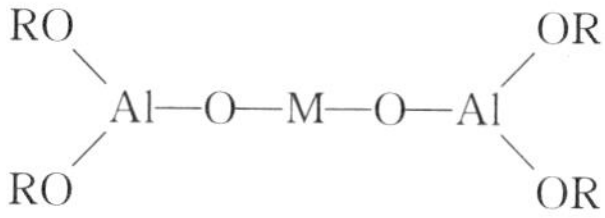

$$RO-Al(OR)-O-M-O-Al(OR)(OR)$$

其中 Me 为二价金属离子如 Zn（Ⅱ）、Co（Ⅱ）、Fe（Ⅱ）、Mn（Ⅱ）等，R 为烷基。双金属联氧盐对环酯如 $\beta$-丙内酯、$\delta$-戊内酯及 $\varepsilon$-己内酯具有很高的活性，能够获得高转化率和高相对分子质量，聚合物的相对分子质量随转化率的增加而增加，具有活性聚合的特征。分子质量与转化率呈线性关系，当单体耗尽后，补加单体，聚合反应继续进行。对于 $\varepsilon$-己内酯而言，聚合物的相对分子质量可达 200000，平均相对分子质量分布系数为 $\overline{M_w}/\overline{M_n} \geqslant 1.05$。聚合反应通过内酯向 AlOR 键之间的插入反应进行，内酯的酰-氧键断裂，活性中心是金属烷氧化物，而不是羧基负离子：

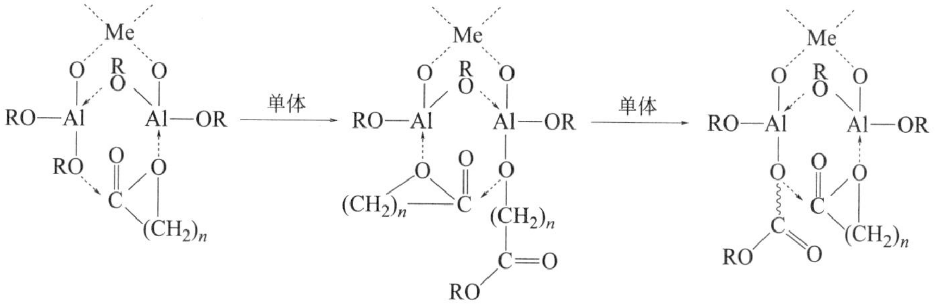

增长链交替地在两个 Al 原子间移动，聚合反应不断地进行。

目前工业上利用异辛酸亚锡为催化剂，进行 $\varepsilon$-己内酯或丙交酯的配位阴离子开环聚合，制备高相对分子质量的聚己内酯或聚乳酸。它们都是重要的可生物降解（能被酶或微生物降解）合成高分子材料。

# 6.4 环酰胺

环酰胺（或称内酰胺）可通过酸、碱及水来引发聚合：

$$n \overline{\Big[CO-NH\big(CH_2\big)_m\Big]} \longrightarrow \Big[NH\big(CH_2\big)_m CO\Big]_n$$

工业上多采用水解聚合及负离子聚合来制备内酰胺聚合物；正离子型开环聚合，因为转化率和所得聚合物的相对分子质量不够高，没有太大的实用价值。在内酰胺中，尼龙 6、尼龙 12 的开环聚合具有重要的工业意义。

### 6.4.1 水解聚合反应

在工业上，$\varepsilon$-己内酰胺的水解聚合采用间歇法或连续法进行。通常在 5%～10% 的水存在下，将单体在 250～270℃加热 12～24h 以上。以水引发的内酰胺聚合反应中，主要存在着三个平衡，分别如下。

① 内酰胺水解成氨基酸的水解反应

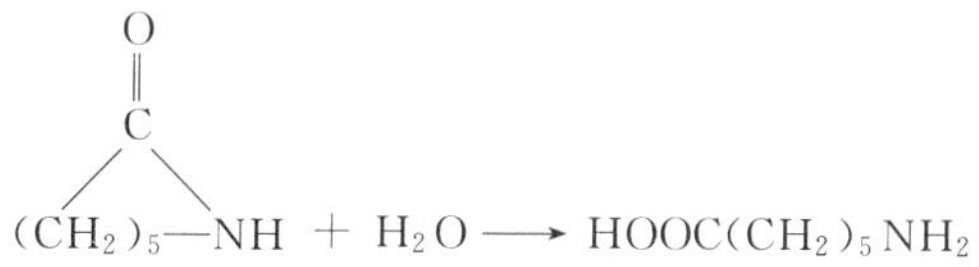

② 氨基酸本身的缩聚反应

$$\text{\tiny∿∿}COOH + H_2N\text{\tiny∿∿} \rightleftharpoons \text{\tiny∿∿}CO-NH\text{\tiny∿∿} + H_2O$$

③ 氨基对内酰胺的亲核进攻，引发的开环聚合反应

链引发：

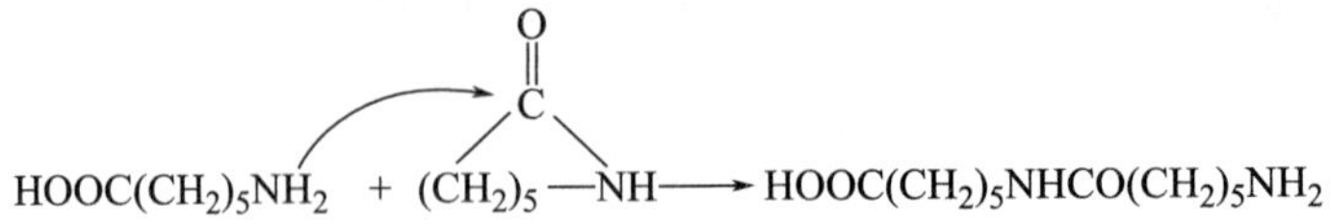

$$HOOC(CH_2)_5NH_2 \ + \ (CH_2)_5{-}NH \longrightarrow HOOC(CH_2)_5NHCO(CH_2)_5NH_2$$

链增长：

$$\sim\sim\sim NH_2 \ + \ (CH_2)_5{-}NH \longrightarrow \sim\sim\sim NHCO(CH_2)_5\,NH_2$$

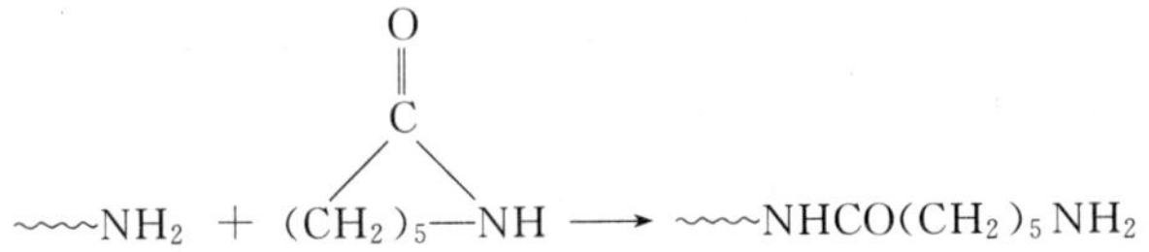

ε-己内酰胺转化为聚合物的总速率，比仅靠 ε-氨基酸自身缩聚的聚合速率要大一个数量级以上，后者仅占内酰胺总聚合速率的百分之几。开环聚合是聚合物生成的最主要途径。在无水存在时，胺是不良的引发剂。在水存在下，聚合反应速率对内酰胺为一级，对端羧基为二级，表明聚合反应是酸催化的。增长链的中性氨基对质子化的内酰胺（由羧基质子化）亲核进攻：

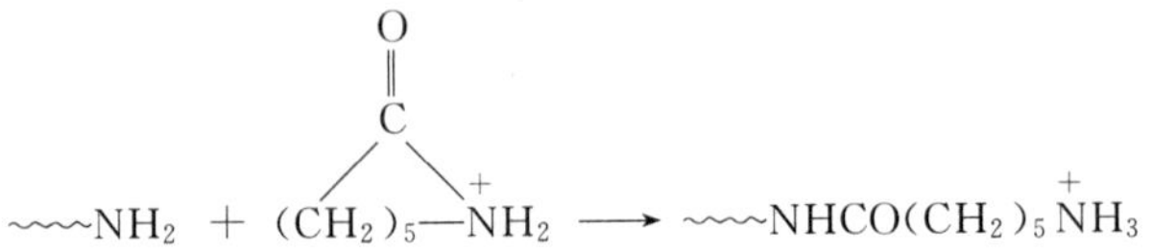

$$\sim\sim\sim NH_2 \ + \ (CH_2)_5{-}\overset{+}{N}H_2 \longrightarrow \sim\sim\sim NHCO(CH_2)_5\overset{+}{N}H_3$$

然后质子转移给单体：

$$\sim\sim\sim NHCO(CH_2)_5\overset{+}{N}H_3 \ + \ (CH_2)_5{-}NH \longrightarrow \sim\sim\sim NHCO(CH_2)_5NH_2 \ + \ (CH_2)_5{-}\overset{+}{N}H_2$$

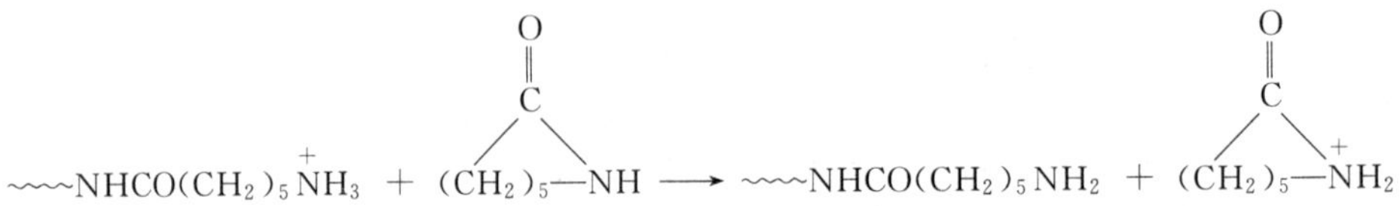

质子化的内酰胺虽然浓度很低，但活性很大。尽管氨基酸的自缩聚对内酰胺转化成聚合物总转化率贡献不大，但它却决定着平衡聚合反应的最终聚合度，最终聚合度在很大程度上取决于平衡中水的浓度。为了得到高相对分子质量的聚合物，在转化率 $80\% \sim 90\%$ 时要将用作引发剂的水大部分除去。

## 6.4.2　负离子聚合反应

### 6.4.2.1　单独使用强碱

强碱如碱金属、金属氢化物、氨基金属和金属有机化合物，可以通过生成内酰胺负离子，来引发内酰胺的开环聚合。例如，以金属引发的 ε-己内酰胺的反应为：

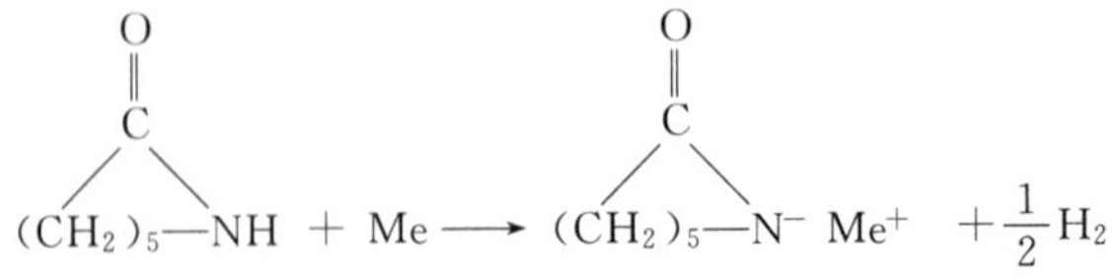

$$(CH_2)_5{-}NH \ + \ Me \longrightarrow (CH_2)_5{-}N^-\,Me^+ \ + \ \tfrac{1}{2}H_2$$

或以金属衍生物为引发剂：

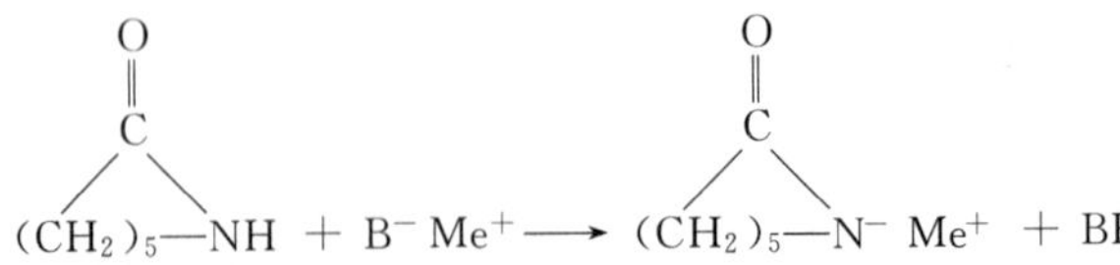

$$(CH_2)_5{-}NH \ + \ B^-Me^+ \longrightarrow (CH_2)_5{-}N^-\,Me^+ \ + \ BH$$

采用较弱的碱如氢氧化物和醇盐不够令人满意，因为只有把产物 BH 除去，使平衡向右移动，才能使负离子具有较高的浓度。

引发的第二步是内酰胺负离子与单体反应，发生开环转化为酰胺基：

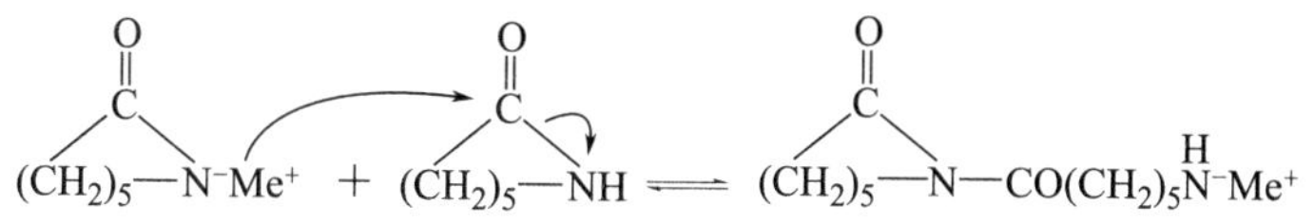

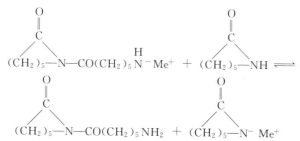

伯胺负离子与内酰胺负离子不同，不能通过与羰基的共轭来稳定化，它是高反应性的，能很快地由单体夺取一个质子，生成酰亚胺二聚体 N-(ε-氨基己酰基) 己内酰胺，并再生出内酰胺负离子：

由碱引发的内酰胺开环聚合反应，存在着一个聚合很慢的诱导期，原因是酰亚胺二聚体的浓度增加很慢，酰亚胺二聚体对聚合反应的进行必不可少。内酰胺的酰胺键对内酰胺负离子的反应性不足（内酰胺的缺电子性不足），而在酰亚胺二聚体中，由于 N-酰基的存在，使得环内酰胺中的酰胺键反应性增强，进而能够发生增长反应。

链增长过程中，内酰胺负离子与聚合物链的端内酰胺基作用，聚合物链增长，并形成位于链上的酰胺负离子；经交换反应，形成新的内酰胺负离子，进一步与聚合物的端内酰胺基作用，使聚合物链不断增长：

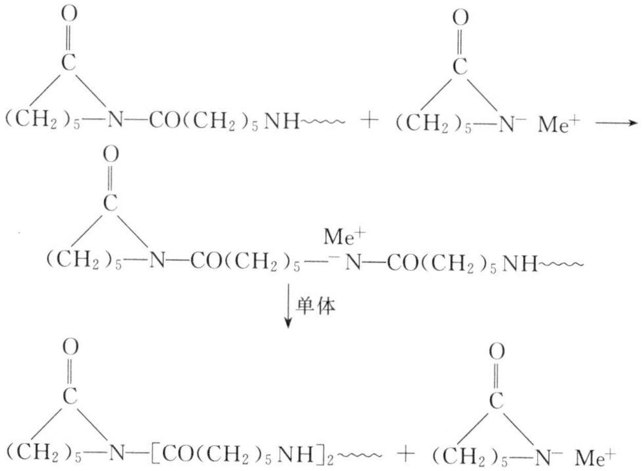

### 6.4.2.2 添加 N-酰基内酰胺

单用强碱来引发内酰胺聚合，有一定的局限性。单独采用强碱作为引发剂，仅能引发反应性较大的内酰胺，如己内酰胺、庚内酰胺等的开环聚合，且聚合存在诱导期；而对于反应性小的内酰胺，如六元环的哌啶酮等，不能引发聚合，因为这些反应活性小的单体不能形成所需的酰亚胺二聚体。采用单体加酰基化剂如酰氯、酸酐、异氰酸酯、无机酸酐等，经反应生成 N-酰基取代酰胺，可以克服上述缺点。例如 ε-己内酰胺与酰氯反应即可迅速转变为 N-酰基己内酰胺：

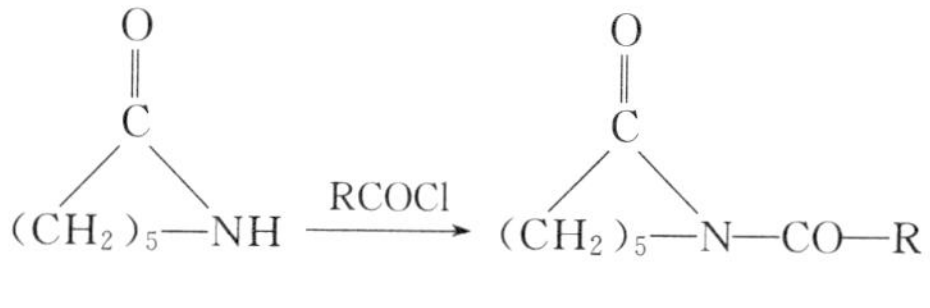

N-酰基内酰胺既可以原位合成，也可以预先合成后再加入到反应体系中去。

引发反应包括 N-酰基己内酰胺与活化单体（内酰胺负离子）反应，然后再同单体进行快速的质子交换：

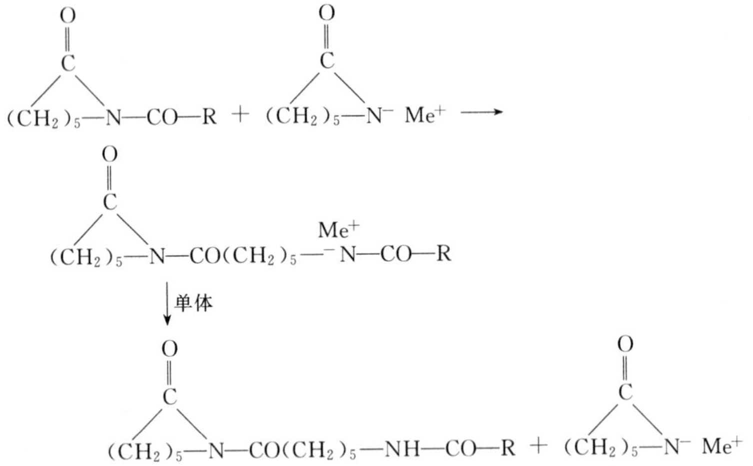

$$
\underset{\text{(CH}_2)_5}{} N-CO-R \; + \; \underset{\text{(CH}_2)_5}{} N^- \text{Me}^+ \longrightarrow
$$

$$
\text{(CH}_2)_5 - N - CO(CH_2)_5 - \overset{\text{Me}^+}{N} - CO - R
$$

↓ 单体

$$
\text{(CH}_2)_5 - N - CO(CH_2)_5 - NH - CO - R \; + \; \text{(CH}_2)_5 - N^- \text{Me}^+
$$

酰化剂使引发反应成为快反应，因而使更多的内酰胺能够聚合。对于活泼的内酰胺，应用酰化剂可以消除诱导期，使聚合速率增加，聚合可在较低的温度下进行。

增长反应方式与 ε-己内酰胺单独以强碱引发的聚合相同：

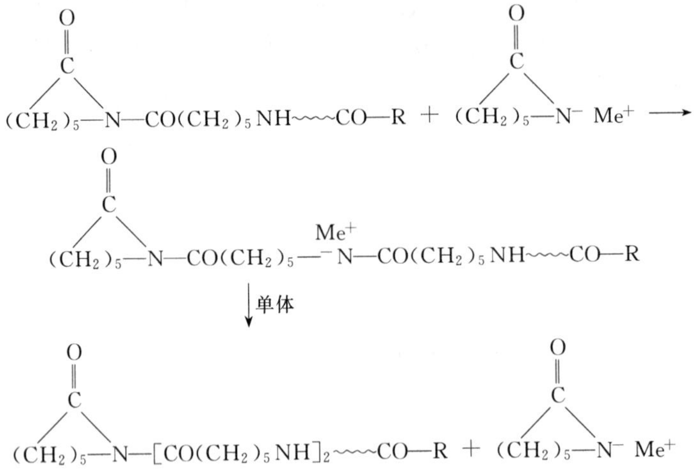

$$
\text{(CH}_2)_5 - N - CO(CH_2)_5 NH \sim\!\!\sim\!\!\sim CO - R \; + \; \text{(CH}_2)_5 - N^- \text{Me}^+ \longrightarrow
$$

$$
\text{(CH}_2)_5 - N - CO(CH_2)_5 - \overset{\text{Me}^+}{N} - CO(CH_2)_5 NH \sim\!\!\sim\!\!\sim CO - R
$$

↓ 单体

$$
\text{(CH}_2)_5 - N - [CO(CH_2)_5 NH]_2 \sim\!\!\sim\!\!\sim CO - R \; + \; \text{(CH}_2)_5 - N^- \text{Me}^+
$$

# 6.5　N-羧基-α-氨基酸酐

N-羧基-α-氨基酸酐也叫 4-取代烷-2,5-二酮、Leuchs 酸酐或 NCA，可用碱（如胺、醇盐、OH⁻）、金属氢化物或加热的方法，使其聚合为聚酰胺。聚合反应进行的同时伴有脱羧反应：

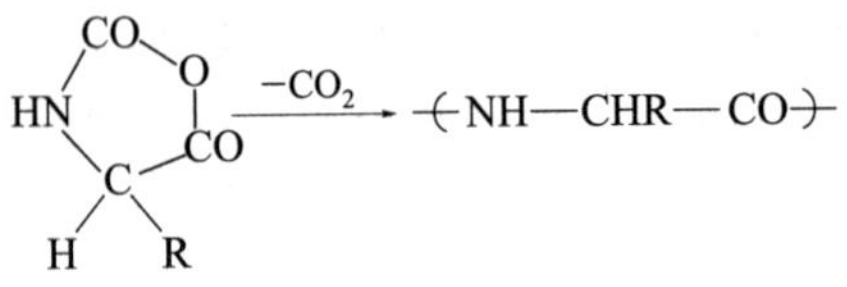

$$
\underset{\underset{R}{\overset{|}{C}}}{\overset{\displaystyle HN \diagdown \diagup O}{\underset{\displaystyle H}{}}} \xrightarrow{-CO_2} \left(\!NH - CHR - CO\!\right)
$$

得到的聚合物类似于蛋白质。

根据引发剂亲核性和碱性的不同，N-羧基-α-氨基酸酐的聚合存在着两种不同的聚合机理。以伯胺引发的 NCA 开环聚合是按正常机理进行的。氨基对 NCA 的 C-5 进行亲核进攻，同时放出 $CO_2$：

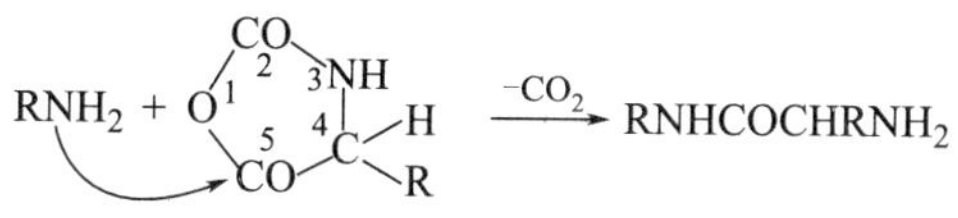

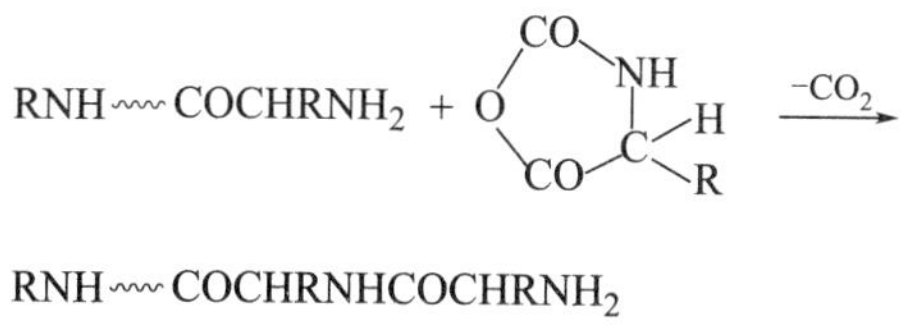

$$RNH_2 + \text{[NCA环]} \xrightarrow{-CO_2} RNHCOCHRNH_2$$

$$RNH\text{\textasciitilde}COCHRNH_2 + \text{[NCA环]} \xrightarrow{-CO_2}$$

$$RNH\text{\textasciitilde}COCHRNHCOCHRNH_2$$

采用 $^{14}C$ 标记的 NCA 研究表明：$CO_2$ 只由 C2 羰基产生，聚合反应速率与单体及胺的浓度成正比。该聚合为活性聚合，$\bar{X}_n$ 等于单体/胺之比，相对分子质量分布很窄。

以强碱（$R^-$、$HO^-$、$RO^-$）和叔胺（不良亲核试剂）引发的 NCA 开环聚合，聚合速率要比伯胺引发的快得多，所得聚合物的分子质量也高得多。另外还有一点不同，即在伯胺引发的聚合反应中，形成的聚合物链中都含有一个引发剂片段（即 RNH—）；而在强碱或叔胺引发的聚合反应中，没有引发剂进入聚合物链。一般认为，以强碱或叔胺引发的 NCA 聚合反应与内酰胺的负离子聚合机理相似。强碱提取单体上的质子，生成活性单体（NCA 负离子）：

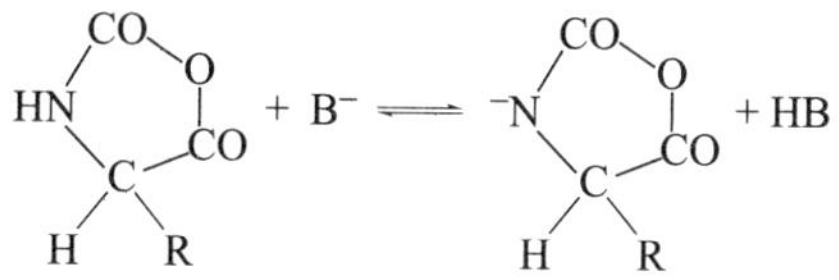

$$\text{[HN环]} + B^- \rightleftharpoons \text{[}^-N环\text{]} + HB$$

引发反应包括 NCA 负离子对 NCA 的亲核进攻，形成二聚体；经脱羧后，形成的链上负离子再与另一单体进行质子交换，再生出新的 NCA 负离子。增长反应也按类似的方式进行：

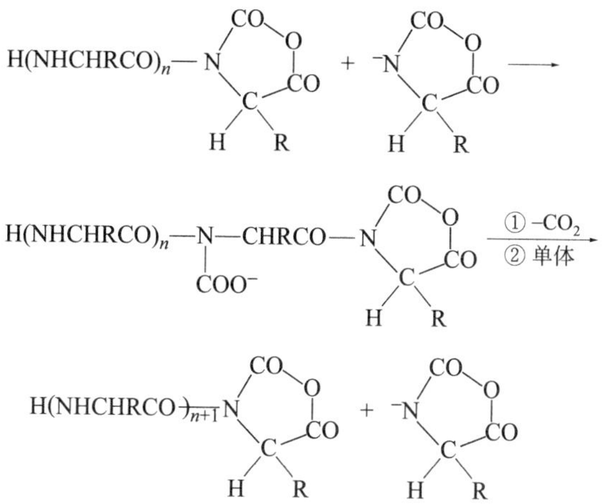

$$H(NHCHRCO)_n\text{—}N\text{[环]} + {}^-N\text{[环]} \longrightarrow$$

$$H(NHCHRCO)_n\text{—}N\text{—}CHRCO\text{—}N\text{[环]} \xrightarrow[\text{② 单体}]{\text{① } -CO_2}$$
$$(COO^-)$$

$$H(NHCHRCO)_{n+1}N\text{[环]} + {}^-N\text{[环]}$$

采用非受阻仲胺引发的 NCA 聚合反应，通常同时按正常机理和活化单体机理进行，所得聚合物的相对分子质量为双峰分布，且聚合物中含有某些引发剂片段，这些已被研究证明。对于亲核性较小的受阻仲胺（如二异丙胺）来说，正常聚合的比例下降，聚合更倾向于按活化单体机理进行。

在非质子溶剂（如二氧六环或四氢呋喃）中，NCA 的聚合反应在转化率约 $20\%\sim$ $30\%$ 时有一加速度，此时增长物种已成长到六至十二聚体的大小。对许多聚 $\alpha$-氨基酸来说，这大约是 $\alpha$-螺旋构象出现时聚合物的大小。一般把上述自加速现象归因于构象提高了反应性，原因是活性物种以立体关系被键联于 $\alpha$-螺旋，提高了反应性。在这种情况下，相对分子质量分布变宽。

# 6.6 其它有机杂环单体的聚合

## 6.6.1 环胺的聚合

环状胺（或叫环亚胺）只能通过酸性催化剂引发聚合。许多正离子聚合的引发剂，如无机酸、有机酸、$BF_3$ 及其配合物、金属卤化物等，都可用于环亚胺的开环聚合。增长物种为亚胺正离子，增长反应是单体对增长中心的亲核进攻：

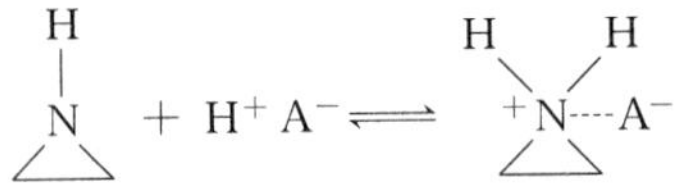

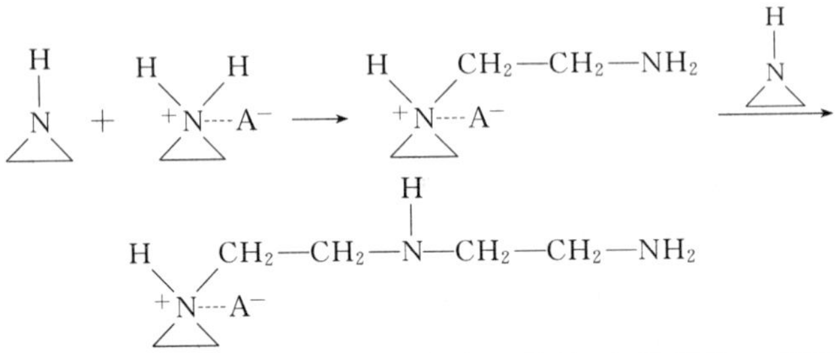

$$\text{（反应式）}$$

三元环亚胺（氮丙啶）由于具有较大的环张力，聚合速率很快，甚至在室温下聚合仍相当剧烈。聚合物聚乙烯亚胺溶于水，工业上用作纸张及纺织品的处理剂。

开链的氨基碱性比氮丙啶的大，所以质子可以从环上氮原子向开链氮上转移，这种转移可以发生在分子内，也可以转移至其它聚合链的伯、仲氮原子上，使得聚合物的端基往往含有氮丙啶环：

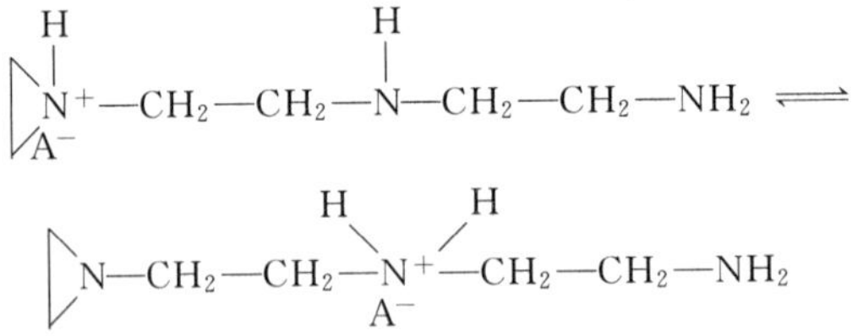

$$\text{（反应式）}$$

由于质子的转移反应，使得聚合反应复杂化。聚合过程中，不同聚合链的仲胺基对亚铵正离子活性中心进攻，会形成支化结构：

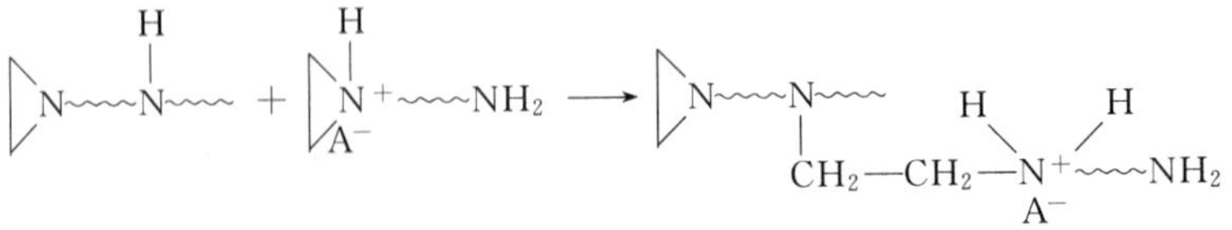

$$\text{（反应式）}$$

另外，分子内的伯氮原子或仲氮原子对增长链活性中心进攻，会形成环状低聚体，如二、三、四低聚体等。

## 6.6.2 环硫化物的聚合

环硫化物也叫硫杂环烷烃。环硫化物可以进行正离子、负离子及配位负离子聚合，生成聚硫醚。环硫化物由于分子中硫-碳键具有更大的可极化性，因此比相应环氧化物更易于聚合。但由于硫原子的半径较大，环硫化物的环张力比相应的环氧化物小，因此四氢呋喃的硫代类似物硫代五环不能聚合。在正离子聚合中，活性中心为硫鎓离子；在负离子聚合中，活性中心为硫负离子。3,3-二甲基环硫丁烷在三氟化硼-乙醚催化下的正离子聚合过程如下。

引发反应：

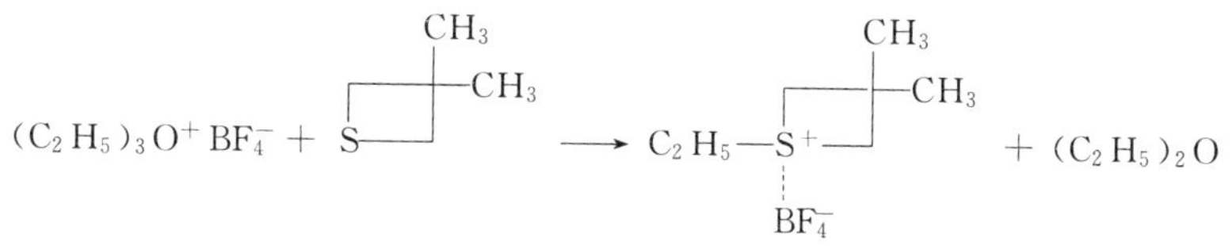

增长反应：

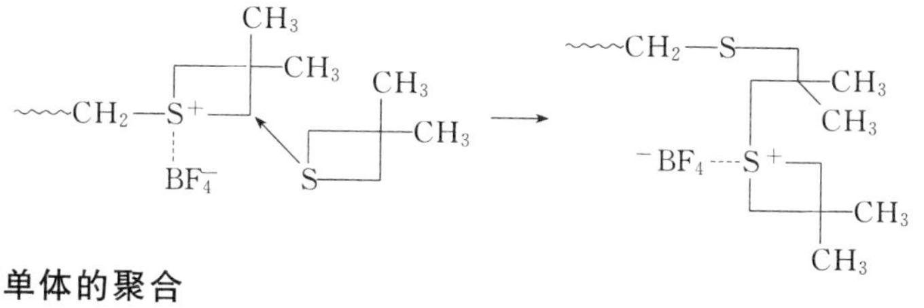

### 6.6.3 其它杂环单体的聚合

各种外亚氨基环化物（exo-imino cyclic compound）如亚氨基碳酸酯（Y＝O）、2-亚氨基-1,3-氧氮杂环戊烷（Y＝NR）和 2-亚氨基四氢呋喃（Y＝CH$_2$）都能聚合。

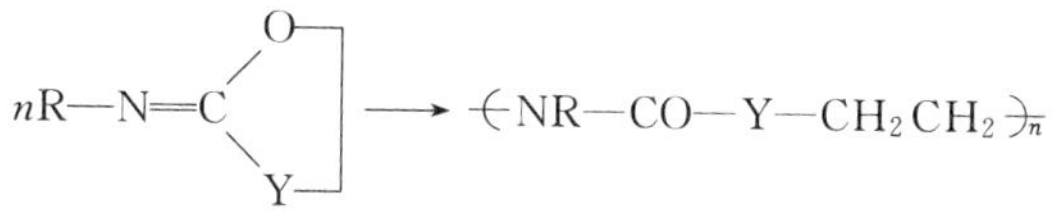

类似地，内亚氨基环醚也能进行开环聚合，得到的聚合物可被水解为聚胺：

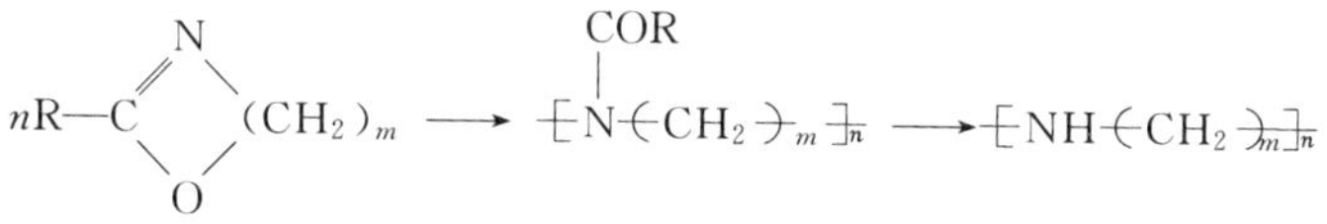

# 6.7 无机或部分无机环状单体的聚合

无机或部分无机聚合物的合成一直是人们感兴趣的。已经研究过的这类聚合物中，有些可以通过开环聚合反应而得到。

### 6.7.1 环硅氧烷

线形聚硅氧烷（俗称硅酮），可由环硅氧烷进行负离子或正离子聚合来合成。常用的单体为八甲基环四硅氧烷（D4），其聚合反应如下：

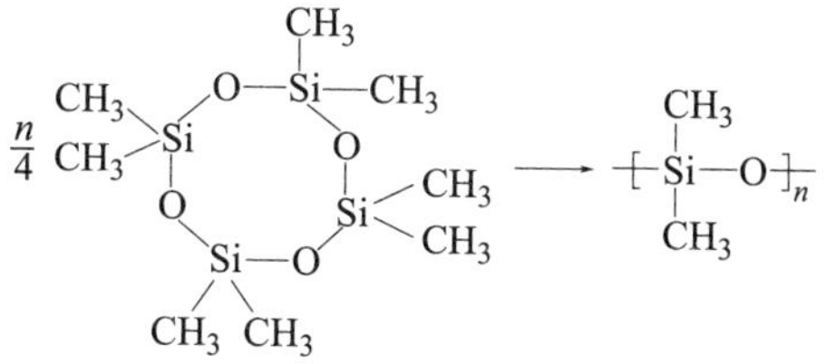

环硅氧烷的负离子聚合可以用碱金属的氧化物、氢氧化物、硅烷醇盐［如三甲硅烷醇钾（CH$_3$）$_3$SiOK］和其它碱来引发。

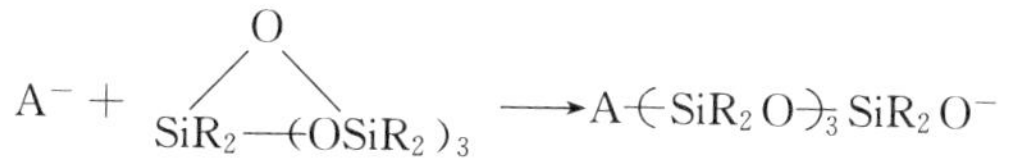

引发和增长反应都包括硅烷醇盐负离子对单体的亲核进攻，与环氧化物的负离子聚合反应类似：

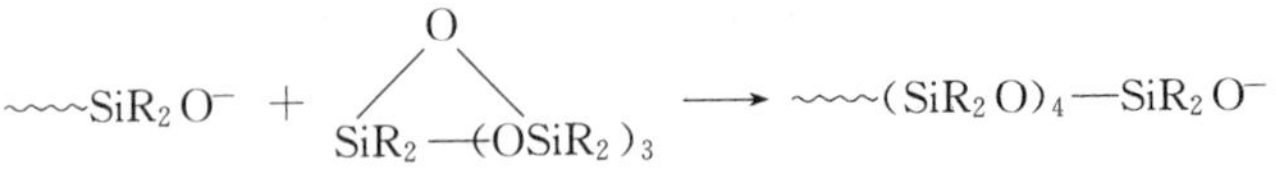

$$\text{\raisebox{0.5em}{$\sim\!\!\sim\!\!\sim$}} SiR_2O^- \quad + \quad \underset{SiR_2 \longrightarrow (OSiR_2)_3}{\overset{O}{\triangle}} \quad \longrightarrow \quad \text{\raisebox{0.5em}{$\sim\!\!\sim\!\!\sim$}} (SiR_2O)_4 \longrightarrow SiR_2O^-$$

这一聚合反应的 $\Delta H$ 几乎为零，而 $\Delta S$ 为正值，约为 $6.7J/(K \cdot mol)$。聚合时熵的增加（无序化），是这一聚合反应的推动力。对于聚合反应来说，$\Delta S$ 为正值比较少见，文献报道的熵变为正值的其它实例只有硫和硒的环八聚体的聚合反应，所有其它聚合反应均涉及熵值的降低，因为聚合物相对于单体来说无序性低。环硅氧烷、S 和 Se 聚合时 $\Delta S$ 为正值，可以解释为线形聚合物链是由很大的原子组成，聚合物链有高度的柔顺性。这种高度的柔顺性使得线形聚合物相对于环状单体来说，有较大的自由度。

环硅氧烷的负离子聚合在工业上已得到广泛地应用，而正离子聚合的重要性则差得多。

### 6.7.2　聚有机磷氮烯

Allcock 等人研究了六氯环三磷氮烯（也叫氯化磷腈）的热聚合反应，产物是聚（二氯磷氮烯）：

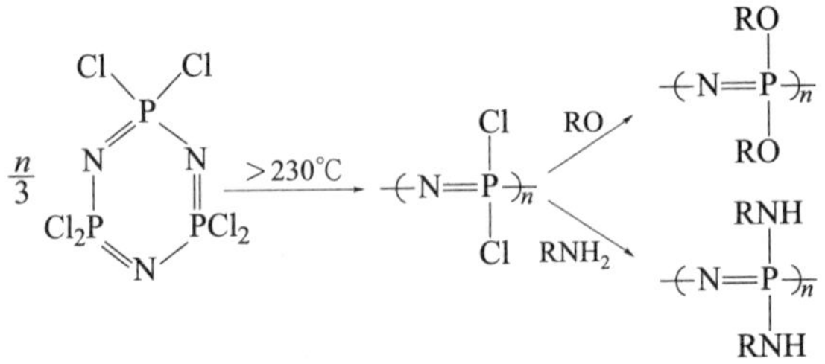

尽管聚（二氯磷氮烯）是一种不稳定容易水解的弹性体，但可以将其转变为烷氧基和氨基衍生物，这种衍生物是相当稳定的。改变聚有机磷氮烯的有机部分，可以使其性质发生很大的变化。聚有机磷氮烯在阻燃纤维、低温耐油橡胶和生物医学方面，有着广阔的应用前景。它们具有优良的血液相容性。

# 6.8　共聚反应

### 6.8.1　开环共聚合

许多共聚物可由环状单体的共聚合制备。环状单体通过同种官能团或不同种官能团之间的开环聚合，可以得到共聚物。有些环状单体还可与线形单体聚合。但目前真正在工业上用于共聚物生产的，仅有少数的几种单体。

共聚物的组成取决于聚合反应条件、反离子、溶剂及反应温度等。环状单体在与不同类型的单体共聚时，引发体系的影响也很重要。另外，如果链增长中涉及不同的活性中心，共聚将难以进行。

环状单体的共聚物中，比较突出的是环醚的共聚物，如环氧化物与四氢呋喃的共聚物等。环氧乙烷能够在三氟化硼-乙二醇体系的引发下，与四氢呋喃共聚，得到聚醚二醇。另外，烯丙基缩水甘油醚与四氢呋喃在五氯化锑的催化下，可得到共聚物：

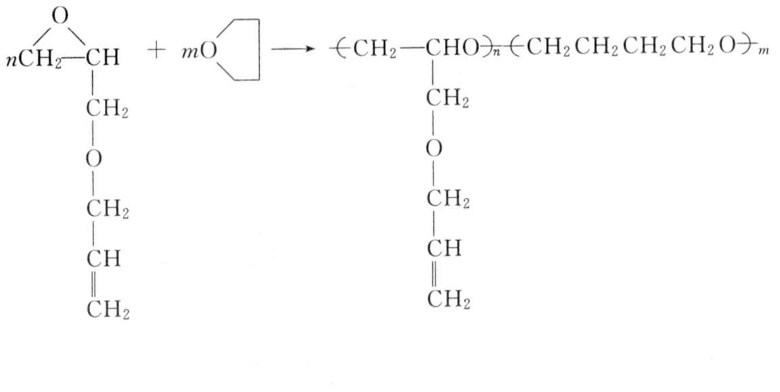

此外，其它的共聚醚有三氟化硼引发的 1，3-二氧五环与四氢呋喃的共聚物、三氟化硼或氯化铁引发 3，3-二（氯甲基）环氧丁烷与四氢呋喃聚合所得的共聚物等。

不同的环内酯或环内酰胺也能够共聚，得到的共聚物分别称为共聚酯或共聚酰胺。更为有趣的是不同类型的环状单体的共聚合，如环状的亚磷酸酯与内酯在 150℃ 或在碱性催化剂的存在下共聚：

$$n \; \boxed{C=O} \; + n \; \text{PhO-P} \longrightarrow [O-P-O-CH_2-CH_2-C-O-CH_2-CH_2]_n$$

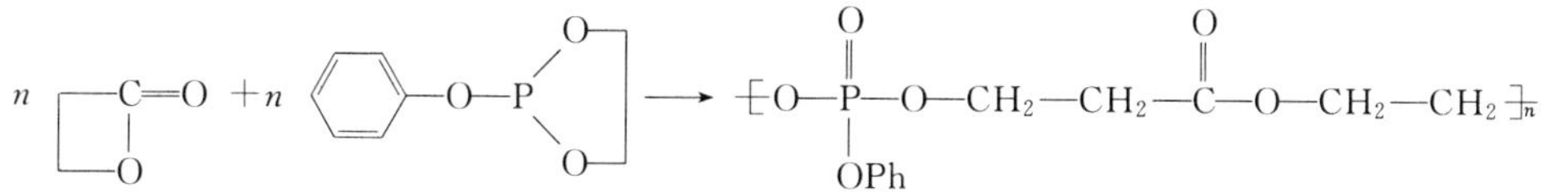

氮丙啶（1-氧杂环丙烷）与丁二酰亚胺共聚，能够得到具有结晶性聚酰胺，其熔点高达 300℃：

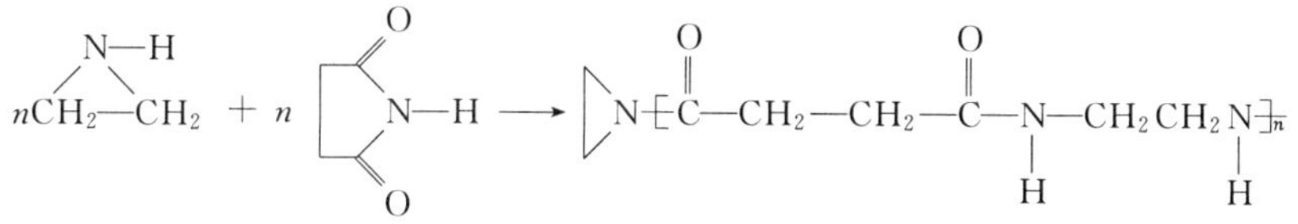

$$n\,CH_2-CH_2 \; + \; n \; \longrightarrow \; [N-C-CH_2-CH_2-C-N-CH_2CH_2N]_n$$

如以环状碳酸酯代替丁二酰亚胺，则可得到高分子质量的聚氨酯：

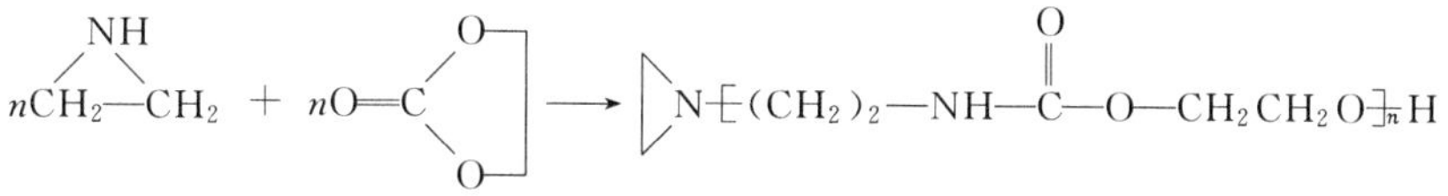

$$n\,CH_2-CH_2 \; + \; nO=C \; \longrightarrow \; N-[(CH_2)_2-NH-C-O-CH_2CH_2O]_n H$$

己内酯和己内酰胺能够在任何摩尔比的情况下，由丁基锂引发聚合。聚合物以无规分布为主，但也有一些均聚物的嵌段。

如以环醚与内酯进行共聚，如 $\beta$-丙内酯与四氢呋喃的共聚合，在聚合的初期，以环醚的聚合为主，这是因为环醚具有更强的碱性。随着聚合的进行，环醚逐渐耗尽，内酯开始聚合，得到的聚合物为嵌段共聚物。

### 6.8.2　两性离子自发交替共聚合

某些亲核、亲电子单体（$M_N$ 及 $M_E$）的混合物，在不添加任何引发剂的情况下，能自发地聚合。聚合过程中首先形成两性离子中间体，之后聚合得到交替共聚物。这种聚合反应叫两性离子聚合或两性离子共聚合，聚合反应是按照逐步聚合机理进行的。具体过程如下所示：

$$M_N + M_E \longrightarrow {}^+M_N-M_E^-$$
$${}^+M_N-M_E^- + {}^+M_N-M_E^- \longrightarrow {}^+M_N-M_E-M_N-M_E^-$$
$${}^+M_N-M_E-M_N-M_E^- + {}^+M_N-M_E^- \longrightarrow {}^+M_N-M_E-M_N-M_E-M_N-M_E^- \longrightarrow$$
$${}^+M_N-(M_E M_N)_n M_E^-$$

两性离子不仅可以自聚，其末端的离子也可与自由的单体聚合。如果两单体非等物质的量，所得共聚物将偏离交替共聚物的组成。交替共聚倾向与单体的偶极-偶极相互作用有关，如果这种作用大于两性离子与单体之间的离子-偶极作用，则有利于交替共聚。

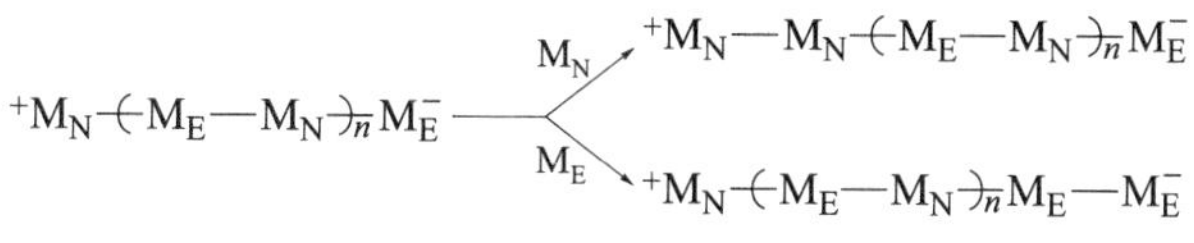

$${}^+M_N-(M_E-M_N)_n M_E^- \; \overset{M_N}{\underset{M_E}{<}} \; \begin{matrix} {}^+M_N-M_N-(M_E-M_N)_n M_E^- \\ {}^+M_N-(M_E-M_N)_n M_E-M_E^- \end{matrix}$$

2-噁唑啉和 $\beta$-丙内酯的共聚合就是通过两性离子而进行的。两者在极性溶剂如二甲基甲酰胺中，室温下反应一天，聚合反应几乎是定量进行的。2-噁唑啉和 $\beta$-丙内酯首先反应生成两性离子，两性离子中 2-噁唑啉上的氧鎓离子，受到另一两性离子中羧基氧负离子的亲核进攻，生成四聚体两性离子。后者继续进行自身反应或与最初的两性离子反应，生成八聚体或六聚体两性离子，进一步地反应生成聚合物：

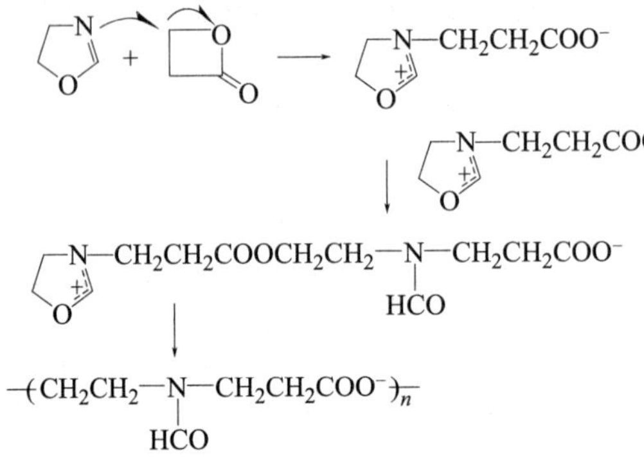

在共聚反应中，如果 $\beta$-丙内酯过量，则链增长过程中的羧酸根离子，不仅同两性离子中的氧鎓离子作用，同时也能同自由的 $\beta$-丙内酯反应。此时所得共聚物中，丙内酯链节的摩尔分数将超过 50%。

2-噁唑啉同丙烯酸之间同样可以发生此类两性离子的共聚反应。将两组分以等物质的量混合，在自由基阻聚剂如对甲氧基苯酚的存在下，加热至 60℃，即发生交替共聚，反应体系的黏度增加：

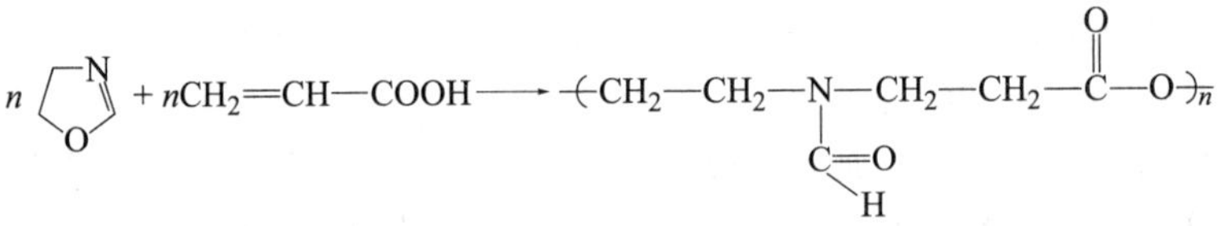

所得共聚物与由 2-噁唑啉及 $\beta$-丙内酯共聚得到的完全相同。共聚过程中，噁唑啉首先与丙烯酸中的双键发生亲核加成反应，形成过渡性的两性离子，之后发生质子转移，形成与上述2-噁唑啉及 $\beta$-丙内酯共聚中相同的两性离子，丙烯酸转变成与 $\beta$-丙内酯相当的结构：

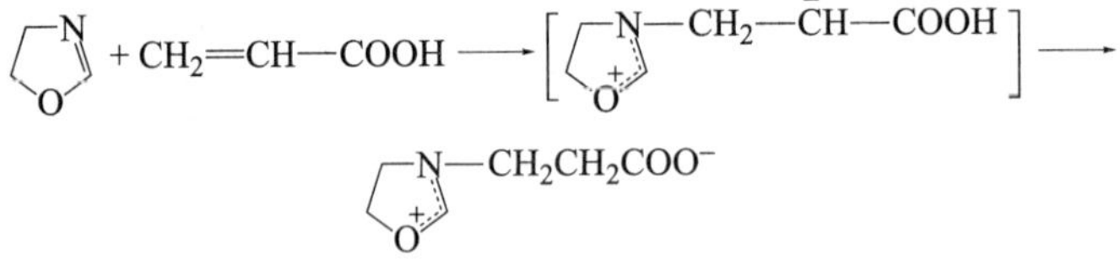

其它的亲核单体如环状亚磷酸酯、2-苯基-1，3，2-二氧磷杂环戊烷，与亲电性单体如 $\beta$-丙内酯或丙烯酸之间，也能发生聚合，得到交替共聚物：

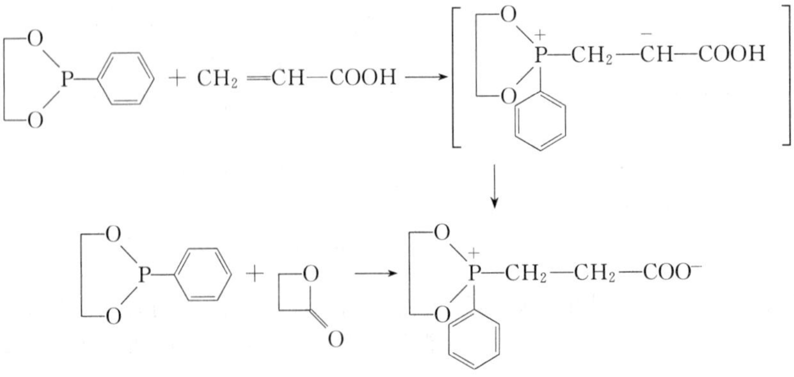

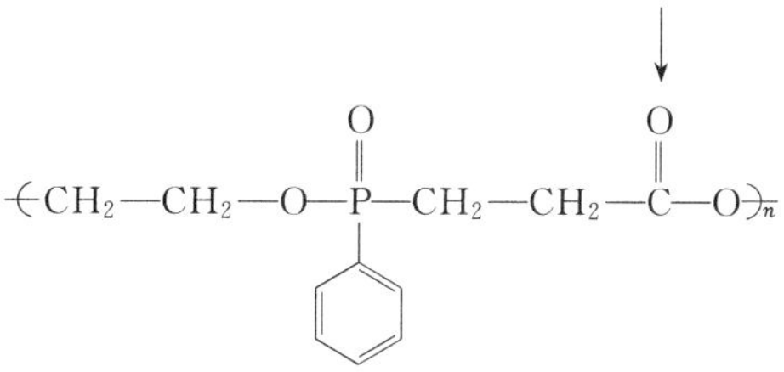

$$\downarrow$$

$$+CH_2-CH_2-O-\underset{\underset{C_6H_5}{|}}{\overset{\overset{O}{\|}}{P}}-CH_2-CH_2-\overset{\overset{O}{\|}}{C}-O+_n$$

上述反应中，亲电单体虽然分别为丙烯酸和 $\beta$-丙内酯，但得到的聚合物结构完全相同。

类似的亲电子性单体还有丙烯酰胺和乙烯磺酰胺等。采用上述聚合方式有时还能得到 1：1：1 的三元交替共聚物：

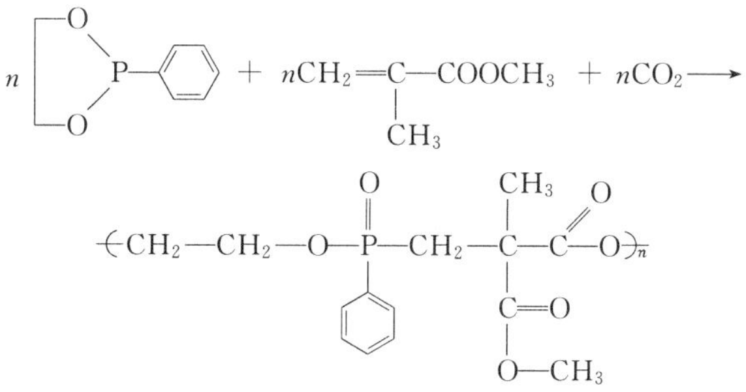

$$n\text{(环)}\quad +\quad nCH_2=\underset{\underset{CH_3}{|}}{C}-COOCH_3\quad +\quad nCO_2\longrightarrow$$

$$+CH_2-CH_2-O-\underset{\underset{C_6H_5}{|}}{P}-CH_2-\underset{\underset{\underset{O-CH_3}{|}}{\overset{\overset{O}{\|}}{C}}}{\overset{\overset{CH_3}{|}}{C}}-\overset{\overset{O}{\|}}{C}-O+_n$$

有时还能得到 2：1 的二元共聚物：

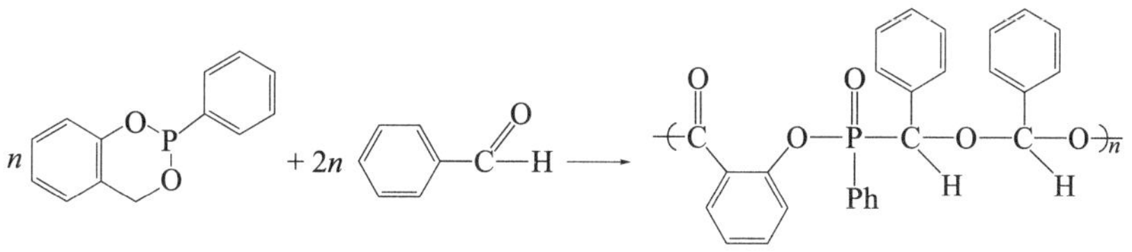

$$n\text{(环)}\quad +2n\;C_6H_5-\overset{\overset{O}{\|}}{C}-H\longrightarrow+(\overset{\overset{O}{\|}}{C}-\text{(苯)}-O-\underset{\underset{Ph}{|}}{P}-\underset{\underset{H}{|}}{\overset{\overset{C_6H_5}{|}}{C}}-O-\underset{\underset{H}{|}}{\overset{\overset{C_6H_5}{|}}{C}}-O)_n$$

# 6.9　自由基开环聚合反应

有些单体如取代的乙烯基环丙烷等，可进行自由基开环聚合反应。取代基具有稳定自由基作用时，对自由基开环聚合更有利。具体反应如下：

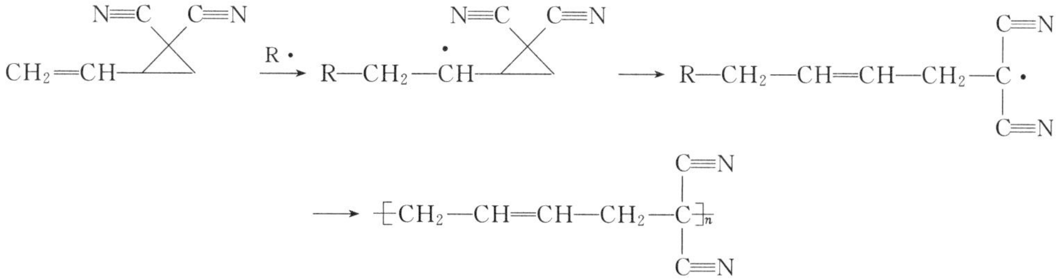

$$CH_2=CH-\text{(环)}\xrightarrow{R\cdot}R-CH_2-\overset{\cdot}{CH}-\text{(环)}\longrightarrow R-CH_2-CH=CH-CH_2-\overset{\overset{C\equiv N}{|}}{\underset{\underset{C\equiv N}{|}}{C}}\cdot$$

$$\longrightarrow+CH_2-CH=CH-CH_2-\underset{\underset{C\equiv N}{|}}{\overset{\overset{C\equiv N}{|}}{C}}+_n$$

上述聚合可以获得高相对分子质量的聚合物。将氰基换为酯基，聚合反应同样能够进行。乙烯基环丙烷的正离子及配位聚合，一般都是通过双键进行的；而自由基聚合，仅通过开环聚合进行。

有些五元环缩醛，因带有能够稳定自由基的取代基，同样也可以进行开环聚合反应。2-亚甲基-4-苯基-1,3,2-二氧杂环，因带有苯基，能够百分之百地进行开环聚合：

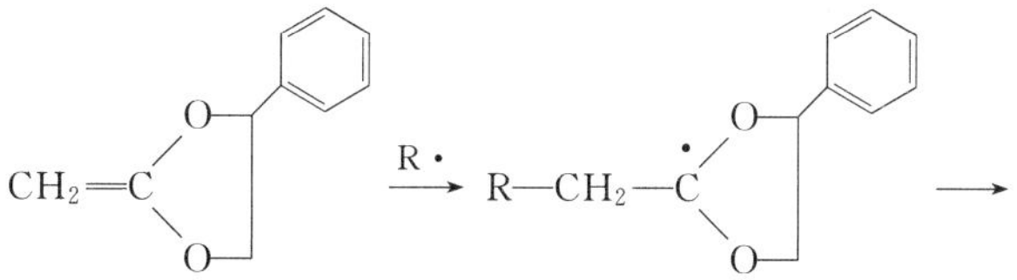

$$CH_2=\text{(环)}\xrightarrow{R\cdot}R-CH_2-\text{(环)}\longrightarrow$$

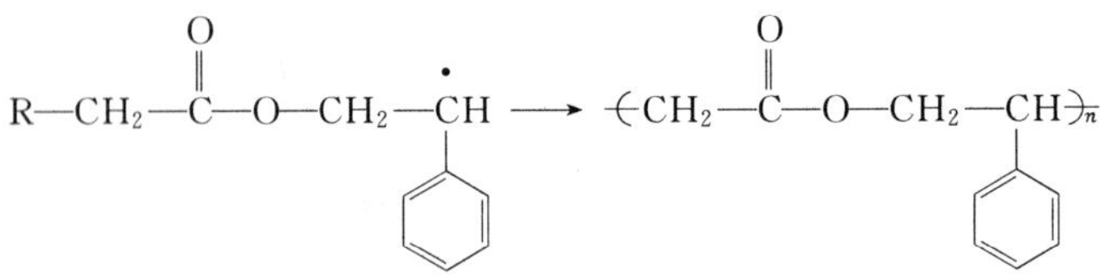

$$R-CH_2-\overset{\overset{\displaystyle O}{\|}}{C}-O-CH_2-\overset{\displaystyle \cdot}{C}H \longrightarrow \leftforce CH_2-\overset{\overset{\displaystyle O}{\|}}{C}-O-CH_2-CH\rightforce_n$$

其它杂环化合物如七元环的 2-亚甲基-1,3-二氧杂七环，也能够进行自由基开环聚合，得到聚（ε-己内酯）。

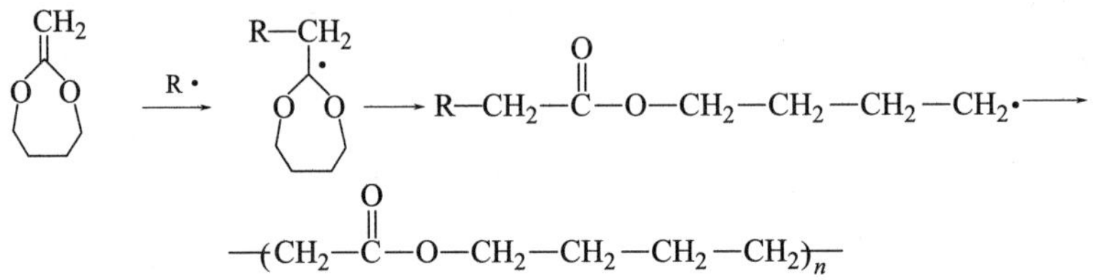

$$\overset{\overset{\displaystyle CH_2}{\|}}{\underset{}{}} \xrightarrow{R\cdot} \overset{R-CH_2}{\underset{}{}} \longrightarrow R-CH_2-\overset{\overset{\displaystyle O}{\|}}{C}-O-CH_2-CH_2-CH_2-CH_2\cdot \longrightarrow$$

$$\leftforce CH_2-\overset{\overset{\displaystyle O}{\|}}{C}-O-CH_2-CH_2-CH_2-CH_2\rightforce_n$$

上述聚合物，与由 ε-己内酯开环聚合得到的聚（ε-己内酯），具有相同的结构。

## 习 题

1. 试讨论环状单体环的大小与开环聚合反应倾向的关系。
2. 氧化丙烯的负离子聚合通常仅能得到低相对分子质量的聚合物，试讨论原因。
3. 用氢氧离子或烷氧基负离子引发环氧化物的聚合反应常在醇的存在下进行，为什么？醇是如何影响相对分子质量的？
4. 用方程式表示环醚、环缩醛在聚合反应中发生的尾咬、扩环反应。
5. 考察下列单体和引发体系，哪种引发体系能使下表中右列的单体聚合？用化学方程式写出每一聚合反应的机理。

| 引发体系 | 单体 |
| --- | --- |
| $n$-C$_4$H$_9$Li | 环氧丙烷 |
| BF$_3$＋H$_2$O | ε-己内酰胺 |
| | δ-戊内酰胺 |
| H$_2$SO$_4$ | 乙烯亚胺 |
| | 八甲基环四硅氧烷 |
| H$_2$O | 硫化丙烯 |
| | 三氧六环 |
| C$_2$H$_5$ONa | 氧杂环丁烷 |

6. 给出合成下列各种聚合物所需的环状单体、引发剂和反应条件：

  (1) $\leftforce NHCO(CH_2)_4 \rightforce_n$

  (2) $\leftforce NH-\underset{\underset{\displaystyle C_2H_5}{|}}{CH}-CO \rightforce_n$

  (3) $\leftforce \underset{\underset{\displaystyle CHO}{|}}{N}-CH_2CH_2CH_2 \rightforce_n$

  (4) $\leftforce O(CH_2)_2OCH_2 \rightforce_n$

  (5) $\leftforce CH=CH(CH_2)_2 \rightforce_n$

  (6) $\leftforce Si(CH_3)_2O \rightforce_n$

7. 在内酰胺的负离子聚合反应中，酰化剂和活化单体起什么作用？

# 参 考 文 献

［1］ George Odian. Principle of Polymerization. 4th ed. New York：John Wiley & Sons，Inc．，2004.

［2］ Ravve A. Principles of Polymer Chemistry. 2nd ed．New York：Plenum Press，2000.

［3］ Harry Allcock R．，Frederick Lampe W. James Mark E. 现代高分子化学：影印版．北京：科学出版社，2004.

［4］ 潘祖仁．高分子化学．北京：化学工业出版社，2003.

［5］ 卢江，梁晖．高分子化学．北京：化学工业出版社，2005.

［6］ 复旦大学高分子系高分子教研室．高分子化学．上海：复旦大学出版社，1995.

［7］ 潘才元．高分子化学．合肥：中国科学技术大学出版社，1997.

［8］ 朱树新．开环聚合．北京：化学工业出版社，1987.

［9］ 张邦华，朱常英，郭天瑛．近代高分子科学．北京：化学工业出版社，2006.

［10］ 张洪敏，侯元雪．活性聚合．北京：中国石化出版社，1998.

# 第7章 逐步聚合

从聚合机理方面讲，逐步聚合（stepwise polymerization）是聚合反应基本类型之一。

在第1章我们已经讲过，在逐步聚合中聚合物的分子链逐步增长，聚合物的相对分子质量逐步增加，聚合反应是通过单体上所带的官能团间的反应逐步实现的。单体通过官能团之间的反应生成低聚物，然后低聚物再通过官能团之间的反应而使分子量进一步增加，最终形成高聚物。反应可以停留在任何阶段，中间产物能够分离出来。

逐步聚合是合成高分子化合物的重要方法之一，绝大多数逐步聚合产物在其主链上含有杂原子和/或芳香环，这使得反应在高分子合成工业中占有很重要的地位。因为：①大多数杂链聚合物都是由逐步聚合反应合成的，如聚酯、聚酰胺、聚氨酯、酚醛树脂、环氧树脂，它们都有很高的工业价值；②许多带有芳环的耐高温聚合物，如聚酰亚胺、梯形聚合物等也是由逐步聚合制备的；③用逐步聚合可以合成许多功能高分子，如离子交换树脂；④许多天然生物高分子是通过逐步聚合得到的，如氨基酸在酶催化下缩聚成蛋白质，单糖缩聚成多糖，DNA 和 RNA 的合成；⑤无机聚合物几乎都是通过逐步聚合合成的。从目前发展趋势看，多数新开发的高性能聚合物是通过逐步聚合得到的，因此学习和掌握有关逐步聚合的知识是十分重要的。

## 7.1 逐步聚合单体

### 7.1.1 单体的官能团和官能度

在逐步聚合过程中，聚合物大分子是由单体分子以及低聚物通过官能团之间的多次重复反应，并形成新键而成的。反应可以生成小分子，也可以不生成。其聚合反应过程可示意如下：

$$HOOC—R—COOH + HO—R'—OH \longrightarrow HOOC—R—COO—R'—OH + H_2O$$
$$二聚体$$
$$HOOC—R—COO—R'—OH + HOOC—R—COOH \longrightarrow$$
$$HOOC—R—COO—R'—OOC—R—COOH + H_2O$$
$$三聚体$$
$$2HOOC—R—COO—R'—OH \longrightarrow$$
$$HOOC—R—COO—R'—OOC—R—COO—R'—OH + H_2O$$
$$四聚体$$

依此类推，逐步聚合反应通式通常表示如下：

$$nHOOC—R—COOH + nHO—R'—OH \longrightarrow HO\text{-}[OC—R—COO—R'—O]_n H + (2n-1)H_2O$$

可以看出，逐步聚合单体的一个显著特征是一种带有官能团的化合物。这里的"官能团"有两个含义：一是参加聚合的单体（可以是两种或两种以上单体反应，也可以是一种单体自身反应）所带官能团间要能相互发生反应，二是所带官能团数要等于或大于 2，这样才能通过逐步聚合形成大分子。

#### 7.1.1.1 单体的官能团

在单体分子中，把能参加反应并能表征出反应类型的原子团叫做官能团。在逐步聚合反应中，单体所带官能团的种类主要为 —OH、—NH$_2$、—COOH、—COOR、—COCl、—CONH$_2$ 等（见表 7-1）。

**表 7-1    缩聚单体中所含官能团的可能类型及反应生成物**

| 官能团 | | 生成的低分子物 | 键合基团 | 生成的聚合物 |
|---|---|---|---|---|
| 第一官能团 | 第二官能团 | | | |
| —OH | HOOC— | $H_2O$ | —OOC— | 聚酯 |
| —OH | ROOC— | ROH | —OOC— | 聚酯 |
| —OH | ClOC— | HCl | —OOC— | 聚酯 |
| —OH | HO— | $H_2O$ | —O— | 聚醚 |
| —OH | Cl— | HCl | —O— | 聚醚 |
| —NH$_2$ | HOOC— | $H_2O$ | —NHCO— | 聚酰胺 |
| —NH$_2$ | ClOC— | HCl | —NHCO— | 聚酰胺 |
| —NH$_2$ | ClOCO— | HCl | —NHCOO— | 聚氨酯 |
| —NH$_2$ | Cl— | HCl | —NH— | 聚胺 |
| —NH$_2$ | O=C=N— | — | —NHCONH— | 聚脲 |
| —OH | O=C=N— | — | —OCONH— | 聚氨酯 |
| —COOH | O=C=N— | $CO_2$ | —CONH— | 聚酰胺 |
| —COOH | HOOC— | $H_2O$ | —OCOO— | 聚酸酐 |
| —NH$_2$ | O=CH— | $H_2O$ | —N=CH— | 聚亚胺 |
| ＼C—Cl | Cl—C＼ | Cl(以 NaCl 形式) | ＼C—C／ | 聚烃类 |
| ＼C—Cl | H—C＼ | HCl | ＼C—C／ | 聚烃类 |
| ＼C—OH | H—C＼ | $H_2O$ | ＼C—C／ | 聚烃类 |
| H＼C=O | H—Ar(OH)— | $H_2O$ | HO—Ar—CH— $\mid$ R | 酚醛树脂 |
| —ONa | Cl(ArSO$_2$) | NaCl | —OAr—SO$_2$ | 芳香聚砜 |
| —SH | CH$_2$=CH— | — | —SCH$_2$—CH$_2$— | 聚硫醚 |
| —R—Cl | NaS— | NaCl | —R—S— | 聚硫醚 |
| ＼SiOH | HOSi— | $H_2O$ | —O—Si— | 聚硅氧烷 |
| —NH$_2$ | 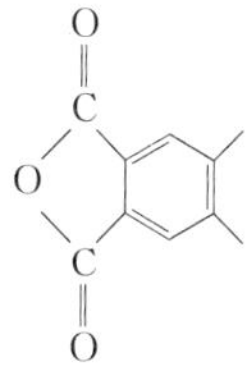 （邻苯二甲酸酐结构） | $H_2O$ | 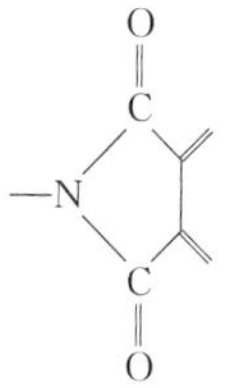 （聚酰亚胺环结构） | 聚酰亚胺 |
| —NH$_2$ —OH | ClOC— | $H_2O$ HCl | 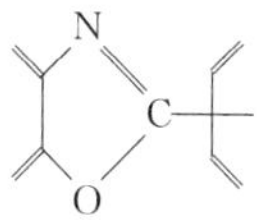 （聚苯并异噁唑环结构） | 聚苯并异噁唑 |

### 7.1.1.2 单体的官能度

单体的官能度是指在一个单体分子中，参加反应的官能团的数目。反应条件不同（如催化剂、溶剂、温度、体系 pH 值等）时，同一个单体的官能度可能是不同的。例如，苯酚在进行酰化反应时为单官能度，即酚羟基（—OH）；而它同醛类进行缩聚反应时，若以酸作催化剂，在甲醛不过量的条件下，苯酚的官能度为 2，即羟基邻位上的两个氢。

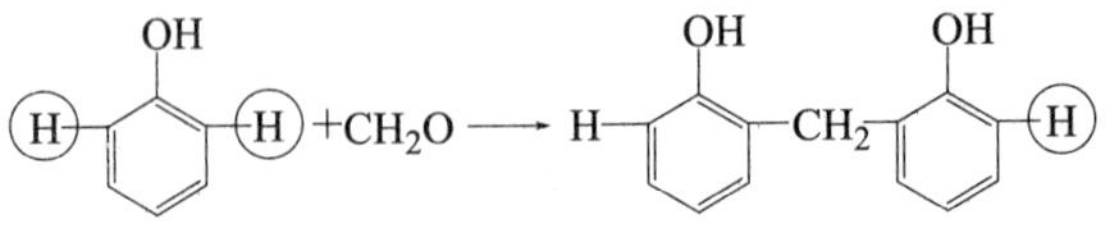

若以碱作催化剂，醛过量时，则苯酚的官能度为 3，羟基的邻、对位上的三个氢都可以参加反应。

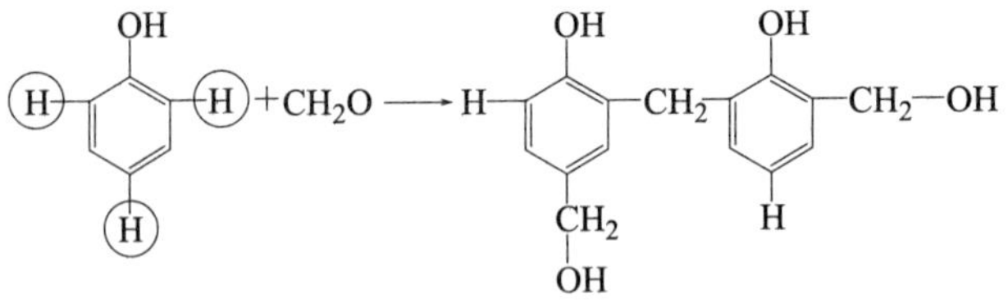

## 7.1.2 官能团的反应活性

单体的反应活性对聚合过程和聚合物的相对分子质量都有影响。

羧酸衍生物与胺、醇等亲核试剂发生亲核取代，生成酰胺或酯的反应可以表示如下：

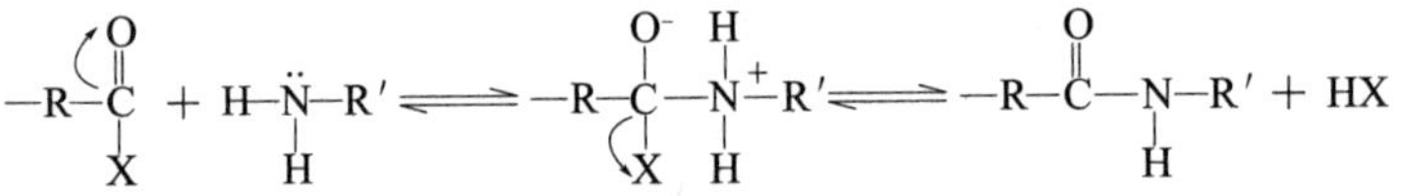

反应分为两步（$SN_2$），第一步羧酸衍生物与亲核试剂发生加成，生成一个中心碳原子为 $sp^3$ 杂化、四面体结构、带负电的中间体；第二步中间体消除一个负离子，形成新的羧酸衍生物。对此反应，羧酸衍生物 R 的结构和 X 的结构、亲核试剂结构都会影响亲核取代反应的活性。

### 7.1.2.1 X 结构与官能团活性

根据 X 的不同，取代基可以是—COCl、—COOH、—COOR、—CONH$_2$ 等。这些官能团与羟基或氨基的反应能力各不相同。

羰基上的碳原子显示正电性，在另一单体所带羟基的氧原子上存在孤电子对，由于静电作用，使两单体经过渡态而形成酯，同时 X 变成阴离子，氢转化成质子。显然羰基上碳原子的正电荷越强，反应就越容易进行。当 R 相同时，$\delta^+$ 的大小，取决于 X 的电负性。显然，X 的电负性大，吸电子能力就强，相应中心碳原子的正电性越强。单体上 X 的电负性大小，可由它形成氢化物的性质来推知：

| 酰基化物（RCOX） | RCOCl | (RCO)$_2$O | RCOOH | RCOOR$'$ |
| 氢化物 | HCl | HOOCR$'$ | HOH | HOR$'$ |

氢化物的酸性强弱顺序为：

$$HCl > HOOCR' > HOH > HOR'$$

因而，X 的电负性大小为：

$$Cl > R'COO > HO > OR'$$

X 的体积越大，越不利于反应进行，一是大体积阻碍了亲核试剂的进攻，二是不利于羧酸衍生物由平面结构形成中间体的四面体结构。

综合分析，单体的活性顺序为 $RCOCl > (RCO)_2O > RCOOH > ROR'$。这种规律性已为实验所证实。

#### 7.1.2.2 R 的结构的影响

二元酯中羰基的 $\alpha$ 或 $\beta$ 位上有 O、S、N 等杂原子取代时，对其有活化效果。如：

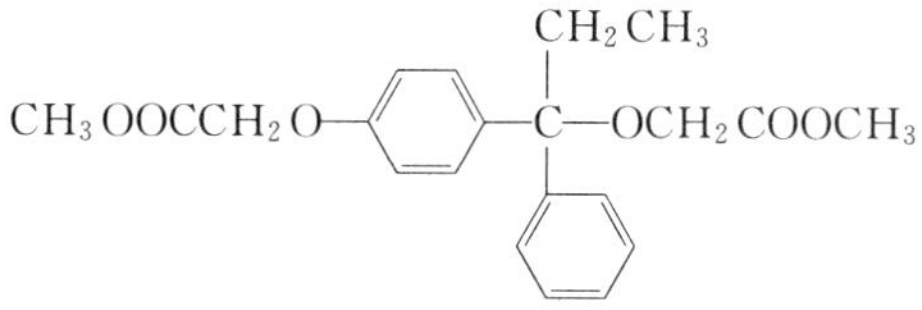

$$CH_3OOCCH_2O—\underset{\underset{C_6H_5}{|}}{\overset{\overset{CH_2CH_3}{|}}{C}}—OCH_2COOCH_3$$

$$CH_3OOCCH_2S(CH_2)_2SCH_2COOCH_3$$

$$CH_3OOCCH_2CH_2N \underset{}{\bigcirc} NCH_2CH_2COOCH_3$$

杂原子活化效果顺序为 —O— > —S— > =N—，对酯基羰基位置的效果为 $\alpha > \beta > \gamma$。

含杂环的二元酯比通常的二元酯活性大，其顺序为：

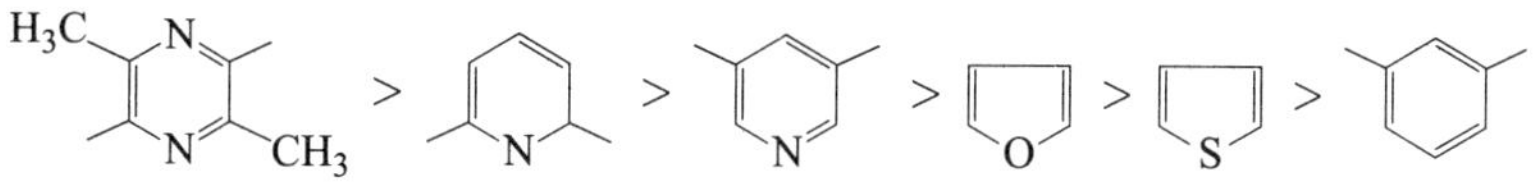

$$\underset{}{\bigcirc} > \underset{}{\bigcirc} > \underset{}{\bigcirc} > \underset{}{\bigcirc} > \underset{}{\bigcirc} > \underset{}{\bigcirc}$$

具有羟基、巯基的二元酯能在常温下与二元胺反应，生成相应的聚酰胺，如：

$$n CH_3OOC\underset{\underset{OH}{|}}{(CH)_2}COOCH_3 + n H_2N(CH_2)_6NH_2 \longrightarrow \underset{\underset{OH}{|}}{[OC(CH)_2}CONH(CH_2)_6NH]_n + (2n-1)CH_3OH$$

### 7.1.3 小结

对连锁聚合的烯类单体而言，双键开键相互连接形成聚合物；而逐步聚合的单体则是通过单体上所带两个可相互反应官能团间的反应形成聚合物。

对烯类单体，取代基对单体聚合能力和反应历程的影响明显。相对而言，逐步聚合单体对所带参与反应官能团的反应活性影响较小，因此给大分子主链结构的设计带来较大的便利。

相比于连锁聚合单体，逐步聚合单体官能团的反应活性低、反应速率慢、平衡性大。因此如何尽可能提高官能团的反应活性，以得到高聚合度的产物和提高反应速率是逐步聚合研究的一个重要方向，这也是活性化缩聚与不可逆缩聚反应日益得到人们关注的原因。

# 7.2 逐步聚合反应分类

逐步聚合反应分类方法和种类很多，常见的有以下几种。

### 7.2.1 按聚合反应机理分类

#### 7.2.1.1 缩合聚合

缩合聚合反应（或缩聚反应，polycondensation）是缩合反应的多次重复，官能团之间的每一步反应，都有小分子副产物生成。这是最典型、最重要的一种逐步聚合反应，也是本章要讨论的重点。许多重要的聚合物的合成反应都属此类。

（1）酯键的形成和聚酯的合成

醇与羧酸、酯或酰氯反应形成酯键，如果反应用的是双官能团单体，就可以发生聚合反应得到聚酯。如果聚酯主链上没有不饱和键，称饱和聚酯。其中最重要的品种是聚对苯二甲酸乙二醇酯（PET），即涤纶树脂，它是产量最高的合成纤维，也是重要的工程塑料。

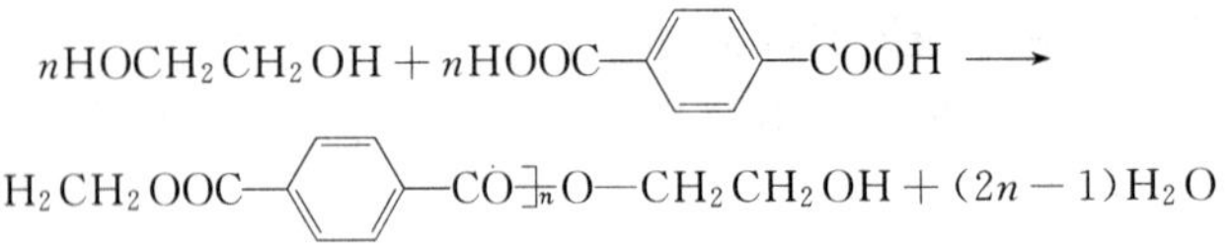

$$nHOCH_2CH_2OH + nHOOC-\boxed{\phantom{xx}}-COOH \longrightarrow$$

$$H\left[OCH_2CH_2OOC-\boxed{\phantom{xx}}-CO\right]_nO-CH_2CH_2OH + (2n-1)H_2O$$

该反应很慢，要在很高的温度下反应。当原料纯度很高时，可用乙二醇和对苯二甲酸直接反应。但因为对苯二甲酸熔点很高（300℃升华），在溶剂中溶解度小，因此难于精制，利用这一反应不容易得到高相对分子质量的树脂。

工业上生产涤纶比较成熟的工艺路线是采用对苯二甲酸先酯化，再酯交换和缩聚的方法。

用 1,3-丙二醇或 1,4-丁二醇代替乙二醇，工业上可以得到聚对苯二甲酸丙二醇酯（PTT）和对苯二甲酸丁二醇酯，它们比 PET 柔软，熔点低。

碳酸的聚酯叫做聚碳酸酯，通式为：

$$\left[OROC\right]_n$$
$$\phantom{xxxxx}\underset{O}{\parallel}$$

工业上重要的是双酚 A 型聚碳酸酯，可以采用酯交换法或光气法制备：

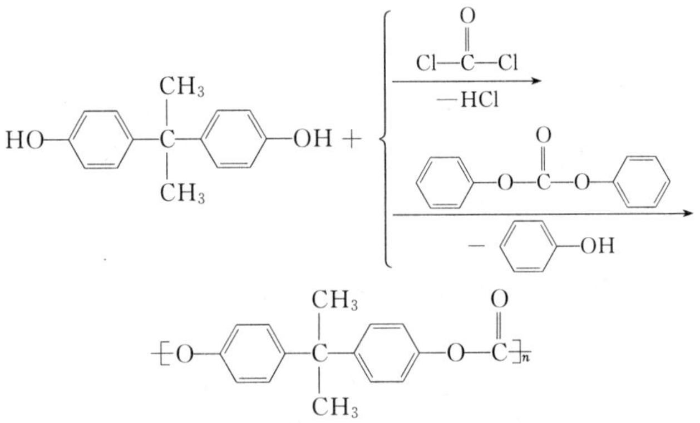

主链上的苯环和四取代的碳原子使链的刚性增加。在 15～130℃有良好的机械性能和尺寸稳定性，是一种重要的工程塑料。

（2）酰胺键的形成和聚酰胺的合成

胺与羧酸或酰氯反应形成酰胺键。二元胺与二元羧酸或二元酰氯等之间的聚合反应可以合成聚酰胺。

尼龙 66 是聚酰胺中最重要的品种，是由己二酸和己二胺合成的：

$$nHOOC(CH_2)_4COOH + nH_2N(CH_2)_6NH_2 \longrightarrow HO\left[OC(CH_2)_4COHN(CH_2)_6NH\right]_nH + (2n-1)H_2O$$

酰胺基团容易形成氢键，所以聚酰胺强度高、耐磨，是重要的合成纤维和工程塑料。如果在主链中引入芳香环，可以得到耐高温聚酰胺。例如 Kevlar 纤维就是按照下式合成的：

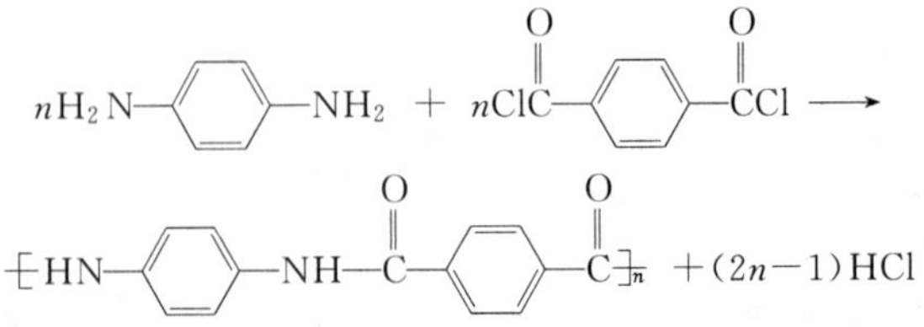

这种纤维在 500℃以上才分解而不熔融，比强度超过钢丝，我国称之为芳纶。

类似地，酸酐和胺反应可以形成耐高温的聚酰亚胺：

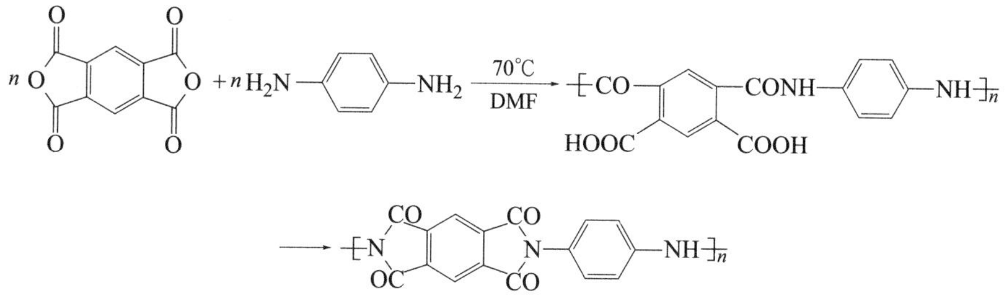

### 7.2.1.2 逐步加成聚合

单体分子通过反复加成，使分子间形成共价键，逐步形成高分子量聚合物的过程，称为逐步加成反应（polyaddition reaction）或聚加成反应。如二元醇和二异氰酸酯的反应合成聚氨酯就属此类。

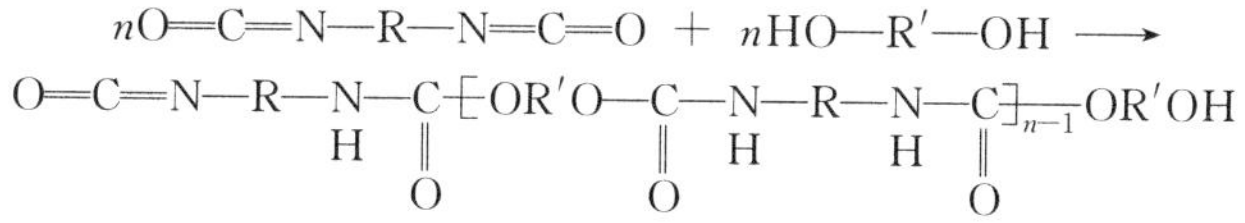

与缩聚反应不同，逐步加成聚合反应没有小分子副产物生成。

二异氰酸酯与二元胺反应生成聚脲，其熔点高、韧性大。

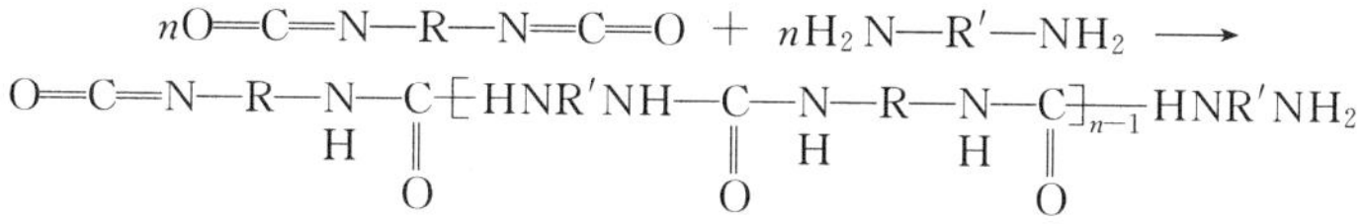

Diels-Alder 加成聚合：将某些共轭二烯烃化合物加热，即发生 Diels-Alder 反应，生成环状二聚体，然后继续生成环状三聚体、四聚体，直至多聚体。如：

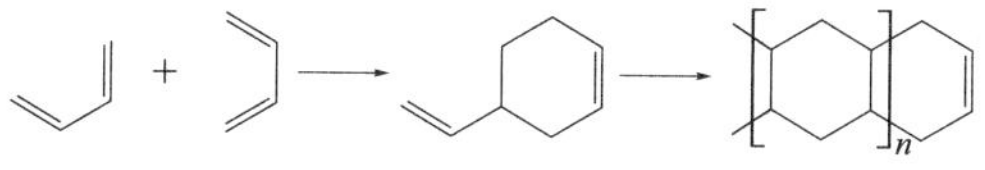

乙烯基丁二烯与苯醌反应，得到可溶性梯形聚合物：

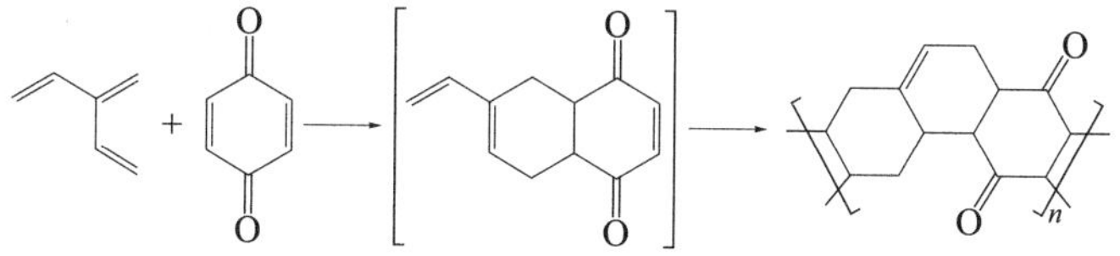

由 Diels-Alder 反应合成的聚合物多为梯形结构，因而引起了人们的注意。

### 7.2.1.3 氧化偶联聚合

聚苯醚（PPO）是由 2,6-二甲基苯酚的一系列氧化偶联反应而成：

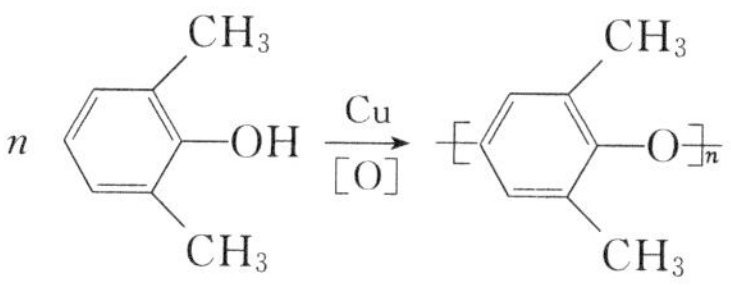

这是氧化偶联反应（oxidative coupling polymerization）制备的第一个高相对分子质量聚合物，它的耐热性、耐水性、机械强度都比聚碳酸酯好，可以做为机械部件的结构材料。

氧化偶联聚合从机理上讲，相对分子质量是逐步长大的，经过二聚体、三聚体、……，一直到多聚体、高聚物。但是它没有缩聚反应意义上的官能团，一般是经过氧化脱氢产生单体自由基、多聚体自由基，再经过偶合使分子长大。这种通过氧化偶联反应生成聚合物的过程称为氧化偶联聚合。

除上面介绍的酚外，还有芳烃和炔烃也可以进行氧化偶联聚合。前者如二甲苯、二苯甲烷，后者如二炔化物。

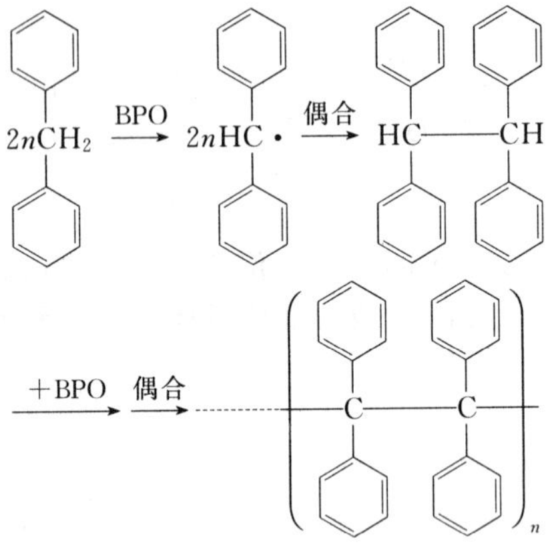

#### 7.2.1.4 加成缩合聚合

苯酚与甲醛的反应是典型的加成缩合聚合（addition polycondensation）：

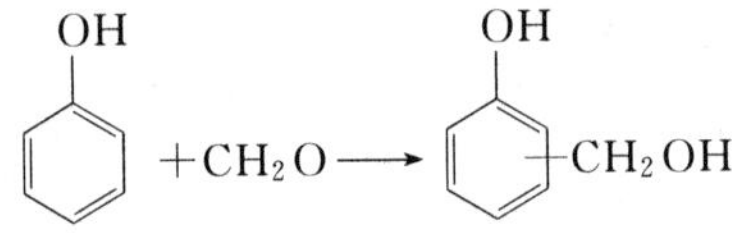

（加成）

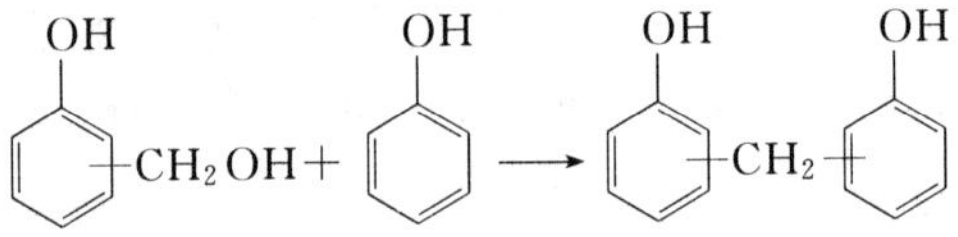

（缩合）

这是第一个人工合成的塑料（1907 年）。反应是甲醛首先在苯酚的苯环上加成生成羟甲基，然后羟甲基再与苯环上的氢进行缩合，称为加成缩合反应。

#### 7.2.1.5 分解缩合聚合

在聚合过程中单体本身发生分解，同时分解产物连接在一起形成聚合物，称为分解缩聚（decomposition polycondensation）。如 $N$-羧基-$\alpha$-氨基酸酐合成多肽的反应，其反应历程为单体逐步脱除 $CO_2$ 而成。

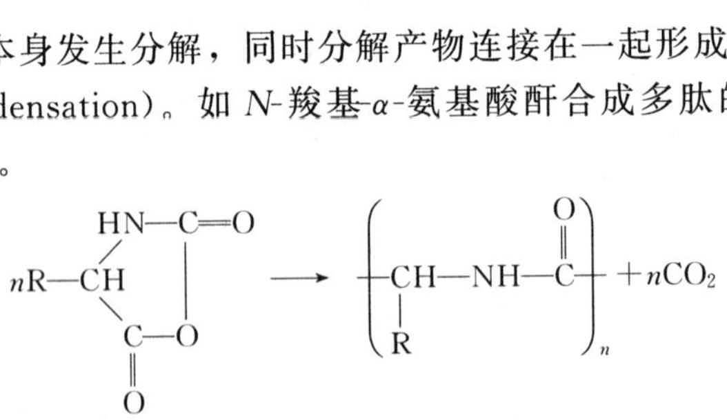

再如重氮甲烷的分解反应：

$$n CH_2 =\!\!=\!\! N_2 \xrightarrow{\ BF_3\ } \text{+}CH_2\text{+}_n + nN_2$$

产物结构与聚乙烯相同，但没有支链且相对分子质量要低。为区别于聚乙烯，习惯上称其为聚亚甲基。

与连锁聚合相比，逐步聚合的反应机理要复杂得多，同一个反应可以有多种反应机理特征。如聚苯醚，多数将其归为氧化偶联聚合，同时由于氧化反应形成自由基，自由基再进行偶合，因此也称为自由基缩聚；由于在反应中有氢气分解放出，因而也可称为分解缩聚。再如前面介绍的聚酰亚胺、乙烯基丁二烯与苯醌反应等，由于产物中形成环状结构，因而也称为环化缩聚。

### 7.2.2 按反应热力学的特征分类

#### 7.2.2.1 平衡逐步缩聚

平衡逐步缩聚（equilibrium polycondensation）或称平衡可逆聚合反应，通常系指平衡常数小于 $10^3$ 的聚合反应。通常聚酯的合成反应属于此类，如对苯二甲酸与乙二醇的反应，在生成聚酯的同时，也伴有小分子副产物与聚酯的逆反应，使聚合度减小。二元酸与二元胺反应生成聚酰胺的反应也有同样的现象发生。

#### 7.2.2.2 不平衡逐步缩聚

不平衡逐步缩聚（nonequilibrium polycondensation）或称不可逆聚合反应，通常系指平衡常数大于 $10^3$ 的聚合反应，其逆反应相对于聚合反应而言可以忽略不计。该类反应通常是使用高活性的单体或采取其它避免逆反应的措施来实现，如二元酰氯同二元胺生成聚酰胺。

反应条件的变化可以使平衡反应转变为不平衡反应，如在聚酯的合成过程中，不断除去生成的小分子水，反应将主要向着聚合物生成的方向进行，平衡反应变成了不平衡反应。

### 7.2.3 按聚合物链结构分类

#### 7.2.3.1 线形逐步聚合

线形逐步聚合（linear polycondensation）参加聚合反应的单体都只带有两个官能团，聚合过程中，分子链成线形增长，最终获得的聚合物结构是可溶可熔的线形结构。

#### 7.2.3.2 体形逐步聚合

体形逐步聚合（three-dimensional polycondensation）参加聚合的单体至少有一种含有两个以上官能团，在反应过程中，分子链从多个方向增长，形成支化的或者交联的体形结构聚合物，如丙三醇和邻苯二甲酸酐的反应。

### 7.2.4 按参加反应的单体种类分类

#### 7.2.4.1 均缩聚

只有一种单体参加的缩聚反应称为均缩聚（homopolycondensation），其重复单元只含有一种结构单元。这种单体本身含有可以发生缩合反应的两种官能团，如：

$$nH_2N-(CH_2)_5-COOH \xrightarrow{-H_2O} \left[HN-(CH_2)_5-CO\right]_n$$

$$nBr-\!\!\!\left\langle\!\!\!\bigcirc\!\!\!\right\rangle\!\!\!-S^- \ Na^+ \longrightarrow \left[\!\!\!\left\langle\!\!\!\bigcirc\!\!\!\right\rangle\!\!\!-S\right]_n + nNaBr$$

#### 7.2.4.2 混缩聚

混缩聚（mixing polycondensation）是指两种单体（a-A-a 和 b-B-b）分别含有两个相同的官能团，聚合反应是通过 a 和 b 的相互反应进行，聚合产物的重复单元含有两种结构单元。如己二酸与己二胺合成尼龙 66 的反应。

#### 7.2.4.3 共缩聚

均缩聚的反应体系中加入第二种单体，或混缩聚反应体系中加入第三种甚至第四种单体进行的缩聚反应称共缩聚（co-condensation polymerization）。按单体相互连接的方式可分为交替共缩聚物、嵌段共缩聚物和无规共缩聚物。如：

$$nHO-R-OH+mHO-R'-OH+(n+m)HOOC-R''-COOH \longrightarrow$$
$$H\left[OROOCR''CO\right]_n\left[OR'OCR''CO\right]_m OH$$

### 7.2.5 按反应中形成的新键分类

根据聚合反应形成的特征新键可以分为聚酯化反应、聚酰胺化反应和聚醚化反应等等。

### 7.2.6 小结

虽然从聚合反应的机理和动力学角度将聚合反应划分为连锁聚合与逐步聚合，但由于逐步聚合中反应官能团间的反应历程多且复杂，以此分类反而不方便。因此逐步聚合习惯上按大分子链形状分为线形逐步聚合和体形逐步聚合两大类。线形逐步聚合又按热力学特征进一步分为平衡逐步聚合和不平衡逐步聚合；体形逐步聚合则按预聚物分为无规预聚物和结构预聚物（见 7.4 节）。

# 7.3 线形逐步聚合

在众多的线形逐步聚合中，线形缩合聚合是目前研究得最多最成熟的，因此本节以线形缩聚为代表展开讨论。

### 7.3.1 线形缩聚的基本过程

#### 7.3.1.1 反应特征

表 7-2 列出典型逐步聚合热力学和动力学的一些特征数据。可以看出，缩聚的聚合热一般不大，在 20～25kJ/mol，但活化能要大，在 40～100kJ/mol，与自由基聚合正相反。为了提高聚合反应速率，逐步聚合一般须在 150～275℃ 的较高温度下进行，有时还需使用催化剂。为此需考虑如何防止高温反应时体系中的副反应及单体的挥发等问题。

**表 7-2　典型逐步聚合反应热力学和动力学参数**

| 反应物 | 催化剂 | $T/℃$ | $k\times10^3$ /[L/(mol·s)] | $E_a$ /(kJ/mol) | $-\Delta H$ /(kJ/mol) |
|---|---|---|---|---|---|
| 聚酯化 | | | | | |
| $HO(CH_2)_{10}OH + HOOC(CH_2)_4COOH$ | 无 | 161 | $7.5\times10^{-2}$ | 59.4 | |
| $HO(CH_2)_{10}OH + HOOC(CH_2)_4COOH$ | 酸 | 161 | 1.6 | | |
| $HOCH_2CH_2OH + p\text{-}HOOC\!-\!\bigcirc\!-\!COOH$  | 无 | 150 | | | 10.5 |
| $p\text{-}HOCH_2CH_2OOC\!-\!\bigcirc\!-\!COOCH_2CH_2OH$ 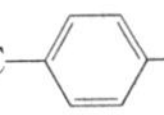 | 无 | 275 | 0.5 | 188 | |
| $p\text{-}HOCH_2CH_2OOC\!-\!\bigcirc\!-\!COOCH_2CH_2OH$ 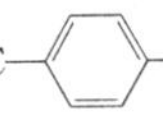 | SbO | 275 | 10 | 58.6 | |
| $HO(CH_2)_4OH + ClO(CH_2)_8OCl$ | 无 | 58.8 | 2.9 | 41 | |
| 聚酰胺化 | | | | | |
| 哌嗪 + $p\text{-}ClOC\!-\!\bigcirc\!-\!COCl$  | 无 | | $10^7\sim10^8$ | | |
| $H_2N(CH_2)_6NH_2 + HOOC(CH_2)_8COOH$ | 无 | 185 | 1.0 | 100.4 | |
| $H_2N(CH_2)_5COOH$ | 无 | 235 | | | 24 |
| 酚醛反应 | | | | | |
|  $\bigcirc\!-\!OH + H_2CO$ | 酸 | 75 | 1.1 | | |
|  $\bigcirc\!-\!OH + H_2CO$ | 碱 | 75 | 0.048 | | |
| 聚氨酯化 | | | | | |
| $m\text{-}OCN\!-\!\bigcirc\!-\!NCO +$ $HOCH_2CH_2OOC(CH_2)_4COOCH_2CH_2OH$ 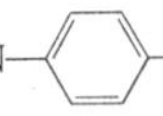 | | 60 | $0.4(k_1)$ $0.03(k_2)$ | 31.4 35 | |

平衡常数对反应温度的变化为：

$$\frac{\mathrm{d}\ln K}{\mathrm{d}T} = \frac{\Delta H}{RT} \tag{7-1}$$

$\Delta H$ 为负值，表明反应温度升高，平衡常数变小，正反应下降，逆反应增加。由于逐步聚合的聚合热较小，这种变化率也较小。

#### 7.3.1.2 大分子的生长过程

（1）线形缩合聚合的逐步性

这类反应的单体必须带有两个官能团，大分子的生长是由于官能团间相互反应的结果。两种单体分子互相反应生成二聚体，二聚体与单体反应又生成三聚体，二聚体与二聚体反应得到四聚体，依次类推，低聚物与低聚物相互反应生成相对分子质量更大的聚合物。相对分子质量逐步长大，分子链逐渐变长。

小分子变为大分子的过程并不是无限制地进行的，实践证明缩聚物的相对分子质量都不太高，一般为 $10^4$ 数量级。造成大分子不能继续增长的原因，既有热力学平衡的限制，也有官能团失活导致的动力学终止。

（2）线形缩聚进程的描述——反应程度 $P$

在逐步聚合中，带不同官能团的任何两分子都能相互反应，无特定的活性种，因此，在缩聚早期单体很快消失，转变成二聚体、三聚体等低聚物，单体的转化率很高。而相对分子质量却很低。因此在逐步聚合反应中，转化率无甚意义。

随着逐步聚合反应的进行，官能团数目不断减少，生成物的相对分子质量逐渐增加。因此把参加反应的官能团的数目与起始官能团的数目的比值称为反应程度（extent of reaction），记做 $P$。反应程度是描述逐步聚合反应进程的重要参数。

通常逐步聚合中，两单体采用等官能团配比。设起始官能团总数为 $N_0$，反应到一定程度后剩余官能团总数为 $N$，则根据定义：

$$P = \frac{\text{已参加反应的官能团数}}{\text{起始官能团数}} = \frac{N_0 - N}{N_0} \tag{7-2}$$

如果将大分子结构中结构单元数定义为聚合度，表示为 $\overline{X}_n$，则：

$$\overline{X}_n = \frac{\text{结构单元总数}}{\text{大分子数}} = \frac{N_0}{N} \tag{7-3}$$

由此可以建立聚合度与反应程度的关系：

$$\overline{X}_n = \frac{1}{1-P} \tag{7-4}$$

由此可知，当反应程度较低时，聚合度随反应程度的增加而增加，但变化不大。而在反应后期，反应程度提高不大，但聚合度却急剧增加。以涤纶为例，聚合度与反应程度的关系见图 7-1。

由表 7-3 可见，反应程度达 0.90 时，聚合度只有 10，远未达到高相对分子质量的要求。这时残留单体已少于 1%，转化率已高达 99%。合成纤维和工程塑料的聚合度一般要在 100～200 以上，相应地，反应程度也要在 0.990～0.995 以上。

#### 7.3.1.3 大分子生长过程的停止

（1）热力学平衡的限制

缩聚反应通常是热力学平衡的可逆反应。在缩聚反应初期，反应物浓度很大，所以正反应速率比逆反应速

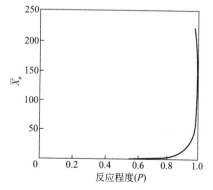

图 7-1 聚合度与反应程度的关系

**表 7-3　聚合度与反应程度的关系**（以涤纶为例）

| 反应程度($P$) | 聚合度($\bar{X}_n$) | 相对分子质量($\bar{M}_n$) |
| --- | --- | --- |
| 0.50 | 2 | 194 |
| 0.90 | 10 | 962 |
| 0.95 | 20 | 1938 |
| 0.99 | 100 | 9618 |
| 0.995 | 200 | 19216 |
| 0.997 | 300 | 28812 |

率大得多。随着反应进行，体系里反应物浓度不断减小，产物特别是小分子产物浓度增加，使逆反应速度越来越明显。在缩聚反应后期，体系黏度很大，生成的小分子不易除去，最终导致正逆反应速率相等，即达到热力学平衡。

缩聚反应的逆反应是解缩聚，例如聚酯合成中的醇解反应和酸解反应：

$$\sim\!\!\sim\!\!R'\!\!-\!\!\overset{\displaystyle O}{\overset{\|}{C}}\!\!-\!\!O\!\!-\!\!R\!\!-\!\!O\!\!-\!\!\overset{\displaystyle O}{\overset{\|}{C}}\!\!-\!\!R'\!\!\sim\!\!\sim\ +\ HORO\!\!-\!\!H$$

$$\longrightarrow\ \sim\!\!\sim\!\!R'\!\!-\!\!\overset{\displaystyle O}{\overset{\|}{C}}\!\!-\!\!OROH\qquad HORO\!\!-\!\!\overset{\displaystyle O}{\overset{\|}{C}}\!\!-\!\!R'\!\!\sim\!\!\sim$$

$$-\!\!R'\!\!-\!\!\overset{\displaystyle O}{\overset{\|}{C}}\!\!-\!\!O\!\!-\!\!R\!\!-\!\!O\!\!-\!\!\overset{\displaystyle O}{\overset{\|}{C}}\!\!-\!\!R'\!\!-\ +\ HO\!\!-\!\!\overset{\displaystyle O}{\overset{\|}{C}}\!\!-\!\!R'\!\!-\!\!\overset{\displaystyle O}{\overset{\|}{C}}\!\!-\!\!OH$$

$$\longrightarrow\ -\!\!R'\!\!-\!\!\overset{\displaystyle O}{\overset{\|}{C}}\!\!-\!\!OH\ +\ HO\!\!-\!\!\overset{\displaystyle O}{\overset{\|}{C}}\!\!-\!\!R'\!\!-\!\!\overset{\displaystyle O}{\overset{\|}{C}}\!\!-\!\!ORO\!\!-\!\!\overset{\displaystyle O}{\overset{\|}{C}}\!\!-\!\!R'\!\!-$$

这种化学降解使相对分子质量降低。

在缩聚反应中还存在着大分子链之间的链交换反应，这种反应也是可逆的，尤其是在较高温度下，这种可逆反应更应该受到重视。

$$\begin{array}{l}\sim\!\!\sim\!\!RC\overset{\displaystyle O}{\overset{\|}{}}\!\!-\!\!NHR'\!\!\sim\!\!\sim\\[2pt]\sim\!\!\sim\!\!R''C\overset{\displaystyle O}{\overset{\|}{}}\!\!-\!\!NHR'''\!\!\sim\!\!\sim\end{array}\ \longrightarrow\ \begin{array}{l}\sim\!\!\sim\!\!R''C\overset{\displaystyle O}{\overset{\|}{}}\!\!-\!\!NHR'\!\!\sim\!\!\sim\\[2pt]\sim\!\!\sim\!\!RC\overset{\displaystyle O}{\overset{\|}{}}\!\!-\!\!NHR'''\!\!\sim\!\!\sim\end{array}$$

这种链交换反应不影响体系分子链的数目，但却有利于相对分子质量的均匀化，或者说，链交换反应使聚合物的相对分子质量分布变窄。通常相对分子质量较大的分子对黏度影响较大，所以，链交换反应使体系黏度下降。

如果将聚酰胺和聚酯放在一起进行链交换，会得到嵌段共聚物。

$$\begin{array}{l}\sim\!\!\sim\!\!\overset{\displaystyle O}{\overset{\|}{C}}\!\!-\!\!O\!\!-\!\!\overset{\displaystyle O}{\overset{\|}{C}}\!\!\sim\!\!\sim\\[2pt]\sim\!\!\sim\!\!\overset{\displaystyle O}{\overset{\|}{C}}\!\!-\!\!NH\!\!-\!\!\overset{\displaystyle O}{\overset{\|}{C}}\!\!\sim\!\!\sim\end{array}\ \longrightarrow\ \begin{array}{l}\sim\!\!\sim\!\!\overset{\displaystyle O}{\overset{\|}{C}}\!\!-\!\!O\!\!-\!\!\overset{\displaystyle O}{\overset{\|}{C}}\!\!-\!\!NH\!\!\sim\!\!\sim\\[2pt]\sim\!\!\sim\!\!\overset{\displaystyle O}{\overset{\|}{C}}\!\!-\!\!NH\!\!-\!\!\overset{\displaystyle O}{\overset{\|}{C}}\!\!-\!\!O\!\!\sim\!\!\sim\end{array}$$

大分子链终止增长的另一个原因是缩聚反应中原料（官能团）的非化学计量比。在投料时即使设法准确称量，由于原料纯度和在反应过程中官能团的变化等原因，也不能保证严格的化学计量比。从而造成反应体系中的一种官能团过量，当反应达到一定程度后，大分子端基都由于原料纯度（特别是含单官能团物质）和在反应过程中官能团的变化（如高温脱羧）

等原因，使得反应体系中有一种官能团过量。反应达到一定高度后，大分子端基都被过量的官能团占有，缩聚反应被迫终止。

（2）动力学终止

动力学终止是由于官能团完全失去活性造成的，有以下几种情况。

① 单官能团物质封端　反应体系中含有单官能团物质起着封闭端基、终止大分子继续增长的作用，如：

$$a\overline{(AB)}_n b + R'a \longrightarrow a\overline{(AB)}_n R' + ab$$

② 环化反应　在一定条件下，线形缩聚反应同时伴有环化反应。环化反应依分子链的长短可以发生在分子内，也可以发生在分子间。如分子内环化：

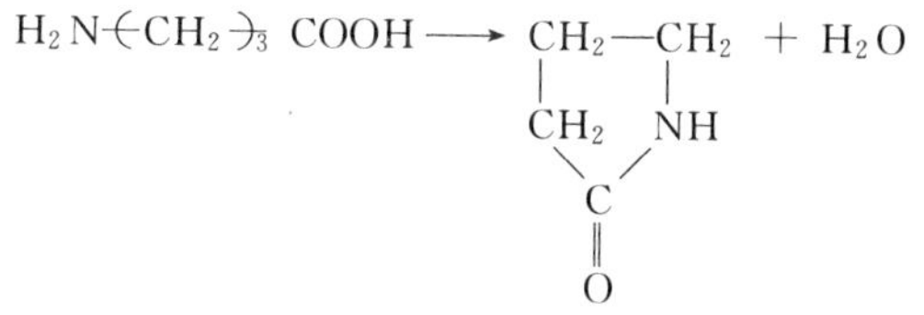

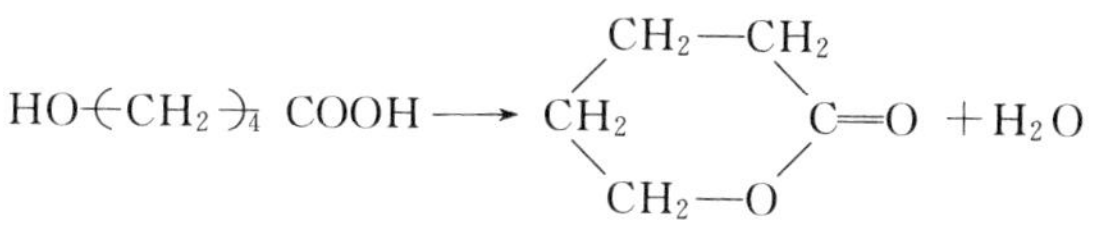

$$H_2N(CH_2)_3COOH \longrightarrow \begin{array}{c} CH_2-CH_2 \\ | \quad\quad | \\ CH_2 \quad\ NH \\ \diagdown \quad \diagup \\ C \\ \| \\ O \end{array} + H_2O$$

$$HO(CH_2)_4COOH \longrightarrow \begin{array}{c} CH_2-CH_2 \\ | \quad\quad | \\ CH_2 \quad\ C=O \\ \diagdown \quad \diagup \\ CH_2-O \end{array} + H_2O$$

单体间的环化反应：

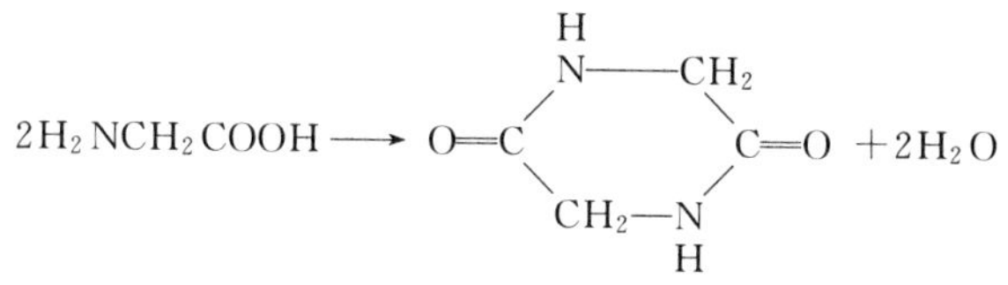

$$2H_2NCH_2COOH \longrightarrow \begin{array}{c} H \\ | \\ N-CH_2 \\ \diagup \quad\quad \diagdown \\ O=C \quad\quad C=O \\ \diagdown \quad\quad \diagup \\ CH_2-N \\ | \\ H \end{array} + 2H_2O$$

另外，低聚物之间在一定条件下也可以进行环化反应。

一般随着聚合产物相对分子质量的增大，聚合物分子末端官能团之间的碰撞概率下降，其成环反应的动力学可行性下降；但其热力学稳定性增加。环化反应发生的难易程度取决于上述动力学因素和热力学因素的综合作用。成环反应和缩聚反应是一对竞争反应，如用己内酰胺制造尼龙 6 时，总有 7% 的单体留下来，纺丝前必须用水洗去。用 γ-氨基酸（丁基）、δ-氨基酸（戊基）几乎得不到聚合物，只能得到相应的内酰胺。

对于线形缩聚反应来说，成环反应是一种副反应，应尽量避免。常用的措施有两个：第一，增加单体浓度，线形缩聚是双分子反应，增加单体浓度对其有利；第二，降低反应温度，环化反应活化能通常高于线形缩聚，降低温度对后者有利。

分子内的环化反应也被利用，目的是合成环化低聚物和特殊性能的环化高分子。环化低聚物可以用做开环聚合的单体。分子内环化通常利用局部的极稀浓度来实现，例如双酚 A氯甲酸酯的二氯甲烷溶液逐滴滴加到三乙胺的二氯甲烷溶液和 NaOH 水溶液的混合物中，通过分子内环化反应得到双酚 A 聚碳酸酯环状低聚物：

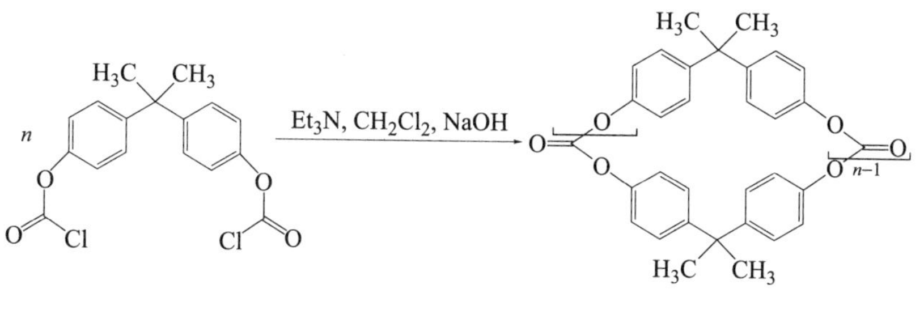

（3）官能团的消除

在一定条件下，参加缩聚反应的单体、低聚物等容易发生官能团脱除反应或发生变化，从而导致失去反应能力，如羧基在高温下易分解产生 $CO_2$；氨基发生脱除氨气的反应等。

### 7.3.2　线形缩聚反应速率

#### 7.3.2.1　官能团的等活性概念

缩聚反应是各种低聚物官能团间的反应，而且反应大多数是平衡可逆的：

$$-[M]_m + -[M]_n \Longleftrightarrow -[M]_{m+n}$$

式中，$m$，$n=1$，2，3 等任意正整数。

缩聚反应全过程包括许多缩合反应步骤，例如，二元酸和二元醇的缩聚反应，要使聚合物符合要求，聚合度须在 $100 \sim 200$ 以上，逐步聚合要进行 $100 \sim 200$ 次缩合反应。如果随反应的进行，分子链两端所带官能团的反应活性发生变化，则每一步的反应速率常数就各不相同。这将使缩聚体系的理论研究，尤其是动力学的研究变得十分困难。因此有必要对聚合反应过程作一些合理的简化。Flory 首先提出了官能团等反应活性的假设：在缩聚反应中反应物官能团的反应活性是相等的，与分子链的大小、另一官能团是否已经反应无关。

按照这一理论，整个缩聚反应过程可以用两种官能团之间的反应表示，而不必考虑各个具体的反应步骤，从而大大地简化了逐步聚合的理论研究过程。

如聚酯化反应可表示为：

$$-COOH + HO- \longrightarrow -COO- + H_2O$$

聚酰胺化反应可表示为：

$$-COOH + H_2N- \longrightarrow -CONH- + H_2O$$

这一假设在简化了逐步聚合反应的研究同时，也在理论分析和实验结果上得到了支持。

（1）实验依据

Flory 通过对酯化和聚酯化反应的实验研究并结合前人工作，列举以下实验依据（表 7-4）。

表 7-4　羧酸同系物的酯化速率常数

| 碳链长度$(x)$ | $k \times 10^4/[L/(mol \cdot s)]$ | 碳链长度$(x)$ | $k \times 10^4/[L/(mol \cdot s)]$ |
| --- | --- | --- | --- |
| 1 | 22.1 | 8 | 7.5 |
| 2 | 15.3 | 9 | 7.4 |
| 3 | 7.5 | 11 | 7.6 |
| 4 | 7.5 | 13 | 7.5 |
| 5 | 7.4 | 15 | 7.7 |
| 6 | | 17 | 7.7 |

在一元酸的酯化反应中（醇过量，HCl 催化）：

$$H(CH_2)_x COOH + C_2H_5OH \xrightarrow{HCl} H(CH_2)_x COOC_2H_5 + H_2O$$

在 $x=1$，2，3 时，反应速率常数迅速降低，当 $x>3$ 后，速率常数不随 $x$ 增大而变化，说明官能团活性与分子大小无关。

由癸二酰氯与二醇的聚合反应也得到类似的结果（表 7-5）：

$$ClOC -(CH_2)_8 COCl + HO-(CH_2)_x OH \longrightarrow$$

$$-[CO-(CH_2)_8 COO-(CH_2)_x O]_n + (2n-1)HCl$$

反应速率常数与二醇的 $x$ 值无关，与 $n$ 值也无关。在其它反应中也观察到了类似的结果。这为官能团的活性与分子大小无关的概念提供了直接的实验证据。

表 7-5 二醇同系物与酰氯的酯化速率常数

| 碳链长度($x$) | $k \times 10^3/[\text{L}/(\text{mol} \cdot \text{s})]$ | 碳链长度($x$) | $k \times 10^3/[\text{L}/(\text{mol} \cdot \text{s})]$ |
| --- | --- | --- | --- |
| 5 | 0.60 | 8 | 0.62 |
| 6 | 0.63 | 9 | 0.65 |
| 7 | 0.65 | 10 | 0.62 |

在聚合物科学发展的初期，人们普遍认为：官能团的反应活性随着相对分子质量的增大而下降，这在很大程度上是因为没有对参加反应的官能团的实际浓度进行修正造成的。在许多实际情况下，由于在反应物中，高相对分子质量的同系物溶解度低或难以溶解，使实际参加反应的官能团浓度低于预期的浓度，导致了观测到的反应活性显著偏低。

（2）理论分析

Flory 等人从理论上分析指出官能团的活性取决于官能团的碰撞频率，而不是大分子的扩散速率。碰撞频率是单位时间内一个官能团与其它官能团碰撞的次数。大分子整体扩散的速率是很低的，这也是人们认为大分子上的官能团反应活性降低的原因，但连在大分子链末端的官能团，由于聚合物链段发生构象重排，其活动性要比整个大分子大很多，其碰撞频率几乎与小分子差不多。

在逐步聚合反应中，两个官能团每碰撞 $10^{13}$ 次才能发生一次反应。在这样的时间间隔内，大分子末端可以发生充分的重排，足以维持稳定的"官能团对"的平衡浓度。

（3）官能团等活性理论的近似性

自从 Flory 的"等活性理论"提出以来，许多人的工作证明并支持了这一简化处理，同时也提出了它的局限性和近似性，"等活性理论"成立需满足以下条件：

① 缩聚反应体系必须是真溶液、均相体系，全部反应物、中间物和最终产物都溶于这个介质中；

② 官能团所处的环境——邻近基团效应和空间阻碍在反应过程中不变；

③ 聚合物的相对分子质量不能太高，反应速率不能太大，反应体系黏度不能太高，以不致影响小分子产物逸出、不妨碍建立平衡为限，不能使扩散成为控制速率的主要因素。

（4）官能团不等活性体系

在某些情况下，官能团等活性的概念会出现偏差甚至不正确。产生这种情况的原因有化学因素也有物理因素。

对某些体系而言，造成官能团活性差别的原因是官能团的空间环境和电子环境发生了变化。如 2,4-二异氰酸甲酯是合成聚酰基甲酸酯的常用单体，但它的两个官能团活性并不相等，表 7-6 列举 37.9℃下，三乙胺催化不同异氰酸酯与正丁醇在甲苯中的反应活性。可以看出：对位甲基的存在使异氰酸酯基的亲电能力下降，反应活性降低；而异氰酸酯基的吸电子作用可以活化第二个异氰酸酯基，但如发生反应生成氨基甲酸酯基后，其吸电子作用下降，又使第二个异氰酸酯基活性降低。

再如由于乙二醇中羟基的亲核性大，因此比一端酯化后余下的羟基活性大，而丙三醇中仲羟基由于位阻作用，比两个伯羟基的活性要低。

对缩聚体系，如果在聚合过程中反应物发生相变，则可能会影响到官能团的活性。表 7-7 列出溶剂对二苯基甲烷-4，4-二异氰酸酯与乙二醇反应产物相对分子质量的影响。

**7.3.2.2 不可逆条件下的线形缩聚反应速率**

依据官能团等活性假设，逐步聚合反应的动力学处理大大简化，以二元醇和二元酸反应为例，在忽略分子内环化反应和酯交换反应的情况下，聚合反应就可以以羧基和羟基之间的酯化反应来表示。首先是羧酸的质子化：

**表 7-6 异氰酸酯与正丁醇的反应活性**

| 异氰酸酯 | 速率常数/[L/(mol·min)] | | |
| --- | --- | --- | --- |
| | $k_1$[①] | $k_2$[②] | $k_1/k_2$ |
| 单异氰酸酯 | | | |
| 　异氰酸苯基酯 | 0.406 | | |
| 　异氰酸对甲苯基酯 | 0.210 | | |
| 　异氰酸邻甲苯基酯 | 0.0655 | | |
| 二异氰酸酯 | | | |
| 　二异氰酸间亚苯基酯 | 4.34 | 0.517 | 8.39 |
| 　二异氰酸对亚苯基酯 | 3.15 | 0.343 | 9.18 |
| 　2,6-二异氰酸甲苯基酯 | 0.884 | 0.143 | 6.18 |
| 　2,4-二异氰酸甲苯基酯 | 1.98 | 0.166 | 11.9 |

① $k_1$ 为第一个活泼异氰酸酯基的反应速率常数。

② $k_2$ 为第一个活泼异氰酸酯基反应后,另一个异氰酸酯基的速率常数。

**表 7-7 溶剂对二苯基甲烷-4,4-二异氰酸酯与乙二醇反应产物相对分子质量的影响[①]**

| 溶剂 | $\eta_{inh}$[②] | 聚合物的溶解性 |
| --- | --- | --- |
| 二甲苯 | 0.06 | 立刻沉淀 |
| 氯苯 | 0.17 | 立刻沉淀 |
| 硝基苯 | 0.36 | 0.5h 后沉淀 |
| 二甲基亚砜 | 0.69 | 溶解 |

① 聚合温度 115℃。

② 二甲基甲酰胺中室温下测定。

$$\underset{\text{I}}{\overset{\text{O}}{\underset{\|}{\text{C}}}\text{—OH}} + \text{HA} \underset{k_2}{\overset{k_1}{\rightleftharpoons}} \underset{\text{II}}{\overset{\text{OH}}{\underset{|}{\text{C}^+}}\text{—OH}} + \text{A}^-$$

继续与醇反应生成酯:

$$\underset{(\text{A}^-)}{\overset{\text{OH}}{\underset{|}{\text{C}^+}}\text{—OH}} + \sim\text{OH} \underset{k_4}{\overset{k_3}{\rightleftharpoons}} \underset{\text{III}}{\overset{\text{OH}}{\underset{\overset{|}{\text{OH}(\text{A}^-)}}{\text{C}}}\text{—OH}}$$

$$\overset{\text{OH}}{\underset{\overset{|}{\text{OH}}}{\text{C}}}\text{—OH} \overset{k_5}{\rightleftharpoons} \overset{\text{O}}{\underset{\|}{\text{C}}}\text{—O}\sim + \text{H}_2\text{O} + \text{H}^+$$

逐步聚合反应的速率通常以官能团消失速率表示。对于聚酯化反应来说,聚酯化反应速率 $R_p$ 用羧基消失速率 $-d[\text{COOH}]/dt$ 来表示,也可以用活性物种 III 的生成速率来表示。若反应在非平衡条件下进行,$k_4$ 可以忽略,$k_1$、$k_2$ 和 $k_5$ 大,因此,聚酯化反应速率可以表示为:

$$R_p = \frac{-d[\text{COOH}]}{dt} = k_3[\text{C}^+(\text{OH})_2][\text{OH}] \tag{7-5}$$

式中,$[\text{COOH}]$、$[\text{OH}]$ 和 $[\text{C}^+(\text{OH})_2]$ 分别表示羧基、羟基和质子化羧基的浓度,浓度用每升溶液中官能团的物质的量表示。由于质子化羧基的浓度在实验测定上比较困难,故式(7-5)用起来不是很方便,我们可以利用质子化反应平衡表达式:

$$K = \frac{k_1}{k_2} = \frac{[C^+(OH)_2][A^-]}{[COOH][HA]} \tag{7-6}$$

消去羧基质子化浓度，得：

$$R_p = \frac{-d[COOH]}{dt} = k_1 k_3 [COOH][OH][HA]/[A^-] \tag{7-7}$$

或

$$R_p = \frac{-d[COOH]}{dt} = k_1 k_3 [COOH][OH][H^+]/k_2 K_{HA} \tag{7-8}$$

式中，$K_{HA}$ 表示酸 HA 的电离平衡常数。

（1）无外加酸催化缩聚反应——自催化聚合反应

无外加强酸催化剂时，单体二元酸本身就可以作为酯化反应的催化剂。在这种情况下，用 [COOH] 代替 [HA]，式（7-8）就可以写成：

$$R_p = \frac{-d[COOH]}{dt} = k[COOH]^2[OH] \tag{7-9}$$

式中，$k = k_1 k_3 / k_2 K_{HA}$，自催化反应是三级反应。若投料时官能团等摩尔比，则有：

$$R_p = \frac{-d[COOH]}{dt} = k[COOH]^3 \tag{7-10}$$

或

$$-\frac{d[COOH]}{[COOH]^3} = k dt \tag{7-11}$$

将式（7-11）积分后得到：

$$\frac{1}{[COOH]^2} - \frac{1}{[COOH]_0^2} = 2k dt \tag{7-12}$$

将式（7-12）两边同乘 $[COOH]_0^2$，并结合式（7-3）和式（7-4），则有：

$$\frac{1}{(1-P)^2} = 1 + 2[COOH]_0^2 k dt \tag{7-13}$$

图 7-2 是自催化条件下己二酸聚酯化反应的动力学曲线。从图中可以发现，在反应程度 $P = 0.8 \sim 0.93$ 之间时，图线是线性的，符合三级动力学关系。

（2）外加酸催化缩聚反应

自催化聚酯反应的相对分子质量增长缓慢。在体系中加入强酸（如硫酸、对甲苯磺酸）

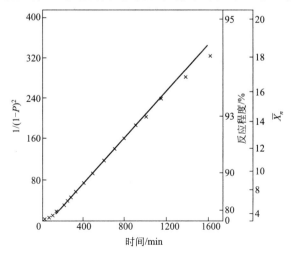

图 7-2 己二酸和一缩乙二醇在 166℃下自催化聚酯化反应三级动力学曲线

作为催化剂，可以大大提高反应速率。当催化剂为外加酸时，催化剂的浓度在反应过程中保持不变，则式（7-8）可以写成：

$$R_p = \frac{-d[COOH]}{dt} = k'[COOH][OH] \tag{7-14}$$

若二元酸和二元醇为等摩尔比投料，则式（7-14）可以简化成：

$$R_p = \frac{-d[COOH]}{dt} = k'[COOH]^2 \tag{7-15}$$

式中，$k' = k_1 k_3 [H^+] / k_2 K_{HA}$。

可见，外加强酸催化剂时，聚合反应为二级反应。将式（7-15）积分得：

$$\frac{1}{[COOH]} - \frac{1}{[COOH]_0} = k't \tag{7-16}$$

将式（7-16）两边同乘 $[COOH]_0$，并结合式（7-3）和式（7-4），则有：

$$\frac{1}{1-P} = 1 + [COOH]_0 k't$$

$$\overline{X}_n = 1 + [COOH]_0 k't \tag{7-17}$$

用对甲基苯磺酸催化一缩乙二醇与己二酸聚合反应的曲线如图 7-3 所示。曲线与方程式（7-17）相符，即聚合度随反应时间线性增加。外加催化剂的聚酯反应中，$X_n$ 随反应时间的增长速率（图 7-3）比自催化聚酯化反应（图 7-2）更大得多，这是一个很普遍、很重要的现象。从实用角度出发，外加酸催化聚酯化反应更加经济可行，而自催化聚酯反应则没有多大的用途。

如图 7-2 一样，在图 7-3 中的反应初期，也存在着非线性现象。一般来说，这是酯化反应的特征，而不是聚合反应的特征。图 7-3 表明：聚酯化反应至少在聚合度达到 90（相当于相对分子质量约 10000）时，一直保持着二级反应的特征。这是官能团反应活性与分子大小无关这一概念的一个强有力的证据。在许多其它聚合反应中也观察到了类似的结果。

（3）对动力学图线偏离的解释

从图 7-2 和图 7-3 可以看出，无论在酸催化还是自催化的聚酯化反应中。当反应程度低于 80% 时实验点偏离直线关系。特别是自催化体系，更加引起人们的研究兴趣，并且提出了一些新的动力学方程式，如二级和二级半反应关系式，以求能正确表达动力学行为。

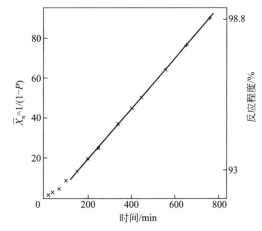

图 7-3　己二酸和一缩乙二醇在 109℃下，0.4%（摩尔分数）对甲基苯磺酸的聚酯化反应

$$-d[COOH]/dt = k[COOH][OH] \tag{7-18}$$

$$-d[COOH]/dt = k[COOH]^{3/2}[OH] \tag{7-19}$$

但结果并不十分成功。在低反应程度时，造成动力学偏离有以下几个原因。

① 反应体系的极性变化　反应体系从开始的羧酸和醇的混合物变成了酯，极性大大降低，极性的改变导致了反应速率常数或反应级数的变化。由图 7-2 可以看到三级曲线在低转化率区近似于直线，只是直线的斜率（即速率常数）比在高转化率区小。这一变化表明质子化羧基与中性亲核醇生成过渡态这一反应的存在，因为当过渡态比反应物带有更少的电荷时，反应速率常数将随介质极性的减小而增加。

② 反应物的浓度应由活度代替　$P < 0.8$ 时反应实际上是复杂的浓溶液反应，热力学上

属非理想体系，即官能团的活性并不与反应物的浓度成正比。典型的小分子研究表明，只有在稀的或中等浓度下，活度才与浓度成正比，即可以用浓度来代替活度。当 $P > 0.8$ 时，反应才开始属于稀溶液反应，因此表现出符合一般动力学规律。

③ 催化机理的变化　对自催化体系有人认为低反应程度时为质子（$H^+$）催化，高反应程度时为未电离羧酸的催化反应。低反应程度时，反应介质极性大，质子的浓度相对较高；高反应程度时，反应介质极性变小，主要催化剂是未电离的羧酸。质子比羧酸的催化更有效。

④ 反应体系的体积变化随反应程度提高　以 $1/(1-P)^2$ 对时间作图，其中未考虑体积的变化。但实际上，随生成水的除去，反应混合物的体积会变小，因此带来误差。如果以浓度对时间作图则不会产生类似的问题。

对自催化动力学研究中还发现，在高反应程度时也有偏离现象，造成偏离的原因有以下几点。

① 反应物的少量损失　未得到高相对分子质量的聚合物，反应通常在中温或高温下进行。采用减压和充氮气相结合的方法除去生成的小分子副产物。在这样的条件下，由于分解或挥发会造成一种或两种反应物的少量损失。如在聚酯反应中，二醇的脱水、二酸的脱羧和其它副反应都会导致反应物的损失。反应物的损失，在反应初期并不显得重要，但在反应后期却十分重要。例如，当反应程度达到 93% 时，一种反应物仅损失 0.3%，就会使反应物的浓度出现 5% 的误差。有人在尽可能减少由于挥发和副反应使反应物损失的条件下，进行了聚酯反应的动力学研究。其做法是，把第一阶段合成的聚酯经钝化后用作第二阶段的反应物，其起始浓度相当于反应程度为 80% 时的浓度。研究表明，直到反应程度达 98%～99% 时，仍为三级反应（更高的反应程度没有研究）。

② 体系黏度增大，反应速率下降　聚酯化反应以及许多其它逐步聚合反应是平衡反应。随着反应程度的提高，使平衡向着生成聚合物的方向移动变得越来越困难。这主要是由于在高反应程度下，反应介质的黏度大大增加，例如，在己二酸与一缩乙二醇的聚合反应过程中，黏度从 0.015P 增加到 0.30P（$1P = 0.1 Pa \cdot s$）。反应体系黏度的增大，降低了水的排除效率，从而导致随反应程度增大，反应速率下降的结果。

事实上，就合成高分子而言，只有在后期（$P > 0.8$）的反应动力学分析才真正有意义，因为大分子主要在这一阶段形成。在 $P \leqslant 0.8$ 以前，基本是低聚物。从这一角度出发，聚酯化反应的动力学关系是成立的。

### 7.3.2.3　平衡可逆条件下的线形缩聚反应速率

许多逐步聚合反应都是平衡反应，因此分析平衡对反应程度和聚合物相对分子质量的影响就变得十分必要。根据在反应过程中是否从体系中排除小分子，又把平衡体系分为封闭体系和开放体系，二者对聚合反应程度和聚合物相对分子质量的影响完全不同。

平衡常数较小的可逆反应，如果小分子副产物不能及时从体系中排除，则逆反应不能忽略。以酸催化聚酯反应为例：

$$-COOH + -OH \underset{k_{-1}}{\overset{k_1}{\rightleftharpoons}} \overset{\overset{\displaystyle O}{\displaystyle \|}}{-CO-} + H_2O$$

反应时间为 $t$ 时，正逆反应的速率分别为：

$$R_1 = k_1 [COOH][OH] \tag{7-20}$$

$$R_{-1} = k_{-1} [-COO-][H_2O] \tag{7-21}$$

总反应速率为：

$$R = R_1 - R_{-1} = k_1 [COOH][OH] - k_{-1} [-COO-][H_2O] \tag{7-22}$$

（1）封闭体系

封闭体系是指在反应过程中，反应生成的小分子始终保留在体系中，不采取任何排除措施。如果羧基与羟基等物质量反应，令羧基反应初始浓度为 $C_0$，时间 $t$ 时的浓度为 $C$，则酯的浓度为 $C_0 - C$，水的浓度也为 $C_0 - C$，则式（7-22）可以写成：

$$R = k_1 C^2 - k_{-1}(C_0 - C)^2 \tag{7-23}$$

将式（7-4）的关系和平衡常数 $K = k_1/k_{-1}$ 代入式（7-23），得：

$$R = k_1 C_0^2 \left[ (1-P)^2 - \frac{P^2}{K} \right] \tag{7-24}$$

式（7-24）表明，总反应速率受反应程度和平衡常数的影响。

（2）开放的驱动体系

将小分子副产物不断从反应体系中移走，这种体系叫做开放的驱动体系。小分子的排除，有利于平衡体系向生成物方向移动，得到高相对分子质量的聚合物。当小分子副产物是水时，可以通过提高温度、降低压力和通入惰性气体等方法把它移走。如果小分子副产物是氯化氢时，可以采用除水同样的方法或加碱中和除掉。

如果羧基与羟基等物质量反应，令羧基反应初始浓度为 $C_0$，时间 $t$ 时的浓度为 $C$，则酯的浓度为 $C_0 - C$，水的浓度为 $n_w$，则式（7-22）可以写成：

$$R = k_1 C^2 - k_{-1}(C_0 - C)n_w \tag{7-25}$$

将式（7-4）的关系和平衡常数 $K = k_1/k_{-1}$ 代入式（7-25）得：

$$R = k_1 C_0^2 \left[ (1-P)^2 - \frac{P n_w}{K C_0} \right] \tag{7-26}$$

式（7-26）表明，总反应速率与反应程度、小分子副产物含量和平衡常数有关。

### 7.3.3 线形缩聚物的聚合度

#### 7.3.3.1 反应程度和平衡常数对聚合度的影响

对封闭体系当正反应和逆反应速率相等，即总的聚合速率为零时，反应程度达到最大值，即

$$(1-P)^2 - \frac{P^2}{K} = 0 \tag{7-27}$$

$$P = \frac{\sqrt{K}}{\sqrt{K} + 1} \tag{7-28}$$

$$\overline{X}_n = \frac{1}{1-P} = \sqrt{K} + 1 \tag{7-29}$$

由此可见，平衡常数对于合成聚合物相对分子质量的限制很大。例如，在封闭体系中，要想得到聚合度为 100（在大多数体系中相当于相对分子质量为 $10^4$），平衡常数必须接近 $10^4$。而要合成具有使用意义的高相对分子质量聚合物，就需要有更大的平衡常数。所以在封闭体系中进行聚合反应难以合成满足实用要求的聚合物。例如，聚酯反应的平衡常数一般介于 $1 \sim 10$，酯交换反应为 $0.1 \sim 1$，聚酰胺为 $10^2 \sim 10^3$。

对开放体系当反应达到平衡时：

$$(1-P)^2 - \frac{P n_w}{K C_0} = 0 \tag{7-30}$$

$$\overline{X}_n = \frac{1}{1-P} = \sqrt{\frac{K C_0}{P n_w}} \tag{7-31}$$

式（7-31）表明，聚合度与平衡常数的平方根成正比，与低分子副产物浓度的平方根成反比。上述关系曾得到一些实验的证明，如图 7-4 和图 7-5 所示。

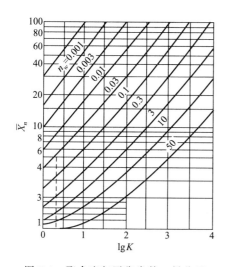

图 7-4 聚合度与平衡常数、低分子
副产物关系

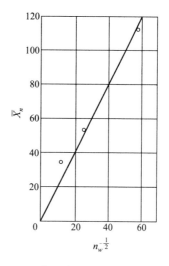

图 7-5 $\omega$-羟基十一烷酸缩聚物的聚合
度与水浓度的关系

对于 $K$ 值很小（=4）的聚酯化反应，欲得到 $\overline{X}_n > 100$ 的缩聚物，要求水分残余量很低（$< 4 \times 10^{-4}$ mol/L）。这就要求在高真空（$< 66.66$ Pa）下脱水。聚合后期，体系黏度很大，水的扩散困难，要求聚合设备创造较大的扩散界面。对于聚酰胺反应，$K = 400$，可以允许稍高的水含量（如 $4 \times 10^{-2}$ mol/L）和稍低的真空度，也能达到同样的聚合度。至于 $K$ 值很大（$10^3$）而对聚合度要求不高（几至几十），例如可溶性酚醛树脂预聚物，则完全可在水介质中反应。

#### 7.3.3.2 官能团比例对聚合度的影响

这种方法克服了前一种方法的缺点，得到的聚合物再加热时，其相对分子质量不会明显发生变化。具体的做法是，调节两种单体（A-A 和 B-B）的浓度，使其中一种稍过量一点，聚合反应到一定程度时，所有的链端基都成了同一种官能团，即过量的那一种官能团，它们之间不能再进一步反应，聚合反应就停止了。例如，用过量的二元胺与二元酸进行聚合反应，最终得到的是末端全部为氨基的聚酰胺：

$$H_2N—R—NH_2（过量）+ HOOC—R'—COOH \longrightarrow$$
$$H \big[ NH—R—NHCO—R'—CO \big]_n NH—R—NH_2$$

官能团配比对聚合物相对分子质量的影响，分以下几种情况。

（1）两单体非等当量比，其中 B-B 稍过量（类型Ⅰ）

双官能团单体 A-A 和 B-B，在 B-B 过量的情况下的聚合反应。例如，二元醇和二元酸或二元胺和二元酸的反应体系。

以 $N_A$ 和 $N_B$ 分别表示 A 和 B 官能团的数量。$N_A$ 为起始官能团 A 的总数，$N_B$ 为起始官能团 B 的总数。

定义 $\gamma$ 为两种官能团的当量系数（stoichiometric imbalance），即

$$\gamma = N_A / N_B \quad (\gamma \leqslant 1) \tag{7-32}$$

定义 $q$ 为单体的过量分率，即

$$q = \frac{\text{B-B 分子数} - \text{A-A 分子数}}{\text{A-A 分子数}} = \frac{\dfrac{N_B}{2} - \dfrac{N_A}{2}}{\dfrac{N_A}{2}} \tag{7-33}$$

过量分率和当量系数是表示非等当量比的两种方法，工业上常用过量分率或过量的分数，理论分析时则采用当量系数。

设官能团 A 的反应程度为 $P$，则 A 的反应数为 $N_A P$，B 官能团的反应数与 A 相同，也为 $N_A P$。

相应地，A 的残留数为 $N_A - N_A P$，B 的残留数为 $N_B - N_A P$。

于是，聚合物链端的官能团数为：

$$N_A + N_B - 2N_A P$$

大分子链数等于端基数的一半，即

$$(N_A + N_B - 2N_A P)/2$$

$X_n$ 等于结构单元数除以大分子总数，得：

$$\bar{X}_n = \frac{(N_A + N_B)/2}{(N_A + N_B - 2N_A P)/2} = \frac{1+\gamma}{1+\gamma-2\gamma P} \tag{7-34}$$

或：

$$\bar{X}_n = \frac{(N_A + N_B)/2}{(N_A + N_B - 2N_A P)/2} = \frac{q+2}{q+2(1-P)} \tag{7-35}$$

式（7-34）和式（7-35）是平均官能度与当量系数、过量分数及反应程度的关系。

当两种官能团等摩尔比时，即 $\gamma = 1.000$，或 $q = 0$，式（7-32）和式（7-33）可以简化为：

$$\bar{X}_n = \frac{1}{1-P}$$

当聚合反应程度达到100%时，即 $P = 1.000$，式（7-34）和式（7-35）简化为：

$$\bar{X}_n = \frac{1-\gamma}{1+\gamma} \quad 或 \quad \bar{X}_n = \frac{2}{q} \tag{7-36}$$

实际上，$P$ 可以趋近1，但永远不等于1。

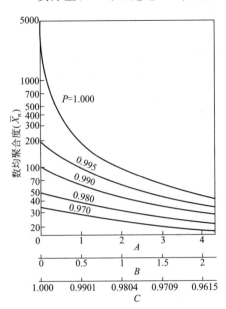

图 7-6 聚合度与反应程度和
当量系数之间的关系

$A$—B-B 过量百分数；$B$—当 $N_A = N_B$ 时，
B-B 过量百分数；$C$—当量系数 $\gamma$

图 7-6 是在一些 $P$ 值下用式（7-33）、式（7-34）计算得到的 $\bar{X}_n$ 随当量比的变化曲线。当量比可用当量系数 $\gamma$ 来表示。这些不同的曲线表明了如何通过控制 $\gamma$ 和 $P$ 值，使聚合反应达到某一特定的聚合度。但是在聚合反应中，$\gamma$ 和 $P$ 的值通常不允许完全自由地选择。例如，要考虑经济效益和反应物纯化上的困难，往往很难做到使 $\gamma$ 的值非常接近1。同样，考虑经济效益和反应时间，在聚合反应程度低于100%时就结束了（$P < 1.00$）。因为，在聚合反应的最终阶段，要想使反应程度提高百分之一，所要花的时间等于反应从最初进行到反应程度为97%～98%所需要的时间。

举几个例子来说明图 7-6 和式（7-34）、式（7-35）的应用。当过量摩尔分数分别为 0.001 和 0.01（即 $\gamma$ 值分别为 1000/1001 和 100/101）时，在 100% 的反应程度下，$X_n$ 分别为 2001 和 201；在 99% 的反应程度下，$\bar{X}_n$ 分别降到 96 和 66，在 98% 的反应程度下，$X_n$ 就降到了 49 和 40。显然，逐步聚合反应的反应程度必须达到 98% 以上，这意味着聚合度可达到 50～100，否则生成的聚合物是没有多大用处的。

（2）A-A 和 B-B 等当量比，另加少量单官能团单体（类型 Ⅱ）

用单官能团单体来控制聚合物的相对分子质量已在上面提到了。例如，当加入的单官能团单体为 B 时，式（7-34）和式（7-35）在这里仍然适用。只是要将 $\gamma$ 和 $q$ 值重新定义为：

$$\gamma = N_A/(N_B + 2N'_B) \tag{7-37}$$

$$q = 2N'_B/N_A \tag{7-38}$$

式中，$N_B$ 是加入 B 的官能团数，也是它的分子数，$N_A$ 和 $N_B$ 的意义不变，且 $N_A = N_B$。$N'_B$ 前面的系数 2 是因为在控制聚合物链增长上，一个 B 分子和一个 B-B 分子的作用是相同的。

（3）A-B 型单体加少量单官能团单体（类型 Ⅲ）

在 A-B 型单体的聚合反应体系中，其官能团 A 和 B 总是等物质的量的，即 $\gamma = 1$。我们可以加入单官能团单体，以达到控制和稳定聚合物相对分子质量的目的。

A-B 单体中两种官能团分别为 $N_A$ 和 $N_B$，另加单官能团分子数为 $N'_B$。

体系中总分子数为 $N_0 = N_B + N'_B$

当反应程度为 $P$ 时，分子数 $N = N_B(1-P) + N'_B$，根据式（7-3），得：

$$\overline{X}_n = \frac{N_0}{N} = \frac{N_B + N'_B}{N_B(1-P) + N'_B} \tag{7-39}$$

令 $Q = N_B/(N_B + N'_B)$，上式变为：

$$\overline{X}_n = \frac{1}{(1-P)(1-Q) + Q} \tag{7-40}$$

### 7.3.4　线形缩聚物聚合度分布

聚合反应的产物是不同相对分子质量的聚合物混合体。从理论和实验上，研究聚合物相对分子质量的分布都是很有意义的。Flory 根据官能团等反应活性的概念，用统计方法推导出了相对分子质量分布函数关系式。下面的推导主要是由 Flory 完成的，对 A-B 型单体和等量的 A-A 和 B-B 型单体的聚合物反应体系都是同样适用的。

含 $x$ 个结构单元的聚合物分子的生成概率等于带有（$x-1$）个已反应的 A 官能团和一个未反应的 A 官能团的聚合物的生成概率。在反应时间 $t$ 时，我们定义一个 A 官能团反应概率为反应程度 $P$，那么，（$x-1$）个已反应的 A 官能团的概率为 $P^{x-1}$。由于未反应的官能团的概率是（$1-P$），所以含有 $x$ 个结构单元的分子的生成概率 $N_x$ 就是：

$$N_x = P^{x-1}(1-P) \tag{7-41}$$

因为 $N_x$ 与聚合物混合体系中的 $x$-聚体（含 $x$ 个结构单元）的摩尔分数或数量分数具有同样的含义，因此

$$N_x = NP^{x-1}(1-P) \tag{7-42}$$

式（7-42）中的 $N$ 是聚合物分子总数。$N_x$ 是 $x$-聚体的数目。如果起始结构单元的总数是 $N_0$，那么 $N = N_0(1-P)$。于是式（7-42）可变为：

$$N_x = N_0 P^{x-1}(1-P)^2 \tag{7-43}$$

如果端基的质（重）量忽略不计，那么 $x$-聚体的质量分数 $w_x$（即含 $x$ 个结构单元的分子的质量分数）就是 $w_x = xN_x/N'_0$ 因此式（7-43）又可变成：

$$w_x = xP^{x-1}(1-P)^2 \tag{7-44}$$

式（7-43）是线形聚合反应在反应程度为 $P$ 时的数量分布函数，而式（7-44）则是其质（重）量分布函数。这些分布通常称作最可几分布，或 Flory 分布，或 Flory-Schulz 分布。

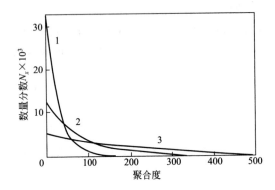
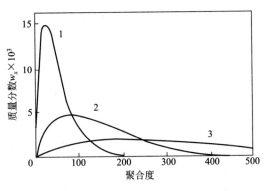

图 7-7 线形逐步聚合反应的数量分数分布曲线

1—$P=0.9600$；2—$P=0.9875$；3—$P=0.9950$

图 7-8 线形逐步聚合反应的质（重）量分布曲线

1—$P=0.9600$；2—$P=0.9875$；3—$P=0.9950$

对于某些 $P$ 值，两个分布函数的曲线如图 7-7 和图 7-8 所示。可以看出，以数量为基础时，不论反应程度如何，单体分子比任何一种聚合物分子都要多。虽然单体分子的数量随反应程度的增加而下降，但是它们仍然是最多的分子。相对分子质量的质（重）量分布函数的情况则完全不同。以质量为基础，低相对分子质量的分子的比例非常小，并随反应程度的增加而下降。

数均聚合度为：

$$\overline{X}_n = \frac{\sum x N_x}{\sum N_x} = \sum x N_x \tag{7-45}$$

式中，求和是对所有的 $x$ 值求和。联立式（7-41）和式（7-45）得：

$$\overline{X}_n = \sum_{z=1}^{\infty} x P^{x-1}(1-P) = \frac{1}{1-P} \tag{7-46}$$

重均聚合度为：

$$\overline{X}_w = \sum_{z=1}^{\infty} x w_x \tag{7-47}$$

联立式（7-44）和式（7-47）得：

$$\overline{X}_w = \sum_{z=1}^{\infty} x^2 P^{x-1}(1-P)^2 = \frac{1+P}{1-P} \tag{7-48}$$

相对分子质量分布的宽度为：

$$\overline{X}_w / \overline{X}_n = 1 + P \tag{7-49}$$

$X_w/X_n$ 的比值与第 1 章讨论的比值是等同的，它是衡量聚合物样品多分散性的一个尺度。$X_w/X_n$ 的值随反应程度增加而增加。当达到最大反应程度时，该值就趋近于 2。这一比值也叫做多分散指数（PDI）。

许多逐步聚合物的 $X_w/X_n$ 实验值接近于 2，间接证明了理论分布的可靠性。

### 7.3.5　线形缩聚在工业中的应用

#### 7.3.5.1　聚对苯二甲酸乙二醇酯

聚对苯二甲酸乙二醇酯（PET）是最重要的商业化聚酯，商品名为涤纶。由单体对苯二甲酸（TPA）和乙二醇（EG）经缩聚反应而成。PET 于 1941 年开发，1952 年实现工业化，1972 年产量已占合成纤维的首位。民用 PET 纤维的相对分子质量为 1.6 万～2 万。为保证单体配比，先合成苯二甲酸二乙二醇酯（BHET）以保证单体配比，然后再进行缩聚。

工业上合成 BHET 主要有三种方法：

① 酯交换法 早期对苯二甲酸不易提纯，为保证原料配比精度，第一步是对苯二甲酸与甲醇反应生成对苯二甲酸二甲酯（DMT），DMT 容量提纯，再用高纯度的 DMT（99.9% 以上）与 EG 进行酯交换生成对苯二甲酸二乙二醇酯（BHET），随后缩聚成 PET。

② 直缩法 TPA 与 EG 直接酯化生成 BHET，再由 BHET 经均熔融缩聚合成出 PET。

③ 环氧乙烷加成法 由环氧乙烷（EO）与 TPA 直接合成 BHET，然后缩聚得到 PET。此法省去由 EO 合成 EG 一步，故比直缩法更优越。但尚有一些问题存在，未大规模采用。

### 7.3.5.2 聚酰胺

主要品种有尼龙 6、尼龙 66、尼龙 610、尼龙 1010 等，是世界上最早工业化的合成纤维。

尼龙 66 由己二胺和己二酸经缩聚反应制成，是聚酰胺的最重要产品。可在质子酸催化下直接聚合，但更多的是制成尼龙 66 盐后再聚合。利用成盐反应，使己二酸和己二胺等物质量制成尼龙 66 盐，可以保证两单体的等物质量聚合。其反应式为：

$$H_2N(CH_2)_6NH_2 + HOOC(CH_2)_4COOH \longrightarrow ^+H_3N(CH_2)_6NH \cdot HOOC(CH_2)_4COO^-$$

反应通过控制体系 pH 值来控制中和，经重结晶提纯后聚合。聚合中加入少量醋酸控制相对分子质量。为防止盐中己二胺（沸点 196℃）挥发，先在加压的水溶液中进行缩聚反应，待反应一段时间生成低聚物后，再升温及真空脱水进行熔融缩聚，以获得高相对分子质量产物。

尼龙 6 是聚酰胺的另一大品种，主要由己内酰胺开环聚合而成。根据引发剂的不同，可按阳离子、阴离子和水解聚合。以碱作催化剂时为阴离子聚合，产量较少。主要品种是以水或酸作催化剂熔融缩聚得到树脂后直接进行熔融纺丝（也可做成树脂切片）。

## 7.3.6 小结

### 7.3.6.1 逐步聚合反应特征

① 反应的逐步性 逐步聚合反应通常是通过单体（或聚合度不等的低聚物、大分子）所带的两种不同官能团之间的一系列化学反应完成的。以氨基和羧基反应形成酰胺为例，在反应初期，单体几乎完全消失，生成长短不一的各种低聚物，然后，低聚物与低聚物互相之间反应，使聚合度进一步增加。在反应后期，则主要是大分子与大分子间官能团的反应生成聚合物。因此，逐步聚合产物相对分子质量随反应程度的提高而逐步增大；且只有在高反应程度下才能生成高相对分子质量的聚合物，这是逐步聚合反应区别小分子缩合反应的一个重要特征。为达到此目的，逐步聚合反应的条件通常比较严格，如严格的当量比、不允许副反应存在等。

② 反应的平衡性 绝大多数逐步聚合具有可逆平衡性，要提高聚合物的相对分子质量必打破这种平衡，使反应向生成聚合物的方向进行，因此需要在反应过程中采取各种措施，如适当提高反应温度、减压、体系中加入 $N_2$、$CO_2$ 等惰性气体等。也可通过提高反应官能团活性的方法，将逐步聚合反应转化为不平衡反应。

③ 反应的复杂性 由于逐步聚合反应为官能团间的反应，且通常在较高温度下进行，因此存在多种副反应，如基团消去、化学降解、链交换、环化、热降解及交联等。

### 7.3.6.2 线形逐步聚合与连锁聚合

连锁聚合和线形缩聚的差别特征比较见表 7-8。

表 7-8　连锁聚合和线形缩聚特征的比较

| 连锁聚合 | 线形缩聚 |
|---|---|
| （1）可以明显地区分成链引发、链增长、链终止等基元反应,各步反应的速率常数和活化能并不相同。引发最慢,成为控制总速率的反应步骤 | （1）无所谓链引发、链增长、链终止。各步反应速率常数和活化能基本相同 |
| （2）少量活性中心迅速和单体加成,使链增长。单体相互之间或与聚合物间均不能反应 | （2）任何两物种(单体和聚合物)间均能缩合,使链增长。无所谓活性中心 |
| （3）只有链增长反应才使聚合度增加。从一聚体增长到高聚物的时间极短,不能停留在中间聚合物阶段。在聚合醛过程中,由于凝胶效应,先后得到的聚合物的聚合度稍有变化 | （3）单体、低聚物、高聚物间任何两分子都能反应,使相对分子质量逐步增加,反应可以暂时停留在中等聚合度阶段 |
| （4）在聚合过程中,单体逐渐减少,聚合物转化率相应增加 | （4）聚合初期,单体几乎全部缩聚成低聚物,以后再由低聚物转化成高聚物,转化率变化甚微,反应程度逐步提高 |
| （5）延长聚合反应时间,主要是提高转化率,对相对分子质量影响较少 | （5）延长缩聚反应时间主要是提高相对分子质量,而转化率变化较少 |
| （6）反应混合物仅由单体、高聚物及微量活性中心组成 | （6）反应过程中,体系都由聚合度不等的同系物组成 |
| （7）微量阻聚剂可消灭活性种,而使聚合终止 | （7）由于平衡的限制,两单体非等物质的量,或温度过低而使缩聚暂停,这些因素一经消除,反应又将继续进行 |

# 7.4　体形逐步聚合

## 7.4.1　体形逐步聚合过程

　　双官能团单体缩聚时,得到线形聚合物。一般情况下它们都是可以在加热时熔融,在溶剂中溶解,被称为热塑性高分子（thermoplastic polymer）。

　　当一种双官能度单体与一个大于 2 官能度单体缩聚时,其缩聚反应首先产生支链,然后将自行交联成体形结构或通过外加交联剂交联成体形结构,这类聚合过程称为体形逐步聚合。已经交联了的体形聚合物不溶、不熔、尺寸稳定,被称为热固性高分子（thermosetting polymer）。

　　热固性聚合物的生产一般分两阶段进行：第一阶段先制成线形或支化的聚合物,相对分子质量约 500～5000,可以是液体或固体,叫做预聚物。第二阶段是预聚物在加热、加压或加催化剂的条件下,继续进行交联反应,得到不熔、不溶的聚合物,常称为固化成型。

## 7.4.2　交联反应和凝胶点

　　交联反应发生到一定程度时,体系黏度变得很大,难以流动,反应及搅拌产生的气泡无法从体系中溢出,可以看到凝胶或不溶性聚合物明显生成的实验现象,这一现象叫做凝胶化（gelation）,出现凝胶化时的反应程度称作凝胶点（gel point）,以 $P_c$ 表示。

　　产生凝胶化现象时,并非所有的聚合物分子都是交联高分子,而是既含有不溶性的交联高分子,同时也含有溶解性的支化高分子。不能溶解的部分叫做凝胶,能溶解的部分叫做溶胶。这时产物的相对分子质量分布无限宽。随着反应程度的进一步提高,溶胶逐渐反应变成凝胶。

　　在工艺上,往往根据反应程度的不同,将体形聚合物的合成分为甲、乙、丙三个阶段。

甲阶段聚合物的反应程度 $P$ 小于凝胶点，有良好的溶、熔性能。乙阶段的 $P$ 接近 $P_c$，溶解性能变差，但仍能熔融。丙阶段 $P > P_c$，已经交联，不能再溶、熔。甲阶、乙阶聚合物均为预聚物。

$P_c$ 的研究对于预聚物的制备和预聚物的交联固化反应都是十分重要的。在合成预聚物阶段，要控制反应程度低于凝胶点。凝胶点的预测主要有以下两种方法。

#### 7.4.2.1 Carothers 方程预测凝胶点

Carothers 理论的核心是：当反应体系开始出现凝胶时，聚合物的数均聚合度 $\overline{X}_n \to \infty$，根据数均聚合度与反应程度的关系求出 $\overline{X}_n \to \infty$ 时的反应程度即为凝胶点。

（1）反应物等当量

定义单体的平均官能度（average functionality）$\overline{f}$ 为各种单体官能度的平均值。

$$\overline{f} = \frac{\sum N_i f_i}{\sum N_i} \tag{7-50}$$

式中，$N_i$ 是单体 i 的分子数，$f_i$ 是单体 i 的官能度。例如，由 2mol 丙三醇和 3mol 邻苯二甲酸组成的体系，$\overline{f} = (2 \times 3 + 3 \times 2)/(2 + 3) = 2.4$。

在 A 和 B 官能团等当量的体系中，若起始单体分子数是 $N_0$，那么官能团总数就是 $N_0 \overline{f}$。设反应后体系的分子数为 $N$，于是 $2(N_0 - N)$ 就是反应了的官能团数。消耗掉的官能团的分数就是此时的反应程度 $P$：

$$P = \frac{2(N_0 - N)}{N_0 \overline{f}} \tag{7-51}$$

将式（7-4）代入上式得：

$$\overline{X}_n = \frac{2}{2 - P\overline{f}} \tag{7-52}$$

或将式（7-3）代入上式得

$$P = \frac{2}{\overline{f}} - \frac{2}{\overline{X}_n \overline{f}} \tag{7-53}$$

式（7-53）常称为 Carothers 方程，它表达了反应程度、聚合度和平均官能度之间的定量关系。

在凝胶点时，数均聚合度趋于无穷大，此时的反应程度称临界反应程度（critical extent of reaction，$P_c$）：

$$P_c = \frac{2}{\overline{f}} \tag{7-54}$$

由式（7-54），从单体的平均官能度可以计算出发生凝胶化时的反应程度。例如上面提到的丙三醇与邻苯二甲酸（摩尔比 2:3）反应体系，临界反应程度的计算值为 0.833。

（2）反应物不等当量

式（7-52）和式（7-53）只适用于反应官能团等当量的反应体系，而用于官能团不等当量的体系时会产生很大误差。例如，考虑一个极端情况，用 1mol 丙三醇和 5mol 邻苯二甲酸反应时，从式（7-49）计算 $\overline{f}$ 得 13/6，即 2.17，这表明能生成高相对分子质量聚合物。再从式（7-53）计算可知 $P_c \approx 0.922$ 时出现凝胶。这两个结论都是错误的。从前面的 7.3 节讨论已知，这个反应体系由于 A 和 B 官能团不等物质的量（$r = 0.3$），二元酸过量太多，链端都被羧基封锁，无法得到高相对分子质量的聚合度。

两种单体非等当量时，可以简单地认为，聚合反应程度是与量少的单体有关。另一单体的过量部分对相对分子质量增长不起作用。因此平均官能度定义为：用等物质的量部分的官能团总数除以所有的单体分子数。

例如，对一个三元混合物体系，单体 $A_{f_A}$、$A_{f_B}$ 和 $A_{f_C}$ 的物质的量分别为 $N_A$、$N_B$ 和 $N_C$，官能度分别为 $f_A$、$f_B$ 和 $f_C$。单体 $A_{f_A}$ 和 $A_{f_C}$ 含有同样的 A 官能团，并且 B 官能团过量。即 $(N_A f_A + N_C f_C) < N_B f_B$，则平均官能度为：

$$\bar{f} = \frac{2(N_A f_A + N_C f_C)}{N_A + N_B + N_C} \tag{7-55}$$

或

$$\bar{f} = \frac{2\gamma f_A f_B f_C}{f_A f_C + \gamma\rho f_A f_B + \gamma(1-\rho) f_B f_C} \tag{7-56}$$

式中

$$\gamma = \frac{N_A f_A + N_C f_C}{N_B f_B} \tag{7-57}$$

$$\rho = \frac{N_C f_C}{N_A f_A + N_C f_C} \tag{7-58}$$

$\gamma$ 是 A 和 B 官能团的当量系数，它等于或小于 1，$\rho$ 是 $f > 2$ 的单体所含 A 官能团占总的 A 官能团的分数。

从式 (7-56) 到式 (7-58)，我们可以看出，A 和 B 官能团愈接近等当量（$\gamma$ 趋近于 1）的反应体系，多官能团单体含量高（$\rho$ 接近于 1）的体系和含高官能度单体的体系（$f_A$、$f_B$ 和 $f_C$ 的值大时），都更容易发生交联反应（$P_C$ 值变小）。

凝胶点 $P_C$ 是对 A 官能团而言的，对于 B 官能团的凝胶点反应程度应是 $\gamma P_C$。

### 7.4.2.2 统计学方法预测凝胶点

Flory 和 Stockmayer 在官能团等反应活性和无分子内反应两个假定的基础上，应用统计学方法，推导出当 $X_n$ 趋于无穷大时预测凝胶点的表达式。推导时引入支化系数 $\alpha$，它被定义为高分子链末端支化单元上一给定的官能团连接到另一高分子链的支化单元的概率。对于 A—A 与 B—B 和 $A_f$ 的聚合反应，可以得到如下结构：

$$A—A + B—B + A_f \longrightarrow A_{(f-1)}\underset{n}{\overbrace{-B—BA—A-}}B—BA—A_{(f-1)} \tag{7-59}$$

式中，$n$ 可以为从零到无限大的任何值。多官能团单体 $A_f$ 看作是一个支化单元，两个支化单元之间的一段链称为支链。凝胶化发生的条件是，从支化点长出的 $(f-1)$ 条链中，至少有一条能与另一支化点相连接。发生这种情况的概率是 $1/(f-1)$，那么产生凝胶时的临界支化系数为：

$$\alpha_c = \frac{1}{f-1} \tag{7-60}$$

式中，$f$ 是支化单元的官能度（$f > 2$）。如果体系中有几种多官能团单体时，$f$ 就应取平均值。

当 $\alpha(f-1) \geqslant 1$ 时，形成支链的数目增多，产生凝胶。相反，$\alpha(f-1) < 1$，不形成支链，所以不发生凝胶化。

让我们计算一下反应式 (7-58) 中支链生成的概率。A 和 B 官能团的反应程度分别是 $P_A$ 和 $P_B$，支化点上 A 官能团的数目与 A 官能团总数之比为 $\rho$，B 官能团与支化点上 A 官能团的反应概率为 $P_B\rho$，B 官能团与非支化点 A 官能团的反应概率为 $P_B(1-\rho)$，因此生成支链的概率是：$P_A[P_B(1-\rho)P_A]^n P_B\rho$，对所有的 $n$ 值求和后得：

$$\alpha = \frac{P_A P_B \rho}{1 - P_A P_B(1-\rho)} \tag{7-61}$$

A 官能团与 B 官能团的当量比为 $\gamma$，把 $P_B = \gamma P_A$ 代入式 (7-60) 中，消去 $P_A$ 或 $P_B$ 得到：

$$\alpha = \frac{\gamma P_{\mathrm{A}}^2 \rho}{1 - \gamma P_{\mathrm{A}}^2 (1 - \rho)} = \frac{P_{\mathrm{B}}^2 \rho}{\gamma - P_{\mathrm{B}}^2 (1 - \rho)} \tag{7-62}$$

把式（7-60）与式（7-62）联立后，就得到了凝胶化时 A 官能团的反应程度表达式：

$$P_{\mathrm{C}} = \frac{1}{\{\gamma[1 + \rho(f - 2)]\}^{1/2}} \tag{7-63}$$

当两种官能团等物质的量时，$\gamma = 1$，且 $P_{\mathrm{A}} = P_{\mathrm{B}} = P$，式（7-62）和式（7-63）就变为：

$$\alpha = \frac{P^2 \rho}{1 - P^2 (1 - \rho)} \tag{7-64}$$

和

$$P_{\mathrm{C}} = \frac{1}{[1 + \rho(f - 2)]^{1/2}} \tag{7-65}$$

当没有 A-A 单体时（$\rho = 1$），$\gamma < 1$，式（7-62）和式（7-63）又简化成：

$$\alpha = \gamma P_{\mathrm{A}}^2 = P_{\mathrm{B}}^2 / \gamma \tag{7-66}$$

和

$$P_{\mathrm{C}} = \frac{1}{[\gamma(f - 1)]^{1/2}} \tag{7-67}$$

上面两个条件同时满足时，$\gamma = \rho = 1$，式（7-62）和式（7-63）变成：

$$\alpha = P^2 \tag{7-68}$$

和

$$P_{\mathrm{C}} = \frac{1}{(f - 1)^{1/2}} \tag{7-69}$$

以上方程式对于有单官能团反应物和有 A 和 B 两种支化单元存在的反应体系不适用。因此，需要考虑更普遍适用的表达式，如反应体系：

$$\mathrm{A}_1 + \mathrm{A}_2 + \mathrm{A}_3 \cdots\cdots \mathrm{A}_i + \mathrm{B}_1 + \mathrm{B}_2 + \mathrm{B}_3 \cdots\cdots \mathrm{B}_j \longrightarrow 交联聚合物$$

单体含 A、B 官能团的数目分别从 $1 \sim i$ 和从 $1 \sim j$ 都有时，凝胶点的反应程度为：

$$P_{\mathrm{C}} = \frac{1}{[\gamma(f_{w,\mathrm{A}} - 1)(f_{w,\mathrm{B}} - 1)]^{1/2}} \tag{7-70}$$

式中，$\gamma$ 为当量系数；$f_{w,\mathrm{A}}$ 和 $f_{w,\mathrm{B}}$ 分别为 A 和 B 官能团的重均官能度，分别定义为：

$$f_{w,\mathrm{A}} = \frac{\sum f_{\mathrm{A}_i}^2 N_{\mathrm{A}_i}}{\sum f_{\mathrm{A}_i} N_{\mathrm{A}_i}} \tag{7-71}$$

$$f_{w,\mathrm{B}} = \frac{\sum f_{\mathrm{B}_j}^2 N_{\mathrm{B}_j}}{\sum f_{\mathrm{B}_j} N_{\mathrm{B}_j}} \tag{7-72}$$

式中，$N_{\mathrm{A}_i}$ 和 $N_{\mathrm{B}_j}$ 分别是单体 $\mathrm{A}_i$ 和 $\mathrm{B}_j$ 的分子数；$f_{\mathrm{A}_i}$ 和 $f_{\mathrm{B}_j}$ 分别是官能度。

含 A 官能团单体：$4\mathrm{mol A}_1$，$51\mathrm{mol A}_2$，$2\mathrm{mol A}_3$，$3\mathrm{mol A}_4$；

含 B 官能团单体：$2\mathrm{mol B}_1$，$50\mathrm{mol B}_2$，$3\mathrm{mol B}_3$，$3\mathrm{mol B}_4$。

$f$，$f_{w,\mathrm{A}}$，$f_{w,\mathrm{B}}$ 和 $P_{\mathrm{C}}$ 的计算如下：

$$\gamma = \frac{1 \times 4 + 2 \times 51 + 3 \times 2 + 4 \times 3}{1 \times 2 + 2 \times 50 + 3 \times 3 + 5 \times 3} = 0.9841$$

$$f_{w,\mathrm{A}} = \frac{1^2 \times 4 + 2^2 \times 51 + 3^2 \times 2 + 4^2 \times 3}{1 \times 2 + 2 \times 50 + 3 \times 3 + 5 \times 3} = 2.2097$$

$$f_{w,\mathrm{B}} = \frac{1^2 \times 4 + 2^2 \times 51 + 3^2 \times 2 + 4^2 \times 3}{1 \times 2 + 2 \times 50 + 3 \times 3 + 5 \times 3} = 2.4127$$

$$P_{\mathrm{C}} = \frac{1}{(0.9841 \times 1.2097 \times 1.4127)^{1/2}} = 0.7711$$

### 7.4.2.3 凝胶点的实验测定

凝胶点在实验上就是测定反应体系失去流动性（以气泡不能上升为标志）时的反应程度。例如，在甘油与官能团等物质的量的二元酸反应体系中，测得凝胶点的反应程度为0.765。而用 Carothers 方程和统计学方法计算得到的 $P_C$ 分别为0.833和0.709。Flory 曾详细地研究了由一缩乙二醇、1，2，3-丙三羧酸和己二酸或丁二酸组成的反应体系。表7-9中列举了临界反应程度 $P_C$ 的实验测定值和根据 Carothers 方程和统计学方法的理论预测值。

表7-9　1，2，3-丙三羧酸—缩乙二醇酯和己二酸或丁二酸体系的凝胶点测定值

| $\gamma=\dfrac{[COOH]}{[OH]}$ | $P$ | 凝胶点的反应程度（$P_C$） | | |
| --- | --- | --- | --- | --- |
| | | Carothers 法计算值 | 统计学法计算值 | 实验测定值 |
| 1.000 | 0.293 | 0.951 | 0.879 | 0.911 |
| 1.000 | 0.194 | 0.968 | 0.916 | 0.939 |
| 1.002 | 0.404 | 0.933 | 0.843 | 0.894 |
| 0.800 | 0.375 | 1.063 | 0.955 | 0.991 |

由表7-9中所列数据可见，对于同一个反应体系，两种理论预测凝胶点的方法所得出的结论却大不相同，Carothers 方程的计算值大于实验测定值。因为该方程推导中，要求 $P_C$ 为 $\bar{X}_n$ 到无限大时的反应程度，而实际反应体系中存在着各种聚合度的聚合物，$\bar{X}_n$ 还没有达到所要求的值时就已凝胶化了。统计学方法算出的凝胶点与实验测定值比较接近，但总是偏小。出现这种偏差的原因有两个，即分子内环化反应的存在和官能团不等反应活性。因为分子内环化反应白白地消耗了反应物，这样实际达到凝胶点时的反应程度要比预测值高。Stockmayer 在研究季戊四醇（$f=4$）与己二酸的聚合反应时，测定了不同浓度的凝胶点，将所得结果外推到浓度无限大，此时分子内环化反应可以忽略，所得值为0.577，与实验值$0.578\pm0.005$十分吻合。

在有些聚合反应体系中，官能团等反应活性的假设是不正确的。例如上述的甘油和邻苯二甲酸反应体系，甘油的仲羟基活性较低，若对此加以校正后，$P_C$ 的计算值与实验值的偏差会减小，但不能完全消除。

虽然 Carothers 方法和统计学方法都能预测凝胶点，但统计学方法使用更为普遍。因为用 Carothers 方法预测的 $P_C$ 总是比实际值高，这就意味着在聚合反应釜中会发生凝胶化，这是工业生产不希望的。统计学方法不存在这个问题，所以得到广泛的应用。

### 7.4.3 无规预聚物

无规预聚物（random prepolymer）是指未反应的官能团无规分布，聚合物的结构是不确定的，有酚醛树脂（碱催化）、脲醛树脂、醇酸树脂等。这类聚合物通常在加热、加压或加催化剂的情况下就可以进行交联固化，但交联反应比较难控制。下面分别介绍几种典型的无规预聚物。

### 7.4.3.1 碱催化酚醛树脂

苯酚的官能度为3，甲醛的官能度为2。在碱催化下，体系中发生加成和缩合两类反应：

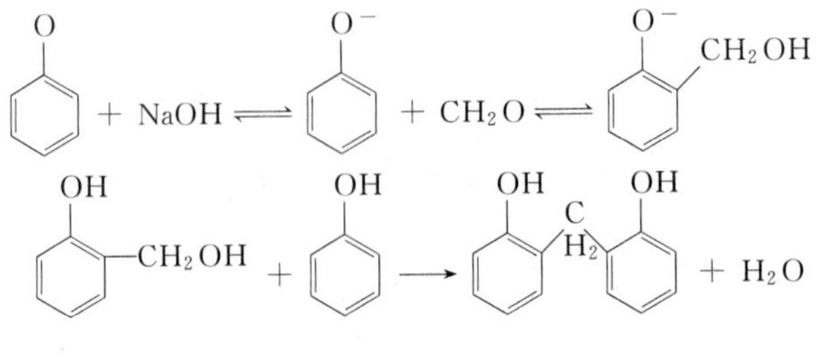

生成的小分子结构是十分复杂的，如：

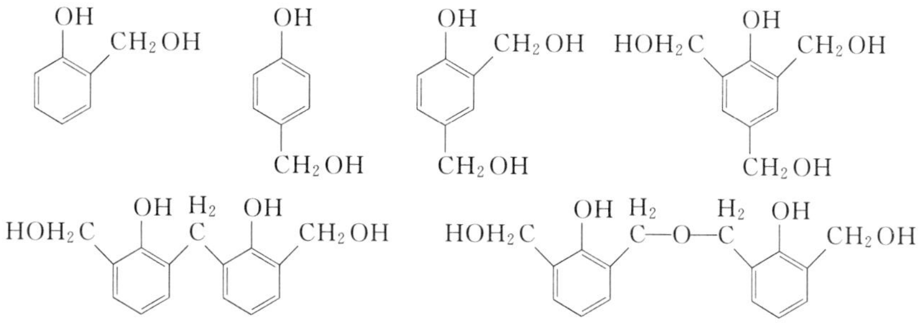

等等。

　　亚甲基桥键和亚甲基醚桥键的形成取决于温度和介质的性质，高温和强碱有利于生成亚甲基桥键，而低温和接近中性的 pH 值有利于形成亚甲基醚桥键。典型的碱催化酚醛树脂预聚物的相对分子质量为 150～1500。

　　酚醛树脂的固化是在加热、加压或加催化剂的条件下预聚物进一步发生缩合反应得到交联的聚合物。碱催化酚醛树脂预聚物分子结构中含有大量的羟甲基，因此不需要外加固化剂。

　　酚醛树脂有较好的力学性能、电气性能及耐热尺寸稳定性等，主要用于涂料、胶黏剂、无碳复印纸、膜塑料、粘接和涂覆磨料、摩擦材料、铸造树脂、层压板等。

### 7.4.3.2　氨基塑料

　　氨基树脂主要包括脲醛树脂和三聚氰胺-甲醛树脂。

　　脲醛树脂是由尿素和甲醛反应而得：

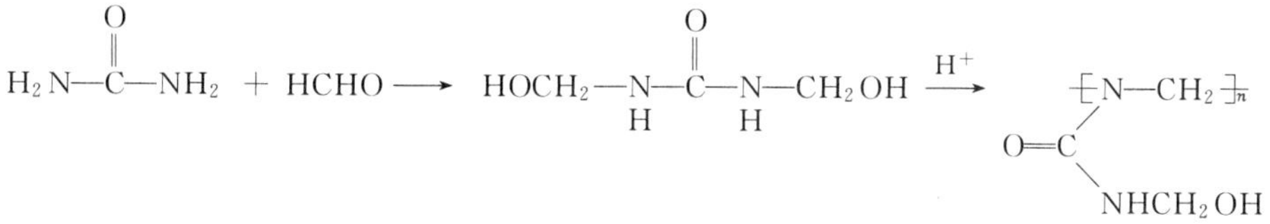

　　预聚物可以在酸性条件下加热固化。

　　脲醛树脂的用途与酚醛树脂类似，可用于膜塑料、层压板和黏合剂等领域。脲醛树脂比酚醛树脂的颜色浅，价格便宜，但综合性能不如酚醛树脂。

　　类似地，三聚氰胺-甲醛三聚氰胺与甲醛树脂反应而得：

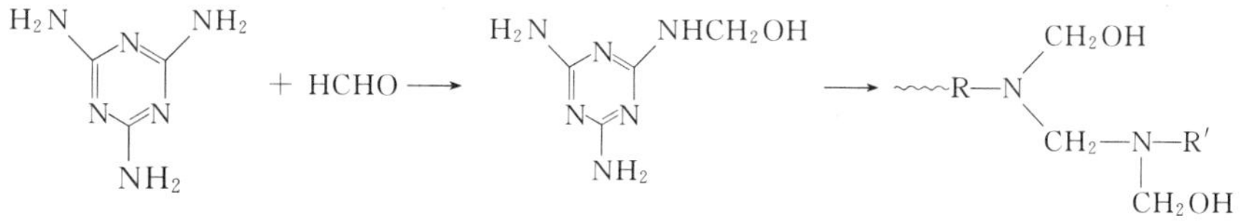

### 7.4.3.3　醇酸树脂

　　甘油和邻苯二甲酸酐的反应是最基本的醇酸树脂的反应：

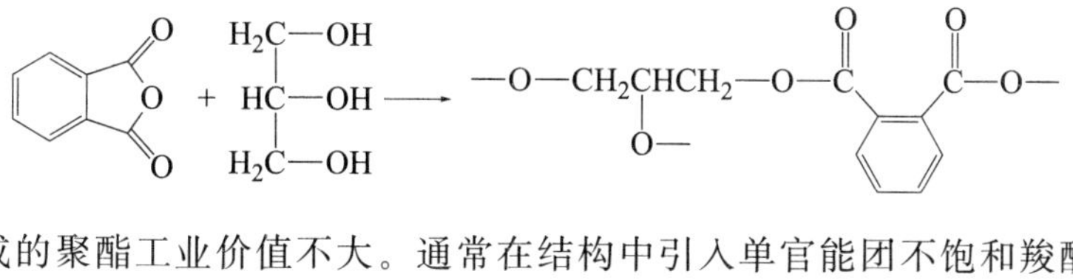

　　由上式合成的聚酯工业价值不大。通常在结构中引入单官能团不饱和羧酸，则可得到具有不饱和端基的预聚物（结构预聚物），降低了体形结构的交联密度，增加柔软性，这类预聚物称为油改性醇酸树脂。反应如下：

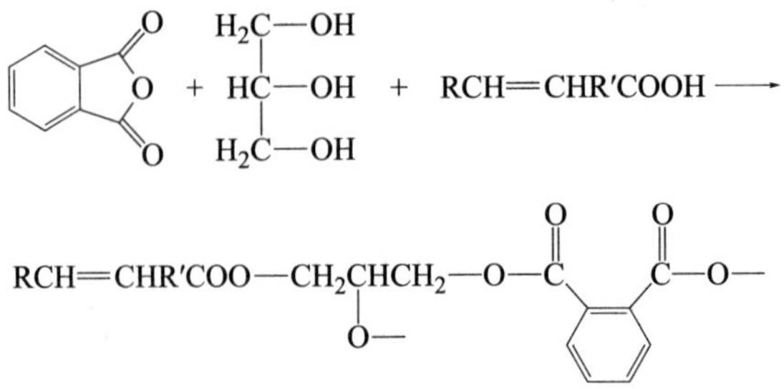

单官能团不饱和羧酸可为油酸、亚油酸、蓖麻醇酸、桐油和亚麻酸等。

亚油酸：$CH_3(CH_2)_4CH=CHCH_2CH=CHCH_2CH=CH(CH_2)_7COOH$

亚麻酸：$CH_3(CH_2CH=CH)_3(CH_2)_7COOH$

桐油：$CH_3(CH_2)_4CH=CHCH=CHCH=CH(CH_2)_7COOH$

醇单体除了甘油外，也可以用其它多元醇。为了调节交联度，经常加入适量的单官能团饱和羧酸，如月桂酸、硬脂酸及苯甲酸等。

不饱和脂肪酸结构易与空气中的氧气发生氧化反应而产生自由基，从而发生自由基交联固化，这一过程常称为"干燥"，又叫风干。不饱和酸称作干性油。而饱和酸常被称作不干油。

醇酸树脂很适用空气干燥清漆或建筑涂料等应用，固化后可以得到光亮、柔韧、耐久性好的涂料。成本低，适用范围广，是世界上最大的涂料品种之一。但醇酸树脂通常以溶剂形式使用，随着人们对环保要求的增加，其用量逐渐减少。

### 7.4.4  结构预聚物

结构预聚物（structural prepolymer）是比较新型的热固性聚合物，是指官能团结构比较清楚、位置相对明确的特殊设计的预聚物。

结构预聚物一般是线形低聚物，相对分子质量从几百到几千不等。结构预聚物自身一般不能进一步交联，通常需要外加固化剂才能进行第二阶段的交联固化。

与无规预聚物相比，结构预聚物有许多优点，预聚阶段、交联阶段以及产品结构都容易控制。

环氧树脂、不饱和聚酯树脂，以及制聚氨酯用的聚醚二醇和聚酯二醇、热塑性酚醛树脂（即酸催化酚醛树脂）都是重要的结构预聚物。

#### 7.4.4.1  环氧树脂

典型的环氧树脂是双酚 A 与环氧氯丙烷反应的产物：

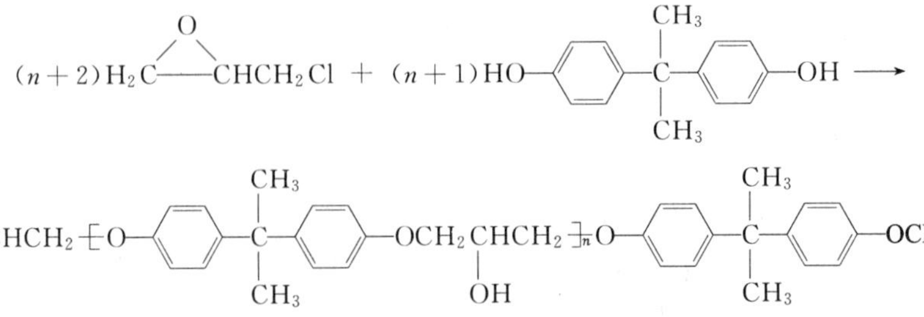

反应是在 $50\sim95℃$ 和 NaOH 存在下进行。通过控制相对分子质量可以得到液体或固体预聚物，当 $n$ 值小于 1 时为液体预聚物，固体预聚物的 $n$ 值一般为 $2\sim30$。

环氧预聚物中的环氧基和羟基可以与固化剂（交联剂）反应使其固化（交联）。固化剂主要有两类，一类是含有活泼氢的多元胺，如乙二胺、二亚乙基三胺等：

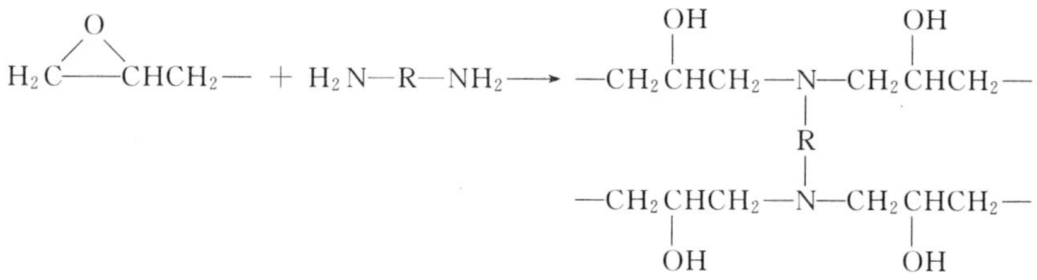

$$H_2C\overset{O}{\diagdown}CHCH_2- + H_2N-R-NH_2 \longrightarrow$$

$$-CH_2\underset{OH}{\overset{|}{C}}HCH_2-N-CH_2\underset{OH}{\overset{|}{C}}HCH_2-$$
$$\underset{}{|}\ R$$
$$-CH_2\underset{OH}{\overset{|}{C}}HCH_2-N-CH_2\underset{OH}{\overset{|}{C}}HCH_2-$$

另一类是酸酐，如马来酸酐、苯酐等，可以与预聚物中的羟基反应：

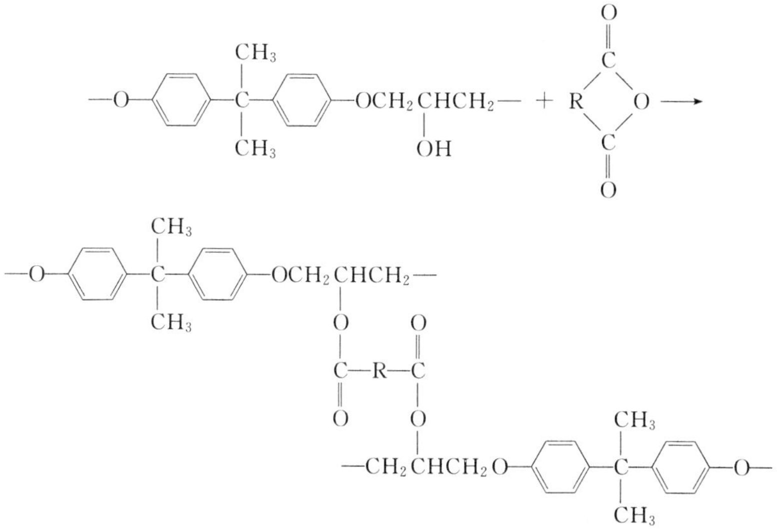

（环氧树脂与酸酐反应结构式）

环氧树脂分子中的双酚 A 结构赋予聚合物优良的韧性、刚性和高温性能；醚键结构赋予聚合物良好的耐化学性；醚键和仲羟基为极性基团，可与多种表面之间形成较强的相互作用，环氧基还可与接枝表面的活性基反应形成化学键，产生强力的黏结作用，因此环氧树脂对多种材料具有良好黏结性能，常称"万能胶"。

### 7.4.4.2 不饱和聚酯

最简单的不饱和聚酯是由马来酸酐和乙二醇熔融缩聚而得，相对分子质量为 1500～2500：

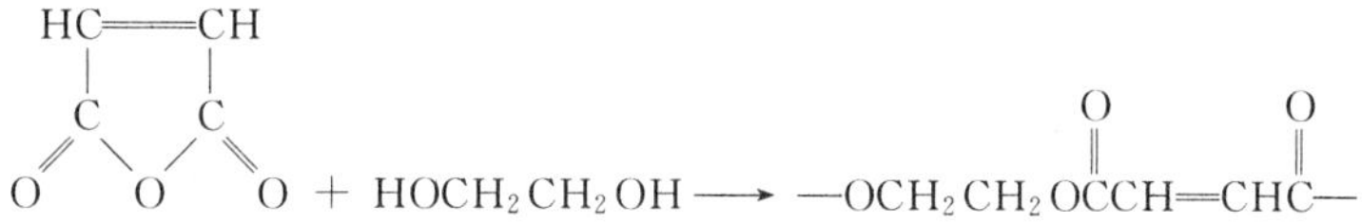

$$\text{(马来酸酐)} + HOCH_2CH_2OH \longrightarrow -OCH_2CH_2O\overset{O}{\overset{\|}{C}}CH=CH\overset{O}{\overset{\|}{C}}-$$

几乎所有的聚酯在实际应用中都是溶解在可自由基聚合的乙烯基单体中，以溶液形式使用。其交联固化反应通过预聚体分子中的双键与乙烯基单体进行自由基共聚反应来实现：

$$-CH=CH- + n\text{St} \longrightarrow \begin{matrix} | \\ -CH-CH- \\ | \\ St_n \\ | \\ -CH-CH- \\ | \end{matrix}$$

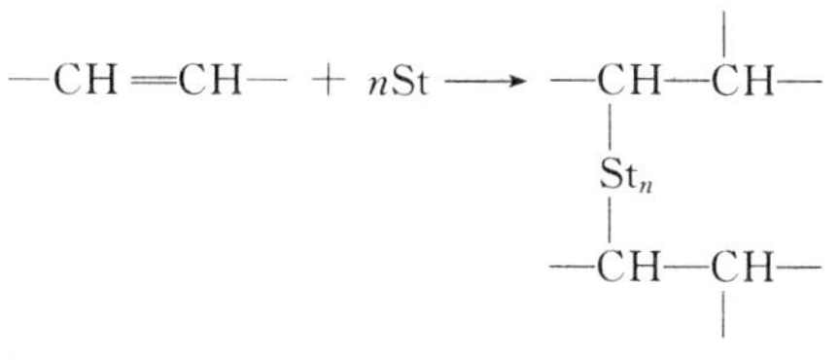

加入的烯类单体有苯乙烯、乙烯基甲苯、甲基丙烯酸甲酯、氰尿酸三烯丙基酯和邻苯二甲酸二烯丙基酯。

交联时所用的单体不同，交联产物的力学性能不同。也可以用不饱和二元酸，例如马来酸和衣糠酸代替马来酸酐。在实际的反应体系中，往往要加入饱和二元酸（如邻、对苯二甲酸或己二酸），用于调节聚合物的交联密度。可用的二元醇单体还有丙二醇、丁二醇、一缩乙二醇和双酚 A。在聚合物分子链中引入芳环结构，可以提高聚合物的刚性、硬度和耐热性，引入卤素可以提高阻燃性。

不饱和聚酯具有重要的应用，如用作玻璃纤维增强塑料（即玻璃钢）用于制造大型构件，如汽车车身、小船艇、容器、工艺塑像等，与无机粉末复合，用于制造卫浴用品、装饰板、人造大理石等。

### 7.4.4.3　聚氨酯

聚氨酯是带有—NHCOO—基团的聚合物，是聚氨基甲酸酯的简称。

聚氨酯是由异氰酸酯与二元醇反应而得，反应如下：

$$n\text{O}=\text{C}=\text{N}-\text{R}-\text{N}=\text{C}=\text{O} + n\text{HO}-\text{R}'-\text{OH} \longrightarrow$$

$$\text{O}=\text{C}=\text{N}-\text{R}-\underset{\text{H}}{\text{N}}-\underset{\text{O}}{\overset{\parallel}{\text{C}}}\left[\text{OR}'\text{O}-\underset{\text{O}}{\overset{\parallel}{\text{C}}}-\underset{\text{H}}{\text{N}}-\text{R}-\underset{\text{H}}{\text{N}}-\underset{\text{O}}{\overset{\parallel}{\text{C}}}\right]_{n-1}\text{OR}'\text{OH}$$

常用的异氰酸酯有 TDI 和 MDI，TDI 主要含有两种结构异构体：

2,4-结构 TDI　　　　　2,6-结构 TDI

$$\text{OCN}-\langle\text{苯环}\rangle-\text{CH}_2-\langle\text{苯环}\rangle-\text{NCO}$$

MDI

所用的二元醇可以是低分子二元醇，如 1，4-丁二醇，但更多使用的是含端羟基的低分子聚醚或聚酯，即聚醚二元醇或聚酯二元醇。聚醚二元醇由环氧乙烷、环氧丙烷、四氢呋喃等开环聚合而得，聚酯二元醇由乙二醇、丙二醇与己二酸缩合而得，其中二元醇过量。

聚氨酯合成可选用的单体种类非常多，通过改变单体组成和合成方法可以得到各种不同性质、应用广泛的聚合物材料。聚氨酯的应用范围非常广，如橡胶、涂料、黏合剂、密封材料、纤维、泡沫塑料等等。

### 7.4.4.4　聚硅氧烷

低相对分子质量聚硅氧烷的合成通常采用逐步聚合反应。例如，二甲基二氯硅烷经水解、脱水或脱氯化氢反应就生成了聚二甲基硅氧烷；产物是环化低聚体和线形聚合物接近等量的混合物，而且它们之间存在着平衡关系。随反应条件不同，环化物含量可达 20%～80%，主要为四聚体。往往在达到初始平衡后，向反应体系中加入封端剂 $[(\text{CH}_3)_3\text{Si}]_2\text{O}$，使线形聚合物封端，以此稳定产物比例。聚合反应可以在酸性或碱性条件下进行，碱性条件有利于生成相对分子质量较高的聚合物，环化物的含量可以通过减压蒸馏来降低。混合物产物是液体，可以直接应用。

当在上述反应体系中加入三官能团单体甲基三氯硅烷时，就可以生产非线形聚硅氧烷。产物从水层中分离后，在催化剂草酸锌的作用下，可使环化物含量降低，并进一步提高分子质量。这样得到的聚硅氧烷树脂，在应用时再加入碱性催化剂并加热进行交联。

聚硅氧烷弹性体分为室温硫化硅橡胶（RTV）（聚合度为 200～1500）和加热熟化硅橡胶（聚合度 2500～11000）。后者是由环状单体开环聚合得到。硫化和熟化与交联都是同义语，但熟化一词具有进一步聚合和交联的含义。单组分室温硫化硅橡胶，是由端羟基聚硅氧烷、交联剂（甲基三乙酰氧基硅烷）和催化剂（月桂酸二丁基锡酯）组成，空气中的湿气可使交联剂水解成 $\text{CH}_3\text{Si}(\text{OH})_3$ 和醋酸，前者可与聚硅氧烷在室温下完成固化过程。

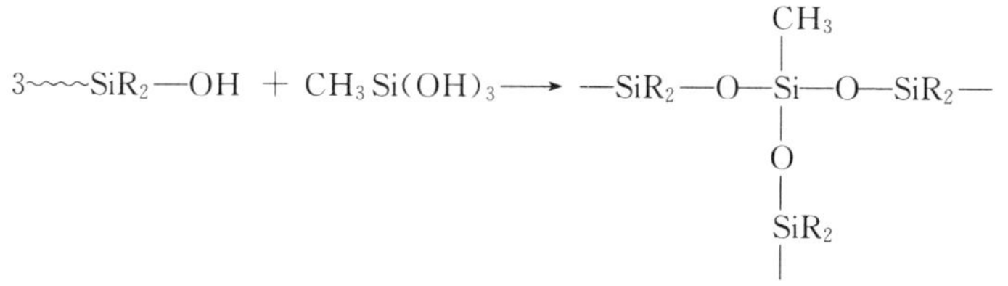

$$3 \sim\!\!\sim\!\!SiR_2\!\!-\!\!OH + CH_3Si(OH)_3 \longrightarrow \begin{array}{c} CH_3 \\ | \\ -\!\!SiR_2\!\!-\!\!O\!\!-\!\!Si\!\!-\!\!O\!\!-\!\!SiR_2\!\!- \\ | \\ O \\ | \\ SiR_2 \end{array}$$

双组分室温硫化硅橡胶的两个组分是含乙烯基的聚硅氧烷和交联剂（八甲基四硅氧烷）。其交联反应如下：

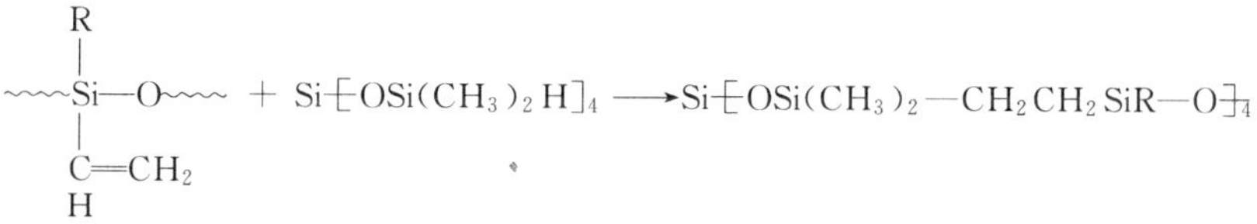

$$\sim\!\!\sim\!\!\begin{array}{c} R \\ | \\ Si\!\!-\!\!O \\ | \\ C\!\!=\!\!CH_2 \end{array}\!\!\sim\!\!\sim + Si\big[OSi(CH_3)_2H\big]_4 \longrightarrow Si\big[OSi(CH_3)_2\!\!-\!\!CH_2CH_2SiR\!\!-\!\!O\big]_4$$

### 7.4.4.5 酸催化酚醛树脂

线形酚醛预聚物是甲醛和苯酚以（0.75～0.85）：1的摩尔比（有时更低）聚合得到的，相对分子质量为 1000～1500。常以草酸或硫酸作催化剂，加热回流 2～4h，聚合反应就完成了。催化剂的用量是每 100 份苯酚加 1～2 份草酸或不足 1 份的硫酸。

甲醛在水溶液中主要以水合物形式存在，在酸性条件下，该水合物易生成羟次甲基阳离子：

$$HO\!\!-\!\!CH_2\!\!-\!\!OH \xrightarrow{H^+} \overset{+}{H}OCH_2 + H_2O$$

该阳离子和苯环上邻位或对位碳原子发生亲电取代反应，使苯酚羟甲基化：

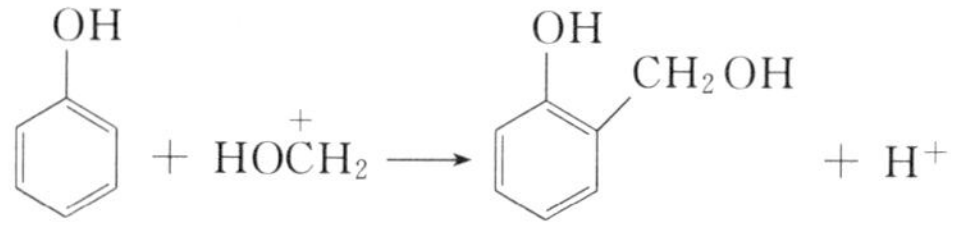

然后按下面过程与另一苯酚发生缩合反应：

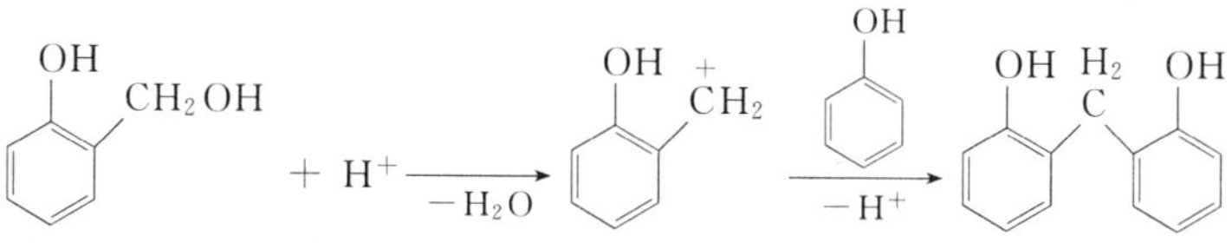

这样加成与缩合反应重复进行得到线形大分子。

反应同样也可以发生在苯酚羟基的对位上。各种连接方式的相对含量与催化剂类型及反应条件有关，并对聚合物的固化性能有明显的影响。强酸催化剂（如硫酸、磺酸、草酸等）作用下，苯酚的对位比邻位更活泼，因此强酸催化得到的聚合物分子中，邻位酚醛含量较少；用较弱的 Lewis 酸催化剂（如醋酸锌、醋酸镁等）得到几乎 100％的邻位取代苯酚。

酸催化取代酚醛树脂中不含有羟甲基，不能简单地通过加热来实现交联固化。必须外加甲醛才能发生交联反应，通常加入多聚甲醛或六亚甲基四胺作为固化剂，它们在加热、加压条件下可以分解释放出甲醛，进而发生交联反应。用六亚甲基四胺作固化剂时，在交联分子中还会生成一些亚氨基连接：

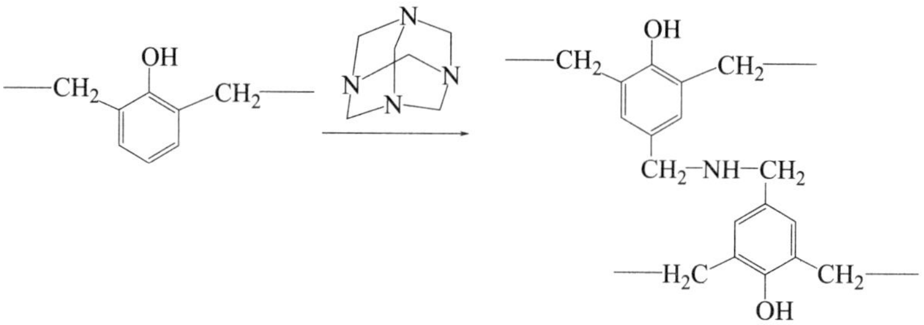

### 7.4.5 小结

体形逐步聚合无论是反应上还是产物上都是逐步聚合重要的一类。

从反应看体形逐步聚合的第一阶段实质上可归于线形逐步聚合，其关键是 $P_c$ 的确定和预聚物聚合度的控制。第二阶段则可归于聚合物的化学反应，其关键是交联反应的程度控制。

从发展看，结构预聚物由于结构清楚，反应可控程度高，因而受到人们的更多关注，成为发展的重点。

# 7.5 逐步共聚反应

通过逐步共聚反应，人们可以在很大的范围内改变某种聚合物的化学结构，而获得一种具有各种所需性能的特殊产物。例如，我们知道聚酰胺一般具有以下两种结构：

$$—CO—R—CONH—R'—NH—$$

I

$$—CO—R—NH—$$

II

这两种结构可以用一种二元胺和一种二元酸的反应以及一种氨基酸自身的反应来分别合成。而通过改变结构 I 中烷基 R 和 R' 和结构 II 中 R 基团，就可以制得一系列不同的聚酰胺。例如，可以用己二胺分别与己二酸和癸二酸的反应来制得尼龙 66 和尼龙 610。尼龙 610 是比尼龙 66 更柔韧和耐湿性更好的纤维，因为从癸二酸可以获得较长的烃基链段。

### 7.5.1 共聚物的类型

可以采用适当的反应混合物，让聚合物链具有不同的 R 基及不同的 R' 基，从而使聚合物结构产生更多的变化，例如，可以得到以下类型结构的聚酰胺：

$$—CO—R—CONH—R'—NHCO—R''—CONH—R'''—NH—$$

III

$$—NH—R'''—CO—NH—R'—CO—$$

IV

具有 III 和 IV 结构的聚合物叫做共聚物。其中任何一种共聚物的合成过程叫做共聚合反应。具 I 和 II 结构的聚合物可以称做均聚物，以区别于共聚物。

共聚物可以有以下三种结构：一种是交替共聚物结构，如 VI 式中的 R、R'、R'' 和 R''' 基沿着聚合物链做有规则的交替；第二种是嵌段共聚物结构，如 V 式所示：

$$\left(\!CO—R—CONH—R'—NH\!\right)_m\!\left(\!CO—R''—CONH—R'''—NH\!\right)_n$$

V

式中，一种均聚物的嵌段与另一种均聚物的嵌段相连接；第三种是无规共聚物结构，在这种结构中，R 基和 R'' 基沿着共聚物链无规则地分布，R' 和 R'' 基也是如此。

### 7.5.2 共聚反应的应用

在逐步聚合反应中，人们的所有兴趣几乎都集中在嵌段和无规共聚物的结构上。交替共聚物则由于其合成上涉及的种种困难，而很少有人问津。况且，交替共聚物看来也不能提供比相应的嵌段和无规共聚物性能有重大改进的产物。一种嵌段共聚物的性能常常接近于它的两种均聚物性能的平均水平（更准确地说，是和这种共聚物所含的两种不同重复单元的相对量成正比的重均性能）。可是，相应的无规共聚物的性能，却可能和两种均聚物的性能完全不同。

当利用共聚反应来改变聚合物的性能时，它往往是用来改变诸如结晶性、$T_g$ 和 $T_m$ 等的基本性能。例如，共聚反应都会降低结晶性，增加柔韧性，同时也会降低熔点和玻璃化转变温度。然而，对于嵌段和无规共聚反应来说，这种影响程度可能相差很远。嵌段共聚物的熔点通常都只稍低于两种均聚物的熔点。而无规共聚物的 $T_m$ 却往往比嵌段共聚物低得多。

# ［自学内容］ 活性化缩聚与不可逆缩聚反应

逐步聚合广泛存在于自然界，但与人工合成的聚合物相比，天然高分子的生成过程却要温和得多，一般在常温常压下，在酶的催化下就可进行。如何依照生物的模式进行人工高分子的合成已成为当前科学家的一个奋斗目标。通过本章的学习，我们了解到逐步聚合的一个问题是单体活性低，导致反应要在苛刻的条件下进行；再一个问题是反应的平衡性障碍，要得到高相对分子质量的聚合物，也需要反应在苛刻的条件下进行。针对这两点不足，人们的研究在近年已取得不小进展，合成出一批新的聚合物。

通过对影响二元酸、二元胺体系单体反应活性的研究，已合成出一批高活性的单体，在常温常压下就可进行缩聚，且缩聚反应为不平衡缩聚。这样的缩聚称为活性化缩聚（activated polycondensation）。

关于单体的反应能力，已在本章 7.1.2 节进行了分析，对二元酸与二元胺的亲核取代来说：

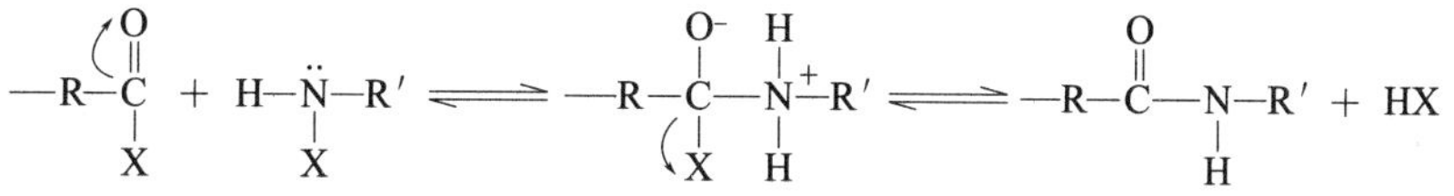

$$-R-\overset{\overset{O}{\parallel}}{\underset{X}{C}} + H-\overset{}{\underset{X}{\ddot{N}}}-R' \rightleftharpoons -R-\overset{\overset{O^-}{|}}{\underset{X}{C}}\overset{\overset{H}{|}}{\underset{H}{N^+}}-R' \rightleftharpoons -R-\overset{\overset{O}{\parallel}}{C}-\overset{}{\underset{H}{N}}-R' + HX$$

对 R 基团，可以通过在羰基的 α 或 β 位上引入有 O，S，N 等杂原子取代的基团、引入杂环结构及引入羟基或巯基等使其活化。对离去基团 X，可通过引入酸性强的脱离成分，如酰氯结构；也可引入具有分子内碱催化功能的脱离成分，如以下结构：

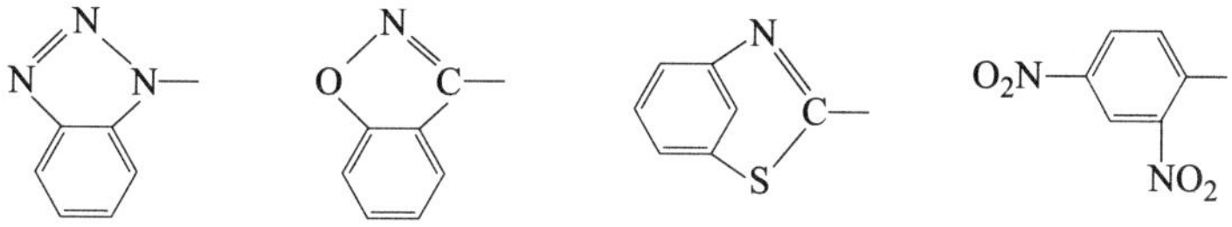

对亲核试剂，则可通过硅烷化来提高反应活性。

通过以上措施，可明显提高单体的反应活性。用它们进行缩聚反应，一般为不平衡缩聚，且具有反应速率快，反应温度低，产物相对分子质量高等特点。表 7-10 列出一些不可逆缩聚反应的例子。

表 7-10 不可逆缩聚反应的例子

| 反 应 | 单 体 | 聚合物 |
|---|---|---|
| 聚酯 | ClOCRCOCl＋HOR'OH<br>ClOCArCOCl＋HOArOH<br>ClOCRCOCl＋NaOArONa | 聚酯<br>聚芳酯<br>聚酯 |
| 聚酰胺 | ClOCRCOCl＋H₂NRNH₂<br>ClOCArCOCl＋H₂NArNH₂<br>ClOCOArOCOCl＋H₂NArNH₂ | 聚酰胺<br>聚芳酰胺<br>聚氨酯 |
| 氧化脱氢缩聚 | 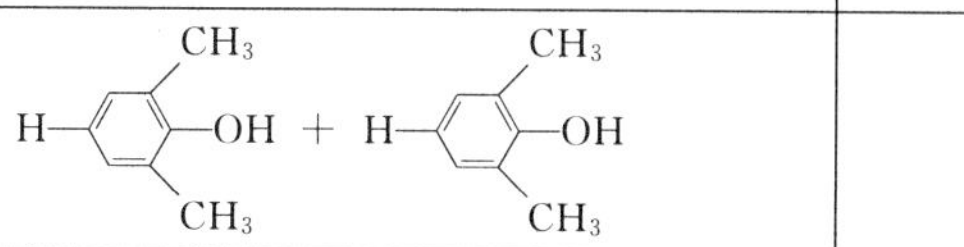 （图）| 聚苯醚 |
| 重合缩聚 | ArCH₂Ar＋ArCH₂Ar | 聚碳氢化合物 |
| 环化缩聚 | H₂NHNRNHNH₂＋ROCCH₂OCR'COCH₂COR<br>H₂NHNRNHNH₂＋ClOCR'COCl | 聚吡唑<br>聚噁二唑 |

　　除对单体结构进行改造提高活性外，还可采用一些其它的方法实现不平衡缩聚。如前面介绍的氧化偶联聚合，过氧化物中提供自由基，但不参与聚合物组成，使逆反应失去了条件。

　　此外，也可通过采用相转移催化剂来强化缩聚反应，常用的相转移催化剂有鎓盐类相转移催化剂、大环多醚相转移催化剂、高分子相转移催化剂等。

# 习　　题

1. 连锁聚合与逐步聚合的单体有何相同与不同？
2. 在高分子化学中有多处用到了"等活性"理论，请举出三处并给予简要说明。
3. 名词解释：
   (1) 反应程度与转化率
   (2) 平衡逐步聚合与不平衡逐步聚合
   (3) 线形逐步聚合与体形逐步聚合
   (4) 均缩聚、混缩聚与共缩聚
   (5) 官能团与官能度
   (6) 当量系数与过量分率
   (7) 热塑性树脂与热固性树脂
   (8) 结构预聚物与无规预聚物
   (9) 无规预聚物与无规立构聚合物
   (10) 凝胶点与凝胶效应
4. 举例说明下列逐步聚合反应（写出反应式）：
   (1) 缩合聚合（缩聚反应）
   (2) 逐步加聚反应（聚加成反应）
   (3) Diels-Alder 反应
   (4) 氧化偶联反应
   (5) 加成缩合反应
   (6) 分解缩聚
   (7) 自由基缩聚
   (8) 环化缩聚
5. 用"结构特征命名法"命名大分子链中含有下列特征基团的聚合物，并各写出一例聚合反应式。
   (1) —O—
   (2) —OCO—
   (3) —NH—CO—
   (4) —NH—O—CO—
   (5) —NH—CO—NH—
6. 为什么在缩聚反应中不用转化率而用反应程度描述反应过程？
7. 讨论下列缩聚反应成环的可能性（$m=3\sim8$），哪些因素决定环化或线形聚合是主要反应？
   (1) $H_2N—(CH_2)_m—COOH$
   (2) $HO—(CH_2)_7—OH+HOOC—(CH_2)_m—COOH$
8. 166℃下乙二醇与己二酸缩聚，测得不同时间下的羧基反应程度如下表所示。

| 时间/min | 12 | 37 | 88 | 170 | 270 | 398 | 596 | 900 | 1371 |
|---|---|---|---|---|---|---|---|---|---|
| 羧基反应程度 | 0.2470 | 0.4975 | 0.6865 | 0.7894 | 0.8500 | 0.8837 | 0.9084 | 0.9273 | 0.9406 |

   (1) 求对羧基浓度的反应级数，判断属于自催化或酸催化。
   (2) 已知 $[OH]_0=[COOH]_0$，$[COOH]$ 浓度以"mol/kg 反应物"计，求出速率常数。

9. 在外加酸条件下进行缩聚，证明 $P$ 从 $0.98$ 到 $0.99$ 所需的时间与从开始到 $P=0.98$ 所需的时间相近。

10. 用碱滴定法和红外光谱法均测得 $21.3g$ 聚己二酰己二胺试样中含有 $2.5\times10^{-3}mol$ 的羧基。计算该聚合物的数均相对分子质量为 $8520$，计算时需做什么假定？如何通过实验来确定其可靠性？如该假定不可靠，如何由实验来测定正确的数均相对分子质量？

11. 对开放体系的逐步聚合，聚合度公式为 $\overline{X}_n=\sqrt{\dfrac{KC_0}{Pn_w}}$，试解释公式中各因素对聚合度的影响。从数学上讲，反应程度（$P$）越小，聚合度越大，从高分子化学上讲是否可认为"反应程度越低，聚合度越高"？

12. 等物质的量的二元酸与二元胺缩聚，平衡常数为 $1000$，在封闭体系中反应，问反应程度和聚合度能达到多少？如果羧基起始浓度为 $4mol/L$，要使聚合度达到 $200$，需将 $[H_2O]$ 降低到什么程度？

13. 由己二胺和己二酸合成数均相对分子质量为 $15000$ 的聚酰胺，反应程度为 $0.995$，计算两单体的原料比。产物的端基是什么，各占多少？如需合成数均相对分子质量为 $19000$ 的聚合物，其单体原料比和端基比又是多少？

14. $1mol$ 二元酸与 $1mol$ 二元醇缩聚，另加 $0.015mol$ 的醋酸调节相对分子质量。$P$ 为 $0.995$ 和 $0.999$ 时，聚酯的聚合度各为多少？若加入的是 $0.01mol$ 的醋酸，其结果如何？

15. 某耐热聚合物的数均相对分子质量为 $24116$，聚合物水解后生成 $39.31\%$（质量分数）间苯二胺、$59.81\%$ 的间苯二酸和 $0.88\%$ 的苯甲酸，试写出该聚合物的分子式，计算聚合度和反应程度。如果苯甲酸增加一倍，计算对聚合度的影响。

16. 等物质的量的二元酸与二元胺缩聚，画出 $P=0.95$、$0.99$、$0.995$ 时的数量分布曲线和质量分布曲线，并计算数均聚合度与重均聚合度，比较二者的相对分子质量分布的宽度。

17. 写出合成下列聚合物所用的原料、聚合反应式、主要工业合成方法及用途。
    (1) 聚对苯二甲酸乙二醇酯
    (2) 尼龙 66

18. 尼龙 1010 是根据 1010 盐中过量癸二酸控制相对分子质量的。如果要求相对分子质量为 $2\times10^4$，反应程度为 $0.995$，配料时的当量系数和过量分率各为多少？

19. 写出合成下列聚合物所用的原料、聚合反应式及聚合物的主要特征和用途。
    (1) 聚酰亚胺
    (2) 聚苯醚
    (3) 聚醚砜
    (4) 聚醚醚酮

20. 影响线形缩聚物聚合度的因素有哪些？其关系如何？

21. 写出用下列单体合成聚合物的反应式。
    (1) 对苯二甲酸二甲酯-乙二醇
    (2) 2,4-二异氰酸酯基甲苯-丁二醇
    (3) 邻苯二甲酸酐-丙三醇
    (4) 双酚 A-环氧氯丙烷

22. 写出并描述下列聚合反应所形成的聚酯结构。聚酯结构与反应物的相对量有无关系？请说明理由。
    (1) $HOOC-R-COOH+HO-R'-OH$
    (2) $HOOC-R-COOH+\ \underset{\underset{OH}{|}}{HO-R''-OH}$
    (3) $HOOC-R-COOH+HO-R'-OH+\ \underset{\underset{OH}{|}}{HO-R''-OH}$

23. 分别按 Carothers 法和统计法计算下列聚合体系的凝胶点：
    (1) 邻苯二甲酸酐：甘油 $=3.0：2.0$（单体摩尔比）
    (2) 邻苯二甲酸酐：甘油 $=1.50：0.98$（单体摩尔比）
    (3) 邻苯二甲酸酐：甘油 $=4.0：1.0$（单体摩尔比）
    (4) 邻苯二甲酸酐：甘油：乙二醇 $=1.50：0.99：0.002$（单体摩尔比）

24. 相等官能团数的邻苯二甲酸酐与季戊四醇进行缩聚，试求：
    (1) 平均官能度；
    (2) 按 Carothers 法求凝胶点；
    (3) 按统计法求凝胶点。

25. 苯酚和甲醛分别采用酸和碱催化聚合，其原料配比、预聚体结构、固化方法等方面有哪些不同？

26. 1000g 环氧树脂（环氧值为 0.2）用等物质的量的乙二胺或二亚乙基三胺（$H_2NCH_2CH_2NHCH_2CH_2NH_2$）固化，以过量 10% 计，计算两种固化剂用量？

27. 不饱和聚酯树脂的主要原料为乙二醇、马来酸酐和邻苯二甲酸酐，试说明三种原料各起什么作用。用苯乙烯固化的原理是什么？考虑室温固化使用何种引发体系？采用如下配方制备不饱和聚酯：马来酸酐 196g，邻苯二甲酸酐 296g，丙二醇 304g。但在加料时，错将同等质量的甘油代替丙二醇加入体系，根据计算结果对聚合结果进行预测。

28. 合成下列无规或嵌段共聚物：

(1) $\left[\!\!\begin{array}{c}O\\\parallel\\C\end{array}\!\!-(CH_2)_5NH\right]_n\!\!\left[\!\!\begin{array}{c}O\\\parallel\\C\end{array}\!\!-\!\!\bigcirc\!\!-NH\right]_m$

(2) $\left[\!\!\begin{array}{c}O\\\parallel\\C\end{array}\!\!-\!\!\bigcirc\!\!-\begin{array}{c}O\\\parallel\\C\end{array}\!\!-O(CH_2)_2O-O(CH_2)_4O-O(CH_2)_2O\right]_n$

29. 阅读自学内容，对逐步聚合进行总结并对其今后发展给予自己的评价。

# 参 考 文 献

[1] George Odian. Principle of Polymerization. 4th ed. New York：John Wiley & Sons, Inc., 2004.
[2] RavveA. Principles of Polymer Chemistry, 2nd ed. New York：Plenum Press, 2000.
[3] Harry Allcock R，Frederick Lampe W，James Mark E. 现代高分子化学：影印版. 北京：科学出版社，2004.
[4] Paul Flory J. 高分子化学原理：影印版. 北京：世界图书出版公司，2003.
[5] 潘祖仁. 高分子化学. 北京：化学工业出版社，2003.
[6] 卢江，梁晖. 高分子化学. 北京：化学工业出版社，2005.
[7] 复旦大学高分子系高分子教研室. 高分子化学. 上海：复旦大学出版社，1995.
[8] 潘才元. 高分子化学. 合肥：中国科学技术大学出版社，1997.
[9] 余木火. 高分子化学. 北京：中国纺织出版社，1995.
[10] 王槐三，寇晓康. 高分子化学教程. 北京：科学出版社，2002.
[11] 张邦华，朱常英，郭天瑛. 近代高分子科学. 北京：化学工业出版社，2006.
[12] 金关泰. 高分子化学的理论和应用进展. 北京：中国石化出版社，1995.
[13] 何天白，胡汉杰. 海外高分子化学的新进展. 北京：化学工业出版社，1997.
[14] 周其凤，胡汉杰. 高分子化学. 北京：化学工业出版社，2001.
[15] 焦书科. 高分子化学习题及解答. 北京：化学工业出版社，2004.

# 第8章 聚合方法

## 8.1 引言

聚合方法，顾名思义是指完成一个聚合反应所采用的方法。从聚合物的合成看，第一步是化学合成路线的研究，主要是聚合反应机理、反应条件（如引发剂、溶剂、温度、压力、反应时间等）的研究；第二步是聚合工艺条件的研究，主要是聚合方法、原料精制、产物分离及后处理等研究。聚合方法的研究虽然与聚合反应工程密切相关，但与聚合反应机理亦有很大关联。

聚合方法是为完成聚合反应而确立的，聚合机理不同，所采用的聚合方法也不同。连锁聚合采用的聚合方法主要有本体聚合、悬浮聚合、溶液聚合和乳液聚合。进一步看，由于自由基相对稳定，因而自由基聚合可以采用上述四种聚合方法；离子聚合则由于活性中心对杂质的敏感性而多采用溶液聚合或本体聚合。逐步聚合采用的聚合方法主要有熔融缩聚、溶液缩聚、界面缩聚和固相缩聚。

相同的反应机理如聚合反应动力学、自动加速效应、链转移反应等在不同的聚合方法中有不同的表现，因此单体和聚合反应机理相同但采用不同聚合方法所得产物的分子结构、相对分子质量、相对分子质量分布等往往会有很大差别。为满足不同的制品性能，工业上一种单体采用多种聚合方法十分常见。如同样是苯乙烯自由基聚合（相对分子质量 10 万～40 万，相对分子质量分布 2～4），用于挤塑或注塑成型的通用型聚苯乙烯（GPS）多采用本体聚合，可发型聚苯乙烯（EPS）主要采用悬浮聚合，而高抗冲聚苯乙烯（HIPS）则是溶液聚合-本体聚合的联用。

聚合方法本身没有严格的分类标准，它是以体系自身的特征为基础确立的，相互间既有共性又有个性，从不同的角度出发可以有不同的划分。上面所介绍的聚合方法种类，主要是以体系组成为基础划分的。如以最常用的相容性为标准，则本体聚合、溶液聚合、熔融缩聚和溶液缩聚可归为均相聚合，悬浮聚合、乳液聚合、界面缩聚和固相缩聚可归为非均相聚合（表 8-1）。但从单体-聚合物的角度看，上述划分并不严格。如聚氯乙烯不溶于氯乙烯，则氯乙烯不论是本体聚合还是溶液聚合都是非均相聚合；苯乙烯是聚苯乙烯的良溶剂，则苯乙

### 表 8-1 聚合体系和实施方法示例

| 单体-介质体系 | 聚合方法 | 聚合物-单体(或溶剂)体系 | |
|---|---|---|---|
| | | 均相聚合 | 沉淀聚合 |
| 均相体系 | 本体聚合: 气 态<br>液 态<br>固 态 | 乙烯高压聚合<br>苯乙烯、丙烯酸酯类 | 氯乙烯、丙烯腈<br>丙烯酰胺 |
| | 溶液聚合 | 苯乙烯-苯<br>丙烯酸-水<br>丙烯腈-二甲基甲酰胺 | 苯乙烯-甲醇<br>丙烯酸-己烷<br>丙烯腈-水 |
| 非均相体系 | 悬浮聚合 | 苯乙烯<br>甲基丙烯酸甲酯 | 氯乙烯 |
| | 乳液聚合 | 苯乙烯、丁二烯 | 氯乙烯 |

烯不论是悬浮聚合还是乳液聚合都为均相聚合；而乙烯、丙烯在烃类溶剂中进行配位聚合时，聚乙烯、聚丙烯将从溶液中沉析出来成悬浮液，这种聚合称为溶液沉淀聚合或淤浆聚合。如果再进一步，则需要考虑引发剂、单体、聚合物、反应介质等诸多因素间的互溶性，这样问题会更复杂。

本章主要对以上提及的主要聚合方法进行讨论，对工程上涉及的连续聚合和间歇聚合不再详细介绍。

# 8.2 本体聚合

不加其它介质，单体在引发剂、催化剂、热、光、辐射等其它引发方法作用下进行的聚合称为本体聚合（bulk polymerization）。

## 8.2.1 体系组成

体系主要由单体和引发剂或催化剂组成。对于热引发、光引发或高能辐射引发，则体系仅由单体组成。

引发剂或催化剂的选用除了从聚合反应本身需要考虑外，还要求与单体有良好的相容性。由于多数单体是油溶性的，用于本体聚合的引发剂多为油溶性引发剂，如自由基本体聚合可选用 BPO、AIBN 等。

此外，根据需要往往加入其它试剂，如相对分子质量调节剂、润滑剂等。

## 8.2.2 主要特征

本体聚合的最大优点是体系组成简单，因而产物纯净，特别适用于生产板材、型材等透明制品。

由于本体聚合组成简单，反应产物可直接加工成型或挤出造粒，不需要产物与介质分离及介质回收等后续处理工艺操作，聚合装置及工艺流程相应也比其它聚合方法要简单，因而生产成本低。

各种聚合反应几乎都可以采用本体聚合，如自由基聚合、离子聚合、配位聚合等。缩聚反应也可采用，固相缩聚、熔融缩聚一般都属于本体聚合。

气态、液态和固态单体均可进行本体聚合，其中液态单体的本体聚合最为重要。

苯乙烯本体聚合的典型工艺流程为：

$$苯乙烯+引发剂 \longrightarrow \boxed{预聚合} \longrightarrow \boxed{塔式聚合} \longrightarrow \boxed{造粒} \longrightarrow 成品$$

$$
\begin{array}{cc}
80\sim90℃ & 160\sim220℃ \\
C\%=33\%\sim35\% & C\%=100\%
\end{array}
$$

本体聚合的最大不足是反应热不易排除。烯类单体聚合为放热反应，聚合热约为 $55\sim95\text{kJ/mol}$。聚合初期体系黏度不大，反应热可由小分子单体导出。转化率提高后，体系黏度增大，出现自动加速效应，仅靠单体已不能有效地导出反应热，这时体系容易出现局部过热，使副反应加剧，导致相对分子质量分布变宽、支化度加大、局部交联等；严重时会导致聚合反应失控，引起爆聚。因此控制聚合热和及时地散热是本体聚合中一个重要的、必须解决的工艺问题。由于这一缺点，本体聚合的工业应用受到一定的限制，不如其它的聚合方法应用广泛。

## 8.2.3 应用

本体聚合十分适合实验室进行理论研究，如单体聚合能力的初步鉴定、少量聚合物试剂的合成、动力学研究、单体竞聚率的测定等。所用的实验仪器有简单的试管、安瓿封管、膨胀计等。在条件允许时本体聚合是工业上首选的聚合方法。为解决散热问题，在装置上需强化散热，如加大冷却面积、强化搅拌、薄层聚合等。此外，在生产中多采用分段聚合法。第一段保持较低的转化率，如 10%～40%，此时体系黏度不大，散热不是很困难，可在正常的装置中进行反应。第二段为解决散热问题，可采用高温聚合、薄层聚合、注模聚合等。表8-2 列出几种工业生产的例子。

表 8-2　本体聚合工业生产实例

| 聚合物 | 引发 | 工艺过程 | 产品特点与用途 |
| --- | --- | --- | --- |
| 聚甲基丙烯酸甲酯 | BPO 或 AIBN | 第一段预聚到转化率 10% 左右的黏稠浆液，浇模升温聚合，高温后处理，脱模成材 | 光学性能优于无机玻璃可作航空玻璃、光导纤维、标牌等 |
| 聚苯乙烯 | BPO 或热引发 | 第一段于 80℃～90℃ 预聚到转化率 30%～35%，流入聚合塔，温度由 160℃ 递增至 225℃ 聚合，最后熔体挤出造粒 | 电绝缘性好、透明、易染色、易加工。多用于家电与仪表外壳、光学零件、生活日用品等 |
| 聚氯乙烯 | 过氧化乙酰基磺酸 | 第一段预聚到转化率 7%～11%，形成颗粒骨架，第二阶段继续沉淀聚合，最后以粉状出料 | 具有悬浮树脂的疏松特性，且无皮膜、较纯净 |
| 高压聚乙烯 | 微量氧 | 管式反应器，180～200℃，150～200MPa 连续聚合，转化率 15%～30% 熔体挤出出料 | 分子链上带有多个小支链，密度低（LDPE），结晶度低，适于制薄膜 |
| 聚丙烯 | 高效载体配位催化剂 | 催化剂与单体进行预聚，再进入环式反应器与液态丙烯聚合，转化率 40% 出料 | 比淤浆法投资少 40%～50% |
| 聚对苯二甲酸乙二醇酯 | — | 苯二甲酸与乙二醇在 220～260℃ 下先进行酯化反应，再在 260～280℃ 下熔融缩聚 | 强度高、弹性好、耐热性好、易洗易干、耐光不变色，是理想的纺织材料 |

# 8.3　溶液聚合

单体和引发剂或催化剂溶于适当的溶剂中的聚合反应称为溶液聚合（solution polymerization）。

## 8.3.1　体系组成

体系主要由单体、引发剂或催化剂和溶剂组成。

引发剂或催化剂的选择与本体聚合要求相同，由于体系中有溶剂存在，因此要同时考虑在单体和溶剂中的溶解性。

溶液聚合中溶剂的选择十分重要。主要从以下几个方面考虑。

① 溶解性　为保证聚合体系在反应过程中为均相，所选用的溶剂应对引发剂或催化剂、单体和聚合物均有良好的相容性。这样有利于降低黏度，减缓凝胶效应，导出聚合反应热。必要时可采用混合溶剂。对于无法找到理想溶剂的聚合体系，主要从聚合反应需要出发，选择对某些组分（一般是对单体和引发剂）有良好溶解性的溶剂。如乙烯的配位聚合，以加氢汽油为溶剂，尽管对引发体系和聚合物溶解性不好，但对单体乙烯有良好的溶解性。当然，从另一个角度讲，还希望在聚合结束后能方便地将溶剂和聚合物分离开来。

② 活性　溶剂虽然不参与聚合反应，但自由基聚合时可产生笼蔽效应降低引发效率、可与链活性中心发生链转移反应。在离子聚合中溶剂的影响更大，溶剂的极性对活性种离子

对的存在形式和活性、聚合反应速率、相对分子质量及其分布、以及链微观结构都会有明显影响。对于共聚反应，尤其是离子型共聚，溶剂的极性会影响到单体的竞聚率，进而影响到共聚行为，如共聚组成、序列分布等。因此在选择溶剂时要十分小心。

③ 其它　如易于回收、便于再精制、无毒、易得、价廉、便于运输和贮藏等。

### 8.3.2　主要特征

溶液聚合为一均相聚合体系，与本体聚合相比最大的好处是溶剂的加入有利于导出聚合热，同时利于降低体系黏度，减弱凝胶效应。

溶液聚合的不足是加入溶剂后容易引起副反应；同时溶剂的回收、精制增加了设备及成本，并加大了工艺控制难度。另外溶剂的加入一方面降低了单体及引发剂的浓度，致使溶液聚合的反应速率比本体聚合要低；另一方面降低了反应装置的利用率，因此提高单体浓度是溶液聚合的一个重要研究领域。

典型的溶液聚合工艺流程为：

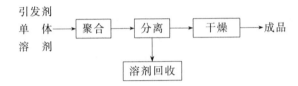

### 8.3.3　应用

离子聚合、配位聚合多采用溶液聚合。对于黏合剂、涂料等直接使用溶液的产物，采用溶液聚合十分有利。表 8-3 为溶液聚合工业生产实例。

表 8-3　溶液聚合工业生产实例

| 单体 | 引发剂或催化剂 | 溶剂 | 聚合机理 | 产物特点与用途 |
|---|---|---|---|---|
| 丙烯腈 | AIBN | 硫氰化钠水溶液 | 自由基聚合 | 纺丝液 |
| | 氧化-还原体系 | 水 | 自由基聚合 | 配制纺丝液 |
| 醋酸乙烯酯 | AIBN | 甲醇 | 自由基聚合 | 制备聚乙烯醇、维纶的原料 |
| 丙烯酸酯类 | BPO | 芳烃 | 自由基聚合 | 涂料、黏合剂 |
| 丁二烯 | 配位催化剂 | 正己烷 | 配位聚合 | 顺丁橡胶 |
| | BuLi | 环己烷 | 阴离子聚合 | 低顺式聚丁二烯 |
| 异丁烯 | $BF_3$ | 异丁烷 | 阳离子聚合 | 相对分了质量低，用于黏合剂、密封材料 |

# 8.4　悬浮聚合

单体以小液滴状悬浮在分散介质中的聚合反应称为悬浮聚合（suspension polymerization）。

### 8.4.1　体系组成

体系主要由单体、引发剂、悬浮剂和分散介质组成。

（1）单体为油溶性单体，要求在水中有尽可能小的溶解性（表 8-4）。

（2）引发剂为油溶性引发剂，选择原则与本体聚合相同。

（3）分散介质（dispersant）为水，为避免副反应，一般用无离子水。

（4）悬浮剂（suspending agent），也称为分散剂或成粒剂。主要有以下两类。

① 水溶性有机高分子　主要有合成高分子和天然高分子两大类。

a. 合成高分子　主要有部分醇解的聚乙烯醇、聚丙烯酸、聚甲基丙烯酸盐、马来酸酐-苯乙烯共聚物等。

表 8-4　**烯类单体在水中的溶解度**（约 25℃）

| 单体 | 溶解度 | | 单体 | 溶解度 | |
| --- | --- | --- | --- | --- | --- |
| | mol/L | g/L | | mol/L | g/L |
| 氯乙烯 | — | 0.1 | 丙烯酸乙酯 | 150 | 15.02 |
| 四氟乙烯 | — | 0.1 | 甲基丙烯酸甲酯 | 150 | 15.02 |
| 丙烯酸正辛酯 | 0.34 | 0.063 | 氯乙烯 | 170 | 10.63 |
| $\alpha$-甲基苯乙烯 | 1.0 | 0.118 | 醋酸乙烯酯 | 290 | 24.97 |
| 丙烯酸正己酯 | 1.2 | 0.188 | 丙烯酸甲酯 | 650 | 55.96 |
| 苯乙烯 | 3.5 | 0.365 | 丙烯腈 | 1600 | 84.90 |
| 丙烯酸正丁酯 | 11 | 1.410 | 丙烯酸 | $\infty$ | |
| 丁二烯 | 15 | 0.811 | 甲基丙烯酸 | $\infty$ | |
| 偏氯乙烯 | 66 | 6.4 | 丙烯酰胺 | | 204 |

b. 天然高分子　主要有甲基纤维素、羟丙基纤维素、明胶、淀粉、海藻酸钠等。

② 非水溶性无机粉末　主要有碳酸镁、碳酸钙、硫酸钙、磷酸钙、滑石粉、高岭土、白垩等。

除上述主悬浮剂外，有时还加入少量表面活性剂作为助悬浮剂，如十二烷基磺酸钠、聚醚、磺化油等。

主悬浮剂用量一般为单体量的 0.1％左右，助悬浮剂则为 0.01％～0.03％，后者如用量过多，则体系容易转变为乳液体系。

传统的悬浮聚合体系主要针对油溶性单体，因此体系由油溶性单体、油溶性引发剂、悬浮剂和水（分散介质）组成。

## 8.4.2　主要特征

### 8.4.2.1　聚合场所

在正常的悬浮聚合体系中，单体和引发剂为一相，分散介质水为另一相。在搅拌和悬浮剂的作用下，单体和引发剂以小液滴的形式分散于水中，形成单体液滴（monomer drop-let）。当达到反应温度后，引发剂分解，聚合开始。从相态上可以判断出聚合反应发生于单体液滴内。总体看，对于每一个单体小液滴来说，相当于一个小的本体聚合体系，保持有本体聚合单体浓度高、反应速率快的优点；单体小液滴外部是大量的水，液滴内的反应热可以迅速地导出，因而又具有溶液聚合的优点。

### 8.4.2.2　液滴的形成过程

从上面的分析可以看出，单体液滴的形成与控制是实现悬浮聚合的关键。要将油溶性的单体以液滴状分散于水中，必须借助于外力的作用。如图 8-1 所示，在搅拌产生的剪

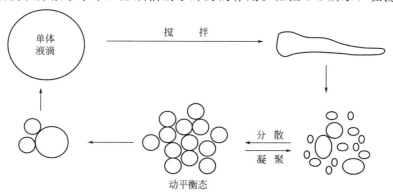

图 8-1　单体分散过程

切力作用下，单体相由变形到分散成小液滴。单体液滴和水之间的表面张力则使小液滴成球形，并倾向于聚集成大液滴。当搅拌强度和表面张力保持不变时，在这两种相反作用力下，大小不等的单体液滴通过一系列分散和聚集过程，最后达到动平衡，形成一定平均细度的小液滴。

当体系没有发生聚合反应时，动平衡可以长期保持，即单体液滴在体系中处于不断地碰撞-聚集-再分散的状态。一旦发生聚合反应，单体液滴内形成的聚合物将使液滴变黏，再发生碰撞液滴就会相互黏结而无法分开，失去了悬浮聚合的特点。因此，必须在体系中加入悬浮剂，使其在单体小液滴外面形成一层保护层，以防止单体液滴黏结成块。

#### 8.4.2.3 悬浮剂的作用

悬浮剂的种类不同，作用机理也不相同。水溶性有机高分子为两亲结构，亲油的大分子链吸附于单体液滴表面，分子链上的亲水基团靠向水相，这样在单体液滴表面形成了一层保护膜（图 8-2），起着保护液滴的作用。此外聚乙烯醇、明胶等还有降低表面张力的作用，使液滴更小。非水溶性无机粉末主要是吸附于液滴表面，起一种机械隔离作用（图 8-3）。悬浮剂种类和用量的确定随聚合物的种类和颗粒要求而定。除颗粒大小和形状外，尚需考虑产物的透明性和成膜性能等。

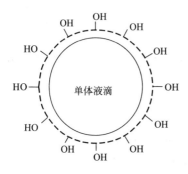

图 8-2 聚乙烯醇分散作用　　　　　　　　图 8-3 无机粉末分散作用

#### 8.4.2.4 综合分析

如上所述，单体液滴的大小和稳定由搅拌强度和悬浮剂种类及用量决定，二者缺一不可。如在聚合过程中停止搅拌，即使有悬浮剂存在，也会出现黏结。除此之外，影响液滴的因素还有水与单体的比例、聚合温度、引发剂种类和用量、单体种类和用量及其它添加剂等。

悬浮聚合的主要工艺流程为：

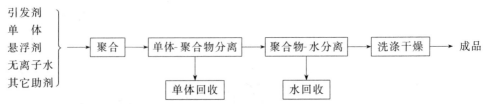

悬浮聚合的主要优点有：

① 体系黏度低，聚合热容易导出，散热和温度控制比本体聚合、溶液聚合容易得多。

② 产品相对分子质量及分布比较稳定，聚合速率及相对分子质量比溶液聚合要高一些。杂质含量比乳液聚合低。

③ 后处理比溶液聚合和乳液聚合简单，生产成本较低，三废较少。

④ 粒状树脂可直接用于加工。

悬浮聚合的主要缺点是聚合物中附有少量悬浮剂残余物，影响了制品的透明性和电绝缘性。

### 8.4.3　应用

由于悬浮聚合兼具本体聚合和溶液聚合的优点，因此在工业上得到了广泛的应用。80%～85%的聚氯乙烯、全部聚苯乙烯型离子交换树脂、很大一部分聚苯乙烯和聚甲基丙烯酸甲酯等都采用悬浮聚合。

由于用水作分散介质，目前只有自由基聚合采用悬浮聚合。工业生产中，悬浮聚合一般采用间歇法分批进行。表 8-5 为悬浮聚合工业生产实例。

**表 8-5　悬浮聚合工业生产实例**

| 单体 | 引发剂 | 悬浮剂 | 分散介质 | 产物用途 |
| --- | --- | --- | --- | --- |
| 氯乙烯 | 过碳酸酯-过氧化二月桂酰 | 羟丙基纤维素-部分水解 PVA | 无离子水 | 各种型材、电绝缘材料、薄膜 |
| 苯乙烯 | BPO | PVA | 无离子水 | 珠状产品 |
| 甲基丙烯酸甲酯 | BPO | 碱式碳酸镁 | 无离子水 | 珠状产品 |
| 丙烯酰胺 | 过硫酸钾 | Span-60 | 庚烷 | 水处理剂 |

# 8.5　乳液聚合

单体在水介质中，由乳化剂分散成乳液状态进行的聚合称为乳液聚合（emulsion polymerization）。

### 8.5.1　体系组成

体系主要由单体、引发剂、乳化剂和分散介质组成。

① 单体为油溶性单体，一般不溶于水或微溶于水。

② 引发剂为水溶性引发剂，对于氧化-还原引发体系，允许引发体系中某一组分为水溶性。

③ 分散介质为无离子水，以避免水中的各种杂质干扰引发剂和乳化剂的正常作用。

④ 乳化剂（emulsifier）是决定乳液聚合成败的关键组分。乳化剂分子是由非极性的烃基和极性基团两部分组成。根据极性基团的性质可将乳化剂分为阴离子型、阳离子型、两性型和非离子型几类。

a. 阴离子型乳化剂　极性基团为阴离子，如—$COO^-$、—$SO_4^-$、—$SO_3^-$；非极性基团一般是 $C_{11}$～$C_{17}$ 的直链烷基或 $C_3$～$C_8$ 的烷基与苯基或萘基结合在一起组成。常用的阴离子乳化剂有：

Ⅰ. 肥皂类　如脂肪酸钠 $RCOONa$（$R=C_{11}$～$C_{17}$），有良好的乳化能力，但易被酸和钙、镁离子破坏。

Ⅱ. 硫酸盐化合物　如十二烷基硫酸钠、十六醇硫酸钠、十八醇硫酸钠等。它们的乳化能力强，较耐酸和钙离子，比肥皂类稳定。

Ⅲ. 磺酸盐化合物　如十二烷基磺酸钠 $C_{12}H_{25}SO_4Na$、烷基磺酸钠 $RSO_3Na$（$R=C_{12}$～$C_{16}$）、二丁基萘磺酸钠、二己基琥珀酸酯磺酸钠等。它们的水溶液耐钙、镁离子性比硫酸盐化合物稍差，在酸溶液中稳定性较好。

阴离子乳化剂在碱性溶液中比较稳定，如遇酸、金属盐、硬水等会形成不溶于水的酸或金属皂，使乳化剂失效。因此在采用阴离子乳化剂的乳液聚合体系中常加有 pH 调节剂，以保证体系呈碱性。当然，也可以利用这一性质在反应结束后往体系中加入酸或盐来破乳。到目前为止，阴离子型乳化剂是应用最广泛的乳化剂。

b. 阳离子型乳化剂　在实际中应用较少。极性基团为阳离子，用得较多的是季铵盐类，其结构如下：

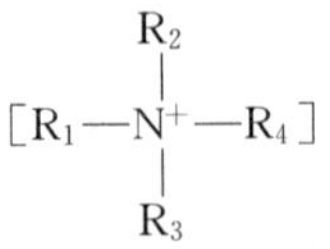

$$\left[\,R_1 \!-\! \overset{\displaystyle R_2}{\underset{\displaystyle R_3}{N^+}} \!-\! R_4\,\right]$$

c. 两性型乳化剂　极性基团兼有阴、阳离子基团，如氨基酸。生产中应用较少。

d. 非离子型乳化剂　在水溶液中不发生解离。分子结构中构成亲水基团的是多元醇，构成亲油基团的是长链脂肪酸或长链脂肪醇及烷芳基等。

Ⅰ. 脱水山梨醇脂肪酸酯　俗称司盘（Span），为一系列产品。可用下式表示：

$$\begin{array}{c} CH_2COOR \\ \cdots \end{array}$$

（结构图：脱水山梨醇脂肪酸酯，环上带 HO、OH、OH 及 CH₂COOR 基团）

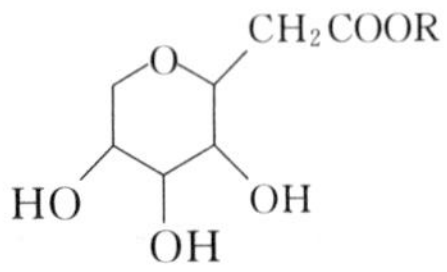

Ⅱ. 聚氧乙烯脱水山梨醇脂肪酸酯　俗称吐温（Tween），为一系列产品。可用下式表示：

（结构图）
$$H(C_2H_4O)_nO \text{—环—} O(C_2H_4O)_nH$$
$$O(C_2H_4O)H \quad CH_2COOR$$

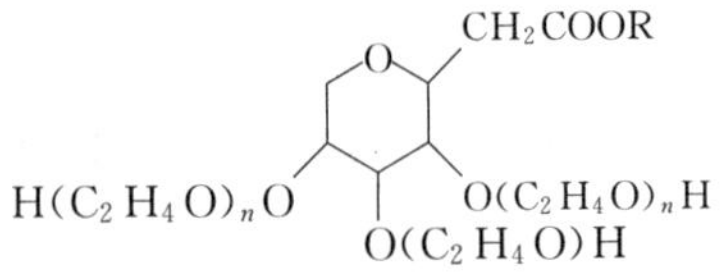

Ⅲ. 烷基酚基聚醚醇类　这一类中最著名的是 OP 系列，为壬烷基酚与聚氧乙烯反应的产物。结构式为：

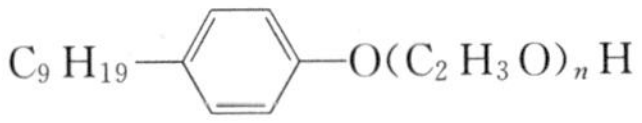

$$C_9H_{19}\text{—}\bigcirc\text{—}O(C_2H_3O)_nH$$

Ⅳ. 其它　除以上几类，常用的乳化剂还有聚乙烯醇、聚氧乙烯脂肪酸和聚氧乙烯脂肪酸醚等。

非离子型乳化剂对 pH 值变化不明显，较稳定。由于稳定乳液的能力不及阴离子型乳化剂，因此一般不单独使用，主要与阴离子乳化剂配合使用，以增加乳液的稳定性。

除了以上主要组分，根据需要有时还加入一些其它组分，如第二还原剂、pH 调节剂、相对分子质量调节剂、抗冻剂等。

## 8.5.2　乳化剂的作用

由于乳化剂分子由极性基团（亲水基团）和非极性基团（亲油基团）组成，因而可以使互不相容的单体-水转变为相当稳定难以分层的乳液，这一过程称为乳化。它又具有降低水的表面张力的作用，因此又是一种表面活性剂。

乳化剂分子如果过于亲水，就会溶液聚合于水相，如过于亲油，则会溶液聚合于油相。因此乳化剂分子中亲水和亲油基团的适当平衡十分重要。1949 年，Griffin 提出用亲水亲油平衡值（HLB）来衡量这一平衡。HLB 是经验值，HLB 值越大，表明亲水性越大。表 8-6 给出一些表面活性剂在各种用途中的最佳范围。

表 8-6　表面活性剂的 HLB 值及其应用

| HLB 值 | 应用 | HLB 值 | 应用 |
|--------|------|--------|------|
| 1.5～3 | 消泡剂 | 8～18 | 油/水型乳化剂 |
| 3.5～6 | 水/油型乳化剂 | 13～15 | 洗涤剂 |
| 7～9 | 润湿剂 | 15～18 | 增溶剂 |

乳液聚合基本是以水为分散介质，油相单体分散在水中，因此适宜的 HLB 值为 8～18 的油/水型乳化剂，又称 O/W 型或水包油型乳化剂。表 8-7 列出一些常用乳化剂的 HLB 值。

表 8-7　一些乳化剂的 HLB 值

| 乳化剂 | HLB 值 | 乳化剂 | HLB 值 |
|--------|--------|--------|--------|
| 甲基纤维素 | 10.8 | 烷基芳基磺酸盐 | 11.7 |
| 油酸钠 | 18.0 | Span 类 | 2～9 |
| 油酸钾 | 20.0 | Tween 类 | 11～17 |
| 十二烷基磺酸钠 | 40.0 | 聚氧乙烯辛基苯基醚 | 14.2 |

当水中的乳化剂浓度很低时，乳化剂以分子状态溶于水中，其亲水基团伸向水层，亲油基团伸向空间。随乳化剂浓度的增加，水相表面张力急剧下降，当乳化剂浓度增加到一定程度时，水相表面张力降低突然变得缓慢，溶液中形成了由 50～100 个乳化剂分子组成的聚集体，称为胶束（micelle）。此时乳化剂浓度称为临界胶束浓度（critical micelle concentration，CMC）。

除 CMC 值外，阴离子型乳化剂还有一个三相平衡点问题。三相平衡点是指乳化剂处于分子溶解状态、胶束、凝胶三相平衡时的温度，低于此温度，乳化剂以凝胶析出，失去乳化作用。在选拔乳化剂时，就注意其三相平衡点应在聚合反应温度之下。非离子型乳化剂没有三相平衡点问题，却有一浊点，在浊点温度以上，非离子型乳化剂沉出，无胶束存在。表 8-8 列出一些常用乳化剂的 CMC 值及三相平衡点。

表 8-8　典型乳化剂临界胶束浓度和三相平衡点

| 乳化剂 | CMC | | 三相平衡点 |
|--------|-----|-----|-----------|
| | mol/L | g/L | /℃ |
| $C_{11}H_{23}COONa$ | 0.05(50℃) | 5.6 | 36 |
| $C_{11}H_{23}COOK$ | 0.024(25℃) | | |
| $C_{13}H_{27}COONa$ | 0.0065(50℃) | 1.6 | 53 |
| $C_{15}H_{31}COONa$ | 0.0017(50℃) | 0.47 | 62 |
| $C_{17}H_{35}COONa$ | 0.00044(50℃) | 0.13 | 71 |
| $C_{17}H_{35}COOK$ | 0.00045(55℃) | | |
| $C_{12}H_{25}SO_4Na$ | 0.009(50℃) | 2.6 | 20 |
| $C_{12}H_{25}SO_3Na$ | 0.011(50℃) | 2.3 | 33 |
| $C_{12}H_{25}C_6H_4SO_3Na$ | 0.0012(60℃) | 0.4 | |
| 去氢松香酸钾 | 0.025(50℃) | | |
| 松香皂钠 | ＜0.01(50℃) | | |

在低浓度（1%～2%）下形成的胶束是球形（图 8-4），大约由 50～150 个乳化剂分子组成，直径约 4～5nm。随乳化剂量增加，胶束量增多，胶束形状变为棒状，长度为 10～30nm，直径约为乳化剂分子长度的两倍，甚至为层状。胶束中乳化剂分子的亲油基团指向胶束内部，亲水基团指向水相。

胶束对于油性单体有增溶作用。例如苯乙烯室温下在水中的溶解度为 $0.7g/cm^3$。当有

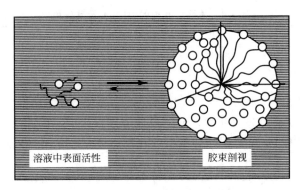

图 8-4　胶束形成

胶束存在时，小部分苯乙烯可以进入胶束内部，使苯乙烯在水中的溶解度增加到 $1\%\sim2\%$。胶束增溶了单体后，体积加大，如球状胶束直径约可加大一倍。这一过程称为增溶，有人将进入了单体的胶束称为增溶胶束（swollen micelle）。

　　乳化剂除了溶于水中及形成胶束外，还有一部分存在于单体液滴的表面，它的非极性基团吸附于单体液滴表面，极性基团指向水相，在单体液滴表面形成一个带电保护层，形成了稳定的乳液。综上所述，乳化剂的作用如下。

　　① 分散作用　加入乳化剂可大大降低水的表面张力，使单体液滴容易分散在水中，形成细小的液滴。

　　② 稳定作用　乳化剂分子在单体液滴表面形成带电保护层，阻止了液滴之间的凝聚，形成稳定的乳液。

　　③ 形成胶束及增溶作用　形成增溶胶束，为反应提供了聚合场所。

### 8.5.3　聚合机理

#### 8.5.3.1　聚合场所

　　聚合开始前，单体及乳化剂在乳液中的分布情况如图 8-5 所示。不溶或微溶于水的单体绝大部分以细小液滴形式存在，液滴的大小取决于搅拌桨形状、搅拌强度及乳化剂品种及用量；少量的单体增溶在胶束中；微量的以分子形式溶解在水中（等于单体在水中的溶解度）。在单体液滴、增溶胶束和水中的单体通过扩散处于动平衡中。大部分乳化剂分子形成胶束，其中多数胶束中溶解有单体，形成增溶胶束；一部分乳化剂被单体液滴吸附，形成带电保护层；少量的以分子形式溶于水中（等于 CMC 部分）。

　　乳液聚合所用的引发剂为水溶性引发剂，与体系中存在的单体液滴和增溶胶束为异相体

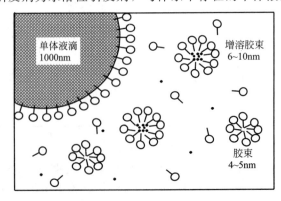

图 8-5　单体和乳化剂在水中分布

乳化剂分子—◯；单体分子·

系，引发剂分解生成的自由基在什么场所引发单体聚合是乳液聚合机理研究要解决的首要问题。

溶于水的引发剂在水相分解生成自由基，与溶于水中的单体相遇会发生聚合反应，但这种聚合不是主要的聚合场所。①水相中溶解的单体数量极少，与水相中自由基发生碰撞的概率很低；②水相中生成的聚合物分子不溶于水，当相对分子质量很小时就会从水相中沉淀出来，使聚合停止。

自由基扩散进入单体液滴和增溶胶束都可以引发聚合，聚合反应的主要场所要从自由基扩散进入这两者的概率大小来考虑。单体液滴的体积大，直径约 $10^3$ nm，但数量少，约 $10^{10}$ 个/mL；胶束体积小，直径约 $4\sim5$ nm，增溶胶束体积稍大，约 $6\sim10$ nm，但数量多，约 $10^{18}$ 个/mL。两相比较，胶束总表面积约比单体总表面积大两个数量级。因此，胶束更有利于自由基的进入，成为聚合反应发生的主要场所。实验表明，单体液滴中形成的聚合物仅占反应生成聚合物总量的 0.1%。

#### 8.5.3.2　聚合过程

根据聚合反应速率（或转化速率）及体系中单体液滴、乳胶粒、胶束数量的变化情况，可将乳液聚合分为三个阶段，其各自特点见表 8-9。

表 8-9　乳液聚合三个阶段的特点

| 项目 | 第一阶段 | 第二阶段 | 第三阶段 |
|---|---|---|---|
| 乳胶粒数 | 增加 | 恒定 | 恒定 |
| 单体液滴数 | 恒定 | 恒定 | 消失 |
| 聚合反应速率 | 加速期 | 恒速期 | 降速期 |

第一阶段称乳胶粒形成期，或成核期、加速期。

自由基一旦进入增溶胶束，即开始引发聚合反应形成聚合物。这时的增溶胶束内因同时存在单体和聚合物，称其为乳胶粒。形成乳胶粒的过程称为成核作用。乳液聚合粒子成核有两种过程：

① 水相中引发剂分解生成的自由基或与单体反应生成的短链自由基扩散进入增溶胶束，引发聚合，这一过程称为胶束成核（micellar nucleation）。

② 水相中自由基与单体反应生成的短链自由基由水相中沉淀出来，沉淀粒子通过从水相和单体液滴表面吸附乳化剂分子而稳定，接着扩散入单体，形成和胶束成核过程同样的粒子，这个过程称为均相成核（homogeneous nucleation）。

当体系中单体在水中的溶解性大及乳化剂的浓度低时，有利于均相成核，如醋酸乙烯酯的乳液聚合。反之则有利于胶束成核，如苯乙烯的乳液聚合。

由于自由基生成的速率一般是 $10^{13}$ 个/(s·mL)，而增溶胶束数量为 $10^{18}$ 个/mL，因此每次进入增溶胶束的自由基是一个。增溶胶束内单体浓度相当于本体体系，自由基一经进入即开始发生聚合反应。当第二个自由基扩散进入胶粒后，很快发生链终止反应。当第三个自由基扩散进入后，又开始聚合反应。

随着反应进行，乳胶粒内单体因聚合反应而不断消耗，此时单体液滴中的单体会通过水相不断向乳胶粒内扩散，保持平衡，这样单体液滴便成为向乳胶粒提供单体的仓库。在这一阶段单体液滴数目并不减少，只是体积不断缩小。相反，乳胶粒体积随反应进行却在不断增大。为保持稳定，乳胶粒开始吸附水中的乳化剂分子以及单体液滴缩小后释放出的乳化剂分子。当水中乳化剂分子数目小于 CMC 值之后，未成核胶束变得不稳定，将重新溶解分散于水中。总体看，未成核胶束的消耗有两个途径：一是生成新的乳胶粒；二是为在聚合中不断增大体积的乳胶粒提供乳化剂分子。当体系中未成核胶束消耗光后，无法再形成新的乳胶粒，体系中的乳胶粒数目将固定下来。在典型的乳液聚合中，能够成核变为乳胶粒的仅是起始胶束中的极少部分，约 $0.1\%$，即最后形成的乳胶粒数约为 $10^{13\sim15}$ 个/$cm^3$。

胶束的消失标志着第一阶段的结束。这一阶段的特点是随着体系中乳胶粒的不断增多，反应速率不断加大。该阶段时间较短，转化率约 $2\%\sim15\%$，与单体种类有关。水溶性大的单体，达到恒定乳胶粒数的时间短，转化率低；反之，时间长，转化率高。对许多单体，当引发速率足够高时聚合速率会出现一个最大值（图 8-6 中的 $AC$ 曲线），这是由于瞬间形成高粒子数或高比例含自由基粒子造成的。

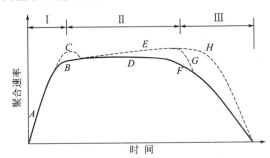

图 8-6 乳液聚合的不同聚合速率行为

第二阶段称恒速期。

胶束消失后，体系中只存在乳胶粒和单体液滴两种粒子。此时，单体液滴仍起着仓库的作用，不断向乳胶粒提供单体，以保障乳胶粒内引发、增长、终止反应的正常进行。随反应进行，乳胶粒体积不断加大，最后可达 $50\sim150nm$。这一阶段的体系中乳胶粒数恒定，由于单体液滴的存在，使乳胶粒内单体浓度恒定，因此体系为恒速反应（曲线 $D$）。对某些体系来说，由于这一阶段转化率较高，可能出现自动加速效应，使聚合速率有所上升（曲线 $E$）。

单体液滴的消失标志着第二阶段的结束。这一阶段的转化率也与单体在水中的溶解性有关。单体水溶性大的，单体液滴消失得早。如此阶段氯乙烯的转化率为 $70\%\sim80\%$，苯乙烯、丁二烯为 $40\%\sim50\%$，甲基丙烯酸甲酯为 $25\%$，醋酸乙烯酯仅为 $15\%$。

第三阶段称降速期。

这一阶段体系中只有乳胶粒存在，由于失去单体来源，聚合反应速率随乳胶粒内单体浓度不断下降而逐步降低，直至单体消耗光后反应停止（曲线 $GF$ 或 $H$）。

聚合反应结束后所得聚合物粒子多为球形，直径约 $50\sim200nm$，介于最初的胶束和单体液滴之间。

### 8.5.4 聚合动力学

#### 8.5.4.1 聚合速率

在上述乳液聚合反应速率的三个阶段中，研究最多的是第二阶段。此时乳胶粒数恒定，聚合速率不变，容易处理。

乳液聚合的场所在乳胶粒内，因此聚合反应速率可以从一个乳胶粒内的情况进行分析。当一个自由基进入胶粒后，反应速率式可写为：

$$r_p = k_p[M] \tag{8-1}$$

前面我们曾分析过，乳液聚合体系中胶束浓度为 $10^{18}$ 个/mL，自由基生成速率为 $10^{13}$ 个/(mL·s)，这样平均每 10s 就有一个自由基扩散到胶粒中。对一个乳胶粒而言，进入第一个自由基，发生聚合反应；进入第二个自由基，发生终止反应；再进入第三个自由基，又开始聚合反应。总体看，一个乳胶粒在整个聚合过程中有一半时间在聚合，一半时间处于"休眠"状态。换言之，整个聚合体系中，平均有一半乳胶粒中有自由基，发生聚合反应；另一半乳胶粒中则没有自由基，不发生聚合反应。设体系中乳胶粒数为 $N$ 个/mL，则每毫升中活性胶粒数为 $N/2$。因此体系中活性中心总浓度（mol/L）为：

$$[\text{M} \cdot] = 10^3 N/2N_A \tag{8-2}$$

式中，$N_A$ 是 Avogadro 常数。总的聚合反应速率为：

$$R_p = k_p[\text{M} \cdot][\text{M}] = \frac{k_p[\text{M}]N \times 10^3}{2N_A} \tag{8-3}$$

式（8-3）表明聚合反应速率与乳胶粒数 $N$ 密切相关。

从理想状态看，我们认为活性胶粒占总胶粒的一半。多数单体的乳液聚合符合这一状态，但也有一些体系有所不同。

若自由基从粒子中的解吸附和水相终止不能忽略时，乳胶粒中含自由基的粒子比率会小于 0.5，如醋酸乙烯酯、氯乙烯等。

若乳胶粒体积较大、链终止反应速率常数很小、水相终止和解吸附不明显及引发速率较大时，乳胶粒中含自由基的粒子比率会大于 0.5。在高转化率时，这种情况会更明显。如苯乙烯乳液聚合，转化率达 90% 时，比值由 0.5 升至 0.6。

### 8.5.4.2　聚合度

对于一个乳胶粒而言，数均聚合度为：

$$\overline{X}_n = \frac{r_p}{r_i} \tag{8-4}$$

式中，$r_i$ 是一个乳胶粒中链引发速率，即自由基进入乳胶粒的速率，也相当于一个乳胶粒中的链终止速率。设体系总的链引发速率为 $R_i$，则：

$$r_i = \frac{R_i}{N} \tag{8-5}$$

于是聚合度为：

$$\overline{X}_n = \frac{Nk_p[\text{M}]}{R_i} \tag{8-6}$$

在乳液聚合中双基终止对聚合度影响不大，这是因为双基终止是发生在乳胶粒中已形成的大分子链自由基与刚扩散进入乳胶粒中的短链自由基之间的。这样，在乳液聚合中聚合度等于动力学链长。当有链转移反应存在时，式（8-6）为：

$$\overline{X}_n = \frac{r_p}{r_i + \sum r_{tr}} \tag{8-7}$$

### 8.5.4.3　乳胶粒数

由式（8-3）及式（8-6）可看出，乳液聚合中聚合反应速率和聚合度都与乳胶粒数 $N$ 有关，因此有必要对其进行讨论。研究表明，对 $N$ 有如下关系式存在：

$$N = k\left(\frac{R_i}{\mu}\right)^{2/5}(a_s S)^{3/5} \tag{8-8}$$

式中，$a_s$ 是一个乳化剂分子的表面积；$S$ 是体系中乳化剂总浓度；$\mu$ 是乳胶粒体积增加速率；$k$ 是常数，一般为 0.37～0.53。综合对比式（8-3）、式（8-6）和式（8-8），可得到聚合反应速率、聚合度与乳化剂浓度的关系：

$$R_p \propto [\text{M}][\text{I}]^{2/5}[\text{S}]^{3/5} \tag{8-9}$$

$$\overline{X}_n \propto [\text{M}][\text{I}]^{-3/5}[\text{S}]^{3/5} \tag{8-10}$$

式中，[I] 是引发剂浓度。

与采用其它聚合方法的自由基聚合相比，我们可以看出，采用乳液聚合可以通过增加乳胶粒的方法同时提高聚合反应速率和聚合度。聚合反应速率快、聚合度高是乳液聚合不同于其它聚合方法的一个显著特征。

**8.5.5　应用**

乳液聚合由于可同时提高聚合反应速率和高相对分子质量，因而受到人们重视，在机理研究和新型乳液聚合技术的开发方面，均有大的进步。另一方面，乳液聚合在自由基聚合中有广泛应用，如合成橡胶方面，对一些直接使用乳液产品的产物也有优势。表8-10列出一些乳液聚合的工业应用。

表 8-10　乳液聚合工业生产实例

| 单体 | 引发剂 | 乳化剂 | 分散介质 | 产物用途 |
| --- | --- | --- | --- | --- |
| 苯乙烯-丁二烯 | 对锰烷过氧化氢-硫酸亚铁 | 歧化松香酸钾 | 无离子水 | 轮胎、工业橡胶制品 |
| 丁二烯-丙烯腈 | 过硫酸钾 | 二异丁基萘磺酸钠 | 无离子水 | 耐油橡胶制品 |
| 氯丁二烯 | 过硫酸钾 | 十二烷基苯磺酸钠 | 无离子水 | 电缆、耐油制品 |
| 醋酸乙烯酯 | 过硫酸钾 | OP-10 | 无离子水 | 黏合剂 |
| 氯乙烯 | 过硫酸钾 | 十二烷基磺酸钠 | 无离子水 | 人造革、壁纸等 |

# 8.6　熔融缩聚

在体系中只有单体和少量催化剂，在单体和聚合物熔点以上（一般高于熔点 10～25℃）进行的缩聚反应称为熔融缩聚（melt polycondensation）。

熔融缩聚研究得比较普遍和深入，因而也是应用十分广泛的聚合方法。熔融缩聚为均相反应，符合缩聚反应的一般特点。

典型的熔融缩聚流程为：

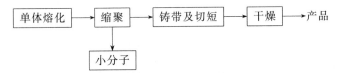

熔融缩聚的反应温度比链式聚合高得多，一般在 200℃以上。对于室温反应速率小的缩聚反应，提高反应温度有利于加快反应，即使这样，熔融缩聚的反应时间一般也需数小时。对于平衡缩聚，温度高有利于排出反应过程中产生的小分子，使缩聚反应向正向发展，尤其在反应后期，常在高真空下进行或采用薄层缩聚法。

由于反应温度高，在缩聚反应中经常发生各种副反应。如环化反应、裂解反应、氧化降解、脱羧反应等。因此，在缩聚反应体系中通常需加入抗氧剂及在惰性气体（如氮气）保护下进行。

熔融缩聚的反应温度一般不超过 300℃，因此制备高熔点耐高温聚合物需采用其它方法。

熔融缩聚可采用间歇法，也可采用连续法。

熔融缩聚应用广泛，工业上合成涤纶、酯交换法合成聚碳酸酯、聚酰胺等，采用的都是熔融缩聚。

# 8.7　溶液缩聚

单体、催化剂在溶剂中进行的缩聚反应称为溶液缩聚（solution polycondensation）。

　　根据反应温度，可分为高温溶液缩聚和低温溶液缩聚，反应温度在 100℃以下的称为低温溶液缩聚。由于反应温度低，一般要求单体有较高的反应活性。从相态上看，如产物溶于溶剂，为真正的均相反应；如不溶于溶剂，产物在聚合过程中由体系中自动析出，则是非均相过程。

　　典型的溶液缩聚流程为：

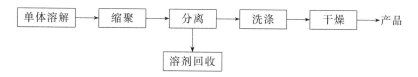

　　溶液缩聚中溶剂的作用十分重要，概括起来有以下几点：

　　① 由于溶剂的存在，有利于热交换，避免了局部过热现象，比熔融缩聚反应缓和及平稳。

　　② 对于平衡反应，溶剂的存在有利于除去小分子，不需真空系统。

　　a. 对于同溶剂不互溶的小分子，可以将其有效地排除在缩聚反应体系之外。如聚酰胺副产物为水，可选用与水亲和性小的溶剂（表 8-11）。

表 8-11　溶剂对尼龙 610 相对分子质量的影响

| 溶剂 | 沸点/℃ | 水在溶剂中的溶解度 | 产物相对分子质量 |
|---|---|---|---|
| 二氧六环 | 101 | $\infty$ | 0 |
| 苯 | 80 | 0.07 | 30000 |
| 对二甲苯 | 139 | 难溶 | 33000 |
| 氯苯 | 131 | 难溶 | 36000 |
| 甲苯 | 110 | 微溶 | 69000 |

　　b. 当小分子与溶剂可形成共沸物时，可以很方便地将其排出体系。如在聚酯反应中，溶剂甲苯可与副产物水形成水含量 20%、沸点为 81.4℃的共沸物。这种反应有时称为恒沸缩聚。

　　c. 当小分子沸点较低时，可选用高沸点溶剂，使小分子在反应过程中不断蒸发。

　　③ 对不平衡缩聚反应，溶剂有时可起小分子接受体的作用，阻止小分子参与的副反应发生。如二元胺和二元酰氯的反应，选用碱性强的二甲基乙酰胺或吡啶为溶剂，可与副产物 HCl 很好地结合，阻止 HCl 与氨基生成非活性产物。

　　④ 起缩合剂作用。如合成聚苯并咪唑时，多聚磷酸既是溶剂又是缩合剂。

　　溶剂的作用还有许多，不再展开讨论。与溶液聚合相同，溶液缩聚时溶剂的选择很重要，需注意以下几方面。

　　① 溶解性　尽可能地使体系为均相反应。例如对二苯甲烷-4,4'-二异氰酸酯与乙二醇的溶液缩聚反应，如以对聚合物不溶的二甲苯或氯苯为溶剂，聚合物会过早地析出，产物为低聚物；如用对单体和聚合物都可溶的二甲亚砜为溶剂，产物为高相对分子质量聚合物。

　　② 极性　由于缩聚反应单体的极性较大，多数情况下增加溶剂极性有利于提高反应速率，增加产物相对分子质量。

　　③ 溶剂化作用　如溶剂与产物生成稳定的溶剂化产物，会使反应活化能升高，降低反应速率；如与离子型中间体形成稳定溶剂化产物，则可降低反应活化能，提高反应速率。

　　④ 副反应　溶剂的引入往往会产生一些副反应，在选择溶剂时要格外注意。

　　溶液缩聚的不足在于溶剂的回收增加了成本，使工艺控制复杂，且存在三废问题。

溶液缩聚在工业上应用规模仅次于熔融缩聚，许多性能优良的工程塑料都是采用溶液缩聚法合成的，如聚芳酰亚胺、聚砜、聚苯醚等。对于一些直接使用溶液的产物，如油漆、涂料等也采用溶液缩聚。

# 8.8 界面缩聚

单体处于不同的相态中，在相界面处发生的缩聚反应称界面缩聚（interfacial polycondensation）。

界面缩聚为非均相体系。从相态看可分为液-液和液-气界面缩聚；从操作工艺看可分为不进行搅拌的静态界面缩聚和进行搅拌的动态界面缩聚。

界面缩聚有如下特点：

① 复相反应。如实验室用界面缩聚法合成聚酰胺是将己二胺溶于碱水中（以中和掉反应中生成的 HCl），将癸二酰氯溶于氯仿，然后加入烧杯中，在两相界面处发生聚酰胺化反应，产物成膜，不断将膜拉出，新的聚合物可在界面处不断生成，并可抽成丝（图 8-7）。

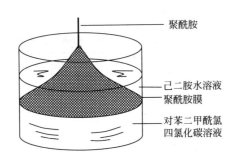

聚酰胺

己二胺水溶液
聚酰胺膜

对苯二甲酰氯
四氯化碳溶液

图 8-7　二元胺和二元酰氯的界面缩聚

② 反应温度低，不可逆。由于只在两相的交接处发生反应，因此要求单体有高的反应活性，能及时除去小分子，反应温度也可低一些（0～50℃）。一般为不可逆缩聚，所以无需抽真空以除去小分子。

③ 反应速率为扩散控制过程。由于单体反应活性高，因此反应速率主要取决于反应区间的单体浓度，即不同相态中单体向两相界面处的扩散速率。

在许多界面缩聚体系中加入相转移催化剂，可使水相（甚至固相）的反应物顺利地转入有机相，从而促进两分子间的反应。常用的相转移催化剂主要有鎓盐类，如季铵盐；大环醚类，如冠醚（15-冠-5、18-冠-6 等）和穴醚；高分子催化剂三类。

④ 相对分子质量对配料比敏感性小。熔融缩聚和溶液缩聚为均相反应，与常规的缩聚反应规律相同，单体配比对产物相对分子质量有举足轻重的影响。界面缩聚是非均相反应，对产物相对分子质量起影响的是反应区域中两单体的配比，而不是整个两相中的单体浓度。如上所述反应区域的单体浓度取决于两相中单体向反应区域的扩散速率。因此要获得高产率和高相对分子质量的聚合物，两种单体的最佳摩尔比并不总是 1∶1。

界面缩聚已广泛用于实验室及小规模合成聚酰胺、聚砜、含磷缩聚物和其它耐高温缩聚物。由于活性高的单体如二元酰氯合成的成本高，反应中需使用和回收大量的溶剂及设备体积庞大等不足，界面缩聚在工业上还未普遍采用。但由于它具备了以上几个优点，恰好弥补了熔融缩聚的不足，因而是一种很有前途的方法。工业上的例子是聚碳酸酯的合成，将双酚 A 钠盐水溶液与光气有机溶剂（如二氯甲烷）在室温以上反应，催化剂为胺类化合物。又如新型的聚间苯二甲酰间苯二胺的制备。表 8-12 列出一些界面缩聚的应用实例。

表 8-12　某些常见液-液和气-液界面缩聚实例

| 缩聚产物 | 液-液界面缩聚 | | 缩聚产物 | 气-液界面缩聚 | |
|---|---|---|---|---|---|
| | 有机相单体 | 水相单体 | | 气相单体 | 液相单体 |
| 聚酰胺 | 二元酰氯 | 二元胺 | 聚草酰胺 | 草酰氯 | 己二胺 |
| 聚 脲 | 二异氰酸酯 | 二元胺 | 氟化聚酰胺 | 高氟乙二酰氯 | 对苯二胺 |
| 聚磺酰胺 | 二元磺酰氯 | 二元胺 | 聚酰胺 | 三氯化三碳 | 己二胺 |
| 聚氨酯 | 双氯甲酸酯 | 二元胺 | 聚 脲 | 光 气 | 己二胺 |
| 聚 酯 | 二元酰氯 | 二元酚类 | 聚硫脲 | 硫光气 | 对苯二胺 |
| 环氧树脂 | 双 酚 | 环氧氯丙烷 | 聚硫酯 | 草酰氯 | 丁二硫醇 |

# 8.9　固相缩聚

在原料（单体及聚合物）熔点或软化点以下进行的缩聚反应称固相缩聚（solid phase polycondensation）。这里的"固相"并不一定是晶相，因此有的文献中称为固态缩聚（solid state polycondensation）。

固相缩聚大致分为三种：

① 反应温度在单体熔点之下，这时无论单体还是反应生成的聚合物均为固体，因而是"真正"的固相缩聚。

② 反应温度在单体熔点以上，但在缩聚产物熔点以下。反应分两步进行，先是单体以熔融缩聚或溶液缩聚的方式形成预聚物，然后在固态预聚物熔点或软化点之下进行固相缩聚。

③ 体形缩聚反应和环化缩聚反应。这两类反应在反应程度较深时，进一步的反应实际上是在固态进行的。

固相缩聚是在固相化学反应的基础上发展起来的。它可制得高相对分子质量、高纯度的聚合物。特别是在制备高熔点缩聚物、无机缩聚物及熔点以上容易分解的单体的缩聚（无法采用熔融缩聚）有着其它方法无法比拟的优点。如用熔融缩聚法合成的涤纶，相对分子质量较低，通常只用作衣料纤维，而固相缩聚法合成的涤纶，相对分子质量要高得多，可用作帘子布和工程塑料。

固相缩聚的主要特点为：

① 反应速率低，表观活化能大，往往需要几十个小时反应才能完成；

② 由于为非均相反应，因此是一个扩散控制过程；

③ 一般有明显的自催化作用。

固相缩聚尚处于研究阶段，目前已引起人们的关注。表 8-13 列出固相缩聚的实例。

表 8-13　固相缩聚的应用实例

| 聚合物 | 单体 | 反应温度/℃ | 单体熔点/℃ | 聚合物熔点/℃ |
|---|---|---|---|---|
| 聚酰胺 | 氨基羧酸 | 190～225 | 200～275 | — |
| 聚酰胺 | 二元羧酸的二胺盐 | 150～235 | 170～280 | 250～350 |
| 聚酰胺 | 均苯四酸与二元胺的酯 | 200 | — | >350 |
| 聚酰胺 | 氨基十一烷酸 | 185 | 190 | — |
| 聚酰胺 | 多肽酯 | 100 | — | — |
| 聚酰胺 | 己二酸-己二胺盐 | 183～185 | 195 | 265 |
| 聚 酯 | 对苯二甲酸乙二醇酯预聚物 | 180～250 | 180 | 265 |
| 聚 酯 | 羟乙酸 | 220 | — | 245 |
| 聚 酯 | 乙酰氧基苯甲酸 | 265 | — | 295 |
| 聚多糖 | α-D-葡萄糖 | 140 | 150 | — |
| 聚亚苯基硫醚 | 对溴硫酚的钠盐 | 290～300 | 315 | — |
| 聚苯并咪唑 | 芳香族四元胺和二元羧酸的苯酯 | 280～400 | — | 400～500 |

# 8.10　其它的聚合方法

从目前发展看，新的聚合方法与手段在不断涌现，且与新的聚合机理、聚合装置、相关学科的结合日益紧密。近年来，在已有聚合方法的基础上，又发展出多种新的聚合方法，如本体聚合方面的模板聚合、印迹聚合，在溶液聚合方面，超临界聚合、离子液体正作为绿色化学反应介质代替有机溶剂，由悬浮聚合衍生出了反相悬浮聚合、微悬浮聚合，由乳液聚合发展出的反相乳液聚合、微乳液聚合、无皂乳化剂、种子乳液聚合、超浓乳液聚合，由界面缩聚延伸出的 L-B 膜技术等。此外，利用现代科学技术也发展出一系列新的聚合技术，如辐射聚合、等离子聚合、微波聚合等。又如用酶催化聚合可以在更温和的条件下得到结构更规整的聚合物，而反应加工则将聚合物的合成与成型结合到了一起。这些新的聚合方法均有自身的独特之处，但从某一角度看，可能又同时具有几种传统聚合方法的部分特点，加上许多机理尚不完全了解，因此要给一个新的方法以准确的命名是比较困难的。这里对一些发展得比较成熟的新的聚合方法给予简单介绍。

## 8.10.1　反相悬浮聚合

相对于传统的油溶性单体借助悬浮剂分散于水中，采用油溶性引发剂的正相悬浮聚合而言，水溶性单体借助悬浮剂分散于非极性试剂中，采用水溶性引发剂的体系称为反相悬浮聚合。反相悬浮聚合具有传统悬浮聚合的相同的特征，如聚合场所、动力学等。常用于反相悬浮聚合的单体有丙烯酰胺、丙烯酸、甲基丙烯酸、丙烯盐等。常用的非极性试剂有脂肪烃、芳烃等，如己烷、环己烷、白油、煤油、甲苯、二甲苯。

## 8.10.2　微悬浮聚合

传统悬浮聚合单体液滴直径一般为 $50\sim2000\mu m$，产物粒径与液滴粒径大致相同。在微悬浮聚合中，单体液滴及产物粒径直径一般为 $0.2\sim2\mu m$，因此称为微悬浮聚合。

能形成如此微小粒子的关键在于悬浮剂（分散剂）。以苯乙烯微悬浮聚合为例，分散介质水、引发剂 BPO、分散剂十二烷基硫酸钠和难溶助剂十六醇。先将十二烷基硫酸钠和十六醇在水中搅拌形成复合物，再在搅拌下加入单体和引发剂进行聚合。实验证明，液滴中含有少量难溶助剂即足以阻碍单体从小液滴向大液滴扩散，而只允许单体从大液滴向小液滴的单方向扩散，再加上复合物在微小液滴表面的稳定作用，使体系得以稳定存在。从反应机理看，引发和聚合均在微液滴内进行，与传统悬浮聚合相近，但产物粒径更接近乳液聚合产物，所以微悬浮聚合兼有悬浮聚合和乳液聚合的一些特征。

## 8.10.3　反相乳液聚合

与反相悬浮聚合相似，水溶性单体以非极性试剂为分散介质，形成油包水（W/O）体系的乳液聚合称反相乳液聚合。反相乳液聚合可采用 HLB＝3～9 的乳化剂，一般为 5 以下，通常采用非离子型乳化剂，如 Span 系列、OP 系列等。与传统的正向乳液聚合相比，反相乳液聚合体系中乳化剂无法靠界面的静电作用稳定粒子，只能靠在界面的位障作用及通过降低油水界面的张力来稳定粒子，因而粒子的稳定性比正向乳液聚合要差。其发展趋势是采用反相微乳液聚合。

## 8.10.4　微乳液聚合

常规乳液聚合的液滴粒子直径为 $10\sim100\mu m$，直径为 $100\sim400nm$ 时称小粒子乳液，当直径为 $10\sim100nm$ 时，称微乳液。

与传统乳液聚合相比，微乳液聚合乳化剂的用量一般为分散相的 15％～30％，助乳化剂一般采用较短的链，如 $C_5\sim C_{10}$ 的脂肪醇。从热力学看，传统乳液聚合液滴随反应时间延长而增大，最终形成相分离的动力学稳定而热力学不稳定体系，微乳液聚合则为透明的、性质不随反应时间变化的热力学稳定体系。由于微乳液聚合为透明体系，因而可采用光引发。

对水溶性单体的反相微乳液聚合而言，由于克服了反相乳液聚合存在的稳定性差、易絮凝、粒径分布宽等问题，反相微乳液聚合在高吸水树脂、石油开采、造纸工业、水处理剂制备等领域有更实际的应用。

### 8.10.5　无皂乳液聚合

无皂乳液聚合是不加或只加入微量乳化剂（乳化剂浓度小于 CMC 值）的乳液聚合。

无皂乳液聚合多采用可离子化的引发剂，如阴离子型的过硫酸盐、偶氮烷基羧酸基，阳离子型的偶氮烷基氯化铵盐等。这样的引发剂可形成类似于离子型乳化剂结构的带离子性端基的聚合物链，起到乳化剂作用。据此提出"均相成核机理"和"低聚物胶束成核机理"。

无皂乳液聚合克服了传统乳液聚合由于加入乳化剂而带来的诸如影响产物电性能、光学性能、表面性能及耐水性差、成本高等不足。此外，通过粒子设计，可制备出单分散、表面清洁并带有各种功能基团的聚合物粒子，在生物医学等领域有广泛用途。

### 8.10.6　超浓乳液聚合

传统的乳液聚合，单体含量为 $30\%\sim50\%$，低于此值的为低固含量乳液聚合，高于此值的为高固含量乳液聚合。一般单分散性微球堆积的最大密度约为 $74\%$，当单体含量高于此值（$74\%\sim99\%$）时，体系似"胶冻"（图 8-8），称超浓乳液聚合。

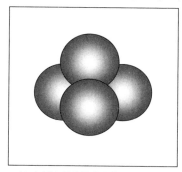
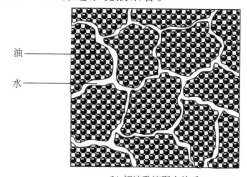

(a) 高固含量乳液聚合体系(74%)　　　　　　(b) 超浓乳液聚合体系

图 8-8　超浓乳液聚合体系状态

超浓乳液聚合的关键在如何形成及保持体系的稳定。一步法的制备方法为：加入乳化剂的水溶液，搅拌，逐步加入单体和引发剂的混合液，控制搅拌速率和混合液加入速率，以不出现相分离为宜。全部加完后移入离心装置缓和条件下离心，使体系更加密实。二步法的制备方法为：单体和引发剂先进行预聚，在搅拌条件下加入乳化剂，后面操作与一步法相同。为提高体系稳定性，可选用复合乳化剂并加入电介质。

### 8.10.7　核壳乳液聚合

在单体 A 聚合物乳胶粒存在下使单体 B 进行乳液聚合的聚合方法。用此方法可得到多种核壳结构的乳胶粒，故得名。

用此方法也可制备接枝共聚物和各种互穿网络的聚合物。

### 8.10.8　超临界聚合

超临界流体（SCF）密度随压力变化而变化，在一定压力下相当于液体，对单体有好的溶解能力，而改变压力又很容易使其与单体和聚合物分离；SCF 黏度小同时有较大的扩散力，因而具有良好的快速传递能力、渗透力和平衡力。SCF 原多用于小分子的分离提纯，现利用上述特点，作为聚合溶剂。

目前用得多的是 $CO_2$ 的 SCF，临界温度为 $31.1℃$，临界压力 $7.38MPa$，临界密度 $0.448g/cm^3$。其主要特点是不会引起链转移反应，且易得、环保，对单体和聚合物有好的溶解和溶胀能力，产物易分离，纯净。目前已用于自由基聚合、离子聚合和配位聚合。

### 8.10.9　模板聚合

将能与单体或增长链通过氢键、静电键合、电子转移、范德华力等相互作用的高分子（模板），事先放入聚合体系进行的聚合称为模板聚合。

模板聚合常见的历程是单体先与模板聚合物进行某种形式的复合，然后在模板上进行聚合，形成的聚合物最后从模板上分离出来：

$$
\begin{array}{ccc}
复合 & \begin{array}{c} n\mathrm{M}+\;\;\mathrm{-X-X-X-X-X-} \\ 模板 \end{array} & \longrightarrow \begin{array}{c} \mathrm{M\;\;M\;\;M\;\;M\;\;M} \\ \vdots\;\vdots\;\vdots\;\vdots\;\vdots \\ \mathrm{-X-X-X-X-X-} \end{array} \\[3ex]
聚合 & \begin{array}{c} \mathrm{M\;\;M\;\;M\;\;M} \\ \vdots\;\vdots\;\vdots\;\vdots \\ \mathrm{-X-X-X-X-} \end{array} & \longrightarrow \begin{array}{c} \mathrm{-M-M-M-M-} \\ \vdots\;\vdots\;\vdots\;\vdots \\ \mathrm{-X-X-X-X-} \end{array} \\[3ex]
分离 & \begin{array}{c} \mathrm{-M-M-M-M-} \\ \vdots\;\vdots\;\vdots\;\vdots \\ \mathrm{-X-X-X-X-} \end{array} & \longrightarrow \begin{array}{c} \mathrm{-M-M-M-M-} \\ + \\ \mathrm{-X-X-X-X-} \end{array}
\end{array}
$$

模板聚合第一步是合成模板，目前多采用主链上含氮原子的阳离子聚合物，如脂肪族含氮聚合物、杂脂肪族含氮聚合物等。第二步是进行模板聚合，按模板与单体、聚合物的作用力大致分三种类型：模板与单体的相互作用大于聚合物，模板主要与单体作用，聚合时单体不断从模板上脱落加成到聚合物链上，此时模板起到催化剂的作用；如模板与聚合物相互作用大于单体，则聚合物链处于与模板缔合的状态；如三者相互作用相近，则单体沿模板进行聚合。

### 8.10.10　辐射聚合

由高能辐射引发单体进行的聚合反应。一般多用 $^{60}$Co，其 $\gamma$ 射线的能量为 $1.17\sim 1.33\mathrm{MeV}$。目前认为辐射能引发单体按多种反应机理进行聚合，主要取决于单体的结构、溶剂、温度、添加剂等因素。聚合速率取决于辐射剂量和辐射强度。

从引发和聚合场所看，辐射聚合可分为场内辐射聚合（引发和聚合反应一直在辐射场内进行）和场外辐射聚合（先在辐射场内形成活性中心，再移到其它地方进行聚合，也称预辐射聚合）；从单体状态看，可以是固相、气相和液相（本体、溶液、乳液）；从聚合反应看，可以是均聚、接枝共聚、聚合物交联和降解。

辐射聚合有产物纯净，聚合与单体状态无关，可在各种温度下启动聚合反应，可引发一些用一般化学方法难以聚合的单体，成本和能耗低等优点，但也受到设备和安全性的制约。

### 8.10.11　等离子体聚合

对气态物质进一步给予能量，则气态原子中价电子可以脱离原子核成为自由电子，原子则变为正离子，原来由单一原子组成的气态变为由电子、正离子和中性粒子（原子及受激原子）组成的混合体，宏观上呈电中性，称为等离子体，为物质的第四态。通过辉光放电或电晕放电产生的等离子体为低温等离子体，利用其中电子、粒子、自由基以及其它激发态分子等活性粒子使单体聚合的方法称等离子体聚合。大致可分为等离子体聚合、等离子体引发聚合、等离子体表面改性几大类。

低温等离子体的生成主要有辉光放电法、电晕放电法、溅射法、离子镀敷法和等离子CVD法。聚合机理尚不完全清楚，一般认为是自由基聚合，也有理论认为特征体中的活性离子也有引发作用。

几乎所有的有机化合物都能进行等离子体聚合。由于活性中心种类多，因而产物结构复杂，支链多，甚至可形成三维网状结构，产物多为薄膜状。可得形成无针孔、结构新、有良好耐药品性、耐热性和力学性能的薄膜。等离子体引发聚合的引发反应在气相进行，形成链后附于反应器壁成凝聚相，因而增长和终止反应在凝聚相进行。等离子体表面改性是对聚合物表层的化学结构和物理结构进行有目的的改性。主要有：表面刻蚀、表面层交联、表面化学修饰、接枝聚合、表面涂层等。

# 8.11 小结——聚合方法的选择

与一般的化学反应不同，聚合反应除反应机理、反应速率和转化率外，还存在一个聚合方法问题。聚合方法的选择主要取决于所采用的反应机理、要合成聚合物的性质和形态、相对分子质量和相对分子质量分布等。如自由基聚合可选用各种聚合方法。而离子聚合和配位聚合因活性中心易与含活泼氢的物质反应而失活，因此聚合体系多不选用以水为分散介质的悬浮聚合和乳液聚合，又由于这些聚合反应放热明显，故多采用有机溶剂为主的溶液聚合。再如橡胶要求高的相对分子质量，故多采用乳液聚合。对于涂料和黏合剂，可采用溶液聚合或乳液聚合，不经后处理而直接使用聚合液。类似的有熔融纺丝的聚合物可采用熔融缩聚，溶液纺丝的聚合物可采用溶液缩聚等。目前聚合装置和聚合工艺向大型化、连续化、自动化方向发展，可以用几种不同的聚合方法合成出同样的产品，这时产品质量好、设备投资少、生产成本低、三废污染小的聚合方法将得到优先发展。

下面将前面介绍的几种聚合方法在表 8-14、表 8-15 中做一小结。

**表 8-14 各种链式聚合方法的比较**

| 项目 | 本体聚合 | 溶液聚合 | 悬浮聚合 | 乳液聚合 |
|---|---|---|---|---|
| 配方主要成分 | 单体<br>引发剂 | 单体<br>引发剂<br>溶剂 | 单体<br>引发剂<br>水<br>分散剂 | 单体<br>引发剂<br>水<br>乳化剂 |
| 聚合场所 | 本体内 | 溶液内 | 单体液滴内 | 乳胶粒内 |
| 聚合机理 | 遵循自由基聚合一般机理，提高速率往往使相对分子质量降低 | 伴随有向溶剂的链转移反应，一般相对分子质量及反应速率较低 | 与本体聚合相同 | 能同时提高聚合速率和相对分子质量 |
| 生产特征 | 反应热不易排出，间歇生产或连续生产，设备简单，宜制板材和型材 | 散热容易，可连续生产，不宜干燥粉状或粒状树脂 | 散热容易，间歇生产，须有分离、洗涤、干燥等工序 | 散热容易，可连续生产，制成固体树脂时需经凝聚、洗涤、干燥等工序 |
| 产物特征 | 聚合物纯净，宜于生产透明浅色制品，相对分子质量分布较宽 | 聚合液可直接使用 | 比较纯净，可能留有少量分散剂 | 留有少量乳化剂和其它助剂 |

**表 8-15 各种缩聚实施方法比较**

| 特点 | 熔融缩聚 | 溶液缩聚 | 界面缩聚 | 固相缩聚 |
|---|---|---|---|---|
| 优点 | 生产工艺过程简单，生产成本较低。可连续生产。阻聚剂设备的生产能力高 | 溶剂可降低反应温度，避免单体和聚合物分解。反应平稳易控制，与小分子共沸或反应而脱除。聚合物溶液可直接使用 | 反应条件温和，反应不可逆，对单体配比要求不严格 | 反应温度低于熔融缩聚温度，反应条件温和 |
| 缺点 | 反应温度高，单体配比要求严格，要求单体和聚合物在反应温度下不分解。反应物料黏度高，小分子不易脱除。局部过热会有副反应，对设备密封性要求高 | 增加聚合物分离、精制、溶剂回收等工序，加大成本且有三废。生产高相对分子质量产品须将溶剂脱除后进行熔融缩聚 | 必须用高活性单体，如酰氯，需要大量溶剂，产品不易精制 | 原料需充分混合，要求有一定细度，反应速率低，小分子不易扩散脱除 |
| 适用范围 | 广泛用于大品种缩聚物，如聚酯、聚酰胺 | 适用于聚合物反应后单体或聚合物易分离的产品。如芳香族、芳杂环聚合物等 | 芳香族酰氯生产芳酰胺等特种性能聚合物 | 更高相对分子质量缩聚物，难溶芳族聚合物合成 |

# 8.12 常用聚合物的合成

### 8.12.1 聚乙烯

聚乙烯是无味、无毒、无嗅的白色蜡状半透明材料，电绝缘性能优越，可与所有已知的介电材料相比。耐化学介质性能好，是最大的通用塑料之一。目前聚乙烯的品种主要有低密度聚乙烯、高密度聚乙烯和线形低密度聚乙烯三大类，生产方法有高压法、中压法和低压法。

① 低密度聚乙烯（LDPE） 聚合机理参见 2.8.1 节内容。采用高压法制备，在 100～200MPa 和 160～300℃下，以微量氧为引发剂的自由基本体聚合。单程转化率为 15%。数均相对分子质量一般是 20000～50000，相对分子质量分布为 3～20。工艺流程为：

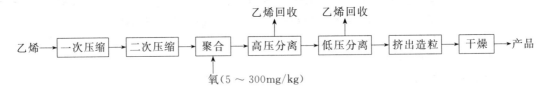

由于在聚合过程中发生向聚合物和链自由基的链转移反应，大分子链上有许多支链，因此高压法合成的聚乙烯结晶度低（50%～79%），密度低（0.91～0.93g/cm³）。主要用于制造薄膜制品、注射、吹塑制品及电线的绝缘包层。

② 高密度聚乙烯（HDPE） 聚合机理参见 5.4.2 节内容。采用 Phillips 或 Ziegler 催化剂的配位聚合，低压法制备。聚合方法有淤浆法、溶液法和气相法。我国多采用淤浆法，反应在较低的温度（65～75℃）和压力（0.5～3MPa）下进行。产物为线形大分子，结晶度较高（80%～90%），密度也高（0.94～0.95g/cm³）。力学性能优于 LDPE。

③ 线形低密度聚乙烯（LLDPE） 乙烯与少量的 1-丁烯或 1-己烯共聚，所得产物为有一定支链的线形低密度聚乙烯（LLDPE）。聚合机理和聚合方法与 HDPE 相同。产物有优良的耐环境应力和热应力开裂性能。

④ mPE 聚合机理参见 5.4.2 节内容。采用茂金属催化剂制备的聚乙烯，如 Dow 化学公司，采用高温茂金属催化剂和溶液聚合法，生产 HDPE 和 LLDPE，整体看，虽然产量只占全部 PE 的一部分，但性能很有特色。

聚乙烯目前已经发展成系列化产品，既可与醋酸乙酯、丙烯酸酯等共聚（自由基共聚），还可制成交联聚乙烯（自由基法）、氯化聚乙烯（氯化）、氟代聚乙烯（表面处理）等。

### 8.12.2 聚丙烯

聚丙烯为仅次于聚乙烯和聚氯乙烯的第三大合成树脂。主要品种为等规度在 95% 以上的等规聚丙烯。采用非均相 Ziegler-Natta 催化剂的配位聚合（参见 5.4.1 节内容）。聚合方法有间歇式液相本体法、液相气相组合式连续本体法、淤浆法。以淤浆法为例，反应温度 50～70℃，0.5～1MPa，加入微量氢气调节相对分子质量，反应结束后加入醇类除去催化剂残渣。工艺流程为：

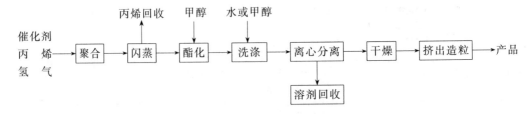

聚丙烯为乳白色、无臭、无味、无毒、质轻的热塑性树脂。可注射成型大型器件，挤塑生产管材、板材、薄膜等。由于易氧化，需加入抗氧剂。

丙烯与 α-烯烃的共聚物约占全部 PP 的 30%，均采用配位聚合。一类是丙烯与 α-烯烃的无规共聚物，熔点较低，透明性好，多用于食品包装。另一类是抗冲（嵌段）共聚物，二步法合成，先合成 PP 均聚物，再加入乙烯和丙烯共聚，最后得到无定形弹性体。

### 8.12.3　聚氯乙烯

主要采用自由基聚合，聚合机理参见 2.8.2 节内容。主要采用悬浮聚合（S-PVC，约占 80%）、本体聚合（约占 10%）、乳液聚合和微悬浮聚合法（E-PVC）。悬浮聚合多采用复合引发剂以保证反应匀速进行，通过控制反应温度控制相对分子质量（±0.2℃）。为防止黏附需加入防黏附剂。由于氯乙烯有毒，反应结束后要将未反应的单体尽可能除去。典型的工艺流程为：

本体聚合采用两段法，先将溶有引发剂的液态氯乙烯在预聚釜中 62～75℃下反应 30min，转化率 7%～12%，转入聚合釜，补加少量引发剂，反应 3～9h 后抽提未反应单体后出料。

乳液聚合主要生产聚氯乙烯糊树脂（E-PVC），第一阶段通过乳液聚合得到聚氯乙烯胶乳，第二阶段经喷雾干燥得到 E-PVC。

微悬浮聚合法是将溶有引发剂的氯乙烯与分散剂水溶液预先分散成 1μm 的液滴，然后进行聚合，得到类似乳液聚合的糊用树脂。

聚氯乙烯是一种用途广泛的通用塑料。从薄膜、人造革、电缆包层等软塑料到板材、管材、型材等硬塑料均有。聚氯乙烯糊树脂可用于人造革、塑料地板、电线绝缘包覆层、防水涂层等。

### 8.12.4　聚苯乙烯

苯乙烯类树脂按结构可划分成 20 多类，主要有通用级聚苯乙烯（GPS）、发泡级聚苯乙烯（EPS）、高抗冲聚苯乙烯（HIPS）及苯乙烯共聚物等。聚合机理参见 2.8.3 节内容。

① GPS　用于挤塑或注射成型的聚苯乙烯主要采用自由基连续本体聚合或加有少量溶剂的溶液聚合法生产，相对分子质量 100000～400000，相对分子质量分布 2～4。本体聚合的主要工艺是苯乙烯先在预聚釜中，于 95～115℃进行预聚合，待转化率达 30%～35%，连续送入塔式反应器，反应温度从 160℃分段升至 225℃，最终转化率达 97%左右。熔融聚合物从塔底部排出，挤出造粒。工艺流程为：GPS 具有刚性大、透明性好、电绝缘性优良、吸湿性低、表面光洁度高、易成型等特点。

② EPS　采用自由基悬浮聚合，引发剂 BPO，分散剂羟乙基纤维素，85～90℃下反应。产物用低沸点烃类发泡剂浸渍制成可发性珠粒。当其受热至 90～110℃时，体积可增大 5～50 倍，成为泡沫塑料。

③ HIPS　苯乙烯与橡胶（顺丁胶或丁苯胶）通过本体-悬浮法自由基接枝共聚制成。先将橡胶（约 5%）溶于苯乙烯中，在引发剂参与下进行本体聚合。当转化率达 33%～35% 时，移入含有分散剂的水中进行悬浮聚合。引发剂为叔丁基过氧化苯甲酰或过氧化二异丙苯，80～130℃反应 10～16h。

苯乙烯共聚物主要有苯乙烯-丙烯腈共聚物（SAN），主要用于透明制品和橡胶改性制品，苯乙烯-马来酸酐共聚物（SMA）比 PS 的软化点高 30℃，主要用于汽车发泡材料。二者均为自由基共聚，SAN 可采用乳液、悬浮和连续本体法。

### 8.12.5 聚甲基丙烯酸甲酯

聚甲基丙烯酸甲酯采用自由基聚合，多选用热分解型引发剂。如用作光学材料，多用本体聚合。如用作模塑粉，可采用各种常规聚合方法。本体聚合可采用间歇注塑工艺、连续工艺和管式聚合。目前，以传统的间歇注塑工艺产物品质最高。其工艺为：第一阶段在预聚釜中进行，第二段注模成型，直接做成板材、棒材、管材等。典型的工艺流程为：

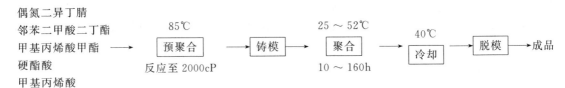

偶氮二异丁腈
邻苯二甲酸二丁酯
甲基丙烯酸甲酯 ⟶ 预聚合（85℃，反应至 2000cP）⟶ 铸模 ⟶ 聚合（25～52℃，10～160h）⟶ 冷却（40℃）⟶ 脱模 ⟶ 成品
硬脂酸
甲基丙烯酸

PMMA 的性能介于"通用塑料"和"工程塑料"之间。因成本偏高，多用于可充分发挥其特点的领域。由于力学强度好、为高透明无定形的热塑性材料，透光率达 90%～92%，优于硅玻璃，所以又称有机玻璃，在光学材料领域用途广泛。

### 8.12.6 聚碳酸酯

聚碳酸酯是大分子链中含有碳酸酯重复单元的线形高分子的总称。其酯基可以为脂肪族、脂环族、芳香族或混合型的基团，目前只有双酚 A 型的芳香族聚碳酸酯最有实用价值。

聚碳酸酯的合成方法有两类：酯交换法和光气法。

① 酯交换法 双酚 A 与碳酸二苯酯在高温、高真空下进行熔融缩聚而成。工艺流程为：

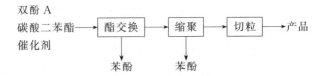

双酚 A
碳酸二苯酯 ⟶ 酯交换（↓苯酚）⟶ 缩聚（↓苯酚）⟶ 切粒 ⟶ 产品
催化剂

双酚 A：碳酸二苯酯摩尔比为 1∶（1.05～1.1），催化剂为苯甲酸钠、醋酸铬或醋酸锂等。由于双酚 A 在 180℃ 以上易分解，因此在酯交换一步应控制反应温度，当苯酚蒸出量为理论量的 80%～90% 时，即双酚 A 已转化成低聚物后，将物料移入缩聚釜，在 295～300℃，余压小于 133Pa 以下进行缩聚，达到所需反应程度时出料。

② 光气法 由于双酚 A 和光气经缩聚而成，分为界面缩聚法和光气溶液法。界面缩聚法是目前国内外生产聚碳酸酯的主要方法：以溶解有双酚 A 钠盐的氢氧化钠水溶液为水相，惰性溶剂（如二氯甲烷、氯仿或氯苯等）为有机相，加入催化剂、相对分子质量调节剂，在常温、常压下通入光气进行光化缩聚。此法的优点是对设备要求不高，转化率可达 90% 以上，且聚合物相对分子质量可在较宽范围内调节；缺点是光气及有机溶剂毒性大，且增加了后处理、溶剂回收等工序。

双酚 A 型聚碳酸酯是无毒、无味、透明、刚硬而坚韧的固体，其产量在工程塑料中为仅次于尼龙的第二大品种。由于光学性能好，大量用于建筑玻璃和光学透镜等方面；也可用于车灯、反光镜，以及光信息记录材料（CD、ROM、E-DRAW）等。

### 8.12.7 聚甲醛

聚甲醛（POM）是甲醛的均聚物与共聚物的总称。一般以三聚甲醛为原料，通过阳离子引发剂开环聚合制备。由于聚甲醛大分子两端是半缩醛基（—OCH$_2$OH），在 100℃ 以上会发生解聚反应，单体产率可达 100%。为防止这一问题，常用的方法一种是在聚合反应结束后加入脂肪族或芳香族酸酐进行封端；第二种方法是与另一种单体（如二氧五环）进行共聚，使从链端开始的解聚反应到达共聚物的碳-碳键处被阻止。

在聚合工艺上可以进行气相聚合、固相聚合、本体聚合和溶液聚合，工业上多采用后两种方法。

本体法共聚合有静态法和动态法两种。前者将原料和引发剂在强烈搅拌混合后注入密闭而又易于散热的容器中，在 $55\sim65℃$ 下反应 $1\sim2h$，得到块状聚合物。后者是将原料和引发剂经双螺杆反应器在 $55\sim60℃$ 下反应，产物为粉状聚合物。

溶液法共聚合多以汽油、环己烷或石油醚为溶剂，它们对单体和引发剂有好的溶解性，但对聚合物不溶，但可使聚合物分散成小粒粉末状，便于后处理。

聚甲醛主要用于代替有色金属作各种零部件，特别适合于耐摩擦、耐磨耗及承受高负荷的零件，如齿轮、轴承、辊子和阀杆等。

### 8.12.8 聚苯醚

聚苯醚（PPO）由单体 2,6-二甲基苯酚在亚铜和胺的催化下与氧发生氧化-偶合反应得到。

① 溶液缩聚法　以苯、氯苯、吡啶等为溶剂，加入催化剂，通入氧气进行均相反应。此法的优点是收率高（$>95\%$），催化剂易除，但对单体纯度要求高。

② 沉淀缩聚法　在溶剂-沉淀剂（甲醇、乙醇）混合溶液中反应，当聚合物相对分子质量达一定后因不溶而析出。此法的优点是对单体纯度要求不高，但收率低且催化剂不易除去。

PPO 质硬且韧，电性能、耐水蒸气性及尺寸稳定性优异，改性（接枝苯乙烯或共混）后改善了加工性能，广泛用于机械、电子、化工、航空、医疗等领域。

### 8.12.9 丙烯腈-丁二烯-苯乙烯三元共聚物

丙烯腈-丁二烯-苯乙烯三元共聚物（ABS）目前已形成系列产品，有多种合成工艺，主要为乳液聚合法、本体-悬浮聚合法及两种相结合的方法。

① 乳液聚合法

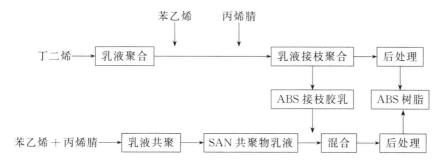

② 本体-悬浮聚合法

由于结合了三种单体的特性，如丙烯腈的耐化学药品、热稳定性和老化稳定性，丁二烯的柔韧性、高抗冲性和耐用低温性，苯乙烯的刚性、表面光洁性和易加工性，因而是一种重要的工程塑料，需求量增长十分迅速。ABS 广泛应用于汽车工业、电器仪表工业、机械工业等领域，其发泡材料能代替木材用于家具和建筑材料。目前世界年生产能力已达 316 万

吨，全年消耗量为 230 万吨。

### 8.12.10　氟塑料

氟塑料是含有氟原子塑料的总称，其中以聚四氟乙烯产量最大。

四氟乙烯很容易进行自由基聚合，可采用各种聚合方法。由于聚合反应放热严重，工业上多采用悬浮聚合或乳液聚合。

悬浮聚合以过硫酸铵为引发剂、无离子水为介质、盐酸为活化剂，反应温度 50℃，单体以气相状态逐步压入反应釜中（故又称单体压入法），在 0.5～0.7MPa 压力下反应，产物以颗粒状悬浮于水中。

乳液聚合又称分散聚合，以过硫酸铵为引发剂、无离子水为介质、用含氟量很高的长链脂肪酸盐（如全氟辛酸钠）为乳化剂，单体以气相状态逐步压入反应釜中，反应温度 50℃、压力 1.96MPa。

聚四氟乙烯具有广泛的高低温使用范围；良好的化学稳定性、电绝缘性、润滑性和耐大气老化性；良好的不燃性和较好的机械强度，是一种优良的军、民两用的工程塑料，广泛用于制作各种防腐蚀零部件（阀、泵、设备衬里等）、自润滑材料（自润滑轴承、活塞环、不粘性饮具等）、电子材料（电池隔膜、印刷电路板等）、医用材料（各种医疗及人工脏器）。

### 8.12.11　酚醛树脂

酚醛树脂（PF）是最早进行工业化生产的合成材料之一。由酚类单体与醛类单体经缩聚反应制成。酚类单体主要是苯酚、甲酚、苯酚的一元烷基衍生物等；醛类单体主要是甲醛、其次为糠醛等。依催化剂的不同分两种合成路线：在强酸性和弱酸性条件下合成的称酸法树脂；在碱性条件下合成的称碱法树脂。

酚醛树脂主要采用水溶液缩聚、间歇法生产工艺。以酸法树脂为例，工艺流程为：

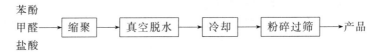

加料后，用 HCl 调节 pH 值在 1.9～2.3，逐渐加热到 85℃，停止加热，由于反应放热，体系自动升温至 95～100℃时开始回流，反应至取样达到要求的反应程度后，减压脱水和未反应的苯酚，当所得树脂熔点达到要求后，冷却，粉碎，过筛，包装。

酚醛树脂主要用来生产酚醛压塑粉（用于制造电绝缘材料）、黏合剂（用于制造纸质层压板、多层木材层压板等）、涂料等。近来发展为耐高温烧蚀材料、碳纤维原料等在宇航工业中得到应用。

### 8.12.12　不饱和聚酯

通过不饱和的二元羧酸、饱和的二元羧酸和二元醇之间的缩聚反应可得到不饱和聚酯（UP），再与引发剂和促进剂通过和交联共聚单体自由基聚合固化或交联。

① 不饱和的二元羧酸　主要是马来酸酐、反丁烯二酸酐。

② 饱和的二元羧酸　主要有邻（间、对）苯二甲酸、四氢邻苯二甲酸酐、脂肪酸等。

③ 二元醇　主要有乙二醇、1,2-丙二醇、1,3-丁二醇、新戊基二元醇等。

④ 交联共聚单体　主要有苯乙烯、二乙烯基苯、甲基丙烯酸甲酯等。

缩聚反应主要采用间歇式（少量采用连续式），二元酸与二元醇（稍过量）于 180～230℃下发生酯交换反应，生成的水通过蒸馏、通氮带出，通过测量酸值控制产物相对分子质量在 2000～4000。

不饱和聚酯可在常温下用过氧化物和促进剂固化。由于固化后为脆性材料，需加入填料和增强材料，最常见的是玻璃纤维增强不饱和聚酯，广泛用于汽车组件、建筑工业、船舶、电器等。

### 8.12.13　环氧树脂

环氧树脂是指平均每个分子中含有两个以上环氧基团的高分子预聚物。主要品种为双酚 A 与 3-氯-1,2-环氧丙烷（表氯醇）生成的 DGEBA 环氧树脂（占总量 75%），主要有低相对分子质量（用于塑料工业）和高相对分子质量两类（用于涂料、黏合剂、电子等领域）。

低相对分子质量 DGEBA：原料 70℃下溶解 30min，加入催化剂季铵盐，碱液，50℃反应数小时；100℃下减压去除过量表氯醇；再加入苯、碱液，100℃反应 3h，后处理，得到产物。

高相对分子质量 DGEBA：双酚 A 在碱液中 70℃下溶解 30min，冷却到 47℃加入表氯醇（用量低于低相对分子质量 DGEBA 配方），80~85℃反应 1h，85~90℃反应 2h，热水洗至中性，140℃减压脱水后得到产品。

DGEBA 的固化剂主要有：二亚乙基三胺、三亚乙基四胺、邻苯二甲酸酐、三聚氰胺等。

### 8.12.14　聚醚酰亚胺

聚醚酰亚胺（PEI）的典型品种有聚均苯四甲酰二苯醚亚胺，第一步由均苯四甲酸二胺与 4,4′-二氨基二苯醚在极性溶剂（二甲亚砜、吡啶等）进行缩聚；第二步聚酰胺酸脱水环化，可采用热转化法或化学转化法。为便于加工成型，第二步在加工成型过程中进行。

主要用其优异的耐高温性、高强度、化学稳定性和清洁（杀菌）作用。可用于汽车、电子、食品、医疗等领域。

### 8.12.15　聚芳醚酮

① 聚醚醚酮（PEEK）　在接近聚合物 $T_m$ 温度（>300℃）下，由 1,4-苯二醇和 4,4′-二氟苯酮于二苯砜中在碱金属碳酸盐存在的条件下通过亲核取代得到。

② 聚醚酮（PEK）　多采用双单体的亲电酰化法制备。用 4-苯氧基苯甲酰氯在特制的聚四氟乙烯容器中以 $HF/BF_3$ 为反应介质进行缩聚。

主要应用其优异的耐高温性和化学稳定性。可用于绝缘材料，代替金属的耐腐蚀材料、印制电路板等。

### 8.12.16　聚砜

聚砜（PSF）为所有含砜聚合物的通称。主要有双酚 A 型（PSF）、聚苯砜（PAS）、聚苯醚砜（PES）三大类。

以双酚 A 型为例：①双酚 A 与 NaOH 在二甲亚砜和甲苯中常温反应成盐，由甲苯带出水。②除去甲苯后，氮气保护下与 4,4′-二氯二苯砜在 130~160℃进行缩聚，达所需黏度后结束反应。

三种聚砜的最大特点是在较宽的温度范围内能稳定地保持机械强度，有高的耐蠕变性和耐热性。但耐候性、耐紫外线及有机溶剂性较差。

### 8.12.17　聚苯硫醚

聚苯硫醚（PPS）一般通过芳香族化合物的亲核取代和氯化碱的消除反应来合成。工业上主要由芳香族多卤化合物（如对二氯苯）与碱金属硫化物（$Na_2S$）在强极性溶剂（如 N-甲基吡咯烷酮、六甲基磷酰三胺）中缩聚，反应温度 170~350℃，常压~1.96MPa，原料比 1:1，相对分子质量 4000~5000。

PPS 有三大特点：①耐化学药品性好；②对玻璃、金属、陶瓷有极好的粘接性；③阻燃。因质脆，常用玻璃纤维或无机填料进行补强。可用于电子器件、耐腐蚀部件、防腐涂层等。

### 8.12.18　丁苯橡胶

丁苯橡胶（SBR）是丁二烯-苯乙烯的无规共聚物，为最大的合成橡胶品种。主要有自由基聚合（参见 3.6.1 节内容），采用乳液聚合法合成的乳聚丁苯（E-SBR）和阴离子聚合（参见 4.6.1.4 节内容），采用溶液聚合法的溶聚丁苯（S-SBR）。

①　E-SBR　产量大，主要有高温丁苯（50℃聚合）、低温丁苯（5℃聚合）、充油丁苯（加有芳烃油等）。以低温丁苯为例，苯乙烯含量 23.5%（质量分数），采用氧化-还原引发剂，5℃聚合，压力 400～500kPa，8～12 个聚合釜串联聚合，转化率 60%。

②　S-SBR　由于采用阴离子聚合技术可以方便地对大分子进行设计合成，目前产量日益提高。以烷基锂为引发剂，烃类为溶剂，加入适量极性试剂进行结构调节，计量聚合。由于有优异的综合性能，广泛用于节能型乘用车胎。

### 8.12.19　顺丁橡胶

采用 Ziegler-Natta 催化剂的配位聚合（参见 5.5.1 节内容）。催化剂有钛系、钴系、镍系等，一般为多元体系，如我国开发的 Ni-B-Al 三元引发剂。采用溶液聚合，溶剂可为抽余油、甲苯-庚烷混合液等。由于大分子链中的顺式结构为 96%～98%，因此具有高弹性、低滞后热损失、耐低温、耐磨、易充填、低吸水等特点。

其它的聚丁二烯橡胶有阴离子溶液聚合法合成的低顺式聚丁二烯（LCBR）、中乙烯基聚丁二烯（MVBR）及高乙烯基聚丁二烯（HVBR）及采用配位聚合法合成的反 1,4-聚丁二烯橡胶等。

### 8.12.20　异戊橡胶

异戊橡胶（IR）是模仿天然橡胶结构的合成橡胶（聚合机理参见 5.5 节内容），主要有齐格勒型（高顺式异戊橡胶）、烷基锂型和稀土型（中顺式异戊橡胶）三类。均采用溶液聚合。

### 8.12.21　乙丙橡胶

乙丙橡胶（EPR/EPT）为乙烯-丙烯共聚物。采用 Ziegler-Natta 催化剂的配位聚合（参见 5.7 节内容）。一种是用己烷为溶剂的溶液聚合，另一种是以液态丙烯作悬浮介质的悬浮法。相对分子质量 4 万～20 万，相对分子质量分布 2～5。

从共聚组成看有二元乙丙（EPR）和三元乙丙（EPT）二大类。加入第三单体是为了便于硫化，因此第三单体多为含两个双键的单体，如 1,4-己二烯、双环戊二烯、亚乙基降冰片烯等，加入量较少。

由于主链完全饱和，因此 EPR 有卓越的耐热、耐氧及臭氧、耐候、耐水、耐化学介质等特性。综合物理机械性能大致介于天然橡胶与丁苯橡胶之间。

### 8.12.22　丁腈橡胶

丁腈橡胶（NBR）是丁二烯和丙烯腈的共聚物。丙烯腈的含量一般在 15%～50%，相对分子质量可为 1000（液体丁腈橡胶）到几十万（固体），一般为 70 万左右。

丁腈橡胶采用自由基乳液聚合，聚合机理参见 3.6.2 节内容。其聚合配方和工艺条件与丁苯乳液聚合基本相似。早期采用高温聚合（30～50℃），现开发出的低温聚合（510℃）所得产物使用性能和加工性能均得以提高。

由于丁腈橡胶中含有强极性的氰基，因此为一种特别能耐油的特种橡胶。

### 8.12.23　丁基橡胶

丁基橡胶（IIR）是异丁烯和少量二烯烃共聚产物。低温阳离子淤浆聚合，致冷剂多用液态乙烯。典型的工艺条件为：

| 异丁烯/异戊二烯 | 97/3（质量比） | 聚合温度 | 约−100℃ |
| 异丁烯浓度 | 25%～40%（质量分数） | 聚合转化率（异丁烯） | 75%～95% |
| 溶剂 | 氯代甲烷 | （异戊二烯） | 45%～85% |
| 引发剂（AlCl₃） | 0.2%～0.3% | 不饱和度 | >1.5%（摩尔分数） |

丁基胶的最大特点是气密性好，主要用作内胎。另外由于抗老化性和电绝缘性好，也用于电缆绝缘层。

### 8.12.24 苯乙烯类热塑性弹性体

苯乙烯类热塑性弹性体（SDS）的主要品种有线形苯乙烯（S）-丁二烯（B）-苯乙烯（S）三嵌段共聚物（SBS）和苯乙烯-异戊二烯（I）-苯乙烯三嵌段共聚物（SIS），及相应的星形共聚物（SB)$_n$R 和（SI)$_n$R。由于聚苯乙烯与聚二烯烃不相容，因而聚合物为二相结构：处于大分子链两端含量少的聚苯乙烯以岛相结构分散于含量多的聚二烯烃中，起一种物理交联点的作用，为一种热塑性弹性体。

采用阴离子溶液聚合法，聚合机理参见 4.6.1.3 节内容。以丁基锂为引发剂、环己烷为溶剂，合成工艺有多步加料法和偶联法。

① 多步加料法

② 偶联法

加入两官能团偶联剂（如二甲基二氯化硅），得到线形产物，加入多官能团偶联剂（如四氯化硅），得到星形产物。

### 8.12.25 聚氨酯

PUR 是具有不同化学组成和性能的一大类聚合物的统称。几乎所有的聚氨酯都是由二异氰酸酯经聚加成反应得到。聚氨酯分子结构大致分为线形、支链形和体形。体形结构又因交联密度不同分为软质、半硬质与硬质。

线形聚氨酯是由二异氰酸酯与二羟基化合物进行聚加成反应。产物端基为异氰酸酯，可进一步扩链至所需相对分子质量。

体形聚氨酯合成工艺多且复杂。以两步法发泡沫塑料为例：第一步合成含异氰酸酯端基的预聚物。第二步与适量水反应，生成 $CO_2$ 气体而发泡，同时游离—NCO 基团与活泼氢反应产生交联。

聚氨酯合成的催化剂主要有有机碱（如三乙胺、三亚乙基二胺、N-甲基吗啉）和有机金属化合物（二月桂酸二丁基酯、辛酸亚锡）两类。

聚氨酯是综合性能优异的聚合物，可作为塑料、橡胶、纤维、涂料、黏合剂等多种制品。

#### 8.12.26　聚硅氧烷

聚硅氧烷为一种元素有机聚合物，主链由硅、氧组成，如带有有机取代基团，则多为甲基和苯基。产物主要为硅油、硅树脂和硅橡胶三类。

单体（甲基或芳基硅氧烷）与水反应，生成不稳定的硅醇，然后脱水缩合得到聚合物。根据单体中氯原子的多少，经水解、缩合可得不同结构的聚合物。如要得高相对分子质量（40万～80万）的聚合物，需用高纯度的二氯硅烷四聚体，在酸性（如 $H_2SO_4$）或碱性（如 NaOH）条件下催化重排。

聚硅氧烷有极好的耐高、低温性，优良的电绝缘性和化学稳定性，突出的表面活性、憎水性和生理惰性等。但物理机械性能差。硅油常用于润滑油、液压油、脱模剂等，硅树脂中的有机硅玻璃常用于电器绝缘层，有机硅模塑料可加工成耐电弧、电绝缘及耐高温的塑料制品，而有机硅层压塑料的制品可在250℃下长期使用。硅橡胶为特种橡胶，具有耐高、低温，耐臭氧、光、油、辐射等优点。在尖端领域、电子电气、医疗等方面有广泛用途。

#### 8.12.27　聚对苯二甲酸乙二醇酯

最重要的商业化聚酯，商品名为涤纶。由单体对苯二甲酸（TPA）和乙二醇（EG）经缩聚反应而成。PET 于1941年开发，1952年实现工业化，1972年产量已占合成纤维的首位。

由 BHET（参见7.3.5.1节内容）熔融缩聚制 PET 是目前广泛采用的方法。以 $Sb_2O_3$ 为催化剂，反应温度270～280℃，为排出小分子，反应在66～133Pa 的真空条件下进行。

民用 PET 纤维的相对分子质量为1.6万～2万，如要求相对分子质量更高（用作轮胎帘子线时要求相对分子质量为3万）时，可将相对分子质量较低的 PET 粉末在其熔点以下10～20℃进行固相缩聚。从工艺流程看，有间歇法和连续法两种。

#### 8.12.28　聚酰胺

主要品种有尼龙6、尼龙66、尼龙610、尼龙1010等，是世界上最早工业化的合成纤维。尼龙66先用己二胺和己二酸等物质的量制成尼龙66盐（参见7.3.5.2节内容）然后再进行缩聚。为防止盐中己二胺（沸点196℃）挥发，先在加压的水溶液中进行缩聚反应，待反应一段时间生成低聚物后，再升温及真空脱水进行熔融缩聚，以获得高相对分子质量产物。工业生产有两种方法，间歇法比较成熟，连续法反应时间短、生产效率高。

#### 8.12.29　聚丙烯腈

聚丙烯腈（PAN）是由丙烯腈均聚物或共聚物（AN 占85％以上）制成的纤维，我国称为腈纶。柔软性和保暖性与羊毛相似，又称"合成羊毛"，产量仅次于涤纶和尼龙。

PAN 采用自由基溶液聚合（参见3.6.5节内容）。如用 NaSCN 水溶液、氯化锌水溶液及二甲基亚砜等为溶剂，反应体系为均相，聚合物溶液可直接纺丝，称为"一步法"。采用偶氮类引发剂，异丙醇为相对分子质量调节剂，75～80℃反应，相对分子质量5万～8万。如以水为溶剂，对产物不溶，为非均相体系（又称水相沉淀聚合）。反应过程中需将生成的聚合物由体系不断分离出来，再溶解制成纺丝原液进行纺丝，因此称为"二步法"。多用氧化-还原引发体系，如 $NaClO_3$-$Na_2SO_3$（体系 pH=1.9～2.2），35～55℃反应1～2h。

#### 8.12.30　聚乙烯醇缩甲醛

合成纤维的一个重要品种，我国商品名称为维纶。由多步反应而成：第一步由单体醋酸乙烯酯经自由基溶液聚合得到聚醋酸乙烯酯，再由 NaOH 的甲醇溶液醇解为聚乙烯醇，最后在纺丝过程中加入甲醛进行缩醛化反应得到聚乙烯醇缩甲醛纤维。工艺流程如下：

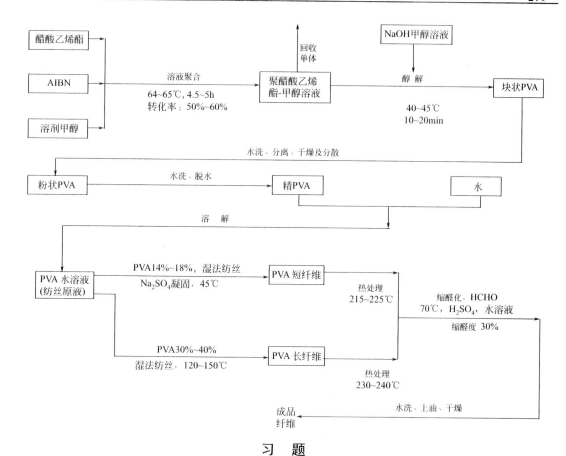

## 习　题

1. 解释下列名词：
   (1) 聚合反应与聚合方法
   (2) 本体聚合、溶液聚合、悬浮聚合、乳液聚合
   (3) 熔融缩聚、溶液缩聚、界面缩聚、固相缩聚
2. 比较本体聚合、溶液聚合、悬浮聚合和乳液聚合的配方、基本组分和优缺点。
3. 甲基丙烯酸甲酯和苯乙烯的本体聚合均采用了二段法聚合工艺（表 8-2），简述理由。
4. 表 8-3 中给出丙烯腈、醋酸乙烯和丁二烯溶液聚合常用的溶剂，简述理由。
5. 悬浮聚合与乳液聚合的根本差别是什么？悬浮剂与乳化剂有何差别？
6. 简述乳液聚合机理。单体、乳化剂和引发剂所在场所。引发、增长和终止的情况和场所。在聚合过程中胶束、乳胶粒和单体液滴的变化情况。
7. 采用乳液聚合，为什么可以同时提高聚合反应速率和相对分子质量？
8. 乳液聚合理想配方如下：苯乙烯 100g，水 200g，过硫酸钾 0.3g，硬酯酸钠 5g。试计算：
   (1) 溶于水中的苯乙烯分子数（分子/mL）。（20℃ 苯乙烯溶解度 0.02g/100g 水。$N_A = 6.023 \times 10^{23} \text{mol}^{-1}$）
   (2) 单体液滴数（个/mL）。条件：液滴直径 1000nm，苯乙烯溶解和增溶量共 2g，苯乙烯密度为 0.9g/cm³。
   (3) 水中溶解的钠皂分子数（mol/mL）。条件：硬酯酸钠的 CMC 为 0.3g/L，相对分子质量为 306.5。
   (4) 水中胶束数（个/mL）。条件：每个胶束由 100 个钠皂分子组成。
   (5) 过硫酸钾在水中分子数（分子/mL）。相对分子质量为 270。
   (6) 初级自由基形成速率 $r_1$ [分子/(mL·s)]。条件：50℃，过硫酸钾的 $k_d = 9.5 \times 10^{-7} \text{s}^{-1}$。
   (7) 乳胶粒数（个/mL）。条件：乳胶粒直径 100nm，无单体液滴存在。苯乙烯相对密度 0.9，聚苯乙烯相对密度 1.05。

9. 计算苯乙烯乳液聚合速率和聚合度。$60℃$，$k_p = 176L/(mol \cdot s)$，$[M] = 5mol/L$，$N = 3.2 \times 10^{14}$ 个/mL，$r_1 = 1.1 \times 10^{12}$ 个/$(mL \cdot s)$。

10. 定量比较苯乙烯在 $60℃$ 下本体聚合和乳液聚合的速率和聚合度。假设 $[M] = 5.0mol/L$，$R_i = 5.0 \times 10^{12}$ 个自由基/$(mL \cdot s)$，乳胶粒数为 $1.0 \times 10^{15}$ 个/mL，两体系的速率常数相同 $[k_p = 176L/(mol \cdot s)$，$k_t = 3.6 \times 10^7 L/(mol \cdot s)]$。

11. 苯乙烯用三种方法在 $80℃$ 下聚合，条件如下：

| 名称 | 方法一 | 方法二 | 方法三 |
|---|---|---|---|
| 苯乙烯 | 50g(0.5mol，60mL) | | |
| BPO/mol | $1.6 \times 10^{-3}$ | $1.0 \times 10^{-4}$ | $1.0 \times 10^{-4}$ |
| 稀释剂 | 苯，940mL | — | 水，940mL |
| 添加剂 | — | — | 硫酸镁，4g |

(1) 方法一、方法二和方法三各为何种聚合方法？
(2) 若方法一中的起始聚合反应速率 $R_p = 5.7 \times 10^{-2} mol/(L \cdot h)$，求方法二和方法三的 $R_p$ 各为多少？

12. 某一聚合体系组成为：苯乙烯、PVA-十二烷基苯磺酸钠、过硫酸钾-亚硫酸钠、去离子水、十二烷基硫醇，请指出聚合实施方法，并说明各组分作用。

13. 简述工业上合成下列聚合物的聚合机理及聚合方法：
(1) 聚乙烯、聚丙烯、聚氯乙烯、聚苯乙烯和聚甲基丙烯酸甲酯
(2) 聚碳酸酯、聚苯醚、聚甲醛、聚酰亚胺和聚醚醚酮
(3) 丁苯橡胶、顺丁橡胶、乙丙橡胶和丁基橡胶
(4) 聚对苯二甲酸乙二醇酯、尼龙66、聚丙烯腈和聚乙烯醇缩甲醛
(5) ABS、SBS 和聚氨酯
(6) 酚醛树脂、不饱和聚酯、环氧树脂和醇酸树脂

14. 比较下列聚合方法，简述各自的优点与不足。
(1) 悬浮聚合、反相悬浮聚合和微悬浮聚合
(2) 反相乳液聚合、微乳液聚合和无皂乳液聚合
(3) 等离子体聚合、光聚合和辐射聚合

15. 设计下列聚合体系，并说明理由。
(1) 醋酸乙烯的溶液聚合
(2) 丙烯酸钠的溶液聚合
(3) 甲基丙烯酸甲酯悬浮聚合
(4) 丙烯酰胺悬浮聚合
(5) 丙烯酸甲酯乳液聚合
(6) 丙烯酸乳液聚合

# 参 考 文 献

[1] George Odian. Principle of Polymerization. 4th ed.，New York：John Wiley & Sons，Inc.，2004.
[2] Ravve A.，Principles of Polymer Chemistry. 2nd ed.，New York：Plenum Press，2000.
[3] 潘祖仁. 高分子化学. 北京：化学工业出版社，2003.
[4] 卢江，梁晖. 高分子化学. 北京：化学工业出版社，2005.
[5] 张留成，闫卫东，王家喜. 高分子材料进展. 北京：化学工业出版社，2005.
[6] 王国建. 高分子合成新技术. 北京：化学工业出版社，2004.
[7] 威尔克斯 E S. 工业聚合物手册. 付志峰等译. 北京：化学工业出版社，2006.
[8] 赵德仁，张慰盛. 高聚物合成工艺学. 北京：化学工业出版社，1997.
[9] 李克友，张菊华，向福如. 高分子合成原理及工艺学. 北京：科学出版社，1999.
[10] 化学工业部合成树脂及塑料工业科技情报中心站. 化工产品手册：合成树脂与塑料. 北京：化学工业出版社，1985.
[11] 刘大华主编. 合成橡胶工业手册. 北京：化学工业出版社，1991.

［12］ 潘祖仁，翁志学，黄志明 . 悬浮聚合 . 北京：化学工业出版社，1997.

［13］ 曹同玉，刘庆普，胡金生 . 聚合物乳液合成原理及应用 . 北京：化学工业出版社，1997.

［14］ 金关泰，金日光，汤宗汤，陈耀庭 . 热塑性弹性体 . 北京：化学工业出版社，1983.

［15］ 施良和，胡汉杰 . 高分子科学的今天与明天 . 北京：化学工业出版社，1994.

［16］ 焦书科 . 高分子化学习题及解答 . 北京：化学工业出版社，2004.

［17］ 韦军，刘方 . 高分子合成工艺学 . 上海：华东理工大学出版社，2011.

［18］ 陈平，廖明义 . 高分子合成材料学 . 北京：化学工业出版社，2010.

# 第9章　聚合物的化学反应

在前面的章节中，主要讨论了由各种单体进行聚合、合成聚合物的反应机理及方法等。本章将讨论聚合物的化学反应。利用聚合物的化学反应，可将已有的天然或合成高分子，转变成新的聚合物。例如纤维素经适当的反应可转变为硝酸纤维素、醋酸纤维素；聚醋酸乙烯酯经水解变为聚乙烯醇，进一步反应形成聚乙烯醇缩醛；聚苯乙烯经反应，可转换成离子交换树脂等。此外，聚合物在使用过程中，会受空气、水、光、微生物等环境因素的作用，引起降解和老化，使聚合物的性质发生变化。研究这些影响因素和性能之间的作用规律，有助于采取防老化措施。随着合成聚合物应用的日益广泛，由废弃物形成的白色污染也变得日益严重，研究聚合物的降解及合成新的可降解的聚合物，将会具有重要的意义。

聚合物的化学反应种类很多。一种分类方法是按聚合物在发生反应时聚合度及功能基的变化分类，将聚合物的反应分为聚合物的相似转变、聚合度变大的反应和聚合度变小的反应。所谓聚合物的相似转变是指反应仅限于侧基和（或）端基，而聚合度基本不变。聚合度变大的反应是指反应中聚合物的相对分子质量有显著的上升，如交联、接枝、嵌段、扩链反应等。聚合度变小的反应则指反应过程中，聚合物的相对分子质量显著地降低，如降解、解聚等反应。随着对聚合物化学反应研究的深入，有机小分子的许多反应，如加成、取代、环化等反应，在聚合物中同样也可进行，如聚二烯烃的许多反应即是如此，所以一些文献中也有按反应机理对聚合物的反应进行分类。

## 9.1　聚合物的反应性及影响因素

聚合物的反应同样是通过功能基的相互作用进行的，这与小分子反应存在着某些相似性，但又有所不同。在一定的条件下，聚合物的反应不受聚合度的影响，具有与小分子同样的反应能力，条件如下：

① 均相反应，所有的反应物、中间体、产物都是可溶的，反应自始至终都是如此；

② 所有反应仅由功能基的反应性决定，不存在扩散控制因素；

③ 所选择的大分子与小分子之间具有相似的空间位阻。

例如偶氮苯的光致顺反异构化反应，柔顺聚合物链中的偶氮基团，与小分子中的该基团具有相同的反应性。除此之外，所有以活化能为控速因素的双分子反应，其反应性与聚合度无关。例如，由单分散聚合物的活性端基进行的 $SN_2$ 反应，在很大的相对分子质量范围内（DP 为 20~2000），反应活性与相对分子质量无关。不同相对分子质量的氯端基聚苯乙烯，在苯或环己烷中与聚苯乙烯基锂进行反应时，表现出相同的反应活性：

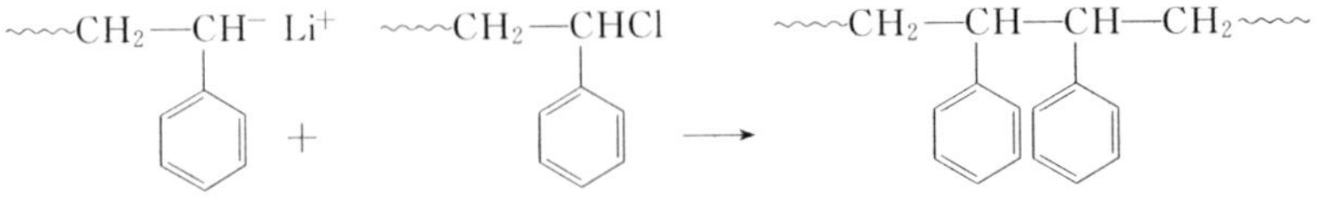

$$\text{CH}_2\text{—CH}^- \text{Li}^+ \quad + \quad \text{CH}_2\text{—CHCl} \quad \longrightarrow \quad \text{CH}_2\text{—CH—CH—CH}_2$$

再如，端伯氨基聚环氧乙烷在与以磺酰氯封端的聚环氧乙烷在氯仿中进行脱 HCl 反应时，反应活性与相对分子质量无关：

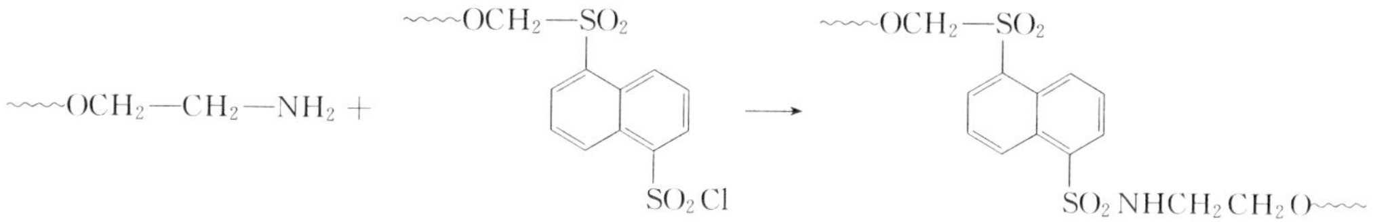


在一定的条件下，聚合物与小分子的反应性不同：

① 双分子反应是由扩散控制的；

② 邻位基团参与反应变得不可忽略；

③ 聚合物在反应过程中，溶解性发生变化，如凝胶等；

④ 聚合物的立构规整性影响基团的反应活性；

⑤ 非均相影响反应物质的进入等。

对于带电荷的聚合物参加的反应，情况将会更复杂。

在低分子反应中，副反应使主产物的产率下降，而在聚合物的反应中，副反应却在同一个分子上发生，形成类似共聚物的产物。例如，丙烯酸酯的水解反应，产率为 80%，通过适当的分离，可以得到 80%的纯丙烯酸。而聚丙烯酸甲酯水解，转化率为 80%时，并不意味着得到 80%的聚丙烯酸和 20%的未反应的聚丙烯酸甲酯，而是得到的为共聚物；其中 80%的结构单元为丙烯酸，而 20%的结构单元为丙烯酸甲酯，沿主链无规排列。与小分子不同，未反应的部分不能从体系中分离出来。

$$\mathrm{\{CH_2-\underset{\displaystyle COOCH_3}{\underset{|}{CH}}\}_{\mathit{n}}} \longrightarrow \mathrm{\{CH_2-\underset{\displaystyle COOH}{\underset{|}{CH}}\}_{0.8\mathit{n}}-\{CH_2-\underset{\displaystyle COOCH_3}{\underset{|}{CH}}\}_{0.2\mathit{n}}}$$

因此"产率"不适合用于表达聚合物的反应，而采用转化率来表示。

下面将就影响聚合物反应性的因素进行较为详细的阐述。

### 9.1.1　扩散控速反应

聚合物在进行双分子反应时，其反应性往往随着反应介质黏度的变化而变化。在溶液中，聚合物的反应活性与链段的活动能力有关，随着反应介质黏度的增加，不仅聚合物分子链的活动受到限制，甚至链段的运动也受到影响，最终聚合物的反应性受到影响。如自由基聚合中的双基终止反应，随着聚合体系黏度的增大，链段的运动受到限制，使得终止速率下降，最终出现聚合中期的自动加速效应。

### 9.1.2　溶解度的变化

许多聚合物在反应过程中，溶解度会发生变化。例如聚乙烯在芳烃或氯代烃溶剂中的取代反应，转化率低于 30%时，随着氯化反应的进行，溶解度增加；之后下降，直到氯含量达 50%～60%时，溶解度最低；随后，溶解度又随氯化程度的增加而增加。当然这种情况比较个别，通常的情况是，或者起始聚合物不溶，产物可溶；或者产物不溶，起始物可溶；或者起始物及产物均不溶。对于起始物可溶，产物不溶的体系，随着反应的进行，聚合物的溶解度下降，形成沉淀，可能会影响转化率，并使反应提前结束。在有些情况下，如果沉淀聚合物能够吸附小分子反应物，化学反应仍能进行。溶解度的变化会影响聚合物的反应性。

### 9.1.3　结晶度的影响

对于结晶性的聚合物，在进行固相反应或不均相反应时，聚合物的结晶度对其反应性有影响。这种情况下，反应往往仅在非结晶区进行，因为反应试剂难于扩散进入结晶区。例如纤维素的乙酰化、聚乙烯的氯化等反应，都存在这种情况。虽然均相反应更倾向于获得均匀的聚合物，但采用非均相反应获得的聚合物往往具有不同的特点。例如聚乙烯的氯化，均相反应和非均相反应获得的产物性质不同。非均相反应中获得的氯化物即使氯含量达 55%，仍保持结晶性；而均相反应所获得的氯化物，在氯含量超过 35％时，就变为无定形产物。

### 9.1.4 几率效应

聚合物分子内的邻近功能基，在进行无规的、不可逆的反应时，转化率往往有一个上限，最大不超过 86.5％。这是因为功能基在反应时，由于概率原因，有些单个的功能基往往不能参加反应，这种现象称为几率效应（probable effect）。这种现象在许多反应中都能观察到，例如聚氯乙烯与锌粉的反应，环化率只有 86.5％：

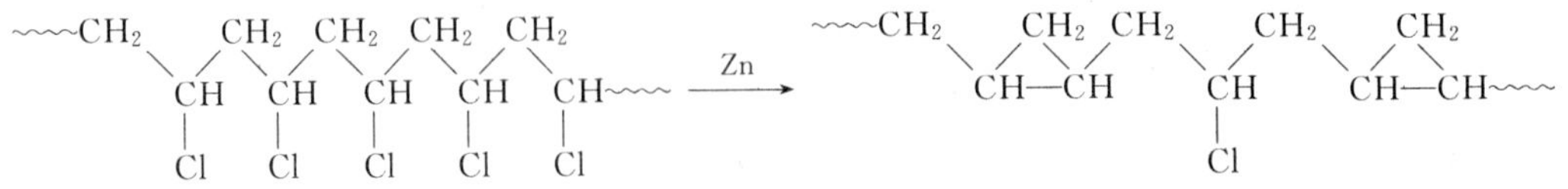

同样，像聚乙烯醇的缩醛化、聚丙烯酸的成酐反应也是如此。对于可逆的反应，转化率可以较高，但完全转化往往需要很长的时间。

### 9.1.5 邻位基团效应

聚合物在反应中，有时相邻基团也会对功能基的反应性产生影响，使其反应能力增加或降低，这种现象称为邻位基团效应（neighboring group effect）。例如聚（甲基丙烯酸-co-丙烯酸对硝基苯基酯）共聚物的水解反应。在中性介质中，高水解速率是由邻位羧基的参与引起的。羧基在形成负离子后，进攻邻近的酯基，形成酸酐，从而加速水解：

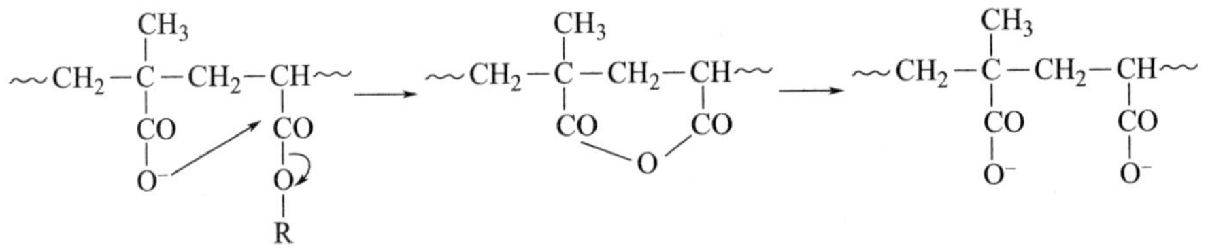

能够形成五元或六元环的中间体时，邻位基团使反应速率增加。

邻位基团的静电作用往往也会影响功能基的反应性。在碱性介质中，聚丙烯酰胺的水解即是如此。当转化率达到 40％～50％时，反应速度下降，这主要是因为已水解形成的羧酸根负离子聚集在酰胺基的周围，由于这些负离子对 $OH^-$ 的静电排斥作用，阻碍了 $OH^-$ 的接近，使反应速度下降。

# 9.2 聚合物侧基的反应

### 9.2.1 纤维素的反应

纤维素由葡萄糖单元组成，每一个单元环上有 3 个羟基，都可参加化学反应。纤维素与许多化学物质作用，可以形成许多重要的衍生物，如硝基纤维素和醋酸纤维等酯类，甲基纤维素和羟甲基纤维素等醚类；另外还可以通过化学反应等，制备再生纤维，如铜氨纤维和胶黏纤维。纤维素分子间有很强的氢键，取向性和结晶度高，不溶于一般的有机溶剂，高温下分解而不熔融。因此，纤维素在进行化学反应时，首先须将其溶胀或溶解。

#### 9.2.1.1 黏胶纤维和铜氨纤维

将棉短绒或木浆等纤维素用 20％的氢氧化钠溶液在室温下处理 20～60min，大部分氢氧化钠被物理吸附在溶胀的纤维素上，部分碱则成纤维素醇盐。将多余的碱液从纤维素中除去，在室温放置 2～3 天，使聚合物链氧化降解至所希望的程度，然后在 25～30℃下用二硫化碳处理碱纤维素，形成纤维素黄酸钠黏胶。反应过程如下：

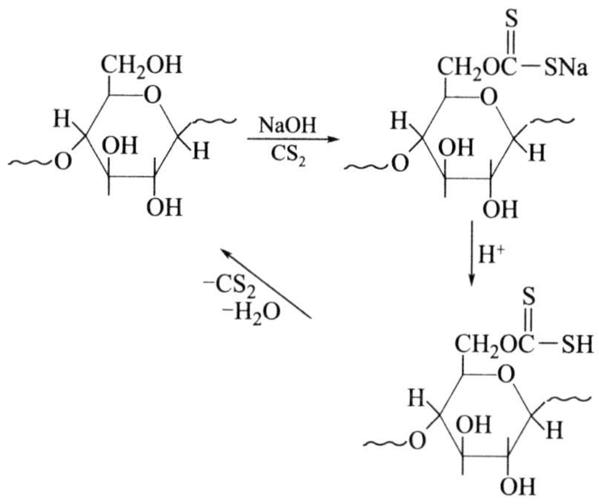

工业上黄原酸化程度约为每三个羟基中含 0.5 个黄原酸酯，实际上每个单元环的 2、3、6 位置均可进行反应，这样的黄原酸化程度已能使纤维素溶解。为生产纤维或薄膜，将黏稠的碱性纤维素黄原酸酯溶液在 35～40℃、含 10%～15% 的硫酸溶液中拉伸，硫酸将黄原酸酯水解成黄原酸，黄原酸不稳定而分解，这样就再生出不溶于水的纤维素，最终形成的固体纤维或薄膜即所谓黏胶纤维或玻璃纸。黏胶纤维虽性能不如棉花，但用途很广。如玻璃纸则广泛应用于包装。

纤维素也可在氧化铜的氨溶液中溶解，经酸或碱处理再生，得到铜氨纤维。近年来，有研究将纤维素在一定浓度的氢氧化钠-尿素水溶液中进行冷冻处理，可使纤维素溶于其中，再进行成膜或拉丝，获得再生纤维素膜或纤维，是一种绿色环保的新方法。

#### 9.2.1.2　纤维素的酯化

纤维素的醋酸酯、丙酸酯、丁酸酯以及硝酸酯等都已工业化，这些酯都是热塑性的，能通过挤出等方法加工成型。纤维素醋酸酯是纤维素衍生物中最重要的酯，它是由纤维素在浓硫酸的存在下，与醋酸及醋酸酐作用而得。

$$\text{P—OH} + CH_3COOH \rightleftharpoons \text{P—OOCCH}_3 + H_2O$$

式中，P—OH 代表纤维素分子。由于醋酸酐的存在，反应过程中形成的水可被除去，使得反应向右移动。一般由直接酯化可以获得完全乙酰化的纤维素（三醋酸酯），而部分乙酰化的纤维素则是通过三醋酸酯的控制水解而得到的。直接酯化由于纤维素的不溶性，产生不均匀的产物，有些已完全乙酰化，而有些则可能完全未反应。三醋酸酯是溶解在反应混合物中的，因而可通过控制水解得到均匀的产物。

纤维素的醋酸酯及其它有机酸酯是透光性良好、坚韧、牢固和刚性的材料，主要用作录音带、照相软片、工具把手、硬质容器、眼镜框架、屋顶及电器部件等。纤维素的三醋酸酯和二醋酸酯均可用作纤维。纤维素的硝酸酯可用作火药、黏合剂及硝基漆。

#### 9.2.1.3　纤维素醚类

甲基和乙基纤维素可由碱纤维与适当的氯代烷反应制成：

$$\text{P—OH} + NaOH + RCl \longrightarrow \text{P—OR} + NaCl + H_2O$$

纤维素的醚类主要用作分散剂，如羟丙基纤维素可用作氯乙烯悬浮聚合的分散剂。

### 9.2.2　聚醋酸乙烯酯的反应

醋酸乙烯酯的均聚物及共聚物具有多种用途，如用作黏合剂、塑料薄膜（EVA 树脂、乙烯-醋酸乙烯共聚物）、涂料等。聚醋酸乙烯酯均聚物还可通过水解反应，制备聚乙烯醇。

聚乙烯醇的单体为乙烯醇，不能够稳定存在，其异构体为乙醛。聚乙烯醇还可缩醛化，制备聚乙烯醇缩醛。

聚乙烯醇是由聚醋酸乙烯酯在甲醇中进行醇解反应而得到的，酸和碱都可催化这个反应：

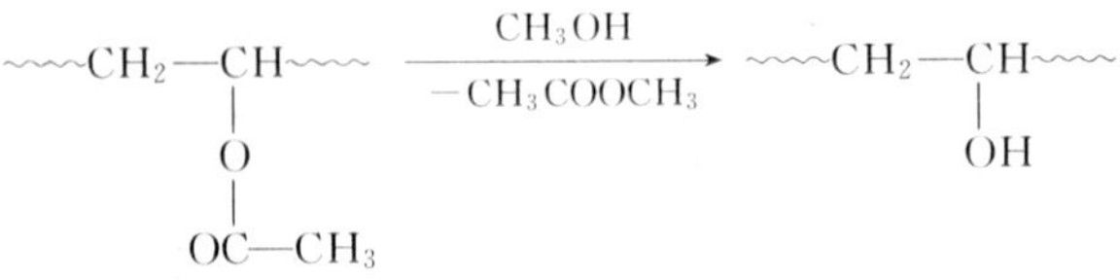

$$\sim\sim CH_2-CH\sim\sim \xrightarrow[-CH_3COOCH_3]{CH_3OH} \sim\sim CH_2-CH\sim\sim$$

（$\overset{|}{O}$ ... $OC-CH_3$ ... $\overset{|}{OH}$）

但通常多使用碱催化，因为碱催化不仅反应速率快，且无副反应。通常纤维用聚乙烯醇的醇解度在 98% 以上，不溶于冷水和甲醇；而用作氯乙烯等单体悬浮聚合分散剂的聚乙烯醇，醇解度在 80% 左右，可溶于水。聚乙烯醇的水溶液还可作为黏合剂，用于印刷及办公用品等。

聚乙烯醇与醛类反应，生成相应的聚乙烯醇缩醛：

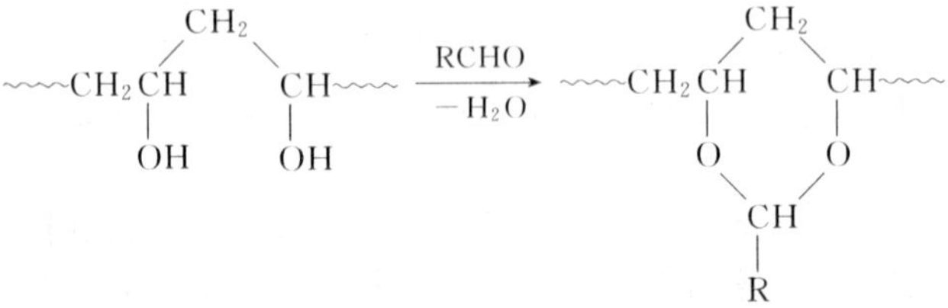

$$\sim\sim CH_2CH \quad CH \sim\sim \xrightarrow[-H_2O]{RCHO} \sim\sim CH_2CH \quad CH \sim\sim$$

这一反应常用酸作为催化剂。在进行缩醛化反应时，同样存在几率效应，缩醛化产物中还会存在一定量的羟基。最常用的醛类是甲醛和丁醛（$R=H$ 或 $C_3H_7$）。

聚乙烯醇缩醛与其它组分如热固性酚醛树脂结合，可以得到性能很好的黏合剂或漆包线绝缘漆。聚乙烯醇缩丁醛还可用作汽车安全玻璃的黏合剂。

聚乙烯醇热溶液经纺丝、拉伸后，得到结晶性纤维，再经缩醛化，得到维尼纶纤维。维尼纶纤维是合成纤维中的重要品种之一。

### 9.2.3 卤代反应

#### 9.2.3.1 天然橡胶

天然橡胶的氯化和氯氢化反应已成为工业化的方法。一般将未交联的橡胶在氯代烃或芳香烃溶剂中进行均相反应。其中氯氢化反应是在苯中进行的，反应温度 10℃，反应时间 5～6h。该反应属亲电加成机理，按不对称加成（Markownikoff），得到叔碳原子上带有氯的产品。

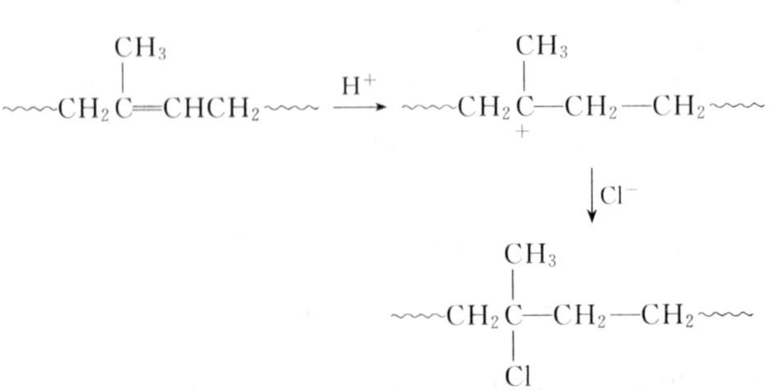

$$\sim\sim\sim CH_2C=CHCH_2\sim\sim \xrightarrow{H^+} \sim\sim CH_2\overset{CH_3}{\underset{+}{C}}-CH_2-CH_2\sim\sim$$

$$\downarrow Cl^-$$

$$\sim\sim CH_2\overset{CH_3}{\underset{Cl}{C}}-CH_2-CH_2\sim\sim$$

该产品被称为盐酸橡胶，可用作食品、精密仪器和机器的包装薄膜。目前大部分被更便宜的材料代替。盐酸橡胶对水蒸气的渗透性低，可耐多种水溶液（碱或氧化性溶液除外）。

天然橡胶的氯化是由氯气在氯仿或四氯化碳溶液中，于 80～100℃ 进行的，得到含氯约

65%（每个重复单元约有 3.5 个氯原子）的氯化橡胶。这个反应涉及好几种不同的反应方式，而每种反应的程度则取决于反应的条件。氯可以在双键上加成，也可以在烯丙基上进行取代反应，而单纯的加成反应，氯含量只能达到 51%。在最终的产物中，也会含有一些环化结构。

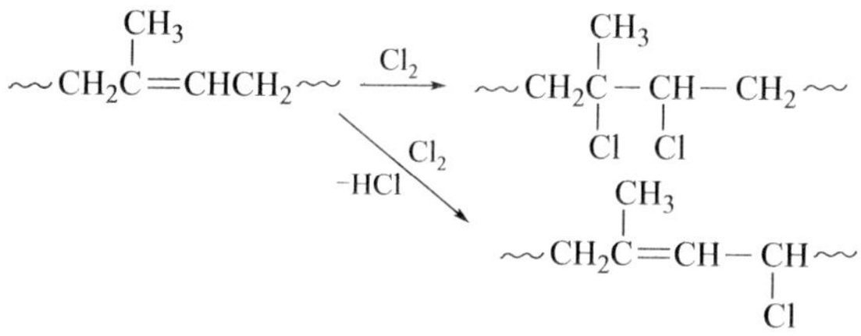

氯化橡胶不透水，可耐大多数的试剂（包括无机酸和碱）的水溶液，用作耐化学品和耐腐蚀的涂料和黏合剂。

9.2.3.2　饱和烃聚合物的氯化

饱和烃聚合物如聚乙烯、聚丙烯、聚氯乙烯等的氯化反应是通过自由基机理进行的，可被光、紫外线、自由基引发剂等催化。

$$\sim\sim CH_2 \sim\sim + Cl\cdot \longrightarrow \sim\sim \dot{C}H \sim\sim + HCl$$

$$\sim\sim \dot{C}H \sim\sim + Cl_2 \longrightarrow \sim\sim CHCl \sim\sim + Cl\cdot$$

氯化聚氯乙烯的 $T_g$ 比聚氯乙烯的高，适合用作热水硬导管等。氯化聚乙烯可用来提高聚氯乙烯的抗冲击强度。

聚乙烯与氯在二氧化硫存在下进行反应，得到一种含氯及氯磺酰基的弹性体：

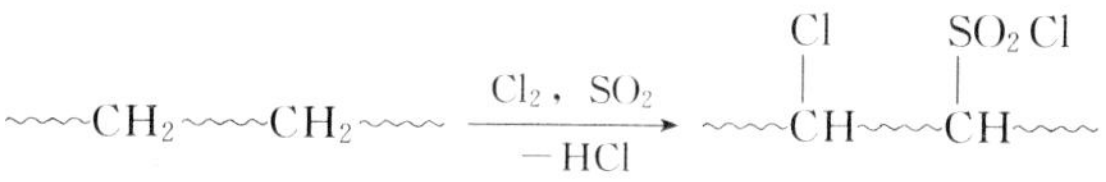

在工业产品中，每 3～4 个重复单元中大约含有一个氯；每 40～45 个重复单元约含一个磺酰氯基。彻底的氯代，破坏了原有聚乙烯的结晶性，使得聚乙烯由塑料变为氯磺化聚乙烯弹性体。少量的磺酰氯基的存在便于交联，磺酰氯基与金属氧化物（如氧化铅或氧化镁）作用，形成金属磺酸盐键而硫化：

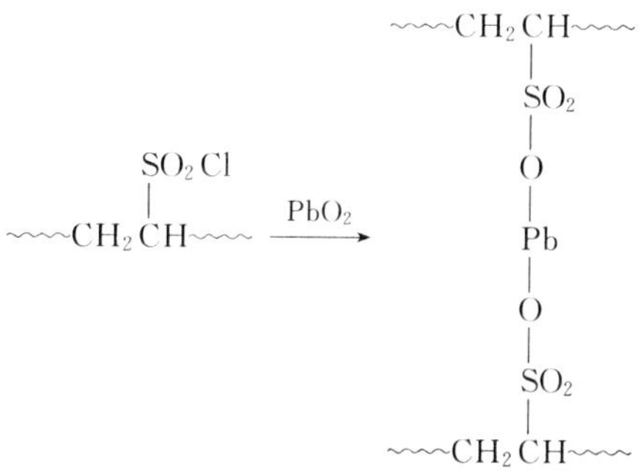

氯磺化聚乙烯在高温下仍具有良好的力学性能、耐化学品、耐氧化，可用作衬垫和软管。但由于价格较贵，所以仅用于特殊的用途。

### 9.2.4　芳香烃的取代反应

含芳香基的聚合物，可以发生多种芳核上的亲电取代反应，形成取代产物。苯乙烯及二乙烯基苯经自由基悬浮聚合，可以得到适度交联的聚苯乙烯，可用作离子交换树脂的载体：

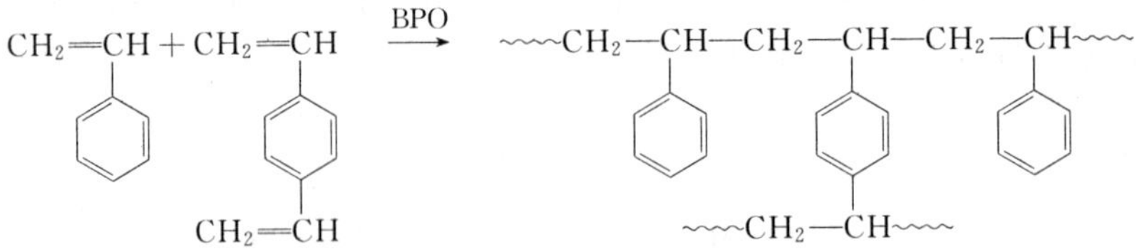

$$CH_2=CH + CH_2=CH \xrightarrow{BPO} \sim\sim CH_2-CH-CH_2-CH-CH_2-CH \sim\sim$$

聚苯乙烯的苯环上可以发生磺化及氯甲基化反应。反应之前，聚苯乙烯母体需以适当的溶剂溶胀，以便于反应试剂的进入。经磺化反应后，得到强酸型阳离子交换树脂；经氯甲基化反应，及后续的季铵盐化，得到强碱性阴离子交换树脂：

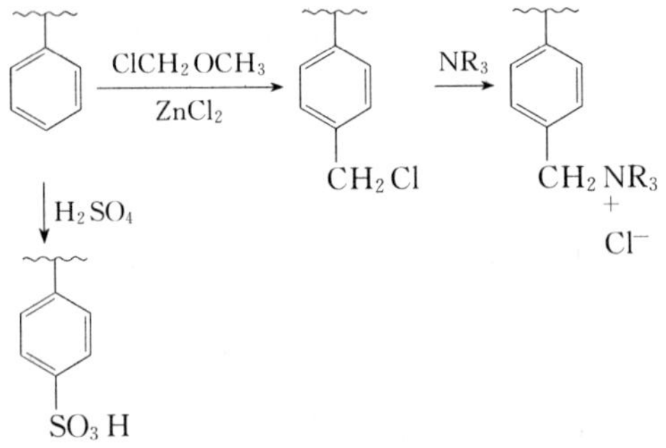

$$\xrightarrow[\text{ZnCl}_2]{\text{ClCH}_2\text{OCH}_3} \quad CH_2Cl \xrightarrow{NR_3} CH_2NR_3 \atop + \atop Cl^-$$

$$\downarrow H_2SO_4$$

$$SO_3H$$

离子交换树脂可用于硬水的软化、贵重金属的富集回收及治理污水等。阳离子交换树脂上的 $H^+$（H 型）或钠离子（Na 型）可交换水中的金属离子，如钙镁离子等；阴离子交换树脂上的 $OH^-$（HO 型）或 $Cl^-$（Cl 型）可以交换水中的阴离子，如碳酸根离子、硫酸根离子等。使用过的树脂还可通过适当的介质（酸、碱或盐）再生。

### 9.2.5 环化反应

天然橡胶和其它 1,4-聚 1,3-二烯烃经强质子酸或 Lewis 处理时会发生环化反应。橡胶中的双键经质子化，形成正碳离子，随后对邻近单元的双键进攻，形成环状结构：

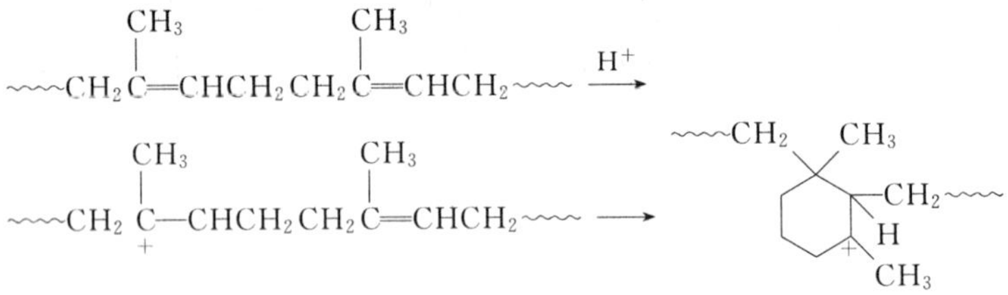

$$\sim\sim CH_2\overset{CH_3}{\underset{|}{C}}=CHCH_2 CH_2\overset{CH_3}{\underset{|}{C}}=CHCH_2\sim\sim \xrightarrow{H^+}$$

$$\sim\sim CH_2\overset{CH_3}{\underset{|}{\underset{+}{C}}}-CHCH_2 CH_2\overset{CH_3}{\underset{|}{C}}=CHCH_2\sim\sim \longrightarrow$$

某些聚合物在热解时，功能侧基之间的反应也会形成环状结构。聚丙烯腈的环化就是例子，氰基相互作用而产生梯形结构：

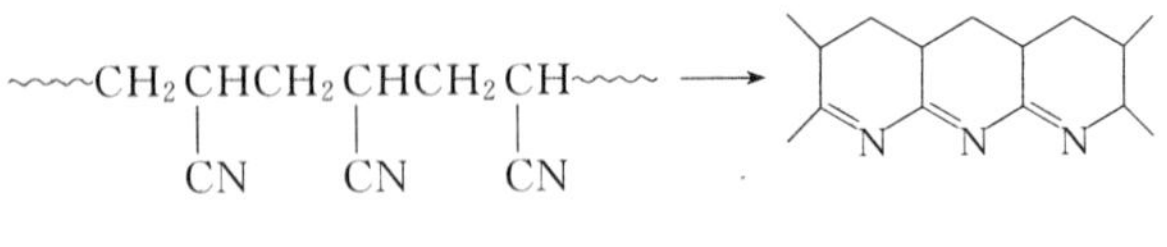

$$\sim\sim CH_2\underset{|}{\overset{}{C}H}CH_2\underset{|}{\overset{}{C}H}CH_2\underset{|}{\overset{}{C}H}\sim\sim \longrightarrow$$
$$\quad\quad CN \quad\quad CN \quad\quad CN$$

继续加热至 1500～3000℃，聚合物将脱去所有其它元素，剩下由碳形成的碳纤维。

# 9.3 交联反应

交联反应是聚合物常见的反应之一，应用非常广泛，如橡胶的加工成型、热固性涂料和黏合剂的固化交联等。交联反应可使线形高相对分子质量的聚合物如橡胶等，或各种线形、支链形预聚体等，转化成三维交联的不溶不熔的大分子。前面的章节已经讨论过一些交联反应，如醇酸树脂、不饱和聚酯的交联反应等。本章将介绍橡胶的交联反应、聚烯烃的交联以及光致交联反应。

### 9.3.1　1,3-二烯烃类橡胶的硫化

1,3-二烯烃类橡胶有许多种类，如天然橡胶、顺丁橡胶、丁苯橡胶、丁腈橡胶等。这些橡胶品种在加工成型时，大都需要交联固化。交联后的橡胶制品在发生形变时，可以避免因分子间的滑动而产生的永久形变，使橡胶具有可逆形变即外力除去后能够恢复原状的特征。1,3-二烯烃类橡胶最常用的交联剂是硫黄，因此橡胶的交联反应又称为硫化反应。这种硫化方式在橡胶的加工工业得到广泛地应用。

#### 9.3.1.1　单独用硫黄硫化

虽然自 1839 年 Goodyear 发现硫黄的硫化作用起，人们就对橡胶的硫化机理开始研究，但至今仍不十分清楚。目前人们普遍认为橡胶的硫化是通过离子机理进行的。因为研究发现，自由基的引发剂及抑制剂不能影响硫黄的硫化作用，交联体系中也检测不到自由基；而另一方面，有机酸或有机碱，及高介电常数的溶剂可以加速硫黄的硫化作用。离子型机理认为，聚合物首先与极化的硫或硫离子对反应，形成硫正离子：

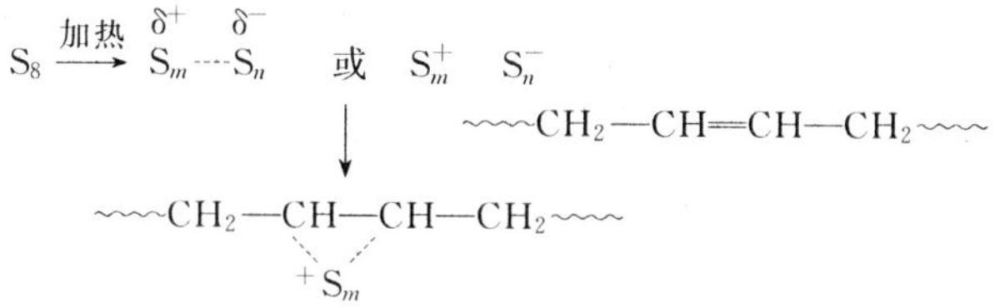

$$S_8 \xrightarrow{\text{加热}} \overset{\delta^+}{S_m} \cdots \overset{\delta^-}{S_n} \quad \text{或} \quad S_m^+ \quad S_n^-$$

硫正离子通过夺氢反应，形成聚合物（烯丙基）正离子：

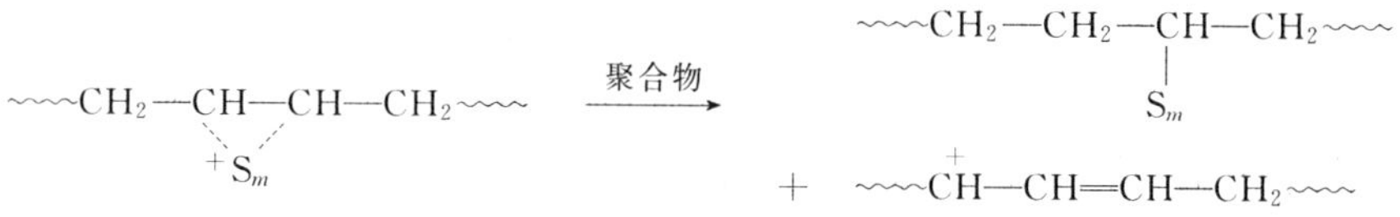

聚合物碳正离子与硫反应，然后再与聚合物的双键加成，形成交联键。之后再通过氢负离子转移，再生出新的聚合物碳正离子。

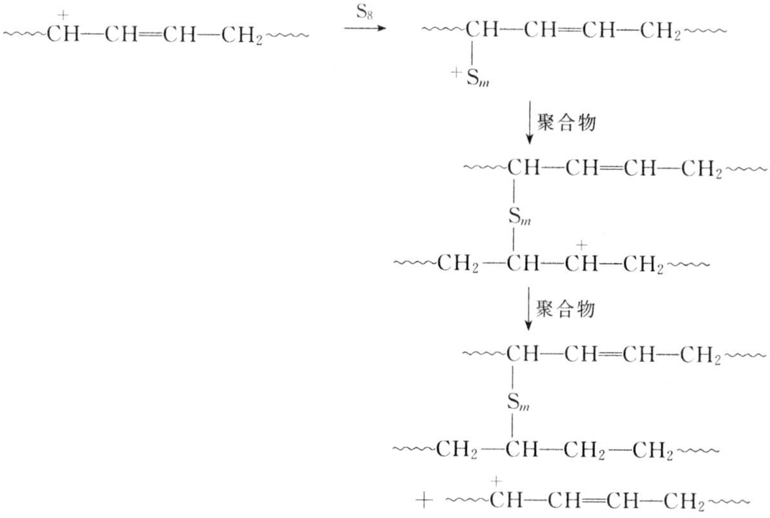

### 9.3.1.2　促进硫化

双烯聚合物单独用硫黄进行加热硫化，效率很低，每一个交联键大约由 40～50 个硫原子组成。由于形成长的多硫交联键，同时形成如下相邻的双交联结构及分子内环形硫化物，造成了硫的浪费。

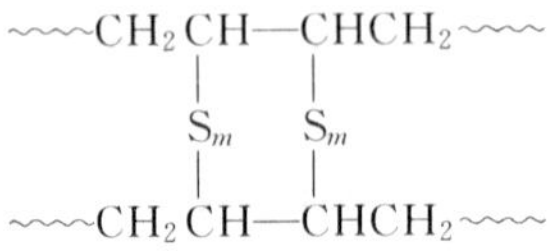

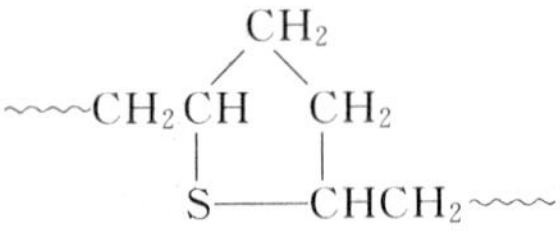

工业上的硫化反应常加入促进剂，使得硫化速率大大加快，同时提高了硫化效率。用作促进剂的是各种有机硫化物，如二硫化四烷基秋兰姆（Ⅰ）、二烷基二硫代氨基甲酸锌盐（Ⅱ）、2,2-二硫代双苯并噻唑（Ⅲ）等，以及一些不含硫的化合物如芳基胍等。

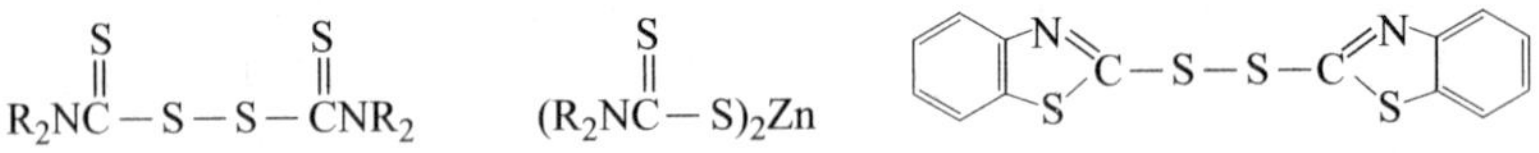

实际上，单独应用促进剂时，交联效率提高得并不多。为获得最大的交联效率，往往还需加入金属氧化物和脂肪酸，后者称之为活化剂。最常用的活化剂是氧化锌和硬脂酸，脂肪酸与氧化锌作用使其形成盐而溶解。单纯用硫进行硫化时，硫化反应往往需要几个小时；而加入促进剂及活化剂时，仅需几分钟即可完成。对交联产物的分析表明，促进剂与活化剂配合使用时，大大减少了无效反应的程度。在某些体系中，交联效率可以增加到使每个交联键略少于两个硫。大多数交联键为单硫或二硫键，而邻近或环形硫化物单元很少。

促进硫化的机理尚不十分清楚。以模拟的链烯进行研究表明，促进剂增加了双烯聚合物烯丙基上硫代反应（交联）的程度。这种机理认为，促进剂首先与硫反应形成促进剂的多硫化物，例如，2,2-二硫代双苯并噻唑促进剂：

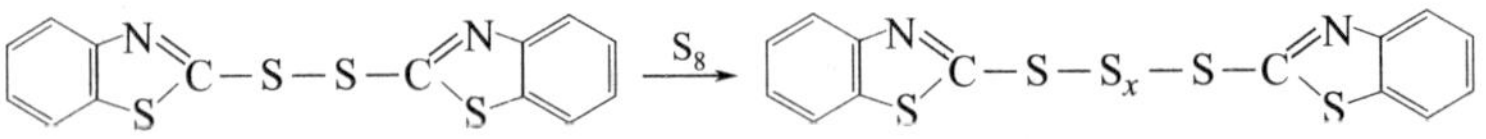

促进剂多硫化物与橡胶的烯丙基反应，生成一种橡胶多硫化物：

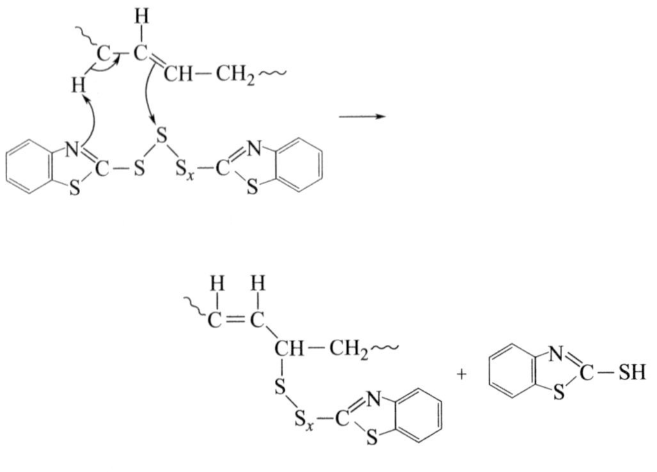

之后与橡胶继续进行反应，而产生交联：

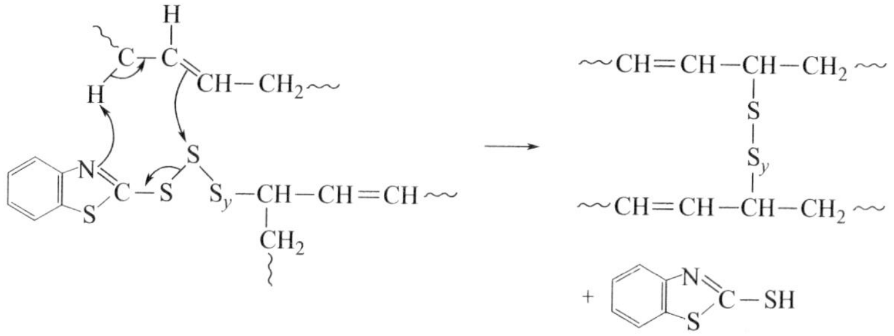

研究认为锌能与促进物形成某种螯合物，或形成以下锌的硫化物：

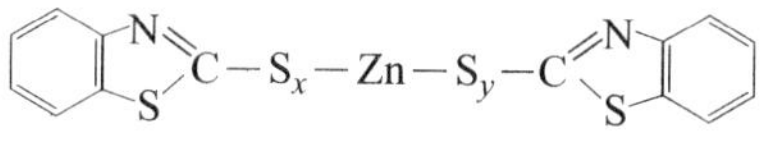

从而提高了交联效率。

此外，由乙烯、丙烯及少量的非共轭二烯如双环戊二烯等共聚得到的三元乙丙橡胶，结构上带有不饱和侧基，也可在促进剂的存在下硫化，得到均匀的交联体系。

### 9.3.2 过氧化物交联

许多聚合物，如聚乙烯、二元乙丙橡胶（乙烯-丙烯二元共聚物）及聚硅氧烷等，不含双键，无法通过硫黄硫化交联。但可通过过氧化物，如过氧化二异丙苯、二叔丁基过氧化物等交联。聚乙烯的交联能够提高它的强度和使用上限，而乙丙橡胶和聚硅氧烷，交联使其弹性体具有必要的强度和回弹性。

过氧化物受热分解产生自由基，再经夺氢形成聚合物自由基，之后偶合形成交联：

$$ROOR \longrightarrow 2RO\cdot$$

$$RO\cdot + \text{\large{\textasciitilde}} CH_2CH_2 \text{\large{\textasciitilde}} \longrightarrow ROH + \text{\large{\textasciitilde}} CH_2 \overset{\cdot}{C}H \text{\large{\textasciitilde}}$$

$$2 \text{\large{\textasciitilde}} CH_2 \overset{\cdot}{C}H \text{\large{\textasciitilde}} \longrightarrow \begin{matrix} \text{\large{\textasciitilde}} CH_2CH \text{\large{\textasciitilde}} \\ | \\ CH_2CH \\ \text{\large{\textasciitilde}} \quad \text{\large{\textasciitilde}} \end{matrix}$$

这个过程中，最大的交联效率是每分解一个过氧化物分子产生一个交联键，但实际的交联效率远远小于1，因为聚合物自由基及其与引发剂之间会有许多副反应，如链的断裂、夺氢，以及聚合物自由基与引发自由基的结合等，都可能发生，从而降低了交联效率。

在聚硅氧烷中，可引入少量的乙烯基，提高交联效率。例如通过共聚方式，以乙烯基硅单体为共聚组分，合成含乙烯基的聚硅氧烷。乙烯基也可参加交联反应，从而提高了交联效率。

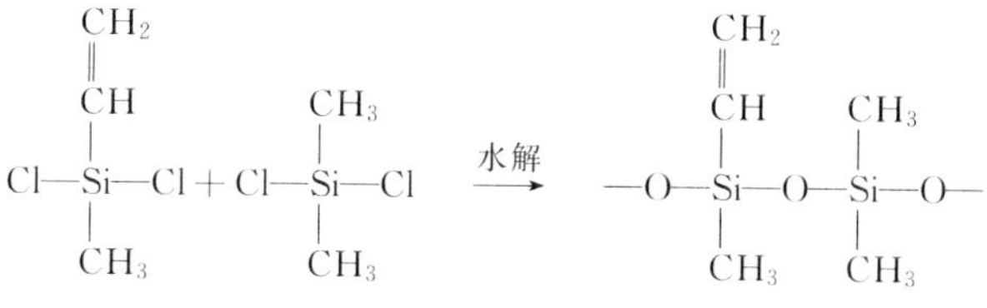

### 9.3.3 光致交联反应

有关聚合物光固化交联反应的研究始于 20 世纪 50 年代末。Minsk 等在 1959 年合成了一种光致交联聚合物——聚肉桂酸乙烯酯。它通过下列的光反应交联：

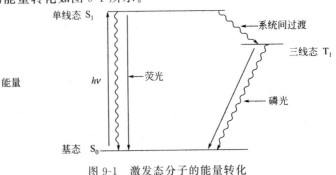

到目前为止，光敏性（photosensitive）高聚物已经广泛应用于许多领域，如大规模集成电路及微电子元件的光刻胶（photoresist）、缩微胶卷、照相制版（photoengraving）、精密化学切割（chemical milling）以及保护和装饰涂层等诸多方面。许多光敏性聚合物都是通过在已有聚合物上引入光敏性基团合成的，也有些是通过带有光敏性基团的单体聚合得到。有时有些光敏性聚合物是低聚物。

有关光化学的详细知识，需要参看相关专著。以下仅就一些与光致交联反应有关的知识作简短的介绍。

聚合物或有机小分子通常处在基态（ground state）。当光照射时，光子与分子发生作用，分子吸收能量，由基态变为激发态。有机化合物的光反应服从以下四条规律：

① 光反应的发生仅是因为该体系吸收了光子；

② 一个光子只能激发一个分子；

③ 吸收光子后的分子处于一种单线态或最低能量的三线态；

④ 在溶液中，处于最低激发单线态或激发三线态的分子，是化学反应的起始物。

用于参加反应的激发态分子，占吸收光子的分子中的百分数，被称为量子效率（quantum yield）。分子吸收光子变为激发态后，多余的能量常通过三种方式分散：

$$a.\ A+h\nu \longrightarrow A^* \longrightarrow A+h\nu'$$
$$b.\ A+h\nu \longrightarrow A^* \longrightarrow A+热$$
$$c.\ A+h\nu \longrightarrow A^* \longrightarrow 化学反应$$

在方式 a 中，处在激发单线态的分子，通过释放荧光，返回到基态。在基态中，电子配对且自旋相反。激发过程中，其中的一个电子吸收能量，进入较高的能量轨道，但自旋状态不变，此时称为单线态。如果激发的单线态不是通过放出荧光回到基态，而是失去部分能量，变为三线态，即处在高能位的电子发生自旋反转，此种过程叫做系统间过渡。处在三线态的二个电子具有相同的自旋状态。三线态分子相当于一个双自由基。系统间过渡如过程 b 所示，此过程无光的吸收或发射，只是一些过高的振动能以热的形式放出。三线态的分子也可通过放出磷光而回到基态。过程 c 表示激发态分子的化学反应，如异构化、分解、交联等。激发态分子的能量转化如图 9-1 所示。

图 9-1　激发态分子的能量转化

$S_0$—基态；$S_1$—单线态；$T_1$—三线态

激发态的分子可以通过下列方式产生自由基：

① 把能量直接转移给单体分子，而自身回到基态；

② 发生均裂产生自由基；

③ 向烯烃的双键发生加成反应；

④ 与其它分子发生电荷转移反应，形成一对离子自由基；

⑤ 从反应混合物中的溶剂、单体及其它物质上提氢，形成两个自由基。

### 9.3.3.1　光敏基团之间的交联反应

聚肉桂酸乙烯酯经适当波长的光线照射后，能够发生可逆的光交联作用，进行 $2\pi+2\pi$ 型关环反应。其中交联反应为分子间反应，同时也存在一定的分子内环化反应。这类光交联体系已在商业上得到广泛地应用，类似的光交联聚合物如下：

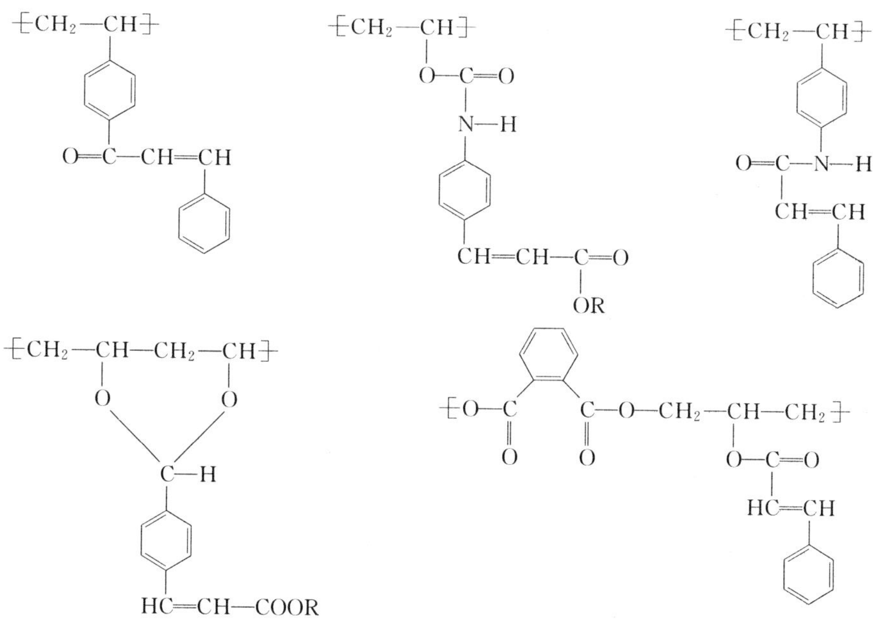

以波长大于 300nm 的光照射，发生二聚反应，形成交联；如以 254nm 的光照射二聚体时，又分解为单体。

光敏剂的加入可以大大提高光交联反应的速率。所谓光敏剂，是指一些能够吸收光子形成三线态之后通过碰撞将能量转移给其它分子的化合物。光敏剂的作用如表 9-1 所示。

另一类光敏性基团为叠氮基，它在光照下分解为氮烯（或氮宾）及氮气，用于交联反应。有多种方法可以将叠氮基引入聚合物的侧基。一种方法是通过反应将叠氮基引入到线形酚醛树脂（novolacs）中：

表 9-1　不同光敏剂对聚肉桂酸乙烯酯光交联速度的影响

| 光敏剂 | 相对速率 | 光敏剂 | 相对速率 | 光敏剂 | 相对速率 |
|---|---|---|---|---|---|
| 一 | 1 | 蒽酮 | 31 | 4-硝基联苯 | 200 |
| 萘 | 3 | 5-硝基二氢苊 | 84 | 苦酰胺 | 400 |
| 苯并蒽酮 | 7 | 4-硝基苯胺 | 100 | 4-硝基-2,6-二氯二甲基苯胺 | 561 |
| 菲 | 14 | 2-硝基芴 | 113 | 米蚩酮 | 640 |
| 二苯甲酮 | 20 | 4-硝基甲基苯胺 | 137 | N-酰基-4-硝基-1-萘胺 | 1100 |

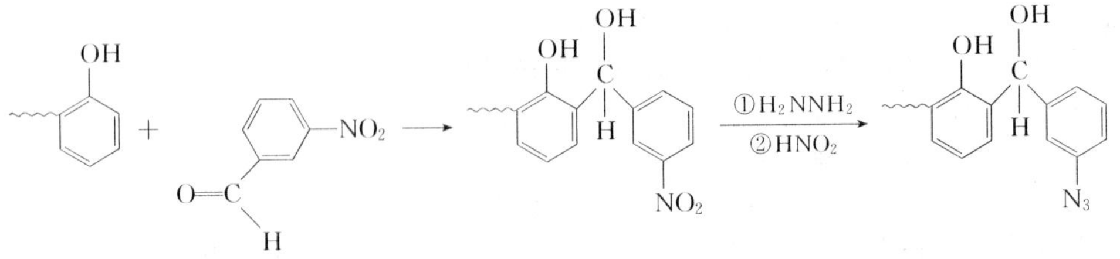

另外，以甲酰基-1-叠氮基萘与聚乙烯醇反应，通过缩醛结构将叠氮基团引入聚合物侧基：

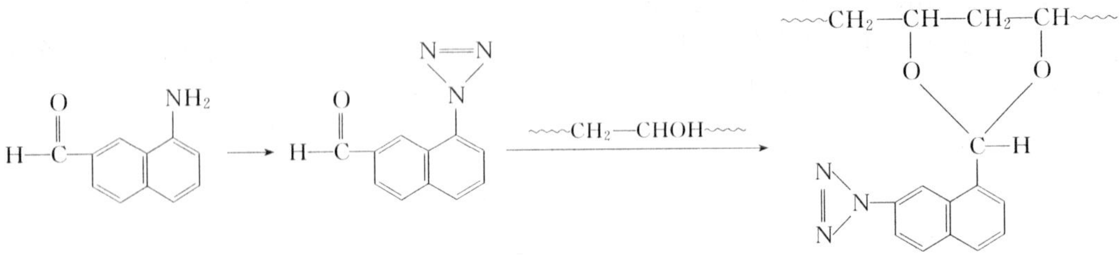

此外，还可将叠氮基取代的芳香基，引入到苯乙烯-马来酸酐共聚物、纤维素、明胶等中。带有叠氮基的聚合物在 260nm 波长的光照下，很快发生交联反应。聚乙烯醇-4-叠氮基苯甲酸酯交联固化机理如下：

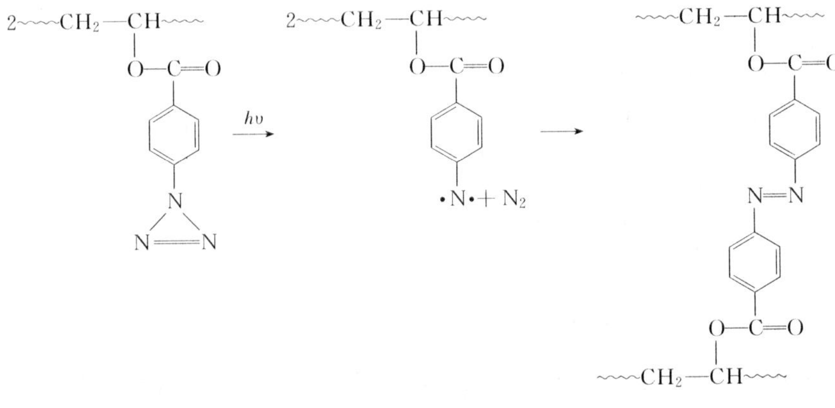

### 9.3.3.2　光固化

已商品化的油墨及涂料中，有许多是通过光固化交联的。这些光固化体系通常由低相对分子质量的成膜预聚物、多官能团的单体及光引发剂等组成。光固化交联通常通过两种机理进行：自由基聚合机理及离子聚合机理。自由基光固化涂料的单体通常由单官能度、二官能度、三官能度的丙烯酸酯，及带丙烯酸酯基的遥爪预聚物等组成。但这些组分不具有足够的光敏性进行固化交联，需加入光敏剂，用以产生自由基。丙烯酸二酯通常为各种二元醇的丙烯酸酯，如丁二醇二丙烯酸酯：

$$H_2C=CH-\overset{\overset{\displaystyle O}{\|}}{C}-O-CH_2CH_2CH_2CH_2-O-\overset{\overset{\displaystyle O}{\|}}{C}-CH=CH_2$$

主要用作活性稀释剂，用来降低黏度并参加交联反应。三官能度的单体有季戊四醇三丙烯酸酯、三羟甲基丙烷三丙烯酸酯等。

$$CH_3-CH_2-C(CH_2O\overset{\overset{\displaystyle O}{\|}}{C}-CH=CH_2)_3$$

　　成膜预聚物也有许多种，通常结构中含有用于交联反应的不饱和键。用作成膜预聚物的有聚氨酯丙烯酸酯，由多异氰酸酯及其衍生物与丙烯酸羟乙酯或丙烯酸羟丙酯反应而得到。其它如环氧树脂的丙烯酸酯，由双酚 A 型环氧树脂与丙烯酸经酯化反应而得到：

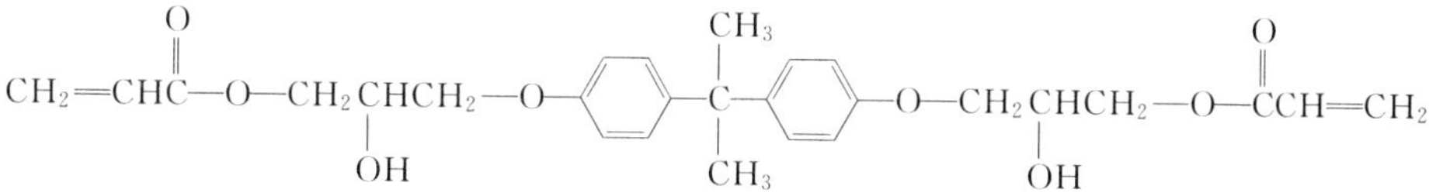

$$CH_2=CHC-O-CH_2CHCH_2-O-\hspace{-0.5em}\bigcirc\hspace{-0.5em}-C-\hspace{-0.5em}\bigcirc\hspace{-0.5em}-O-CH_2CHCH_2-O-CC H=CH_2$$

　　许多商品化的光固化体系中，以芳香族的羰基化合物为引发剂。它们具有较快的光分解速度，形成自由基。苯偶姻及其醚类、苯偶酰二烷基缩酮等通过 Norrish Ⅰ 型裂解反应形成自由基：

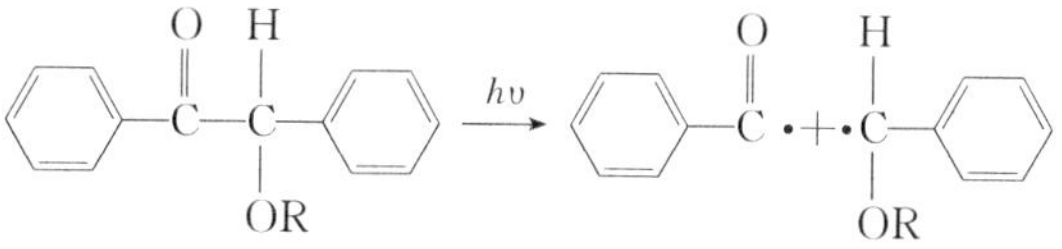

$$\text{（反应式）} \xrightarrow{h\upsilon} \text{（产物）}$$

　　苯甲酰自由基上的孤电子不能离域到苯环上，因而活性高，能够引发自由基聚合；而苄基醚上的孤电子较为稳定，仅能引发一些聚合体系，更多的时候用来终止聚合。

　　苯偶酰二烷基缩酮也是高效的光引发剂，它同样通过 Norrish Ⅰ 型裂解产生自由基：

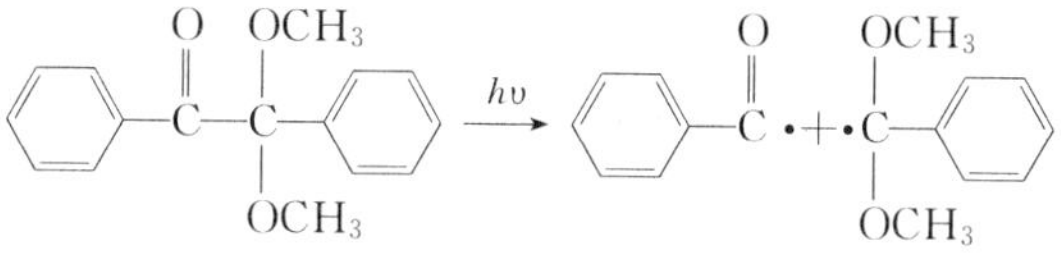

$$\text{（反应式）} \xrightarrow{h\upsilon} \text{（产物）}$$

二甲基缩酮自由基进一步分解，形成高活性的甲基自由基：

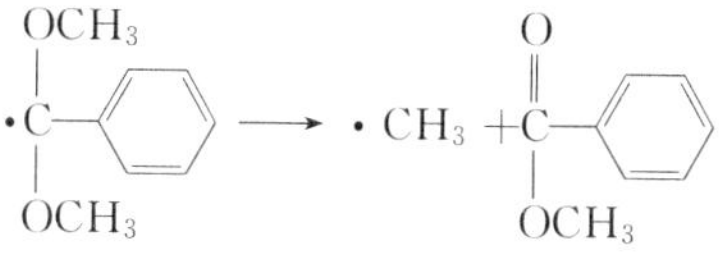

$$\text{（反应式）} \longrightarrow \cdot CH_3 + \text{（产物）}$$

　　许多芳香酮也是高效的光引发剂。二苯甲酮在受光照时发生 n→π* 跃迁，羰基氧上的一个孤电子跃迁到 π* 反键轨道上，形成激发态。激发态从含活泼氢的化合物上提氢，形成自由基而引发聚合。二苯酮与异丙醇在光照时形成自由基的过程如下：

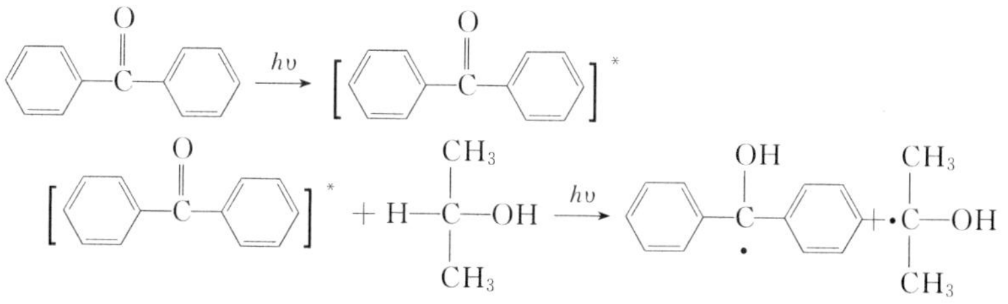

$$\text{（反应式）} \xrightarrow{h\upsilon} \left[\text{（激发态）}\right]^*$$

$$\left[\text{（激发态）}\right]^* + H-\underset{CH_3}{\overset{CH_3}{C}}-OH \xrightarrow{h\upsilon} \text{（二苯甲醇自由基）} + \text{（引发自由基）}$$

　　　　　　　　　　　　　　　　　　　　　二苯甲醇自由基　　引发自由基

二苯甲醇自由基很稳定，仅能二聚成苯频哪醇，或参与终止反应，不能引发聚合。能引发聚合的是异丙醇自由基。

　　具有较高共轭体系的芳香族羰基化合物，如 p-苯基二苯甲酮、芴酮及占吨酮等，其最低能量跃迁为 π→π* 跃迁，形成的三线态由于能量较低，不足以从含活泼氢化合物如醇或醚中提氢而引发聚合。但可以作为电子受体，与电子给体如基态的胺及硫的化合物等发生电荷转移，形成激基复合物（exiplex），之后形成自由基离子对，负离子自由基从胺等的正离子自由基上提取氢，形成两个自由基。电子转移反应及后续形成引发自由基的过程如下所示：

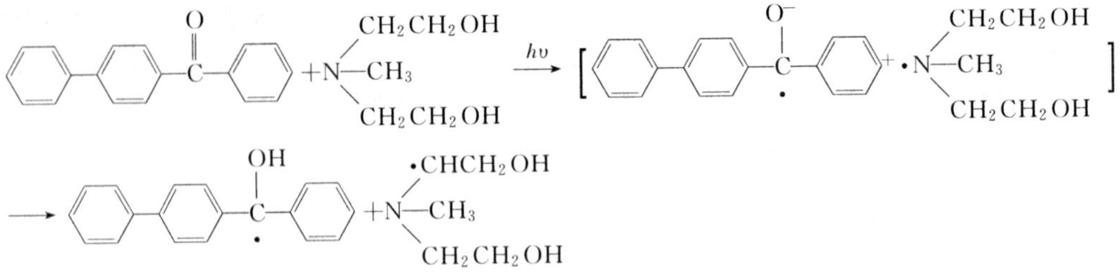

引发自由基

能够按正离子机理进行光固化交联的体系，通常是由各种乙烯基醚、环氧化合物组成的。双官能度的脂环族环氧化合物在 UV 固化体系中被广泛采用。光引发剂在光照下产生正离子，引发固化交联。由于某些正离子光引发剂也能产生自由基，有时也加入一些自由基聚合的单体，使固化过程中正离子及自由基聚合同时进行。

正离子聚合的光引发剂主要有两类：一类是芳基重氮盐；另一类为二芳基碘盐、三芳基锍盐、三芳基硒盐等。重氮盐进行光解产生 Lewis 酸及强质子酸：

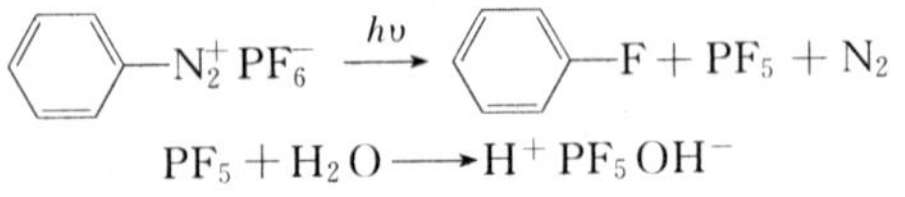

$$PF_5 + H_2O \longrightarrow H^+ PF_5OH^-$$

在重氮盐中，负离子基团通常是一些亲核性较弱的基团如 $SbF_6^-$、$AsF_6^-$ 及 $PF_6^-$ 等。这类体系终止速率低，能够在室温固化，同时还能进行后固化，即光照后固化反应仍能继续进行。重氮盐光引发剂存在着一些缺点，如必须在黑暗中放置，否则易凝胶；另外涂膜易变色、泛黄、易老化等。由于固化过程中放出氮气，涂膜太厚时会形成气泡及针孔等，影响性能。

碘盐及锍盐的光分解机理相似，以碘盐为例，其过程如下：

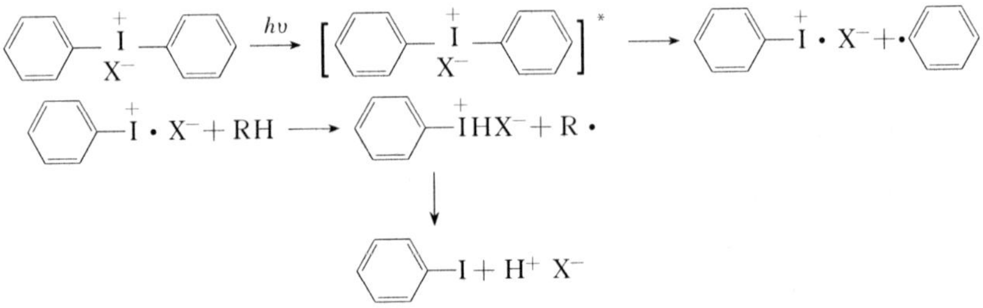

其中 $H^+ X^-$ 可引发正离子聚合；而自由基 R· 及 Ph· 则引发自由基聚合。此体系中形成的强酸为 $HBF_4$、$HAsF_6$、$HPF_6$ 及 $HSbF_6$ 等。三苯基锍盐按如下的机理分解：

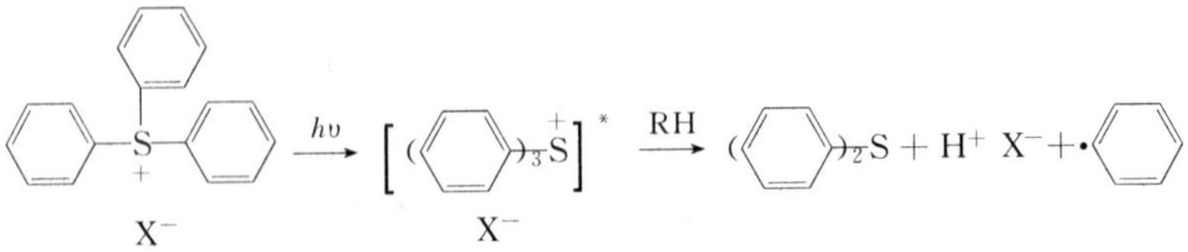

以三锍盐为光引发剂时，固化速率与反离子的大小有关。反离子越大，固化速率越快。

# 9.4　接枝聚合及嵌段聚合

在接枝和嵌段共聚物中，通常存在着两种不同的长序列聚合物链。在嵌段共聚物中，不同聚合物的长序列链沿主链顺序排列。而接枝共聚物中，一种聚合物长序列链为主链，而另一种聚合物的长序列链构成一个或多个支链（5.4 节和 6.1 节）。这些长序列链可以是均聚物。序列链均聚物的性质往往不同，由此得到的嵌段或接枝共聚物，将会具有两种序列链均聚物的许多特征。

### 9.4.1　接枝聚合

合成接枝共聚物也是制备聚合物的重要方法。有些已在工业上应用。有关合成接枝共聚物的研究已经很多，到目前为止，已有许多综述性论文及专著发表。合成接枝共聚物最常用的方法是，通过适当的方式在原聚合物主链或侧基上形成活性中心，引发单体聚合后形成聚合物支链。目前合成接枝共聚物的方法按机理分，主要有自由基、正离子及负离子聚合等。接枝聚合可以为均相反应，也可为非均相反应，这取决于被接枝聚合物是否溶解于单体及反应介质中。

#### 9.4.1.1　自由基接枝聚合

（1）链转移机制接枝聚合

这种方法或许是最简单的合成接枝共聚物的方法。在单体的存在下，过氧化物如过氧化苯甲酰等形成的初级自由基或链自由基，与聚合物主链作用，在主链上产生活性中心，引发单体聚合形成接枝链。理想的情况是，引发剂分解产生的自由基仅进攻聚合物主链，形成接枝点。

引发：

$$RO\!-\!OR \longrightarrow 2RO\cdot$$

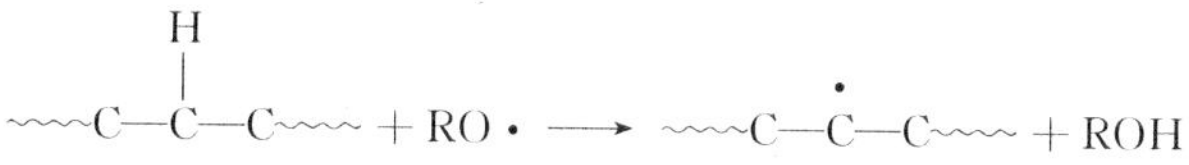

$$\sim\!\!\sim\!C\!-\!\overset{\overset{H}{|}}{C}\!-\!C\!\sim\!\!\sim + RO\cdot \longrightarrow \sim\!\!\sim\!C\!-\!\overset{\overset{\cdot}{|}}{C}\!-\!C\!\sim\!\!\sim + ROH$$

增长：

$$\sim\!\!\sim\!C\!-\!\overset{\overset{\cdot}{|}}{C}\!-\!C\!\sim\!\!\sim + nM \longrightarrow \sim\!\!\sim\!C\!-\!\overset{\overset{(M)_{n-1}M\cdot}{|}}{C}\!-\!C\!\sim\!\!\sim$$

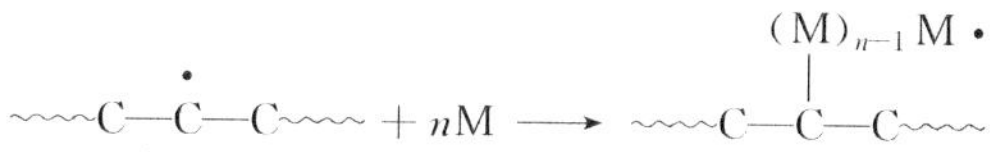

终止反应可能有许多方式，如果以偶合终止，则得到不需要的交联聚合物。理想的终止方式是与另一聚合物链进行转移反应，形成新的接枝点。但实际上的反应很复杂，接枝反应、均聚反应、交联反应都可能发生。

影响接枝效率的因素很多，如引发剂的种类、聚合物及单体体系、反应温度等，都会影响接枝效率。

有时在聚合物中引入易产生链转移倾向的基团，可以达到很好的效果。例如通过 $H_2S$ 或巯基醋酸与环氧基的反应，向聚合物中引入巯基（—SH），能够大大提高接枝反应的效率：

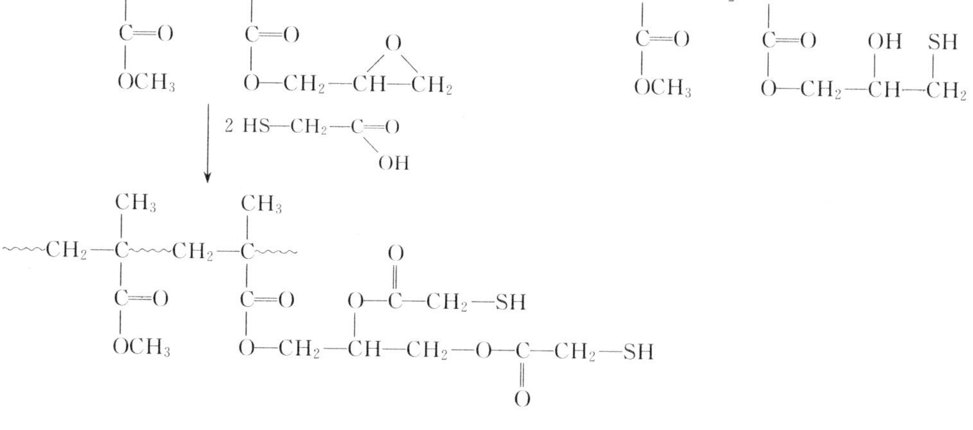

同样，在纤维素上引入巯基，也可提高接枝效率：

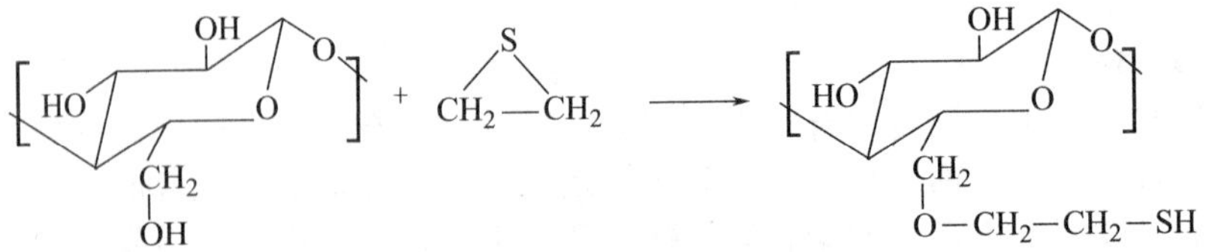

1,3-二烯烃聚合物中主链或侧基的碳碳双键，也是潜在的接枝点，双键旁边的烯丙基氢，也能够通过链转移反应形成自由基，进行接枝聚合。天然或合成橡胶都具有碳碳双键，因此它们广泛地用来进行接枝聚合反应。在橡胶的自由基接枝聚合反应中，有些体系双键及烯丙基碳都可为接枝点；有些体系如聚丁二烯，仅通过链转移，在烯丙基碳上进行接枝。

目前工业上采用接枝聚合反应合成 ABS 塑料及高抗冲聚苯乙烯。ABS 树脂是苯乙烯与丙烯腈在聚丁二烯存在下，通过自由基共聚制得。高抗冲聚苯乙烯则是将适量的聚丁二烯或丁苯橡胶溶解在苯乙烯中，然后进行自由基聚合而制得的。

(2) 由大分子单体合成接枝共聚物

通过链转移法合成接枝共聚物存在着接枝效率低、接枝共聚物受到均聚物的污染等缺点。如采用大分子单体，可以提高接枝效率。所谓大分子单体是指带有可聚合端基的聚合物或低聚体，当大分子单体与其它单体聚合时，形成梳状的聚合物。聚合反应通过自由基机理，有时也采用离子机理进行。采用大分子单体合成接枝共聚物的方法如下所示：

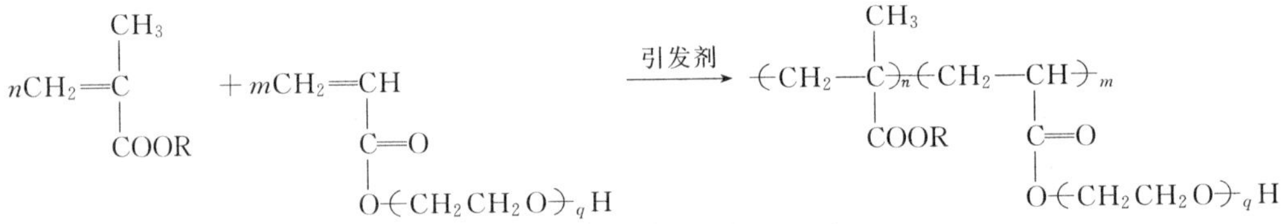

采用这种方法合成接枝共聚物的研究也很多。大分子单体的不饱和基可以是苯乙烯、丙烯酸或甲基丙烯酸酯基，聚合物链可以是聚醚链、聚氨酯链、聚硅氧烷和聚异丁烯等，可以根据需要设计。

(3) 主链或侧基上直接引发接枝聚合

在聚合物的主链或侧基上直接形成接枝点，可以大大提高接枝反应的效率。一种方法是在聚合物（主链或侧基）上引入过氧基团，通过过氧基团的分解产生自由基，引发接枝聚合，其中初级自由基有一半在聚合物上。如在聚苯乙烯上进行接枝聚合：

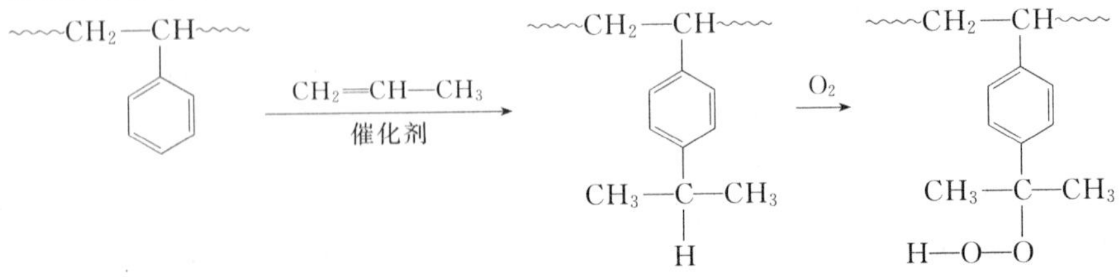

上述过氧化物热解形成大分子自由基和羟基自由基，后者能够引发单体的均聚。如果改用氧化还原体系，接枝效率就会进一步提高，但不能完全避免羟基自由基的形成：

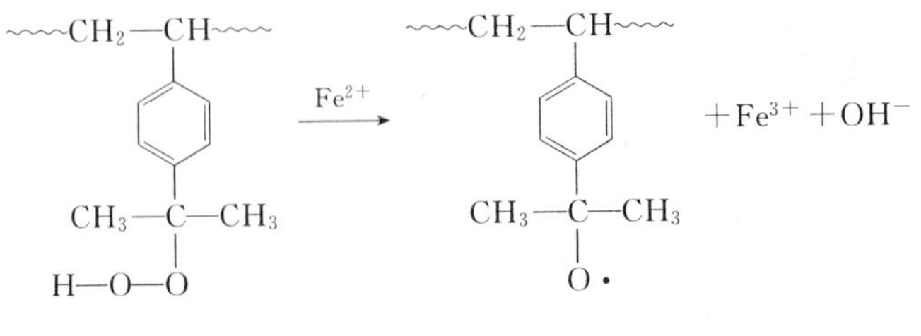

聚合物中引入重氮盐，之后再经过分解反应，也可用于引发接枝聚合。聚苯乙烯经硝化、还原后形成氨基取代物，再经重氮化得到重氮盐，重氮盐的分解可以产生自由基：

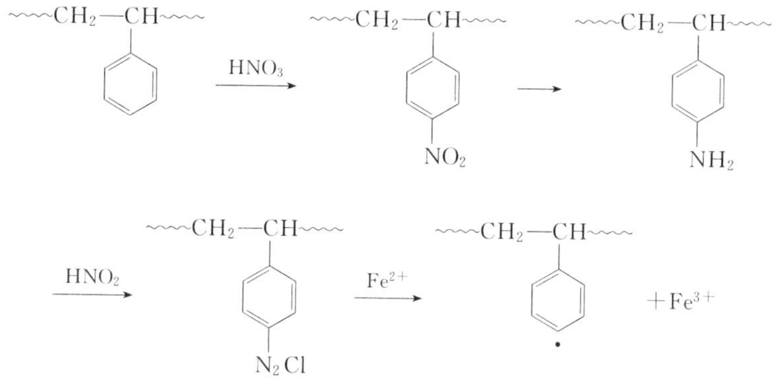

形成的自由基可以引发烯类单体的接枝聚合。

四价的铈盐能够与许多聚合物如淀粉、纤维素等发生氧化还原反应，形成自由基，引发接枝聚合。其过程可表示如下：

$$R-CH_2OH + Ce^{4+} \longrightarrow [R-CH_2OH\cdots Ce^{4+}] \longrightarrow R-\overset{\cdot}{C}HOH(或 R-CH_2-O\cdot) + Ce^{3+} + H^+$$
$$络合物$$

形成的自由基几乎全部在聚合物的主链上，由此制备的接枝聚合物中几乎不含均聚物。这种接枝聚合反应已被广泛应用于聚乙烯醇，特别是淀粉、纤维素的接枝聚合中。

其它的金属离子也可用作氧化还原体系，引发接枝聚合。如 $Mn^{3+}$、$Co^{3+}$ 及 $Fe^{3+}$ 等，可用于引发甲基丙烯酸甲酯在尼龙 6 上的接枝聚合。

（4）光化学反应引发接枝聚合

聚合物中带有对光不稳定的基团，在光照时会形成接枝点。聚乙烯酮的均聚或共聚物在紫外线照射时会分解产生自由基，引发丙烯腈、醋酸乙烯、甲基丙烯酸甲酯等的接枝聚合：

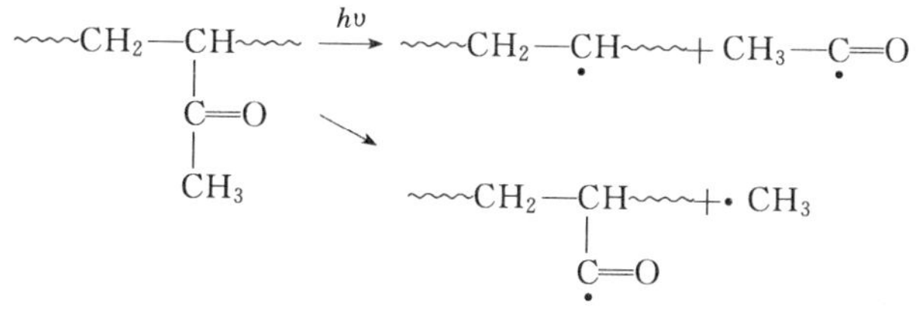

光解过程中形成的非主链自由基如甲基自由基等，会引发单体聚合，形成均聚物。

### 9.4.1.2　离子型接枝聚合

离子型接枝聚合同样具有重要意义。因为有些单体如乙烯基醚、羰基化合物和环状单体适合于离子型聚合。但是，形成能引发接枝反应的聚合物负离子或正离子，要比生成聚合物自由基复杂得多。负离子聚合及正离子聚合都可用来合成接枝共聚物。卤素取代的聚苯乙烯可以通过负离子聚合反应，将聚丙烯腈链接枝到聚苯乙烯上：

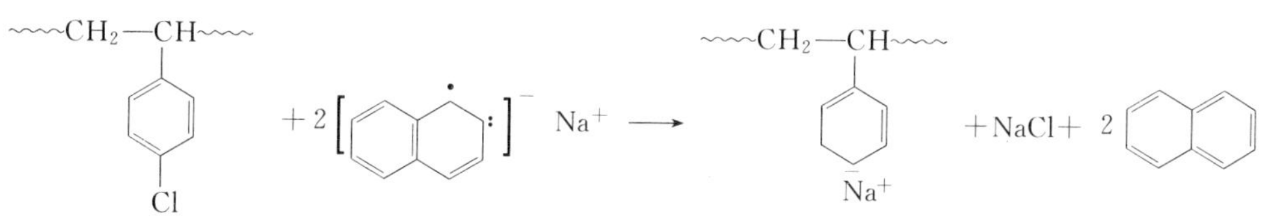

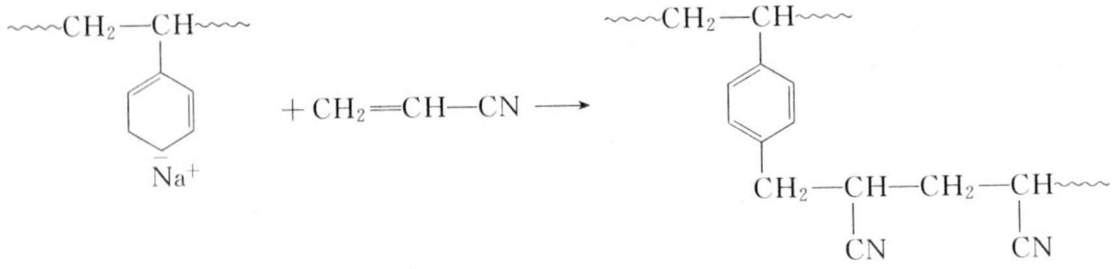

$$\sim\!\!CH_2\!-\!CH\!\sim \quad + CH_2\!=\!CH\!-\!CN \longrightarrow \sim\!\!CH_2\!-\!CH\!\sim$$

聚酰胺与钠反应，产生的负离子，能够引发苯乙烯、甲醛、丙烯腈、环氧乙烷等的接枝聚合：

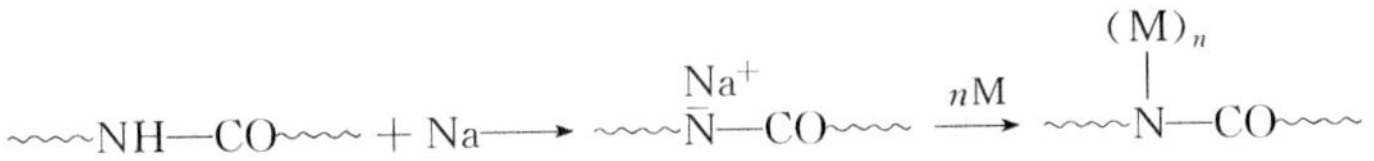

$$\sim\!\!NH\!-\!CO\!\sim + Na \longrightarrow \sim\!\!N\!-\!CO\!\sim \xrightarrow{\ nM\ } \sim\!\!N\!-\!CO\!\sim$$

带有乙烯基的聚合物，可以通过 Ziegler-Natta 催化剂引发配位阴离子聚合，合成接枝聚合物。该接枝聚合反应包括两步，首先通过双键与二乙基铝氢化物反应，在聚合物侧基引入 C—Al 键；之后加入过渡金属的氯化物，形成引发聚合的活性中心，使 α-烯烃接枝聚合。通过这种方法，可以在丁二烯-苯乙烯共聚物上引入聚乙烯或聚丙烯接枝链，由此引入的聚丙烯链可以是全同结构：

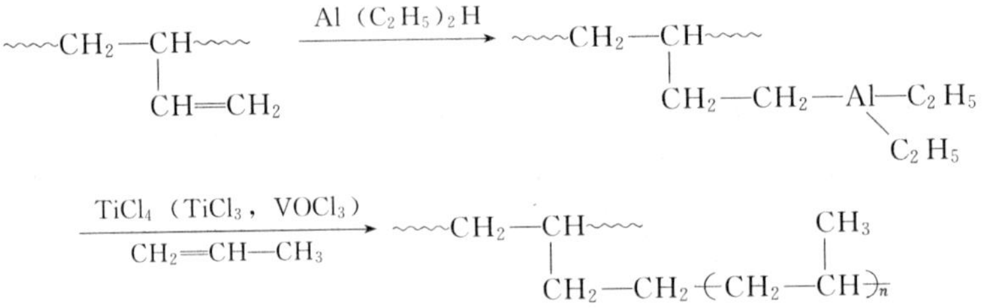

$$\sim\!\!CH_2\!-\!CH\!\sim \xrightarrow{Al(C_2H_5)_2H} \sim\!\!CH_2\!-\!CH\!\sim$$

$$\xrightarrow[CH_2=CH-CH_3]{TiCl_4\ (TiCl_3,\ VOCl_3)} \sim\!\!CH_2\!-\!CH\!\sim$$

聚合物碳正离子是由含氯的聚合物（如聚氯乙烯、氯甲基化聚苯乙烯和氯代丁二烯）与 $BCl_3$、$R_2AlCl$ 或 $AgSbF_6$ 等反应生成的。例如：

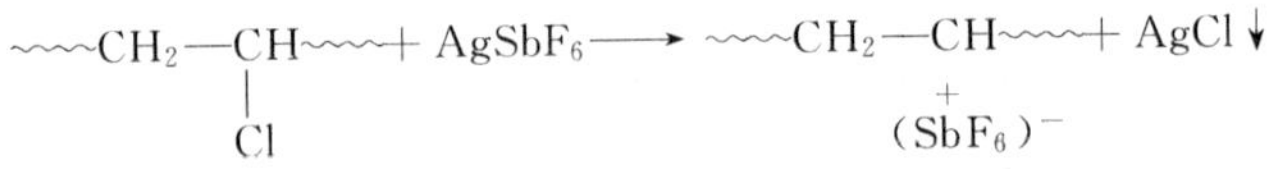

$$\sim\!\!CH_2\!-\!CH\!\sim + AgSbF_6 \longrightarrow \sim\!\!CH_2\!-\!CH\!\sim + AgCl\!\downarrow$$

聚合物碳正离子能引发异丁烯、四氢呋喃和其它单体的聚合，合成接枝聚合物。氯甲基化的聚苯乙烯在二硫化碳溶液中，与溴化铝反应，形成正离子活性中心，之后引发异丁烯接枝聚合，将聚异丁烯接枝到聚苯乙烯主链上：

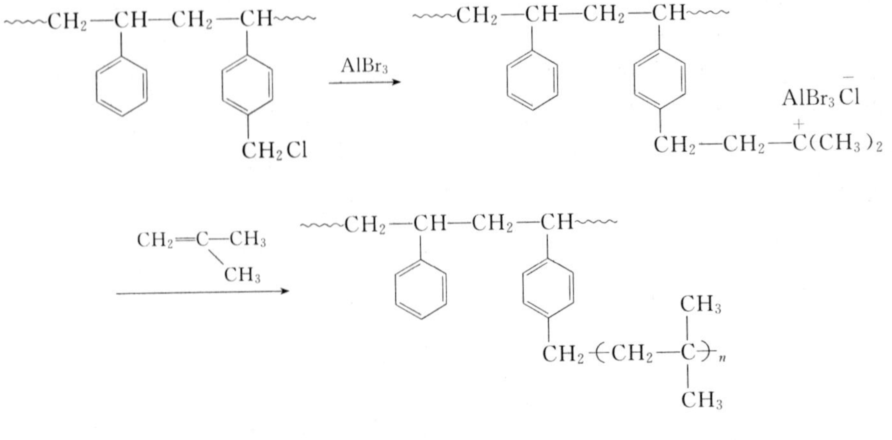

$$\sim\!\!CH_2\!-\!CH\!-\!CH_2\!-\!CH\!\sim \xrightarrow{AlBr_3} \sim\!\!CH_2\!-\!CH\!-\!CH_2\!-\!CH\!\sim$$

Kennnedy 等研究了许多烷基铝引发的接枝聚合反应。烯丙基氯或苄基氯在此引发剂的存在下，能够形成高活性的碳正离子活性中心，引发接枝聚合。引发效率有时能够达到 90% 以上。环状的单体如三聚甲醛、环氧乙烷、四氢呋喃等，也可通过适当的引发活性中心进行开环接枝聚合反应：

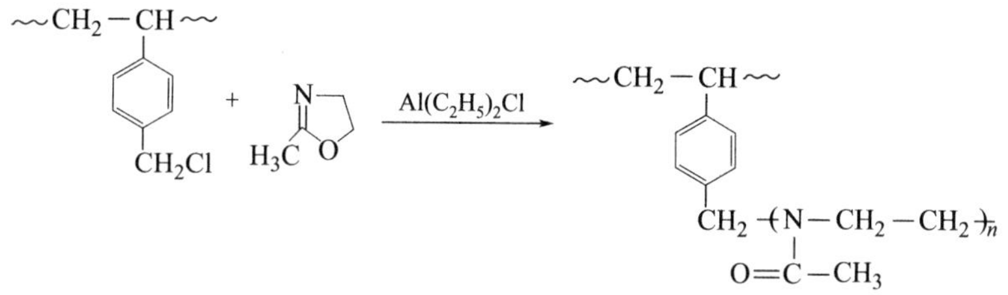

## 9.4.2　嵌段聚合

在嵌段共聚物中，通常包含两种（有时是两种以上）的重复单元，它们通过自身连接形成长的序列，长序列之间顺序连接，形成聚合物主链。根据长序列的排列方式，常见的嵌段共聚物又分为二嵌段（A-B 型）、三嵌段（A-B-A 型）及多嵌段〔(AB)$_n$ 型〕等形式。嵌段共聚物可通过多种方法合成，如通过不同均聚物间功能端基的相互反应，活性聚合中控制单体加入顺序，偶合反应及机械力等。有些合成方法已在前面的章节中提及。嵌段共聚物特别是 A-B-A 型，往往表现出许多与无规共聚物甚至均聚物的混合物不同的性质，这些性质与其固态的形态有关。均聚物性质相差较大的单体间，形成的嵌段共聚物往往会发生相分离。许多热塑弹性体的性质就是由这种形态所决定的，因此研究嵌段共聚物的合成具有重要的意义。

### 9.4.2.1　自由基聚合合成嵌段共聚物

自由基聚合的单体易得，聚合条件温和，且不像离子型聚合等对杂质敏感，因而近年来以自由基聚合法合成嵌段共聚物的研究备受重视。采用自由基聚合合成嵌段共聚物的方法大体可以分为四类：双功能自由基引发剂法，引发转移终止（iniferter）法，高分子引发剂（macroinitiator）及自由基活性聚合法。

（1）双功能基引发剂法

在不同条件下独立发挥引发作用的双功能基引发剂，可以用来合成嵌段共聚物。具有偶氮及过氧酰基的双功能引发剂，在有机胺（四乙烯基五胺）存在下，先引发甲基丙烯酸甲酯聚合，后再热引发苯乙烯聚合，可以获得 A-B-A 型三嵌段共聚物：

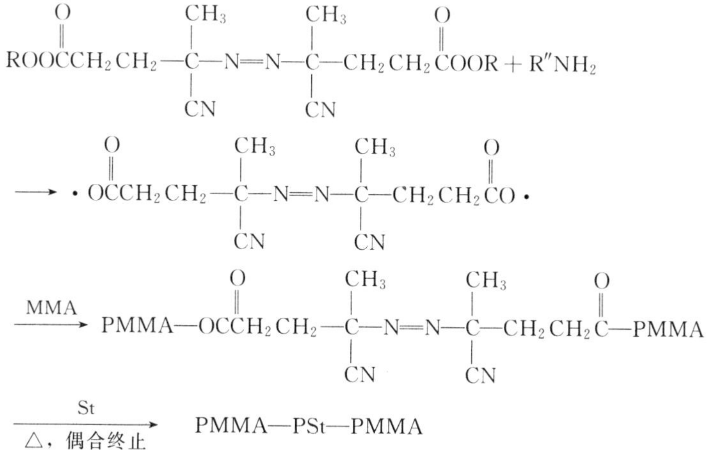

4,4′-偶氮二（4-氰基戊醇）先在 Ce（Ⅳ）的氧化下，引发丙烯酰胺（AM）聚合，之后进行苯乙烯的乳液聚合，同样可以获得 A-B-A 型嵌段共聚物：

$$
\text{HOCH}_2\text{CH}_2\text{CH}_2\underset{\underset{CN}{|}}{\overset{\overset{CH_3}{|}}{C}}\text{—N==N—}\underset{\underset{CN}{|}}{\overset{\overset{CH_3}{|}}{C}}\text{CH}_2\text{CH}_2\text{CH}_2\text{OH} \xrightarrow[\text{HNO}_3]{\text{Ce}^{4+}}
$$

$$
\longrightarrow \cdot\text{OCH}_2\text{CH}_2\text{CH}_2\underset{\underset{CN}{|}}{\overset{\overset{CH_3}{|}}{C}}\text{—N==N—}\underset{\underset{CN}{|}}{\overset{\overset{CH_3}{|}}{C}}\text{CH}_2\text{CH}_2\text{CH}_2\text{O}\cdot
$$

$$
\xrightarrow{\text{AM}} \text{PAM—OCH}_2\text{CH}_2\text{CH}_2\underset{\underset{CN}{|}}{\overset{\overset{CH_3}{|}}{C}}\text{—N==N—}\underset{\underset{CN}{|}}{\overset{\overset{CH_3}{|}}{C}}\text{CH}_2\text{CH}_2\text{CH}_2\text{O—PAM}
$$

$$
\xrightarrow[\triangle,\ \text{偶合终止}]{\text{St}} \text{PAM—PSt—PAM}
$$

（2）引发转移终止法

采用引发转移终止剂（initiator transfer agent terminator，简称 iniferter）也可以合成嵌段共聚物。Iniferter 是由大津隆行提出，是指一些含有—S—S—或 C—S 弱键的化合物，如：

$$
\text{C}_6\text{H}_5\text{—CH}_2\text{—S—}\overset{\overset{S}{\|}}{\text{C}}\text{—NEt}_2
\qquad
\text{Et}_2\text{N—}\overset{\overset{S}{\|}}{\text{C}}\text{—S—CH}_2\text{—} \bigcirc \text{—CH}_2\text{—S—}\overset{\overset{S}{\|}}{\text{C}}\text{—NEt}_2
$$

$$
\text{Et}_2\text{N—}\overset{\overset{S}{\|}}{\text{C}}\text{—S—S—}\overset{\overset{S}{\|}}{\text{C}}\text{—NEt}_2
\qquad
\text{CH}_3\text{—} \bigcirc \text{—NH—}\overset{\overset{O}{\|}}{\text{C}}\text{—CH}_2\text{—S—}\overset{\overset{S}{\|}}{\text{C}}\text{—NEt}_2
$$

在它们的结构中，都含有二硫代二乙氨基甲酸基。Iniferter 可用通式 R—SC(==S)—NEt$_2$ 表示，它在光照下可分解产生二种自由基，R· 及 ·SC(==S)NEt$_2$，其中 R· 引发聚合，·SC(==S)NEt$_2$ 终止聚合，其过程可表示如下：

$$
\text{R—S—}\overset{\overset{S}{\|}}{\text{C}}\text{—NEt}_2 \overset{h\upsilon}{\rightleftharpoons} \text{R}\cdot + \cdot\text{S—}\overset{\overset{S}{\|}}{\text{C}}\text{—NEt}_2
$$

$$
\text{R}\cdot + \text{M} \longrightarrow \text{RM}\cdot
$$

$$
\text{RM}\cdot + \text{R—S—}\overset{\overset{S}{\|}}{\text{C}}\text{—NEt}_2 \longrightarrow \text{RM—S—}\overset{\overset{S}{\|}}{\text{C}}\text{—NEt}_2 + \text{R}\cdot
$$

终止反应主要是通过 ·SC(==S)NEt$_2$ 的终止及链转移进行的。由于终止产物仍能通过光解来引发聚合，因而这类聚合具有"活性聚合"的特征，能够用来合成嵌段共聚物。对于单官能基的引发剂，采用二次顺序加料，可以合成 A-B 型嵌段共聚物；对于二官能度的引发剂，采用同样的加料方式，可以获得 A-B-A 型三嵌段共聚物。

（3）自由基活性聚合

Georges 等以过氧化苯甲酰（BPO）为引发剂，在过量 2,2,6,6-四甲基-1-哌啶氧化物（TEMPO）的存在下，引发苯乙烯聚合。该聚合反应为自由基活性聚合。

$$Ph-\overset{\overset{O}{\|}}{C}-O-O-\overset{\overset{O}{\|}}{C}-Ph^+ \cdot O-N + CH_2=\underset{Ph}{CH}$$

$$\Big\downarrow 90℃$$

$$Ph-\overset{\overset{O}{\|}}{C}-OCH_2-\underset{Ph}{CH}-O-N \xrightleftharpoons{120℃} Ph-\overset{\overset{O}{\|}}{C}-OCH_2-\underset{Ph}{CH}\cdot + \cdot O-N$$

$$\Big\downarrow nCH_2=\underset{Ph}{CH}$$

$$Ph-\overset{\overset{O}{\|}}{C}-O-(CH_2-\underset{Ph}{CH})_n CH_2-\underset{Ph}{CH}\cdot \xrightleftharpoons{} Ph-\overset{\overset{O}{\|}}{C}-O-(CH_2-\underset{Ph}{CH})_n CH_2-\underset{Ph}{CH}-O-N$$

$$+ \cdot O-N$$

$$\Big\downarrow M_2$$

$$PSt\text{-}b\text{-}PM_2$$

TEMPO 为稳定自由基。在较低的温度下（90℃），它与单体自由基结合而终止聚合；当温度超过 120℃ 时，该终止链活化，形成增长链自由基和 TEMPO 自由基，前者引发单体聚合，形成聚合物链。由于为活性聚合，加入第二种单体，则形成嵌段共聚物。

原子转移聚合也是近年来深入研究的自由基活性聚合。烷基氯化物如 1-苯基氯乙烷（1-PEC）与 CuCl 在 2,2-联吡啶（bpy）的存在下，引发烯类单体如苯乙烯聚合，为活性自由基聚合。其分子质量与单体转化率成正比，分子质量分布 $M_w/M_n < 1.5$。聚合过程如下。

链引发：

$$R-Cl^+ Cu^I L_x \rightleftharpoons [R\cdot + Cl-Cu^{II}L_x]$$

$$\underset{+M}{\big\downarrow}\!\!\!\times \qquad\qquad k_i\underset{+M}{\big\downarrow}$$

$$R-M-Cl^+ Cu^I L_x \rightleftharpoons [R-M\cdot + Cl-Cu^{II}L_x]$$

链增长：

$$P_i-Cl^+ Cu^I L_x \rightleftharpoons [P_i\cdot + Cl-Cu^{II}L_x]$$

$$\underset{+M}{\overset{k_p}{\big\downarrow}}$$

加入第二种单体，如丙烯酸甲酯，可得到嵌段共聚物 PSt-b-PMA。

### 9.4.2.2　正离子型活性聚合

采用正离子型活性聚合法，同样可以获得嵌段共聚物。Kennedy 等以 1,4-二（2-甲氧基-2-丙基）苯（简称二枯基甲醚）/TiCl₄ 体系引发异丁烯聚合，然后采用顺序加料的方式加入 $p$-$t$-丁基苯乙烯，得到聚（$p$-$t$-丁基苯乙烯-$b$-异丁烯-$b$-$p$-$t$-丁基苯乙烯）三嵌段共聚物：

$$H_3CO-\overset{\overset{CH_3}{|}}{\underset{\underset{CH_3}{|}}{C}}-\langle C_6H_4 \rangle-\overset{\overset{CH_3}{|}}{\underset{\underset{CH_3}{|}}{C}}-OCH_3 + TiCl_4 + CH_2=C(CH_3)_2$$

$$\Big\downarrow$$

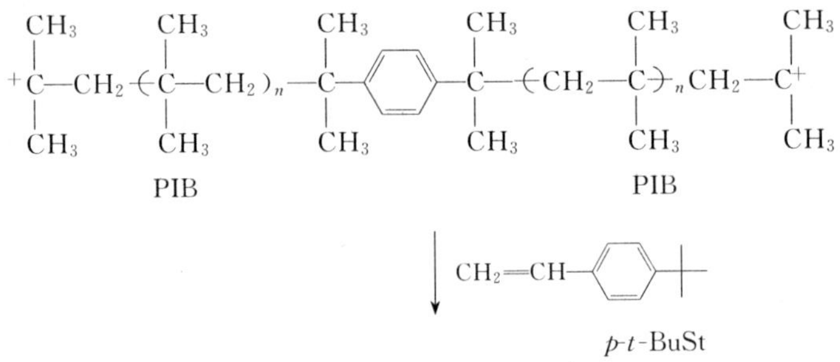

$$\text{P-}p\text{-}t\text{-BuSt}\sim\sim\sim\text{PIB}\sim\sim\sim\text{P-}p\text{-}t\text{-BuSt}$$

采用类似的方法，还可以合成聚（p-氯苯乙烯-b-异丁烯-b-p-氯苯乙烯）三嵌段共聚物、聚（茚-b-异丁烯-b-茚）三嵌段共聚物等。另外，还可通过改变增长活性种，合成聚（p-氯苯乙烯-b-四氢呋喃）嵌段共聚物：

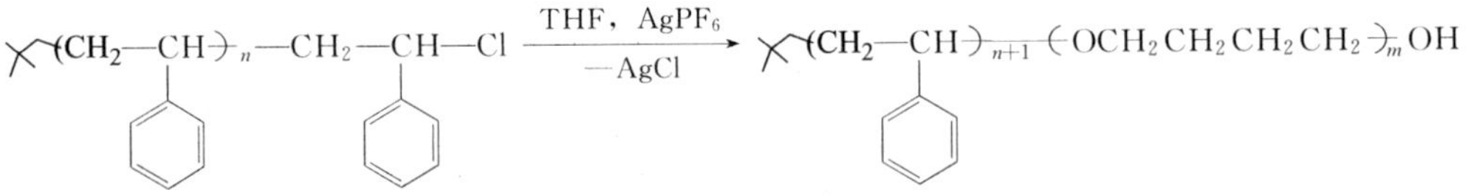

这些嵌段共聚物由于都具有软段和硬段，故为热塑弹性体。

### 9.4.2.3 负离子型活性聚合

在前面有关章节中已经讲到，采用负离子活性聚合的顺序加料，单锂引发剂可以获得二嵌段共聚物如聚（苯乙烯-b-丁二烯）（SB）、三嵌段共聚物如聚（苯乙烯-b-丁二烯-b-苯乙烯）（SBS）等。以双锂引发剂或萘钠等为引发剂，通过二次顺序加料，可以得到三嵌段共聚物如 SBS。另外在适当的条件下，还可得到极性-非极性嵌段共聚物如聚（丁二烯-b-甲基丙烯酸甲酯）共聚物等。

### 9.4.2.4 基团转移聚合

采用硅烷烯酮缩醛为引发剂，在催化剂如碱 $HF_2^-$、$F^-$、$CN^-$ 等，或 Lewis 酸如 $ZnCl_2$ 等存在下，$\alpha$, $\beta$-不饱和羰基化合物可以进行活性聚合，形成聚合物：

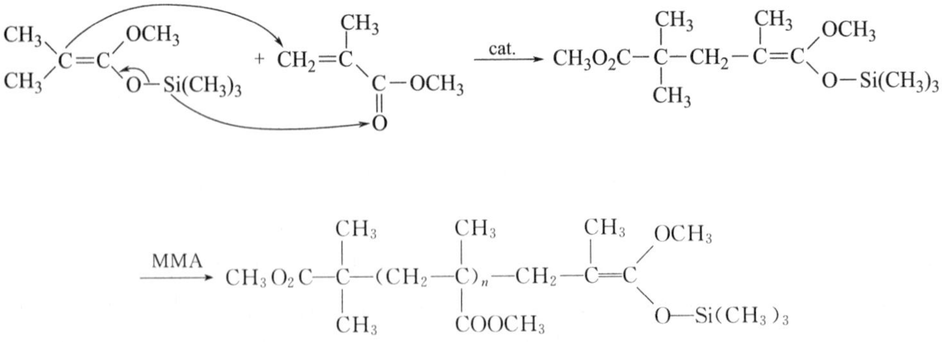

引发种与 MMA 或增长种每次与 MMA 进行加成反应时，都伴随着三甲基硅基的转移，这类聚合被称为基团转移聚合（GTP）。基团转移聚合的单体主要为丙烯酸酯类、丙烯腈、N,N-二甲基丙烯酰胺等。有些单体含有敏感性基团，如环氧基、烯丙基等，在聚合过程中不被破坏。采用基团转移聚合，以顺序加料的方式聚合，能够合成嵌段共聚物。采用如下双功能基引发剂，能够合成三嵌段共聚物：

$$\begin{array}{c} CH_3 \quad\quad OSi(CH_3)_3 \\ \searrow\quad / \\ C{=}C \quad\quad\quad OSi(CH_3)_3 \quad CH_3 \\ / \quad\quad\quad O \quad | \\ CH_3 \quad O \quad\quad\quad C{=}C \\ \quad / \\ CH_3 \end{array}$$

　　另外通过转换反应，也能合成嵌段共聚物。如通过 GTP 和自由基的转换反应，能够合成 P（MMA-*b*-St）：

$$\begin{array}{c} CH_3 \quad\quad OSi(CH_3)_3 \\ \searrow\quad / \\ C{=}C \\ / \quad\quad\quad \searrow \\ PMMA \quad\quad OCH_3 \end{array} \xrightarrow{Br_2} PMMA{-}Br \xrightarrow[h\nu]{Mn_2(CO)_{10},\ St} P(MMA\text{-}b\text{-}St)$$

#### 9.4.2.5　其它方法

　　聚合物在混炼过程中，主链在剪切力的作用下，会发生化学键的断裂，形成自由基，如果将两种均聚物或将聚合物与某种单体混炼，就能够得到嵌段共聚物：

$$\left.\begin{array}{l} \sim\!\!\sim M_1 M_1 \sim\!\!\sim \\ \sim\!\!\sim M_2 M_2 \sim\!\!\sim \end{array}\right\} \xrightarrow{碾磨} \left.\begin{array}{l} \sim\!\!\sim M_1\cdot \\ \sim\!\!\sim M_2\cdot \end{array}\right\} \longrightarrow \begin{array}{l} \sim\!\!\sim M_1 M_2 \sim\!\!\sim \\ \sim\!\!\sim M_1 M_1 \sim\!\!\sim \\ \sim\!\!\sim M_2 M_2 \sim\!\!\sim \end{array}$$

$$\sim\!\!\sim M_1 M_1 \sim\!\!\sim \xrightarrow{碾磨} \sim\!\!\sim M_1\cdot \xrightarrow{M_2} \sim\!\!\sim M_1 M_2 \sim\!\!\sim$$

　　由于聚合物自由基的随机结合，所以前者的产物是嵌段共聚物与两种均聚物的混合物；而后者的嵌段共聚物中会含有均聚物（PM$_1$）。

　　聚酯与聚酰胺在熔融温度下，可以发生酯-酰胺交换反应，形成嵌段的聚酯-*b*-聚酰胺。这种交换反应得到的嵌段共聚物与反应时间有关，随着时间的延长，共聚物中的均聚物段会变得越来越短，最后可能会变为无规共聚物。

　　通过逐步聚合也能合成嵌段共聚物，如异氰酸酯与芳香族二酚或二胺，及端羟基聚醚或聚酯进行反应，通过控制反应物的比例，即可得到具有软段和硬段的嵌段聚氨酯，为热塑性弹性体。由于嵌段共聚物具有许多独特的性质，因而其研究备受重视。

# 9.5　聚合物的降解

　　聚合物的降解是指引起聚合物相对分子质量降低的化学反应。影响聚合物降解的物理、化学因素很多，如机械力、热、光、化学介质、水、微生物等。有些场合是有目的地使聚合物降解，如天然橡胶的塑炼、废旧塑料制品的解聚制取燃料及单体、淀粉等水解成葡萄糖、废弃聚合物的微生物降解等。聚合物在使用过程中受物理、化学因素的影响，力学性能变坏，这种现象俗称老化。其中主要的反应是降解，有时也伴随交联。因此研究降解机理，主要是为了克服或利用降解反应，防止使用过程的老化等。

## 9.5.1　热降解

　　聚合物在受热时会发生降解，聚合物的热降解首先是由弱的化学键开始。聚合物中常见化学键的离解能如表 9-2 所示。聚烯烃如 PE、PP 中最弱的化学键为 C—C 键，受热时，聚合物首先发生 C—C 键断裂。如果没有其它的化学键发生断裂，C—C 键断裂后形成的自由基由于存在笼蔽效应，还会偶合形成 C—C 键，这种断裂-偶合反应是可逆的；如果同时伴随其它键的断裂，如 C—H 键等的断裂，形成易扩散或挥发性成分如 H$_2$ 等，可逆反应就会被打破，降解反应就会进行下去。对于氟取代的聚合物，如聚四氟乙烯，由于 C—F 键的离

表 9-2 常见化学键的离解能

| 化学键 | 离解能/(kJ/mol) | 化学键 | 离解能/(kJ/mol) | 化学键 | 离解能/(kJ/mol) |
|--------|----------------|--------|----------------|--------|----------------|
| C—C | 348 | C—Cl | 317 | C—O | 351 |
| C—H | 413 | C—F | 441 | | |

解能比 C—H 键要大许多，形成可挥发成分要难得多，因此更稳定。对于含氯聚合物，热降解总是先从 C—Cl 键的断裂开始。

聚合物在发生热降解时，根据分子链的断裂情况，又可分为解聚、无规断裂和侧基脱除等三类。

### 9.5.1.1　解聚

解聚是聚合的逆反应。聚合物在受热时，主链发生均裂，形成自由基，之后聚合物的链节以单体形式逐一从自由基端脱除，进行解聚。解聚反应在聚合上限温度以上时尤其容易进行。以聚甲基丙烯酸甲酯为例，其解聚反应如下所示：

$$\sim\sim\sim CH_2-\underset{\underset{COOCH_3}{|}}{\overset{\overset{CH_3}{|}}{C}}-CH_2-\underset{\underset{COOCH_3}{|}}{\overset{\overset{CH_3}{|}}{C}}\cdot \longrightarrow \sim\sim\sim CH_2-\underset{\underset{COOCH_3}{|}}{\overset{\overset{CH_3}{|}}{C}}\cdot + CH_2=\underset{\underset{COOCH_3}{|}}{\overset{\overset{CH_3}{|}}{C}}$$

在 270℃ 以下，有机玻璃可以完全解聚为单体。温度较高时，则伴有无规断链。利用热解聚原理，可由废有机玻璃回收单体。一些常见聚合物的解聚情况如表 9-3 所示。

表 9-3　300℃ 真空中聚合物热降解时的单体产率

| 聚合物 | 挥发产物中单体的分数 | | 聚合物 | 挥发产物中单体的分数 | |
|--------|----------|----------|--------|----------|----------|
| | 质量分数/% | 摩尔分数/% | | 质量分数/% | 摩尔分数/% |
| 聚甲基丙烯酸甲酯 | 100 | 100 | 聚苯乙烯 | 42 | 65 |
| 聚（α-甲基苯乙烯） | 100 | 100 | 聚乙烯 | 3 | 21 |
| 聚异丁烯 | 32 | 78 | | | |

主链上带有季碳原子的聚合物，无叔氢原子，难以发生链转移，受热时易发生解聚反应，如聚甲基丙烯酸甲酯、聚（α-甲基苯乙烯）、聚异丁烯等，其单体的聚合热及聚合上限温度一般也较低。

聚四氟乙烯分子中 C—F 键能较大，聚合时无链转移反应，形成高度线形的聚合物。它在受热时，也因为无链转移反应，可以全部解聚为单体。

聚甲醛是另一类易解聚的聚合物，解聚反应按离子型机理进行，从端羟基开始：

$$\sim\sim\sim CH_2OCH_2OCH_2OH \longrightarrow \sim\sim\sim CH_2OCH_2OH + CH_2O$$

聚甲醛往往通过端羟基的酯化或醚化，或在聚合物链中引入氧化乙烯链节，提高其热稳定性。

### 9.5.1.2　无规断链

有些聚合物如聚乙烯在受热时，主链任何处都可能断裂，相对分子质量迅速下降，但单体收率很少，这类反应称作无规断裂。

聚乙烯断裂后形成的自由基活性很高，主链上又有许多二级氢，易发生链转移反应，几乎无单体产生。可以用分子内的"回咬"机理来说明。

$$\sim\sim CH_2CH_2CH \overset{CH_2-CH_2}{\underset{H \quad \cdot CH_2}{\diagdown\diagup}} CH_2 \longrightarrow \sim\sim CH_2CH_2CH\cdot \overset{CH_2-CH_2}{\underset{CH_3}{\diagdown\diagup}} CH_2$$

$$\sim\sim CH_2CH_2CH{=}CH_2 + \cdot CH_2CH_2CH_3 \qquad \sim\sim CH_2\cdot + CH_2{=}CHCH_2CH_2CH_2CH_3$$

不少聚合物在热解时同时伴有无规断链和解聚反应，如聚苯乙烯等。

#### 9.5.1.3　取代基的脱除

聚氯乙烯、聚醋酸乙烯酯、聚丙烯腈、聚氟乙烯等在受热时，取代基将脱除。聚氯乙烯须在 $180\sim200℃$ 温度下加工成型，但在 $80\sim200℃$ 的范围内，会发生非氧化热降解，脱除氯化氢，使聚合物变为深色，强度降低。此脱氯化氢反应在 $200℃$ 进行得很快，反应式可表示如下：

$$\sim\sim CH_2CHClCH_2CHCl\sim\sim \longrightarrow \sim\sim CH{=}CHCH{=}CH\sim\sim + 2HCl$$

游离氯化氢具有催化作用。此外金属氯化物，如氯化氢与加工设备作用形成的氯化铁等，也具有催化作用。聚氯乙烯在加工时须加入稳定剂，如硬脂酸钡、硬脂酸镉、有机锡等，以吸收加工过程中形成的氯化氢。

聚氯乙烯受热时易脱除氯化氢，主要是因为大分子链中存在着不稳定结构。研究表明，分子链中的烯丙基氯最不稳定，其次是端基烯丙基氯。曾经测得聚氯乙烯大分子上平均每 1000 个碳原子上含有 $0.2\sim1.2$ 个双键，多的甚至有 15 个，双键旁边的氯就是烯丙基氯。双键越多，越不稳定。

目前有两种机理解释聚氯乙烯脱除氯化氢的过程。一种是自由基机理，认为脱除氯化氢的过程可分为以下三个步骤。

① 聚氯乙烯分子中的某些薄弱结构，特别是烯丙基氯，产生自由基：

$$\sim\sim CH{=}CH{-}\underset{\underset{Cl}{|}}{CH}{-}CH_2\sim\sim \longrightarrow \sim\sim CH{=}CH{-}\underset{\cdot}{CH}{-}CH_2\sim\sim + \cdot Cl$$

② 氯自由基从聚氯乙烯分子中提取氢原子，形成链自由基：

$$Cl\cdot + \sim\sim CH_2{-}\underset{\underset{Cl}{|}}{CH}{-}CH_2{-}\underset{\underset{Cl}{|}}{CH}{-}CH_2{-}\underset{\underset{Cl}{|}}{CH}\sim\sim \longrightarrow \sim\sim\underset{\cdot}{CH}{-}\underset{\underset{Cl}{|}}{CH}{-}CH_2{-}\underset{\underset{Cl}{|}}{CH}{-}CH_2{-}\underset{\underset{Cl}{|}}{CH}\sim\sim + HCl$$

③ 聚氯乙烯链自由基脱除氯自由基，在大分子上形成双键：

$$\sim\sim\underset{\cdot}{CH}{-}\underset{\underset{Cl}{|}}{CH}{-}CH_2{-}\underset{\underset{Cl}{|}}{CH}{-}CH_2{-}\underset{\underset{Cl}{|}}{CH}\sim\sim \longrightarrow \sim\sim CH{=}CH{-}CH_2{-}\underset{\underset{Cl}{|}}{CH}{-}CH_2{-}CH\sim\sim + \cdot Cl$$

新生的氯自由基使②、③两步反复进行，即发生所谓的"拉链式"脱氯化氢过程。

上述机理无法解释游离氯化氢的催化作用。

另一种机理认为脱氯化氢是通过离子型机理进行的：

$$\sim\sim \overset{\delta^+}{CH}{-}\overset{\delta^-}{CH}{-}CH{-}CH_2\sim\sim \longrightarrow \sim\sim CH{=}CH{-}CH{-}CH\sim\sim$$

采用有机金属稳定剂，可以使聚氯乙烯稳定。其原因被认为是金属有机化合物中的配位体与聚氯乙烯中的活泼氯，如烯丙基氯，发生交换反应，将活泼氯原子置换掉，减少了聚氯乙烯中的不稳定结构：

$$\sim\sim\overset{\underset{\displaystyle|}{}}{C}=\overset{\underset{\displaystyle|}{\overset{\displaystyle Cl}{|}}}{C}-\overset{\underset{\displaystyle|}{}}{CH}-CH_2\sim\sim + MY_2 \longrightarrow \sim\sim\overset{\underset{\displaystyle|}{}}{C}=\overset{\underset{\displaystyle|}{\overset{\displaystyle Y}{|}}}{C}-\overset{\underset{\displaystyle|}{}}{CH}-CH_2\sim\sim + MYCl$$

式中，M 为 $(C_2H_5)_2Sn^{2+}$，Y 为 $C_{12}H_{25}S^-$。

### 9.5.2　水解、化学及生物降解

有些聚合物如聚酯、聚碳酸酯等在加工成型时，由于温度高，对水敏感，水分的存在会使聚合物的相对分子质量迅速降低，影响材料的性能。因此，这类聚合物在加工前必须充分干燥。有些聚合物在酸、碱等催化剂的存在下易发生降解，如纤维素、淀粉等在无机酸的作用下水解，最终形成低聚糖及葡萄糖等。聚酯、聚酰胺等在酸或碱的作用下，也可发生水解，使聚合物的相对分子质量下降，形成低聚体甚至是单体。

目前广泛使用的聚合物如聚乙烯、聚丙烯、聚苯乙烯等，在自然界中是很稳定的。它们的废弃物在自然界中很难降解，彻底的降解需要上百年。这些材料比较适合用作耐用品。随着聚合物在医疗、农用地膜、快餐业及包装等行业中大量使用，造成了严重的白色污染，已经引起人们的广泛关注。为此，人们在近二三十年中对生物降解性材料进行了大量的研究，有些已有较大规模的生产，如利用微生物发酵法合成的聚（3-羟基丁酸酯-co-3-羟基戊酸酯）[P(3HB-co-3HV)]，利用微生物发酵获得乳酸、经聚合获得的聚乳酸（PLA），以及缩聚获得的聚丁二酸丁二醇酯（PBS）等，都是完全降解的材料，这些聚合物在生物体内可由酶催化水解为单体，最终被代谢成二氧化碳和水。它们在自然界中可完全被微生物降解。这些材料目前主要用作医用外科缝线、药物缓释体系以及包装和农用产品。

### 9.5.3　氧化降解

聚合物在加工和使用过程中，由于与空气接触，往往会发生氧化降解，降解反应中有氧气的参与。

#### 9.5.3.1　氧化降解机理

聚合物的热氧化是通过自由基机理进行的。烃类聚合物的热氧化机理包括引发、增长、支化等过程。

引发：$RH \longrightarrow R\cdot$

增长：$R\cdot + O_2 \longrightarrow ROO\cdot$

$ROO\cdot + RH \longrightarrow ROOH + R\cdot$

分支：$ROOH \longrightarrow RO\cdot + HO\cdot$

$RO\cdot + RH \longrightarrow ROH + R\cdot$

$HO\cdot + RH \longrightarrow HOH + R\cdot$

终止：$\left.\begin{array}{l} 2R\cdot \longrightarrow \\ ROO\cdot + R\cdot \longrightarrow \\ 2ROO\cdot \longrightarrow \end{array}\right\}$非自由基产物

以上是纯聚合物或小分子烃的氧化降解情况。在此过程中，烃分子或聚合物失去氢形成自由基，引发氧化降解。普通的商品聚合物，会含有氢过氧化物等杂质，这些可能是真正的引发种。在氧化降解过程中，最初形成的氢过氧化物还可通过分支反应形成许多其它自由基，因此聚合物更容易发生氧化降解。

过氧化氢基团引起的链断裂也会导致聚合物相对分子质量的降低：

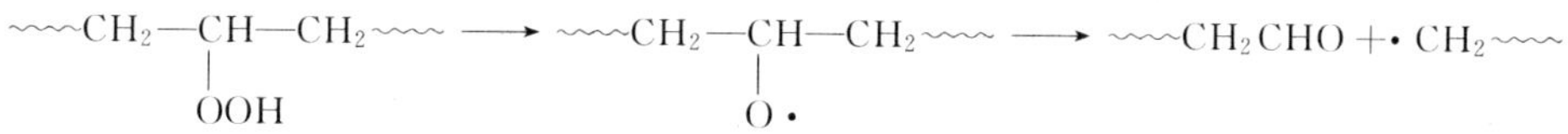

$$\sim\!\!\sim\!\!CH_2\!\!-\!\!\overset{\displaystyle |}{\underset{\displaystyle OOH}{CH}}\!\!-\!\!CH_2\!\!\sim\!\!\sim\ \longrightarrow\ \sim\!\!\sim\!\!CH_2\!\!-\!\!\overset{\displaystyle |}{\underset{\displaystyle O\cdot}{CH}}\!\!-\!\!CH_2\!\!\sim\!\!\sim\ \longrightarrow\ \sim\!\!\sim\!\!CH_2CHO+\cdot CH_2\!\!\sim\!\!\sim$$

氢过氧化物均裂产物的进一步氧化，形成醇、醛、酮等，最终形成羧酸。羧酸与加工设备中的金属形成羧酸盐，进一步催化氧化降解。许多过渡金属离子都可催化氧化降解。

聚合物中含有叔氢或烯丙基氢，易发生氧化降解。聚丙烯、橡胶等聚合物在热的空气中更容易老化。

### 9.5.3.2　抗氧剂及抗氧机理

已有的聚合物都会不同程度地发生热氧化降解。为了防止氧化降解，降低聚合物在加工和使用过程中的热氧化，通常在加工时加入抗氧剂，来提高稳定性和延长使用寿命。

目前采用的抗氧剂主要有两类：一类是含有活泼氢的化合物（HA），它们能有效地与氧化降解过程中形成的增长自由基ROO·、RO·等反应，形成稳定的自由基A·。A·为低活性或无活性物质，从而阻断降解反应的进行：

$$ROO\cdot+AH\xrightarrow{\ \text{极快}\ }ROOH+A\cdot$$

这类抗氧剂又叫连锁阻断型抗氧剂（chain-breaking antioxidants）。连锁阻断型抗氧剂只是在氧化过程中的链增长阶段阻止氧化降解。实际上，阻断反应发生时，部分热氧化降解已经进行。另一类被称为预防型抗氧剂（preventive antioxidants），这类抗氧剂与引发阶段的氢过氧化物反应，使其转化为非自由基成分，避免热氧化降解反应的发生。

（1）连锁阻断型抗氧剂

这类抗氧剂通常是一些位阻较大的酚类和芳香族仲胺类，如：

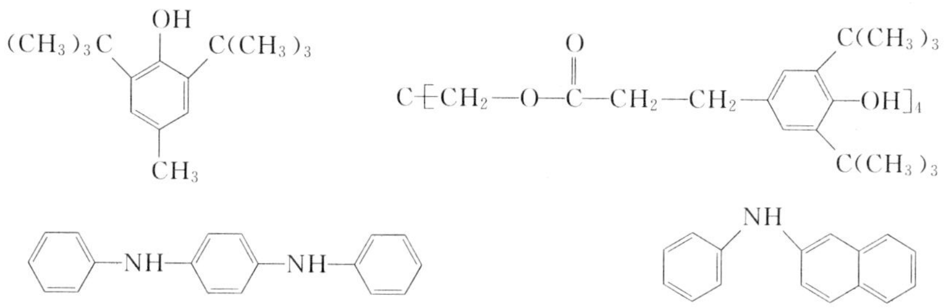

胺类可能具有致癌作用，且反应产物颜色较深，因此酚类用得更普遍。酚类可以终止多个自由基链。酚类与过氧自由基反应，使过氧自由基终止，酚本身变为酚氧自由基，进一步变为醌型结构：

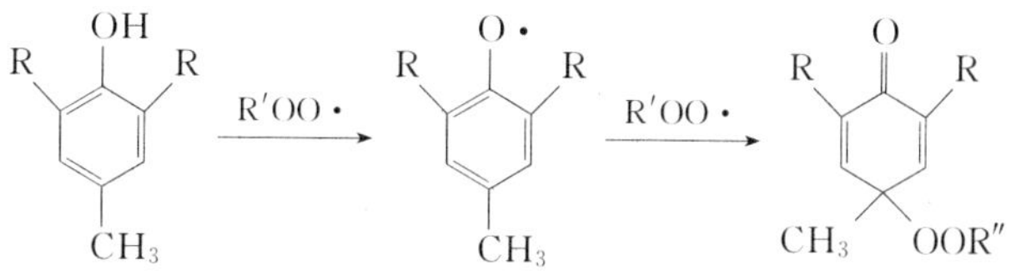

（2）预防型抗氧剂

这类抗氧剂在热氧化降解的引发步骤发生作用，其过程可表示如下：

$$ROOH\xrightarrow{\ \text{预防型抗氧剂}\ }\text{无活性（非自由基）产物}$$

氢过氧化物为引发物种，在热、紫外线及过渡金属离子的催化下，会发生均裂反应，形成自由基，引发氧化降解。然而，在与酸性催化剂（预防型抗氧剂）作用时，则发生异裂反应，形成非自由基物质。以枯基过氧化氢为例，其均裂、异裂过程如下：

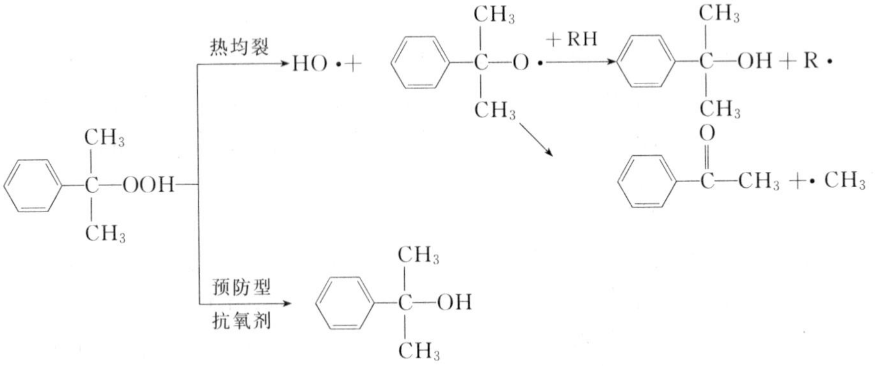


预防型抗氧剂通常是一些硫及磷的化合物，它们可以诱导氢过氧化物按非自由基的历程分解，由于不像均裂那样形成自由基，因此，该诱导机理不会产生新的氧化降解链。常用的预防型抗氧剂的结构如下：

$S(CH_2CH_2\overset{O}{\overset{\|}{C}}OC_{12}H_{25})_2$　　$(RO)_3P$　　$[(CH_3)_2N—\overset{S}{\overset{\|}{C}}—S]_2Zn$

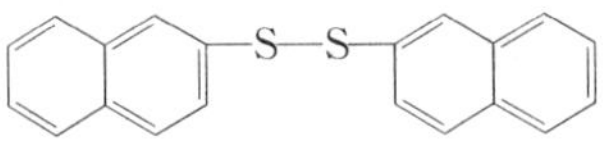
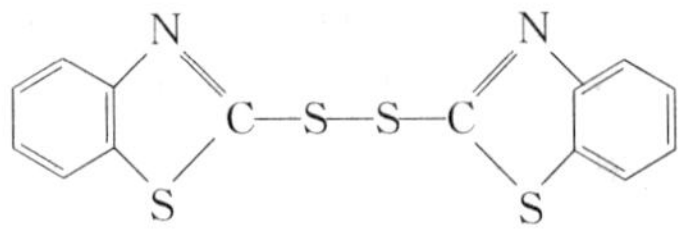

对于烃类聚合物而言，芳基二硫化物是有效的预防型抗氧剂，它对氢过氧化物的诱导分解反应如下：

$$C_{10}H_7—S—S—C_{10}H_7 + ROOH \longrightarrow C_{10}H_7—\overset{O}{\overset{\uparrow}{S}}—S—C_{10}H_7 + ROH$$

形成的含硫化合物还可继续与氢过氧化物反应，形成多种形式的含硫的酸，甚至会形成二氧化硫。含磷化合物同样可以与氢过氧化物按非自由基机理反应。亚磷酸酯的反应如下：

$$(RO)_3P + ROOH \longrightarrow (RO)_3P=O + ROH$$

过渡金属离子对于聚合物的热氧化降解具有催化作用，这些金属离子通常是在加工或使用过程中带入的，或是聚合物在合成时残存的引发剂。氢过氧化物的均裂可通过与这些金属离子的氧化还原反应而加速：

$$ROOH + M^{n+} \longrightarrow RO\cdot + M^{(n+1)+} + OH^-$$
$$ROOH + M^{(n+1)+} \longrightarrow ROO\cdot + M^{n+} + H^+$$

为了避免这种催化反应，需要加入另一类预防型抗氧剂，如草酰胺及其衍生物，其作用是与金属离子螯合，降低其催化氢过氧化物均裂的能力，这种抗氧剂有时又叫金属去活剂。常用的金属去活剂有草酰胺、草酰苯胺等。

### 9.5.4　光降解和光氧化

聚合物在使用过程中，往往会受到紫外线的照射，发生光降解和光氧化反应，引起聚合物的老化。为了认识光降解反应，人们研究了聚合物的光降解机理，合成了多种光稳定剂。同时，还利用某些光降解，将易发生光解反应的基团引入聚合物；或在加工成型时加入某些添加剂，以控制聚合物的降解速率，获得在自然界中迅速降解的材料，达到消除环境污染的目的。

#### 9.5.4.1　光解和光氧化机理

聚合物在大气中使用时，会受到自然界中紫外线的照射，发生光降解和光氧化反应。自然界中的紫外线在通过大气时，短波长的紫外线（120～280nm）被臭氧层吸收，达到地面的是波长为 300～400nm 的近紫外线，这部分光会被聚合物中的醛、酮等羰基及双键等基团吸收，引起化学反应。C—C、C—H 等键不会吸收这部分紫外线。一些常见聚合物的紫外吸收波长见表 9-4。聚合物在一定波长的紫外线照射下最容易发生反应，此紫外吸收波长又叫最大活化波长。

表 9-4　常见聚合物的紫外吸收波长

| 聚合物 | 最大活化波长/nm | 聚合物 | 最大活化波长/nm | 聚合物 | 最大活化波长/nm |
|---|---|---|---|---|---|
| 聚酯 | 325 | 聚丙烯 | 310 | 聚碳酸酯 | 295 |
| 聚苯乙烯 | 318 | 聚氯乙烯 | 320 | 聚甲基丙烯酸甲酯 | 290～315 |
| 聚乙烯 | 300 | 聚醋酸乙烯酯 | 280 | 聚甲醛 | 300～320 |

聚烯烃如聚乙烯虽然只有 C—C 键及 C—H 键，但商品的聚烯烃中往往含有羰基基团，这些基团会吸收紫外线，发生降解反应。天然橡胶及合成橡胶中的双键吸收紫外线，会发生部分降解和交联，使性能变坏、老化。涤纶聚酯等因含有苯环、羰基等，也会吸收紫外线，发生降解反应。

聚烯烃等常含有少量的羰基结构，在光照时，会发生 Norrish Ⅰ型和 Norrish Ⅱ型断裂反应，使得聚合物相对分子质量降低：

$$\text{Ⅰ型：} \underset{\text{O}}{\overset{\text{O}}{\text{RCCH}_2\text{CH}_2\text{CH}_2\text{R}}} \xrightarrow{h\upsilon} \text{RC}\cdot + \cdot\text{CH}_2\text{CH}_2\text{CH}_2\text{R}$$

$$\text{Ⅱ型：} \underset{\text{O}}{\overset{\text{O}}{\text{RCCH}_2\text{CH}_2\text{CH}_2\text{R}}} \xrightarrow{h\upsilon} \text{RCCH}_3 + \text{CH}_2\!=\!\text{CHR}$$

聚合物在氧气存在下，还可发生光氧化降解。聚合物的生色基团吸收紫外线后，形成激发态，激发态与氧气作用，形成过氧化物，按氧化降解机理进行降解：

$$\text{RH} + \text{O}_2 \xrightarrow{h\upsilon} \text{R}\cdot + \cdot\text{OOH}$$

$$\text{R}\cdot + \text{O}_2 \longrightarrow \text{ROO}\cdot \xrightarrow{\text{RH}} \text{ROOH} + \text{R}\cdot$$

#### 9.5.4.2　光稳定剂

为了避免聚合物在紫外线照射下的光降解和光氧化，通常在聚合物加工时加入紫外线吸收剂。大多数商品光吸收剂在吸收紫外线后形成激发态，随后将能量转化为热能，释放出去。有些则是通过放出荧光或磷光，将紫外线吸收除去。

经常使用的紫外线吸收剂为邻羟基二苯甲酮、水杨酸酯、2-(邻羟基苯)苯并三唑等的衍生物。常用的紫外线吸收剂如：

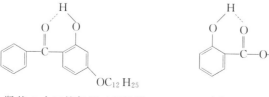

2-羟基-4-十二烷氧基二苯甲酮　　　　　水杨酸对辛烷基苯酯

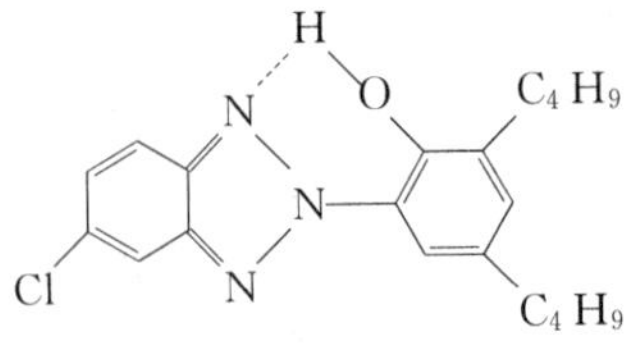

5-氯-2-(2′-羟基-3′,5′-二叔丁基苯)苯并三唑

这些化合物中，邻羟基与羰基氧或氮之间形成六元环的氢键，吸收的紫外线可以通过光致互变异构，将能量转化为热量释放出去，避免聚合物的光降解：

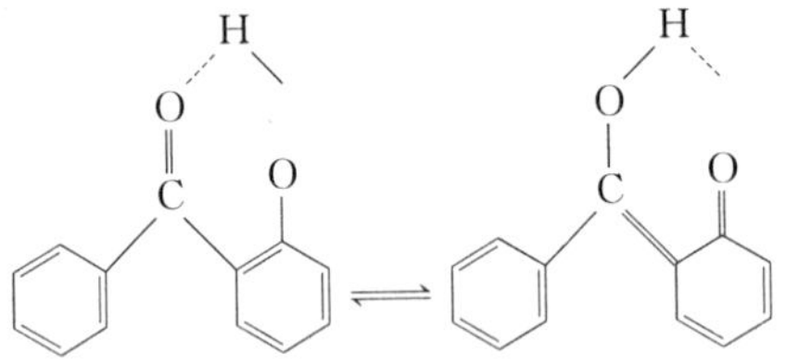

位阻胺光稳定剂（HALS）也是一类重要的光稳定剂。这类稳定剂对阻止光氧化反应非常有效，即使用量为 0.5%，其稳定效果也比加入 1% 的普通 UV 吸收剂高得多。HALS 不是通过吸收紫外线，而是通过氮氧自由基除去氧化降解过程中的烷基自由基，阻止光氧化反应的进行。以癸二酸二（2,2,6,6-四甲基-4-哌啶）酯为例，其过程如下：

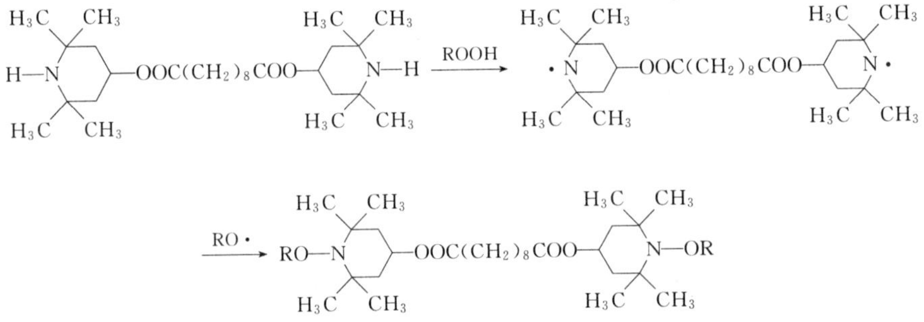

### 9.5.4.3 光降解塑料

采用光稳定剂能使聚合物避免光降解和光氧化，从而提高聚合物的使用寿命。但另一方面，在包装、农用膜等一次性使用场所，形成的废弃物往往希望能尽快地降解。为此，人们经过大量的研究，通过改变已有聚合物的结构或加入某些物质，设计出既能控制聚合物的使用寿命，同时废弃物又能够被光和微生物降解的新材料，来减轻白色污染。

将羰基基团引入聚合物，可以提高聚合物的光降解性能。这类材料目前已商品化的有乙烯——氧化碳共聚物，乙烯、丙烯、苯乙烯等与乙烯基酮的共聚物等。这些聚合物由于含有羰基结构，在光照下，可以发生 Norrish Ⅰ 型和 Norrish Ⅱ 型裂解，使聚合物相对分子质量降低，形成的低相对分子质量的聚合物被微生物降解的速度大大增强。

另一种方法是在聚合物加工时加入过渡金属化合物。并不是所有的过渡金属络合物都对聚合物的热氧化降解起促进作用。硫代氨基甲酸铁等可用作预防型的聚合物抗氧剂，如：

$$[(CH_3)_2N-C(=S)-S]_n Fe$$

但它们在光照时会发生分解反应：

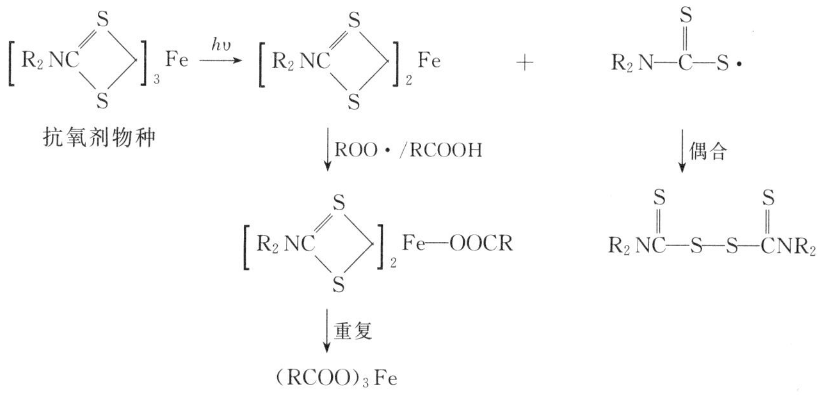

光解形成的硫代氨基甲酰基进一步偶合，形成抗氧剂物种；硫代氨基甲酸铁经过反复地光氧化反应，最终形成大分子羧酸铁，它为高催化活性的光氧化催化剂，能够使聚合物迅速地光降解。硫代氨基甲酸铁既是热氧化降解的稳定剂，保证聚合物在热加工过程中的稳定；同时在光照过程中有一定的诱导期，在此期间聚合物不降解，保证聚合物具有一定的使用寿命；诱导期过后聚合物即可迅速降解。通过改变其浓度，可以设计出不同使用寿命的聚合物材料，这在农用地膜等方面有过应用。

# 9.6　功能高分子

功能高分子材料发展迅速、在材料科学中占有重要的地位。与通用的高分子材料不同，功能高分子是人们为了满足某种特殊需要，希望高分子材料在一定的条件和环境中表现出某些物理或化学性质，具有某种特殊功能的高分子材料。其研究内容包括结构组成、构效关系、制备方法以及应用开发等方面。

功能高分子的发展可以追溯到很久以前，如离子交换树脂，而作为一门完整的学科则是从 20 世纪 80 年代中后期开始的。与常规的高分子材料相比，功能高分子材料常表现出与众不同的性质。如大多数高分子材料是化学惰性的，而作为功能高分子之一的高分子试剂的反应活性却相当高；常规的聚合物是电绝缘体，而导电聚合物却可以作为电子导电或离子导电材料。正是这些独特功能引起人们广泛的重视，使其成为当前高分子材料界研究的热点之一。

功能高分子材料通常按性质、功能或实际用途来分类。按照性质和功能划分，可以将其划分为以下 7 种类型：

① 反应型高分子材料　包括高分子试剂和高分子催化剂，特别是高分子固相合成试剂和固化酶试剂等。

② 光敏型高分子　包括各种光稳定剂、光刻胶、感光材料、非线性光学材料、光导材料和光致变色材料等。

③ 电活性高分子材料　包括导电聚合物、能量转换型聚合物、电致发光和电致变色材料以及其它电敏材料。

④ 膜型高分子材料　包括各种分离膜、缓释膜和其它半透性膜材料。

⑤ 吸附型高分子材料　包括高分子吸附性树脂、离子交换树脂、高分子螯合剂、高分子絮凝剂和吸水性高分子等。

⑥ 高性能工程材料　如高分子液晶材料、功能纤维材料等。

⑦ 高分子智能材料　包括高分子记忆材料、信息存储材料和光、电、磁、pH、压力感应材料等。

如按照实际用途划分，可划分的类别将更多，比如医药用高分子、分离用高分子、高分子反应试剂、高分子染料等。

功能高分子也是聚合物化学一个重要的研究领域。到目前为止，已有许多专著和综述性文章。本节主要对一些具有特殊物理特性如光、电、磁等，以及某些化学特性如反应活性、催化活性等功能高分子做一些简单介绍。

### 9.6.1　功能高分子的合成

功能高分子材料的制备是按照材料的性能要求，通过化学或物理的方法，将功能基与高分子骨架结合，获得所需的性能。功能高分子的制备方法主要有三种：一种方法是将功能基团通过某种反应连接到已有的聚合物上，实现功能化；另一种方法是将带有功能基的单体进行聚合或共聚，获得功能高分子；再一种方法是功能材料的复合。

#### 9.6.1.1　功能型小分子的高分子化

许多功能高分子材料是从相应的功能小分子化合物发展而来的，这些已知功能的小分子化合物通常已经具备了一定的功能，但往往还存在着某些不足，无法满足使用要求。对于这些功能型小分子，主要通过聚合等方式高分子化，赋予其高分子材料的特点，开发出功能高分子材料。比如，小分子过氧酸是常用的强氧化剂，是有机合成中重要的试剂。但是，这种小分子过氧酸的缺点是稳定性差，容易发生爆炸和失效，不便于储存；反应后产生的羧酸也不容易除掉，影响了产品的纯度。将其引入高分子骨架后形成的高分子过氧酸，挥发性和溶解性下降，稳定性得到提高。小分子液晶是早已经发现、并得到广泛使用的小分子功能材料，但其流动性强，不易加工处理的缺点限制了应用范围。利用高分子链将其连接起来，成为高分子液晶，在很大程度上可以克服上述不足。此外，某些小分子氧化还原物质，如 $N,N'$-二甲基联吡啶，人们早就知道它在不同氧化还原态具有不同的颜色，经常作为显色剂在溶液中使用。经过高分子化后，将其修饰固化到电极表面，便可以成为固体显色剂和新型电显示装置。

功能性小分子化合物上引入可聚合的基团，再经聚合，可获得功能聚合物。常见的可聚合基团包括双键、氯硅烷基、羟基、羧基等，其结构如图 9-2 所示。

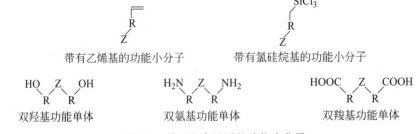

图 9-2　带可聚合基团的功能小分子

式中，Z 为功能结构，R 为功能结构与可聚合基团间的过渡结构。带有乙烯基的功能小分子可以通过自由基聚合等获得功能高分子；带有羟基、氨基或羧基的功能小分子，可以通过缩聚引入聚合物；而带有氯硅烷基的功能小分子可以通过硅烷化，将功能基团引入到玻璃等无机材料的表面上。例如通过自由基聚合，可以获得下列类型的功能高分子。

采用悬浮聚合，以氯甲基化的苯乙烯与苯乙烯、二乙烯基苯共聚，同样能够合成氯甲基化的聚苯乙烯：

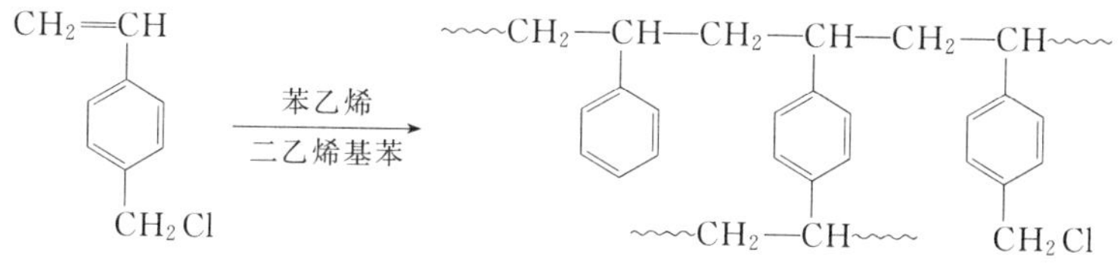

### 9.6.1.2　普通高分子引入功能基

功能高分子材料的另一种制备方法是通过化学方法在普通的高分子上引入功能基团，获得功能材料。这种方法利用已有的聚合物，使获得的功能高分子材料具有良好的机械性能。常用的聚合物有聚苯乙烯、聚乙烯醇、聚氯乙烯、聚丙烯酸、聚酰胺、聚砜、聚丙烯酰胺、纤维素、葡聚糖等。

作为聚合物载体，需考虑许多因素。首先功能基应容易连接上；还应考虑价格、力学性能、热及化学稳定性、多孔性以及与试剂、溶剂的相容性。聚合物载体在功能基进行反应时，本身应该是化学惰性的，对热稳定；应有一定的交联度和强度；具有多孔性，便于试剂、溶剂接近其内部，达到高反应速率和转化率；参与的反应为非均相，便于产品易分离纯化。

聚苯乙烯是目前优先选用的聚合物载体。聚苯乙烯载体由苯乙烯和二乙烯基苯共聚制得，具有适度的交联结构。它价格便宜，具有良好的力学、化学性质和热稳定性；同时，还可以通过许多方法，如氯甲基化、卤化、锂代、羧基化、硝化、磺化等进行功能基化。常用的聚苯乙烯载体含有 $1\%\sim2\%$ 的二乙烯基苯，力学性能较好，微孔结构能被溶剂高度溶胀。更高交联度的产物是刚性的聚合物，属大孔或网状树脂，它们的溶胀趋势很小。微孔结构载体在某些方面优于大网状结构载体，如不易碎，便于处理，功能化反应及后续反应速率很高，同时具有较高的负载容量。虽然不经常使用大网状结构的载体，但它也具有某些优点，易于从反应体系中除去（由于较大的刚性），反应速率不受扩散限制（因为它的孔径一般都很大）。大网状结构载体能用于几乎所有溶剂。

聚苯乙烯载体在进行化学反应时，所使用的溶剂主要是均聚物聚苯乙烯的一些溶剂，如二氧六环、四氢呋喃、苯、甲苯、氯仿和二氯甲烷等。但对于极性和亲水性反应物或溶剂体系，聚苯乙烯载体不太适合，这是其局限性。其它聚合物载体有聚丙烯酸、聚酰胺、聚砜、聚丙烯酰胺、纤维素、葡聚糖等。此外，还有无机聚合物，如二氧化硅或多孔玻璃，通过羟基将功能基团连接到无机载体的表面上。

### 9.6.1.3　聚合物功能化的物理方法

聚合物功能化的物理方法是通过共混将功能小分子与聚合物复合，获得功能材料。物理方法的特点是方法简便、快速，设备简单，适用范围宽，有更多的聚合物和功能小分子可供选择。物理共混方法主要有熔融共混和溶液共混方法。熔融共混主要是在各种聚合物热成型加工机械中完成；而溶液共混通常是将聚合物溶于某种溶剂，再将功能小分子溶解或悬浮其中，混合均匀后将溶剂挥发，获得功能高分子材料。如导电和导磁橡胶都是通过共混方式，将导电或导磁材料粉末与橡胶成分结合在一起而获得的。

## 9.6.2　反应型功能高分子

反应型功能高分子是指具有化学活性，能够参与或促进化学反应的高分子材料，包括高分子试剂和高分子催化剂。化学试剂和催化剂是有机反应中的重要物质，对反应的成功与否起着决定性的作用。常见的小分子催化剂和试剂在进行均相反应时，往往与产物难于分离，贵重的催化剂也难于回收使用，有时化学稳定性也不理想。将小分子试剂或催化剂通过化学键合或物理方法，与特定的高分子相结合，即可构成高分子试剂或高分子催化剂。高分子试剂在保留了小分子试剂和催化剂的反应性质的同时，还具有化学和物理稳定性好，易与产物分离，反复利用等特点。同时高分子试剂和催化剂还有一些特点，如高分子效应。高分子效应如骨架的空间位阻可以提高化学反应的选择性；邻位效应可提高反应速率；骨架作用常可以产生特殊的浓缩效应和稀释效应等。在目前已有的固相高分子试剂和高分子催化剂中，固化酶催化剂的功效已经远远超出了常规化学反应试剂和催化剂的范畴，为蛋白质、多糖、DNA 的合成和分析研究提供了强有力的技术手段。在化学和生物传感器研究领域也发挥了重要作用。高分子试剂和催化剂的不溶性、多孔性、高选择性和化学稳定性等性质，大大改进了化学反应的工艺过程。高分子试剂和高分子催化剂的回收再利用也符合绿色化学的宗旨，因而获得了迅速的发展和应用。在高分子试剂和高分子催化剂研制基础上发展起来的固相合成法和固化酶技术，是反应型功能高分子材料研究的重要突破，对有机合成和化学工业工艺流程的改进作出了巨大贡献。

9.6.2.1 高分子试剂

在反应中发生电子转移、元素价态发生变化的高分子试剂被称为高分子氧化还原试剂。有些高分子氧化还原试剂仅参与氧化反应，本身被还原，这类试剂又称为高分子氧化试剂。以高分子过氧酸为例，高分子过氧酸最常以聚苯乙烯为骨架，它比小分子过氧酸要稳定、安全得多。氯甲基化的聚苯乙烯在二甲基亚砜溶剂中与碳酸氢钾反应，生成甲酰化衍生物（聚合物醛），后者被氧化获得相应的过酸：

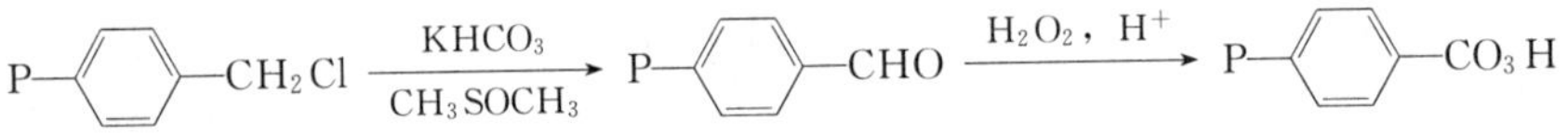
P
CH2Cl
KHCO3
CH3SOCH3
P
CHO
H2O2，H+
P
CO3H

这种过氧酸可以将烯烃氧化成环氧化物，其示意如下：

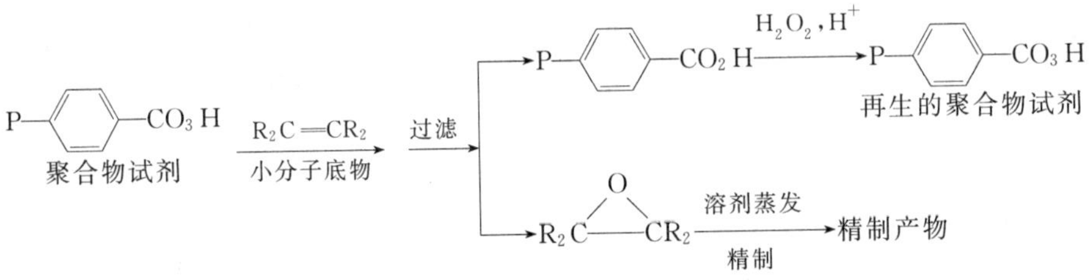
P
CO3H
聚合物试剂
R2C=CR2
小分子底物
过滤
P
CO2H
H2O2，H+
P
CO3H
再生的聚合物试剂
O
R2C
CR2
溶剂蒸发
精制
精制产物

高分子过酸与低分子烯烃在溶剂中反应后过滤，滤液蒸去溶剂得低分子产物，经纯化得到纯品环氧化物。高分子试剂还可再生，反应中形成的高分子酸通过与过氧化氢反应，重新得到过酸。聚合物过酸也可用于其它氧化反应，如将硫醚氧化成亚砜等。

参与还原反应的高分子试剂又称为高分子还原剂。聚苯乙烯磺酰肼是以聚苯乙烯为原料，经磺酰化及与肼的反应，获得的高分子还原剂。

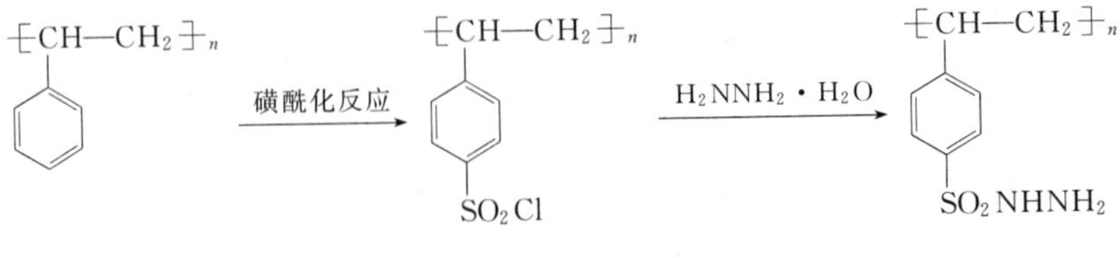
CH—CH2
n
磺酰化反应
CH—CH2
n
SO2Cl
H2NNH2 · H2O
CH—CH2
n
SO2NHNH2

高分子磺酰肼试剂主要用于碳碳双键的加氢反应，在此过程中，对羰基不起作用，是一种有选择性的高分子还原剂。

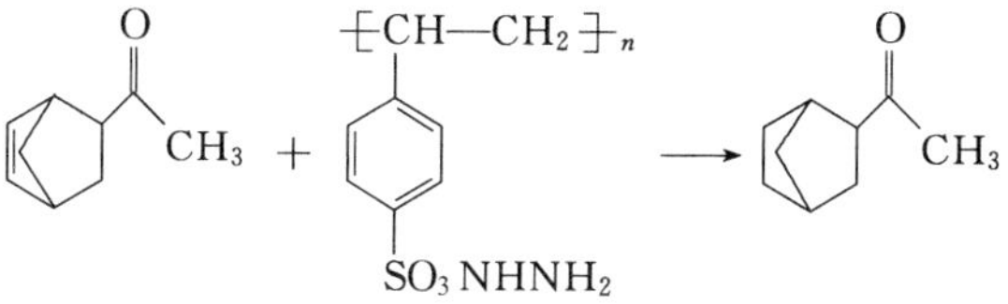

常见的高分子试剂包括高分子氧化还原剂、高分子卤化试剂、高分子烷基化试剂、高分子酰基化试剂、高分子酰胺化试剂，以及用于蛋白质合成的高分子载体等。表 9-5 列出了一些高分子试剂用于合成反应的例子。表中所用的高分子试剂为不溶性聚合物。

**表 9-5　聚合物试剂**

| 聚合物母体 | 功能基团 | 反应 |
| --- | --- | --- |
| 聚苯乙烯 | 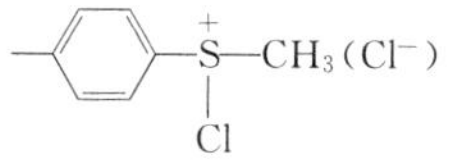 | 醇氧化成醛或酮 |
| 聚酰胺 | | 在水介质中作为 HOCl 的来源,供有机和无机基质氧化作用 |
| 聚苯乙烯 | 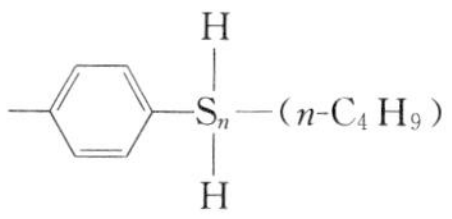 | 羰基还原成醇 |
| 聚(4-乙烯基吡啶) | 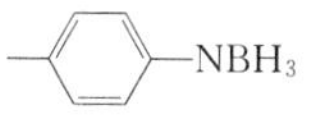 | 羰基还原成醇 |
| 聚苯乙烯 |  | 酸变成酰氯 |
| 乙烯-N-溴马来酰亚胺 | 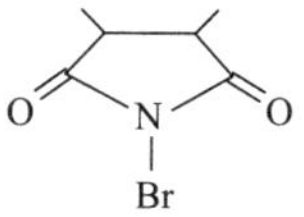 | 烯丙基和苄基的溴化 |
| 聚酰胺 | | 胺类和醇类的三氟乙酰化 |
| 聚苯乙烯 | 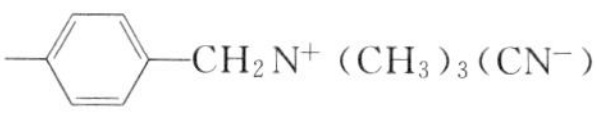 | 卤代烷被氰基取代 |
| 聚苯乙烯 | 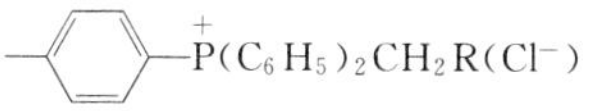 | $R_2C=O$ 经 Wittig 转化成 $R_2C=CHR$ |
| 聚(4-羟基-3-硝基苯乙烯) | 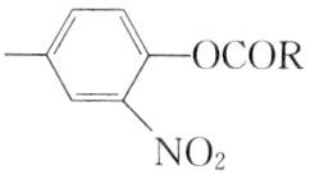 | 由胺类形成酰胺;R 为氨基酸衍生物时,用于肽的合成 |

离子配位聚合物能用来从溶液中除去某些金属离子,以达到分析和制备的目的。如含有 8-羟基喹啉基团的聚合物,对于螯合镍、铜和钴等离子很有效,这种聚合物是由聚苯乙烯与 5-氯甲基-8-羟基喹啉,通过 Friedel-Crafts 烷基化反应来合成的:

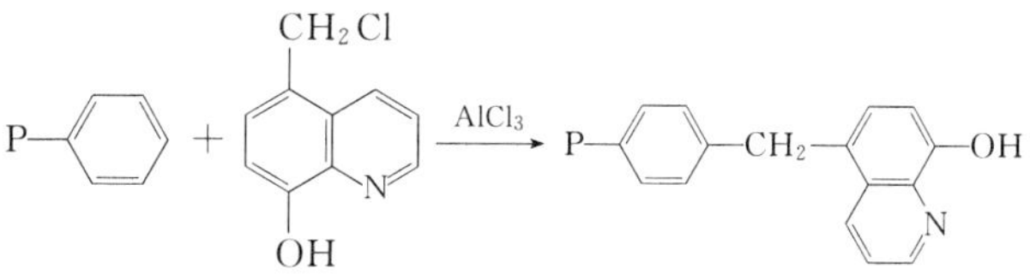

上述高分子试剂通过羟基和环中氮的螯合作用，除去金属离子。通过过滤将螯合有金属的聚合物分离出来，改变 pH 值，就可以将金属从聚合物中回收出来。如果回收的是贵金属，高分子试剂即使一次性使用后报废都值得。

固相合成体系中采用不会溶解的高分子试剂作为载体，这种载体是一种特殊的高分子试剂，本身带有一定的官能团。与常规的高分子反应试剂不同的是整个固相反应自始至终在高分子骨架上进行，在整个多步合成反应过程中，中间产物始终与高分子载体相连接。高分子载体上的活性基团往往只参与第一步反应和最后一步反应，在其余反应过程中只对中间产物起连接作用。

1963 年 Merrifed 报道了在高分子载体上合成肽的固相合成法，从而开辟了有机合成新的一页。多肽的合成，对天然生物高分子的结构剖析和合成非常重要。合成多肽是利用不同 $\alpha$-氨基酸上氨基与羧基间的反应，形成酰胺键（肽键）。当两种氨基酸反应时，需要保护一个氨基酸的氨基和另一个氨基酸的羧基，以防氨基酸的自聚。

氨基的保护基有很多种，其中叔丁氧羰基（简写为 Boc）最常用。它能在多种条件下水解，如以 HCl-醋酸、HCl-二氧六环或三氟醋酸-$CH_2Cl_2$ 水解，而酰胺键或肽键不受影响。氨基酸与叔丁氧羰基氮化物反应，可将 Boc 保护基引入到氨基之上：

$$(CH_3)_3CO-CO-N_3 + H_2N-CHR-COOH \longrightarrow (CH_3)_3CO-CO-HN-CHR-COOH$$

Boc 保护的氨基酸与高分子载体（氯甲基化聚苯乙烯）反应，形成聚合物底物。聚合物底物上的氨基酸需脱除氨基的 Boc 基保护，才能与第二个氨基酸反应。第二个氨基酸也以 N-Boc 保护的形式参加反应。聚合物底物上的自由氨基在与第二个氨基酸的羧基反应时，活性较低，为提高活性，通常加入二环己基碳二亚胺（DCC），使反应易于进行，产率及反应速率都很高。合成反应继续以同样的方式进行下去，直到得到预期的氨基酸多肽序列。每引入一个氨基酸结构单元，都包括两步反应：即在 DCC 存在下、N-Boc 保护氨基酸与聚合物底物的酰胺化，及后续的脱保护。反应的最后是用 HF 将多肽从聚合物载体上断裂下来。断裂反应发生的同时，Boc 保护基也被脱除下来。合成过程可表示如下：

$$P-\langle\text{苯环}\rangle-CH_2Cl$$

$\downarrow -OOC-CHR_1-HN-Boc$

$$P-\langle\text{苯环}\rangle-CH_2OOC-CHR_1-HN-Boc$$

$\downarrow$ 保护基脱除（$CF_3COOH$）

$$P-\langle\text{苯环}\rangle-CH_2OOC-CHR_1-NH_2$$

$\downarrow \begin{array}{l} HOOC-CHR_2-HN-Boc \\ +DCC \end{array}$

$$P-\langle\text{苯环}\rangle-CH_2OOC-CHR_1-HNCO-CHR_2-NH-Boc$$

$\downarrow$ 重复脱除保护及酰胺化步骤

$$P-\langle\text{苯环}\rangle-CH_2OOC-CHR_1-HNCO-CHR_2-NH\sim\sim\sim COCHR_n-NH-Boc$$

$\downarrow HF$

$$P-\langle\text{苯环}\rangle-CH_2F + HOOC-CHR_1-HNCO-CHR_2-NH\sim\sim\sim COCHR_n-NH_2$$

目前固相合成方法主要用在多肽、寡核苷酸和寡糖的合成上。固相合成法是组合化学的重要基石之一。利用固相合成法，可以大大提高合成效率，目前已在药物筛选、生物芯片等方面获得应用。

### 9.6.2.2 高分子催化剂

多相催化反应后处理简单，催化剂与反应体系分离容易（简单过滤），回收的催化剂还可以反复多次使用，因此近年来受到普遍的关注。特别对于那些制造困难、价格昂贵的稀有金属络合物等，多相催化具有非常大的吸引力，对于工业化大生产更是如此。为此人们开始研究将均相催化剂转变成多相催化剂，其手段之一就是将可溶性催化剂高分子化，使其在反应体系中的溶解度降低，而催化活性又得到保持。在这方面最成功的例子是用于酸碱催化的离子交换树脂、聚合物相转移催化剂和用于加氢和氧化等催化反应的高分子过渡金属络合物催化剂，以及生物催化剂——固化酶。

磺酸化聚苯乙烯是阳离子交换树脂，也可用作酸性催化剂，催化酯化、烯烃的水合、酚与烯烃的烷基化等反应。羟基季铵型聚苯乙烯为强碱性阴离子交换树脂，可用作碱性催化剂，催化活泼亚甲基与醛、酮的缩合，酯或酰胺的水解等反应。聚合物铑催化剂可用于催化加氢反应。聚合物催化剂的示例见表 9-6。

**表 9-6 聚合物催化剂**

| 聚合物载体 | 催化剂基团 | 反 应 |
|---|---|---|
| 聚苯乙烯 | 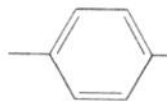 —⟨苯环⟩—$SO_3H$ | 酸催化反应 |
| 聚苯乙烯 | 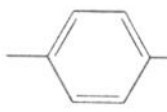 —⟨苯环⟩—$CH_2\overset{+}{N}(CH_3)_3(OH^-)$ | 碱催化反应 |
| 聚苯乙烯 | 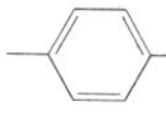 —⟨苯环⟩—$SO_3\overset{+}{H}\cdot AlCl_3$ | 正己烷的裂解和异构化 |
| 二氧化硅<br>聚苯乙烯 | —$P(C_6H_5)_2RhCl[P(C_6H_5)_3]_2$<br>—$P(C_6H_5)_2PtCl$ | 氢化，醛化 |
| 聚(4-乙烯基吡啶) | 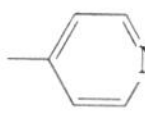 ⟨吡啶环⟩N—$Cu(OH)Cl$ | 取代酚的氧化聚合 |
| 聚苯乙烯 | 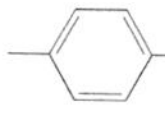 —⟨苯环⟩—$CH_2$—孟加拉红(或曙红、荧光黄) | 光敏反应，如单线氧的产生，有机物的光氧化、环化加成、二聚 |
| 聚苯乙烯 | 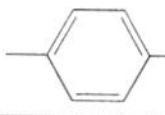 —⟨苯环⟩—$H\cdot AlCl_3$ | 醚、酯、醛的形成 |

大部分聚合物催化剂以固相形式参与反应，反应体系为非均相。聚合物催化剂具有许多优点，如易处理，毒性小，对湿气及大气污染较稳定。低分子催化剂，尤其是金属催化剂，在催化反应时产物往往被催化剂污染，分离困难；而聚合物催化剂的分离、回收及再生都较简单。这样就可以减少贵重过渡金属如 Rh、Pt、Co 等的消耗。用聚合物催化剂进行反应时，所用的设备可以类似色谱柱，将高分子催化剂填装在柱内，然后将低分子反应物通过，产物随流动相流出。

酶是高效的催化剂，且具有很高的选择性。酶催化剂的缺点是稳定性较差，很容易变性失活。此外大多数酶是水溶性的，在水性介质中为均相催化剂，反应后的分离、纯化和回收有一定困难，还增加了污染产品的机会，酶的这一性质大大限制了它在工业上的应用。从20 世纪 50 年代起，人们开始研究固定化酶的方法，并且已经取得了很大成功。酶的固定化使均相反应转变成多相反应，简化了分离步骤，使酶促反应可以实现连续化、自动化，为制造所谓"生物反应器"打下基础；同时，酶的固定化提高了酶的稳定性，使其适应反应条件的能力提高。另外解决了反应后酶的回收和防止酶污染产品的问题。酶的固定化也属于功能高分子材料范畴。

酶的固定化通常需要在温和的、不破坏酶活性的条件下进行。酶的固定化方法可分为化学法和物理法两种。化学法是通过化学键将酶连接到载体上，或采用交联剂将酶交联起来，实现固定化。物理方法有包埋法和微胶囊法等，将酶包裹起来，使其不能在溶剂中自由扩散，而小分子反应物和产物可以自由通过包埋物或胶囊外层。

（1）化学法　此法是将酶通过化学键合在聚合物载体上，或通过交联剂使酶形成不溶的网状结构。固定化酶所需的高分子载体通常具有一定的亲水性，因为多数酶促反应都是在水溶液中进行的；同时载体上应带有活性较强的反应基团，如重氮盐、酰氯、醛、活性酯等基团，以保证后续的固定化反应在温和的条件下进行。所用的高分子载体可以是合成的高分子，也可以是天然的；有时也可以采用无机载体。以聚苯乙烯载体为例，在其苯环上引入重氮盐基团，可以与酶中酪氨酸中的酚基或组氨酸中的咪唑基结合，实现固定化。

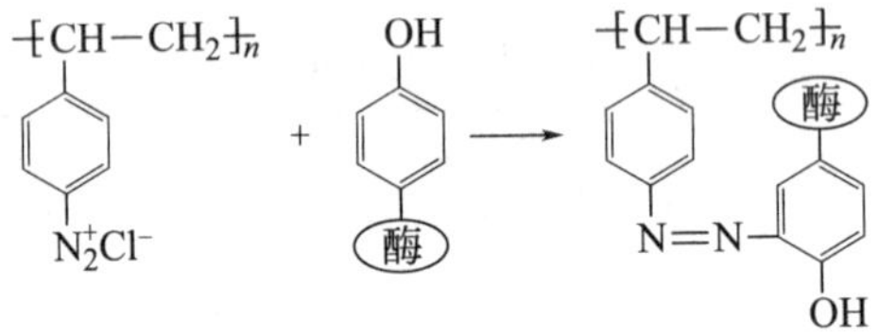

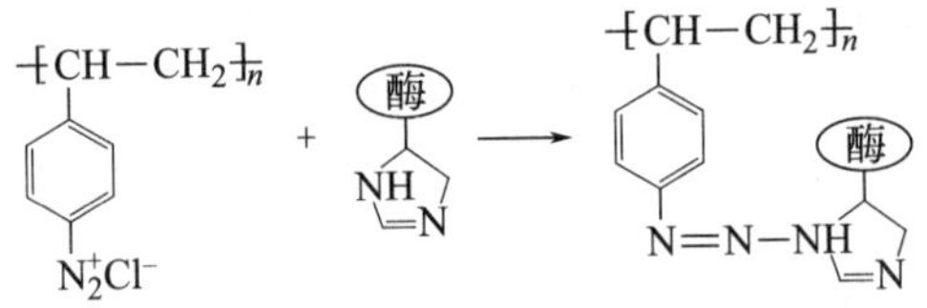

多聚糖为载体，用溴化氰将多聚糖中的羟基活化，再与酶的氨基反应，使酶固定：

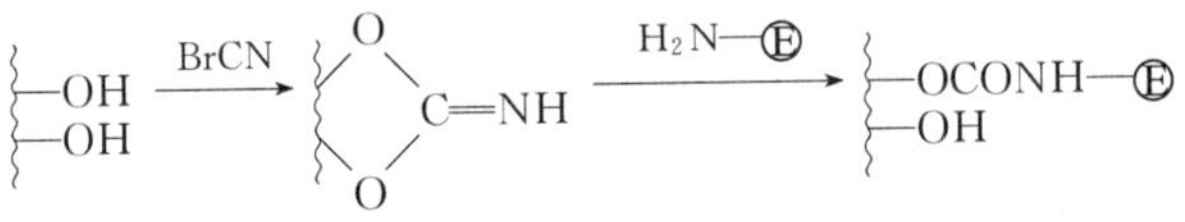

交联法也是酶常用的一种化学固定化方法。常用的交联剂为二醛、二异氰酸酯等双官能团物质，通过酶中固有的基团进行反应交联。

（2）物理包埋法　将酶封闭在适当的凝胶孔穴中。例如将酶与丙烯酰胺、$N,N$-亚甲基双丙烯酰胺（交联剂）的混合物在水中共聚，形成交联的凝胶，即可将酶内包埋：

$$E + CH_2\!\!=\!\!CH + CH_2(NHCOCH\!\!=\!\!CH_2)_2 \longrightarrow 内包埋酶$$
$$\underset{\underset{CONH_2}{|}}{\,}$$

固定化酶一般都具有高效性和专一性等特点，在工业生化和有机合成中具有重要的意义。

### 9.6.3　导电高分子

众所周知，常见的合成有机聚合物都是不导电的绝缘体。常规高分子材料的这一性质在实践中已经得到了广泛应用，成为绝缘材料的主要组成部分之一。但是自从两位美国科学家 A. F. Heeger、A. G. Macdiarmid 和一位日本科学家 H. Shirakawa 发现聚乙炔（polyacetylene）有明显导电性质以后，有机聚合物不能作为导电介质的这一观念被彻底改变了。这一研究成果为有机高分子材料的应用开辟了一个全新的领域，上述三位科学家也因此获得了 2000 年诺贝尔化学奖。目前根据已有的制作水平，经加碘掺杂的聚乙炔的导电能力（$\sigma=$

$10^5$）已经进入金属导电范围，接近于室温下铜的电导率。有机聚合物的电学性质从绝缘体向导体的转变，对有机聚合物基础理论的研究具有重要意义，促进了分子导电理论和固态离子导电理论的建立和发展。更因为导电聚合物潜在的巨大应用价值，导电高分子材料研究引起了众多科学家的参与和关注，成为材料化学领域研究的热点之一。随着理论研究的逐步成熟和新的有机聚合导电材料不断涌现，这种新型材料的物理化学性能也逐步被人们所认识，如电致发光、光导电、电致变色、电子开关、隐形等性质。由此而来的是应用研究领域大大拓展。以这种功能型材料为基础，在全固态电池、非线性光学器件、高密度记忆材料、新型平面彩色聚合物显示装置、抗静电和电磁屏蔽材料、隐形涂料，以及有机半导体器件等研究方面都取得了重大进展，部分研究成果已经获得实际应用。

导电高分子材料根据组成可分为复合型导电高分子材料和本征型导电高分子材料两大类，后者又称为结构型导电高分子材料。复合型导电高分子材料是由普通高分子材料与金属或碳等导电材料，通过复合、表面镀层等复合方式构成，其导电作用主要通过其中的导电材料来完成。本征导电高分子材料本身具备传输电荷的能力，这种导电聚合物按其结构特征和导电机理还可以进一步分为三类：载流子为自由电子的电子导电聚合物；载流子为正负离子的离子导电聚合物；以氧化还原反应为电子转移机理的氧化还原型导电聚合物。后者的导电能力是由于在可逆氧化还原反应中电子在分子间的转移产生的。

### 9.6.3.1　复合型导电高分子材料

复合型导电高分子材料是指以通常的高分子材料为基体（连续相），与各种导电性物质如碳材料、金属、结构型导电高分子等，通过分散复合、层积复合、表面复合等方法，构成具有导电能力的材料。其中分散复合是将导电材料粉末通过混合的方法均匀分布在聚合物基体中，导电粉末粒子之间构成导电通路，实现导电性能。这种导电高分子的导电情况与填加材料的性质、粒度、分散情况以及聚合物基体的状态有关。层积复合方法是将导电材料独立构成连续层，同时与聚合物基体复合成一体，导电性能仅由导电层来实现。表面复合多是采用蒸镀的方法将导电材料复合到聚合物基体表面，构成导电通路。这三种方法中，分散复合方法最为常用，可以制备导电塑料、导电橡胶、导电涂料和导电黏合剂等。

高分子材料在复合导电材料中主要起连续相和黏结体的作用。绝大多数常见的高分子材料都可以作为复合型导电材料的基体。高分子材料与导电材料的相容性和目标复合材料的使用性能是选择基体材料需要考虑的主要因素。如聚乙烯等塑料可以作为导电塑料的基材；环氧树脂等可以作为导电涂料和导电胶黏剂的基材；氯丁橡胶、硅橡胶等可以作为导电橡胶的基材。此外，高分子材料的结晶度、聚合度、交联度等也对导电性能产生影响。一般认为，结晶度高有利于电导率的提高，交联度高导电稳定性增加。

目前常用的导电填充材料主要有碳系材料、金属材料、金属氧化物材料和结构型导电高分子。其中碳系材料包括炭黑、石墨、碳纤维等。炭黑是目前分散复合法制备导电材料中最常用的导电填料；石墨由于常含有杂质，使用前需要进行处理；碳纤维不仅导电性能好，而且机械强度高，抗腐蚀。聚合物中的分散性是经常需要考虑的工艺问题。常用金属系填充材料包括银、金、镍、铜、不锈钢等。其中银和金的电导率高，性能稳定，从性能上看是理想的导电填料，但价格高。目前有人将其包覆在其它填充材料表面构成颗粒状复合型填料，可以在不影响导电和稳定性的同时，降低成本。镍的电导率和稳定性居中，铜的电导率高，但是容易氧化，因此影响其稳定性和使用寿命。不锈钢纤维作为导电填料目前正处在实验阶段。金属氧化物作为导电填充物目前常用的主要有氧化锡、氧化钛、氧化钒、氧化锌等。这类填料颜色浅，稳定性较好，但电导率低。结构型导电高分子自身具有导电能力，采用共混方法与其它常规聚合物复合制备导电高分子材料是最近开始研究的课题。其优点是密度轻、相容性好。

### 9.6.3.2 电子导电型高分子材料

已知的电子导电型聚合物的分子内均具有大的 π 共轭电子体系，具有跨键移动能力的 π 价电子是这一类导电聚合物的唯一载流子。目前已知的电子导电聚合物，除了早期发现的聚乙炔外，大多为芳香单环、多环以及杂环的共聚或均聚物。图 9-3 中给出部分常见的电子导电聚合物的分子结构。

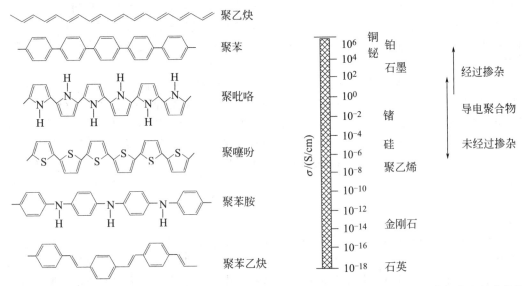

图 9-3 常见电子导电聚合物分子结构      图 9-4 常见材料和导电聚合物的电导率范围

根据其电导率，严格来讲仅具有上述结构还不能称其为导电体，而只能称其为半导体材料。因为其导电能力仍处在半导体材料范围（见图 9-4）。其原因在于纯净的，或未予"掺杂"的上述聚合物分子中各 π 键分子轨道之间还存在着一定的能级差，这一能级差造成 π 价电子不能在不同的共轭键中自由移动。未经"掺杂"的电子导电聚合物，其导电能力与典型的无机半导体材料硅、锗相当。常见的用于掺杂的物质有碘、三氯化铁、五氟化砷等。

采用 Ziegler-Natta 催化剂聚合乙炔，可获得聚乙炔。白川英树在 195K，以烯烃聚合 1000 倍的催化剂聚合乙炔时，可获得 98％为顺式结构的聚乙炔。经 150～200℃ 处理半小时，可完全转化为更稳定的反式结构。经 $AsF_5$ 掺杂后，电导率可达 $10^3 S/cm$。

$$nCH\equiv CH \xrightarrow[\text{甲苯, 195K}]{Ti(OBu)_4-AlEt_3} cis\text{-聚乙炔（98\%）}+trans\text{-聚乙炔（2\%）}$$

聚吡咯可以通过化学氧化的方式获得。由此得到的聚吡咯导电率在 $10^0 S/cm$ 左右。

类似的方法，也可以获得聚噻吩。化学氧化法也是目前合成导电聚苯胺的主要方法。

其它的导电高分子的合成可以参见相应的专著。

目前针对电子导电聚合物的应用也开展了大量的研究。电子导电聚合物在电极材料、电致变色材料、电致发光材料以及制备有机分子开关等方面，有着广阔的应用前景。

### 9.6.3.3　离子导电型高分子材料

以正、负离子为载流子的导电聚合物被称为离子导电聚合物，这也是一类重要的导电高分子材料。离子导电与电子导电不同。首先，离子为正、负电荷，在电场作用下向着不同的方向移动；其次，离子的体积比电子大得多，因此不能在固体的晶格间移动。通常见到的大多数离子导电介质是液态的，离子在液态中比较容易以扩散的方式定向移动。但液体电解质（或称为液体离子导电体）也有一些缺点，如使用过程中容易发生泄漏和挥发，影响使用寿命；腐蚀其它器件；无法加工成薄膜使用。液态电解质的体积和质量一般比较大，制成电池的能量密度较低，不适合于小体积、轻质量、高能量、长寿命电池的使用场合。因此人们希望发展一些固态电解质。固态电解质能够允许离子在其中移动，同时对离子有一定的溶剂化作用。最早采用的办法是加入惰性固体粉末使其半固态化，如日常使用的"干电池"，加入一些惰性粉末，与电解液混合成膏状，减小电解液的流动性。近年来趋向于由电解液与溶胀的高分子材料结合构成溶胶状电解质，也称为胶体电解质。上述两种电解质是准固体电解质，因为仍然存在液态电解质，液体的挥发性仍在，仍然存在着某种程度的液体对流现象。真正的固体电解质是离子导电聚合物。这类聚合物对离子型化合物具有一定的溶解能力，同时允许离子在其基体中有一定的迁移能力。离子导电聚合物中最典型的例子是聚环氧乙烷、聚环氧丙烷等聚醚类物质，其结构见图 9-5，它们主要由开环聚合而制备。

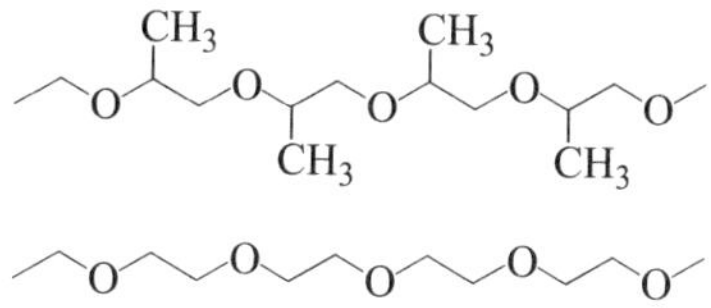

图 9-5　常见离子导电型聚合物分子结构

目前离子导电聚合物在超薄、超小、高容量电池或全塑料电池，大容量、小体积电容器，以及电致变色智能窗、电致发光电池等方面，获得了应用。

### 9.6.4　高分子分离膜材料

#### 9.6.4.1　高分子分离膜的分类

当膜处在两相之间时，由于膜两侧存在的压力差、浓度差或者电位差、温度差等，驱使液态或气态的分子、离子等从膜的一侧渗透到另一侧。在渗透过程中，由于分子或离子的大小、形状、化学性质、电荷等不同，其渗透速率也不同，使膜对渗透物具有选择性，因此可利用膜的这种渗透选择性来分离不同的化合物，这种具有分离功能的高分子膜称为高分子分离膜。渗透物在膜中的渗透速率称为膜的渗透性；不同渗透物在膜中的渗透速率不同称为膜的渗透选择性。这是分离膜分离功能的基础。渗透性和渗透选择性是表征分离膜性能的两个重要指标。

高分子分离膜是一种重要的功能材料，已经在许多领域获得应用。例如电透析、超滤、微滤、反渗透等都是分离膜材料的主要应用领域，广泛用于工业、农业、医药、环保等领域，对于节约能源、提高效率、净化环境做出了重大贡献。

高分子分离膜可有多种分类方法。按被分离物质性质的不同，可分为气体分离膜、液体分离膜、固体分离膜、离子分离膜和微生物分离膜等。按膜的形成方法，可分为沉积膜、熔融拉伸膜、溶液浇铸膜、界面膜和动态形成膜等。按膜的孔径或被分离物的体积大小进行分类，孔径在 5000nm 以上的为微粒过滤膜；孔径在 100～5000nm 之间为微滤膜，可用于分离血细胞、乳胶等；孔径在 2～100nm 之间为超滤膜，可用于分离白蛋白、胃蛋白酶等；孔径为 1nm 左右的为纳米滤膜，可用于分离二价盐、游离酸和糖等；孔径为零点几纳米的为反渗透膜（或称超细滤膜，hyperfiltration），可在分子水平上分离 NaCl 等。按膜的结构，主要分为致密膜、多孔膜和不对称膜等。按膜是否带电荷,可分为中性膜和离子交换膜。

驱动力不同,所适用的分离方法也有所差别。通常压力差可用于反渗透、超滤、微滤、气体分离和全蒸发;温度差可用于膜蒸馏;浓度差可用于透析和萃取;电位差可用于电渗析。

几种常见的压力驱动多孔分离膜的特点如图 9-6 所示。

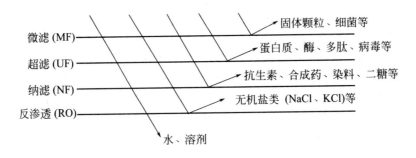

图 9-6　多孔膜分离特性

表 9-7 列举了一些典型的膜分离工艺、应用及其相应的驱动力。

**表 9-7　一些典型的膜分离工艺、应用及其相应的驱动力**

| 膜的类型 | 膜分离工艺 | 驱动力 | 分离体系 | 应用领域 |
|---|---|---|---|---|
| 致密膜 | 透析 | 浓度差 | 液-液 | 聚合物溶液的纯化、血液透析、控制释放、啤酒中醇的消除 |
| 致密膜 | 反渗透 | 压力差 | 液-液 | 脱盐 |
| 多孔膜 | 微滤 | 压力差 | 固-液 | 饮料净化、细胞收集、消除细菌及微粒浑浊、半导体工业超纯水的制备 |
| 多孔膜 | 超滤 | 压力差 | 液-液 | 果汁及聚合物溶液的纯化与浓缩、蛋白质回收、奶制品工业废水纯化、淀粉回收、医药工业 |
| 多孔膜 | 超细滤 | 压力差 | 液-液 | 咸水和海水的脱盐、废水纯化、蓄电工业废水中金属回收、果汁与牛奶浓缩 |
| 致密或多孔膜 | 电渗析 | 电位差 | 液-液 | 由海水制备脱盐、脱离子水,柑橘类果汁酸度的降低 |
| 致密膜 | 全蒸发 | 压力、浓度和温度差 | 液-气-液 | 有机溶剂的除水、溶剂异构体分离 |
| 致密膜 | 膜蒸馏 | 压力、浓度和温度差 | 液-气-液 | 纯水制备、溶剂回收 |
| 致密膜/复合膜 | 气体分离 | 压力差 | 气-气 | 天然气纯化、氧化富集 |
| 致密膜 | 加压渗析 | 压力差 | 液-液 | 盐的富集、电解质分离 |

#### 9.6.4.2　高分子分离膜的材质

最早人们制作分离膜的原料仅限于改性纤维素及其衍生物。随着高分子合成工业的发展,高分子膜材料已是多种多样。以下是几种常用高分子膜材料的一些基本情况。

① 天然高分子材料类　包括改性纤维素及其衍生物类。这种材料原料易得,成膜性能好,化学性质稳定,但是机械和热性能较差。常用于透析、微滤、超滤、反渗透、膜蒸发、

膜电泳等多种场合。近年来甲壳质类材料成为一种新的分离膜制备材料。从化学结构上讲它与纤维素类似，原料成本低，成膜后机械性能较好，具有良好的生物相容性，适合制作人工器官内使用的透析膜，因此具有良好的发展前景。此外，海藻酸钠类也是天然的分离膜原料。

② 聚烯烃类材料　包括聚乙烯、聚丙烯、聚乙烯醇、聚丙烯腈、聚丙烯酰胺等。这类材料是大工业产品，材料易得，加工容易；但是除了少数几种之外，一般疏水性强，耐热性较差，主要用于制备微滤、超滤、密度膜等。

③ 聚酰胺类材料　包括尼龙66、聚酰亚胺等，突出特点是机械强度高、化学稳定性好，特别是高温性能优良，适合制作需要高机械强度场合的分离膜。

④ 聚砜类材料　具有耐热性、疏水性、耐腐蚀性，以及良好的机械强度，适合制作超滤、微滤和气体分离膜，并用于制作复合膜的底膜。

⑤ 含氟高分子材料　包括聚四氟乙烯、聚偏氟乙烯等。其突出特点是耐腐蚀性能突出，适合用于电解等高腐蚀场合的膜材料。

⑥ 有机硅聚合物类　具有耐热、抗氧化、耐酸碱等性质，是一种新型分离膜制备材料。

⑦ 高分子电解质类　主要是全氟取代的磺酸树脂和全氟羧酸树脂。是制备离子交换分离膜的主要材料，适合在高腐蚀环境下使用，特别是氯碱工业中的膜法工艺路线。

### 9.6.4.3　高分子分离膜的制备

（1）多孔膜的制备

制备多孔膜的方法有多种，具体介绍如下。

① 烧结法　仿照陶瓷或烧结玻璃制备无机膜的加工工艺，将高密度聚乙烯或聚丙烯粉末经筛选得到一定粒径范围，在高压下按需要压制成不同厚度的板材或管材，然后在略低于聚合物熔点的温度下烧结成型，所得聚合物膜的孔径为微米级，具有质轻的特点，可用作复合膜的支撑基材。

② 相转变法　相转变法制备多孔膜有以下两种方法。

a. 干法　将聚合物溶于由良溶剂和非溶剂组成的混合溶剂中。其中，非溶剂的沸点高于良溶剂（一般要求高30℃），通过加热，随着良溶剂的不断挥发，混合溶剂对聚合物的溶解能力逐渐下降，聚合物发生聚集，逐步形成双分散相液体，直至聚合物胶体。

b. 湿法　将聚合物良溶液直接或部分蒸发后倒入非溶剂中，使聚合物发生聚集，形成胶体。

（2）致密膜的制备

致密膜可由聚合物熔融挤出成膜或由聚合物溶液浇铸成膜。溶液浇铸法是将聚合物溶液浇铸在固体基材表面上，将溶剂完全挥发后得到致密膜。采用旋转涂膜法可制得厚度较薄（$<1\mu m$）的致密膜，更薄的致密膜可采用水面扩展挥发法，将聚合物溶液扩展于水面，溶剂完全挥发后就会在水面上形成聚合物膜，可制得厚度约为20nm的薄膜。

（3）复合膜的制备

复合膜通常由两层结构不同的膜组成。其中一层是薄的、选择性致密的表层膜；另一层是厚的多孔基体膜，其主要功能是为表层膜提供物理支持。这种由结构不同的膜组成的复合膜也称为不对称膜。其制备方法主要有以下几种。

① 基体膜上涂覆表层膜　如在聚砜中空纤维表面上涂覆硅橡胶，便形成以聚砜中空纤维为基体、硅橡胶为表层膜的复合膜，可用于气体分离。

② 界面缩聚法原位制备复合膜　如以聚砜为基体膜，在其一面浸涂芳香二胺水溶液，再与芳香三酰氯溶液接触，即可发生界面缩聚原位形成交联的聚酰胺表层膜，从而得到表层膜与基体膜牢固结合的复合膜。

9.6.4.4 高分子分离膜的分离机理

高分子分离膜的分离主要基于三种机理：基于被分离物分子大小不同的筛分分离机理；基于被分离物在膜中溶解性不同的溶解扩散分离机理；基于被分离物在高分子分离膜上吸附选择性的不同而进行的选择性吸附分离机理。

（1）筛分效应分离机理

多孔膜是一种刚性膜，其中含有无规分布且相互连接的多孔结构。中性多孔膜的分离机理是筛分机理，即在膜渗透过程中，只有体积小于膜孔的分子能够由膜孔通过，并且体积越小，渗透速率越快。因而其分离结果仅取决于被分离物的体积大小及膜孔大小和分布，膜的化学结构和性质对渗透选择性基本无影响。多孔膜从其结构和功能上来看，与通常的过滤器相似，一般地，只有那些大小有明显差别的分子才能用多孔膜进行有效分离。

（2）溶解扩散分离机理

致密膜是一种刚性、紧密无孔的膜，其分离机理是基于渗透物在膜材料上的溶解和扩散作用。渗透分子首先溶解在膜材料上，然后扩散穿过分离膜，出现在膜的另一面。致密膜的分离效果取决于渗透物在膜中的溶解性和扩散性，其中溶解性取决于膜与渗透物的亲和性，而扩散性则取决于膜聚合物的化学结构及其分子链运动。当被分离物在膜中的溶解性差别显著时，即使其分子大小相近，也能有效地分离。

（3）电化学分离机理

在微孔分离膜上带有离子基团的离子交换分离膜，其分离机理除筛分效应外，主要是电化学分离机理。与离子交换树脂相似，离子交换分离膜可吸附分离膜上固定离子基团的反离子，而排斥固定离子基团的同离子。离子交换分离膜与其相应的中性膜相比，分离性能有明显区别。离子交换分离膜的渗透性对其所处环境敏感，可通过改变环境的温度、pH 值、盐浓度以及外加电场等来控制。环境条件的改变导致膜孔壁上连接的离子基团的构象发生改变，使膜孔开放或关闭，从而影响分离膜的渗透性能。电化学分离机理可分离不同价态的离子以及电解质和非电解质的混合物等。

除此之外，膜分离需要在不同的驱动力作用下进行，如浓度差驱动力、压力差驱动力以及电场驱动力等。

9.6.4.5 膜分离的应用

（1）透析

透析是最早建立的膜分离技术之一，其原理是溶质在浓度差的驱动下，从浓度高的一侧通过分离膜渗透到浓度低的另一侧，通过下游侧的溶液流动完成分离过程。所用的分离膜为半透膜，孔径范围由 <1nm（无孔）到约 $0.2\mu m$。使用无孔膜时必须高度溶胀以减少扩散阻力，但这对选择性可能有较大影响，因此需要平衡考虑。透析可分别用中性膜来分离中性分子、离子交换膜来分离带电荷的分离物。一些亲水性的聚合物常被用来制备透析分离膜，如醋酸纤维素、聚乙烯醇、乙烯-醋酸乙烯酯共聚物和聚碳酸酯等。

（2）电渗析

电渗析是指在电场的作用下，离子通过离子选择性分离膜分别向相反的电极迁移，使得离子被分离的过程。电渗析设备通常是将多个阳离子交换膜和阴离子交换膜交替地放置于阴极和阳极之间，以达到良好的分离效果。氯碱工业生产氢氧化钠和氯气以及水电解生产氢气和氧气是电渗析最重要的工业应用。电渗析也可用于海水淡化，制备食盐和去离子水，由废水中回收金属等，还可用来除去果汁中的有机酸，以改善果汁的口感。

（3）全蒸发

全蒸发是高分子分离膜在液-液分离领域中的重要应用，可降低能耗和成本。其基本原理是将待分离的混合物放于膜的一侧，其中高挥发性的有机溶剂以蒸汽的形式渗透分离膜，在膜的另一侧收集。其驱动力是渗透物蒸发所引起的蒸气压差。用于全蒸发的分离膜为致密膜，对有机混合物的分离基于各组分对膜的溶解性和扩散性的不同。全蒸发可用于分离和回收有机溶剂，特别是在分离共沸物或沸点接近的有机溶剂混合物方面非常有利，因而在包括医药、电子等工业上具有广泛的应用前景。

（4）微滤、超滤、纳滤和超细滤（反渗透）

微滤、超滤、纳滤和超细滤是以压力差为驱动力，促使被分离物从压力高的一侧向压力低的一侧移动，利用膜的分离功能除去溶液中的悬浮微粒或溶质的连续膜分离过程。膜两侧的压力差可由两种方法获得，一种方法是在给料侧施加正压力，使被分离物向常压侧移动，称为正压分离过程；另一种方法是在收料侧减压，使被分离物从常压的给料侧向负压的收料侧移动，称为减压分离过程。微滤、超滤和纳滤的设备简单，分离条件可控性强，应用广泛。

① 微滤　可用于清除溶液中的微生物以及其它悬浮微粒，其重要的应用之一是除菌，在饮用水处理、食品和医药卫生工业中有广泛应用。其次，微滤还可用于果汁澄清、溶液澄清、气体净化等。

② 超滤　常用于清除液体中的胶体级微粒以及大分子（相对分子质量＞1000）溶质。超滤的被分离溶液浓度通常较低，主要应用于合成和生物来源的大分子溶液中溶质的分离，也可以用来对相对分子质量分布较宽的大分子溶液进行分级处理、大分子和胶体溶液的纯化、从静电喷涂废液中回收胶体涂料、从食品工业废弃的乳清中回收蛋白质等。

③ 纳滤　主要用来处理一些中等相对分子质量溶质。其截留溶质的相对分子质量多在100～1000 之间，且对高价离子的截留率较高，操作压力多在 0.4～1.5MPa 之间，低于反渗透过程的操作压力，有时也称为低压反渗透。主要用于生活和生产用水的纯化和软化处理、化学工业中的催化剂回收、药物的纯化与浓缩、活性多肽的回收与浓缩、溶剂回收等。

④ 反渗透（超细滤）　与透析过程相反，反渗透是在高压下使溶剂从膜的高浓度一侧向低浓度一侧渗透，其结果是拉大两侧的浓度差。反渗透主要应用于海水或苦咸水的脱盐、高硬水的软化、高纯水的制备等。利用反渗透还可从水溶液中脱除有机污染物。

## 9.6.5　医用高分子材料

20 世纪 70 年代以后，随着功能高分子材料的发展，许多高分子材料在医用材料领域获得应用。

从目前的情况看，现代医用材料主要有医用金属材料、医用无机陶瓷材料、医用高分子材料和医用复合材料四大类。其中医用金属材料主要用于人体中承重器官的修复和替换，如作为骨骼、关节、牙齿等硬组织结构材料。具有机械强度高、抗疲劳性能好的特点。医用无机陶瓷材料与医用金属材料类似，主要用于骨骼、牙齿、关节等硬组织的替换和修复。与金属材料相比，陶瓷材料具有耐腐蚀性能好、使用寿命长的特点。在上述医用材料中，高分子医用材料的使用最为广泛。主要原因是高分子材料在物理化学性质及功能上与人体各类器官更为相似，事实上人体的各类器官本来就是由蛋白质等天然高分子材料构成。医用高分子材料按性质可划分为生物惰性高分子材料和可生物降解高分子材料两类。前者主要突出材料的使用寿命，如人工脏器、整形填充材料。后者是在医疗过程中临时使用的材料，当功能发挥过后，最好以无害的方式分解吸收，如手术用的缝合材料、黏结材料、骨骼和组织的修补材料、固定材料等都希望采用可生物降解的材料。生物惰性材料不受体液中酶、酸、碱等环境的破坏，主要有聚硅氧烷、聚乙烯等，用于韧带、肌腱、皮肤、血管、骨骼、牙齿、乳房等人体软、硬组织器官的修复和替换。生物可降解材料中含有能在生物环境下发生分解的化学结构，如聚氨基酸、聚乳酸、多糖和蛋白质等，在医疗上主要用于手术缝合线、生物胶黏剂、骨固定材料等的制造。复合医用材料是用两种以上材料相互复合而成的，能够克服单一材料的某些缺点，获得更好的使用性能。例如，将高分子材料与金属材料进行表面涂层复合，既可以保持金属材料的高机械性能，也能够发挥高分子材料防腐蚀、生物相容性好的特点。利用高分子纤维材料增强复合材料可以获得高强度的韧带和骨骼修复材料。

医用高分子材料直接用于医疗目的，有时需要长期接触或植入活体内部，因此对材料有着较高的要求。作为结构材料的医用高分子，首先要满足医疗过程对其机械性能、物理化学性能的要求。除此之外，医用高分子还需满足生物学方面的要求，如血液相容性和组织相容性。血液相容性是指材料在体内与血液接触后不发生凝血、溶血现象，不形成血栓。一般具有低表面能、亲水或疏水界面、带有负电荷、或材料表面附有抗凝血物质的材料，具有较好的血液相容性。组织相容性是指材料在与肌体接触过程中不发生不利的刺激反应，不发生炎症，不发生排异反应，没有致癌作用，不发生钙沉着等。这要求材料具有较高的纯度，本身及使用过程中不产生有毒物质。另外，对于那些需要在体内长期保持功能的材料，还需具备生物惰性；有些场合，材料仅需有限寿命，这时往往要求材料具有生物降解性，如外科缝线等。

#### 9.6.5.1 医用高分子材料的分类

医用高分子材料的分类比较复杂，划分的依据繁多。按照用途来划分，医用高分子材料包括治疗用高分子材料、药用高分子材料、人造器官用高分子材料等。治疗用高分子材料包括手术用材料、治疗用敷料、直接与人体器官接触的治疗用具、眼科和牙科修补型用料等。药用高分子材料包括直接用于治疗目的的高分子药物、控制药物释放的高分子制剂材料和药物导向高分子材料等。人造器官用高分子材料的范围更加广泛，包括人工骨骼、人工皮肤、人工脏器、人造血液等，所用的功能高分子材料也更加多样化。按照这一分类方法划分，常见的医用高分子材料见表9-8。这种划分方法的优点是有利于医疗研究和实践的人员对医用高分子材料进行选择，并且能够和实际应用紧密结合。但是，本分类方法并不能反映材料本身的性质和特点。

**表9-8 按用途划分的医用高分子材料**

| 分类 | | 材料医用用途 |
|---|---|---|
| 治疗用高分子材料 | 手术用高分子材料 | 缝合线、胶黏剂、止血剂、整形校治材料、骨骼牙齿修补材料、血管和输精管栓堵剂、脏器修补材料等 |
| | 治疗用敷料 | 创伤被覆材料、吸液材料、人工皮肤、消毒纱布等 |
| | 高分子治疗用具 | 各种插管、导管、引流管、探测管、一次性输血和输液材料等 |
| 高分子药用材料 | 高分子治疗药物 | 降胆敏、降胆宁、克硅平、干扰素诱导剂等 |
| | 高分子控制释放药物 | 高分子微胶囊、质脂体、水凝胶、生物降解型缓释药物 |
| | 高分子导向药物 | 高分子磁性导向、聚半乳糖肝导向、聚磷酸酯肿瘤导向、淀粉微球导向、透明脂酸热导向等导向药物制剂 |
| 人造器官用材料 | 人造组织器官 | 人工血管、人工骨、人工关节、人工玻璃体、义齿、人工肠道等 |
| | 人造脏器 | 人造心脏、人造肺、人造肾脏、人造肝脏、人造血液、假肢和其它人造器官 |

按照原材料来划分是另一种常见的医用高分子材料划分方法。采用这种划分方法有利于开发人员对医用原材料性质的了解。医用高分子材料根据原材料的来源划分，可以分成天然高分子医用材料、合成高分子医用材料和复合医用材料等。天然高分子医用材料是指原料本身是天然产生的，如纤维素、淀粉、甲壳质等均来源于植物或动物，但是在作为医用材料使用时经过了一些化学或结构方面的修饰与改造，使之适合医用材料标准。合成高分子医用材

料是根据医用材料要求进行合成，或者对常规的合成高分子材料进行改造。例如，制备人造器官用的高分子材料，为了提高材料的生物相容性，减小和消除凝血现象，采用肝素进行表面修饰就是这个原因。医用复合高分子材料是指由多种材料按一定的医用目的进行复合制成的，也包括常规复合材料经过适当改造处理后直接作为医用材料使用。表 9-9 是按照材料来源划分，给出常见的一些医用高分子材料。

**表 9-9 按来源划分的医用高分子材料**

| 材料分类 | | 品 种 |
|---|---|---|
| 天然高分子医用材料 | 多糖类 | 纤维素衍生物、淀粉衍生物、甲壳质衍生物、海藻酸钠、琼脂多糖等 |
| | 蛋白质类 | 胶原蛋白、动物胶、白蛋白、丝、绢等 |
| | 生物组织类 | 硬膜、肠线、动物皮、异种脏器类 |
| 合成高分子医用材料 | 惰性高分子类 | 硅油、聚丙烯腈、聚氨酯、聚甲基丙烯酸酯、聚四氟乙烯、聚烯烃类、聚碳酸酯、聚苯乙烯、聚酰胺、聚乙烯醇等 |
| | 可降解高分子类 | 聚乙醇酸、聚乳酸、聚环内酯、聚缩醛、聚氨基酸等 |
| 医用复合高分子材料 | | 有机/无机复合材料、合成/天然复合材料、高分子/金属复合材料等 |

### 9.6.5.2 医用高分子材料的应用

（1）人造软组织材料

软组织主要是指人体的皮肤、血管、肠道、结缔组织、脂肪组织等。上述软组织发生病变后大多可以采用各种生物惰性高分子材料进行修补或替代。近年来，随着人们生活水平的提高，追求完美、整容、修补人体缺陷成为人造软组织的另一个领域。血管、肠道、食管、气管等主要采用经过生物相容性表面处理的聚酯、聚四氟乙烯、尼龙、硅橡胶、胶原蛋白等材料。人工肌腱则采用高强度聚合物，如碳纤维增强的高相对分子质量的聚丙烯、聚四氟乙烯、芳香聚酯等。软组织的整形中大量使用胶原用于组织缺陷的修整，硅橡胶用于乳房、耳、鼻等组织的矫正。

近年来，采用生物组织工程来培植人体器官或进行组织修复的研究非常受人们重视。这种方法是指利用聚合物支架，将组织细胞在支架上诱导生长，形成人体组织器官或进行组织修复的过程。生物组织工程要求骨架材料满足以下要求：

① 良好的生物相容性，不发生凝血和排异反应；

② 具有一定的机械性能和可加工性能，可以制备成具有特定三维立体结构，具有多孔性和较高空隙率，较大内表面积，以利于细胞的贴附和生长，利于养分的渗入和代谢产物的排出；

③ 可以生物降解和吸收，在新组织器官形成后能逐步分解吸收，以避免二次手术；

④ 良好的生物活性，有利于细胞的贴附，并为其生长、增殖、分泌提供微环境。能够作为构建培养床的材料包括可生物降解的合成高分子和天然高分子。合成高分子中使用最多的是聚乳酸、聚羟基醋酸和两者的共聚物。天然高分子材料主要是胶原和壳聚糖衍生物。另外皮肤组织也可以通过生物组织工程来培养，用于皮肤创伤的修复。

（2）人造硬组织材料

硬组织主要是指动物的关节、骨骼和牙齿等。硬组织不仅是承重器官，而且也是在外伤事故中最容易受伤的部位。人工骨和人工关节除了使用惰性金属和陶瓷之外，也使用高密度、超高相对分子质量的聚乙烯等高分子材料，以提高其韧性。此外，高分子材料在硬组织修复中更多的是采用复合方式，如将超高相对分子质量的聚乙烯与羟基磷灰石、工程陶瓷、金属铝等复合；或者与碳纤维、芳香族聚酰胺等复合，构成性能优异的硬组织材料。牙齿修复材料的硬度、耐磨性是重要指标。在牙科中补牙常用的是甲基丙烯酸甲酯与无机材料复合进行原位聚合固化材料。人工牙齿则多为聚甲基丙烯酸甲酯和聚砜等材料制成。硬组织用胶黏剂也使用高分子材料作为主体材料。

（3）伤口包扎材料

对于烧伤病人常需进行包敷处理。作为包敷材料需满足几个要求，首先必须能适应不规则的表面，要求材料柔韧而有弹性；其次它必须能阻止体液、电解质和其它生物分子从伤口的流失并阻隔细菌进入，同时它又必须有足够的渗透性。一些生物降解性高分子如骨胶、壳多糖、PLLA 是常用的伤口包敷材料。

（4）外科缝合线

聚乳酸及其共聚物做成的外科缝合线，由于具有生物降解性能，在伤口愈合后可自动降解被人体吸收，不需再作拆线手术。

（5）医用胶黏剂

为利于创口愈合，常用的方法是用缝线将创口缝合。缝合手术不仅操作复杂费时，而且在创口愈合后会留下伤痕，有时还会引起创口感染发炎、痕迹增生等不良反应。使用医用黏合剂是替代缝线的理想选择，不仅创口粘接严密、愈合快、瘢痕小，而且可免除缝合、拆线以及感染等痛苦。目前已得到应用的医用高分子黏合剂是 504 胶。504 胶是一种单体型胶黏剂，其主要组分是 $\alpha$-氰基丙烯酸丁酯单体，其活性相当高，与空气接触即可发生聚合反应，因此其产品中需加入 $SO_2$ 作为阻聚剂，施用后 $SO_2$ 挥发后即可发生聚合反应。该胶黏剂的黏合速度快、强度好，既可用于骨骼的黏结，也可代替缝合，用于伤口粘接。但其聚合时，会放出大量的热量，对皮肤有一定的刺激性。

（6）药用高分子材料

此处指的药用高分子材料包括高分子药物、高分子药物载体、靶向药物高分子三种类型。在这三种类型中，高分子材料在药物中主要起直接治疗作用、控制释放作用和药物导向作用。由于高分子材料自身具有的一些特性，药用高分子在临床医疗中发挥的作用越来越大。

① 高分子药物　高分子药物是指那些在体内可以直接作为药物使用的高分子。其特点是高分子本身具有药物疗效，在治疗过程中起主要作用。目前临床使用的高分子药物多种多样，主要包括骨架型高分子药物、接入型高分子药物和高分子配合物药物等类型。

骨架型高分子药物是指本身具有治疗作用的高分子药物。这类高分子药物的药理活性直接与高分子的结构相联系，而对应的单体或小分子不具备这种药理活性。这类高分子药物的药理作用机制主要有三种：a. 直接发生治疗作用，如具有直接抗肿瘤活性；b. 通过诱导活化免疫系统发挥药理作用；c. 与其它药物有协同作用，需要与其它药物配伍才能发挥更好的药理作用。骨架型高分子药物主要有葡聚糖类、离子树脂类等类型。结构类型不同，往往作用机制也有差别。

葡聚糖类聚合物在医疗方面主要作为重要的血容量扩充剂，是人造血浆的主要成分。比较重要的是右旋糖酐（dextran），属于多糖类，其结构如下：

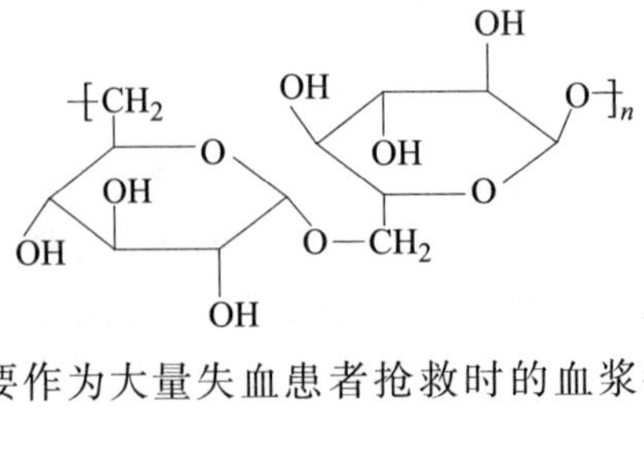

在临床上，右旋糖酐主要作为大量失血患者抢救时的血浆代用品，也称为人造代血浆。

右旋糖酐以蔗糖为原料生产，采用肠膜状明串珠菌（Leuconostoc mesenteroides）静置发酵制备。作为血容量扩充剂的右旋糖酐，要求相对分子质量在 $5 \times 10^4 \sim 9 \times 10^4$ 之间。右旋糖酐主要用于大量失血后，补充血液容量，提高血浆渗透压。一般用 5％的葡萄糖或者生理食盐水配制成 6％的注射液供静脉滴注。右旋糖酐在体内缓慢水解成为葡萄糖被人体吸收。右旋糖酐经氯磺酸和吡啶处理可以得到具有抗血凝作用的磺酸右旋糖酐钠盐。此外，小分子的葡聚糖（相对分子质量约 10000）具有增加血液循环、提高血压的作用，用于治疗失血性休克。右旋糖酐的硫酸酯用于抗动脉硬化和作为抗凝血剂。由于肿瘤细胞的代谢比正常细胞旺盛，抗转移酶活性多糖类高分子能够抑制转移酶的活性，进而能够有选择地抑制肿瘤细胞的代谢，还可以作为抗癌药物的增效剂使用。这些都是多糖型高分子药物，它们的优点是毒副作用较小。

　　以聚离子树脂为主体制备的高分子药物已经获得临床应用。以抗肿瘤药物为例，因为许多类型的肿瘤细胞表面带有比正常细胞多的负电荷，聚阳离子树脂能引起肿瘤细胞表面电荷的中和及细胞凝集，起到抑制及杀灭肿瘤细胞的作用。这类高分子通常还具有活化免疫系统作用。它们的作用是激活巨噬细胞，因此具有抗肿瘤活性。经临床验证有效的聚阳离子有聚亚乙基胺、聚-L-赖氨酸、聚-L-精氨酸等。聚阴离子如聚马来酸（酐）、聚丙烯酸、聚乙烯基磺酸盐、聚联苯磷酸盐、二乙烯基醚-马来酸酐共聚物以及聚核酸等，它们能够激活巨噬细胞并诱导干扰素的产生。

　　用化学方法通过共价键直接将小分子药物引入高分子骨架，可以形成接入型高分子药物。这样的高分子药物的优点是可以延长药物作用时间，减小毒副作用。有时还可以提高药效。这种高分子药物的药效、活性成分释放速率、稳定和安全性等与聚合物结构、活性基团与聚合物骨架连接的化学键的性质等密切相关。由于大分子很难透过生物膜，因此高分子化药物的吸收和排出都比较慢，其药物作用时间受聚合物降解速率的控制。利用高分子化药物不易透过组织膜的性质，可以实现局部、定向给药；利用其吸收和排泄较慢的特点可以延长药物作用时间，做成长效制剂。接入型高分子药物，其高分子骨架具备可代谢性及代谢产物无毒；高分子骨架具有适当的亲水性和生物相容性；同时药物活性基团与聚合物骨架的连接键能够在体内条件下断裂，保证高分子药物药效的发挥。例如将青霉素键合到乙烯醇与乙烯胺的共聚物上，得到的高分子抗生素的药效比低分子的青霉素要长 30～40 倍。其结构如下：

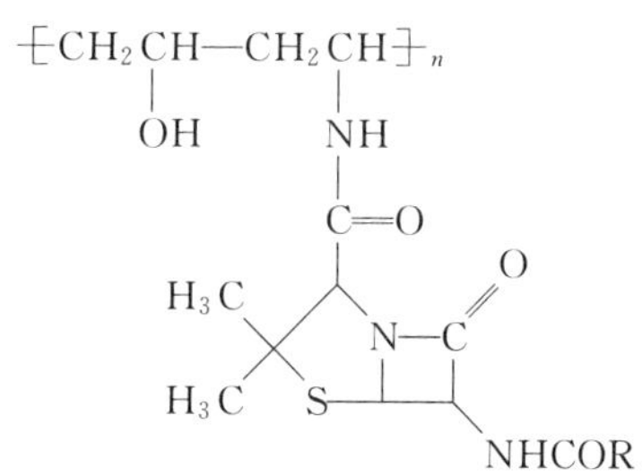

聚合型青霉素

　　② 高分子缓释剂　在使用药物进行疾病治疗时，为获得理想的药效，减小毒副作用，所用药物需要在体内有适当的浓度和作用时间。药物浓度过高，会对身体健康产生不利影响；药物过低不能发挥作用。药物的有效浓度往往需要在体内维持相当一个时期，才能保证疗效。特别是对于某些慢性疾病，减少服药次数、长时间维持有效药物浓度更为重要。近年来在医用高分子领域的研究中，长效药物和高分子药物缓释材料是最热门的研究课题之一，也是生物医学工程发展的一个新领域。药物缓释的目标就是对药物的释放剂量进行有效控

制，达到在一个较长的时间内维持有效的药物浓度，降低毒副作用，减少抗药性，提高药效。长效制剂还可以减少服药次数，减轻患者的痛苦，节省人力、物力和财力。药物缓释的方法有许多种，其中采用高分子缓释制剂是最主要的途径。

高分子药物缓释材料有多种分类方法。根据材料来源的不同，高分子药物缓释材料可分为天然高分子缓释材料和合成高分子缓释材料两大类。按其生物降解性的不同，又可分为生物降解型和非生物降解型两类。根据高分子缓释材料的制剂形态划分，有微胶囊型、微球型、植入片型、包衣型、水凝胶型和薄膜型缓释剂。根据高分子材料与活性药物的结合形态划分，有包裹型、混合型和共价键连接型。

非生物降解的高分子药物缓释材料不能在生物体内降解和代谢，因此，较少作为静脉和肌肉给药，主要作为口服和外用药物使用。作为口服药物，由于高分子骨架不被生物体消化吸收，可以通过肠道无害排出体外。如果进行体内植入给药，则必须具有良好的生物相容性。这类高分子材料有乙烯-醋酸乙烯共聚物、有机硅橡胶以及适度交联的聚丙烯酰胺、聚丙烯酸钠凝胶等。

能够生物降解的高分子材料既有天然高分子材料，也有合成高分子材料。天然高分子材料包括胶原、甲壳质衍生物、淀粉衍生物、明胶等。合成高分子材料包括热塑性聚酯、聚碳酸酯、聚原酸酯、聚酰亚胺、聚缩醛等，其中聚酯类聚合物应用得最多。采用可生物降解型药物缓释高分子材料，可以克服非降解型缓释材料不能静脉给药或者植入体内药物释放完毕后载体必须从体内取出的缺点。采用这种材料，当药物释放完毕后，载体不必从活体中取出而可以在体内进行降解，最后排出体外或参与活体的新陈代谢。例如聚乳酸和聚羟基醋酸的降解产物为 $CO_2$ 和 $H_2O$，都是正常的代谢产物，因此可以作为静脉给药制剂。

③ 高分子导向制剂　在多数情况下，药物给药后在体内不同部位的分布是没有区分性或者区分性很小的，而有些药物能否发挥作用仅取决于能否被人体病变部位或者相关部位吸收。这种不能区分部位的药物吸收不仅造成浪费，也可能会对非病变组织造成不利影响。特别是那些对人体有毒副作用的药物。如何实现定向给药，使药物只在病变部位吸收，降低全身性毒副作用具有重要意义。导向药物，或者称为靶向药物，就是具有这种功能的药物制剂。在导向药物的研究方面，功能高分子起着非常关键的作用。

高分子靶向药物是基于特定高分子载体对受药部位的特定选择性实现的。根据药物传输目标的不同，可将靶向药物分成器官靶向药物、组织靶向药物和细胞靶向药物，它们分属不同层次。器官靶向药物是指能够利用不同器官的代谢差异，造成在某些器官内相对富集的药物；组织靶向药物是指能够根据人体正常组织与病灶组织之间的某些差异，在病灶组织内富集的药物；而细胞靶向药物则是根据高分子载体与细胞表面的特异性受体相互作用，在特定细胞内富集的药物。因此，对于不同的医疗目的，采用的靶向药物应该有所区别。此外，上述三种靶向药物的作用机理是不同的，在制备靶向药物时应该给予特别关注。

根据药物靶向作用机理不同，靶向药物还分成被动靶向、主动靶向和物理靶向药物三类。被动靶向药物是指高分子药物由于自身的一些特点被药物受体机械滞留的药物，例如具有特定粒径范围和表面性质的微粒高分子药物载体，在体内输送过程中被毛细血管机械滞留，或被肝、脾及骨髓中的巨噬细胞吞噬而浓集于某组织或器官中，这种机制即称为被动靶向作用，该高分子药物称为被动靶向药物。此类药物制剂有脂质体、聚合物微粒、毫微粒等。主动靶向药物则是指药物本身具有自动寻找目标的功能，例如载体能与病变部位表面相关抗原或特定的受体发生特异性结合，使药物在病变部位富集的作用即称为主动靶向作用，该类药物称为主动靶向药物。具有上述主动导向的载体多为单克隆抗体和某些细胞因子。如果能利用肿瘤部位与正常组织在温度、酸度上的差异，或利用磁场作用使制剂定向移动，制剂到达肿瘤部位后释放药物则称为物理靶向作用，该类药物被称为物理靶向药物。

　　主动靶向药物主要依靠单克隆等生物大分子作用，属于生物工程范畴。以下是一种具有主动靶向作用的抗癌新药：

$$\left[\begin{array}{c} NHCHCO-NHCHCO-NHCHCO \\ | \quad\quad\quad\quad | \quad\quad\quad\quad | \\ CH_2 \quad\quad CH_2 \quad\quad CH_2 \\ | \quad\quad\quad\quad | \quad\quad\quad\quad | \\ CH_2 \quad\quad CH_2 \quad\quad CH_2 \\ | \quad\quad\quad\quad | \quad\quad\quad\quad | \\ COOH \quad C=O \quad CONH-Ig \end{array}\right]_n$$

　　←　聚谷氨酸骨架

　　←　免疫球蛋白作为引导体

$$HN-\bigcirc-NHCH_2CH_2Cl$$

↑ 亲水性基团　　　抗肿瘤药部分

　　其中聚合物骨架为聚谷氨酸，亲水性增溶基团为羧基，抗肿瘤药物部分为对苯二胺，免疫球蛋白为引导体。

### 9.6.6　高吸水性高分子材料

　　高吸水性高分子材料主要指高吸水性树脂，又称为超级吸水剂。在日常生活中能吸收水分的物质很多，包括合成产品和天然产物，如聚氨酯海绵、棉花、手纸等高分子材料，它们能够吸收水分最高可达自身质量的 20 倍，是非常好的吸水性材料。然而这里所要介绍的高吸水性高分子是指其吸水能力至少超过自身质量数百倍的特殊吸附性树脂，能够表现出超强的吸水能力，是一种重要的功能高分子材料。

　　最早的高吸水性高分子材料是在 1974 年由美国农业部的研究人员首先研制的，并首先用于农业上的保水和制造纸尿裤和妇女卫生巾。目前高吸水性树脂已经开发出淀粉衍生物系列、纤维素衍生物系列、甲壳质衍生物系列、聚丙烯酸系列和聚乙烯醇系列等。近年来由于其重要的应用价值，各国都在研究和开发方面投入了大量的人力和物力，在科研和生产方面取得了快速发展。到 2000 年，全世界的年产量已经超过百万吨。我国国内的市场需求量在 2005 年也将达到 3 万吨以上。当前高吸水性树脂已经成为重要的工业产品，已经有各种商品出售。

　　高吸水性树脂按原料划分主要有两类，即改性天然高分子高吸水性树脂和全合成高吸水性树脂。前者是指对淀粉、纤维素、甲壳质等天然高分子进行结构改造得到的高吸水性材料，其特点是生产成本低、材料来源广泛、吸水能力强，而且产品具有生物降解性，不造成二次环境污染，适合作为一次性使用产品，但产品的机械强度低，热稳定性差，特别是吸水后的性能较差，不能应用到诸如吸水性纤维、织物、薄膜等场合。淀粉和纤维素是具有多糖结构的高聚物，其最显著的特点是分子中含有大量羟基作为亲水基团，经过结构改造后还可以引入大量离子化基团。全合成高吸水性树脂主要是通过对聚丙烯酸或聚丙烯腈等合成水溶性聚合物进行交联改造，使其具有高吸水树脂的性质。其特点是结构清晰、质量稳定、可进行大工业化生产，特别是吸水后的机械强度较高，热稳定性好。但生产成本较高，吸水率偏低。目前常见的合成高吸水性树脂主要有聚丙烯酸体系、聚丙烯腈体系、聚丙烯酰胺体系和改性聚乙烯醇等。在结构上多以羧酸盐基团作为亲水官能团，聚合物具有离子性质，吸水能力受水中盐浓度的影响较大。以羟基、醚基、氨基等作为亲水官能团的树脂属于非离子型，吸水能力基本不受盐浓度的影响，但其吸水能力较离子型低很多。

　　从材料的外形结构上来讲，目前已经有粉末型、颗粒型、薄膜型、纤维型等产品，其中纤维型和薄膜型材料具有使用方便、便于在特殊场合使用的特点。

　　高吸水性高分子材料能够吸收高于自身重量数百倍，甚至上千倍的水分，其结构特征起到了决定性的作用。作为高吸水性树脂从结构上来讲主要具有以下特点。

① 分子中具有强亲水性基团，如羟基、羧基等。这类聚合物分子都能够与水分子形成氢键，因此对水有很高的亲和性，与水接触后可以迅速地吸收并被溶胀。

② 树脂具有交联型结构，这样才能在与水作用时不被溶解成溶液。事实上用于制备高吸水性树脂的原料多是水溶性的线形聚合物，如果不经过交联处理，吸水后将变成流动性的水溶液，或者形成流动性糊状物，达不到保水的目的。而经过适度交联后，吸水后的树脂仅能够迅速溶胀，不能溶解。由于水被包裹在呈凝胶状的分子网络内部，在液体表面张力的作用下，不易流失与挥发。

③ 聚合物内部应该具有浓度较高的离子性基团，大量离子性基团的存在可以保证体系内部具有较高的离子浓度，从而在体系内外形成较高的指向体系内部的渗透压，在此渗透压作用下，环境中的水具有向体系内部扩散的趋势，因此，较高的离子性基团浓度将保证吸水能力的提高。

④ 聚合物应该具有较高的相对分子质量，相对分子质量增加，吸水后的机械强度增加，同时吸水能力也可以提高。

高吸水性树脂可以用做农业上的保水剂，能够大量地节水，提高干旱地区植物的存活率；可用于制造纸尿裤、妇女卫生巾，以及医用外伤的护理材料；用于建筑，可加工成止水带，是理想的止水材料。

# [自学内容]　天然高分子

天然高分子是指自然界生物体内存在的高分子化合物，为一种可持续发展的资源。天然高分子的使用和改性可谓源远流长，为人类的发展提供了可靠的物质基础。时至今日，人工合成高分子已俯拾即是，但随着环境保护要求的提高，石油资源的紧张，人们对天然高分子越来越重视。从当前的科学技术水平看，要依照天然条件人工合成出与天然高分子一样的高分子困难还很大。目前对天然高分子的研究开发与应用主要集中在天然高分子的结构和性能、提取和加工、化学改性和降解等方面。作为一名高分子科技工作者，应对天然高分子的基本知识有所掌握。这里对天然高分子的主要类型、来源、结构、化学改性（即天然高分子的化学反应）及应用做一简单介绍。

(1) 多糖类高分子

糖类又称碳水化合物，是指多羟基的醛、酮、醇与其氧化和还原衍生物，以及由糖苷键连接起来的化合物。糖的分子式为 $C_x(H_2O)_y$，一般分为单糖、低聚糖和多糖三大类。天然多糖一般由数百到数千个单糖分子经糖苷键链接而成，重要的多糖有纤维素、淀粉、甲壳素等。

① 纤维素　纤维素（cellulose）广泛存在于植物界和动物界，仅植物界每年通过光合作用就生成亿万吨的纤维素。纤维素的分子组成为 $(C_6H_{10}O_5)_n$，结构式为：

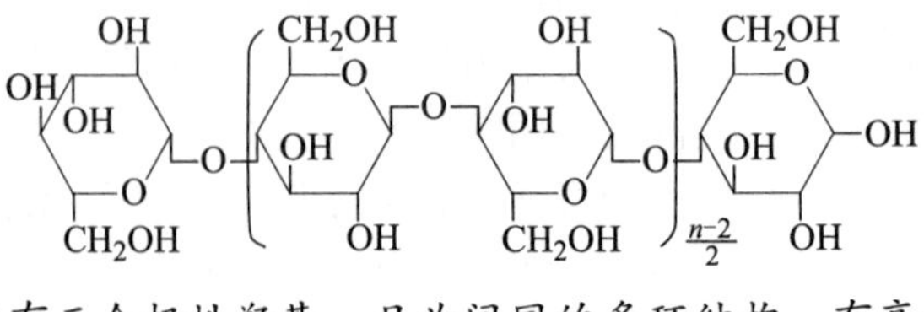

纤维素每个单元中有三个极性羟基，且为间同的多环结构，有高的结晶度和聚合度，如亚麻纤维的相对分子质量约 600 万，棉花约 200 万，大分子间存在大量氢键，故不溶于水和一般有机溶剂，在 200℃ 以上分解。

纤维素经过酯化、醚化、接枝、卤化和氧化等化学改性，可制成各种纤维素酯、纤维素

**表 9-10　纤维素衍生物的主要类型**

| 酯化 | | 醚化 | 接枝 | 卤化和氧化 |
|---|---|---|---|---|
| 无机酯 | 有机酯 | | | |
| 纤维素碳酸酯 | 纤维素醋酸酯 | 羧甲基纤维素 | 离子引发接枝 | 氯脱氧纤维素 |
| 纤维素硝酸酯 | 含乙酰基混合物 | 羟甲基纤维素 | 自由基引发接枝 | 碘脱氧纤维素 |
| 纤维素亚硝酸酯 | 脂肪酸酯 | 甲基、乙基纤维素 | 高能辐射引发接枝 | 氧化纤维素 |
| 纤维素硫酸酯 | 羧酸类酯 | 其它烷基纤维素 | 光引发接枝 | |
| 纤维素黄原酸酯 | 纤维素氨基甲酸酯 | 氰乙基纤维素 | 等离子体辐射接枝 | |
| 纤维素磷酸酯 | 纤维素磺酸酯 | 芳基、芳烷基纤维素 | | |

醚和接枝共聚物，称为纤维素衍生物（cellulose derivatives）。表 9-10 给出了纤维素衍生物的主要类型。在本章 9.2.1 节中对纤维素的化学改性及应用进行了介绍。

② 淀粉　淀粉（starch）在自然界的产量仅次于纤维素，其分子组成为 $(C_6H_{10}O_5)_n$，结构式为：

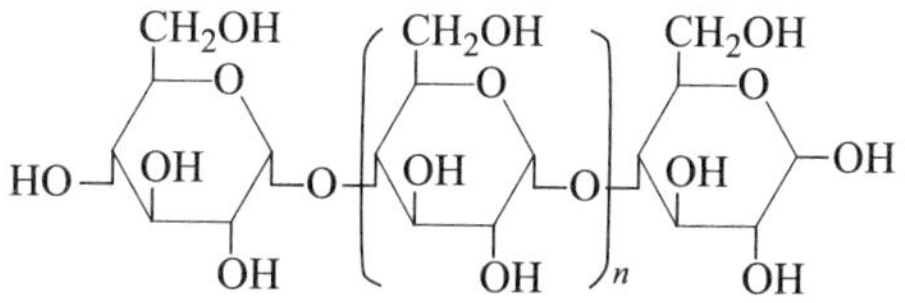

淀粉有直链淀粉和支链淀粉两类，两者结构和性能有较大差异（表 9-11）。自然界中的植物品种多为直链和支链的混合物，其组成随来源变化。

**表 9-11　直链淀粉和支链淀粉的比较**

| 项　目 | 直链淀粉 | 支链淀粉 |
|---|---|---|
| 聚合度 | 100～6000 | 1000～3000000 |
| 凝沉性质 | 溶液不稳定，沉淀性强 | 易溶于水，溶液稳定，沉淀性很弱 |
| 络合结构 | 能与极性有机物和碘生成络合结构 | 不能与极性有机物和碘生成络合结构 |
| 碘着色反应 | 深蓝色 | 红紫色 |
| X 射线衍射 | 高度结晶 | 无定形 |
| 乙酰衍生物 | 能制成高强度的纤维和薄膜 | 制成的薄膜很软弱 |

利用物理、化学和酶的方法对淀粉进行改性，可得到诸如糊精（降解淀粉）、酸变性淀粉、氧化淀粉、交联淀粉、阳离子淀粉、淀粉酯、淀粉醚、接枝共聚淀粉等。变性淀粉有着广泛的用途，如糊精和酸变性淀粉可做胶黏剂、上浆剂；接枝共聚淀粉可用于高吸水剂、絮凝剂、可降解塑料等。

③ 甲壳素和壳聚糖　甲壳素（chitin）又名甲壳质、壳蛋白等，广泛存在于昆虫和甲壳动物的甲壳中，年合成量达 100 亿吨，是一种十分丰富的自然资源。甲壳素的化学名称是 $\beta$-（1,4）-聚-2-乙酰胺基-D-葡萄糖，相对分子质量 100 万以上，结构式为 A。如用强碱或酶水解脱去甲壳素部分或全部乙酰基，则转化为壳聚糖（chitosan），结构式为 B：

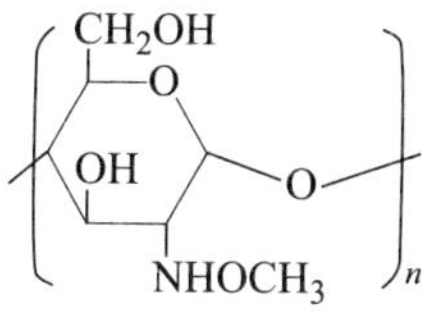

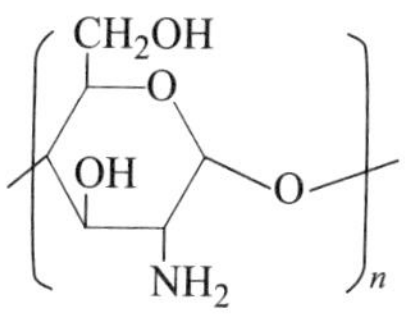

甲壳素和壳聚糖的化学改性主要通过酯化反应、醚化反应、酰化反应、氧化反应、水解反应等制成多种制品，在纺织、造纸、印染、生化、食品、医疗、日用化工、农业和环境保护等领域得到广泛应用。

（2）橡胶

① 天然橡胶　天然橡胶存在于由橡胶树得到的天然胶乳中（含干胶约40%）。由于质量最好的天然橡胶产于巴西，因其三片叶连在一起，又称三叶胶。化学结构主要为顺式聚异戊二烯，另有少量的蛋白质、类酯物等。

天然橡胶主要用于弹性体等材料，其硫化反应在9.3节中已进行过介绍。化学改性有环氧化、卤化等。

② 杜仲胶　产于杜仲树，故称杜仲胶或古塔波胶（guttapercha）。化学结构主要为反式聚异戊二烯。因结构规整，易结晶，常温下为一种硬质塑料，经交联改性可制成杜仲硫化橡胶，可用于改性塑料和弹性体。

天然高分子的种类还有许多，如蛋白质、木质素、环糊精、大漆等。

# 习　题

1. 讨论影响聚合物反应性的因素。
2. 何为邻位基团效应及几率效应，举例说明。
3. 纤维素经化学反应，能够合成部分取代的硝化纤维、醋酸纤维和甲基纤维素。写出反应式并说明用途。
4. 从单体醋酸乙烯酯到维尼纶纤维，须经过哪些反应？写出反应式。纤维用和悬浮聚合分散剂用的聚乙烯醇有何区别？
5. 写出聚乙烯氯化反应及氯磺化反应，说明产物的用途。
6. 写出强酸型和强碱型聚苯乙烯离子交换树脂的合成反应，并简述交换机理。
7. 下列聚合物采用哪一类反应交联：
   （1）由乙二醇与马来酸酐聚合制得的聚酯（不饱和聚酯）
   （2）顺-1，4-聚异戊二烯（天然橡胶）
   （3）聚二甲基硅氧烷
   （4）聚乙烯
   （5）二元乙丙橡胶
   （6）聚肉桂酸乙烯酯
8. 光引发剂都有哪些类型？举例说明。
9. 简述下列聚合物的合成方法
   （1）高抗冲聚苯乙烯（聚丁二烯接枝聚苯乙烯）
   （2）SBS（苯乙烯-丁二烯-苯乙烯三嵌段热塑性弹性体）
   （3）端羟基聚丁二烯液体橡胶（遥爪聚合物）
   （4）（p-氯苯乙烯-b-异丁烯-b-p-氯苯乙烯）三嵌段共聚物
10. 试说明聚甲基丙烯酸甲酯、聚苯乙烯、聚乙烯、聚氯乙烯四种聚合物热解的特点和差异。
11. 举例说明连锁阻断型抗氧剂、预防型抗氧剂及光稳定剂及各自的作用机理。
12. 什么是功能高分子，简述功能高分子常用的合成方法。
13. 简述导电高分子的主要类型及制备方法。
14. 简述医用高分子材料的主要类型，并各举一例。
15. 简述吸水树脂的主要类型及基本工作原理。
16. 阅读自学内容，简述对天然高分子发展的看法。

# 参 考 文 献

［1］ George Odian. Principle of Polymerization, 4th ed., New York：John Wiley & Sons, Inc., 2004.
［2］ Ravve A，Principles of Polymer Chemistry. 2nd ed.，New York：Plenum Press，2000.

［3］　Harry Allcock R，Frederick Lampe W，James Mark E. 现代高分子化学：影印版. 北京：科学出版社，2004.

［4］　Paul Flory J. 高分子化学原理：影印版. 北京：世界图书出版公司，2003.

［5］　潘祖仁. 高分子化学. 北京：化学工业出版社，2003.

［6］　卢江，梁晖. 高分子化学. 北京：化学工业出版社，2005.

［7］　复旦大学高分子系高分子教研室. 高分子化学. 上海：复旦大学出版社，1995.

［8］　Encyclopedia of Polymer Science and Engineering：Vol. 15，2nd ed：539.

［9］　Al-Malaika S. Polymer Degradation and Stability，1991，34（1）：36.

［10］　Kennedy J P，Midha S，Tsunogae Y. Macromolecules，1993，26：429.

［11］　Scott G. Polymer Degradation and Stability，1990，29：135.

［12］　Kennedy J P，Kurian J. Polymer Bulletin，1990，23：259.

［13］　阮伟祥，徐凌云. 高分子通报，1989，（3）：39.

［14］　Kennedy J P，Meguriya N，Keszler B. Macromolecules，1991，24：6572.

［15］　Yamada B，Kobunshi. 1996，45：676.

［16］　司坤，董丽双，丘坤元. 高分子通报，1997（6）：82.

［17］　Wang J S，Matyjaszewski K，Am Chem Soc［J］，1995，117：5614.

［18］　Ueda A，Nagai S，Kobunshi，1990，39：202.

［19］　Nuyken O，Die Angew. Makromol Chem，1994，223：29.

［20］　赵文元，王亦军. 功能高分子材料化学：第 2 版. 北京：化学工业出版社，2003.

［21］　殷敬华，莫志深. 现代高分子物理：上册. 北京：科学出版社，2001.

［22］　余木火. 高分子化学. 北京：中国纺织出版社，1995.

［23］　胡玉洁. 天然高分子材料改性与应用. 北京：化学工业出版社，2003.